ZEIGEN UND/ODER BEWEISEN?

DIE FOTOGRAFIE ALS KULTURTECHNIK UND MEDIUM DES WISSENS

STUDIES IN THEORY AND HISTORY OF PHOTOGRAPHY
VOL. 7

Publication Series of the Center for the Study in Theory and History of Photography (TGF) at the Institute of Art History at the University of Zurich

Edited by Bettina Gockel

ZEIGEN UND/ODER BEWEISEN?

DIE FOTOGRAFIE ALS KULTURTECHNIK UND MEDIUM DES WISSENS

HERAUSGEGEBEN VON
HERTA WOLF

UNTER MITARBEIT VON
MICHAEL KEMPF

DE GRUYTER

Gedruckt mit großzügiger finanzieller Unterstützung durch
die Dr. Carlo Fleischmann-Stiftung (http://www.dcff.org) in Zürich, durch das
Dr. h.c. Kaspar M. Fleischmann-Projekt zur Förderung der Fotografieforschung am Lehrstuhl für Geschichte der bildenden Kunst, Kunsthistorisches Institut der Universität Zürich, und durch die Professur für Geschichte und Theorie der Fotografie, Kunsthistorisches Institut, Universität zu Köln.

ISBN 978-3-11-048583-7
e-ISBN (PDF) 978-3-11-048764-0
e-ISBN (EPUB) 978-3-11-048584-4

Library of Congress Cataloging-in-Publication Data
A CIP catalog record for this book has been applied for at the Library of Congress.

Bibliografische Information der Deutschen Nationalbibliothek
Die Deutsche Nationalbibliothek verzeichnet diese Publikation in der
Deutschen Nationalbibliografie; detaillierte bibliografische Daten sind im Internet über
http://dnb.dnb.de abrufbar.

Cover: Louis Désiré Blanquart-Évrard, Quai Wault, alter Hafen von Lille, 14,5 × 21,5 cm,
Les archives de l'Académie des sciences, Paris.

Redaktion der Schriftenreihe: Martin Steinbrück
Reihengestaltung und Satz: Petra Florath, Berlin
Druck und Bindung: DZA Druckerei zu Altenburg GmbH, Altenburg

Gedruckt auf säurefreiem Papier
Printed in Germany

www.degruyter.com

INHALTSVERZEICHNIS

HERTA WOLF

EINLEITUNG

ZEIGEN UND / ODER BEWEISEN

Die Frage, ob die Fotografie *zu zeigen* und/oder *zu beweisen* vermag, geht auf den italienischen Historiker Carlo Ginzburg zurück. Um 1982, im Zusammenhang mit seinen 1981 publizierten *Erkundungen über Piero. Piero della Francesca, ein Maler der frühen Renaissance*[1] und im Nachhall seines 1979 in einer ersten Fassung publizierten Aufsatzes „Spie. Radici di un paradigma indiziaro [Spurensicherung. Die Wurzeln eines Indizien-Paradigmas]"[2] setzte sich Carlo Ginzburg mit den historischen beziehungsweise historiografischen Methoden der Kunstgeschichte, insbesondere denen von Roberto Longhi auseinander. Man könnte behaupten, dass er hier eine Diskussion über die Wahl der Sujets und eine historiografische Auseinandersetzung mit der Darlegung der Methoden innerhalb der historischen Wissenschaften begonnen hat, auf die er in biografisch motivierten Texten und Interviews der letzten Jahre immer wieder zurückkam. So auch in dem in diesem Band publizierten Aufsatz „Reflexionen über eine Hypothese, fünfundzwanzig Jahre danach".[3]

Im Zuge seiner Beschäftigung mit Roberto Longhi hat Carlo Ginzburg die den Aufsätzen des vorliegenden Bandes zugrundeliegende Unterscheidung zwischen (kunst)historischen Vorgangsweisen, die *zeigen* (*mostrare*) und anderen, die *beweisen* (*dimostrare*), getroffen. „Das Grundproblem, das in diesem Buch [dem Sammelband *Geschichte und Geschichten* von 1988, H.W.], und allgemein auf diesem Forschungsgebiet aufgeworfen wird, ist das Problem der Belege, der Beweise. [...]; Tatsache ist, daß Longhi im allgemeinen lieber aufwies als bewies."[4] So träfe Longhi – mit seinem Connaisseur-Blick – sowohl auf die Autorschaft als auch auf die Textur des Tafelbildes bezogene Zu- und Abschreibungen, ohne diese wissenschaftlich nachzuweisen, erläutert Ginzburg, was er mit *Zeigen* ohne zu *Beweisen* meint. Um mit einer Überlegung, der im Kontext des vorliegenden Bandes eine noch größere Bedeutung zukommt, fortzufahren: diese Auseinandersetzung sei, gerade im Hinblick auf die in den Wissenschaften gültigen „Gesetze des ‚Aufweisens [*mostrare*]' und die juristischen ‚Gesetze des ‚Beweises [*prova*]'" von Bedeutung, auch wenn die in den Humanwissenschaften gültigen Vorgangsweisen des Beweisens von Hypothesen und aufgezeigten Sachverhalten schwerlich als denselben Modalitäten unterworfen begriffen werden können wie die in der Jurisdiktion üblichen Praktiken, die auf dem Beweisstatus, auf dem zum Beweis-Werden der Indizien beruhen.[5]

Damit ruft Ginzburg die in seinem Spurensicherungsaufsatz dargelegten, gegen Ende des 19. Jahrhunderts praktizierten Indizienmethoden in Erinnerung, die nicht zuletzt mit dem Potenzial der Fotografie, Index und Indizie zu sein, konvergieren. Arthur Conan Doyles Sherlock Holmes, Sigmund Freuds Psychoanalyse, die kunsthistorische Methode des Kunstkenners und *self taught* Kunsthistorikers Giovanni Morelli, sie alle bedienen sich der Indizienmethoden als Erkenntnisinstrument. „In allen drei Fällen erlauben es unendlich feine Spuren, eine tiefere, sonst nicht erreichbare Realität einzufangen. Spuren, genauer gesagt Symptome (bei Freud), Indizien (bei Sherlock Holmes) und malerische Details (bei Morelli)."[6] Methodisch beeinflussten sich die drei nicht nur gegenseitig, sondern sie stehen paradigmatisch – auch – für den Einsatz der Fotografie als Indizie und damit für die Bedeutung der fotografischen *Beweise* in den unterschiedlichsten Wissensfeldern an der Wende des 19. zum 20. Jahrhundert.[7]

Zeitgleich und im Gefolge des wirkungsmächtigen Spurenaufsatzes von Ginzburg beschäftigten sich fotohistorische Studien mit dem Einsatz der Fotografie als Beweismittel. Das geschah in Studien zu Justiz und Polizeiapparat und ihrer Verwendung von Fotografien gleichermaßen wie in Arbeiten über Francis Galton, der sich der Fotografie im Sinne einer visuellen oder – wenn man so will – Bild-Statistik bedient hatte. Aber auch Untersuchungen zu anderen indiziellen Einsätzen des Mediums, wie beispielsweise in den medizinischen und historischen Wissenschaften, prägten die fotohistorischen Studien der Jahre nach 1980.[8]

Aber die Distinktion zwischen den zwei Modalitäten des Darstellens *zeigen/mostrare* und *beweisen/dimostrare und prova,* die sich historisch dem engen Konnex zwischen Indizien, Indizienwissenschaften und Fotografie(n) als Indizie(n) verdankt, lässt sich nicht nur auf die Kulturtechnik Fotografie selbst beziehen. Denn wenn wissenschaftliche Untersuchungen sich fotografischer Bilder als Dokumente, Argumente oder Belege bedienen, vermochten beziehungsweise vermögen sie dies nur deshalb zu tun, weil Fotografien das, was sich vor dem Objektiv der Kamera befunden hat, zu sehen geben, also sichtbar machen und damit zeigen. Wie einige der Beiträge des vorliegenden Bandes anhand fotohistorischer Beispiele ausführen, konnten – dank dieses bildlichen *Zeigens* – das Abgebildete als Bezeichnung (Designation) der dargestellten Dinge (miss)verstanden und Fotografien dem Indizienparadigma subsumiert werden.

Allerdings gilt es zwischen dem Indizienaufsatz und dem in diesem verwendeten Begriff des Beweises, der auf dem Vorstellungsfeld des fotografischen Bildes als Indizie beruht beziehungsweise auf dieses zurückgreift zum einen, und den – nicht zuletzt auch in diesem Aufsatz vorgestellten – Indizienwissenschaften zum anderen zu unterscheiden. Darüber hinaus findet das Zeigen (*mostrare*) und Beweisen (*dimostrare* oder *prova*) – nicht unbedingt unabhängig von juristischen beziehungsweise polizeilichen Diskursen – als heuristisches Vorgehen Eingang in Ginzburgs Reflexionen.[9] Dies trifft für seine Auseinandersetzung mit Carlo Longhi zu, dem Ginzburg, auch in seiner Replik auf die Kritiker seines *Piero-Buches* in dessen Neuauflage vorhält, sich dem *connaisseurhaften Zeigen* zu verschreiben, ohne sich weiter mit dem (wissenschaftlichen) Beweisen zu befassen.[10] Immer wieder geht es Ginzburg darum, die *Beweiskraft* der Historiografie gegenüber deren postmodernen Kritikern zu verteidigen.[11]

Diese Überlegungen führen zu einem weiteren Feld, in dem Zeige- und Beweisstrukturen in den Arbeiten Ginzburgs eine Rolle spielen, und das sind die historischen Wissenschaften selbst, deren Reflexion über das eigene Vermögen bezüglich der dargestellten vergangenen Wirklichkeit ebenfalls auf der Folie von *Zeigen* und dessen Beziehung zum *Beweisen* gelesen werden muss. Immer wieder setzt sich der Historiker mit der *Realität*, die es in den Geschichtswissenschaften mehr als darzustellen gilt, auseinander. Etwa wenn er den Beweis als der aristotelischen Rhetorik erwachsen ausweist und damit begründet, dass „diese heute vergessene Selbstverständlichkeit eine Vorstellung von der Arbeitsweise der Historiker (einschließlich der Spezialisten der neuesten und der Zeitgeschichte) impliziert, die sehr viel realistischer und komplexer ist als die gegenwärtig modische Auffassung."[12] Krysztof Pomian bringt die Bedeutung, die dem Beweis in Ginzburgs Konzeption der Historiografie zukommt, auf den Punkt, wenn er schreibt, dass für diesen die Geschichte ohne die Annahme, dass sie durch den Beweis charakterisiert werde, ja ohne dass die Geschichtsschreibung auf diesem beruhe – vergliche man sie mit der Literatur – nur ein schlechter Roman sei.[13]

Das Paar *monstrare* und *dimonstrare* fungiert also einerseits als Folie für eine Reflexion der Argumentationsstrategeme in den historischen Wissenschaften selbst, weil es erlaubt, das eigene heuristische Vorgehen zu diskutieren. Und es lässt sich andererseits auch auf den Gegenstandsbereich der historischen Wissenschaften beziehen.

Obwohl sich der Titel der vorliegenden Anthologie Carlo Ginzburg verdankt und die in den einzelnen Aufsätzen behandelten Sujets und die mit diesen in Verbindung stehenden Fragen ohne Ginzburg *so* nicht Gegenstand der Forschung geworden wären, sind die vorliegenden Studien nicht als Auseinandersetzung mit seinem Werk zu lesen. Ihm kommt hier vielmehr die Rolle eines Anregers im Sinne eines Triggers zu, der mit seinem Spurenaufsatz Forschungsfelder aufgetan und Reflexionen über die Rolle der Fotografie in der Modellierung von heuristischen Diskursen überhaupt erst zugelassen hat.

Die vorliegenden Aufsätze beschäftigen sich methodisch und/oder aufgrund des Gegenstandes ihrer Ausführungen siebenunddreißig Jahre nach der ersten Publikation von Ginzburgs Aufsatz erneut mit den Modellierungen des Indizienparadigmas im Kontext fotohistorischer Auseinandersetzungen. Dies geschieht nicht zuletzt, um durch historische Re-Lektüren und in einer kritischen Auseinandersetzung mit den Bestätigungen, Normierungen und Identifizierungen vermittels fotografischer Bilder und unter Berücksichtigung der in diesem Zeitraum angestellten fotohistorischen Reflexionen, die Fotografie – als *das* Medium des Indizienparadigmas schlechthin – einer Diskussion und Neubewertung zu unterziehen.

DAS INDIZIENPARADIGMA – CONNAISSEURE, AMATEURE UND KRIMINALAUTOREN

Dass Bilder nunmehr für sich selbst sprächen, schreibt ein Anonymus über fotografische Abbildungen von Gemälden, insbesondere wenn sie – wie Herman Grimm ausführt – dank des Aufzeichnungsverfahrens Fotografie „auf demselben Tische aus[ge]breitet und ruhig und unbeirrt" verglichen werden könnten. Um diesen ersten Einsatz von Fotografien für eine vergleichende Kunstgeschichte geht es in Dorothea Peters' Aufsatz „Auf Spurensuche. Giovanni Morelli und die Fotografie". Zwar sei, wie Peters ausführt, über Giovanni Morellis Methode und seine Rolle für die Entwicklung kunstwissenschaftlicher Methoden seit Ginzburgs wegweisendem Aufsatz viel publiziert worden, kaum jedoch habe man sich seinem Verhältnis zur Fotografie gewidmet. Da sich der praktische Einsatz fotografischer Bilder in kunstwissenschaftlichen Arbeitsprozessen kaum beziehungsweise nur schwierig ausmachen ließe, zeichnet Peters diesen anhand Morellis Briefwechsel mit Jean Paul Richter nach, nicht zuletzt weil dieser die lange Zeitspanne von 1876 bis zum Tod des Kunsthistorikers 1891 umfasst. Indem Peters Morellis Lebenslauf akribisch nachgeht, verankert sie dessen kunstkennerschaftliche Tätigkeiten zum einen biografisch und deduziert zum anderen aus seinen Betätigungen, sein – nicht zuletzt auf Fotografien als Dokumentationsmedium zurückgreifendes – Connaisseur-Werden. Bereits seit den späten 1850er Jahren, also erstaunlich früh, wurden Fotografien zur Dokumentation des Zustandes von Gemälden vor und nach deren Restaurierung eingesetzt und waren damit heuristisches Arbeitsinstrument und Dokumentationsmedium gleichermaßen.

Wie schon Ginzburg begreift auch Peters Morellis medizinische Ausbildung, seine Schulung im Zeichenlesen, als Voraussetzung für die von ihm entwickelte Methode, die somit aus der Übertragung des diagnostischen Spurenlesens auf das visuelle Abtasten, auf die genaue *Lektüre* des Materials und die Malweise von Tafelbildern erwachsen ist.[14] Nicht zuletzt Bernard Berenson, der auch zum Kreis von Morelli gehörte, vermag als Brücke zu jenem Kunsthistoriker zu fungieren, dessen Methodenkritik sich Ginzburgs Distinktion von Zeigen und Beweisen verdankt, nämlich Roberto Longhi. War doch die Sicht des Letzteren auf die Werke des Cinquecento durch die Brille des Spätimpressionismus nicht zuletzt durch Berenson angeregt worden.[15]

Der zweite Abschnitt von Dorothea Peters' Untersuchung kommt einer kriminologischen, indizienbasierten Suche nach dem Verbleib von Morellis Fotosammlung gleich. Hier wird in einer akribischen Darstellung sein und seiner engeren

Freunde und Schüler Umgang mit und Austausch von Fotografien nachgezeichnet und dargelegt, wie sehr diese die kunstwissenschaftlichen Erkenntnismethoden auf empirische Vergleiche beziehungsweise Vergleichbarkeiten ausgerichtet haben.

Das Interesse von Arthur Conan Doyle an der Fotografie ist Gegenstand des Aufsatzes von Bernd Stiegler „Visuelle Evidenz. Conan Doyle und die Fotografie". Wenn auch die Fotografie in den Sherlock-Holmes-Erzählungen keine Rolle spielt,[16] so wird von Doyle deren Protagonist schon in seiner ersten Erzählung „Ein Skandal in Böhmen" als eine Kombination von Fernrohr und Kamera – als Sichtapparat – dargestellt, gepaart mit dem fotografischen Blick, der auch noch *post festum* jedes Detail zu memorieren und kombinieren vermag. Die Publikationen Stieglers zu Conan Doyle[17] spezifizieren 37 Jahre nach der Erstpublikation von Ginzburgs Aufsatz dessen Auseinandersetzungen mit dem Indizienparadigma.

Allerdings sucht Stiegler nicht die heuristischen Implikationen des Indiziellen – etwa aus der Differenz zum Index – herauszuarbeiten, stehen doch die methodologischen Fragen, die Ginzburg seit seinen ersten wissenschaftlichen Publikationen umgetrieben haben, nicht im Fokus seiner Aufmerksamkeit. In seinem Text wird vielmehr vorgeführt wie der große kulturhistorische Bogen, durch den es Ginzburg 1979 gelungen ist, das Spurenleserwissen der Prinzen von Serendip als grundlegende heuristische Modalität und Praxis der Kulturwissenschaften auszuweisen, Jahrzehnte später in die Lektüre eines einzigen Problemfeldes überführt wird.

Bernd Stiegler zeigt in seiner Abhandlung auf, dass sich Conan Doyles schriftstellerische Arbeit nicht auf die Sherlock-Holmes-Erzählungen beschränkt und dass dieser zur Fotografie nicht so sehr eine metaphorische als vielmehr eine ganz konkrete Beziehung unterhalten hat. Auch wenn Doyles Einsätze des Mediums Fotografie auf den ersten Blick nicht mit dem Indizienparadigma in Verbindung gebracht werden können, so sind sie nicht weniger indiziell: Fungieren Fotografien doch auch bei ihm als Indizienbeweise im Sinne von Tatortfotografien, wie etwa die im Buch *Das Congoverbrechen* veröffentlichten, von Stiegler als „Schockfotos" apostrophierten Bilder, die die belgische Kolonialpolitik anprangern wollten. Wenn sie – wie in *The Lost World* – die Existenz von Dinosauriern oder aber die Existenz von parapsychologischen Phänomenen wie Geistererscheinungen belegen sollten – wozu sie seit der Publikation von *The Land of Mist* herangezogen wurden –, setzte Doyle Fotografien als Beweise (im Sinne von Ginzburgs *prova*) ein. Ausführlich beschäftigt sich Stiegler mit einem vierten Feld von Doyles Fotointeresse, das den Gegenstand von *The Coming of Fairies* bildet, den Elfen, diesen, wie der Arzt und Schriftsteller Doyle glaubte, unsichtbaren Wesen, denen Fotografien zur Sichtbarkeit verhelfen. Mit einem fünften und letzten Punkt, der Conan Doyles amateurfotografischer Tätigkeit gewidmet ist, beschließt Stiegler seine Ausführungen.

Der Figur des Foto-Amateurs, oder vielmehr der Foto-Amateurin widmet sich auch Charlotte Trümplers Beitrag, wobei diese hier mit der Tätigkeit des Archäologen konvergiert und zumindest zwei der drei Protagonisten ihres Textes in der Folge auch zu *self taught* Kennern der antiken Welt des vorderen Orients werden sollten. Auch in Charlotte Trümplers Ausführungen wirkt der Indizienaufsatz von Carlo Ginzburg als Folie für die Darstellung der Verzahnung einer Indizienwissenschaft, wie der Archäologie, mit dem indexikalischen Aufzeichnungsverfahren Fotografie nach. Das geschieht ganz im Sinne und in der Tradition der Debatten über den Nutzen und die Nachteile der Kennerschaft für junge wissenschaftliche Disziplinen; man erinnere sich an die Infragestellung der Morelli'schen Methoden durch die kritische Kunstgeschichte.

Die 1868 geborene und 1888 von der Universität Oxford als Historikerin graduierte Gertrude Bell interessierte sich nach einem Besuch an der British School of Archaeology in Athen nicht nur für Archäologie, sondern begann auf einer Reise nach Jerusalem an der Wende des 19. zum 20. Jahrhundert auch zu fotografieren. Auf dieser Reise unternahm sie im März 1900 eine Expedition in die Wüste, während der sie sich – in einem *rite de passage* – von der Touristin zur Erforscherin des Orients wandelte. Auf dieser Exkursion fotografierte Bell die Palastanlage von Mschatta und schuf damit für spätere Forschungen dieser frühislamischen Anlage wesentliche Zeugnisse, deren *ruinöse* Integrität später doch dadurch zerstört wurde, dass man die Fassade der Anlage Wilhelm II. schenkte und nach Berlin abtransportierte. Hier also fungiert die Fotografie als Dokument, als Beleg und Zeugnis; hier wird deutlich, welch einen „unschätzbar wertvollen Bestand“ die 6000, feinsäuberlich in Alben zusammengestellten Fotografien Bells bilden, die ob der Rarität des Dargestellten nicht nur einen Einblick in bis dato nicht dokumentierte archäologische Stätten, sondern auch ins Alltagsleben von wenig bereisten und damit erforschten Gegenden des Vorderen Orients geben. Für Bell selbst war die Fotografie eine janusköpfig schreckliche Erfindung der Moderne und universelles Medium der Beglaubigung gleichermaßen, oder wie Charlotte Trümpler übersetzt „weltgültiges Beglaubigungsschreiben“.

Der zweite Protagonist des Überblicks über die Tätigkeiten von fotografierenden Amateuren im Vorderen Orient ist Max von Oppenheim, Bankierssohn aus Köln. Zeichnungen, das Verfertigen von Plänen und Bauzeichnungen – all das gehörte zu den Aufzeichnungsverfahren dieser Connaisseure. Wie diese manuellen oder automatischen Notationen ins heuristische System wissenschaftlicher Dokumentation überführt beziehungsweise welche Rolle sie in diesem spielen, führt Stefanie Klamm in ihrem Beitrag aus (vgl. den Abschnitt Lektüre – Methoden). Wiewohl Oppenheim das Fotografieren seinem begleitendem Offizier überantworten wollte beziehungsweise er selbst in Erwägung gezogen hatte, die Ziele seiner Reisen zu fotografieren, war es ab 1899 an seinen Mitarbeitern, darunter auch professionelle Fotografen, die Expeditionen fotografisch zu dokumentieren. Oppenheim fasste – wie Bell – seine Aufnahmen, dem Reiseverlauf folgend, geordnet nach Ausgrabungen und Aufenthaltsorten in Alben zusammen.

Die jüngste Protagonistin des Artikels über fotografierende Amateur-Archäologen ist zugleich diejenige, die uns ob ihrer Tätigkeit nicht so sehr als Fotografin, denn als Kriminalschriftstellerin bekannt ist. Neben den Detektivgeschichten des vierzig Jahre älteren Conan Doyle gehören ihre Werke zu den erfolgreichsten britischen Kriminalromanen; in das die Autorin überdies nicht nur männliche (wie Hercule Poirot), sondern auch eine weibliche Kriminalistin, Miss Marple, einführte – dies übrigens in dem Jahr in dem sie den Archäologen Max Mallowan heiratete. Agatha Christie, deren archäologischer Tätigkeit Charlotte Trümpler 1999 eine Ausstellung gewidmet hat, fotografierte und filmte auf den Ausgrabungen ihres Mannes in Tell Brak in Syrien und in Nimrud im Irak. Diese Tätigkeit der Schriftstellerin weist sie nicht nur als *Spurenleserin* und *Aufzeichnerin* von *post festum* lesbaren Zeichen aus, ihr kommt auf der Folie der aktuellen politischen Ereignisse, dem Krieg in Syrien und der Zerstörung der Anlagen von Nimrud durch den Islamischen Staat Anfang 2015 eine weitere – zutiefst fotografische – Dimension hinzu, die Erinnerung an ein kulturelles Erbe.

INDIZIEN – BEWEISE: GESICHTSBILDER

Christian Joschke definiert Schandbilder, deren Wirkung er im „fotografischen Zeitalter" mit dem französischen Rechtsphilosophen Gabriel Tarde untersucht. Letzterer verfügte über eine erstaunliche Weitsicht, als er diese, in einer von ihm als zunehmend mediatisiert charakterisierten Gesellschaft bereits 1892 auf die Formel brachte „Produkt aus Bekanntheit und Ehre". Für Joschke ist diese Definition dem Terminus *fama* synonym und mit Tarde stellt er dar, dass diese Fama auf einem veränderten Funktionieren von Öffentlichkeit basiert, für das, wie ausgeführt, Medien, und damit auch die Fotografie, verantwortlich zeichnen. Tardes Definition der *fama* aber habe, wie konservativ der Rechtsgelehrte selbst auch immer gewesen sein mag, „nichts an Gültigkeit" verloren. Was Joschke in seinen Ausführungen aber insbesondere interessiert, ist die existenzielle, raumzeitliche Beweiskraft der Fotografie auf die gerichtlichen, also justiziellen Implikationen der Fama zu beziehen. Wie der Autor in der Folge ausführt, sind diese fotografischen *Infamien* lange vor Fotoreportagen und Paparazzi-Fotografie – wie etwa in den von ihm als „Porträts wider Willen" bezeichneten Aufnahmen – angefertigt worden. Anhand der Fotografien des toten Maximilians von Mexiko und des toten Otto von Bismarcks erläutert er, wie fotografische Beweise zu einer Änderung der Jurisdiktion geführt haben, in der dem Abgebildeten, also dem *Urbild* einer Fotografie die Kontrolle über das eigene *Abbild* rechtlich zugesprochen wurde. Und schließlich setzt sich Joschke – neben der Verwertung und Reglementierung von diffamierenden Fotografien in der Presse – auch mit der polizeilichen Verwendung infamer Fotografien auseinander. Dabei arbeitet er die Spezifika dieser medial neuen Infamien heraus, indem er sie auf der Folie älterer Schandbildpraktiken liest. Auch bei ihm finden sich, was wir aus Ginzburgs Darstellungen des Indizienparadigmas kennen – einzelne Anwendungen, Ereignisse, Handhabungen, die auf einen längeren Ablauf justizieller Praktiken bezogen werden: Das Gezeigte wird somit in exemplarische Aufzeige-Praktiken eingebettet, die hier als Beweise im juristischen Sinne (vgl. Ginzburgs *prova*) fungieren. Wobei Joschke deutlich macht, dass es sich bei Bildbeweisen um volatile Objekte handelt, die von vermeintlich neutralen Dokumenten zu *infamen*, weil öffentlichen Bildern werden können. Innerhalb des Rechtswesens jedoch, auch das exemplifiziert der vorliegende Text, ist von einer Bildtransformation auszugehen, die – so der Autor – als Transformation des Symbolischen ins Soziale bezeichnet werden kann.

Das Verbrechergesicht rückt im Aufsatz von Jens Jäger ins Zentrum der Auseinandersetzung, in dem die Geschichte der Konstruktion eines Bildtypus nachgezeichnet wird. Die Frage nach der Art der Bilder, die über Verbrecher disseminiert werden, und das Postulat, dass es „die Bildangebote" seien, die den Glauben an die Sichtbarkeit des Verbrechers geschürt haben, bezeichnet Jäger als „Leitfragen" seines Aufsatzes. „Vom Gesichte des Verbrechens und vom Verschwinden der Verbrecher" handelt von der Polizeifotografie, also der „Identifikations- oder erkennungsdienstlichen Fotografie", deren Entstehung und Veränderungen mittels ihrer Einbettung in eine *longue durée* herausgearbeitet wird. Wie Christian Joschke betont auch Jens Jäger, dass es einer Konstruktion bedurfte, um ein Gesicht zum Verbrechergesicht zu machen, unterschieden sich doch Carl Durheims *Fahndungsfotografien von Heimatlosen von 1852/3* noch nicht von zeitgenössischen Atelierporträts.[18] Erst im letzten Drittel des 19. Jahrhunderts begann sich das Bild des Verbrechers für Vertreter des Polizeiapparates anders darzustellen als in den Medien: während erstere von der Vorstellung, dass sich das Verbrechen in den Gesichtern von Delinquenten sedimentiert, abrückten, wurde in den Medien die Typisierung des Verbrechers vorwärtsgetrieben – so die These von Jens Jäger. Schon der Verweis auf die *longue durée* macht das heuristische Programm Jägers deutlich: Die diskursiven Verwebungen, die die ikonografische Etablierung von Verbrechergesichtern begleiten, werden nur durch ihre Rückbindung in längere Zeiträume und Praktiken in ihrer Komplexität verständlich.

„Gesichtserkennung und das Aufkommen der *Smart Photography*" von Sarah Kember schließt an die Ausführungen von Jens Jäger an: In den neuen Technologien, die sich der Entwicklung von Gesichtserkennungssoftware – nicht zuletzt für Sicherheitsbereiche, also auch polizeiliche Anwendungsfelder – widmen, rekurriert man auf die im ausgehenden 19. Jahrhundert im Kontext der *Anthropologie métrique*[19] von Alphonse Bertillon entwickelten Parameter. Die Autorin will hier allerdings nicht ein Gesicht eines *männlichen* Verbrechers extrapolieren, sondern ihr Ziel ist es, auf der Folie der tradierten festen Rassen, Geschlechts- und Gender-Zuschreibungen entwickelte Parameter – nicht zuletzt um des Erfolgs der Programme willen – kritisch zu hinterfragen und zu transgredieren. Gerade die mit der Anthropologie assoziierten Schriften von Bertillon, in denen das Vermessen und die Deskription im Zentrum der Ausführungen stehen, präfigurieren die diffizilen Prozeduren, die den Gesichtserkennungsprogrammen zugrunde liegen. Nunmehr bildet nicht mehr die Karteikarte das mobile Archiv, das unterschiedliche Suchfunktionen und Zugriffsmöglichkeiten bietet, in dem sich rezidive Verbrecher präsumtiv auffinden lassen, sondern es ist die Smart Photographie, also das Aufnahmesystem selbst, das durch Bilderkennungs- und Rechenleistungen, Gesichter wiederkennbar macht. Die Smart Photography vermag dies zu leisten, weil sie sich auf Künstliche Intelligenz (KI) und Umgebungsintelligenz (AmI, die Ambient Intelligence) „stützt" – wie es bei Kember heißt – und damit auf menschliche und maschinelle autonome Entscheidungen gleichermaßen zurückgreift wie auf repräsentationalistische. Kember führt anhand von zwei der hauptsächlichen Algorithmen, die in Gesichtserkennungsprogrammen ihre Anwendung finden, aus, wie sehr diese diskrete Entscheidungen voraussetzenden Algorithmen nicht allein auf essentialistischen und damit diskriminierenden Geschlechts-, Rassen- und Klassenzuschreibungen beruhen und nicht zuletzt beruhen müssen, um funktionieren zu können, sondern diese vielmehr auch materialisieren. Dass die (Weiter)Entwicklung der die *Smartheit* der Smart Photography betreffenden Software dennoch eher auf politischen denn technischen Problemlösungsstrategien beruht, führt Kember in ihrem Aufsatz aus.

Ein Argument ihres Textes sei hier hervorgehoben: Wenn Kember Batchens Klage, dass das Vernakuläre in der Postfotografie zu wenig berücksichtigt werde, entgegnet, dass dieses von der „mit der *Technoscience* verbundenen Industrie" geschrieben werde, erinnert sie uns – implizit – daran, dass auch schon Bertillons Fahndungsimperium des technischen Supports bedurfte. Fotografie ist ohne die sie und ihre Praktiken und Einsätze sekundierenden technischen Firmen und chemischen (Versuchs-)Laboratorien undenkbar (vgl. Wolf in diesem Band). Im Fall von Bertillon bediente sich die Firma Lacour-Berthiot ca. 1913 seines Autorennamens, um ihre Produkte an den Mann zu bringen: „Un institut technique spécialement consacré à la vulgarisation des diverses méthodes de photographie métrique (c'est-à-dire mesurable), crées par Alphonse Bertillon, vient d'être annexé aux établissements LACOUR-BERTHIOT".[20]

AUFZEIGETECHNIKEN

„Landkarten aus Quadraten" können als konzipierte Bilder nahtlos modifiziert werden, zitiert Sarah Kember Fred Ritchin aus dessen *After Photography* – und richtet damit unseren Blick auch auf die Vorgeschichte von algorithmischen und diagrammatischen Generierung und Konstruktion von Bildern, wie sie von John Frederick William Herschel bei seinen Zeichnungen der Milchstraßennebel angewendet wurden. Dass schon diesen – wie den so viel späteren computergenerierten Fotografien – ein (Hyper)Realismus eignet, dem sie ihr Potenzial zu *zeigen* und zu *beweisen* verdanken, führt Omar W. Nasim in „Astrofotografie und John Herschels ‚Skelette'" aus. Auch seine Darlegungen über das bildliche Demonstrieren (Ginzburgs *dimostrare*) stellen Repräsentationsmodalitäten dar, die sich an der Schnittstelle und am Übergang von zwei Medien realisieren. Während Kember explizit die Verankerung der Smart Photography in der fotografischen Repräsentationslogik als eine der Bedingungen der Gesichtserkennungstechnologien ausweist, setzt sich Nasim in seinem

Beitrag mit der Beziehung zwischen astronomischen Zeichnungen und Fotografien bezüglich des ihnen jeweils zugesprochenen Erkenntnispotenzials auseinander.

Hatten Bilder in der Ära der von William Herschel so genannten *Naturgeschichte des Himmels* zu zeigen, also zu sehen zu geben, beruhten die wissenschaftlichen Verfahren einer neuen, von Bessel ventilierten Astronomie auf der Erfassung, Vermessung und Berechnung des Himmels. Schon Herschels Sohn John Frederick William Herschel hat, wie Nasim ausführt, nicht nur die alte und die neue, sondern auch die Kluft von piktorialer und positionaler Astronomie „überbrückt" – wenn er sich zwischen 1834 und 1838 der Darstellung von Nebeln im südlichen Sternenhimmel widmete. Noch 1853, als er postulierte, mittels der Fotografie Nebel abzubilden, die mittels zeichnerischer Verfahren zu Bildskeletten verknüpft die „Natur" der Nebel erfassen helfen sollten, griff er auf die von ihm in den 1830er Jahren entwickelte Methode zurück. Nasim zeigt in seinem Artikel auf, dass die Fotografie von Nebeln keine Wasserscheide, keinen Bruch mit vorfotografischen astronomischen Zeichenverfahren darstellte, sondern auf bereits entwickelten heuristischen Verfahren aufbaute und diese weiterentwickelte. Das allerdings – wie er betont – ohne protofotografisch zu sein. Damit macht er deutlich, dass nicht erst die Fotografie beide Darstellungsoptionen „des Positionalen wie des Piktorialen (des Diskreten und des Kontinuierlichen)", also Bild und Position der Objekte zueinander – was auch mit Zeigen und Demonstrieren übersetzt werden könnte – auf ein und demselben Bildträger darzustellen vermochte. Der daraus resultierende, von Andrea Henderson so genannte „Realismus" war auch schon in Herschels Zeichnungen anzutreffen. Der Weg, den dieser dabei ging, war der von den von Nasim *Porträt* genannten Zeichnungen zu *deskriptiven Karten.*

Dass der Übergang von einem Medium in ein anderes neue Beweisstrategien hervorbringt, wird in Herta Wolfs Aufsatz „Louis Désiré Blanquart-Évrards Strategien des Beweisens" ausgeführt. Wenn Blanquart-Évrard *insbesondere* aufgrund seiner 1851 in Loos in der Nähe von Lille gegründeten fotografischen Kopieranstalt und der von dieser angefertigten Positivabzüge anderer Fotografen, die zu Mappenwerken thematisch zusammengefassten wurden, als erster Fotoindustrieller erinnert wird, kommt diese historiografische Engführung einer Beschränkung von dessen vielfältigen fotografischen Aktivitäten gleich. Nicht, dass die Industrialisierung der Fotografie nicht eines seiner zentralen Anliegen gewesen wäre, wurde seiner noch in den Nachrufen von 1872 als eines begnadeten Fotografen und ersten französischen Verbesserers der Talbot'schen Papierfotografie gedacht. Aber nicht nur aufgrund seiner chemischen Verfahrensverbesserungen, der daraus resultierenden leichteren und insbesondere sichereren Handhabung und der dadurch möglichen Ökonomisierung der Positiv-Negativ-Fotografie (die damit in die Lage gesetzt wurde das Vorgängermedium, die Daguerreotypie, obsolet zu machen) wurde Blanquart-Évrard gewürdigt. Geschätzt wurde, dass er – ganz in der Tradition sowohl des polytechnischen Wissens als auch der Veröffentlichungspraktiken der angewandten Wissenschaften des ersten Drittels des 19. Jahrhunderts – sein Prozedere und seine Rezepturen detailliert dargelegt und andere dadurch in den Stand gesetzt hat, diese weiterzuentwickeln und zu verbessern. Das machte Blanquart-Évrard zu einem oft publizierten – seine erste verfahrenstechnische Darstellung vom 25. Januar 1847 erschien fünfmal auf Französisch und dreimal auf Deutsch – und von anderen Handbuchautoren des 19. Jahrhunderts kompilierten und viel zitierten Verfasser fotografischer Verfahrensanleitungen, aber auch von ästhetisch-gestalterischen und historiografischen Werken.

Im Kontext des vorliegenden Bandes sind insbesondere seine Beweisstrategien von Interesse: Diese sind zutiefst in den Wissenssystemen der Zeit verankert, verfügte Blanquart-Évrard als ehemaliger (nebenberuflicher) Laborassistent Fréderic Kuhlmanns doch über chemische Kenntnisse, die ihn nicht nur befähigt haben, die Ursachen der wenig präzise gezeichneten Papierfotografie auszumachen, sondern diese auch zu verbessern. Ja mehr noch, deren Verbesserungen wissenschaftlich zu exemplifizieren. Dies tat er mit Fotografien und anhand von Fotografien: Womit er die gängigen Vorstellungen von Texten als Erläuterungen von fotografischen Bildern umkehrte. Bei ihm – wie auch aus dem Titelbild des vorliegenden Bandes ersichtlich wird – fungieren die Fotografien als Beweise für Texte, die zeigen, welchen Handlungsabläufen das Verfertigen fotografischer Bilder zu folgen hat. Indem er zwischen 1846 und 1851 wiederholt Probebilder, die seine verfahrenstechnischen Verbesserungen demonstrierten, Arago und der Académie des sciences einreichte, folgte er probaten wissenschaftlichen Praktiken. Diese zielten nicht nur auf die freizügige Verbreitung von anzuwendenden Kenntnissen ab, sondern auch auf die Zuerkennung als Erster eine Verbesserung entwickelt zu haben. Die Prioritätspostulate durch die seine verfahrenstechnischen Schriften charakterisiert sind, werden in den 1860er Jahren durch Beweisstrategien ergänzt, die die fotografischen und fotoindustriellen Aktivitäten des Lilleoiser herausstreichen sollen. Alle diese Strategien basieren nicht zuletzt auf der Einsicht des Papierfotografen, Verfahrenstechnikers und Fotoindustriellen in die Kurzlebigkeit von chemisch-technologischem Wissen. Diese Einsicht macht ihn zum ersten Theoretiker der fotografischen Obsoleszenz – lange vor den Fototheoretikern des 20. Jahrhunderts, heißen diese nun Walter Benjamin, Roland Barthes oder Rosalind Krauss.

Wie Omar W. Nasim setzt sich auch Michael Kempf in seiner Nachzeichnung der foto-kartografischen Aufzeichnungs- und Auslesemethode, die Theodor Scheimpflug an der Wende zum 20. Jahrhundert entwickelt hat, mit dem Vermessen auseinander. Dieser bediente sich der Fotografie nicht nur zur Erstellung von Überblicksaufnahmen des Terrains aus der Luft, aus denen sich dann – sekundär – die Bildkoordinaten mittels eines Messapparates ausmessen ließen. Durch den von ihm entwickelten *Photoperspektographen* wollte Scheimpflug die Fotografien reprofotografisch sozusagen korrigieren, d. h. — unter anderem – entzerren und in Fotokarten umwandeln. Sein heuristisches Konzept war es, die notwendigen Operationen, derer die Erstellung einer auf fotografischen Landaufnahmen beruhenden Karte bedurfte, in Foto-Operationen zu überführen: Durch den Einsatz von eigens dafür entwickelten Apparaten sollten (und konnten letztlich) durch das wiederholte Fotografieren des Fotografierten Einzelaufnahmen zu großen sternförmigen Panoramen verknüpft werden, wie Kempf beschreibt. Neben dem *Photoperspektographen*, der die Luftbilder fotografisch in Parallelprojektionen transformierte, wurde ein weiterer Apparat entwickelt, ein *Paßapparat*, mit dem sich die einzelnen Aufnahmen – fotografisch – nahtlos zusammenfügen ließen. Allerdings mussten die aufgrund der tektonischen Gegebenheiten des Geländes in Luftaufnahmen auftretenden Maßstabsfehler einer weiteren apparativen Entzerrung unterzogen werden.

In seinem Beitrag stellt Michael Kempf nicht nur das komplexe Interagieren von fotografischem Apparat und Mess- sowie Ausleseinstrumenten dar, sondern diskutiert auch die mit diesem Verfahren verbundenen Anwendungsmöglichkeiten, respektive Anwendungsschwierigkeiten. Die sich komplexen Verschränkungen verdankende, von Scheimpflug entwickelte Kartenerstellung gibt sich ein analoges Erscheinungsbild, das allerdings einer Vielzahl diskreter Schritte unterworfen werden musste, bevor sie etwa für die Orientierung durch Luftschiffer beziehungsweise Piloten oder in der Rekognoszierung eingesetzt werden konnte.

LEKTÜREN – METHODENFRAGEN

Dass die Frage, „was denn eine archäologische Fotografie sei", am Beginn der Interaktion von Fotografie und Archäologie bei den ersten deutschen Grabungen wie in Olympia stand, zeichnet Stefanie Klamm in ihrem Aufsatz „Graben – Fotografieren – und Zeichnen? Praktiken der Visualisierung auf deutschen Ausgrabungen um 1900" nach. Sie macht hier deutlich, dass das dem Medium seit seiner Erfindung zugesprochene Darstellungspotenzial in der gleichzeitig mit der Fotografie sich ausdifferenzierenden Disziplin *Archäologie* erst *in situ* praktisch erprobt werden musste, bevor man sich seiner auf sehr unterschiedlichen Ebenen bedienen konnte. Panoramatische Fotografien zum Beispiel wurden eingesetzt, um den Grabungsplatz auf einen Blick abzubilden. Sie lieferten eine Totale, auf der die einzelnen Grabungsstraten – nicht zuletzt mittels der In-Szene-Setzung von Objekten durch *Markierungen* und/oder das Grabungspersonal beziehungsweise Statisten – für eine spätere Lektüre durch ein präsumtives (Fach-) beziehungsweise Liebhaberpublikum nachvollziehbar gemacht wurden, zum Beispiel indem Fotografien in die Jahresberichte der Grabungen integriert wurden. Letztere hatten nicht nur die Funktion, die öffentlichen und privaten Geldgeber von der Bedeutung und vom Fortgang der Unternehmung zu überzeugen, sondern sie waren als Bestandaufnahmen eines sich stetig verändernden Grabungsortes, als Bilddokumente, die den Fortgang der Grabung in zeitlichen Straten festhalten, für die beteiligten Wissenschaftler – retrospektiv und prospektiv – von Bedeutung. Fotografisch fixiert konnte, neben dem Grabungsort, auch das Ergrabene werden.

Wie die Autorin darlegt, ließen sich mittels des indexikalischen Evidenzmediums überdies organische Bodenverfärbungen, die Rückschlüsse auf ehemalige Besiedlungen zuließen, aus dem fotografischen Informationsüberschuss herauslesen. Um Ausgrabungsfotografien den Erfordernissen der Disziplin dienstbar zu machen, musste deren Informationsflut gelenkt werden, damit die zu extrapolierenden beziehungsweise die sich in Fotografien sedimentierenden Informationen intelligibel wurden. Dazu bedurfte man nicht nur textueller Ergänzungen beziehungsweise Einschreibungen in die Bilder, sondern diagrammatischer respektive kartesianischer Repräsentationsmethoden wie der Karten von Grabungsorten, dank derer die nichtdiskreten Bilder in diskrete Deskriptionen und Narrationen überführt werden konnten: Sie hatten die Fototafeln der Grabungsberichte zu ergänzen. Man könnte weiter behaupten, dass sich aus diesen komplexen intermedialen Berichten eine weitere Beglaubigungs- beziehungsweise Informationsmodalität ergab, beglaubigt das Authentifizierungspotenzial des einem Zeit-Raum-Schnitt erwachsenen Fotos doch auch die Botschaft der a-temporellen Zeichnung.

Jan von Brevern widmet sich in seinem Beitrag der Informationsfülle oder vielmehr den Wünschen und Erkenntnisoptionen, die in der Frühzeit der Fotografie vom analogen fotografischen Bild erwartet wurden. Auch er belegt dieses in seinem Aufsatz „Das Instrument der Entdeckung" unter anderem mit Beispielen von Daguerreotypien archäologischer Stätten, die in den 1840er Jahren, nun allerdings vom als (Liebhaber)Fotograf agierenden französischen Diplomaten Jean-Baptiste Louis Baron Gros in Athen aufgenommen wurden. Dabei rekurriert von Brevern nicht nur auf das Betrachten von Fotografien mittels der Lupe, von der Alexander von Humboldt in seinen Briefen Anfang 1839 sowohl an Carl Gustav Carus als auch an die Herzogin von Sachsen-Anhalt schreibt, dass sie es erlaubt, auf einer Daguerreotypie mit dem Auge spazieren zu gehen.[21] Dieser mittels eines optischen Dispositivs vorgenommene Spaziergang erinnert an Stendhals Romandefinition aus *Le Rouge et le Noir* von 1830, in der – um die Glaubwürdigkeit des Geschilderten herauszustreichen – dieser als Spaziergang mit dem Spiegel beschrieben wird.[22] Neun Jahre später konnte dieser Spiegelspaziergang nicht nur getätigt, sondern – mehr noch – im Bild und als Bild festgehalten und mit nach Hause genommen werden.[23] Damit wird der Spaziergang selbst virtuell. So erzählt John Ruskin in einem Brief an seinen Vater von einem Spaziergang auf dem Markusplatz, den er mit Hilfe einer Lupe auf einer Daguerreotypie des Platzes unternommen habe. Von Brevern schlussfolgert daraus, dass diese „unvorhergesehene Entdeckungen" ermöglichenden Spaziergänge eine der Ursachen für das Anfertigen der Bilder in der Frühzeit des Mediums gewesen seien und dass diese – unabhängig von der Qualität eines konkreten fotografischen Bildes – als diskursive „Eigenschaft" „existierten". Das Absuchen eines einzelnen Fotobildes nach Details vermag – wie von Brevern mit Walter Benjamin schreibt – „das winzige Fünkchen Zufall, Hier und Jetzt"[24] zu Tage zu bringen, und mit diesem das Gefesselt-Werden durch „Nebensächlichkeiten" als einen medienspezifischen Effekt dieser technisch generierten Bilder auf ihre Rezipienten deutlich zu machen. Neben den Athen-Aufnahmen des Baron Gros sind es die Sonnensphären-Fotografien von Jules Janssen, anhand derer Jan von Brevern aufzeigt, wie ein – bestenfalls auch noch mit der Lupe bewaffneter – Astronom im ausgehenden 19. Jahrhundert durch das visuelle Abtasten, das Lesen eines als Simulakrum gehandhabten fotografischen Bildes Neues sehen zu können vermeinte.

Auch Kathrin Peters setzt sich mit der Notwendigkeit auseinander, die Methoden der Lektüren von Fotografien nachzuzeichnen, um deren verschiedene Rezeptions- und damit Wissenskonstruktionen und -horizonte zu erfassen. Anhand der in Süditalien aufgenommenen Fotografien Wilhelm von Gloedens, die sich dessen Konstrukt eines *idealen*, von – vorrangig – Jünglingen bevölkerten *Arkadiens* verdanken, geht sie der Frage nach den „Verbreitungs- und Gebrauchsweisen von Aktfotografien" nach, deren disziplinäre und diskursive Grenzen um 1900 – im Unterschied zu heute – noch bestanden. War das Interesse von kunstfotografischen und schwulen Kreisen an von Gloedens Fotos bislang unbestritten und lange schon Gegenstand der fotohistorischen Forschungen, so ist es Kathrin Peters Verdienst aufzuzeigen, dass jenseits der (letztlich heuristisch wenig fruchtbaren, da zu offensichtlichen) Unterscheidung der Bildlektüren nach sexuellen oder ästhetischen Kriterien, die Beschäftigung mit und das Interesse an dessen Fotografien sehr viel komplexeren Mechanismen folgten. Durch das Befragen des „scheinbar Offensichtlichen", dem Nachgehen von Fragen wie der, für wen und wann das Schwule sichtbar wird, oder Fragen nach der Rolle, die die Fotografie für die Vorstellung vom anderen, freien Süden spielt, lässt sich, so Peters, „die historische und epistemische Genese" der Bilder und ihrer Lektüren herausarbeiten.

Gelingen konnte diese historisch-epistemische Verortung der Bilder nur durch den Rückgriff auf Fotografien von von Gloeden, die sich in Berliner Sammlungen und Archiven befinden. Erst das Durchforsten der Archive brachte neues Material über die Rezeption der Fotos zu Tage, das es Peters erlaubt, im Rekurs auf deren jeweilige institutionelle Diskursivierung, die an die Bilder angelegten Wünsche respektive Verwendungen und die diesen zugrundeliegenden Lektüremaßstäbe und Beurteilungskriterien herauszuarbeiten. In „Sichtbarkeit und Körper: Wilhelm von Gloeden, eine Revision" führt Peters zwingend und nachvollziehbar vor wie die in der Kunstausbildung, der Anthropologie, der Medizin, der Welt der fotografischen Gesellschaften und so weiter eingesetzten Fotografien von Gloedens nicht allein durch die Augen ihrer jeweiligen Nutzer zu je anderen Bildern wurden, sondern darüber hinaus auch bearbeitet zu werden hatten, um exemplarisch gelesen werden zu können. Es bedarf eines neuen Blicks auf fotografische Konvolute und ihre Verbringungen und Diskursivierungen, neuer Lektüren und Methoden also, um neue fotohistorische Erkenntnisse zu gewinnen.

RE-LEKTÜREN UND DISKURSIVIERUNGEN

Das von Jan von Brevern vorgeführte genaue Lesen, dieses *Scanner*-gleiche Abtasten einer Fotografie liegt auch den Ausführungen von Elizabeth Edwards zugrunde. In „[d]er Geschichte ins Antlitz blicken: Fotografie und die Herausforderung der Präsenz" führt die ethnologische Fotohistorikerin vor Augen, welchen methodischen, ja mehr noch heuristischen Gewinn ein genaues Lesen eines Bildes bringen kann und wie das, was auf dem Foto gesehen wird, sich ethnisch, geschlechtlich und sozial bedingten Sichtweisen verdankt. Edwards, die die Kontextualisierung als heuristisches *Allerweltsheilmittel* bei der Erforschung von Fotografien kritisiert, will in ihrem Beitrag ausführen, wie Geschichtswissenschaft als Fotografie(geschichte) funktioniert und wie der Quellencharakter von Foto-Bildern – vor allen anderen Determinierungen – durch eine Methode, die sie kritische Forensik nennt, gerettet werden kann. In dieser gleichermaßen in Mieke Bals *close reading* eines Objekts und Ginzburgs Indizienparadigma eingebetteten Methode wird, wie bereits ausgeführt, die Bildoberfläche „bis ins kleinste" Detail gelesen; wobei dieses Spurenlesen immer auf Fragen der Historiografie bezogen wird, damit – wie in der Archäologie – Oberflächen aufgemacht und dank der Sammlung neuer Indizien neue Lektüren vorgenommen werden können.

Wie die sich einer kritischen Forensik verdankende Lektüre aussehen könnte, exemplifiziert die Autorin anhand des genauen Abtastens einer einzigen, von einem englischen Kapitän der Royal Navy und Amateurfotografen auf Samoa aufgenommenen Fotografie einer Begegnung der Samoischen Bevölkerung mit den englischen Kolonisatoren am Strand. Wie kann, fragt die Autorin, mittels der Lektüre einer einzigen Fotografie ein vergangener, gegebener Augenblick in der Geschichte *post festum* gestört werden? Ziel der Autorin ist es, von der epistemologischen und historischen Bestimmung von Fotografie(n) ausgehend, die Geschichtswissenschaft selbst, ihren heuristischen Apparat ebenso wie ihre Grundannahmen, aus den Angeln zu heben. Möglich ist das nur unter der voraussetzenden Annahme, dass jegliches historische Denken auch ein fotografisches ist. Hier greift sie – wie Ginzburg – auf Kracauers *Geschichte – Vor den letzten Dingen* zurück, um dieses Momentum des Aufblitzens des Vergangenen im Jetzt, das sich in der Geschichtsschreibung wie im Foto realisiere, aufzurufen.[25] Für Edwards hat die Ausweitung der Fragestellungen der Geschichtswissenschaft, die an die Erfolge der Annales-Schule angeknüpft werden muss, nur im fotografischen Zeitalter stattfinden können.

Edwards Aufsatz ist also einer, der die Methoden der Geschichtswissenschaft durch die Auseinandersetzung mit fotografischen Bildern – die als Fremdes beziehungsweise Anderes der Wissenschaft eingeführt werden – hinterfragt. Wichtig erscheint mir, dass die Autorin explizit darauf verweist, dass keine wie auch immer gearteten Rekurse auf die Medialität der Fotografie, auf ihr Medienspezifisches, diesem Anderen zum Erscheinen verhelfen. Dies kann einzig gelingen, wenn die Medienspezifik auf den historischen Apparat bezogen und beider Verhältnis zueinander ergründet wird. Edwards geht es darum, wie sie selbst das Ziel ihres Aufsatzes beschreibt, an der Schnittstelle von fotografischer Medienreflexion, Geschichte und Philosophie, Konzept und Vorstellung einer Vergangenheit zu reflektieren.

Auch in Heike Behrends Beitrag „Rahmungen und Entzug des Gesichts: Zur Geschichte der ID-Fotografie an der ostafrikanischen Küste Kenias" wird dem Bild ein heuristisches Potenzial zugeschrieben, nämlich das *zu zeigen*. Mit und in Erweiterung dekonstruktivistischer Bildtheorien und unter Bezugnahme auf Peter Geimer[26] wird dieses Zeigen als Enthüllung vorgestellt, die das Bild – genauso wie dessen Gegenteil, den Bildentzug – zu bewirken vermag.[27] Dass es die Deiktika sind, die auch die Lektüre indexikalischer Bilder leiten, wurde in den semiotischen Bildtheorien seit den 1970er Jahren erläutert – nicht zuletzt, wenn das Index-Zeichen Fotografie als den hinweisenden Fürwörtern, dem Zeigen, Hinzeigen und Aufweisen zugehörig begriffen wurde.[28] Von einer „Ästhetik des Entzugs"[29] geprägt, begreift Heike Behrend in ihren Ausführungen auch den an der muslimisch-ostafrikanischen Küste praktizierten Umgang mit Bildern – in dem „das zu Zeigende vorsätzlich als Verhüllung ins Bild" gesetzt werde.

Wie dieses *Zeigen* und *Enthüllen* im fotografischen Dispositiv vor sich geht, exemplifiziert Behrend anhand kolonialer ID-Fotografien von der ostafrikanischen Küste. Diese unterscheiden sich von der Studiofotografie in gleichem Maße wie sie ihr ähnlich sind, das deshalb, weil die Studiofotografie an der muslimisch-ostafrikanischen Küste einerseits traditionelle Bildpraktiken aufnimmt, die sich gegen die staatlich verordnete identitätsfotografische Praxis richten; andererseits bedient sie sich aber auch der im Fotoatelier praktizierten Wahrheitsdiskurse der Fotografie. die Studiofotografie an der muslimisch-ostafrikanischen Küste nimmt einerseits traditionelle Praktiken auf, die sich gegen die staatlich verordnete fotografische Praxis richten, und bedient andererseits auch die im Studio praktizierten Wahrheitsdiskurse der Fotografie. In diesem Kontext führt Behrend aus, dass die Fotografie nach dem Modell der Textilien genutzt wurde, die als Medium des verhüllenden Enthüllens sozialer Normen „viele der Regeln für die fotografische Darstellung der Person" lieferten. Und schließlich zeigt die Autorin auf, dass sich zwar neue fotografische Evidenzen aus der Instituierung eines Wahrheitsdiskurses gewinnen ließen, aber die Einführung der ID-Fotografie durch die Kolonialmächte an zuvor ausgeübte Machtregime durch Anthropologen und Missionare anknüpften, die sich ebenfalls der Fotografie bedient hatten. Daraus sei der Wunsch erwachsen, sich der europäischen Vergesichtung zu entziehen, die überdies – entgegen den Traditionen – Körper und Gesicht voneinander trennt.

Des Terminus *Forensik* bedient sich nicht nur Elizabeth Edwards, um damit das Spurenlesen zu beschreiben, das lesende Abtasten einer fotografischen Oberfläche auf darin sedimentierte Spuren, das – wie der Terminus schon insinuiert – auch die kleinsten Bilddetails, den Hauch einer Spur, einer Indizie also nicht unberücksichtigt lassen möchte. Während Edwards sich des Begriffs im Kontext ihres Bild-Lektüre-Konzepts als Voraussetzung einer anderen, mehrdeutigen Geschichtsschreibung des Kolonialismus bedient, wird er in den Ausführungen Susanne Holschbachs „Bildforensik als künstlerisches Verfahren: Rabih Mroués Lektüre von Aufzeichnungen aus dem syrischen Bürgerkrieg“ zu einem Begriff der künstlerischen Aneignung kriminalistischer (oder kriminologischer) Praktiken. Ausgangspunkt von Mroués Performances ist eine – wie Holschbach sie nennt – paradoxe Botschaft, die festhält, dass die *syrischen Aufständischen ihren eigenen Tod fotografierten*. Wie, fragt Mroué, sollte es möglich sein, dass diejenigen, deren Kampf auf das (bessere) Leben abzielte, ihren Tod dokumentieren? Der Künstler geht den Erzählungen über das Aufnehmen des eigenen Todes nach und stößt hier unter anderem auf YouTube auf den problematischen Nachrichtenwert des Internets, wo er Filme findet, die zeigen, wie „eine Person ihre Waffe auf den Filmenden richtet“ und der Film nach dem Schuss unscharf wird und abbricht. Anhand des Nachzeichnens von Bildmigrationen reflektiert Mroué die Modalitäten des Bürgerjournalismus; er zeigt wie zum Beispiel die Informationsdissemination im Netz funktioniert, in das Filme, die für Dinge stehen, die sie nur bedingt belegen können, ohne Kontrollstandards hochgeladen werden können. Auch bei den Kriegsvideos seien Rezeptions(Lektüre?)modalitäten zu beobachten, die Bilder binnen kürzester Zeit hypen und ihnen damit einen ikonischen Status verleihen, durch den diese Bilder wiederum in einem sekundären Rezeptions- oder Lektüreakt zu Ikonen eines Widerstands (vgl. Kairo) gemacht werden. Mroué selbst unterzieht seine *Quellen* einer beständigen Re-Lektüre, mittels der er auf mannigfaltige, medientheoretisch verankerten Ebenen – mit Hito Steyerl – die Unschärfe der Realität belegt, die daraus resultiert, dass man ihr immer näher komme.

Susanne Holschbachs Aufsatz liefert eine andere Auseinandersetzung mit Todesbildern als Heike Behrends, wenn die Autorin anhand der komplexen Arbeit von Mroué und im Rekurs auf Didi-Huberman belegt, dass sich der Tod nicht erfassen lässt. Er lässt sich nicht nur nicht zeigen, sondern auch nicht bezeugen.[30]

Hier wie bei Ginzburg wird (mit Didi-Huberman) eine Kritik am Skeptizismus der Postmoderne geäußert, nun allerdings nicht auf der Ebene der Geschichtsschreibung, sondern auf der Ebene der dem Bild zugeschriebenen Realität. Ihre Ausführungen beschließt Holschbach mit der Frage nach der Lesbarkeit der Aufnahmen, die von der Frage nach deren Manipulierbarkeit überdeckt werde. Wenn Fotografien mittels einer „digitale Bildforensik“ genannten Methode technisch authentifiziert werden können, werde das Bild selbst inkriminiert, wodurch es notwendig werde, dieses einer kriminalistischen Lektüre zu unterziehen. Holschbachs Text lässt sich nicht nur als Re-Lektüre einer künstlerischen Arbeit von Mroué lesen. Mehr noch als das, führt sie dessen Wieder-Lesen von Filmen, Bildern, dokumentarischen Quellen, deren Einbettung in seine Arbeit und letztlich eine weitere, sich aus der Befragung der Bilder selbst ergebende Re-Lektüre vor Augen, die nunmehr die Scheidung einer fotografischen Handyaufnahme in ein authentifizierendes Dokument und ein Betrugsbild erlaubt. Re–Lektüren erfolgen in Holschbachs Text somit auf dreierlei Weise: Sie dienen der Diskursivierung des Gegenstands der

Ausführungen – wie das auch Edwards historiografische Methode vor Augen geführt hat; sie sind Nacherzählung der Diskursivierung von durch den Künstler gesammelten Materialien; der Umgang des Künstlers mit dem von ihm gesammelten Material wiederum ist als an die fotografische Referenzialität, die Lesbarkeit gerichtete Re-Lektüre im Sinne der Methode der Bildforensik zu begreifen.

Für alle Aufsätze des vorliegenden Bandes gilt, dass sie sich auf das Herausarbeiten einer einzigen, das Indizienparadigma betreffenden Fragestellung, eines Werks, ja sogar der Lektüre eines einzigen Bildes beschränken – wie im Falle des Beitrags von Elizabeth Edwards. Diese Begrenzung des Untersuchungsfeldes, der Fokus auf die Pragmatik des Untersuchten, liegt der Argumentation aller Beiträge dieser Anthologie zugrunde. Kann man von der Skepsis gegenüber den großen, fächerübergreifenden Erzählungen sprechen, die die Autorinnen und Autoren des vorliegenden Bandes erfasst hat, oder folgen sie der Notwendigkeit, die Gegenstände einer ehedem kühnen Zusammenschau en détail auszuführen? Für dieses Vorgehen könnte auch wieder Carlo Ginzburg als Referenzautor angeführt werden; man erinnere sich an sein als Mikrogeschichte bezeichnetes Vorgehen, das, gekennzeichnet durch die Ablehnung eines Ethnozentrismus wie einer relativistischen Geschichtsschreibung, „detaillierte Analysen eines begrenzten Quellenmaterials" anstellt.[31]

DANKSAGUNGEN

Einem Teil der Beiträge des vorliegenden Buches liegen Vorträge zugrunde, die im Rahmen einer Ringvorlesung im Wintersemester 2011/12 an der Universität zu Köln vorgestellt wurden. Für die Kooperation bei der Durchführung bedanke ich mich beim Professional Center der Universität zu Köln. Frau Ursula Pietsch-Lindt (Koordinierungsstelle Wissenschaft + Öffentlichkeit) sei für die Initiierung der von mir konzipierten Veranstaltung sowie ihr großes Engagement für die Belange der Fotografie gedankt.

Allen Autorinnen und Autoren, Übersetzerinnen und Übersetzern danke ich für ihre Mitarbeit. Dank seiner akribischen Lektüren der vorgelegten Texte hat Michael Kempf viel zum Gelingen der Anthologie beigetragen.

Insbesondere danke ich der Herausgeberin der Reihe *Studies in Theory and History of Photography* der Lehr- und Forschungsstelle für Theorie und Geschichte der Fotografie am Kunsthistorischen Institut der Universität Zürich, Bettina Gockel, für die gute Kooperation und ihre Bereitschaft, die Anthologie im Rahmen der Schriftenreihe zu publizieren.

ANMERKUNGEN

1 Carlo Ginzburg, *Erkundungen über Piero. Piero della Francesca, ein Maler der frühen Renaissance*, mit einer Einführung von Martin Warnke, 1. dt. Aufl. 1981, 2. Aufl. (Berlin: Klaus Wagenbach, 1983).

2 Carlo Ginzburg, „Spie. Radici di un paradigma indiziario", in Aldo Gargani (Hg.), *Crisi della ragione. Nuovi modelli nel rapporto tra sapere e attivià umane* (Turin: Einaudi, 1979), 1–30; dt.: id., „Spurensicherung. Der Jäger entziffert die Fährte, Sherlock Holmes nimmt die Lupe, Freud liest Morelli – die Wissenschaft auf der Suche nach sich selbst", in id., *Spurensicherung. Über verborgene Geschichte, Kunst und soziales Gedächtnis*, übersetzt von Gisela Bonz, 1. dt. Aufl. 1983, 2. Aufl. (München: DTV, 1988), 78–125.

3 Vgl. Carlo Ginzburg, „Reflexionen über eine Hypothese, fünfundzwanzig Jahre danach", in diesem Band S. 1–11.

4 Carlo Ginzburg, „Geschichte und Geschichten. Über Archive, Marlene Dietrich und die Lust an der Geschichte. Carlo Ginzburg im Gespräch mit Adriano Sofri", in id., *Spurensicherungen. Über verborgene Geschichte, Kunst und soziales Gedächtnis* [ungekürzte Ausgabe], übersetzt von Karl Friedrich Hauber und Gisela Bonz, 1. Aufl. (München: dtv, 1988), 11–12. „Il problema di fondo sollevato nel libro, e in generale in questo campo di studi, è il problema della prova. [...]: sta di fatto che Longhi generalmente preferisce mostrare, più che dimostrare." (Adriano Sofri und Carlo Ginzburg, „Poche Storie. Un'intervista", in *Lotta continua* [17. Februar 1982], s. p.). Das italienische *mostrare* wird im Deutschen mit *aufweisen* übersetzt und dimostrare mit *beweisen*. Das ist problematisch, weil Ginzburg die humanwissenschaftliche, dem Zeichenlesen verpflichtete *Demonstration* vom gerichtlichen Beweis, den er als *prova* bezeichnet, unterscheidet (siehe unten). Mit „diesem Buch" sind die *Erkundungen über Piero. Piero della Francesca, ein Maler der frühen Renaissance* (vgl. Anm. 1) gemeint.

5 Ginzburg, „Geschichte und Geschichten" (siehe Anm. 4), 12.

6 Ginzburg, „Spurensicherung" (siehe Anm. 2), 17.

7 Vgl. Sarah Kofman, „Freud - Der Fotoapparat", in Herta Wolf (Hg.), *Paradigma Fotografie. Fotokritik am Ende des fotografischen Zeitalters* (Frankfurt am Main: Suhrkamp, 2002), 60–66.

8 Wie zum Beispiel: David Green, „Veins of Resemblance: Photography and Eugenics", in *The Oxford Art Journal* 7, Themenheft *Photography*, Nr. 2 (1984), 3–16; Allan Sekula, „Der Körper und das Archiv [1986]", in Herta Wolf (Hg.), *Diskurse der Fotografie. Fotokritik am Ende des fotografischen Zeitalters*, 2 Bde., Bd. 2 (Frankfurt a. Main: Suhrkamp, 2003), 269–334; Nancy Ann Roth, „Electrical Expressions: The Photographs of Duchenne de Boulogne", in Daniel P. Younger (Hg.), *Multiple Views. Logan Grant Essays on Photography 1983–89* (Albuquerque: University of New Mexico Press, 1991), 105–137.

9 Man denke hier an die Bezugsetzung von Richter und Historiker, die Tony Molho bei Ginzburg ausmacht, vgl. id. „Carlo Ginzburg: Reflections on the intellectual cosmos of a 20th-century historian", in *History of European Ideas*, Nr. 30 (2004), 121–148: 141.

10 Die Auseinandersetzung mit Longhi ist hier – naturgemäß – komplexer als im Interview, wenn er den Widerspruch innerhalb der methodischen Vorgangsweisen des Kunsthistorikers aufzeigt, vgl. Carlo Ginzburg, „IV. Absolute and Relative Dating: on the Method of Roberto Longhi", in id., *The Enigma of Piero. Piero della Francesca. New Edition with Appendices*, with an introduction by Peter Burke, übersetzt von Martin Ryle und Kate Soper (London; New York: Verso, 2000 [it. 1994]), 138–151.

11 Vgl. dazu auch Molho, „Carlo Ginzburg" (siehe Anm. 9).

12 Vgl. Carlo Ginzburg, „Einleitung", in id., *Faden und Fährten: wahr falsch fiktiv*, übersetzt von Victoria Lorini, Kleine Kulturwissenschaftliche Bibliothek 84 (Berlin: Wagenbach, 2013), 11.

13 „Et il défend le caractère constitutif pour l'histoire de la *preuve* [Hervorh. v. H.W.] sans laquelle, à moins de s'assumer

comme fiction, elle n'est qu'une mauvaise littérature.", Krysztof Pomian, „Portrait de Carlo Ginzburg: une esquisse", in *Critique*, Sur les traces de Carlo Ginzburg, Nr. 769–770 (2011), 457.

14 Ginzburg sieht in der Medizin die humanwissenschaftliche Gründungsdisziplin des Indizienparadigmas, vgl. Ginzburg, „Spurensicherung" (siehe Anm. 2), 39–40.

15 Vgl. Carlo Ginzburg, „Appendix III. Berenson, Longhi, and the Rediscovery of Piero della Francesca", in id., *The Enigma of Piero* (siehe Anm. 10), 129–137.

16 Zu Arthur Conan Doyle und seinem Verhältnis zur Fotografie siehe auch: Arthur Conan Doyle, *Essay on Photography: the Unknown Conan Doyle*, hg. und mit einer Einleitung von John Michael Gibson (London: Secker & Warburg, 1982); zur Geisterfotografie u.a. Clément Cheroux (Hg.), *The Perfect Medium: Photography and the Occult*, Ausstellungskatalog, Centre Pompidou, Paris; Metropolitan Museum of Art, New York (New Haven: Yale University Press, 2004).

17 Bernd Stiegler, *Spuren, Elfen und andere Erscheinungen: Conan Doyle und die Photographie* (Frankfurt a. M.: Fischer, 2014); id., „Conan Doyle, Visual History und das Indizienparadigma", in Michael R. Müller, Jürgen Raab und Hans-Georg Soeffner (Hg.), *Grenzen der Bildinterpretation* (Wiesbaden: Springer, 2014), 79–96; Arthur Conan Doyle, *Spurensicherungen: Schriften zur Photographie*, hg. von Bernd Stiegler (München: Fink, 2014).

18 Martin Gasser, *Wider das Leugnen und Verstellen: Carl Durheims Fahndungsfotografien von Heimatlosen 1852/53*, Ausstellungskatalog, Fotomuseum Winterthur und Museum für Kommunikation, Bern (Zürich: Offizin Verlag, 1998).

19 Alphonse Bertillon und Arthur Chervin, *Anthropologie métrique. Conseils pratiques aux missionannaires scientifiques sur la manière de mesurer, de photographier et de décrire des sujets vivants et des pièces anatomiques. Anthropométrie, photographie métrique, portrait descriptif, craniométrie* (Paris: Imprimerie nationale, 1909).

20 Alphonse Bertillon, *Photographie métrique. Identification judiciaire, Anthropologie, Archéologie, Architecture, Reproduction documentaire, Expertises, Médicine légale, Histoire naturelle, Topographie, etc.* (Paris: Établissements Lacour-Berthiot, 1913) [= Verkaufsbroschüre von Lacour-Berthiot]. Der als Autor angeführte Bertillon war 1913 bereits schwer erkrankt und steht hier für die im Kontext des Erkennungsdienstes entwickelten Apparate.

21 Alexander von Humboldt an Carl Gustav Carus, Brief vom 23.02.1839, in Rudolph Zaunick, *Carl Gustav Carus. Lebenserinnerungen und Denkwürdigkeiten* (Dresden: Verlag von Wolfgang Jeß, 1931), 77.

22 „Eh, monsieur, un roman est un miroir qui se promène sur une grande route. Tantôt il reflète à vos yeux l'azur des cieux, tantôt la fange des bourbiers de la route.", Stendhal, *Le Rouge et le Noir* (Paris: Le Divan, 1927), 770–771.

23 Herta Wolf, „Die Augenmetapher der Fotografie", in Claus Pias (Hg.), *['medien] i·3. neue vortraege zur medienkultur* (Weimar: Verlag und Datenbank für Geisteswissenschaften, 2000), 201–210.

24 Walter Benjamin, „Kleine Geschichte der Photographie", in *Die literarische Welt*, Nr. 38 (18.9.1931), 4.

25 Allerdings beziehen beide sich auf entgegengesetzte Methoden, wenn sie sich auf Kracauer beziehen. Ginzburg sieht in dessen *Geschichte: vor den letzten Dingen*, „die beste Einführung zur Mikrogeschichte". In diesem Kontext setzt er sich explizit von einer Geschichtsschreibung wie sie von Hayden White formuliert und wie sie von anderen Historikern, wie dem Niederländer F. R. Ankersmit, betrieben bzw. legitimiert worden ist, ab. Wie Ginzburg meint, suchten diese im Fragmentarischen einen anti-essentialistischen bzw. einen „antifundamentalistischen", als den ihn Ginzburg hier auch bezeichnet, Zugang zur Historie, dank dem – wie Ankersmit ausführt – eine postmoderne Historiographie betrieben bzw. hervorgebracht werde, die in nicht miteinander zu verbindenden Erzählungen resultiere bzw. die diese *hervorbringe*. Ginzburg hingegen will die „Geschichtsschreibung" *nicht* „auf eine textuelle Erscheinungs-

form reduzier[en] und sie damit jeglichen erkenntnistheoretischen Werts beraub[en].“ Wie Ginzburg ausführt, gehe es den italienischen Mikrohistorikern keinesfalls um die isolierte Betrachtung von Fragmenten, sondern um die Kontextualisierung der heuristischen Objekte, und das in dem Bewusstsein, „dass alle Phasen, die ein Forschungsprozess durchläuft, *konstruiert* und nicht *gegeben* sind.“, vgl. id., „Mikrogeschichte: Zwei oder drei Dinge, die ich von ihr weiß*“, in id., *Faden und Fährten: wahr, falsch, fiktiv* (siehe Anm. 12), 109. Ankersmit aber ist derjenige, der für Elizabeth Edwards als Referenzdenker ihrer eigenen, in diesem Artikel ausgebreiteten Methode herangezogen wird. Zu Kracauer vgl. ibid., 105; und Carlo Ginzburg, „Conversations with Orion. Il catalogo è questo“, in *Perspectives on History. The Newsmagazine of the American Historical Association* (2005), http://www.historians.org/publications-and-directories/perspectives-on-history/may-2005/conversations-with-orion (Abruf 01.07.2014).

26 Peter Geimer, *Bilder aus Versehen. Eine Geschichte fotografischer Erscheinungen*, Fundus Bücher 178 (Hamburg: Philo Fine Arts, 2010).

27 Vgl. Michael Wetzel und Herta Wolf (Hg.), *Der Entzug der Bilder. Visuelle Realitäten* (München: Wilhelm Fink, 1994).

28 Etwa in Émile Benveniste, *Problèmes de linguistique générale*, 2 Bde., Bd. 1 (Paris: Gallimard, 1966); hierin insbesondere: „Les relations du temps dans le verbe français“, 237–250 und „La nature des pronoms“ [1956], 251–257.

29 Neben dem vorliegenden Aufsatz verweist Heike Behrend hier auf ihr Buch, *Contesting Visibility. Photographic Practices on the East African Coast* (Bielefeld: Transcript, 2013).

30 Georges Didi-Huberman, *Bilder trotz allem. Bild und Text*, übersetzt von Peter Geimer (München: Fink, 2007), 155.

31 „Den Betrachtungsmaßstab zu reduzieren bedeutete, in ein Buch zu verwandeln, was für einen anderen Forscher wohl nur zu einer Fußnote in einer hypothetischen Monographie über die protestantische Reformation im Friaul gereicht hätte.“ Beide Zitate aus Ginzburg, „Mikrogeschichte (siehe Anm. 25), 99–100.

CARLO GINZBURG

REFLEXIONEN ÜBER EINE HYPOTHESE, FÜNFUNDZWANZIG JAHRE DANACH

1. Ich danke Ihnen, dass Sie mir die Gelegenheit geben, mir öffentlich über die Hypothese des Indizienparadigmas Gedanken zu machen, die ich in einem 1979 erschienenen Essay aufgestellt habe. Fünfundzwanzig Jahre sind eine lange Zeit. Gerne würde ich von diesen Seiten sprechen, als ob ich sie zum ersten Mal gelesen hätte – wobei mir klar ist, dass das nicht möglich ist. Es geht nicht nur um die unvermeidliche Komplizenschaft, die uns mit dem verbindet, was wir schreiben, sondern um etwas viel Spezifischeres. Dieser Essay bestand aus drei Schichten: zwei offensichtlichen Schichten und einer verborgenen. Oberflächlich gesehen, präsentierte sich der Essay als eine geschichtliche Rekonstruktion, die mit einer theoretischen These vermischt war (ich spreche das große Wort *Theorie* nicht aus, ohne ein wenig zu zögern). Doch gleichzeitig, und in impliziter Weise, ging es auch darum, eine Reflexion über meine vergangene Arbeit anzustellen, also um eine Art von intellektueller Krypto-Autobiografie.[1]

2. Ich werde später auf dieses Verhältnis von persönlichen und unpersönlichen Elementen zurückkommen. Zunächst möchte ich über die bereits erwähnten drei Schichten sprechen: die geschichtliche Schicht, die theoretische Schicht und die autobiografische Schicht. Der Essay, der auf Italienisch den Titel „Spie" hatte (ein doppeldeutiges Wort, das gleichzeitig *Indizien* und *Spione* bedeutet), begann mit der Rekonstruktion eines ganz bestimmten Kontexts, den man mit der Triade Morelli-Freud-Sherlock Holmes zusammenfassen kann.[2] Von diesem Kontext, den man horizontal nennen könnte, ging es mit einem brutalen Flashback weiter zu einem vertikalen Kontext, der bis zu den Jägern des Neolithikums zurückführte. War das noch Geschichte? Ich würde sagen, ja, wobei ich an die konjekturale oder mutmaßende Geschichtsschreibung des 18. Jahrhunderts denke – doch die Etiketten sind nicht so wichtig. Gewiss, ich nutzte damals die Möglichkeiten der Beschleunigung und Verlangsamung, die mir die literarische Form des Essays bot, um in einer Erzählung, die durch schroffe Diskontinuitäten fragmentiert wurde, getrennte Phänomene in einem Bogen von mehreren Jahrtausenden zusammenzubringen: die Wahrsagekunst der Babylonier, die Praxis der *connoisseurship* und die Anfänge der Paläografie im Rom des 17. Jahrhunderts, die Verwendung von Fingerabdrücken als

Instrument der Identifizierung, das von der englischen Verwaltung Ende des 19. Jahrhunderts in Indien eingesetzt wurde, und so weiter. Es war die zu Beginn des Essays formulierte Hypothese, die die Formel des *Indizienparadigmas* zusammenfasste, die es ermöglichte, derart heterogene Phänomene zusammenzuhalten. Diese Hypothese enthielt theoretische Ambitionen zu dem, was sich als ein Geschichts-Essay präsentierte – wenngleich er von einer ziemlich speziellen Geschichte belebt wurde.

3. Eine sehr allgemeine These, vorgebracht in einer Weise, die sich weder um die Grenzen der Disziplinen noch um die üblichen ethnozentrischen Hierarchien kümmerte – das sind einige der Elemente, in denen ich heute den Grund für den Erfolg meines Essays sehe. Dieser Text wurde sogleich mit großem und mehrfach auch sehr polemischem Interesse aufgenommen. Wenn ich sagen würde, dass dieser Erfolg mir gleichgültig war, würde ich lügen. Und dennoch, in der Schnelligkeit dieser Reaktion gab es Elemente, die mich beunruhigten. Mir wurde klar, dass ich etwas erfasst hatte, das damals in der Luft lag, und dass ich weit verbreitete Themen angesprochen hatte, die allerdings zumeist eher latent waren. Ich fürchtete also, dass die Wertschätzung und unmittelbare Anerkennung, die meinem Text zuteil wurde, die Folge der Banalität dessen sein könnte, was ich geschrieben hatte. Ich fürchtete vor allem, ein Gefangener der glücklichen Formel zu bleiben, die ich gefunden hatte: *Indizienparadigma.*

Ich misstraue solchen Formeln und Slogans, weil sie zu Verkürzungen führen können. Der Erkenntnisprozess muss offensichtlich jedes Mal neu beginnen, indem man die eigenen Voraussetzungen zur Diskussion stellt. Deshalb habe ich es fünfundzwanzig Jahre lang bewusst vermieden, den Ausdruck „Indizienparadigma" zu verwenden. Und dennoch hat diese Hypothese die Richtung meiner Arbeit weiterhin untergründig bestimmt, und dies auf zwei Weisen. Einerseits glaube ich, dass ich dieser Art und Weise der Forschung, deren Fruchtbarkeit ich damals hervorgehoben habe, treu geblieben bin; andererseits habe ich versucht – und oft, ohne dessen gewahr zu werden – hier und da eine Reihe von Themen zu vertiefen, die in diesem Essay nur am Rande vorkamen oder völlig in ihm fehlten.

Über diesen zweiten Aspekt möchte ich hier gern sprechen.

4. Im Laufe dieser Jahre habe ich die Hypothese, die auf dem Indizienparadigma beruht, in drei verschiedene Richtungen weiterentwickelt, die jedoch miteinander verbunden sind: dem Beweis, der Serie oder Reihe, dem Fall. Ich werde sie getrennt behandeln.

Meine Überlegungen zu den Indizien gingen aus einer Erfahrung bei der Forschung über die Inquisitionsprozesse hervor, die ich seit dem Ende der 1950er Jahre gemacht habe. Als ich meine Untersuchungen begann, hatte ich mir vorgenommen, den Glauben und das Verhalten von Bauern, Männern und Frauen, denen Hexerei vorgeworfen wurde, jenseits der Stereotypen, die mit der theologischen Ausbildung von Richtern verbunden sind, zu entziffern. Diese vorherige Entscheidung, deren Überdeterminierungen ich rückblickend zu analysieren versucht habe, hat meine ganze spätere Forschung bestimmt.[3] Die Bemühung, zwischen den Zeilen zu lesen, um die flüchtigen Reaktionen der Angeklagten und ihre heimlichen Einstellungen, die oft von den Inquisitoren entstellt wurden, zu erfassen, hat mich dahin gebracht, den Indizien eine zentrale Rolle in meiner Forschungspraxis zu geben. Doch wer Indiz sagt, sagt auch Beweis. Bei meinem ersten Buch über die *Benandanti* im Friaul war ich mir bewusst, dass die Dokumente, mit denen ich arbeitete, einen Quereinstieg notwendig machten, der eine zusätzliche Sorge um die Beweisführung beinhaltete.[4] Und dennoch bin ich erstaunt, dass es im Essay von 1979 nicht die geringste Diskussion über den Beweis gab – das heißt über geschichtlich formulierte und geschichtlich verhandelbare Verfahren, die es ermöglichen, eine wahre Vermutung (Konjektur) von einer falschen Vermutung zu unterscheiden. Ich sage ausdrücklich falsch und nicht gefälscht oder erfunden. Heute wäre ich bereit, jene Vermutung (die Italo Calvino so sehr gefallen hat) erneut zu präsentieren, die den Jägern den Ursprung der Narration zugeschrieben hat, welche somit als Beschreibung der Spurenfolge, die ein Tier hinterlassen hat, geboren wurde. Doch in der Ökonomie meines Essays (der als solcher keinen Anspruch auf Vollständigkeit hatte) gab es keinen Platz für eine Diskussion über Vermutungen, die sich dann als irreführend erweisen könnten. Und deshalb habe ich mich damals zum Beispiel darauf beschränkt, nur eine kurze und dazu noch in den Anmerkungen untergebrachte Anspielung auf das grafologische Gutachten zu machen, das Alphonse Bertillon zur berühmten Geheimkorrespondenz mit der deutschen Botschaft in Paris vorgelegt hat und das als unwiderlegbarer Beweis für die Schuld von Alfred Dreyfus galt. Heute scheint mir diese hastige Anspielung symptomatisch zu sein. Offensichtlich waren mir die Möglichkeiten und die Erfolge des Indizienparadigmas wichtiger als Verfahren, die es erlaubten, diesem eine Wissenschaftlichkeit an sich zuzuschreiben, sprich, eine Wissenschaftlichkeit, die sich nicht mehr an den harten oder den als hart angesehenen Wissenschaften orientierte.

Doch meine Euphorie war nur von kurzer Dauer. „Spie" erschien 1979 in einer Textsammlung mit dem Titel *Crisi della ragione* (*Die Krisen der Vernunft*).[5] Einige Monate später organisierte Luciano Canfora in Mailand eine öffentliche Diskussion über meinen Essay, deren Beiträge er später in den *Quaderni di Storia* veröffentlichte, der Zeitschrift zur Geschichte der Antike, die er leitete.[6] Im Rahmen dieser sehr lebendigen Diskussion bat mich Canfora, über den Begriff *tekmerion* im Werk von Thukydides nachzudenken: Wie sollte man ihn übersetzen? Als *Indiz* oder als *Beweis*? Es sollten zwanzig Jahre vergehen, bis ich beschloss, Canforas Frage zu beantworten. Doch ich musste unverzüglich auf die implizite Herausforderung antworten, die mit dem Begriff des Beweises verbunden ist („Ich musste" oder „Ich entschied mich zu antworten"? Vielleicht beides). Das Buch über Piero della Francesca, das ich 1981 veröffentlichte, beruhte auf einer knappen Gegenüberstellung von stilistischen und außer-stilistischen Gegebenheiten.[7] Es ging darum, die Spanne der Ungewissheiten in den Forschungen zu Piero zu verringern – insbesondere jene, die die äußerst umstrittene Frage der Chronologie seiner Werke betrafen. Ich glaubte, mich mit einer Frage zu beschäftigen, die sich im Wesentlichen auf Studien der Kunstgeschichte bezog – selbst wenn sie sich nicht darauf beschränkte – aber ich täuschte mich. Die intellektuelle Atmosphäre war im Begriff sich zu verändern. Mit der Verbreitung der Postmoderne und ihren unmittelbaren Folgen in der Geschichtsschreibung (die wiederholte Unmöglichkeit, in strenger Weise zwischen geschichtlichen Berichten und Fiktionen unterscheiden zu können) verschwand die Frage des Beweises mit einem Schlag von der Bühne. Es war also dringender als jemals zuvor, sich damit zu beschäftigen. Und das umso mehr, als Arnaldo Momigliano eindringlich auf die im weiteren Sinne moralischen und politischen und nicht nur intellektuellen Implikationen der dekonstruktivistischen Postmoderne hingewiesen hatte. Überdies sollte sich damals ein Element, das mich persönlich berührte, in diese Diskussion mischen. Mein Freund Adriano Sofri war zu zweiundzwanzig Jahren Gefängnis verurteilt worden, weil er einen politischen Mord in Auftrag gegeben haben sollte. Seine Verurteilung sollte am Ende einer endlosen Gerichtsverhandlung bestätigt werden, die Ende der 1980er Jahre begonnen hatte. Der Wunsch, die Unschuld meines Freundes zu beweisen, brachte mich dazu, ein kleines Buch zu schreiben, *Der Richter und der Historiker: Überlegungen zum Fall Sofri*, in dem Indizien und Beweise aus einer Sicht diskutiert wurden, die nicht akademisch war.[8] Zum ersten und bis heute letzten Mal in meinem Leben erschienen mir die Erforschung und die Darlegung der Wahrheit nicht als Selbstzweck (ein Ausdruck, der für mich den höchsten Wert hat), sondern als Instrumente, die einem praktischen Zweck untergeordnet waren: Es ging darum, die Richter des Berufungsverfahrens davon zu überzeugen, dass die Beweise, die vorgelegt worden waren, um Adriano Sofris Schuld zu beweisen, völlig inkonsistent waren. Mein Versuch scheiterte, wie seitdem alle gescheitert sind, die ein Urteil in Frage stellen wollten, dessen Ungerechtigkeit ganz offensichtlich war. Adriano Sofris Urteil von 1990 wurde 1995 und 1997 bestätigt.[9]

Es ist vielleicht die Erfahrung dieser von besonderen Umständen ausgelösten Recherche, die mich dazu gebracht hat, die Existenz einer antiken Rhetorik zu entdecken, die auf Beweisen beruht, entgegen der modernen und postmodernen Rhetorik, die sich Beweisen widersetzt: sozusagen Aristoteles gegen Nietzsche und seine Epigonen. Die in *Die Wahrheit der Geschichte*[10] gesammelten Essays gehen von dieser Ablehnung aus, um anhand einer Reihe von Beispielen darauf hinzuweisen, dass es möglich ist, eine Reihe von Indizien als Beweise zu verstehen (wie zum Beispiel die berühmte „Auslassung“ [*le blanc*] in Flauberts *Erziehung des Herzens*).[11] Doch mir scheint, dass es hier noch viel zu tun gibt.

5. Wie schon gesagt, in meinem Essay über die Indizien kam der Beweis praktisch nicht vor, die Serie oder Reihe dagegen schon, wenngleich als eine reine Tatsache, die nicht analysiert wurde. Ich wies zum Beispiel darauf hin, dass Morelli die Indizien, die ihn interessierten, als unterschiedliche Abweichungen in homogenen Serien identifizierte, etwa auf Gemälden gemalte Fingernägel, Ohrläppchen etc.,

aber ich hatte nicht die Vorgehensweisen diskutiert, die ihn dahin geführt haben, solche Serien zu konstruieren. Eine Reflexion über den Begriff der Serie hat sich mir dann an zwei Fronten aufgedrängt: die Front der Kunstgeschichte bei meinen Forschungen zu Piero della Francesca, und die Front der Volkskunst und der Religionsgeschichte bei meinen Forschungen zum Hexensabbat. Einerseits fragte ich mich, was die Konstruktion einer Serie, die auf stilistischen Gegebenheiten beruht (zum Beispiel die Werke, die Piero zugeschrieben werden), ermöglicht hat; andererseits, was die Konstruktion einer Serie von Mythen oder analog dazu Riten, unabhängig von ihrem Kontext und ihren auffälligsten Physiognomien, möglich gemacht hat.

In beiden Fällen ging es darum, über den Begriff der Ähnlichkeit nachzudenken, indem ich über die Gegebenheiten an der Oberfläche hinausging, um eine grundlegende Gegebenheit zu erfassen. Mir scheint heute, dass diese Wende in Richtung Morphologie implizit bereits in der Hypothese vom Indizienparadigma enthalten war. Der epistemologische Ansatz, der darin bestand, den Schwerpunkt auf die Anomalien zu legen, brachte mich unvermeidlich dahin, über die Serien nachzudenken, und umgekehrt. Diese Dichotomie verband sich mit einer anderen, nämlich mit der des Gegensatzes von Zeigen [*mostrare*] und Beweisen [*dimostrare*], um den Titel eines Essays aufzugreifen, in dem ich auf einen meiner Kritiker geantwortet habe.[12] Bei meinen Überlegungen zum Beweis habe ich mich auf die Beweisführung [*dimostrazione*] konzentriert. Beide Wege sind sicherlich nicht inkompatibel. Ganz im Gegenteil: Sie können sich sogar gegenseitig verstärken. Ich habe versucht, beide gleichzeitig zu beschreiten; sowohl in meinem Buch über Piero als auch in *Der Richter und der Historiker*. Die Verbindung dieser beiden Wege in der konkreten Forschung und bei der Beweisführung scheint mir jedoch ein Thema unerschöpflicher Reflexion zu sein.

Ich komme jetzt auf ein anderes Begriffspaar zurück, das ich bereits kurz angesprochen habe: Serie und Anomalie (oder Anomalien). Bei den Forschungen, die ich im Laufe der Jahre zu oft sehr weit voneinander entfernten Themen durchgeführt habe, haben Serien und Anomalien eine entscheidende Bedeutung gehabt, für die ich in meiner Arbeit kein anderes Äquivalent finde als mein Interesse für das Verhältnis von Morphologie und Geschichte. Einer der kritischen Vorwürfe, die mir sehr oft gemacht wurden, lautet, dass ich mich auf anomale Personen oder Phänomene konzentriert habe, die als solche nicht verallgemeinert werden könnten. Mir scheint, hier gibt es eine potenzielle Doppeldeutigkeit, die es mir wichtig ist zu klären. Manche haben meinen Essay über das Indizienparadigma wie ein Loblied auf das Fragment, das isolierte Detail und die Anomalie im Gegensatz zur Serie gelesen. Nichts liegt meinen impliziten und expliziten Intentionen ferner. Am Ende dieses Essays habe ich erklärt, dass es notwendig sei, von scheinbar marginalen Details auszugehen, um das Allgemeine einer Realität, die durch die Nebel der Ideologie verdunkelt wird, zu erfassen. Mit dieser Ambition identifiziere ich mich auch noch heute. Meiner Meinung nach stehen die Bezeichnung, die Vorgehensweisen und die Grenzen der Verallgemeinerung mehr denn je zuvor im Mittelpunkt der Arbeit der Historiker. Aber die Idee, man könne nur ausgehend von durchschnittlichen Fällen, von Normalfällen (oder zumindest von solchen, die dafür gehalten werden) Verallgemeinerungen vornehmen, scheint mir nicht nur faul zu sein, sondern geradezu verrückt. Historiker verwechseln die Dokumentation, die sie kennen, allzu oft mit der verfügbaren Dokumentation, die verfügbare Dokumentation mit der Dokumentation, die produziert wurde, und diese letztere mit der gesellschaftlichen Realität, die sie hervorgebracht hat. Der Begriff „normale Ausnahme" – nach dem sehr zutreffenden Oxymoron, das Edoardo Grendi vorgeschlagen hat – unterstreicht die Möglichkeit, dass ein Dokument, das aus statistischer Sicht selten und somit „außergewöhnlich" ist, ein verbreitetes und „normales" gesellschaftliches Phänomen erhellen kann.[13] Doch die geschichtliche Verallgemeinerung kann auch andere Wege nehmen. Mein Buch *Der Käse und die Würmer* musste viel Kritik einstecken, weil sein Protagonist, der friaulische Müller Domenico Scandello, genannt Menocchio, eine anomale, nicht repräsentative Figur war, die man also mit Stillschweigen übergehen konnte.[14] Ich akzeptiere nur den ersten Term dieses Arguments. Ich war der Erste, der den außergewöhnlichen Charakter der Figur des Menocchio hervorgehoben hat. Doch bestimmte Aspekte seines Verhaltens schienen mir mit allgemeineren Phänomenen zusammenzuhängen. Die unbewusste Abweichung zwischen den Erinnerungen, die Menocchio von seinen Lektüren bewahrt hat, und den Seiten der Bücher, die er gelesen hat, verdeutlicht zum Beispiel das Gepäck an Hoffnungen, Voraussetzungen etc., mit dem Männer und Frauen, die mit einer im wesentlichen oralen Kultur verbunden waren, sich gedruckten Büchern zu nähern vermochten. Wenn ich mich nicht täusche, hat diese, ausgehend vom Fall des Menocchio, formulierte Hypothese die Aufmerksamkeit von Forschern erregt, die sich mit der geschichtlich wechselnden Dimension eines Phänomens beschäftigen, das man bis dahin unausgesprochen für eine Invariante gehalten hatte: die Lektüre.[15]

Die Möglichkeit, von einem Einzelfall zur Verallgemeinerung überzugehen, geht von einer Hypothese aus, die im Laufe der Zeit an Klarheit gewonnen hat. Heute würde ich vorschlagen, ein Individuum als Überschneidungspunkt einer Reihe oder Serie von unterschiedlichen Mengen, die jeweils variable Dimensionen haben, zu betrachten. Ein Individuum gehört zu einer Tiergattung (*homo sapiens sapiens*), zu einem Geschlecht, zu einer sprachlichen, politischen, beruflichen Gemeinschaft und so fort. Unter diesen Mengen gibt es auch jene, die auf Fingerabdrücken beruhen und ein einziges Individuum erfassen. Doch ein Individuum allein durch seine Fingerabdrücke zu identifizieren, ist nur aus einer polizeilichen Sicht erlaubt. Der Historiker muss von der Hypothese ausgehen, dass es bei jedem Individuum, und selbst beim anomalsten (und das ist vielleicht jedes Individuum oder jedes Individuum kann zumindest als solches erscheinen), eine Koexistenz von mehr oder weniger verallgemeinerbaren Elementen gibt. Die Anomalie ist das Ergebnis von wechselseitigen Reaktionen zwischen allen diesen Elementen. Somit hat es keinen Sinn, von Anomalie in einer absoluten Weise zu sprechen. Was dagegen Sinn macht, ist, von Anomalien oder Abweichungen im Verhältnis zu einer bestimmten Perspektive zu sprechen. In einem kürzlich erschienenen Essay, „Familienähnlichkeiten und Familienstammbäume: Zwei kognitive Metaphern", habe ich versucht, die kognitiven Potenziale der Anomalie in verschiedenen Bereichen zu beschreiben.[16] Die Hypothese des Indizienparadigmas hat mir geholfen, dieses Thema, an dem mir sehr viel liegt, in eine historische Perspektive einzuführen.

6. Wenn ich den Fall Menocchio in Erinnerung rufe, dann habe ich auch den dritten Punkt vorweggenommen, den ich angekündigt habe: die Frage des Falls. Seit etwa zwanzig Jahren ist die Kasuistik dank der Biologie und des Auftauchens der Bioethik (wieder) zur Mode geworden. In einer kürzlich erschienenen Artikelsammlung, *Penser par cas*, haben Jean-Claude Passeron und Jacques Revel bei dieser Thematik an meinen Essay über das Indizienparadigma erinnert.[17] Es ist jedoch nur einige Jahre her, dass ich begann, mich spezifisch mit der Kasuistik und vor allem mit Macchiavellis Verhältnis zu ihr zu beschäftigen.[18] Mir wurde einmal mehr klar, dass ich in einer Perspektive arbeite, in der sich Theorie und Geschichte miteinander verbinden. Das beruht vor allem auf meinen persönlichen Grenzen: ich bin nicht in der Lage, mich in eine rein theoretische Reflexion zu stürzen. Und außerdem frage ich mich, ob ich, wenn ich dazu in der Lage wäre, überhaupt Lust dazu hätte. Ich habe den Eindruck, dass die implizite Theorie, abgesehen von sehr seltenen Ausnahmen, viel reicher ist als die explizite Theorie. Am Ende seines Essays „Über den jahreszeitlichen Wandel von Eskimogesellschaften" aus dem Jahre 1906 sagt Marcel Mauss, dass ein gut ausgewählter und gründlich untersuchter Fall genügt, um die Voraussetzung für einen Vergleich zu schaffen.[19] Ich würde überdies sagen, und ich denke dabei an die Essays, die Aby Warburg in denselben Jahren geschrieben hat: Ein gut ausgewählter und gründlich untersuchter Fall genügt, um die Voraussetzung für eine theoretische Reflexion zu schaffen. Doch was bedeutet ein *gut ausgewählter Fall*? Und noch radikaler: Was ist ein *Fall*?

Ich möchte eine provisorische Antwort auf diese Fragen geben, indem ich auf einen Text verweise, bei dem ich mich wundere, dass er in der heute durch ein Wiederaufleben der Kasuistik ausgelösten umfangreichen Diskussion nicht herangezogen wird. Es handelt sich um das Kapitel, das André Jolles in seinem Buch *Einfache Formen* dem Kasus (Fall) widmet: eine sehr originelle Untersuchung der literarischen Morphologie, die 1930 veröffentlicht und dank der französischen Übersetzung, die bei den Éditions du Seuil in der Reihe *Poétique* erschienen ist, Anfang der 1970er Jahre wiederentdeckt wurde.[20] Jolles unterschied in der Form des Kasus zwischen dem Exempel als besonderem Fall einer praktischen Regel und dem Beispiel, das auf einer Auffassung allgemeinen Charakters beruht.[21] Der Kasus ist eine Narration, zumeist von sehr kurzer Dauer und sehr verdichtet, die die Widersprüche, die einer Norm innewohnen, oder die Widersprüche zwischen zwei normativen Systemen hervorhebt. „Das Eigentümliche der Form des Kasus", schlussfolgert Jolles, „liegt nun aber darin, dass sie zwar die Frage stellt, aber die Antwort nicht geben kann, dass sie uns die Pflicht der Entscheidung auferlegt, aber die Entscheidung selbst nicht enthält – was sich in ihr verwirklicht, ist das Wägen, aber nicht das Resultat des Wägens."[22] Jolles unterstrich das kritische Potenzial des Falls bezüglich der juristischen oder moralischen Normen. Ich beobachtete auf seinen Spuren, dass der Fall im eigentlichen Sinne, wenn er zum Gegenstand einer umfassenden Untersuchung wird, dahin führen kann, die vorherrschenden epistemologischen Paradigmen in Frage zu stellen, indem er ihre Schwachpunkte aufzeigt. Unter allen möglichen Entwicklungen der Hypothese, die auf dem Indizienparadigma beruhen, ist der Fall (Kasus) meiner Meinung nach der vielversprechendste Ansatz.

8. Wie ich zu Anfang angedeutet habe, komme ich nun zum letzten der drei Elemente, die ich in meinem Essay „Spurensicherung" („Spie") präsentiert habe, nämlich zum autobiografischen Element. Es handelte sich in Wirklichkeit um Krypto-Autobiografie, die sehr diskret eingeführt wurde. Ich werde mich jetzt in expliziterer Weise ausdrücken, wobei ich hoffe, dass diese kurzen Reflexionen Ihnen nicht als vom Narzissmus diktiert erscheinen. Ein Verhalten, das darin besteht, sich zu fragen, wie eine Idee zustande gekommen ist, scheint mir kein Urteil über ihren Wert oder ihre Originalität zu beinhalten.

Der erste Essay, den ich veröffentlicht habe, „Hexenwesen und Volksfrömmigkeit. Anmerkungen zu einem Prozess in Modena im Jahre 1519", endet mit den Worten:

> „Auch unter diesem Gesichtspunkt kann der Fall von Chiara Signorini [der Hauptperson des Prozesses, C. G.] – trotz seiner auf immer individuellen Momente [*aspetti irreducibilmente individuali*] – eine in mancher Hinsicht paradigmatische Bedeutung annehmen."[23]

Dieser Essay wurde 1961 veröffentlicht.[24] Das Buch *Die Struktur wissenschaftlicher Revolutionen* von Thomas Kuhn, das den Begriff des *Paradigmas* dauerhaft in die internationale intellektuelle Lexik einführen sollte, erschien im folgenden Jahr. Die Wiederentdeckung der Kasuistik stand uns noch bevor. Doch der eigentliche Kontext für diesen Satz muss woanders gesucht werden, nämlich in meiner Ambivalenz gegenüber diesem „irreduzibel individuellen [*aspetti irreducibilmente individuali*]" Element. Einerseits hielt ich es für eine Grenze; andererseits sah ich eine Grenze, die eine Verallgemeinerung ermöglichte. Eine Erklärung für diese Ambivalenz finde ich in einem Abschnitt des Vorwortes von *Miti emblemi spie*, einer Textsammlung, die mit dem Nachdruck dieses ersten Essays „Hexenwesen und Volksfrömmigkeit" beginnt. Um die Kontinuität mit den Lektüren, die ich Mitte der 1950er Jahre kurz vor meinem Eintritt in die Universität gemacht habe, zu erklären, führte ich eine Liste von Namen an: „Croce und Gramsci (Croce, gelesen durch Gramsci), Spitzer, Auerbach, Contini".[25]

Ich wies darauf hin, dass es sich um Autoren handelte, die in diesen Jahren von der Zeitschrift *Officina* vorgeschlagen wurden, die – unter anderen – von Pier Paolo Pasolini und Franco Fortini geleitet wurde. Siebzehn Jahre trennten mich vom ersteren, zweiundzwanzig Jahre vom letzteren. Wie sie las ich Croce durch Gramsci, um mich von Croce zu entfernen, in dessen Schuld ich jedoch nach wie vor stand (wie übrigens auch Gramsci selbst, aber auch wie die ganze Generation von Intellektuellen, die von ihm beeinflusst wurde).

Bei meiner Lektüre gab es ein wichtiges persönliches Element: Mein Vater, gestorben als ich fünf Jahre alt war, war sehr eng mit Croce verbunden. (Das Exemplar der *Geschichte Europas im neunzehnten Jahrhundert*, das ich gelesen habe, trug auf dem Frontispiz einige Dankesworte von Croce an meinen Vater, der ihn auf einige Fehler im Teil über die russische Geschichte hingewiesen hatte.) Ich begreife heute, dass die dem individuellen Element beigelegte Bedeutung aus der Ästhetik Croces kam und dass ich die Notwendigkeit, das individuelle Element durch eine Verallgemeinerung zu überwinden, von Gramsci übernommen habe. Das war die Brille, durch die ich kurz danach die *Minima Moralia* von Adorno, *Zur Psychopathologie des Alltagslebens* von Freud, *Die wundertätigen Könige* von Marc Bloch, die Essays von Aby Warburg und Weiteres lesen sollte.

Das ist, wie mir scheint, der Weg, der mich zur Formulierung des Indizienparadigmas geführt hat. Aber für unsere Diskussionen ist dieser Weg nicht von großem Interesse. Der Kontext einer Entdeckung und ihre Rechtfertigung koinzidieren per definitionem nicht. Der Kontext hat immer eine subjektive Wurzel (und dies selbst dann, wenn die Formulierung einer Entdeckung, ob sie nun wahr ist oder nicht, aus einer Gruppe hervorgeht). Die Rechtfertigung ist immer intersubjektiv. Der Grad der Fruchtbarkeit (ich würde für meinen Teil sagen, der inneren Übersetzbarkeit[26]) einer Hypothese besteht in der Möglichkeit, dass man sie in diverse Subjektivitäten, in diverse Kontexte und in diverse Forschungsprojekte einbringen kann. Das Programm dieses Kolloquiums lädt uns zu einem regelrechten Bankett der Diversitäten ein.

Aus dem Französischen übersetzt von Ronald Voullié

ANMERKUNGEN

1 Anm. d. Hg./Übers.: Der Aufsatz beruht auf einem Vortrag, den Carlo Ginzburg auf dem Kolloquium „À la trace. Enquête sur le paradigme indiciaire" in Lille (13. bis 15. Oktober 2005) gehalten hat. Der Autor hat ihn „korrigiert und ein wenig erweitert, und zwar am Anfang, der sehr umfangreich war, und im Hinblick auf einige kritische Bemerkungen, die mir mein Freund Carlos Aguirre Rojas hat zukommen lassen." Der dem Band *L'interprétation des indices. Enquête sur le paradigme indiciaire avec Carlo Ginzburg* (hg. von Denis Thouard, Villeneuve d'Ascq: Presse universitaires du Septentrion, 2007) entnommene Text wurde von Martin Rueff aus dem Italienischen ins Französische übersetzt. Auf dieser Übertragung – unter Berücksichtigung der italienischen Originalfassung – beruht die vorliegende Übersetzung.

2 Siehe Carlo Ginzburg, „Spie. Radici di un paradigma indiziarios", in Aldo Gargani (Hg.), *Crisi della ragione. Novi modelli ne rapporto tra sapere e attivaità umane* (Turin: Einaudi, 1979), 59–101; dt. „Spurensicherung. Der Jäger entziffert die Fährte, Sherlock Holmes nimmt die Lupe, Freud liest Morelli – die Wissenschaft auf der Suche nach sich selbst", übersetzt von Gisela Bonz (Berlin: Wagenbach 1983), in id., *Spurensicherung. Über verborgene Geschichte, Kunst und soziales Gedächtnis*, übersetzt von Karl Friedrich Hauber u. id., 2. Aufl., (München: dtv, 1988), 78–125.

3 Carlo Ginzburg, „Witches and Shamans", in *New Left Review*, Nr. 200 (Juli–August 1993), 75–85; dt. „Hexen und Schamanen", in id., *Faden und Fährten: wahr, falsch, fiktiv*, übersetzt von Victoria Lorini (Berlin: Wagenbach, 2013), 113–125.

4 Carlo Ginzburg, *I benandanti. Ricerche sulla stregoneria e sui culti agrari tra Cinquecento e Seicento* (Turin: Einaudi, 1966); dt. *Die Benandanti: Feldkulte und Hexenwesen im 16. und 17. Jahrhundert*, übersetzt von Karl Friedrich Hauber (Frankfurt a. M.: Syndikat, 1980).

5 Ginzburg, „Spie" (siehe Anm. 2).

6 Luciano Canfora, „Paradigma indiziario e conoscenza storica. Dibattito su *Spie* di Carlo Ginzburg. Interventi di Lucani Canfora, Mario Rosa, Rosario Villani, Mario Vegetti, Giulio Girello, Aldo Schiamone, Salvatore Veca, Eva Canterella, Umberto Eco e Carlo Ginzburg", in *Quaderni di storia*, Nr. 12 (Juli–Dezember 1980), 3–54.

7 Carlo Ginzburg, *Indagini su Piero. Il Battesimo, il ciclo di Arezzo, la Flagellazione di Urbino* (Turin: Einaudi, 1981); dt. *Erkundungen über Piero: Piero della Francesca, ein Maler der frühen Renaissance*, übersetzt von Karl F. Hauber (Berlin: Wagenbach, 1981).

8 Carlo Ginzburg, *Il giudice e lo storico. Considerazioni in margine al processo Sofri* (Turin: Einaudi, 1991); dt. *Der Richter und der Historiker: Überlegungen zum Fall Sofri*, übersetzt von Walter Kögler (Berlin: Wagenbach, 1991).

9 Ginzburg nennt in seinem Text die Anzahl der Gefängnisjahre von Sofri. Dieser durfte, aufgrund einer schweren Erkrankung, ab 2007 seine Strafe unter Hausarrest verbüßen; im Januar 2012 endete schließlich die 22jährige Gefängnisstrafe.

10 Carlo Ginzburg, *Rapporti di forza. Storia, retorica, prova* (Mailand: Feltrinelli, 2000); dt. *Die Wahrheit der Geschichte: Rhetorik und Beweis*, übersetzt von Wolfgang Kaiser (Berlin: Wagenbach, 2001).

11 Carlo Ginzburg, „Eine Auslassung entziffern", in id., *Die Wahrheit der Geschichte: Rhetorik und Beweis* (siehe Anm. 10), 103–120.

12 Carlo Ginzburg, „Mostrare e Dimostrare. Riposta a Pinelli e altri critici", in *Quaderni storici*, Nr. 17 (1982), 702–727.

13 Carlo Ginzburg und Carlo Poni, „Il nome e il come: scambio ineguale e mercato storiografico", in *Quaderni storici*, Nr. 40 (1979), 181–190; dt. „Was ist Mikrogeschichte?", in *Geschichtswerkstatt*, Nr. 6 (1985), 48–52.

14 Carlo Ginzburg, *Il formaggio e i vermi. Il cosmo di un mugnaio del Cinquecento* (Turin: Einaudi, 1976); dt. *Der Käse und die Würmer*, übersetzt von Karl F. Hauber (Frankfurt a. M.: Syndikat, 1979).

15 Ich denke vor allem an die Arbeiten von Roger Chartier, die diesen Forschungsbereich erneuert haben.

16 Carlo Ginzburg, „Family Resemblances and Family Trees: Two Cognitive Metaphors" *Critical Inquiry* 30, Nr. 3 (2004), 537–556; dt. „Familienähnlichkeiten und Stammbäume. Zwei kognitive Metaphern", in Sigrid Weigel et al. (Hg.), *Generation. Zur Genealogie des Konzepts – Konzepte von Genealogie* (München: Fink, 2005), 267–288.

17 Jean-Claude Passeron und Jacques Revel (Hg.), *Penser par cas* (Paris: Édition de l´École des hautes études en sciences sociales, 2005).

18 Carlo Ginzburg, „Machiavelli, l'eccezione e la regola. Linee di una ricerca in corso", in *Quaderni storici*, Nr. 112 (2003), 195–213.

19 Marcel Mauss, „Über den jahreszeitlichen Wandel der Eskimogesellschaften", in id., *Soziologie und Anthropologie*, Bd. 1, übersetzt von Henning Ritter (München: Springer, 1974), 183–276.

20 André Jolles, „Kasus", in id., *Einfache Formen: Legende, Sage, Mythe, Rätsel, Spruch, Kasus, Memorabile, Märchen, Witz* (Tübingen: Max Niemeyer Verlag, 1930), 171–199. Anm. d. Hg.: Auf Deutsch erschien der Band in einer 2. unveränderten Auflage 1956 u. 1958; danach in einer unveränderten 3. Aufl. 1965; 1969 und 1972 in einer unveränderten 4. Auflage; 1974 in einer unveränderten 5. Auflage usf. bis zur 8. unveränderten Auflage 2006.

21 Anm. d. Hg.: Jolles rekurriert, wenn er zwischen Exempel und Bespiel unterscheidet, auf eine Definition Kants, die sich auch im Grimm'schen Wörterbuch findet. Dort werde das Beispiel als „bloß theoretische [...] Darstellung des Begriffes" gefasst, Jolles, *Einfache Formen: Legende, Sage, Mythe, Rätsel, Spruch, Kasus, Memorabile, Märchen,* Witz (siehe Anm. 20), 177–178.

22 Ibid., 191.

23 Carlo Ginzburg, „Hexenwesen und Volksfrömmigkeit. Anmerkung zu einem Prozeß in Modena im Jahre 1519", in id., *Spurensicherungen* (siehe Anm. 2), 29–58: 51.

24 Carlo Ginzburg, „Stregoneria e pietà popolare. Note a proposito di un processo modenese del 1519", in *Annali delle Scuola Normale Superiore di Pisa, classe di Lettere storia e filosofia*, II, Nr. 30 (1961), 296–287; später in id., *Miti emblemi spie. Morfologia e storia* (Turin: Einaudi, 1986), 3–28.

25 Carlo Ginzburg, „Prefazione", in id., *Miti emblemi spie. Morfologia e storia* (siehe Anm. 24), IX–X.

26 Bei einer erneuten Lektüre fiel mir auf, dass es hier ein unbewusstes Echo von Gianfranco Contini gibt (der von Poesie spricht), id., *Un'idea di Dante* (Turin: Einaudi, 2001), 72.

DAS INDIZIENPARADIGMA – CONNAISSEURE, AMATEURE UND KRIMINALAUTOREN

DOROTHEA PETERS

AUF SPURENSUCHE. GIOVANNI MORELLI UND DIE FOTOGRAFIE

Eisenbahn und Fotografie haben die Forschung über Kunst revolutioniert: die Eisenbahn, indem sie seit Mitte des 19. Jahrhunderts die Kunstforscher immer schneller von Ort zu Ort trug und ihnen die Autopsie von Kunstwerken erleichterte; die Fotografie, indem sie die Kunstwerke aus ihrer Ortsgebundenheit befreite und dadurch völlig neue Arbeitsmethoden ermöglichte. „Connoisseurship", so schrieb denn auch 1883 ein anonymer Autor unter der Überschrift „The Life and Works of Raphael" in der *Edinburgh Review*, „Connoisseurship is a strictly modern science, requiring the exercise of the closest observation and subtlest analysis. The connoisseur must be endowed with no common qualities. [...] His decisions depend solely upon evidence, but that evidence is of a nature very laborious to collect. Connoisseurship is not a matter of the highest taste, [...] but of the closest comparison. All knowledge of art is formed by comparison."[1] Der Kunstkenner bedurfte jedoch nicht nur, wie derselbe Autor forderte, der Unparteilichkeit eines Richters, der Leidenschaft eines fanatischen Jägers und der Geduld eines Heiligen,[2] sondern auch einer umfangreichen Sammlung von Fotografien, um, wenn schon nicht die Kunstwerke selbst, so doch ihre Abbilder immer wieder aufs Neue betrachten, analysieren und vergleichen zu können.

„Wer war früher im Stande die Reproduktion eines Gemäldes, alle Skizzen dazu, alle Stiche danach, alle Studien dafür auf demselben Tische ausbreiten und ruhig und unbeirrt vergleichen zu können?",[3] hatte Herman Grimm (1828–1901) schon 1865 gefragt und die Einrichtung „einer photographischen Bibliothek für das gesammte kunstgeschichtliche Material" gefordert.[4] Solche fotografischen Archive waren da allerdings bereits im Entstehen. Ihre Konstituierung war eng verknüpft mit der wissenschaftlichen Forschung über das Leben und die Werke Raffaels und nahm ihren Ausgang in der *Raphael collection* des englischen Prinzgemahls, Prinz Albert (1819–1861). Seit der Weltausstellung 1851 war dieser begeistert von den Möglichkeiten der Fotografie und schickte wenig später Fotografen durch ganz Europa, um die Werke Raffaels, die auch in den königlichen Sammlungen in Windsor Castle gut vertreten waren, zu dokumentieren.[5] Dies war der Beginn systematischer fotografischer Kampagnen, die nach und nach die Bestände privater Sammlungen und öffentlicher Museen erschlossen[6] und mit dem stetig wachsenden Bilderfundus eine immens wichtige Grundlage für den Weg von der (dilettantischen) Kunstkennerschaft zu einer diskursiven Kunstwissenschaft ebneten, die sich schließlich Ende des 19. Jahrhunderts im Kanon der Wissenschaften etablierte und institutionell verankerte.[7] Immer unausweichlicher wurde der Blick des Forschers auf das Kunstwerk selbst gelenkt: „Pictures are allowed now to speak for themselves",[8] schrieb der Anonymus von 1883 und bezog sich dabei durchaus nicht zufällig auf ein wenige Jahre zuvor erschienenes Buch des italienischen Kunstforschers Giovanni Morelli (1816–1891), dessen Name gleichsam zum Synonym für die umwälzenden Transformationen der Forschung über Kunst im 19. Jahrhundert wurde.

Seine naturwissenschaftlich orientierte Methode einer formenanalytischen Stilkritik entwickelte Morelli paradigmatisch in engem Konnex mit der Fotografie und implementierte diese als konstitutiven Bestandteil in die sich streitbar entfaltenden kunsthistorischen Debatten, noch ehe Fotografien in Publikationen gedruckt und somit als *Beweis* allgegenwärtig werden konnten. Obwohl Morelli aus kunsthistoriografischer Sicht heute als einer der „Gründerväter" der modernen Kunstgeschichte gilt,[9] setzte seine Rezeption spät ein:[10] Erst seit dem Ende der 1970er Jahre wurde er, gleichermaßen als beeindruckende Persönlichkeit wie als origineller Wissenschaftler, quasi wiederentdeckt und auch kulturhistorisch verortet. Insbesondere der Beitrag des italienischen Historikers Carlo Ginzburg über Morelli, Freud und Sherlock Holmes erreichte rasch Kultstatus und wurde in zahlreichen internationalen Publikationen veröffentlicht.[11] Nur selten aber wurde seither der Blick auf das Verhältnis Giovanni Morellis zur Fotografie gelenkt;[12] das soll hier vor dem Hintergrund seiner spezifischen kunstwissenschaftlichen Methode geschehen. Da sich aber nur mühsam erschließt, welche Rolle Fotografien für Kunstforscher im 19. Jahrhundert spielten, wie mit ihnen als unverzichtbarem Instrument im Forscheralltag konkret umgegangen wurde,[13] soll der Fotogebrauch von Giovanni Morelli nicht nur aus seinen Publikationen, sondern auch aus seinem Briefwechsel mit dem Kunsthistoriker und späteren Kunsthändler Jean Paul Richter (1847–1937) rekonstruiert werden: Der Briefwechsel begann 1876, nach den ersten spektakulären Publikationen Morellis in Deutschland, und endete 1891 mit dessen Tod. Giovanni Morelli war für Richter ein väterlicher Freund und Lehrer, Jean Paul Richter für Morelli der personifizierte Beweis, dass die von ihm entwickelte kunstwissenschaftliche Methode lehr- und lernbar war und somit zur angestrebten Verwissenschaftlichung der Kunstgeschichte beitragen konnte.[14]

I. GIOVANNI MORELLI: BIOGRAFIE UND METHODE

Giovanni Morelli, 1816 als Sohn einer protestantischen, aus der deutschsprachigen Schweiz stammenden Familie in Verona geboren und in der Schweiz aufgewachsen, studierte seit 1834 in München und Erlangen Medizin und Naturwissenschaften, darunter vergleichende Anatomie bei Ignaz Döllinger (1770–1841); er wurde in

Medizin promoviert, ohne jedoch jemals als Arzt zu praktizieren.[15] 1838 bis 1839 hielt er sich in Paris auf, wo er – just zu der Zeit, als dieser das Verfahren der Daguerreotypie bekanntgab – im Kreis um François Arago verkehrte, sich mit den vergleichend-anatomischen Forschungen Georges Cuviers (1769–1832) an Sauriern beschäftigte und zusammen mit dem mit ihm befreundeten Kunsthistoriker Otto Mündler (1811–1870) durch den Louvre streifte. Seit 1840 als Schriftsteller in Bergamo lebend, engagierte er sich 1848 in den Kämpfen gegen die österreichische Besatzung Norditaliens und betätigte sich auch nach der Vereinigung Italiens politisch: ab 1860 zunächst als Abgeordneter, ab 1873 als Senator im italienischen Parlament.

Es dürfte Morellis Patriotismus gewesen sein, der ihn seit Beginn der 1850er Jahre zu gründlichen Studien italienischer Kunst veranlasste, um dem Ausverkauf einmaliger italienischer Kunstwerke an ausländische Käufer entgegenwirken zu können.[16] Nach ausgiebigen Quellenstudien zog er, häufig zusammen mit Otto Mündler, durch Museen und Galerien, durch die Läden der Trödler und Kunsthändler und betätigte sich selbst als *marchand amateur.* Der mit Otto Mündler gepflegte Diskurs vor den Bildern dürfte nicht ohne Einfluss auf Morellis eigene, in den 1850er Jahren entwickelte Methode zur Untersuchung von Kunstwerken geblieben sein, galt Mündler damals doch als bester Kenner alter italienischer Kunst in Europa, der – u. a. anhand von Künstlersignaturen und Monogrammen – schon 1850 auf falsche Zuschreibungen einzelner Werke im neuen Louvrekatalog hingewiesen hatte.[17] Seit 1854 reiste Otto Mündler allerdings nicht nur als gelehrter Kunstkenner, sondern auch als offizieller *travel agent* im Auftrag Charles Eastlakes (1793–1865) durch ganz Europa, um für die Londoner National Gallery Bilder anzukaufen; über diese Kontakte wurde auch Giovanni Morelli mehr und mehr zum gefragten Ansprechpartner ausländischer Kunstkäufer.[18]

Seit den 1850er Jahren arbeitete Giovanni Morelli eng mit dem Mailänder Restaurator Giuseppe Molteni (1800–1867) zusammen,[19] der die von Morelli erworbenen Bilder von ihrer *Maske* aus dicken Schmutz- und Firnisschichten, Übermalungen oder misslungenen Restaurierungsversuchen befreite, so dass sie eingehend auf ihre Echtheit untersucht werden konnten. Schon damals ließ Morelli den Zustand von Gemälden vor und nach Reinigungs- und Restaurierungsarbeiten fotografisch dokumentieren,[20] wie dies auch Molteni – etwa 1857 vor der Restaurierung von Raffaels *Sposalizio*[21] – und Charles Eastlake taten.[22] Sie alle benutzten also seit den späten 1850er Jahren gerade die – den prüfenden Blick des Kunstkäufers unterstützende – *Überdeutlichkeit* und Detailgenauigkeit der Fotografie, die so häufig als *unkünstlerisch* kritisiert worden war, als diagnostisches Instrument.

Dass die alten Gemälde häufig nicht mehr ihren originalen Zustand zeigten, dass differenzierte Zuschreibungen also kaum, wie unter Kunstkennern üblich, anhand des von Farben, *Haltung* und Malweise geprägten *Totaleindrucks* getroffen werden konnten, ließ Giovanni Morelli nach einer exakteren, weniger spekulativen Grundlage kunsthistorischer Zuschreibungen suchen.[23] Durch seine vergleichenden naturwissenschaftlichen Studien im nüchtern-analysierenden Blick geübt, fand er heraus, dass Schüler oder Kopisten eines großen Meisters sich auf die Nachahmung der hauptsächlichen Charakteristika der künstlerischen Malweise konzentrierten und darüber Nebensächlichkeiten, wie die Gestaltung von Händen, Ohren, Fingernägeln, Zehen, Nasenflügeln und den Faltenwurf der Gewänder vernachlässigten.[24] Diese jedoch würden – wegen ihrer geringen Bedeutung für den Gesamteindruck vom Künstler selbst unbewusst und wenig erarbeitet – in stets charakteristischer, sich gleichwohl mit der künstlerischen Entwicklung verändernder Weise eingesetzt, so dass sich gerade in den Nebensächlichkeiten die Authentizität des Meisters verrate, die Fälschung des Kopisten aber entlarve. Diese Beobachtung setzte Morelli systematisch bei der Analyse von Kunstwerken ein, etwa, als er 1861 als Leiter einer Regierungskommission mehrere Monate durch die Marken reiste und – in Zusammenarbeit mit dem Kunsthistoriker Giovanni Battista Cavalcaselle (1819–1897) – Listen schützenswerter Kunstwerke erstellte.[25] So entwickelte sich allmählich seine – dem Anspruch nach – naturwissenschaftlich fundierte, begründbare und lehrbare Methode der Kennerschaft.[26]

Wird bei der Diskussion von Morellis methodischem Ansatz bislang vor allem auf seine vergleichenden anatomischen Studien (Cuvier, Döllinger, um 1840) abgehoben,[27] so sind jedoch auch andere naturwissenschaftliche Einflüsse denkbar: Giovanni Morelli dürfte 1871 anlässlich der zur Entscheidung des sogenannten „Holbeinstreits" ausgerichteten Holbeinausstellung in Dresden, die er besucht hatte,

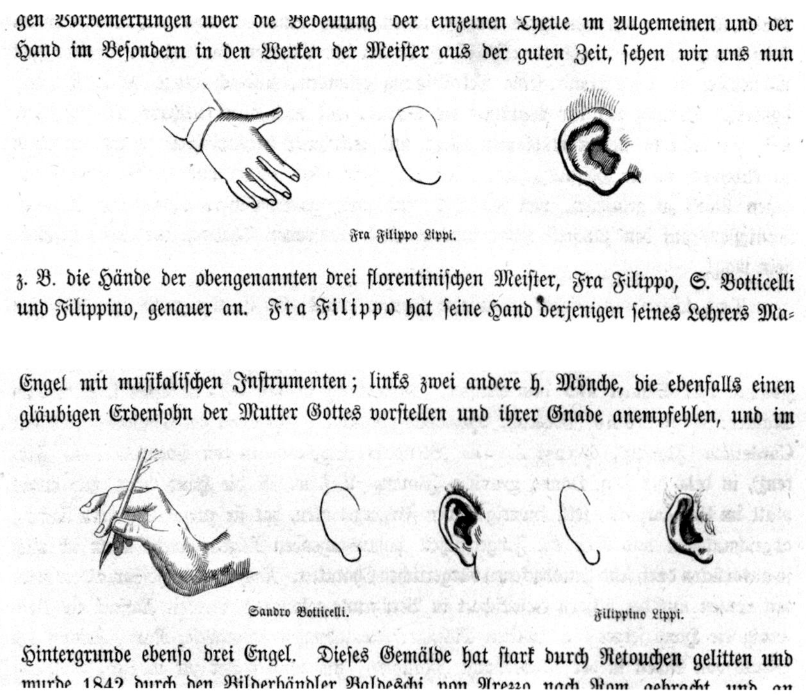
gen Vorbemerkungen über die Bedeutung der einzelnen Theile im Allgemeinen und der Hand im Besondern in den Werken der Meister aus der guten Zeit, sehen wir uns nun

Fra Filippo Lippi.

z. B. die Hände der obengenannten drei florentinischen Meister, Fra Filippo, S. Botticelli und Filippino, genauer an. Fra Filippo hat seine Hand derjenigen seines Lehrers Ma=

Engel mit musikalischen Instrumenten; links zwei andere h. Mönche, die ebenfalls einen gläubigen Erdensohn der Mutter Gottes vorstellen und ihrer Gnade anempfehlen, und im

Sandro Botticelli.   Filippino Lippi.

Hintergrunde ebenso drei Engel. Dieses Gemälde hat stark durch Retouchen gelitten und wurde 1842 durch den Bilderhändler Baldeschi von Arezzo nach Rom gebracht und an

1a, b: Hände und Ohren von Fra Filippo Lippi, Sandro Botticelli und Filippino Lippi, Holzstiche.

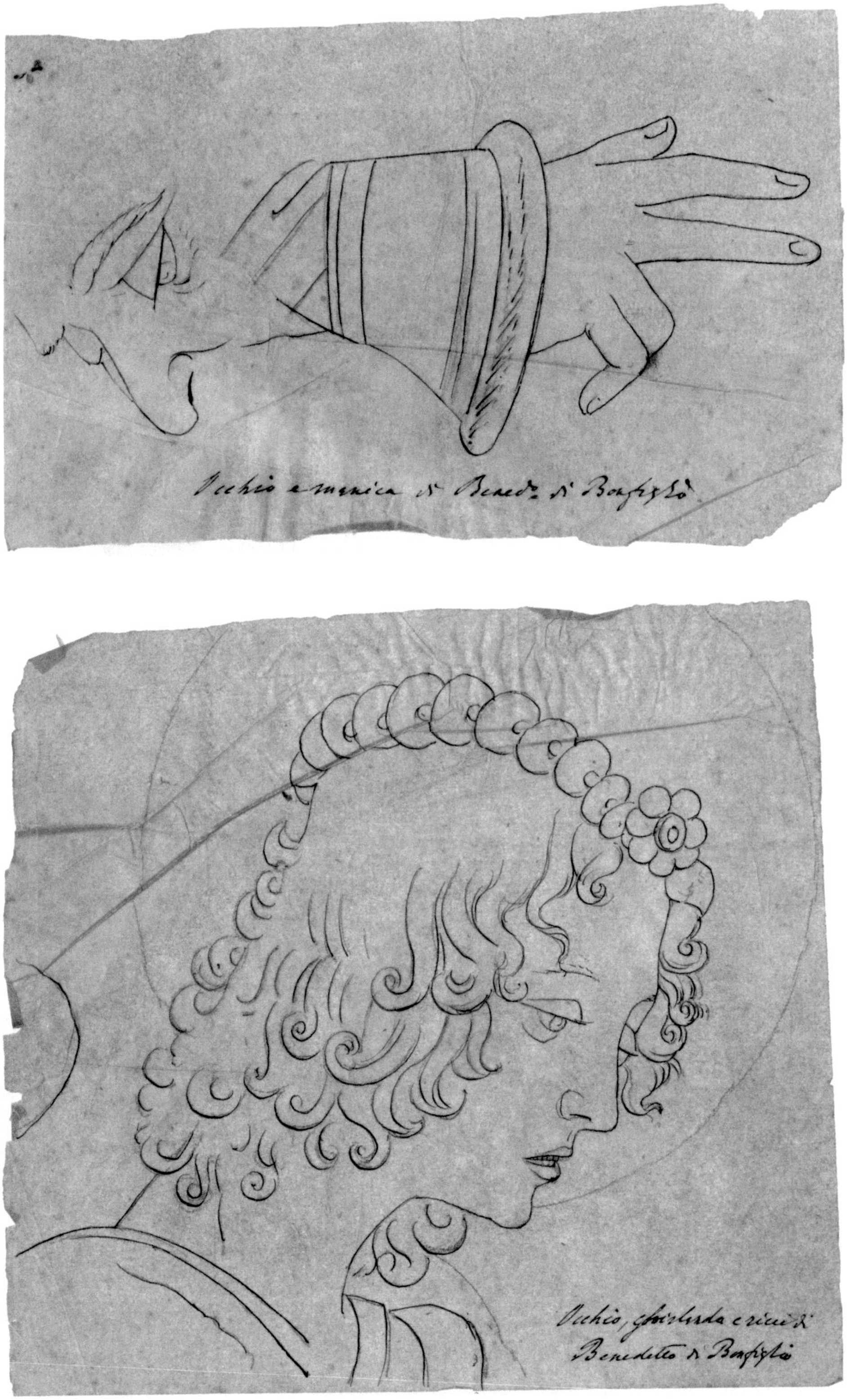

2: Giovanni Morelli, Formenstudien: 2a: „Occhio e manica [Auge und Ärmel] di Bened[ett]o di Bonfigli[o]". 2b: „Occhio, ghirlanda e ricci [Auge, Girlande und Locken] di Benedetto di Bonfigli[o]". Zeichnungen auf Pauspapier in Bleistift und Tusche, nach: Benedetto Bonfigli, Verkündigung mit Hl. Lukas (Annunciazione con San Luca), Tempera auf Holz, 227 × 200 cm, um 1460, Perugia, Galleria Nazionale dell'Umbria.

mit dem Physiker Gustav Theodor Fechner (1801–1887) zusammengetroffen sein.[28] Fechner, Physiker und studierter Arzt wie Morelli, hatte ebenfalls häufig unter Pseudonym Schriften in verschiedenen wissenschaftlichen Gebieten verfasst, so auch 1866, 1871 und 1872 zur „Holbein"-Madonna.[29] Er entwickelte eine experimentelle, vom Einzelphänomen ausgehende Ästhetik (1876) und gilt vor allem als Begründer der Psychophysik, auf der wiederum die sogenannte „Experimentalpsychologie" Wilhelm Wundts aufbaute, der 1879 das erste Psychologische Institut in Leipzig gründete. Mag Morelli auch Freud und mit ihm die Psychoanalyse beeinflusst haben,[30] so sind seiner kunstwissenschaftlichen Methode doch weit deutlichere Parallelen zur Experimentalpsychologie eigen. Morelli selbst bezeichnete seine Methode schließlich als „Experimentalmethode", was bedeutet, dass sie – seinem Anspruch nach – wie ein psychologisches Experiment auf genauer Beobachtung beruhen und nachvollziehbare, wiederholbare und objektiv überprüfbare Ergebnisse liefern sollte.[31]

Zwischen 1874 und 1876 veröffentlichte Giovanni Morelli unter dem anagrammatischen Pseudonym Ivan Lermolieff[32] in der *Zeitschrift für bildende Kunst* einen Bericht über die Galleria Borghese in Rom, der ihn als äußerst belesenen Kenner der Quellen italienischer Kunstforschung ausweist; hier demonstrierte er erstmals seine kunstanalytische Methode, mit der er nach und nach die Zuschreibungen italienischer Werke in europäischen Museen überprüfen sollte (Abb. 1 + 2). Genauestens arbeitete er anhand der „materielle[n] Zeichen und Formen"[33] die charakteristischen Merkmale in den Werken der italienischen Künstler des 14. bis 16. Jahrhunderts heraus, die er in Zeichnungen veranschaulichte: „Bei Botticelli", so erläuterte er beispielsweise, „ist [...] die Hand sehr knochig und, wenn ich so sagen darf, plebejisch, [...] die Nägel sind breit, viereckig, mit scharfen dunkeln Umrissen. Diese seine Hand, dabei seine angeschwollenen Nasenflügel, sein bewegter länglicher Faltenwurf nebst der leuchtenden Durchsichtigkeit seiner Farbe [...] lassen des Botticelli Bilder leicht von denen seiner Nachahmer [...] unterscheiden".[34]

1880 erschien, abermals unter dem Namen Ivan Lermolieff, ein – wie Carl von Lützow schrieb – „epochemachender"[35] Bericht über *Die Werke italienischer Meister in den Galerien von München, Dresden und Berlin*, der unter den deutschen Kunsthistorikern und Kunstsammlern – sowohl wegen der spektakulären Untersuchungsergebnisse, die zu zahlreichen Neuzuschreibungen von Bildern führten,[36] als auch wegen der wissenschaftlichen Methode, die sich so sehr von der bis dahin geübten „gewerbsmäßigen Bilderbeschnüffelung"[37] der „Alles benagenden Kunstkäfer"[38] unterschied – auf großes, wenn auch zwiespältiges Interesse stieß. Bald versammelte Morelli einen großen Kreis von Schülern und Anhängern um sich, zu denen Moriz Thausing (1835–1884), Gustav(o) Frizzoni (1840–1919), Jean Paul Richter (1847–1937), Franz Wickhoff (1843–1909) und der junge Bernard Berenson (1865–1959) gehörten, sowie – als Sympathisanten und Besucher – Heinrich Brunn (1822–1894), Anton Springer (1825–1891), Carl Justi (1832–1912) und Karl Woermann (1844–1933); auch Heinrich Wölfflin (1864–1945) und Adolph Goldschmidt (1863–1944) pilgerten als junge Studenten auf ihrer Italienreise zu ihm.[39] Kaum weniger groß dürfte der Kreis seiner erklärten Gegner gewesen sein, der sich vornehmlich in Berlin konzentrierte.

Innerhalb der *Kunstkritische[n] Studien über italienische Malerei* erschien 1890 eine zweite Auflage von Lermolieffs Werk über *Die Galerien Borghese und Doria Panfili in Rom*, wo Morelli in einer fast achtzig Seiten langen Einleitung seine Methode der Kennerschaft differenziert entwickelte und gegen die Widersacher unter den etablierten Kunsthistorikern ironisch zwinkernd verteidigte, die sie – wie etwa Wilhelm Bode (1845–1929) – als anatomische Erbsenzählerei abtaten.[40] Nun traf der tatarische Steppensohn Ivan Lermolieff im Palazzo Pitti in Florenz einen älteren, offenbar kunstverständigen Herrn und entwickelte im sokratischen Dialog mit diesem, vermittels Fragen dialektisch fortschreitend, seine analytische Vorgehensweise. Schon dieses fingierte (Selbst-)Gespräch verdeutlicht programmatisch, wie diskursiv, wie kommunikativ Morellis Methode ist, die sich nicht nur im direkten Gespräch über Kunst realisieren lässt, sondern auch den Betrachter zum intensiven Zwiegespräch mit den Bildern, mit dem einzelnen Kunstwerk auffordert.[41] Die Kunstgeschichte sei, so erläuterte Lermolieff/Morelli, wie alle Wissenschaften, „auf Beobachtung und Erfahrung gegründet",[42] und dafür sei jahrelange, tägliche Übung vor den Bildern, sei der ständige Vergleich unverzichtbar: „dem künftigen Kunstgeschichtschreiber [müssen] die Grundzüge seiner Geschichte in der Pinakothek und nicht etwa in der Bibliothek aufgehen"[43] – gleichgültig, ob das Studium vor Originalen oder anhand von Fotografien erfolge; seinem imaginären russischen Adepten schärfte Morelli ein: „Wie der Botaniker unter seinen Pflanzen, frischen und getrockneten, der Mineralog und Geolog unter seinen Steinen und Fossilen lebt und webt, so soll der Kunstkenner zwischen seinen Photographien, und ist derselbe wohlhabend, womöglich auch unter Gemälden und Statuen leben. Das ist seine Welt, worin er das Auge täglich zu üben und zu verfeinern hat; [...]".[44] Genüge „Kunstkennern" der „Totaleindruck" eines Kunstwerkes, um „den Meister [...] auf den ersten Blick erkennen zu lassen",[45] so stehe die Kunstgeschichte doch „ohne die Controle einer aus Beobachtung und Erfahrung gewonnenen Kenntniss der jedem grossen Meister eigenthümlichen Formen [...] auf wankendem Boden [...]".[46]

Giovanni Morellis ungewohnte Art der Kunstbetrachtung hatte es bei den etablierten Kunsthistorikern schwer. Sie hatte ihre Gegner nicht nur im Lager jener, die sich – wie auch der Schüler im Palazzo Pitti – gegen diese „so nüchterne, trockene, ja geradezu pedantische Art, die Werke der Kunst anzuschauen" wehrten, da sie „den Geist auf die Länge der wahren, höhern Auffassung entfremden müsste",[47] den Betrachter also, im Dienste der Wissenschaft, um den Kunstgenuss betrog. „Dieses lebensprühende weibliche Antlitz", lässt Morelli den Schüler vor Raffaels *Donna velata* sagen, „machte einen so überwältigenden Eindruck auf mich, dass ich dabei gar nicht mehr an die langweiligen Studien der Ohr- und Handformen denken mochte."[48] Morellis Methode hatte ihre Feinde aber auch im Lager ihrer mechanistischen Anwender, die – wie Wilhelm Bode 1886 warnte – in den „gefährlichsten Dilettantismus"[49] trieben, und gegen die auch Morelli sich immer wieder wehrte. Er selbst sprach von den „zwei Arten des Sehens“: „die eine ist die Sache des äussern, die andere die des innern Auges“. Nur wer lerne, auch mit dem „innern Auge“ zu sehen, könne den geistigen Gehalt eines Kunstwerkes erfassen.[50] Gefühl, das „Durchfühlen“ eines Meisters, und Verstand, die „kalte, kritische Analyse“ eines Bildes mussten einander ergänzen;[51] so blieb der kunsthistorische Blick – auch nach Morellis Verständnis – letztlich doch immer auch ein subjektiver Blick.[52]

Das Sehen mit dem „äußeren Auge“ suchte Morelli durch typisierende Zeichnungen der Hand- und Ohrformen einzelner Künstler zu erleichtern, die in erster Linie zum Studium der Originale animieren sollten,[53] doch lag es ihm fern, komplette Kataloge der von ihm beobachteten Formen anzufertigen, mit denen auch ein ungeübter Betrachter im Museum Zuschreibungen hätte vornehmen können – anders als Bode ihm dies posthum böswillig unterstellte.[54] Das hätte schon deswegen nicht funktionieren können, weil die Illustrationen nicht eindeutig genug waren und deutliche Differenzen zwischen den Abbildungen von 1874 und 1890 bestanden: die Illustrationen von 1874 sind sehr viel naturalistischer – Haaransatz über den Ohren, Schattierungen – als die stärker abstrahierenden, wie Morelli sagte: „karikierten“ Darstellungen von 1890. Dass Morelli selbst mit diesen Illustrationen, die von dem Mailänder Restaurator Luigi Cavenaghi (1844–1918) gezeichnet worden waren, unzufrieden war, belegt ein Brief an Jean Paul Richter vom 5. Februar 1889, in dem er diesen bat, ihm Umrisszeichnungen der Ohr- und Handformen toskanischer Maler anzufertigen: „Es kommt mir dabei darauf an, mich zu vergewissern, ob ich sie auf dieselbe Art sehe, oder ob Cavenaghi, der sie mir gezeichnet, recht hat, dem dieselben ganz anders erscheinen als mir. Es ist doch eine eigene Art ums Sehen! [...] Mir kommt es nämlich vor, [als ob] [...] Cavenaghi, wie viele andere Kunstkenner noch, diese Formen mit ganz modernem Auge sieht und auffaßt.“[55] An Fotografien ließen sich, obwohl dies nahe gelegen hätte, die unterschiedlichen Formen damals kaum demonstrieren, da weder 1874 noch 1890 Fotografien authentisch gedruckt, also in Büchern publiziert werden konnten und auch die Fotografie, so detailversessen sie war, noch kaum in der Lage gewesen wäre, solche Elemente aus Zeichnungen oder gar Gemälden herauszuisolieren.

Giovanni Morellis Methode ließ sich – obwohl er sie einmal mit der Arbeit eines „Polizei-Kommissärs“[56] verglichen hat und als „Observationsmethode“[57] bezeichnete – nicht auf die reine „Spurensicherung“[58] reduzieren, sie war viel mehr: eine Schule des Sehens, die – wie einst das Zeichnen vor dem Original – zum genauen Hinsehen und Vergleichen zwang und über die vergleichende Formenanalyse, über die intensive Beschäftigung mit dem Kunstwerk das Verständnis für dieses und für den Künstler, der es schuf, wachsen ließ. Das hat Morelli seinem erfolgreichsten Schüler, Jean Paul Richter, immer wieder deutlich zu machen gesucht. „Das Schwierigste“, schrieb er am 7. Juli 1878, „ist eben dabei das, was uns das Leichteste zu sein dünkt – nämlich das Sehen. Unser Auge nicht nur, sondern mehr noch unser Kunstgefühl muß durch lange Übung und durch langes Nachdenken und Nachfühlen eine eindringliche Erziehung erhalten haben, bis es imstande ist, die einzelnen Formen jedes Mal richtig zu sehen und zu würdigen, d. h. sie mit dem Ganzen in Harmonie zu bringen."[59] Das Formenstudium war nur der Anfang, schuf die Grundlage der Kunstkennerschaft.

Wie schwierig aber die Konstituierung eines – für das Studium der Formen unabdingbaren – nüchtern-analysierenden Blicks war, lässt Morelli vor der *Donna velata* auch seinen russischen Schüler empfinden, der, gebannt durch Raffaels „göttlichen Geist", „zugleich jene Nüchternheit des Geistes wieder finden sollte, die doch erforderlich ist, um an einem Werke der Kunst bei den einzelnen Formen und Schnörkeln sich aufzuhalten [...]".[60] Schon wegen der abstrahierenden Reduzierung der Farbe, vor allem aber wegen der Möglichkeit, ein Bild unbefangen – herausgelöst aus seinem auratischen Kontext – in Ruhe und unter Zuhilfenahme einer Lupe am häuslichen Schreibtisch gleichsam einer sezierenden Autopsie zu unterziehen, konnte es überaus hilfreich sein, solch analytische Studien nicht vor dem Original, sondern anhand von Fotografien zu treiben. Überhaupt schien Morellis Methode mit ihrer Konzentration auf formale Details prädestiniert zu sein für die Anwendung der Fotografie, deren Detailgenauigkeit durch kein anderes Reproduktionsverfahren erreicht wurde und mit deren Hilfe sich auch große Mengen an Gemälden und Handzeichnungen rasch vergleichend untersuchen ließen. „Unverdrossen vorwärts, mein Freund", ermunterte Giovanni Morelli 1884 denn auch Jean Paul Richter, „prägen Sie sich die Formen der großen Meister durch tägliches Studium derselben so scharf ins Gedächtnis, daß dieselben Ihnen nicht mehr aus dem Kopf entwischen – ja so, daß Sie dieselben nicht nur sehen, sondern fühlen. Dazu dienen namentlich gute Photographien authentischer Bilder oder Handzeichnungen."[61]

II. GIOVANNI MORELLI UND DIE FOTOGRAFIE

Giovanni Morelli und Jean Paul Richter liefern in ihrem Briefwechsel zahlreiche konkrete Beispiele für die Anwendung der Fotografie in der Kunstwissenschaft. Regelmäßig wurden Fotografien hin- und hergeschickt, zunächst, ab 1878, als Richter sich noch bei Morelli quasi in der Ausbildung zum Kunstkenner befand, von Morelli, der die Fotografien, einem wohlüberlegten didaktischen Konzept folgend, jeweils durch ausgiebige Erläuterungen über den „Entwicklungsgang" bestimmter Künstler ergänzte. Immer wieder stellte er Jean Paul Richter konkrete Sehaufgaben; so schickte er ihm am 5. April 1882 fotografische Aufnahmen, die er in Urbino hatte fertigen lassen, „von einem hl. Sebastian des Timoteo Viti". „Es gehört", so schrieb Giovanni Morelli erläuternd dazu, „ganz bestimmt noch zu den Werken aus der Frühzeit des Meisters – zwischen 1495 bis 1500. Sehen Sie sich ja recht die Form der Hand an – die im Weiß schwimmende Pupille des Auges, die Haarlage und die gerollten Lockenenden – sie sind charakteristisch für den Meister."[62] Verstärkt leitete Giovanni Morelli Jean Paul Richter zum Studium der Handzeichnungen an, etwa jener von Pisanello, am Original und an den Fotografien Brauns,[63] von Pontormo nach den Fotografien Philpots,[64] oder von Ercole Grandi anhand der Fotografien Brauns und Philpots, mit dem Hinweis Falten und Landschaft besonders zu beachten.[65] Ein Problem hierbei war allerdings, dass die Fotografien oftmals falsch bezeichnet, also – im Fluss der Zuschreibungsdebatten – nicht unter dem richtigen Namen herausgegeben, sondern anderen Künstlern zugeschrieben worden waren. So listete Morelli etwa die Fotografien nach Zeichnungen Pontormos auf: „Philipot [recte: Philpot, D. P.] in Florenz hat folgende Photographien seiner Zeichnungen: Nr. H 424 unter dem Namen A. del Sarto – Nr. 1391 unter dem rechten Namen des Pontormo – Nr. 1506 unter dem falschen Namen des Franciabigio – Nr. 1506 [?] ebenfalls unter dem Namen des Franciabigio, während es Studien zu Pontormos Borgherinibild in den Uffizien sind."[66] Morelli mochte die Bilder richtig zuschreiben, aber längst nicht jeder Kunstliebhaber oder Kunsthistoriker war in der Lage, sich von den – den jeweiligen Galeriekatalogen entnommenen – Beschriftungen der fotografischen Kunstverleger zu emanzipieren und sich ein eigenes Urteil zu bilden.

Giovanni Morelli selbst muss eine umfangreiche Sammlung von Fotografien besessen haben, die er fortlaufend ergänzte.[67] Während seine kunsthistorische Bibliothek, seinem Willen entsprechend,[68] unmittelbar nach Morellis Tod am 28. Februar 1891 von der Mailänder Wohnung in der Via Pontaccio 14 in die nahegelegene Accademia di Brera transportiert und in die dortige Bibliothek integriert wurde, ist das Schicksal seiner fotografischen Sammlung, die kunsthistoriografisch äußerst aufschlussreich wäre, bis heute unklar. Es ist jedoch nicht unwahrscheinlich, dass sie, zumindest teilweise, ebenfalls in die Accademia di Brera kam; dort scheint sie jedoch nach und nach mit anderen Beständen vermischt worden zu sein. Auf verschiedenen Pfaden wird mittlerweile international nach der fotografischen Sammlung Giovanni Morellis gesucht, und allein diese Spurensuche, die – ganz im Sinne Ginzburgs – auf kriminalistisch zu eruierende Indizien und historische Rekonstruktionen angewiesen ist, birgt das Potenzial eines Wissenschaftskrimis, der Morelli gefallen hätte. Fest steht mittlerweile, dass Morelli die Fotosammlung testamentarisch seinem Freund und Kollegen im italienischen Senat, Emilio Visconti Venosta (1829–1914), vermacht hat,[69] der von 1886 bis 1897 Präsident der Accademia di Brera in Mailand war.[70] Nach dessen Tod am 28. Dezember 1914 erschien ein Nachruf Giulio Carottis in der *Cronaca delle Belle Arti*, in dem Carotti auf die besondere Beziehung zwischen Morelli und Visconti Venosta einging und dabei auch erwähnte, dass dieser ihm seine fotografische Sammlung hinterlassen habe, in der sich vor allem Reproduktionen der Handzeichnungen Raffaels, Leonardos und anderer lombardischer Künstler der Renaissance befunden hätten.[71] Giulio Carotti (1852–1922) musste es wissen: Seit 1888 nämlich, während Visconti Venostas Präsidentschaft, war er Sekretär der Accademia di Brera und wurde dort 1902 Professor für Kunstgeschichte. In dieser Zeit transkribierte Carotti Notizen Morellis, die dieser mit Blei auf der Rückseite seiner Fotografien hinterlassen hatte.[72] Wo Morellis fotografische Sammlung nach dem Tod Visconti Venostas verblieb, verriet er jedoch nicht. Während Visconti Venostas Gemäldesammlung, die er mit Hilfe Morellis in Mailand aufgebaut hatte, nach seinem Tod nach Rom transportiert und nach dem um 1920 erfolgten Tod der Ehefrau dort unter den drei Söhnen aufgeteilt wurde,[73] verstummen die Nachrichten über die Fotografien.

Nachdem am 10. Februar 1919 mit Gustavo Frizzoni der engste Freund und Hausgenosse Morellis in Mailand gestorben war, kam auch dessen Fotosammlung, die aus 5400 fotografischen Kunstreproduktionen in Salzpapier- und Albuminabzügen sowie Kohledrucken bestand, in die Accademia di Brera. Dies erforderte, zumal die fotografische Sammlung der Brera bis 1930 durch Schenkungen weitere umfangreiche Zugänge zu verzeichnen hatte, eine völlige Neuordnung der Sammlung, die bis zu dessen Tod im Jahr 1922 in den Händen Giulio Carottis lag. Eine weitere Umorganisation von 1995 und 1996, die die fotografische Sammlung der Brera – wie in kunsthistorischen Sammlungen längst international üblich – nach regionalen Schulen und Künstlern neu ordnete,[74] löste die einzelnen Fotografien endgültig aus ihren jeweiligen, individuell gewachsenen Sammlungskontexten; der Bildinhalt stand gegenüber der Provenienz im Vordergrund.

Zehn Jahre später, als wissenschaftshistorische Fragestellungen zunehmend an Bedeutung gewannen, begann man abermals nach Spuren der fotografischen Sammlung Morellis zu suchen. Zum einen erinnerte man sich mehrerer Manuskripte, die Giulio Carotti 1921, kurz vor seinem Tod, der Raccolta Vinciana in Mailand übereignet hatte. Dabei handelte es sich – dem Zweck der 1905 als Forschungsarchiv zu Leonardo da Vinci gegründeten Raccolta Vinciana entsprechend – nicht nur um das Manuskript zu einer Monografie Giulio Carottis über Leonardo,[75] sondern auch um die 62 Seiten umfassenden Transkriptionen der Beschriftungen Morellis, mit denen dieser insgesamt 154 Fotografien der Kunstwerke Leonardos aus seiner fotografischen Sammlung versehen hatte.[76] Dieses Manuskript wertete Marta Fumagalli 2005 aus und veröffentlichte zahlreiche der transkribierten Anmerkungen, wenn möglich unter Hinweis auf die Fotografen, allerdings – vermutlich die Lesefehler Carottis übernehmend – in teilweise arg verballhornter Form, sofern die Kommentare auf deutsch waren („Harte und groh. Kopie aus Leonardische Kopfe – Kommt ofter zurück." – „Die Haar angstlicht und geistlos gezeichnet"; „Die klotz Augen so wie der Ausdruck des Mundes [...]").[77] Fumagalli versuchte außerdem, die von Carotti dokumentierte Morelli-Leonardo-Fotosammlung zu rekonstruieren, griff dabei jedoch nicht auf die Fotografien der Brera zurück, unter denen sich am ehesten auch Fotografien Morellis befinden dürften, sondern arbeitete mit der Sammlung der Raccolta Vinciana.[78]

Zum anderen begann man wenig später in der Accademia di Brera mit der Rekonstruktion der Fotosammlung Gustavo Frizzonis, wobei sich aus den 5400 Fotografien ein Kern von etwa 1000 Fotografien herausschälte, auf deren Rückseite sich Notizen von Morellis Hand finden.[79] Die Interpretation dieses Befundes ist schwierig: Man hat zunächst vermutet, dass Morellis Fotosammlung nicht sehr groß war

– er hatte schließlich stets die Fotografiensammlung der Brera vor seiner Haustür benutzen können – und daher erst als Bestandteil der Fotosammlung Gustavo Frizzonis, der auch der Nachlassverwalter Morellis war, in die Accademia di Brera in Mailand kam. Das widerspräche allerdings sowohl der testamentarischen Verfügung Morellis, als auch der Beschreibung Jean Paul Richters, der in einem Gutachten beiläufig Morellis „invaluable collection of photographs" erwähnte,[80] es widerspräche jedoch nicht unbedingt den aufgefundenen Notizen Carottis, die dieser auch nach 1919, also nach dem Tod Frizzonis, im Zusammenhang mit seiner eigenen Leonardo-Monografie angefertigt haben kann. Möglich ist jedoch weiterhin, dass Morelli einen Teil seiner Fotosammlung in jene von Gustavo Frizzoni integriert hatte oder dass er Frizzonis Fotosammlung zu bestimmten Recherchen benutzte und an dessen Fotografien Notizen anbrachte.

Wenn Morellis Fotosammlung also auch verschollen oder zumindest schwer identifizierbar ist, so wird seine frühe, enge Beziehung zur Fotografie – außer durch seine Briefe und seine Schriften – nicht zuletzt durch seine (erhaltene) Bibliothek bezeugt. Unter seinen Büchern finden sich nicht nur die – fotohistorisch bedeutsame – frühe Sammlung kunstgewerblicher Fotografien von Andreas Groll (1812–1872) aus der Ambraser-Sammlung von 1857,[81] sondern auch einige Kataloge fotografischer Kunstverlage, wie etwa die Handzeichnungskataloge Ad. Brauns aus dem British Museum in London, der Galerie in Oxford und dem Musée Wicar in Lille von 1877.[82] Morelli nutzte diese Fotografienkataloge keineswegs nur, wie andere Kunsthistoriker, als kunsthistorische Kompendien; nach dem Studium dieser Kataloge schrieb Morelli vielmehr im September 1877 aus Basel an Jean Paul Richter: „Morgen will ich noch einen Sprung nach dem nahen Dornach tun, um mir das Braunsche photographische Etablissement zu besehen und mir daselbst einige Dutzend Photographien von Handzeichnungen herauszusuchen – und übermorgen geht es dann in einem Zuge heimwärts."[83] Später, als er nicht mehr so viel reisen konnte, waren diese Kataloge so etwas wie eine Brücke zur Kunst, und so tauschte Morelli sich mit seinen Freunden stets aufmerksam über die Aktivitäten der fotografischen Verlage und insbesondere Brauns aus.[84]

Die ständige Suche nach fotografischen Neuerscheinungen belegt die gerade in den hitzig geführten wissenschaftlichen Debatten des 19. Jahrhunderts stetig zunehmende, ja existenzielle Bedeutung fotografischer Reproduktionen selbst für jene Kunsthistoriker, die viele Originale gesehen hatten und, im Zeitalter der Eisenbahn, weiterhin viel reisten. Am wichtigsten waren dabei für Giovanni Morelli die von Adolphe Braun in zahlreichen europäischen Galerien systematisch fotografierten Handzeichnungen in (farbigen) Pigmentdrucken, die auch eine erste Orientierung über die jeweiligen Bestände der Sammlungen erlaubten. „Daß die Sammlung von Chatsworth besonders reich an venezianischen Zeichnungen sein dürfte, ersah ich schon aus dem photographischen Album Braun in Paris, wo ich mir mehrere herrliche Blätter von D.[omenico] Campagnola und die interessante Tuschzeichnung von Giorgione herauswählte nebst zwei schlechten Nachzeichnungen oder Fälschungen verloren gegangener Zeichnungen Raffaels [...]",[85] schrieb Giovanni Morelli im August 1886.

Wenig später reiste er mit einem Freund, dem in Kassel lebenden Bierbrauer, Kunstsammler und Mäzen Edward Habich (1818–1901) nach Paris, wo die beiden tagsüber Hunderte von Handzeichnungen in der Sammlung des Louvre durchsahen und, wie Habich später schrieb, „die Abende mit dem Durchmustern der Braunschen Photographien der italienischen Meister" verbrachten.[86] Regelmäßige Aufenthalte von Giovanni Morelli und Edward Habich im Braunschen Etablissement zum Durchblättern Tausender von Kohledrucken waren seit Jahren fester Bestandteil gemeinsamer Paris-Reisen. Sorgfältig protokollierte Edward Habich 1886, wie Giovanni Morelli sich über die Echtheit der Handzeichnungen äußerte; den so entstandenen „kritische[n] Katalog von Handzeichnungen nach Braunschen Photographien" veröffentlichte Habich nach Morellis Tod in der *Kunstchronik*.[87] Entsprechend den bis dahin vorliegenden Galeriewerken Brauns, konzentrierte sich Morellis kritische Durchsicht auf die älteren Handzeichnungswerke aus den 1860er und 1870er Jahren, d. h. auf die italienischen Zeichnungen des 15. und 16. Jahrhunderts aus den Sammlungen im Louvre, in Lille, im British Museum, in Chatsworth, Oxford, Windsor, Florenz, Mailand, Venedig, Wien, Dresden und Weimar, sowie auf die Reproduktionen italienischer Gemälde aus dem Prado in Madrid, die als Galeriewerk von Braun 1882 herausgegeben worden waren, und aus der Eremitage in Petersburg – erschienen 1885 –, die Morelli als eine der für die italienische Malerei weniger bedeutenden Sammlungen selbst nie besucht hatte. Fast 2000 Zeichnungen und Gemälde werden in diesem, von Habich nach Morellis Angaben aufgestellten „Katalog" als „echt" oder „falsch" klassifiziert oder neu zugeschrieben – ein gewaltiges, virtuell zusammengeführtes Studienmaterial allein zur italienischen Malerei der Renaissance, das die Bedeutung der Braunschen Galeriewerke für die kunsthistorische Forschung praktisch belegt. An Jean Paul Richter schrieb Giovanni Morelli, nach Mailand zurückgekehrt: „Ich habe von Paris sehr müde Augen mit nach Hause zurückgebracht."[88]

Über Edward Habich ergab sich kürzlich, überraschend und völlig unerwartet, eine neue Spur, die vor dem Hintergrund der Suche nach der Fotografiensammlung Giovanni Morellis von Interesse sein dürfte. Bei einer Sichtung der fotografischen Sammlung des Kunstgeschichtlichen Seminars der Universität Göttingen durch die Verfasserin im Rahmen eines Forschungsstipendiums stellte sich nämlich heraus, dass Edward Habichs Sammlung kunsthistorischer Fotografien, die ursprünglich als Stiftung in den Kasseler Museen verwahrt wurde, 1990 dem Göttinger Institut übereignet worden war.[89] Wie in der Brera in Mailand die Sammlung Frizzonis und / oder Morellis, war die Sammlung Habichs inzwischen aufgelöst und nach kunsthistorischen Ordnungskriterien – Regionen / Schulen / Künstler – über die gesamte fotografische Institutssammlung verteilt worden, sodass sie sich mit dem aus völlig anderen Wurzeln gewachsenen sogenannten „kunsthistorischen Apparat" bis zur Unkenntlichkeit vermischt hatte. Fast bis zur Unkenntlichkeit.

Die Fotografien Edward Habichs nämlich tragen auf der Rückseite zumeist einen Stempel – „Kgl. Gemälde-Galerie / Cassel / Stiftung Edw. Habich“ –, der sie identifizierbar macht.[90]

Im ersten Überblick, der möglicherweise auch Rückschlüsse auf die Zusammensetzung und Qualität der Sammlung seines kunsthistorischen Mentors Giovanni Morelli erlaubt, zeigte sich eindrucksvoll die fotohistorische Bedeutung die-

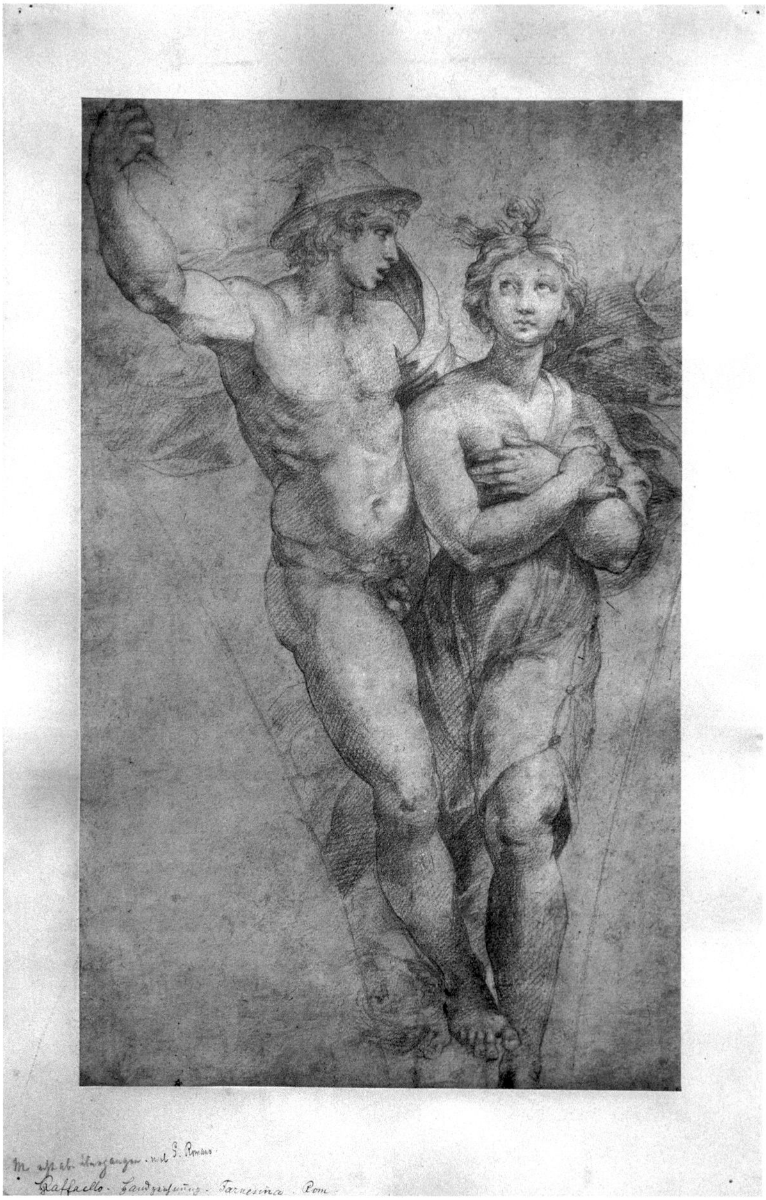

—— 3a: Adolphe Braun, Raffael [recte: Giovanni Francesco Penni oder Giulio Romano nach Entwurf von Raffael], Merkur führt Psyche in den Olymp, Fresques de la Farnésine, Rome, 1869, Kohledruck.

ser bis in die 1850er Jahre zurückreichenden Sammlung. So fand sich hier nicht nur ein kompletter Satz der fotografischen Reproduktionen zum sogenannten *Venezianischen Skizzenbuch*, die Antonio Perini 1856 angefertigt hatte und die quasi die visuelle Diskussionsgrundlage eines 1880 heftig geführten Streits zwischen Giovanni Morelli, Friedrich Lippmann, Wilhelm Bode und anderen um die Zuschreibung einer vom Berliner Kupferstichkabinett erworbenen vermeintlichen Raffael-Zeichnung gebildet hatten.[91] Oder seltene Salzpapierabzüge aus einer umfangreichen Serie von Zeichnungen, die die Fratelli Alinari 1858 in den Uffizien in Florenz, in der Accademia di Belle Arti in Venedig und in der Galerie des Erzherzogs Karl in Wien fotografiert hatten.[92] Oder großformatige Albumine mit Gemäldereproduktionen aus dem Palazzo Pitti in Florenz, die sich anhand des Blindstempels der Fratelli „Alinari" auf Anfang der 1860er Jahre datieren lassen; ferner Fotografien nach Kupferstichen von James Anderson auf Originalkarton, blindgestempelt „Jos. Spithöver / Roma", um 1860, oder ebensolche von Juan Laurent, Madrid. Vor allem aber enthielt die Sammlung Habichs in großer Menge Kohledrucke aus jenen frühen Galeriewerken Ad. Brauns, aus Mailand, Rom, Florenz, Paris, den englischen Sammlungen, die in den 1860er und 1870er Jahren entstanden waren und die Habich gemeinsam mit Morelli „durchgemustert" hatte. Und mehr noch: auf zahlreichen der Braunschen Fotografien fanden sich Beschriftungen, teils in Blei, teils in Tinte, die etwa lauteten: „nicht R.", „G. Romano nach Carton von Raphael", „no. Giulio Romano", „M. no. ist Giulio Romano", „Raphael no. M. nach Raphael wol Giulio Romano" oder „M. echt ab. übergangen, wol G. Romano" – was nur bedeuten konnte: „laut Morelli echt, aber übergangen, wohl von Giulio Romano". Das war die „Musterung" Morellis, das waren jene Fotografien, die Morelli gesehen und eigenhändig mit seinem kennerschaftlichen Urteil (italienisch: „no") markiert hatte! Schriftvergleiche machen es wahrscheinlich: die Bleistiftbeschriftungen stammen von Giovanni Morelli, jene in Tinte dagegen von Edward Habich.[93] Und die Kommentare Morellis sind genau jene, die Habich 1892 und 1893 in der *Kunstchronik* veröffentlicht hat (Abb. 3, 4, und 5).[94]

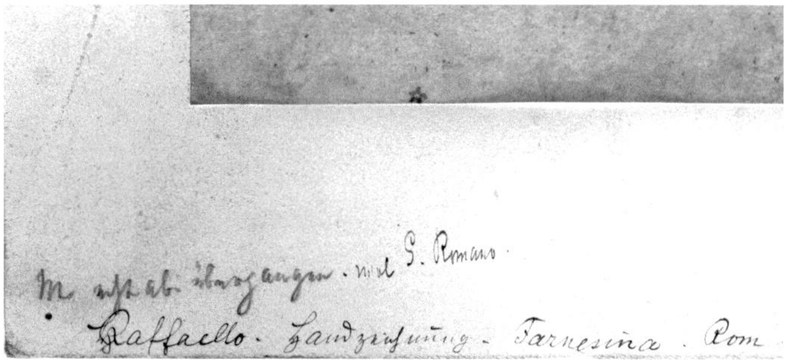

—— 3b: Detail, Beschriftung von Giovanni Morelli / Edward Habich, auf: Adolphe Braun, Raffael [recte: Giovanni Francesco Penni oder Giulio Romano nach Entwurf von Raffael], Merkur führt Psyche in den Olymp, Fresques de la Farnésine, Rome, 1869, Kohledruck.

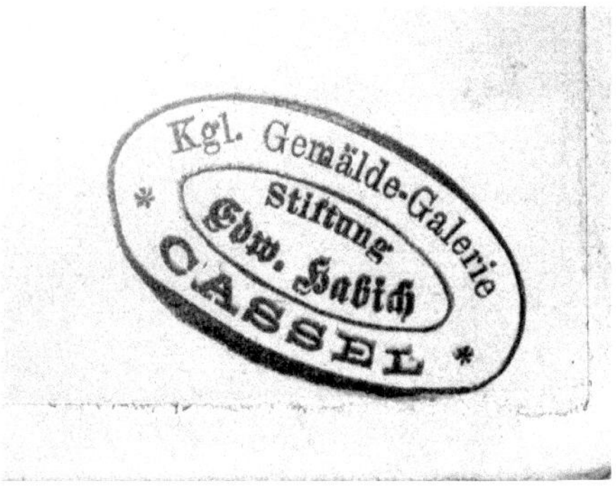

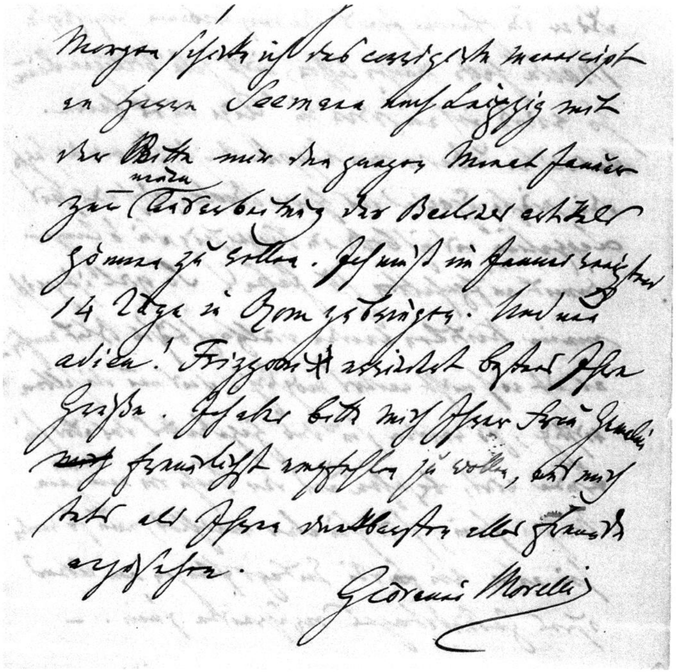

4: Stempel der fotografischen Sammlung Edward Habich, Rückseite einer Fotografie von Antonio Perini, Venezianisches Skizzenbuch, Venedig 1856. 5: Auszug aus einem Brief von Giovanni Morelli an Jean Paul Richter, 17.12.1879.

Auch im Briefwechsel von Giovanni Morelli und Jean Paul Richter ist Ad. Braun der mit Abstand am häufigsten genannte Fotograf; ganz ähnlich, wie die fotografische Sammlung Edward Habichs dies widerspiegelt, erwähnte Morelli jedoch auch Fotografien von Jean (Juan) Laurent[95] und war ständiger Kunde bei zahlreichen norditalienischen Fotografen, wie den Fratelli Alinari, James bzw. Domenico Anderson, Giacomo Brogi, Giovanni Battista Brusa, Antonio Perini und Giovanni Brampton Philpot, der in den 1860er Jahren die Handzeichnungen der Uffizien fotografiert hatte.

Benutzten Morelli und Richter Fotografien auch täglich für ihre Studien, so ist in ihrem Briefwechsel doch nichts von dem frühen, überschwänglichen Enthusiasmus Herman Grimms und Wilhelm Lübkes, von der Fotomanie gar eines Jacob Burckhardt zu spüren, der in privaten Briefen gestand, dass er schon beim bloßen Gedanken an die im Louvre käuflichen Kunstreproduktionen Ad. Brauns „völlig unter eine Art von magischem Kaufzwang“ geriete.[96] Nie wird die fotografische Reproduktion dem Original gleichgesetzt – eine Fotografie ist eine Fotografie –, der Gebrauch erfolgt durchaus im Wissen um die Beschränkungen des Mediums. Dies belegen gelegentlich eingestreute, einschränkende Bemerkungen, wie: [...] wenigstens nach der Photographie zu urteilen [...]“,[97] oder es ist von schlechten, gelungenen und weniger gelungenen Fotografien die Rede.[98] Wenn man aber in dem

Briefwechsel die mühsame Suche nach Reproduktionen bestimmter Bilder miterlebt, die zumindest Jean Paul Richter auch in die Läden der Händler für Ausschussfotografien trieb, wird eine emotionale Beziehung, wird die ganz besondere Bedeutung sichtbar, die Fotografien für Richter und Morelli hatten. Als Jean Paul Richter in Vorbereitung seines im Juni 1883 erscheinenden Buches über Leonardo da Vinci Giovanni Morelli 110 Fotografien, die in dem Buch als Heliogravuren gedruckt werden sollten, zur Überprüfung sandte,[99] schrieb Morelli begeistert zurück: „Frizzoni und ich haben zusammen die Photographien der Leonardo-Zeichnungen [...], die ich Ihnen morgen oder übermorgen wieder zurückschicken werde, mit wahrem Hochgenuß, ja mit geistiger Wollust uns angesehen und sind dieselben auch uns ohne Ausnahme alle authentisch erschienen."[100]

Ähnlich wie für Jacob Burckhardt, waren Fotografien für Giovanni Morelli selbstverständlicher Bestandteil eines geistig erfüllten Alltags. Selbst auf Erholungsreisen ließ er sich von Fotografien begleiten; im August 1883 schrieb Morelli aus der Schweiz: „Ich habe kein anderes Buch mitgenommen als die ‚Georgica' des Vergil, dazu noch ein paar Dutzend Photographien von Handzeichnungen hinzugelegt, und in dieser Gesellschaft verlebe ich nun hier, bald sitzend, bald spazierend, ganz still vergnügt meine Tage."[101] Morelli und Richter griffen jedoch nicht nur auf die Angebote der fotografischen Kunstverlage zurück, sondern ließen sich auch Bilder, die speziellen Forschungsinteressen entsprachen und im Verlagsangebot der kommerziellen Verlage nicht enthalten waren, individuell reproduzieren. So berichtete Giovanni Morelli 1880 aus Venedig, wie er gemeinsam mit dem Fotografen Giovanni Battista Brusa in der Akademie der schönen Künste vier Leonardo-Zeichnungen für Richters Leonardo-Buch zum Reproduzieren auswählte. „Bei dieser Gelegenheit bezeichnete ich ihm", schrieb er weiter, „noch zwei andere Federskizzen von Leonardo [...], die ich bisher noch nie gesehen hatte [...]. Dieselben sind höchst interessant und werden eine wertvolle Zugabe zur Illustration Ihres Werkes sein."[102] Morelli, aber auch Richter waren stets bemüht, ihre Publikationen mit Bildmaterial anzureichern und so den wissenschaftlichen Diskurs transparenter zu machen. Auch in den verschiedenen europäischen Sammlungen entdeckte, als *unbekannt* bezeichnete Zeichnungen, ließ Morelli sich zur Vervollständigung seiner Forschungsinventare fotografieren, um sie nach genauem Studium einem italienischen Meister zuschreiben zu können. Jean Paul Richter erteilte während seiner Studien ebenfalls zahlreiche Privataufträge an ortsansässige Fotografen; so berichtete er im Juli 1880, dass er „von der Königin von England wie vom Präsidenten des Institut de France die formelle Erlaubnis zum Photographieren habe",[103] ließ in Windsor „noch ein Dutzend Blätter photographieren",[104] die als Vorlagen für die Heliogravuren seines Leonardo-Buches gedacht waren und beauftragte in Venedig Antonio Perini – „trotz der energischen Proteste des Photographen" –, zwei frisch erworbene Gemälde für Giovanni Morelli zu fotografieren, was freilich mißlang.[105]

Seitdem ab 1881 Jean Paul Richter immer wieder große Konvolute von Fotografien an Giovanni Morelli sandte, die als Illustrationen für sein Leonardo-Buch gedacht waren und die Morelli – zusammen mit Teilen des Manuskripts – eingehend kommentierte, wurden die hin- und hergesandten Fotografien zum festen Bestandteil des kunstwissenschaftlichen Diskurses innerhalb des Zirkels der Freunde. Die Fotografien wurden von Morelli gemeinsam mit Gustavo Frizzoni untersucht und kommentiert und zwischen Italien, Deutschland und England, wo Richter zeitweilig lebte, herumgeschickt. So schrieb Morelli 1882 an Richter: „Die zweiundfünfzig von Ihnen mir zugesendeten Photos machen mir die größte Freude – fünfundzwanzig derselben wurden sogleich nach Kassel versendet und zwar zu meinem Leidwesen, denn ich hätte gerne auch den Teil Habichs für mich zurückbehalten."[106] Bei den gemeinsamen Diskussionen ging es stets in erster Linie darum, bestimmte Formenmerkmale herauszuarbeiten und, über den Vergleich der Fotografien, Zuschreibungen vorzunehmen. Dass dies auch beim Besuch von Kunstsammlungen gängige Praxis war, ist im Briefwechsel von Giovanni Morelli und Jean Paul Richter vielfach dokumentiert; dabei dienten die Fotografien als selbstverständlich, aber keineswegs unkritisch benutztes Hilfsmittel und spielten die Rolle des Stellvertreters eines an anderem Ort befindlichen Originals.[107]

Giovanni Morelli trug wesentlich dazu bei und lieferte zahlreiche Belege dafür, dass sich die Fotografie im wissenschaftlichen Diskurs nach 1880 fest etablierte, dass es wissenschaftlicher Standard wurde, mit Hilfe der Braunschen Kohledrucke nach Handzeichnungen und der Reproduktionen anderer Fotografen vergleichende Kritik zu treiben, sozusagen an den Fotografien entlang kunstwissenschaftlich zu argumentieren.[108] Wie – jenseits ihres Einsatzes in der individuellen Forschungspraxis – anhand von Fotografien positive Beweise geführt und überdies eine gemeinsame Diskussionsgrundlage hergestellt werden konnte, demonstrierte Giovanni Morelli der Gemeinde der Kunsthistoriker vor allem in den Büchern des Lermolieff, indem er seine Zuschreibungen statt mit Zitaten aus der Literatur mit dem Hinweis auf Fotografien aus den Katalogen von Braun, Alinari, Philpot und Perini belegte. Diese Methode, die gleichzeitig zur Anschauung, zum Sehen zwang, setzte sich im wissenschaftlichen Diskurs allmählich allgemein durch. „Das erspart die Beschreibung", schrieb Carl Ruland 1881, „denn die Blätter sind ja in den Händen der Fachgenossen, oder ihnen doch wenigstens überall leicht zugänglich"[109] – eine immense Beschleunigung des Wissenstransfers durch die Schaffung einer gemeinsamen visuellen Grundlage, und eine Objektivierung der Kunsturteile, die – wider bloße Spekulation – begründbar und nachprüfbar gewonnen wurden. Noch aber ließen sich Evidenzen nicht evident machen, noch mussten sich die Kunsthistoriker in die Fotografienlager der Kunst- und Buchhändler begeben, um sich auf der Höhe des wissenschaftlichen Diskurses zu bewegen. Zu einem ultimativen Paradigmenwechsel kam es erst, als es möglich wurde, Fotografien schnell und billig und in angemessener Qualität zu drucken; erst dann nämlich wurden Bilder zum integralen, unverzichtbaren Bestandteil kunsthistorischer Publikationen. Der um 1900 in Mode kommende Kunstbildband, die illustrierten Werkverzeichnisse und Galeriekataloge vollendeten die Orientierung auf das Bild, auf das einzelne Kunstwerk, die sich nicht nur, aber auch durch Morellis streitbare Bilderexegesen im methodischen Instrumentarium der Kunstgeschichte etabliert hatte. Es wurde selbstverständlich, dass Kunsthistoriker in ihren Publikationen Thesen mit Detailaufnahmen belegten und in der Art Morellis mit Fotografien argumentierten.[110] So führten die Fotografie und Giovanni Morellis stilkritisch-analytische Methode gleichermaßen zu einer Differenzierung des Sehens wie zu einer Revolutionierung des kunstwissenschaftlichen Diskurses im 19. Jahrhundert.

ANMERKUNGEN

1 Anonym, „The Life and Works of Raphael", in *Edinburgh Review* 157/321 (Jan. 1883), 168–204: 174. – Über den Verfasser der Rezension von Ivan Lermolieffs [Giovanni Morellis], *Die Werke italienischer Meister in den Gallerien von München, Dresden und Berlin. Ein kritischer Versuch. Aus dem Russischen übersetzt von Dr. Johannes Schwarze* (Leipzig: Seemann, 1880) kann man nur spekulieren. Wegen der genauen Kenntnis der internationalen Forschungen über Raffael ist es wahrscheinlich, dass es sich bei dem Autor um eine Autorin, und zwar um Lady Eastlake (Elizabeth Rigby; 1809–1893) handelt. Dafür sprechen die im Text erfolgenden Hinweise auf ältere Quellen wie die Handbücher von Gustav Friedrich Waagen und Franz Kugler, die Lady Eastlake (teils wiederum anonym) übersetzt hatte, ebenso wie die Bezugnahmen auf eine Rezension des Raffaelwerkes von Johann David Passavant in der *Quarterly Review* von 1840, die (anonym) von Lady Eastlake verfasst worden war (ibid. 204), und auf die Notizbücher Sir Charles Eastlakes vom September 1858 (ibid, 190). Zum Vergleichenden Sehen vgl. Lena Bader, Martin Gaier und Falk Wolf (Hg.), *Vergleichendes Sehen* (München: Wilhelm Fink, 2010).

2 „[...] the impartiality of a judge, the ardour of a zealot, and the patience of a saint", Anonym, „The Life and Works of Raphael" (siehe Anm. 1), 174.

3 Herman Grimm, in *Über Künstler und Kunstwerke* 1, Nr. 2 (Februar 1865), 37–38.

4 Ibid., Inhaltsverzeichnis.

5 Vgl. Frances Dimond, „Prince Albert and the Application of Photography", in Frances Dimond und Roger Taylor (Hg.), *Crown & Camera. The Royal Family and Photography 1842–1910* (London: Penguin, 1987), 45–49; Jennifer Montagu, „The ‚Ruland/Raphael Collection'", in Helene E. Roberts (Hg.), *Art History through the Camera's Lens* (Amsterdam: Gordon and Breach, 1995), 37–57.

6 Vgl. Dorothea Peters, „Reproduced Art. Early Photographic Campaigns in European Collections", in Andrea Meyer und Bénédicte Savoy (Hg.), *The Museum is Open. Towards a Transnational History of Museums 1750–1940*, Contact Zones, 1 (Berlin: De Gruyter, 2014), 45–57.

7 Vgl. Heinrich Dilly, *Kunstgeschichte als Institution. Studien zur Geschichte einer Disziplin* (Frankfurt a. M.: Suhrkamp, 1979).

8 Anonym, „The Life and Works of Raphael" (siehe Anm. 1), 174.

9 Vgl. Ulrich Pfisterer, „Giovanni Morelli (1816–1891)", in id. (Hg.), *Klassiker der Kunstgeschichte*, Bd. 1 (München: Beck, 2007), 92–109.

10 Zur Rezeption Morellis vgl. ausführlicher: Dorothea Peters, „‚Das Schwierigste ist eben ... das, was uns das Leichteste zu sein dünkt – nämlich das Sehen'. Kunstgeschichte und Fotografie am Beispiel Giovanni Morellis (1816–1891)", in Costanza Caraffa (Hg.), *Fotografie als Instrument und Medium der Kunstgeschichte* (Berlin: Deutscher Kunstverlag, 2009), 45–75, hier: 46. Diese Untersuchung wird im vorliegenden Beitrag aufgenommen und fortgeführt.

11 Carlo Ginzburg, „Spurensicherung. Der Jäger entziffert die Fährte, Sherlock Holmes nimmt die Lupe, Freud liest Morelli – die Wissenschaft auf der Suche nach

sich selbst", in id., *Spurensicherungen. Über verborgene Geschichte, Kunst und soziales Gedächtnis* (Berlin: Wagenbach, 1983), 61–96 (dt. Erstausgabe in *Freibeuter*, Nr. 3 [1980], 7–17 und Nr. 4 [1980], 11–36). Eine Vorversion des Artikels war bereits 1977 vorgetragen und 1979 in englischer Übersetzung erschienen, id., „Clues. Roots of a Scientific Paradigm", in *Theory and Society*, 7. Jg. (1979), 273–288.

12 Überlegungen zum Fotogebrauch Morellis finden sich bei Giacomo Agosti, „Gli studi del Kunstkenner. Le passioni del marchand-amateur. Uno sguardo alla biblioteca di Morelli. Sui disegni antichi", in Giulio Bora (Hg.), *I disegni della collezione Morelli* (Mailand: Amilcare Pizzi, 1988), 31–49; Jaynie Anderson, „National Museums, the Art Market and Old Master Paintings", in Peter Ganz (Hg.), *Kunst und Kunsttheorie 1400–1900* (Wiesbaden: Harassowitz, 1991), 375–404; Jaynie Anderson, „Giovanni Morelli and the French", in Roland Recht und Philippe Sénéchal (Hg.), *Histoire de l'histoire de l'art en France au XIXe siècle* (Paris: La Documentation Française, 2008), 447–461, 526–527; Peters, „„Das Schwierigste ist eben ..." (siehe Anm. 10); Dorothea Peters, „From Prince Albert's Raphael Collection to Giovanni Morelli. Photography and the Scientific Debates on Raphael in the 19th Century", in Costanza Caraffa (Hg.), *Photo Archives and the Photographic Memory of Art History* (Berlin: Deutscher Kunstverlag, 2011), 129–144.

13 Vgl. hierzu: Wolfgang M. Freitag, „Early Uses of Photography in the History of Art", in *Art Journal* 39, Nr. 2 (1979), 117–123; Anthony Hamber, „The Use of Photography by Nineteenth-Century Art Historians", in Roberts, *Art History through the Camera's Lens* (siehe Anm. 5), 89–121; Caraffa, *Photo Archives* (siehe Anm. 12); Dorothea Peters, „The Middle Ages as the Avant-Garde. Early Photographs for Art History", in *photoresearcher*, Nr. 20 (Okt. 2013), 56–72.

14 Irma Richter und Gisela Richter (Hg.), *Italienische Malerei der Renaissance im Briefwechsel von Giovanni Morelli und Jean Paul Richter 1876–1891* (Baden-Baden: Bruno Grimm, 1960). Mit den hier – überwiegend stark gekürzt – veröffentlichten gut 560 (von 724) Briefen sind bislang nur etwa 20 Prozent des kunsthistoriografisch bedeutsamen Korpus des in Rom im Archiv der Bibliotheca Hertziana, Nachlass Richter, verwahrten Briefwechsels publiziert; eine Gesamtedition ist in Planung. Zu Jean Paul Richter vgl. Dietrich Seybold, *Das Schlaraffenleben der Kunst. Eine Biografie des Kunstkenners und Leonardo da Vinci-Forschers Jean Paul Richter (1847–1937)* (Paderborn: Wilhelm Fink, 2014).

15 Zur Biografie (und Methode) vgl.: Lady Eastlake, „Giovanni Morelli: The Patriot and Critic", in *The Quarterly Review*, Nr. 345 (Juli 1891), 235–252; Austen Henry Layard, „Introduction", in Giovanni Morelli (Ivan Lermolieff), *Italian Painters. Critical Studies of their Works. The Borghese and Doria-Pamfili Galleries in Rome* (London: Murray, 1892), 1–39; Gustav Frizzoni, „Giovanni Morelli. Ein Lebensbild", in Ivan Lermolieff, *Kunstkritische Studien über italienische Malerei. Die Galerie zu Berlin*, hg. von Gustav Frizzoni (Leipzig: Brockhaus, 1893), XI–LXIII; Karl Woermann, „Ivan Lermolieffs (Giovanni Morellis) kunstkritische Studien über italienische Malerei (1891/1893)", in Karl Woermann, *Von Apelles zu Böcklin und weiter. Gesammelte kunstgeschichtliche Aufsätze, Vorträge und Besprechungen*, Bd. 1 (Esslingen: Neff, 1912), 164–172; Matteo Panzeri und Giulio Orazio Bravi (Hg.), *La figura e l'opera di Giovanni Morelli. Materiali di ricerca* (Bergamo: Biblioteca Civica Angelo Mai, 1987); Jaynie Anderson, „Dietro lo pseudonimo", in Giovanni Morelli, *Della pittura italiana. Studi storici-critici. Le Gallerie Borghese e Doria-Pamphili in Roma*, hg. von id. (Milano: Adelphi, 1991), 491–578; Giulio Bora (Hg.), *Giovanni Morelli. Collezionista di disegni. La donazione al Castello Sforzesco* (Cinisello Balsamo: Silvana Ed., 1994); Valentina Locatelli, *Metamorfosi romantiche. Le teorie del primo Romanticismo tedesco nel pensiero sull'arte di Giovanni Morelli*, Le carte tedesche 35 (Pasian di Prato: Campanotto, 2011); Luke Uglow, „Giovanni Morelli and his friend Gior-

gione. Connoisseurship, science and irony", in *Journal of Art Historiography*, Nr. 11 (Dezember 2014), LU/1, 1–30.

16 Vgl. John Fleming, „Art Dealing and the Risorgimento – I", in *The Burlington Magazine* 115 (Januar 1973), 4–16 und Abb.; Marisa Dalai Emiliani, „Giovanni Morelli e la questione del catalogo nazionale: un episodio poco noto della politica di tutela nell'Italia dell'Unità", in Giacomo Agosti, Maria Elisabetta Manca und Matteo Panzeri (Hg.), *Giovanni Morelli e la cultura dei conoscitori: Atti del convegno internazionale, Bergamo, 4–7 giugno 1987*, Bd. 1 (Bergamo: Lubrina, 1993), 107–131; Anderson, *National Museums, the Art Market* (siehe Anm. 12); Jaynie Anderson, „The political power of Connoisseurship in 19th-Century Europe: Wilhelm von Bode versus Giovanni Morelli", in *Jahrbuch der Berliner Museen*, N.F. 38, Beiheft (1996), 107–119.

17 Otto Mündler, *Essai d'une analyse critique de la notice des tableaux Italiens du Musée National du Louvre, accompagné d'observations et de documents relatifs à ces mêmes tableaux* (Paris: Firmin Didot, 1850); vgl. die kritische Reverenz Morellis an Mündler in Ivan Lermolieff, *Die Werke italienischer Meister in München, Dresden und Berlin* (siehe Anm. 1), 2. Ferner: Rolf Kultzen, „Giovanni Morelli als Briefpartner von Otto Mündler", in *Zeitschrift für Kunstgeschichte* 52 (1989), 373–401, hier: 377.

18 Vgl. David Robertson, *Sir Charles Eastlake and the Victorian Art World* (Princeton, NJ: Princeton University Press, 1978), 142–202; Jaynie Anderson, „Introduction to the Travel Diary of Otto Mündler", in Carol Togneri Dowd (Hg.), *The Travel Diaries of Otto Mündler 1855–1858 at the National Gallery, London*, in *The Walpole Society* 51 (1985), 7–60. In den Tagebüchern Otto Mündlers findet sich zum Beispiel am 19.12.1855 aus Mailand die Eintragung: „Went to see my old friend Morelli" (ibid., 89); am 23.02.1856: „Made the acquaintance, through Morelli, of Conte Secco Suardi, from Bergamo, who lives in Milan & has a collection of pictures", und am 24.02.1856: „Passed the day with Morelli." (ibid., 100).

19 Zu Molteni vgl. Alessandra Mottola Molfino, „Poldi Pezzoli, Morelli & Co.", in Agosti, Manca, Panzeri, *Giovanni Morelli cultura conoscitori* (siehe Anm. 16), Bd. 1, 149–158; Jaynie Anderson, *Collecting Connoisseurship and the Art Market in Risorgimento Italy. Giovanni Morelli's Letters to Giovanni Melli and Pietro Zavaritt (1866–1872)*, Memoria presentata dal s.e. Francesco Valcanover nell'adunanza ordinaria del 19 aprile 1997 (Venedig: Istituto Veneto di Scienze, Lettere ed Arti, 1999), 45–61; Jaynie Anderson, *The restoration of Renaissance painting in mid nineteenth-century Milan. Giuseppe Molteni in correspondence with Giovanni Morelli*, Storia e teorie del restauro, 21, documenti (Florenz: Edifir, 2014). In der Brera in Mailand wird aus dem Besitz Moltenis zudem eine fotografische Expertise von 1856 verwahrt, mit der der Besitzer des Gemäldes *Apollon und Marsyas*, Morris Moore (1811–1885), die Urheberschaft Raffaels belegen wollte. Dies wuchs sich zu einem jahrzehntelang europaweit geführten Streit aus; vgl. Francis Haskell, „Morris Moore und der *Apoll und Marsyas* des Louvre – ein Opfer der Zuschreibung", in id., *Wandel der Kunst in Stil und Geschmack. Ausgewählte Schriften* (Köln: DuMont, 1990), 270–304 + Anmerkungen, 416–422; Peters, *From Prince Albert's Raphael Collection* (siehe Anm. 12), 132–134. Zur Mailänder Expertise vgl. Roberto Cassanelli, „Morris Moore, Pietro Selvatico e le origine dell'*expertise* fotografico", in Tiziana Serena (Hg.), *Fotografia e raccolte fotografiche*, Quaderni 8, Centro di Ricerche Informatiche per i Beni Culturali, Scuola Normale Superiore (Pisa: Quaderni, 1998), 41–47, Abb. 1–4.

20 Vgl. Anthony Hamber, „The Photography of the Visual Arts, 1839–1880: Part II", in *Visual Resources* 6, Nr 1 (1989), 19–41, hier: 26–27.

21 Vgl. Mariolina Olivari, „Appunti d'archivio sullo ‚Sposalizio' a Brera", in id. (Hg.), *Raffaello e Brera* (Mailand: Electa, 1984), 30–34.

22 Anthony Hamber, „*A Higher Branch of the Art*“. *Photographing the Fine Arts in England, 1839–1880* (Amsterdam et al.: Gordon and Breach, 1996), 343–344, Abb. 344.

23 Vgl. Lermolieff, *Die Werke italienischer Meister in München, Dresden und Berlin* (siehe Anm. 1), 2; ferner: Dorothea Peters, „Original – Kopie – Fälschung? Kunstkennerschaft und der Diskurs über die Echtheit von Rembrandtwerken um 1900“, in Bader et al. *Vergleichendes Sehen* (siehe Anm. 1), 337–357.

24 Vgl. die Schilderung Jean Paul Richters über die Entstehung der Methode in Lermolieff, *Kunstkritische Studien Berlin* (siehe Anm. 15), LVIII–LVIX.

25 Vgl. Donata Levi, „Il viaggio di Morelli e di Cavalcaselle nelle Marche e nell'Umbria“, in Agosti, Manca, Panzeri, *Giovanni Morelli cultura conoscitori* (siehe Anm. 16), Bd. 1, 133–148 (aus der Sicht Cavalcaselles); Jaynie Anderson (Hg.), *I Taccuini manoscritti di Giovanni Morelli* (Mailand: Motta, 2000), „where all of Morelli's surviving drawings and notes are reproduced to reveal how his famous method worked in practice“ (16, Anm. 11). Die hier dokumentierten kindlich-naiven Zeichnungen, Bildinschriften und Kommentare aus Morellis Reise-Notizbüchern zeigen, dass Zeichnungen als Dokumentationsmittel für Morelli kaum taugten (vgl. etwa die Zeichnungen auf 45, 49, 53, 107, 141). Vgl. auch: Susanne Müller-Bechtel, *Die Zeichnung als Forschungsinstrument. Giovanni Battista Cavalcaselle (1819–1897) und seine Zeichnungen zur Wandmalerei in Italien vor 1550* (Berlin: Deutscher Kunstverlag, 2009); Marina Massa, „Giovanni Morelli nelle Marche. La memoria di un viaggio nella memoria“, in Giuliana Pascucci (Hg.), *La nascita delle istituzioni culturali nelle Marche postunitarie: atti della giornata di studi, Urbino, 11 aprile 2011* (Ancona: Il lavoro editoriale, 2013), 107–113.

26 Zur wissenschaftshistorischen und kunsthistoriografischen Einordnung bzw. zur naturwissenschaftlichen Fundierung der „Experimentalmethode“ Giovanni Morellis vgl. Edgar Wind, „Kritik des Kennertums“, in id., *Kunst und Anarchie* (Frankfurt a. M.: Suhrkamp, 1979), 38–55; Henri Zerner, „Giovanni Morelli et la science de l'art“, in *Revue de l'art* 66 (1978), 209–215; Jaynie Anderson, „Giovanni Morelli et sa définition de la ‚scienza dell'arte'“, in *Revue de l'art* 75 (1987), 49–55; Gabriele Bickendorf, „Die Tradition der Kennerschaft: Von Lanzi über Rumohr und Waagen zu Morelli“, in Agosti, Manca, Panzeri, *Giovanni Morelli cultura conoscitori* (siehe Anm. 16), Bd. 1, 25–47; Richard Pau, „Le origini scientifiche del metodo morelliano“, in id., Bd. 2, 301–319; Martial Guédron, „Giovanni Morelli (1816–1891): Description et identification“, in Roland Recht (Hg.), *Le texte de l'œuvre d'art. La description* (Straßburg: Presses Universitaires, 1998), 89–99; François Sauvagnat, „Du miasme à l'indice: contribution à l'étude de la naissance de la ‚scienza dell'arte' chez Giovanni Morelli“, in *Barca* 10 (1998), 51–71; Johanna Vakkari, „Giovanni Morelli's ‚Scientific' Method of Attribution and its Reinterpretations from the 1960's until the 1990's“, in *Kunsthistorisk Tidskrift* 70 (2001), 46–54; Maurizio Lorber, „Ipotesi visive: ‚Paradigma indiziario' versus ‚Paradigma ipotetico'. Nella connoisseurship ottocentesca“, in *Arte in Friuli. Arte in Trieste* 24 (2005), 119–144; Maurizio Lorber, „Riflessi semiotici e connoisseurship. Morelli, Berenson, Riegl: L'origine di un modello epistemologico“, in *Arte in Friuli. Arte in Trieste* 25 (2006), 135–152.

27 Richard Pau, „Le origini scientifiche del metodo morelliano“ (siehe Anm. 26), einschließlich der zugehörigen Abbildungen 86 bis 94, in Agosti, Manca, Panzeri, *Giovanni Morelli cultura conoscitori* (siehe Anm. 16), Bd. 3, mit Zeichnungen von Morelli, in denen er die Illustrationen aus *Recherches sur les ossimens fossiles* von Georges Cuvier kopiert. Zu Cuvier vgl. William Jardine, „Memoir of Cuvier“, in id., *The Naturalist's Library. Mammalia*, Vol. II.: *The Felinae* (Edinburgh: W. H. Lizars, London: Longman, Dublin: Curry, 1834), 17–58. Die weit verbreiteten, von William Jardine herausgegebenen und mit (teils handkolorierten)

Stahlstichen versehenen Bände der *The Naturalist's Library* erschienen zwischen 1833 und 1843 in den Abteilungen Mammalia (13 Bände), Ornithology (14 Bände), Ichthyology (6 Bände) und Entomology (7 Bände). Sie basierten wesentlich auf den Untersuchungen Georges Cuviers an (lebenden und toten) Exemplaren im Pariser Zoologischen Garten und enthielten jeweils auch anatomisch-morphologische Zeichnungen, unter anderem von Frédéric Cuvier (1773–1838); auch diese müssen Morelli bekannt gewesen sein.

28 Vgl. Lena Bader, *Bild-Prozesse im 19. Jahrhundert. Der Holbein-Streit und die Ursprünge der Kunstgeschichte* (Paderborn: Wilhelm Fink, 2013).

29 Die Bände fanden sich zumindest teilweise in Morellis Bibliothek; vgl. Giacomo Agosti, Maria Luisa Negri und Cinzia Solza, „Il fondo Morelli nella Biblioteca dell'Accademia di Brera", in Panzeri, Bravi, *La figura e l'opera di Giovanni Morelli* (siehe Anm. 15), 115–204, hier: 179, Nr. 366.

30 Vgl. Sigmund Freud, „Der Moses des Michelangelo (1914)", in id., *Der Moses des Michelangelo. Schriften über Kunst und Künstler*, 2. Aufl., (Frankfurt a. M.: Fischer, 1999), 55–86; Ginzburg, *Spurensicherung* (siehe Anm. 11).

31 Morelli dürften ferner die physiognomischen Studien Johann Caspar Lavaters (1741–1801; *Von der Physiognomik*, 1772; *Physiognomische Fragmente zur Beförderung der Menschenkenntnis und Menschenliebe*, 4 Bde., 1775–78) bekannt gewesen sein, der – anhand von Kupferstichen und Silhouetten vergleichend – versuchte, Charaktere aus Gesichtszügen und Körperformen herauszulesen.

32 Der Name „Iwan Lermolieff" ist nicht nur ein Anagramm von Morellis eigenem Namen, sondern wohl auch eine augenzwinkernde Reminiszenz an die Italienreise Johann Wolfgang von Goethes, der sich 1787 in Rom einen Pass auf den Namen „Milleroff" ausstellen ließ und sich, zusammen mit dem ihn begleitenden Maler Johann Heinrich Wilhelm Tischbein, als „Moscoviti", also als Russen ausgab (vgl. Dieter Richter, *Goethe in Neapel* [Berlin: Wagenbach, 2012], 18–19, mit Abb. des Reisepasses).

33 Iwan Lermolieff [Giovanni Morelli], „Die Galerien Roms. Ein kritischer Versuch. I. Die Galerie Borghese. Aus dem Russischen übersetzt von Dr. Johannes Schwarze", in *Zeitschrift für bildende Kunst* 9 (1874), 1–11, 73–81, 171–178, 249–253; 10 (1875), 97–106, 206–211, 264–273, 329–334; 11 (1876), 132–137, 168–173; hier: 9 (1874), 6.

34 Ibid., 11.

35 Carl von Lützow, „Zu Lermolieff's Gedächtnis", in *Zeitschrift für bildende Kunst*, N.F. 6 (1895), 330–334, hier: 330. Wilhelm Bode begann seine Rezension der italienischen Ausgabe dieses Buches 1886: „Kein ähnliches kunsthistorisches Werk hat einen solchen Erfolg zu verzeichnen; keines hat in Deutschland [...] ein Aufsehen erregt, wie diese pseudonyme Publication." (Wilhelm Bode, [Rezension zu:] „Ivan Lermolieff, Le opere dei maestri italiani nelle Gallerie di Monaco, Dresda e Berlino, Bologna 1886", in *Deutsche Litteraturzeitung*, Nr. 42 [16.10.1886], Sp. 1497–1501, hier: Sp. 1498).

36 So identifizierte Morelli zum Beispiel die *Schlafende Venus* der Dresdner Gemäldegalerie, die bis dahin als Kopie eines verlorenen Tiziangemäldes von Sassoferrato gegolten hatte, als Meisterwerk Giorgiones und sprach die *Lesende Magdalena* dem bis dahin als Urheber geltenden Correggio ab. Schon in dem 1887 von Karl Woermann herausgegebenen neuen Katalog der Dresdner Galerie wurden zahlreiche der alten Zuschreibungen revidiert; insgesamt wurden allein in Dresden 46 der 56 von Morelli monierten Gemälde umbenannt, vgl. Layard, *Introduction* (siehe Anm. 15), 19, Anm. 4. Vgl. hierzu auch: Valentina Locatelli, „Kunstkritische Studien über italienische Malerei. Die Galerie zu Dresden; ein Überblick zu Giovanni Morellis Zuschreibungen", in *Jahrbuch der Staatlichen Kunstsammlungen Dresden 2008* 34 (2010), 85–106.

37 Wilhelm Lübke, „Die Werke italienischer Meister in den Galerien von München, Dresden und Berlin" (Rezension zu

Lermolieff, *Die Werke italienischer Meister in München, Dresden und Berlin* [siehe Anm. 1]), in *Zeitschrift für bildende Kunst* 16 (1881), 121–126, hier: 121.

38 So Edward Habich, Morelli zitierend, in einem Brief an Jacob Burckhardt vom 4. Juni 1884, vgl. http://www.burckhardtsource.org/api.php/tc/656 (Abruf 05.12.2014).

39 Vgl. Richter, *Italienische Malerei der Renaissance* (siehe Anm. 14), 503 (Brief vom 17.03.1887, Goldschmidt), 578 (Brief vom 19.12.1890, Wölfflin).

40 Ivan Lermolieff, *Kunstkritische Studien über italienische Malerei. Die Galerien Borghese und Doria Panfili in Rom* (Leipzig: Brockhaus, 1890), 1–78 („Princip und Methode").

41 Ibid., 12.

42 Ibid., 12.

43 Ibid., 18. Damit wandte Morelli sich explizit gegen die – vom Studium (literarischer) Dokumente ausgehenden – „Kathederprofessoren" in Deutschland, wo „jedermann blos lesen und die Kunst nicht gemalt oder gemeisselt, sondern schwarz auf weiss gedruckt vor sich sehen" will (ibid., 3); diese Kritik galt insbesondere Herman Grimm, aber auch „Dokumentenwühlern", wie etwa Gaetano Milanesi (1813–1895) in Florenz.

44 Ibid., 13–14.

45 Ibid., 23.

46 Ibid., 24.

47 Ibid., 74.

48 Ibid., 64. – Morelli formuliert hier implizit den Gegensatz zwischen der Formenanalyse als wissenschaftlichem Erkenntnisinstrument und dem Kunsterlebnis etwa der Romantik, wie es sich zum Beispiel in den Briefen Philipp Otto Runges (1777–1810) widerspiegelt; dieser schrieb nach einem Besuch der *Sixtinischen Madonna* Raffaels 1802 an seinen Vater: „das herrliche Bild von Rafael ergriff mich so, daß ich nicht wußte, wo ich war. [...] man hat eine höhere Andacht, wie in der Kirche" (10.05.1802); vgl. Emil Schaeffer, *Raffaels Sixtinische Madonna als Erlebnis der Nachwelt* (Dresden: Jess, o. J. [1927], 59–60). Morelli traf damit auch den Kern der Kritik Wilhelm Bodes, der 1884 an Jacob Burckhardt schrieb: „Diese Betrachtung der Gemälde unter dem Secirmesser – wenn ich mich so ausdrücken darf –, hat ja ihre Berechtigung; aber sie darf nicht in erster Linie stehen, sonst kommt man auf geschmacklose Sonderbarkeiten, ganz abgesehen davon dass sie von der Freude (an) einem Kunstwerk, die doch obenan stehen soll, völlig ablenkt" (Geheimes Staatsarchiv Preußischer Kulturbesitz, Berlin, GStA PK, VI. HA, Nl Bode, W. v. 3, Wilhelm von Bode an Jacob Burckhardt, 1880–1889; hier: Brief vom 7.11.1884, 3–4).

49 Wilhelm von Bode, *Mein Leben*, 2 Bde. (Berlin: Reckendorf, 1930), Bd. II, 63.

50 Lermolieff, *Kunstkritische Studien Borghese und Doria Panfili* (siehe Anm. 40), IX.

51 Vgl. Richter, *Italienische Malerei der Renaissance* (siehe Anm. 14), 127: Brief von Morelli an Richter vom 25.08.1880.

52 Vgl. Lermolieff, *Kunstkritische Studien Berlin* (siehe Anm. 15), 258, 321: „Ich sehe übrigens sehr wohl ein, dass die Lösung solcher Fragen eine sehr heikle Sache ist, da sie einzig und allein dem individuellen Sehorgan anheimgestellt bleiben muss, und dass man daher, ohne positive Documente beibringen zu können, nicht erwarten darf, eine Diskussion darüber zu einem alle befriedigenden Abschluss zu führen." Schon 1709 hatte George (Bishop) Berkeley (1685–1753) in seinem *Essay towards a New Theory of Vision* (1709) festgestellt: „49. But if we take a close and accurate view of things, it must be acknowledged that we never see and feel one and the same object. That which is seen is one thing, and that which is felt is another. [...] And the difficulty seems not a little increased, because the combination of visible ideas hath constantly the same name as the combination of tangible ideas wherewith it is connected: which doth of necessity arise from the use and end of language.", vgl. http://www.gutenberg.org./dirs/etext03/trvsn10.txt (Abruf 05.12.2014).

53 Vgl. Lermolieff, *Die Galerien Roms* (siehe Anm. 33), 10; Lermolieff, *Kunstkritische*

Studien Borghese und Doria Panfili (siehe Anm. 40), 98, 99, 105, 114, 115, 318 usw.

54 Vgl. Wilhelm Bode, „The Berlin Renaissance Museum", in *The Fortnightly Review*, N.F. 50 (1891), 506–515: 509: „An altogether strange epidemic is raging among us now [...] – the Lermolieff mania, I will call it. You have hardly heard in England of Herr Lermolieff [...] he issued a catalogue of the ears, noses, and fingers, the former property of Sandro, Mantegna, Raphael, Titian & Co., and with this schedule in hand every lover of art is to patrol the picture galleries, when he will be able to single out unerringly the different masters, in spite of all the wretched mistakes of the directors. [...] The success of this quack doctor was all the more complete, in that he extolled his method with an air of infallibility." Die Entgegnung von Layard in Layard, *Introduction* (siehe Anm. 15), 31–33.

55 Richter, *Italienische Malerei der Renaissance* (siehe Anm. 14), 546–547.

56 In einem Brief Morellis an Richter vom 22.04.1878 heißt es: „Inzwischen aber fahren Sie fort viel zu sehen, aber jedes Bild vorerst mit den Augen eines vormaligen Polizei-Kommissärs sich anzusehen und auszufragen. Und glauben Sie einen Meister in seinen Gemälden recht erfaßt zu haben, so suchen Sie ja denselben auch in seinen Zeichnungen und namentlich in seinen flüchtig hingeworfenen Skizzen zu erkennen – wohlverstanden wo das eben möglich ist, was leider sehr selten vorkommt.", ibid., 54.

57 Vgl. den Brief Morellis an Richter vom 23.12.1883: „Sowas hätte ich fürwahr in meinen alten Tagen nicht erwartet: es noch erleben zu dürfen, daß meine [...] Observationsmethode so allgemeinen Anklang (wenigstens theoretisch) finden würde – zumal die Resultate, zu denen die Methode führt, geeignet sind, die alte Schule der sog. Kunsthistoriker und -kritiker nach und nach aus dem Tempel hinauszutreiben.", ibid., 296.

58 Vgl. Ginzburg, *Spurensicherung* (siehe Anm. 11).

59 Richter, *Italienische Malerei der Renaissance* (siehe Anm. 14), 66; ferner: ibid., 315–316.

60 Lermolieff, *Kunstkritische Studien Borghese und Doria Panfili* (siehe Anm. 40), 68.

61 Brief von Morelli an Richter vom 02.01.1884, in Richter, *Italienische Malerei der Renaissance* (siehe Anm. 14), 300; vgl. auch den Brief vom 17.01.1884 mit einer Beschreibung der vergleichend-forschenden Arbeitsweise Morellis, ibid., 301–302.

62 Ibid., 219–220.

63 Brief vom 30.05.1883, ibid., 259.

64 Brief vom 02.10.1882, ibid., 238.

65 Brief vom 11.04.1884, ibid., 316–317.

66 Brief vom 02.10.1882, ibid., 238 (hier heißt es stets „Philipot" – ein Lesefehler); vgl. auch Lermolieff, *Kunstkritische Studien Borghese und Doria Panfili* (siehe Anm. 40), 299, Anm. 1.

67 Hinweis schon bei Agosti, *Gli studi del Kunstkenner* (siehe Anm. 12), 35. Die Existenz einer solchen Fotografiensammlung war lange umstritten; vgl. Anderson, *National Museums, the Art Market* (siehe Anm. 12), 376, Anm. 3, sowie, im Anschluss daran, Vakkari, *Giovanni Morelli's ‚Scientific' Method* (siehe Anm. 26), 51–52: „According to Anderson, Morelli did not rely on photographs and he had only a small collection of them. In Morelli's time the acquisition of detailed photographs of good quality would have been difficult, if not impossible." Das ist mittlerweile in jeder Beziehung vielfach widerlegt. Auch Jaynie Anderson ist inzwischen von ihrer Position von 1991, sowohl den Fotogebrauch Morellis, als auch die (zumindest ehemalige) Existenz einer umfangreichen fotografischen Sammlung betreffend, abgerückt (anlässlich mehrerer Gespräche mit der Autorin im Juli 2011 in Florenz, Kunsthistorisches Institut – mit herzlichem Dank an Jaynie Anderson für den intensiven und fruchtbaren Gedankenaustausch).

68 Vgl. Brief an Jean Paul Richter vom 13.10.1887, in Richter, *Italienische Malerei der Renaissance* (siehe Anm. 14), 515.

69 Dietrich Seybold war bei Recherchen im Nachlass Jean Paul Richters in der Bibliotheca Hertziana auf entsprechende Informationen gestoßen; ich danke ihm für seinen freundlichen Hinweis (E-Mail vom 17.02.2011; vgl. Dietrich Seybold, „The Mysterious ‚Donna Laura Minghetti-Leonardo': Re-opening the Case", in *Microstory of Art. Online Journal for Art, Connoisseurship and Cultural Journalism*, http://www.seybold.ch/Dietrich/TheMysteriousDonnaLauraMinghetti-Leonardo (Abruf 05.12.2014).

70 Zu Visconti Venosta und dessen Verhältnis zu Giovanni Morelli vgl. Gianpaolo Angelini, „Sulle orme di Giovanni Morelli. Emilio Visconti Venosta e il collezionismo privato nell'Italia postunitaria", in *Artes* 14 (2008/09), 175–211; Gianpaolo Angelini, „I taccuini del collezionista. Emilio Visconti Venosta, Giovanni Morelli e la pittura lombarda del Rinascimento", in *Annali di critica d'arte* 8 (2012), 273–296, 526–527; Gianpaolo Angelini, „‚Caro amico e fratello in Raffello'. Giovanni Morelli, Marco Minghetti e Emilio Visconti Venosta. L'educazione del collezionista-conoscitore nell'Italia post-unitaria", in *Annali di critica d'arte* 9 (2013), 1, 57–67, 419–420; Antonella Trotta, „Una nuova critica dell'antica pittura italiana. Giovanni Morelli, Emilio Visconti Venosta e l'archeologia del discorso nazionale", in ibid., 1, 69–81, 420.

71 „[...] Morelli [...] lasciando al marchese Visconti Venosta tutte le sue raccolte di fotografie, che aveva annotate di proprio pugno al rovescio; raccolte specialmente dei disegni di Raffaello, di Leonardo e degli artisti lombardi. [...]", Giulio Carotti, „Emilio Visconti Venosta" (Nekrolog), in *Cronaca delle Belle Arti* (Supplemento al „Bolletino d'Arte") 2 (1915), 1, 1–4, hier: 3.

72 Marta Fumagalli, „Le annotazioni di Morelli alle fotografie di dipinti e disegni di Leonardo e dei maestri lombardi e rinascimentali trascritte da Giulio Carotti", in *Raccolta Vinciana*, 31 (2005), 378–448, hier: 381. Carotti transkribierte zudem einige Seiten eines Manuskripts von Morelli über Ambrogio da Predi, ibid., 386–387.

73 Carlo Gamba, „La Raccolta Visconti Venosta", in *Dedalo. Rassegna d'Arte* 1 (1920), 506–534, hier: 508–509. Laut freundlicher Information von Gianpaolo Angelini, der seit einigen Jahren in dem – seit 1982 in öffentlicher Hand befindlichen – Familienarchiv des Marchese Visconti Venosta in Grosio recherchiert hat, sind dort nur private Fotografien vorhanden. Angelini vermutet die fotografische Sammlung, zusammen mit der Gemäldesammlung, bei den Erben Visconti Venostas in Rom (E-Mail vom 06.04.2011). Dieser Fährte ist Jaynie Anderson – wie zahlreichen weiteren – inzwischen gefolgt, jedoch ebenfalls ohne Ergebnis (E-Mails vom 11.07.2011 und 12.07.2011).

74 Vgl. Fumagalli, „Le annotazioni di Morelli" (siehe Anm. 72), 380 + Anm. 5; Giacomo Agosti und Matteo Ceriana, „Il fondo fotografico antico", in id. (Hg.), *Le raccolte storiche dell'Accademia di Brera* (Florenz: Centro Di, 1997), 225–236 (die beiden Autoren hatten die Neuordnung vorgenommen).

75 Manuskript zu: Giulio Carotti, *Leonardo da Vinci. Pittore, scultore, architetto* (Turin: E. Celanza, 1921). Raccolta Vinciana, Mailand, Castello Sforzesca, Numero d'ordine 2335; vgl. Fumagalli, *Le annotazioni di Morelli* (siehe Anm. 72), 388, Anm. 21.

76 *Note critiche apposte dal Senatore Giovanni Morelli alle fotografie di dipinti e di disegni di maestri italiani, raccolta che legò all'amico suo Marchese Visconti Venosta Presidente dell'Accademia di Brera – Milano 1891 ed anni seguenti – I Serie Leonardo e lombardi*, Raccolta Vinciana, Mailand, Castello Sforzesca, Sign. F III 42. Numero d'ordine 2436. Vgl. Agosti, *Gli studi del Kunstkenner* (siehe Anm. 12), 35; Fumagalli, *Le annotazioni di Morelli* (siehe Anm. 72), 388–390. Die Bezeichnung als Serie I weist im Übrigen darauf hin, dass es weitere Manuskripte Carottis mit entsprechenden Transkriptionen zu den Werken anderer Künstler gegeben haben dürfte; diese sind bislang nicht aufgefunden worden.

77 Ibid., 412, 415. – Morelli sprach ein perfektes, sehr gepflegtes Deutsch, wie der Briefwechsel mit Jean Paul Richter belegt.

78 Fumagalli konnte auch tatsächlich insbesondere die von Morelli genannten Fotografien Ad. Brauns ausfindig machen, jedoch mit weit höheren Verlagsnummern, als Morelli sie angegeben hatte (also jünger).

79 Die Rekonstruktion der Fotosammlung Gustavo Frizzonis besorgt Dario Trento. Auf Einladung von Roberto Cassanelli, damals Direktor der Biblioteca dell' Accademia di Brera, konnte die Verfasserin im Mai 2009, während eines Forschungsaufenthaltes am Kunsthistorischen Institut in Florenz, diese Fotografien kurz sehen, ohne allerdings zum damaligen Zeitpunkt bereits die Handschrift Morellis zu kennen und somit identifizieren zu können. Laut freundlicher Mitteilung von Jaynie Anderson wurde ihr von dritter Seite inzwischen zweifelsfrei bestätigt, dass die Fotosammlung Frizzonis auch Fotografien Morellis enthält, mit Anmerkungen von seiner Hand in deutscher Sprache versehen (E-Mail vom 13.07.2011); ihr selbst war es, obwohl sie vor Ort war, nicht möglich in die Sammlung Einblick zu nehmen (E-Mail vom 12.07.2011).

80 Jean Paul Richter, Gutachten über ein Gemälde aus dem Besitz Giovanni Morellis, Bibliotheca Hertziana – Max-Planck-Institut für Kunstgeschichte, Rom, Archiv, JPR, Mappe 8/3 Diverses (für die wiederholten, großzügigen Genehmigungen zur Benutzung des Nachlasses von Jean Paul Richter [erstmals im Juli 2008] danke ich Julian Kliemann, Rom, herzlich, wie auch Oliver Lenz, Rom). Vgl. Seybold, *The Mysterious ‚Donna Laura Minghetti-Leonardo‘* (siehe Anm. 69).

81 Vgl. Agosti, Negri, Solza, *Il fondo Morelli nella Biblioteca* (siehe Anm. 29), 197, 192, Nr. 475: *Kunstwerke und Geräthe des Mittelalters und der Renaissance in der Kais. Kön. Ambraser-Sammlung in Original-Photographien herausgegeben und erläutert von Dr. Eduard Freiherrn von Sacken*, 2 Bände mit 128 Fotografien (Wien: Zamarski & Dittmarsch, o. J. [1857–1862]).

82 Vgl. Agosti, Negri, Solza, *Il fondo Morelli nella Biblioteca* (siehe Anm. 29), 191, Nr. 463, 465 und 467; die Kataloge waren mit Notizen und Anmerkungen Morellis in italienischer Sprache versehen. Außer den Katalogen von Braun finden sich in der Bibliothek u. a. auch ein Katalog der Fotografien von Giacomo Brogi von 1889 (ibid., 191, Nr. 464) und ein *Verzeichniss zum Museum der italienischen Malerei in Original-Photographien* des Dresdner Kunst- (und Fotografien-)Händlers Adolf Gutbier von 1885 (ibid., 193, Nr. 478).

83 Brief vom 15.09.1877, in Richter, *Italienische Malerei der Renaissance* (siehe Anm. 14), 13.

84 Vgl. zum Beispiel: Brief vom 31.12.1878, ibid., 72; ähnlich: ibid., 90.

85 Brief vom 16.08.1886, ibid., 484.

86 Edward Habich, „Handzeichnungen italienischer Meister in photographischen Aufnahmen von Braun & Co. in Dornach, kritisch gesichtet von Giovanni Morelli (Lermolieff)“, in *Kunstchronik*, N.F. 3 (1892), Sp. 289–294; 373–378; 441–445; 487–490; 505–508; 524–528; 543–547; 571–574; 590–593; N.F. 4 (1893), Sp. 53–56; 84–90; 156–162; 207–210; 237–240; hier: N.F. 3 (1892), Sp. 289. Einige biografische Notizen zu Habich in Siegfried Lotze, *Kurhessische Freimaurer im Exil. Konnubium und Kommerz. Eine Untersuchung am Beispiel des Netzwerkes um die Fabrikantenfamilien Habich im 19. Jahrhundert*, Dissertation, Kassel 2010, https://kobra.bibliothek.uni-kassel.de/handle/urn:nbn:de:hebis:34-2012031940937 (Abruf 06.12.2014), 126–135.

87 Habich, *Handzeichnungen italienischer Meister* (siehe Anm. 86), Sp. 289.

88 Brief vom 12.10.1886, in Richter, *Italienische Malerei der Renaissance* (siehe Anm. 14), 492.

89 Es handelte sich um ein Kurzzeit-Fellowship am Lichtenberg-Kolleg in Kooperation mit der Zentralen Kustodie der Universität Göttingen, Okt./Nov. 2013 (Dorothea Peters, *The Photographic Archive of the Department of Art History in Göttingen. An examination of the stock*). Innerhalb

von 6 Wochen wurden ca. 10 000 der insgesamt etwa 30 000 Fotografien nach fotohistorischen und kunsthistoriografischen Gesichtspunkten gesichtet, eine Rara-Abteilung eingerichtet, Konvolute zusammengeführt, ein konservatorisches Konzept entwickelt, eine grobe Inventarisierung begonnen, zwei Vorträge (Lichtenberg-Kolleg, Kunstgeschichtliches Seminar) gehalten usw.; das Projekt soll fortgesetzt werden. Den Mitarbeitern des Kunstgeschichtlichen Seminars gilt mein Dank für die Gastfreundschaft und das freundliche Interesse; ein besonders herzlicher Dank geht an Lisa Marie Römer, Anne-Katrin Sors, Manfred Luchterhandt, Frank Schönfeld, sowie Doreen Spitzer und Hanke Tammen.

90 Es wäre also klug, Fotografien nicht, wie in vielen Sammlungen üblich, auf Pappen aufzuziehen und damit Beschriftungen verschwinden zu lassen; zur kunsthistoriografischen Bedeutung der Beschriftung von Fotografien vgl. exemplarisch: Costanza Caraffa, „‚Wenden!' Fotografien in Archiven im Zeitalter ihrer Digitalisierbarkeit. Ein material turn", in *Rundbrief Fotografie*, 18, Nr. 3, N.F. 71 (Sept. 2011), 8–15.

91 Silvia Ferino Pagden, „Raffaello come test-case della validità del metodo morelliano", in Agosti, Manca, Panzeri, *Giovanni Morelli cultura conoscitori* (siehe Anm. 16), Bd. 2, 331–349, mit einer Kritik der Zuschreibungen Morellis; Peters, *From Prince Albert's Raphael Collection* (siehe Anm. 12), 138–142.

92 Dorothea Peters, „Raphael Revisited: On the Authenticity of the Early Photography of Drawings. A research project in the *Photothek* of the Kunsthistorisches Institut in Florenz", in Caraffa, *Photo Archives* (siehe Anm. 12), 395–404.

93 Vgl. einen der Briefe Edward Habichs an Jacob Burckhardt, online unter: http://www.burckhardtsource.org, zum Beispiel:. eduard-habich-1884-06-04p1dl1-1.tif (Abruf 05.12.2014).

94 In der fotografischen Sammlung des Kunstgeschichtlichen Seminars der Universität Göttingen finden sich zum Beispiel im Kasten 211: „Raffael" zahlreiche Kohledrucke, teilweise mit dem Stempel der Sammlung Edw. Habich, alle in der gleichen Art beschriftet: Inv.nr. 1492 Louvre Paris, Braun 257, Rötel, 25,5 × 19 cm, darunter: „no. Giulio Romano" – *Kunstchronik* N.F. 3 (1892), Sp. 293: „Giulio Romano"; Inv.nr. 1494 Florenz Uffizi, Braun 487, 26 × 20 cm, rot, in Blei: „M. no. ist Giulio Romano" – ibid., N.F. 4 (1893), Sp. 160: „Nein; Giulio Romano"; Inv.nr. 1677c Ambrosiana Mailand, Braun 129, rot, 31,5 × 18,5 cm, „Raphael no. M nach Raphael wol Giulio Romano" – ibid., Sp. 208: „Nein; Giulio Romano"; ebenso ibid. zu Inv.nr. 1677d Ambrosiana Mailand, Braun 128, 27,5 × 18,5 cm, in Blei: „ist Giulio Romano".

95 Brief vom 4.11.1888, in Richter, *Italienische Malerei der Renaissance* (siehe Anm. 14), 540–541.

96 Brief von Jacob Burckhardt an Max Alioth vom 30.12.1885, zit. nach: Werner Kaegi, Jakob Burckhardt. Eine Biographie, Band VI,1: Weltgeschichte – Mittelalter – Kunstgeschichte. Die letzten Jahre 1886–1997 (Basel; Stuttgart: Schwabe, 1977), 304.

97 Richter, *Italienische Malerei der Renaissance* (siehe Anm. 14), 345.

98 Ibid., 447, 491.

99 Brief von Richter an Morelli vom 09.09.1881, ibid., 183. Jean Paul Richter, *The Literary Works of Leonardo da Vinci, compiled and edited from the Original Manuscripts*, 2 Bde. (London: Low, Marston, Searle & Rivington, 1883). Bereits 1880 war in London ein *Leonardo*-Buch Richters erschienen. Vgl. Dietrich Seybold, *Leonardo da Vinci im Orient. Geschichte eines europäischen Mythos* (Köln: Böhlau, 2011).

100 Brief von Morelli an Richter vom 15.09.1881, in Richter, *Italienische Malerei der Renaissance* (siehe Anm. 14), 183.

101 Brief vom 24.08.1883, ibid., 280–281.

102 Brief vom 05.11.1880, ibid., 131; ferner: ibid., 219–220, 473, 556.

103 Brief von Richter an Morelli vom 08.07.1880, ibid., 123.

104 Brief von Richter an Morelli vom 17.11.1881, ibid., 191.

105 Richter hatte eines der Bilder „beim Photographieren mit dem Schwamm angefeuchtet. Infolge davon ist der Vordergrund verpfuscht ausgefallen. Sie sehen da statt des Pferdes im Galopp vielmehr fleckige Streifen, die auf dem Bild gar nicht da sind.“, Brief von Richter an Morelli vom 10.02.1885, ibid., 375–376.

106 Brief vom 20.08.1882, ibid., 229. So hatten also schon mal 25 Fotografien aus der Sammlung Habich ihren Weg über Giovanni Morelli genommen.

107 Vgl. ibid., 16, 19–20, 43 (1877), 93, 94; 279.

108 Vgl. zum Beispiel ibid., 298 (Brief vom 23.12.1883), 303 (Brief vom 19.01.1884).

109 Carl Ruland, „Brauns Photographien aus der Galerie des Museo del Prado in Madrid“, in *Kunstchronik* 16 (1881), Sp. 454–456, hier: Sp. 454.

110 Ein eindrucksvolles Beispiel dafür lieferte etwa Abraham Bredius (1855–1946) 1911, als er das berühmte Bildnis der Elisabeth Bas Rembrandt absprach und – anhand der Vergleichsfotografien von Gesichtern und Händen – Ferdinand Bol zuschrieb, vgl. Abraham Bredius, „Did Rembrandt paint the Portrait of Elizabeth Bas?“, in *The Burlington Magazine* 20 (1911–1912), 330–341.

BILDNACHWEISE

1a+b aus: Iwan Lermolieff (Giovanni Morelli), „Die Galerien Roms. Ein kritischer Versuch. I. Die Galerie Borghese“, in *Zeitschrift für bildende Kunst* 9 (1874), 10.

2a+b: Bibliotheca Hertziana – Max-Planck-Institut für Kunstgeschichte, Rom, Archiv, JPR, Mappe 1/2 Korrespondenz Giovanni Morelli – Jean Paul Richter, 1878–1880.

3a+b: Georg-August-Universität Göttingen, Kunstgeschichtliches Seminar, Bildarchiv, Kasten 211: Raffael, Inv.nr.1416.

4a+b: Georg-August-Universität Göttingen, Kunstgeschichtliches Seminar, Bildarchiv, Kasten 211: Raffael, Inv.nr. 1412.

5: Bibliotheca Hertziana – Max-Planck-Institut für Kunstgeschichte, Rom, Archiv, JPR, Mappe 1/2 Korrespondenz Giovanni Morelli – Jean Paul Richter, 1878–1880.

BERND STIEGLER

VISUELLE EVIDENZ.
CONAN DOYLE UND DIE FOTOGRAFIE

Sir Arthur Conan Doyle kennt man heute fast nur noch als Autor der legendären Sherlock-Holmes-Geschichten.[1] Diese haben seit einiger Zeit wieder eine neue Popularität gefunden, wurden neu verfilmt – wenn man etwa an die britische Serie *Sherlock* denkt – und neu aufgelegt. Dabei spielen nun auch Medien im Allgemeinen und die Fotografie im Besonderen eine gewichtige Rolle und gehören zum investigativen Instrumentarium wie auch zu den Mitteln der filmischen Inszenierung. In den originalen Sherlock Holmes-Texten hingegen taucht die Fotografie nicht oder nur am Rande auf. Sie wird durch den Protagonisten verdrängt, der – vom Kokainkonsum über dramatische Wissenslücken bis hin zu eigentümlichen charakterlichen Zügen – zwar allerlei Schwächen hat, sich aber vor allem anderen durch seine besonderen Wahrnehmungsfähigkeiten auszeichnet. „Er war", so heißt es programmatisch in der Erzählung „Ein Skandal in Böhmen", die als erste der Sherlock-Holmes-Kurzgeschichten im *Strand Magazine* erschienen ist, „die perfektionierteste Denk- und Beobachtungsmaschine, die die Welt gesehen hat."[2] Wenn der Mensch zur Maschine wird, bedarf es keiner Fotografien mehr.

In Vergessenheit geraten ist, dass Conan Doyle ein überaus umfangreiches, weitverzweigtes und nahezu unüberschaubares Werk geschaffen hat, das weit mehr umfasst als den Kanon der Sherlock-Holmes-Texte. Conan Doyle sah diesen ohnehin als literarisch weniger bedeutend an als etwa seine historischen Romane. Doch auch diese sind für die Frage nach der Fotografie von nachgeordneter Bedeutung, da sie durchweg in fernen und somit dunklen präfotografischen Jahrhunderten spielen. Für andere Werkgruppen gilt das nicht. Anzuführen sind erstens historisch-politische Berichte – etwa über den Burenkrieg oder den Ersten Weltkrieg – und Interventionen, so z. B. eine scharfe Kritik an der belgischen Kolonialpolitik im Kongo. In seinem Buch *Das Congoverbrechen* greift Conan Doyle dabei als einer der ersten Publizisten auf regelrechte Schockfotos zurück.[3] Die Lichtbilder sollten hier Aufklärungs- und Überzeugungsarbeit leisten.

Zweitens widmete er eine zweite Serie von literarischen Texten einem Protagonisten, der den – etwas peinlichen – sprechenden Namen Professor Challenger trägt. In diesen wird die Fotografie gezielt eingesetzt, vor allem zur Illustration des

Abenteuer- oder Science-Fiction-Romans *The Lost World*, der uns die Existenz von Dinosauriern zu Beginn des 20. Jahrhunderts vor Augen führen will.[4] Der gleiche Professor Challenger wird einige Jahre später dann auch für die Entdeckung eines weiteren Reiches eintreten: Im *The Land of Mist* schildert der Autor seine allmähliche Konversion zum Spiritismus – mitsamt einigen fotografischen Belegen.[5]

Damit sind wir beim dritten Bereich: Conan Doyle hat ein außerordentlich umfangreiches Œuvre mit Büchern, Pamphleten, Erzählungen und zahlreichen Kleinpublikationen – vom Leserbrief bis hin zur Artikelserie – zum großen weiten Feld des Spiritismus hinterlassen. In den 1920er Jahren bis zu seinem Tod unternahm er einen regelrechten spiritistischen Feldzug, mit Vortragsreisen in Europa, den Vereinigten Staaten und selbst Australien und Neuseeland, um die Welt von dieser „neuen Offenbarung", so der Titel eines seiner Bücher,[6] zu überzeugen. Conan Doyle gründete einen spiritistischen Buchladen in der Nähe der Westminster Abbey, den er, da dieser extrem defizitär war, mit den Erlösen seiner Bücher, nicht zuletzt der Sherlock-Holmes-Texte finanzierte.

Viertens schrieb er mit *The Coming of the Fairies* auch ein Buch über Elfenfotografien, die einen anderen Status als jene der Geister haben, da Elfen – nach Überzeugung von Conan Doyle – Wesen von dieser Welt sind, deren Existenz die Fotografie nun bezeugt habe.[7]

Und schließlich war Conan Doyle fünftens nicht nur Augenarzt – und wollte sich als solcher sogar selbständig machen –, sondern auch ein begeisterter Amateurfotograf, der in dem anerkannten *British Journal of Photography* in den 1880er Jahren gleich eine ganze Serie von Texten veröffentlichte. Damit war er einer der ersten Schriftsteller überhaupt, die sich für die Fotografie begeisterten und sie praktizierten. Seine Aufsätze sind allerdings zumeist technischer Natur, kombinieren Reiseberichte mit Hinweisen zur Entwicklung, Belichtung und Motivwahl und nehmen dabei bestenfalls gelegentlich Leitmetaphern der Fotografiegeschichte auf. Interessanterweise finden sich hier keinerlei Illustrationen, wie man ohnehin davon ausgehen muss, dass viele der in den Berichten erwähnten Fotografien nie entstanden sind und einzig in ihrer literarischen pseudo-ekphrastischen Gestalt existieren.

Zwischen diesen Bereichen gibt es einige Überschneidungen, aber auch strikte Trennungen, dezidierte Absetzungen und strategische Distanzierungen. Das Werk von Conan Doyle, so meine Ausgangshypothese, ist eine Art literarisches Universum, das in eine Vielzahl von Diskurskontinenten aufgeteilt ist, die jeweils unterschiedliche Regeln und Gesetze, Wahrnehmungsprinzipien und Bildordnungen haben. Conan Doyles Universum hat zwar eigene Regeln, die aber jene der gesellschaftlichen Überzeugungen seiner Zeit aufnehmen und integrieren. Doyle war kein Vertreter der Avantgarde, sondern des Common Sense, und selbst die in heutigen Augen befremdlichsten Annahmen teilte er seinerzeit mit zahlreichen Zeitgenossen.

Bemerkenswert an seinem Werk ist die fröhliche und friedliche Koexistenz höchst unterschiedlicher Bildkulturen. Auch der Wechsel zwischen Faktizität und

Fiktionalität erfolgt mitunter fließend, da die literarischen Texte durchaus seine politischen und vor allem weltanschaulichen Überzeugungen zu verbreiten suchten. Wir haben es also mit einer Fülle von unterschiedlichen Texten und Bildern, Diskursen und Seh- und Wahrnehmungsordnungen zu tun, die sich um die Fotografie als Gegenstand herumgruppieren. Bei keinem Schriftsteller seiner Zeit ist hinsichtlich der Fotografie ein ähnlich breites Spektrum an Themen und Motiven aufzufinden.

1. SHERLOCK HOLMES UND DIE FOTOGRAFIE

Sherlock Holmes gehört zu den Protagonisten des sogenannten Indizienparadigmas, wie Carlo Ginzburg es vor vier Jahrzehnten ausgerufen hat. Sherlock Holmes orientiert sich, wie auch die Fotografie, am indexikalischen Zeichen, das in der Tradition von Charles Sanders Peirce nicht nur eine Materialität im Sinne eines Abdrucks, einer physischen Spur oder eines visuellen Zeichens garantiert, sondern auch die Ausbildung einer regelrechten Wissenskunst erfordert, die die visuellen Spuren wieder zum Sprechen bringt und sie so als Quellen zu nutzen versteht. Conan Doyle, Giovanni Morelli und Sigmund Freud sind die drei Protagonisten in Carlo Ginzburgs berühmten Aufsatz, der das Indizienparadigma wissenschaftsfähig machte und zugleich für die Humanwissenschaften zahlreiche neue Felder eröffnete.[8] Morelli entdeckte, dass vermeintlich insignifikante Details in Gemälden, etwa Hände, Ohren oder Nasen, die Bestimmung des Malers eines Gemäldes gestatteten, Sigmund Freud verwandelte fast alles in Spuren einer Urgeschichte und Sherlock Holmes war schließlich eine paradigmatische Gestalt, wenn es um die neuerdings in den Fokus der kulturwissenschaftlichen Aufmerksamkeit gerückten „visual literacy" geht, der Fähigkeit, eine visuelle Kompetenz auszubilden, die in der Lage ist, Wahrnehmung wie Bilder zu lesen.[9] In den Sherlock-Holmes-Texten bildet sie das Herz der zumeist visuellen Aufklärungsarbeit. Dafür spricht auch die programmatische Grundkonstellation, die der Figur des Doktor Watson die Blindheit und Sherlock Holmes die fotografiegleiche Sehkraft zuweist. Das ist zugleich der eigentliche Grund dafür, dass es in den Sherlock-Holmes-Erzählungen keiner Fotografien bedarf: Sherlock Holmes ist bereits ein Fotoapparat, der fortwährend Bilder mental abspeichert, die den technischen in keiner Weise unterlegen sind, sondern sogar über weitere Dimensionen verfügen wie etwa Informationen über Geruch und Gestalt, Struktur und Materialität des Wahrgenommenen. Da nun Sherlock Holmes bereits genauer als ein Fotoapparat wahrzunehmen imstande ist, bedarf es keiner Fotografien mehr. Diese sind, wenn sie in den Texten Erwähnung finden, zumeist irreführende Indizien, die den Detektiv täuschen oder schlicht visuelle Spuren wie alle anderen auch (Abb. 1).[10] Selbst bei den Illustrationen der zahlreichen Erzählungen im *Strand Magazine* und in den Buchpublikationen fehlen bemerkenswerterweise Fotografien gänzlich; hingegen finden sich zahlreiche andere Bilder, die auch für andere Publikationen übernommen wurden.

Besonders interessant ist, wenn man nach der Fotografie im Sherlock-Holmes-Kanon fragt, die bereits zitierte Geschichte „Ein Skandal in Böhmen“, die zugleich die einzige ist, in der die Fotografie motivisch eine wichtige Rolle spielt. Signifikant ist zudem, dass es die erste Sherlock-Holmes-Kurzgeschichte im *Strand Magazine* ist, die eine neue Figur einführt und charakterisiert und zugleich das Genre der Kurzgeschichte revolutioniert. Wenn hier die Fotografie auftaucht, so nur um zu zeigen, dass Sherlock Holmes ihr überlegen ist. Sie wird nicht als Spur eingesetzt, sondern um den Meisterdetektiv vorzustellen und ihn zu charakterisieren.

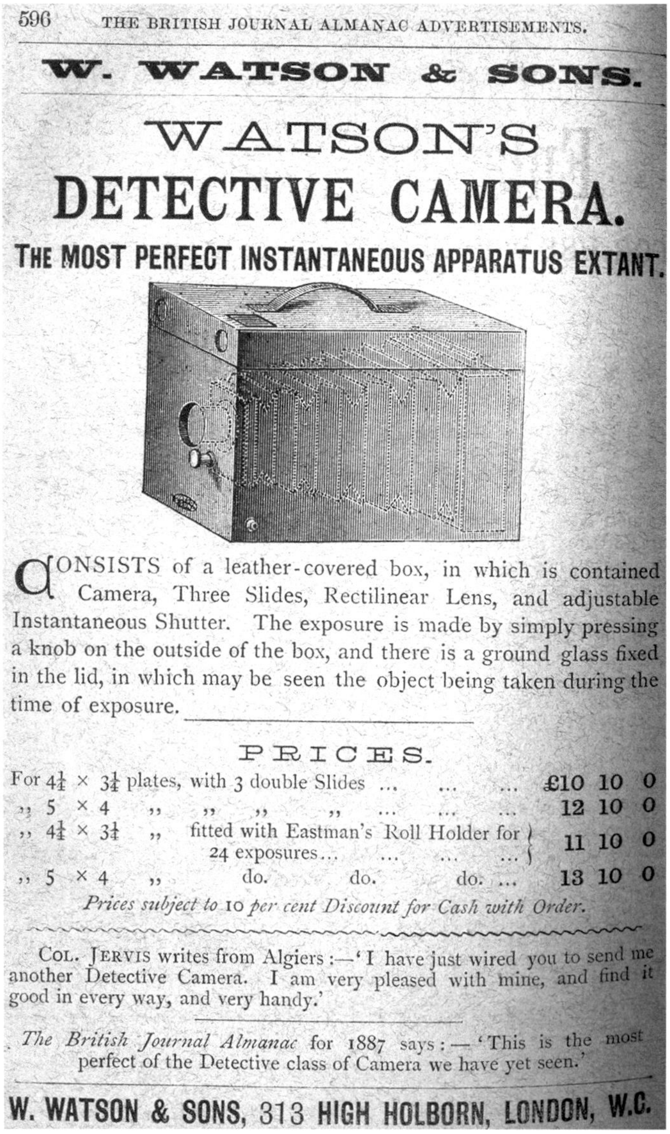

1: Anzeige für eine „Watson‘s Detective Camera“.

Letztlich ist „Ein Skandal in Böhmen" die einzige Geschichte seines Scheiterns. Es ist dabei eine regelrechte Initiationsgeschichte, bei der es vor allem um Substitutionen geht.

In „Ein Skandal in Böhmen" geht es um eine kompromittierende Fotografie, die Wilhelm Gottsreich Sigismund von Ormstein, den Großherzog von Kassel-Falstein und erblichen König von Böhmen, zusammen mit einer gewissen Irene Adler zeigt und imstande wäre, seine bereits anberaumte Hochzeit zu verhindern. Natürlich gelingt es Sherlock Holmes die Fotografie wiederzufinden, nicht aber in ihren Besitz zu gelangen. Wenn er am Ende doch noch eine Fotografie bekommt, so einzig und allein, weil seine Kontrahentin Irene Adler sie ihm schickt. Es ist aber gerade nicht die kompromittierende Aufnahme, die er hätte beschaffen sollen, sondern ihr Porträt. Sherlock Holmes erbittet sie am Ende der Geschichte vom Großherzog als Honorar anstelle eines wertvollen Rings mit einem Amethyst, den dieser bereits vom Finger abzog. Die eigentliche Pointe der Geschichte ist diese nachgerade symbolische Übergabe der Fotografie, da Irene Adler bereits zu Beginn der Erzählung als „*die* Frau" eingeführt wird, um dann am Ende wieder in denselben Worten in ihrer besonderen Stellung bestätigt zu werden: „Und wenn er von Irene Adler spricht oder ihr Photo betrachtet, dann gibt er ihr immer den Ehrentitel; *die* Frau."[11] Watson, der gerade geheiratet hatte, bringt es in die programmatischen Worte: „Es gab nur eine Frau für ihn, und diese Frau war Irene Adler."[12] Ihrer Hochzeit hatte er verkleidet beigewohnt und wurde kurzerhand sogar als Trauzeuge gewonnen. Nun erhält er zwar nicht den Ring, wohl aber ihr Bild und fotografische Adleraugen. Seine fotografische Wahrnehmung, die fortan seinen Fällen ihre besondere Faszination verleiht, ist mehr als nur eine besondere Sinnesqualität: Sie weist Sherlock Holmes auch einen bestimmten Habitus zu, der in notwendiger Distanz die Welt beobachtet und in Wahrnehmungsdaten verwandelt. Das Foto von Irene Adler ist die einzige – und nun fotografisch fixierte – weibliche Verwirrung, die Conan Doyle für seinen Protagonisten vorgesehen hat. Und sie verwandelt sich in ein besonderes visuelles Zeichen: in einen fotografischen Fetisch.

2. INS HERZ DER FINSTERNIS: *DAS CONGOVERBRECHEN*

Conan Doyle nutzte später seine Popularität, die sich vor allem der Sherlock-Holmes-Figur verdankte, um journalistisch und politisch Stellung zu beziehen. Dabei tat er es mitunter seinem Detektiv gleich und ermittelte in eigener Sache oder gab Scotland Yard Ratschläge. Mitunter fragte man ihn auch persönlich an, in der Hoffnung, so für eine Kampagne Aufmerksamkeit zu finden, etwa bei dem britischen Protest gegen die sogenannten Kongo-Gräuel. Sie gehören zu den schlimmsten Kolonialgeschichten in Afrika und haben Millionen von Kongolesen das Leben gekostet.

1884 bis 1885 fand in Berlin die Kongo-Konferenz statt, bei der das Kongo-Becken dem belgischen König Leopold II., also als Privatbesitz der belgischen Krone zugesprochen wurde. Die Gründung des Kongo-Freistaats, den Leopold II. mit einer eigenen Verfassung ausstattete, war nichts anderes als eine völkerrechtlich einmalige Organisation eines Landes als Privatbesitz, das, nachdem es mit Henry Morton Stanley als charismatischer Figur erkundet und erschlossen worden war, dann systematisch ausgebeutet wurde. Insbesondere ging es dabei um die Kautschuk-Gewinnung, bei der der Kongo fast ein Monopol hatte. Die Firmen, die die Ausbeutung organisierten, setzten einheimische Aufseher ein, die bei faktischer Leibeigenschaft Ernteerträge festsetzten und eine Nichterfüllung des Plansolls oder vermeintliche Verweigerung der Arbeit mit dem Tod oder dem Abhacken von Händen sanktionierten. Sie waren bewaffnet, wurden aber mit abgezählter Munition versehen. Für jede Kugel erwartete man eine abgehackte Hand, die dann als

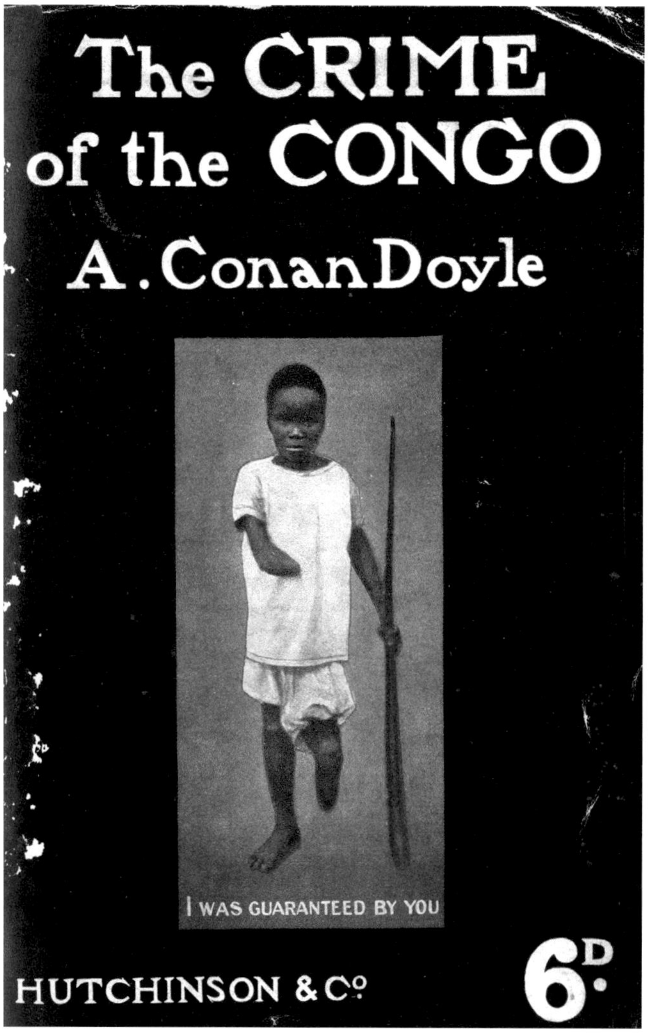

2: Arthur Conan Doyle, The Crime of the Congo (London: Hutchinson & Co., 1909), Cover.

Beweisstück fungierte und mitunter mumifiziert und aufbewahrt wurde. Wurden von den Aufsehern Tiere mit den Waffen gejagt, so mussten dennoch Hände vorgelegt werden, was zu zahllosen Verstümmelungen und Ermordungen führte.[13] Die Aufnahmen dieser verstümmelten Menschen sind für die Kampagne von entscheidender Bedeutung.

Diese Gräueltaten wurden zu Beginn des 20. Jahrhunderts publik. Eine große Rolle spielten dabei auch Fotografien, die zumeist von Missionaren angefertigt worden waren. Berühmt wurden die Aufnahmen von Alice Seeley-Harris, die 1905 in Zeitschriften publiziert wurden, und die diese dann auch zusammen mit ihrem Mann, der Missionar im Kongo gewesen war, nach ihrer Rückkehr nach Großbritannien in den Jahren 1905 bis 1906 für Lichtbildvorträge nutzte, um so politisch-

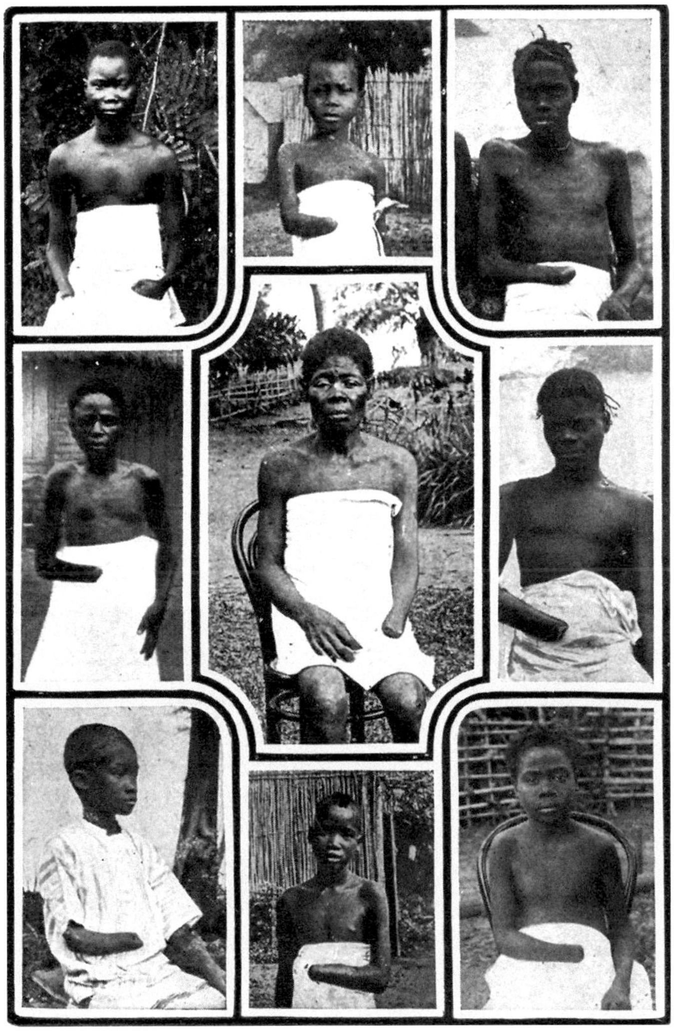

3: Arthur Conan Doyle, The Crime of the Congo (London: Hutchinson & Co., 1909), Frontispiz; auch in: Mark Twain, King Leopold's Soliloquy (o. O.: Warren Co., 1905), 40.

fotografische Aufklärungsarbeit zu leisten.[14] Beide unterstützten auch den Journalisten Edmund Dene Morel und Roger Casement, den britischen Konsul in Boma, die ab 1903 die Gräueltaten bekanntzumachen suchten und eine internationale Kampagne organisierten.[15] Für diese baten sie Joseph Conrad, Rudyard Kipling und Conan Doyle um Unterstützung. Conrad hatte auf die Verbrechen bereits in *Heart of Darkness* Bezug genommen, lehnte aber eine journalistisch-politische Stellungnahme ab, da er nur ein „wretched novelist" sei.[16] Kipling fürchtete die politischen Konsequenzen, genauer eine Intervention von Deutschland zugunsten Belgiens. Conan Doyle hingegen willigte ein und schrieb den 45 000 Wörter umfassenden Text angeblich in acht Tagen unter weitgehendem Schlafentzug und Konsums großer Mengen Kaffees.[17] Sein Buch *The Crime of the Congo* gehört zusammen mit Mark Twains *König Leopolds Selbstgespräch*, das bereits 1905 erschienen ist, zu den publikumswirksamsten öffentlichen Interventionen.[18] Beide Autoren griffen auf fast dieselben Fotografien zurück, setzen sie aber unterschiedlich ein. Bei Twain erscheinen sie zum Teil retuschiert oder sogar in Zeichnungen verwandelt inmitten anderer Illustrationen, während Conan Doyle auf weitere Bilder verzichtet und ganz auf den Effekt der Fotografien setzt. Die Schockfotos fanden bei ihm auch für die Gestaltung des Umschlags und des Frontispiz Verwendung (Abb. 2 und 3).

Die Fotografie dient beiden als unabweisbares Zeichen der Existenz der Gräueltaten. Mark Twain formuliert das programmatisch in einem Interview: „Thank God for the camera, for the testimony of the light itself, which no mere man can contradict. The light has been let in upon the Congo, and not all the outcries of Leopold can counteract its record of the truth".[19] Fotografie ist das unabweisbare Zeugnis des Lichts, das mehr als jeder Augenzeuge Evidenz verspricht. So auch bei Conan Doyle, der in seiner Streitschrift einige Male auf die Fotografien eingeht. Auch hier soll die Fotografie die Wahrheit des Gezeigten garantieren: Die „Wahrheit der Behauptung, dass lebenden Menschen die Hände abgehauen werden, wird vollauf durch den Kodak bestätigt, denn ich habe Photographien von mindestens zwanzig in dieser Weise Verstümmelten [...] in meinem Besitz."[20]

3. DINOSAURIER UND IHRE FOTOGRAFIEN

Einige Jahre später spielt Conan Doyle erneut mit dem Beweischarakter der Fotografie. Er führt uns zwar nicht ins Herz der Finsternis, wohl aber mitten nach Südamerika. Dort gibt es Hochplateaus, sogenannte Tepui, die mitunter bis heute zu den unerforschten Gebieten der Erde gehören, da sie kaum zu erreichen sind. Sie liegen mitten im Urwald, ragen aus diesem mitunter über tausend Meter hoch als Tafelberge mit teilweise überhängenden Klippen heraus und sind daher nicht zuletzt zumeist wolkenbedeckt. Conan Doyle griff bei seinem Roman *The Lost World*, von dem hier die Rede ist und der zwischen Abenteuerroman und einer eigentümlichen Retro-Science-Fiction-Erzählung angesiedelt ist, auf zeitgenössische Berichte zurück, verarbeitete aber auch Forschungen zur Paläontologie, da das Hauptthema die Entdeckungsreise in eine Welt ist, in der aufgrund ihrer isolierten Lage Dinosaurier überlebt haben sollen. Insbesondere Sir Edwin Ray Lankesters Buch *Extinct Animals*, eine Vorlesungsreihe des Leiters des Londoner Museum of Natural History für Kinder und Jugendliche, stand Pate für die Beschreibungen der Urzeitwesen.[21]

Doch vielleicht hatte auch alles viel früher begonnen, denn als Conan Doyle als Hochzeitsreise eine Kreuzfahrt in der Ägäis unternahm, meinte er, einen jungen, vier Fuß langen Ichthyosaurus gesehen zu haben.[22] Und zudem war er ein begeisterter Hobby-Paläontologe, der in Crowborogh (Derbyshire) bereits Fossilien eines Iguanadon ausgegraben hatte. In seinem Arbeitsraum bewahrte er einige Fußabdrücke von Dinosauriern auf.[23] Auch Fossilien, das sei ergänzt, sind Teil des Indizienparadigmas und spielen nicht zuletzt für die Evolutionsbiologie mitsamt ihrer genuinen Historizität eine entscheidende Rolle. Fossilien sind Beweisstücke im geologischen Prozess.

Bemerkenswert an Doyles einflussreichem Roman, der nicht nur mehrfach verfilmt wurde, sondern unter anderem auch Pate für den Roman von Edgar Rice Burroughs, dem Schöpfer der Tarzan-Figur, *The Land That Time Forgot*, die *King Kong*- und *Jurassic Park*-Filme stand, ist neben der Verwendung der Fotografie nun auch die eigentümliche Adaptation der darwinistischen Theorie. Hier findet sie sich gleich in doppelter Gestalt, nämlich sowohl in der klassischen biologischen Variante als auch in ihrer sozialdarwinistischen, die auch bei H. G. Wells in seinem berühmten Roman *Die Insel des Dr. Moreau* das narrative Setting bestimmt. Die Expedition Challengers hatte es sich zur Aufgabe gesetzt, den Indizien eines aufgefunden Notizbuchs nachzugehen, die darauf hindeuteten, dass auf dem Hochplateau mitten im Urwald ein älterer Zustand der Erde konserviert worden sei und daher dort Dinosaurier anzutreffen wären. Sie erklimmen den unzugänglichen Tafelberg, finden dort in der Tat Dinosaurier in großer Zahl und in verschiedenen Arten vor, aber auch Affenmenschen („ape-men“) und Urzeitmenschen („indians“), die mit diesen im Krieg liegen. So entspinnt sich eine doppelte Dynamik: Einerseits versuchen die Forscher Belege dieser „lost world“ zu sammeln, fertigen Zeichnungen an, sammeln Blätter und Früchte, erstellen *scrap-books* und umfangreiche Notizen, fotografieren das Plateau und erarbeiten Skizzen und Landkarten, um nach ihrer Rückkehr die Welt von der Existenz dieser Parallelwelt zu überzeugen, zudem müssen sie sich auch gegen einige der Dinosaurier zur Wehr setzen. Andererseits beschleunigen sie in sozialdarwinistischer Manier Kulturationsprozesse, indem sie die Menschen in ihrem Kampf gegen die Affenmenschen unterstützen und ihnen am Ende zum Sieg verhelfen. Sie folgen der Logik einer Art Miniaturevolutionsmodells *in nuce*, bei dem sie fast wie Außerirdische auftauchen, in die Konflikte entscheidend eingreifen, um dann am Ende wieder zu verschwinden und die Welt dort sich selbst zu überlassen – ohne Affenmenschen und mit einer Menschheit, die noch am Anfang ihrer Entwicklung steht. Zurückgelassen haben sie – wie bei Robinsonaden üblich – nolens volens auch ihre Unterlagen und Sammlungen. Nur

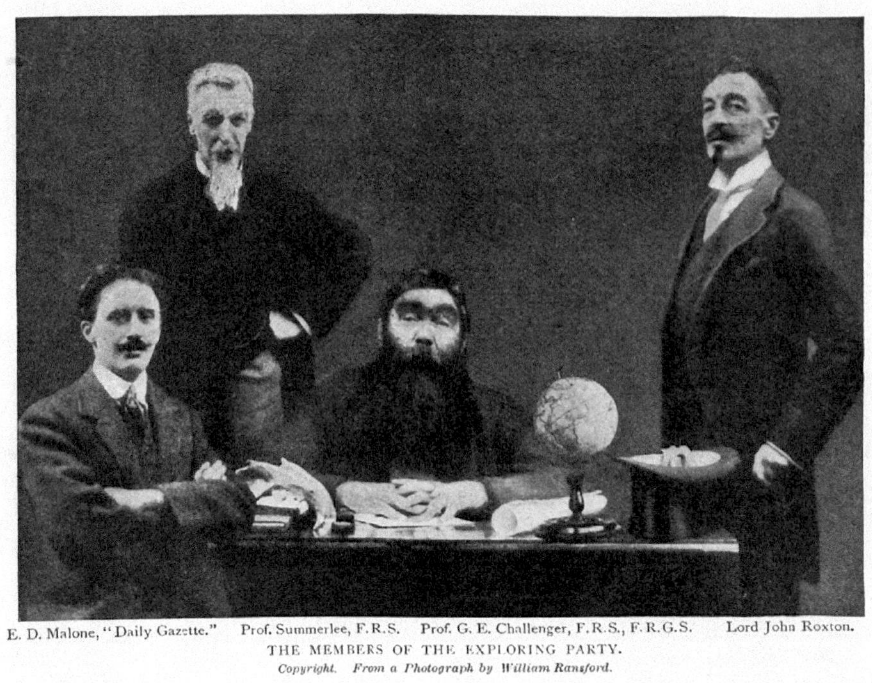

___ 4: The Members of the Exploring Party, aus: Arthur Conan Doyle, *The Lost World* (Bath: Chivers Press, 1912).

mit wenigen Bildern kehren sie zurück nach Großbritannien: Auch die Fotoplatten sind zerbrochen und der lebende Beweis des Gelingens der Expedition, ein lebendiger Pterodactylus, entkommt durch das Fenster des Vortragssaals und wird, wie es heißt, dann zuletzt auf dem Atlantik gesichtet.

The Lost World entwirft ein Niemandsland zwischen Kultur und Natur, in dem Kulturationsprozesse wie in einem narrativen Experiment durchgespielt werden können. Dementsprechend heterogen ist die Herkunft der Elemente, die einerseits aus wissenschaftlichen Publikationen stammen, aber auch den Genreanforderungen der Abenteuergeschichte genüge tun und so Forschung mit Initiation, um die es in dieser geht, verknüpfen. Teil des Spiels sind auch die ebenso heterogenen Abbildungen. Diese werden zum Teil bereits im Roman in Gestalt von Notizbüchern und Skizzen etc. erwähnt und sind dann auch in die Illustrationen der Originalausgabe und auch des Vorabdrucks im *Strand Magazine* eingegangen. Dort finden sich daher gleich unterschiedliche Medien versammelt: Fotografien der Expeditions-Crew, Zeichnungen nach diesen, bei denen die Ähnlichkeit der Figuren aber unverkennbar ist, signierte Abbildungen von Seiten aus dem Notizbuch des Amerikaners Maple White, dessen Entdeckung Anlass der Expedition war, Karten des Hochplateaus und schließlich diverse Zeichnungen der Dinosaurier und einiger Szenen des Geschehens. Die Fotografien oszillieren dabei zwischen einer ironischen

Reflexion des Mediums und einer gezielten Verwirrungsstrategie des Publikums. So hatte sich Conan Doyle verkleidet, mit einem künstlichen Bart und geschminkt als Professor Challenger inszeniert, im Kreise seiner Crew aufnehmen lassen (Abb. 4). In der Ausgabe der *New York Times*, in der im März der Abdruck begann, setzte man Conan Doyles Maskerade als Professor Challenger sogar auf die Titelseite.[24] Diese Aufnahme verwendete man auch für den Abdruck im *Strand Magazine*. Es gibt das Gerücht, dass Conan Doyle sich in dieser Verkleidung zu dem befreundeten Journalisten E. W. Hornung begab, dort als deutscher Arzt ausgab, und sich so lange auf Deutsch mit diesem unterhielt bis der physiologisch kurzsichtige, aber intellektuell scharfsichtige Hornung bemerkte, dass er hereingelegt worden war und ihn hinauskomplimentierte.[25]

Auch wenn diese Strategie arg durchsichtig und als Täuschungsmanöver für die Leser erkennbar war, scheinen einige darauf hereingefallen zu sein. Eine ame-

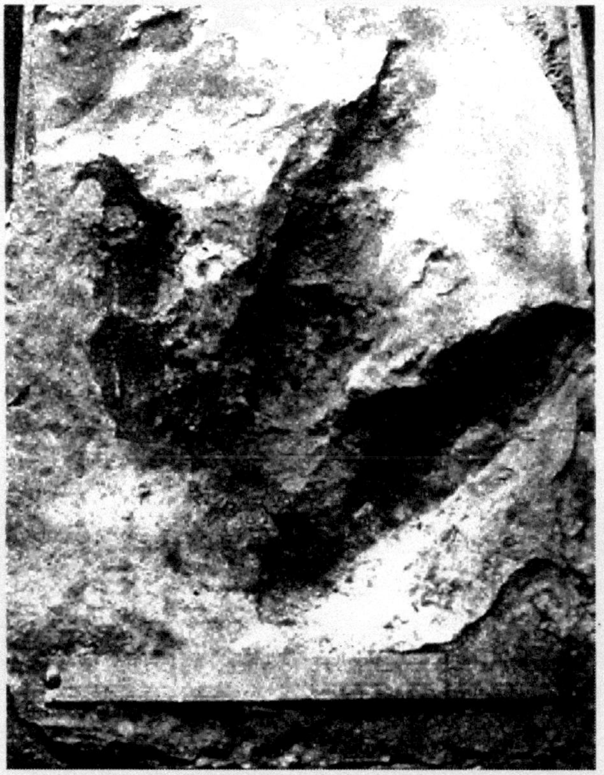

THE FIRST FOOTPRINT IN MAPLE WHITE LAND:
A PHOTOGRAPH PURPORTEDLY BY E.D. MALONE.
From *The Lost World*, New Edition.

5: The First Footprint in Maple White Land: A Photograph Purportedly by E.D. Malone, aus: Arthur Conan Doyle, *The Lost World* (Bath: Chivers Press, 1912).

rikanische Zeitung berichtete etwa 1914 von einer Expedition eines Forschungsteams der University of Pennsylvania, das nach Südamerika entsandt worden war, um das in Conan Doyles Roman geschilderte Hochplateau zu erkunden.[26] Der Artikel erschien zwar am 1. April, aber dennoch nahmen viele Leser an, dass es wirklich eine von einem gewissen Dr. Farrable geleitete Expedition gäbe, dessen Name auf eine reale Forschungsreise von Prof. William Curtis Farabee anspielte.

Die Fotografie wird, wie bereits erwähnt, als Medium der Täuschung in Conan Doyles Roman bewusst eingesetzt. Dabei werden verschiedene Aufzeichnungsmedien amalgamiert, die zusammen genommen zwar das Geschehen als wenig glaubwürdig erscheinen lassen, aber die grundsätzliche Möglichkeit bestimmter Elemente davon durchaus offenhalten (Abb. 5). Das ist die Strategie, die Conan Doyle hier verfolgt: Ein narratives Experiment, bei dem keineswegs die gesamte Geschichte für bare Münze genommen werden muss, damit die Grundzüge akzeptiert werden. Im Gegenteil: Gerade dadurch, dass Teile als phantastisch erkannt und deklariert werden, erscheinen andere als plausibel und evident. Die Fotografie eines von vielen Elementen, die darauf zielen, die Fiktion als Realfiktion, als *scientific novel* zu plausibilisieren.

4. GEISTER UND IHRE FOTOGRAFIEN

Eine vierte Erkundung verbindet Fiktion und Realität – zumindest eine, von deren Existenz Conan Doyle überzeugt war. Conan Doyle erwog eine Zeitlang, Sherlock Holmes zum Spiritismus konvertieren zu lassen, entschied sich dann aber dagegen, da er wusste, dass dieser „a major source of income“ war, „and therefore not something he should jeopardise or compromise for the sake of spiritualism.“[27] Er nutzte jedoch, rhetorisch durchaus geschickt, seinen narrativen Superhelden in anderer Weise für die Sache des Spiritismus. Es gibt eine Filmaufzeichnung von Conan Doyle, bei der er etwa zehn Minuten lang über sein Werk und vor allem über die beiden Dinge spricht, nach denen man ihn immer wieder fragt: Sherlock Holmes und den Spiritismus.[28] Beide hält er auch hier sorgfältig auseinander, inszeniert aber eine Art diskursive Inversion: Während Sherlock Holmes ein fiktiver Held sei, den man für eine reale Figur halte, sei es beim Spiritismus genau umgekehrt. Hier meine man, alles sei Fiktion, aber eigentlich seien die Erscheinungen real. Diese Inversion wird gekoppelt mit einer Rhetorik der Überbietung: Während er zahlreiche Briefe für Sherlock Holmes erhalten habe, die er gelegentlich – die Rolle von Watson einnehmend – auch beantwortet habe, sei es bei den spiritistischen Fragen sogar ein ganzer Raum voller Briefe gewesen, voller Glück ob seiner Botschaften aus dem Jenseits – und er habe sie alle beantwortet.

Gleichwohl bleibt das fiktionale Universum Sherlock Holmes frei von Spiritismus. Gelegentlich ist davon die Rede, aber Sherlock Holmes weist solche Vermutungen als intellektuelle Zumutungen unmissverständlich von sich. Professor Challenger war da ungleich geeigneter, den Spiritismus fiktional hoffähig zu machen und dabei doch eine Botschaft zu verkünden. So erschien 1926 *The Land of Mist*, ein recht langatmiger und schematischer Spiritismus-Roman, der ursprünglich den Titel *The Psychic Adventures of Edward Malone* trug und bereits im Oktober 1924 in weiten Teilen fertiggestellt war.[29] Conan Doyle spielt mit dem Titel auf das wolken- und nebelverhangene Hochplateau von *The Lost World* an, meint hier aber das Reich jenseits des Todes. An die Stelle von Darwinismus und Sozialdarwinismus tritt nun der Spiritismus, nur die indexikalische Überzeugungskraft der Fotografie bleibt.

Die Geschichte von *The Land of Mist* ist die einer allmählichen Konversion. Professor Challenger steht den spiritistischen Überzeugungen seines ehemaligen Expeditionsgefährten Malone erst mehr als nur skeptisch gegenüber, besucht mit ihm aber gleichwohl diverse Séancen und wird am Ende bekehrt. Eine besondere Rolle spielt dabei der Bericht eines Besuchs im Pariser Metapsychischen Institut, das nicht nur faktisch existierte, sondern bei dem Conan Doyle auf eine bekannte und auch publizierte Sitzung zurückgreift.[30] Eine Runde, die im Roman mit Charles Richet, dem Grafen Gramont und Camille Flammarion ungleich illustrer besetzt ist als die der polnischen Spiritisten der historischen Vorlage, hat sich hier eingefunden. „Für meine Auffassung", kommentiert Challenger, „sitzen wir am Rande eines Teiches, der ebenso gut Frösche wie Krokodile beherbergen kann."[31] Aus diesem Teich entsteigen dann aber gleich mehrere wenig aquatische Wesen, die dann auch fotografiert werden. Conan Doyle vermerkt dazu – merkwürdig genug für einen Roman – in einer Fußnote: „Abzüge dieser Photographie können im Psychic College, London W., Holland Park 59, oder im Psychic Museum Abbey House, London SW., Victoria Street besichtigt werden."[32] Dann schildert er die Erscheinung:

> „In dieser kurzen Zeitspanne [in der das Blitzlicht der Kamera das Dunkel erleuchtet hatte, B. S.] hatte sich den Besuchern eine wunderbare Erscheinung gezeigt. Das Medium lag mit dem Kopf auf den Händen in scheinbarer Bewußtlosigkeit. Auf seinem gekrümmten Nacken saß ein mächtiger Raubvogel, einem großen Falken oder Adler ähnelnd. Für einen Augenblick wirkte das eigenartige Schauspiel auf die menschliche Netzhaut sowohl, wie auf die fotografische Platte. Dann hüllte sich alles wieder in Dunkel, das nur von zwei roten Flämmchen, den rotglühenden Augen eines Dämons gleichend, schwach erhellt war."[33]

Während der Séance erscheint weiterhin ein Affenmensch, der sich mit einem strengen Tiergeruch ankündigt, nur muss dieser nicht wie noch in *The Lost World* besiegt oder domestiziert werden, sondern darf die Hände der Anwesenden lecken und an ihren Beinen entlangstreichen.

Am Ende der Geschichte von *The Land of Mist* wird auch der Familienkreis zu einem magischen, denn just Challengers Tochter Enid erweist sich als „machtvolles Medium", das zudem eine Botschaft ihrer verstorbenen Mutter überbringt und von zwei weiteren Verstorbenen, an deren Tod Challenger sich schuldig glaubte. Er hatte ihnen als menschliche Versuchskaninchen ein Medikament verabreicht, das „sowohl heilbringend wie tötlich [sic] wirken"[34] könne: ein echtes „Pharmakon" also. Beide waren am folgenden Tag tot und Challenger fühlte sich für ihren Tod verantwortlich – bis zur Botschaft aus dem Jenseits. Glücklich sind, die Fotografien der Erscheinungen zur Verfügung haben. Und selig sind, die da glauben und auch etwas sehen.

Conan Doyle reiste damals bereits täglich ins Herz der Finsternis, in die Welt der lebenden Toten, der Geister und Gespenster, und zudem über viele Jahre mit zwei Vorträgen durch die Lande, um die Welt vom Spiritismus zu überzeugen. Der eine war ein regelrechter Diavortrag mit Fotografien, die er gesammelt hatte und zu denen auch Geisterfotografien gehörten. Diesen Vortrag aktualisierte er fortwährend, indem er ihn mit neuen Lichtbildern ergänzte, die er in großer Zahl erhielt. Der zweite hatte einen eher philosophischen Duktus. In seinem Arbeitszimmer hatte er eine Karte von Großbritannien hängen, auf der jeder Ort, an dem er bereits eine Lesung in Sachen Spiritismus gehalten hatte, markiert war. Auch der Tod seines Sohnes hielt ihn nicht davon ab, noch am Tag, an dem er von ihm erfuhr, den Reigen der Vorträge fortzusetzen. Wie zum Dank ließ ihn dieser bereits am 7. September 1919, also kurz nach seinem Tod, wissen, dass es ihm im Jenseits gut gehe – was dann den folgenden Vorträgen eine persönliche Note gab.[35]

Ein Biograf beschrieb den Effekt der *lectures* auf das Publikum in folgender Weise: „Once the audience, which in those days generally believed in the veracity of the camera and considered that it could never lie, was curious and interested, the second lecture kicked in."[36] Mit anderen Worten: Conan Doyle setzte auf den performativen Effekt der Fotografien, um sie mit einer regelrechten Botschaft zu unterlegen. In ihnen kam es zu einer wundersamen Begegnung von zwei Formen des Glaubens: in unsichtbare Realitäten und Wesen einerseits und in jene einer unanzweifelbaren Aufzeichnungskraft der Fotografie andererseits, die eben jenes eigentlich unsichtbare, aber für einen kurzen Augenblick aufscheinende Reich festhielt. Die Fotografie wird zu einer Art magischen Wissenschaft, und das in vielfacher Hinsicht.

Die Geschichte der spiritistischen Fotografie ist mehrfach nachgezeichnet worden, auch in ihrer Beziehung zu den Avantgarden, zu denen Conan Doyle dezidiert nicht zu zählen ist. Daher seien nur einige wenige Beispiele angeführt, um deutlich zu machen, in welcher Weise die Fotografien hier eingesetzt werden. Vorab geraffte biografische Eckdaten: Conan Doyle stand dem Spiritismus zu Beginn zwar interessiert, aber ablehnend gegenüber. Er nahm an einigen Séancen teil, beurteilte aber ihren Erkenntniswert durchweg kritisch. Das gilt auch für Reichenbachs Od-Theorie, die Ende des 19. Jahrhunderts Einzug in die Fotografiegeschichte hielt, da man der Auffassung war, das Odlicht, das Menschen wie Tiere und Pflanzen umgeben sollte, mittels Fotografien aufzeichnen zu können.[37] Conan Doyle publizierte dazu eine vernichtende Kritik in einer Fotografiezeitschrift.[38] Allmählich verwandelte sich aber seine skeptische Distanz in eine persönliche Überzeugung.[39] Zwischen September 1915 und Frühjahr 1916 verschwindet die letzte Skepsis und

Conan Doyle bekennt sich in einem in der Zeitschrift *Light* am 4. November 1916 erschienen Artikel öffentlich zu seinem spiritistischen Glauben.[40] Als dann seine Frau 1921 ihre Fähigkeiten als Medium entdeckte und ihrerseits automatisches Schreiben praktizierte, hielt der Spiritismus höchst konkret Einzug in Doyles Familienleben, denn die Familie bekam Zuwachs in Gestalt einer Figur namens Pheneas.[41] Der „home circle" wurde nun zum „wider circle".[42] Pheneas, der in den Séancen erstmals am 10. Oktober 1922 das Wort ergriff, bestimmte fortan maßgeblich das Familienleben mit, und sollte auch den Kindern „like a wise and elder brother" sein.[43] Er erschien nun täglich und selbst bei den Mahlzeiten wurde ein Platz für ihn freigehalten. Conan Doyle publizierte, nachdem er Pheneas Zustimmung eingeholt hatte (Pheneas hatte geraten, alles genau abzuschreiben und möglichst günstig als Buch zu vertreiben – daher der Verzicht auf das Copyright mit Ausnahme der Vereinigten Staaten), eine Auswahl der Mitteilungen dieses spiritistischen Führers, der mit Franz von Assisi oder Vinzenz von Paul verglichen wurde. Pheneas ist Araber, stammt aus Ur, wurde nach eigener Auskunft weit vor Abraham geboren, gibt aber höchst konkrete Ratschläge hinsichtlich von Reiseplänen, dem Kauf eines neuen Hauses und anderen Alltagsfragen. Er kennt auch die neuesten Publikationen, kommentiert diese und erteilt Auskunft über die jenseitige Welt. Diese ist eine Kopie der diesseitigen – nur verändert, da ihre hässlichen Elemente fehlen. Es gibt dort mehr Blumen (in den Texten ist fortwährend von Blumen und Blüten die Rede), keine Schatten und sie besteht vor allem aus Bildern. Auch die irdische Existenz wird nun metaphorisch in eine fotografische verwandelt. „Every man", so spricht Pheneas, „as he comes upon earth is like an unexposed cinema film. He has his picture to make."[44] Gelingt ihm das, so gelangt er in die höheren, gelingt es ihm nicht, in die niederen Sphären. Die Filmbilder müssen dann aber, einmal im blühenden schattenlosen Reich des Lichts angekommen, wieder ausradiert werden. Conan Doyle sollte bei einer Lesung in New York City im April 1922 bereits in der diesseitigen Welt eine Doppelexistenz postulieren: „He described the actual process of death, and said he would show them a photograph of the ‚etheric body', which has resided in the human body and was an exact duplicate of it down to the pores of the skin."[45] Pheneas hingegen sah für Conan Doyle, der nach eigener Aussage über keinerlei mediumistische Fähigkeiten verfügte, die Rolle eines Aufnahmemediums vor: „Be like a soft wax plate on which I can write", gibt ihm Pheneas vor.[46]

Conan Doyle sollte mehr als das tun, er sammelte Belege in großer Zahl und schrieb Bücher und Aufsätze in ungleich größerer. Er verwarf viele Bilder, verteidigte aber diejenigen, von deren Authentizität er überzeugt war, auch dann noch, als sie öffentlich diskreditiert als Fälschungen erkannt worden waren. Zwei prominente Beispiele unter vielen mögen hier genügen. 1923 hielt Conan Doyle einen Vortrag in der Carnegie Hall, bei dem insbesondere eine Fotografie das Publikum von fast 3000 Zuhörern faszinierte (Abb. 6 und 7): „It was taken by a medium called Mrs Deane at the Cenotaph in Whitehall on 11 November 1922, during the annual

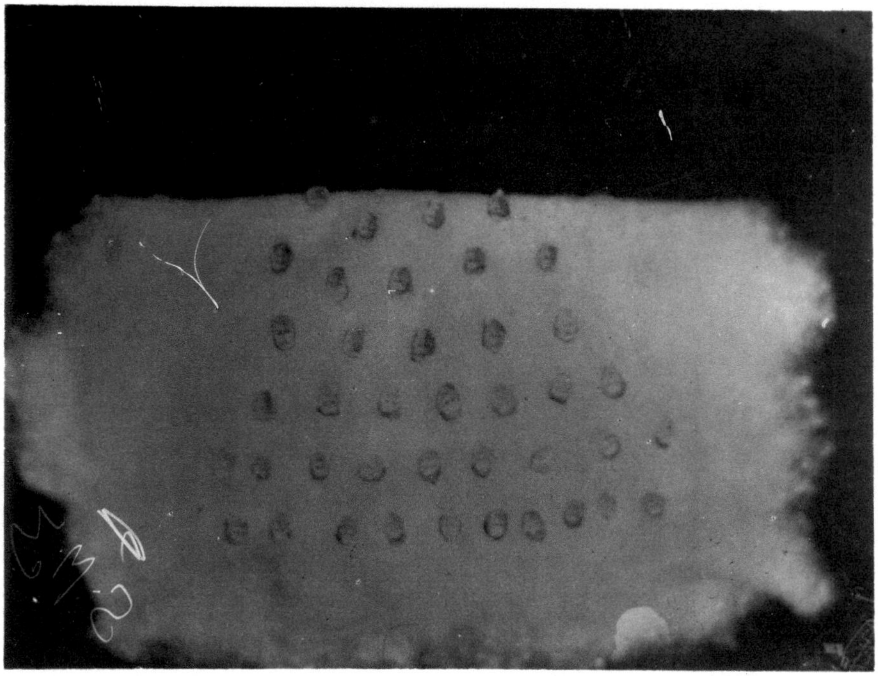

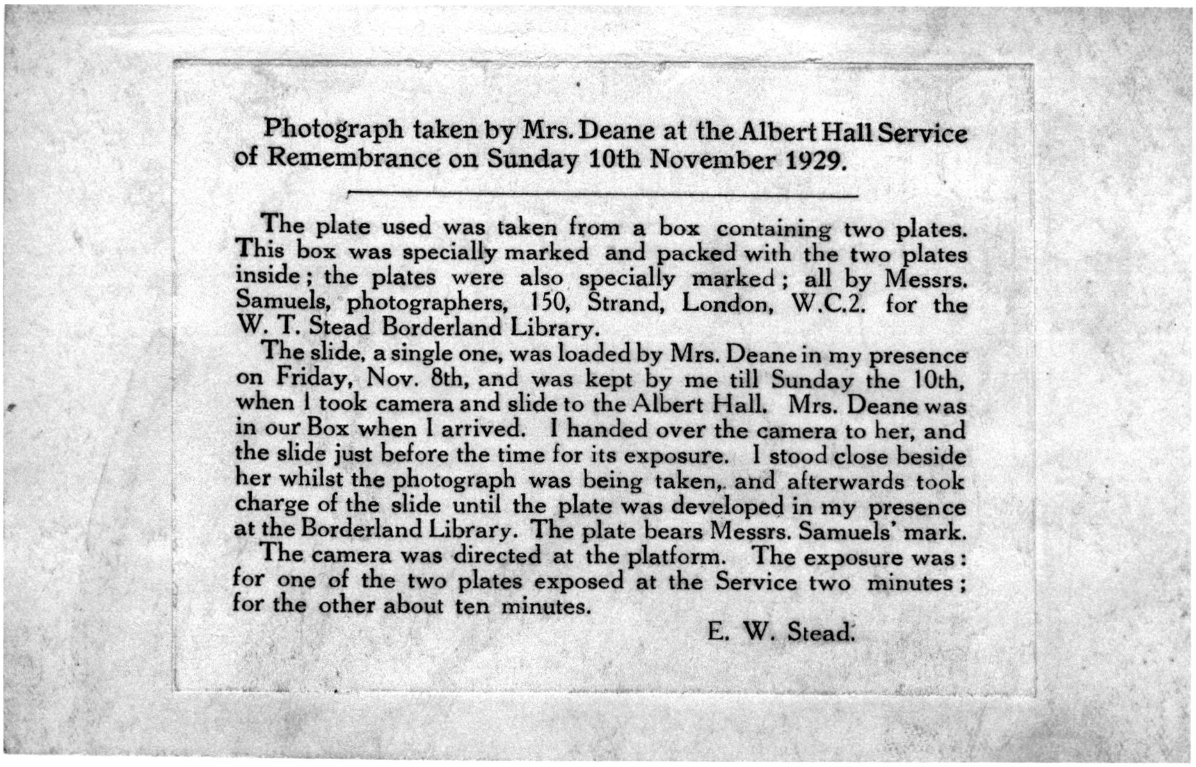

Photograph taken by Mrs. Deane at the Albert Hall Service of Remembrance on Sunday 10th November 1929.

The plate used was taken from a box containing two plates. This box was specially marked and packed with the two plates inside; the plates were also specially marked; all by Messrs. Samuels, photographers, 150, Strand, London, W.C.2. for the W. T. Stead Borderland Library.

The slide, a single one, was loaded by Mrs. Deane in my presence on Friday, Nov. 8th, and was kept by me till Sunday the 10th, when I took camera and slide to the Albert Hall. Mrs. Deane was in our Box when I arrived. I handed over the camera to her, and the slide just before the time for its exposure. I stood close beside her whilst the photograph was being taken,. and afterwards took charge of the slide until the plate was developed in my presence at the Borderland Library. The plate bears Messrs. Samuels' mark.

The camera was directed at the platform. The exposure was: for one of the two plates exposed at the Service two minutes; for the other about ten minutes.

E. W. Stead.

___ 6 und 7: Geisterfotografie des Mediums „Mrs. Deane“ von den Feierlichkeiten zum Gedenktag des Ersten Weltkrieges in Whitehall, 11.11.1922, Vorder- und Rückseite.

remembrance service for the war dead. It clearly showed spirit faces hovering over the crowds. The dead of the Great War, it seemed, had come to pay their respects to themselves and their fallen comrades."[47] Die Aufnahme entstand an einem besonderen Tag, dem Armistice Day, an dem Ort, wo der Gefallenen gedacht wurde, die kein Grab gefunden hatten und für die hier ein Cenotaph errichtet worden war. Zu sehen waren zahlreiche Gesichter über der Menge, die der Zeremonie beiwohnte. Als Conan Doyle im April 1923 in New York diese Aufnahme zeigte, ertönte eine helle Stimme im abgedunkelten Zuschauerraum: „Don't you see them? Don't you see their faces?", rief eine Frau, die während seiner Lesung in der Carnegie Hall in Trance gefallen war. Wieder aufgewacht, gab sie vor, dass sie von einem Geist der Mutter eines der gefallenen Soldaten besessen gewesen sei, der ihr und den anderen Müttern mitgeteilt habe, was mit ihren Kindern geschehen sei.[48] Die Geschichte des Bildes war ungleich prosaischer: Am 20. November 1924 publizierte der *Daily Sketch* eine Liste und auch Bilder der Personen, die zu erkennen waren (Abb. 8). Es

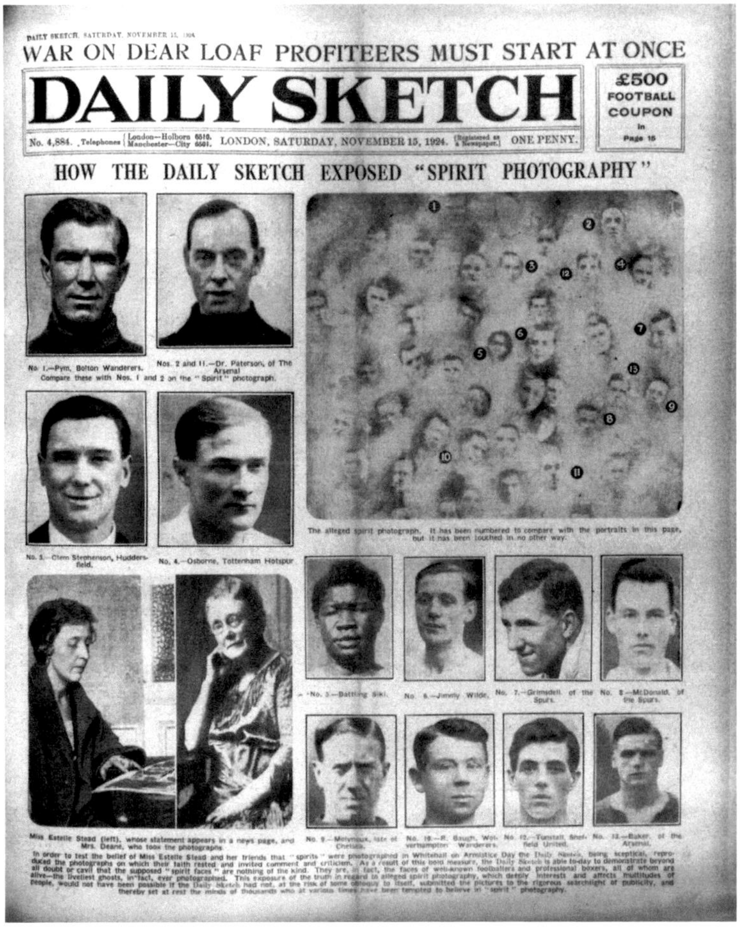

WAR ON DEAR LOAF PROFITEERS MUST START AT ONCE

DAILY SKETCH

£500 FOOTBALL COUPON in Page 16

LONDON, SATURDAY, NOVEMBER 15, 1924. ONE PENNY.

HOW THE DAILY SKETCH EXPOSED "SPIRIT PHOTOGRAPHY"

No. 1.—Pym, Bolton Wanderers. Nos. 2 and 11.—Dr. Paterson, of The Arsenal. Compare these with Nos. 1 and 2 on the "Spirit" photograph.

No. 3.—Clem Stephenson, Huddersfield. No. 4.—Osborne, Tottenham Hotspur

The alleged spirit photograph. It has been numbered to compare with the portraits in this page, but it has been touched in no other way.

No. 5.—Battling Siki. No. 6.—Jimmy Wilde. No. 7.—Grimsdell, of the Spurs. No. 8.—McDonald, of the Spurs.

Miss Estelle Stead (left), whose statement appears in a news page, and Mrs. Deane, who took the photographs.

No. 9.—Molyneux, late of Chelsea. No. 10.—R. Baugh, Wolverhampton Wanderers. No. 12.—Tunstall, Sheffield United. No. 13.—Baker, of the Arsenal.

In order to test the belief of Miss Estelle Stead and her friends that "spirits" were photographed in Whitehall on Armistice Day the Daily Sketch, being sceptical, reproduced the photographs on which their faith rested and invited comment and criticism. As a result of this bold measure, the Daily Sketch is able to-day to demonstrate beyond all doubt or cavil that the supposed "spirit faces" are nothing of the kind. They are, in fact, the faces of well-known footballers and professional boxers, all of whom are alive—the liveliest ghosts, in fact, ever photographed. This exposure of the truth in regard to alleged spirit photography, which deeply interests and affects multitudes of people, would not have been possible if the Daily Sketch had not, at the risk of some obloquy to itself, submitted the pictures to the rigorous searchlight of publicity, and thereby set at rest the minds of thousands who at various times have been tempted to believe in "spirit" photography.

8: Titelseite des Daily Sketch vom 20. 11. 1924.

waren mitnichten gefallene Soldaten, sondern berühmte Sportler wie der Boxer „Battling Siki, Jimmy Wilde, and several well-known footballers".[49]

Ein zweites Beispiel: Zu den von Doyle besonders geschätzten und verteidigten Fotografen gehörte William Hope, den er, da dieser unter prekären Lebensumständen litt, auch finanziell unterstützte und auch andere dazu aufrief, ihm zu helfen. Im November 1921 fand ein besonderes Experiment des British College of Psychic Science statt, bei dem es darum ging, „[to] invite any expert in photography who claims to be able to produce a photo like Mr. Hope's to do so under the conditions of my experiment", so James Douglas vom *Sunday Express*.[50] Douglas Vermutung, dass es sich bei Hopes Aufnahmen um Fälschungen handelte, begründete sich nicht zuletzt durch die Entdeckung, dass er eines der *Extras* (so nannte man die vermeintlichen Erscheinungen Verstorbener auf den Porträts) auf einem der bei Hope entstandenen Bilder in einer konkurrierenden Zeitung entdeckt hatte. Bei dem Experiment folgte man genau der Anordnung Hopes. Die Platten wurden auf den Tisch gelegt, sorgfältig untersucht, dann beschriftet. Hewat McKenzie produzierte nun einige Bilder, die genauso aussahen wie bekannte spiritistische Fotografien, darunter eine „poor parody of one of the famous fairy photographs taken by Elsie Wright"[51] und das einer Frau, die ihre Augen gen Himmel richtete. Er parodierte bekannte Fotografien, ohne dass ihm eine Täuschung nachzuweisen gewesen wäre. Das sollte Conan Doyle gleichwohl nicht davon abhalten, Hope gleich ein ganzes Buch zu widmen, das den Titel *The Case for Spirit Photography* trug und mit diesem auf jene zahlreicher Sherlock-Holmes-Erzählungen anspielte.[52]

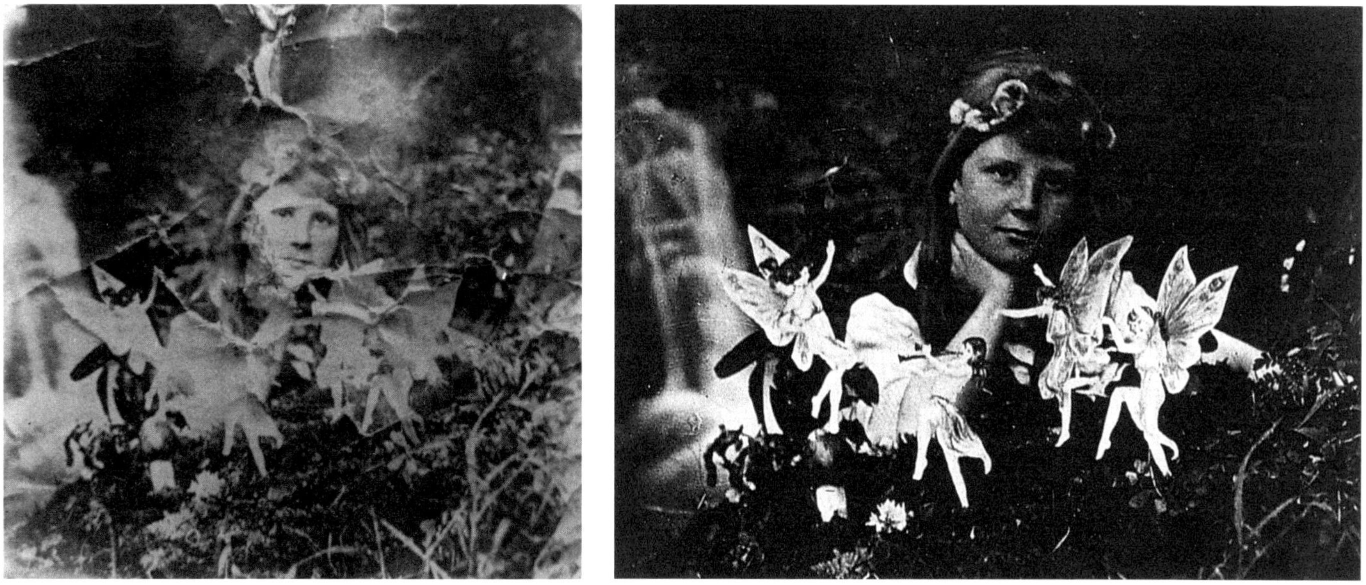

9–10: Fotografie der Cottingley Fairies in der überlieferten und in der für die Publikation retuschierten Form.

5. ELFEN UND IHRE FOTOGRAFIEN

In seiner kleinen, 1922 als Monographie erschienenen Studie *The Coming of the Fairies*, die verschiedene vorab publizierte Artikel vereint, versucht Conan Doyle zu belegen, dass es zwei Mädchen in einem kleinen Ort in Yorkshire nicht nur gelungen sei, Elfen zu fotografieren, sondern dass diese Aufnahmen von schlicht epochaler Bedeutung seien (Abb. 9–11). Conan Doyle versteht sein Buch als Probe aufs Exempel, wie Fotografien zu lesen seien. „Dieses Buch enthält Reproduktionen der berühmten Photographien aus Cottingley“, heißt es gleich zu Beginn, „und führt sämtliche damit in Verbindung stehenden Beweise an.“[53]

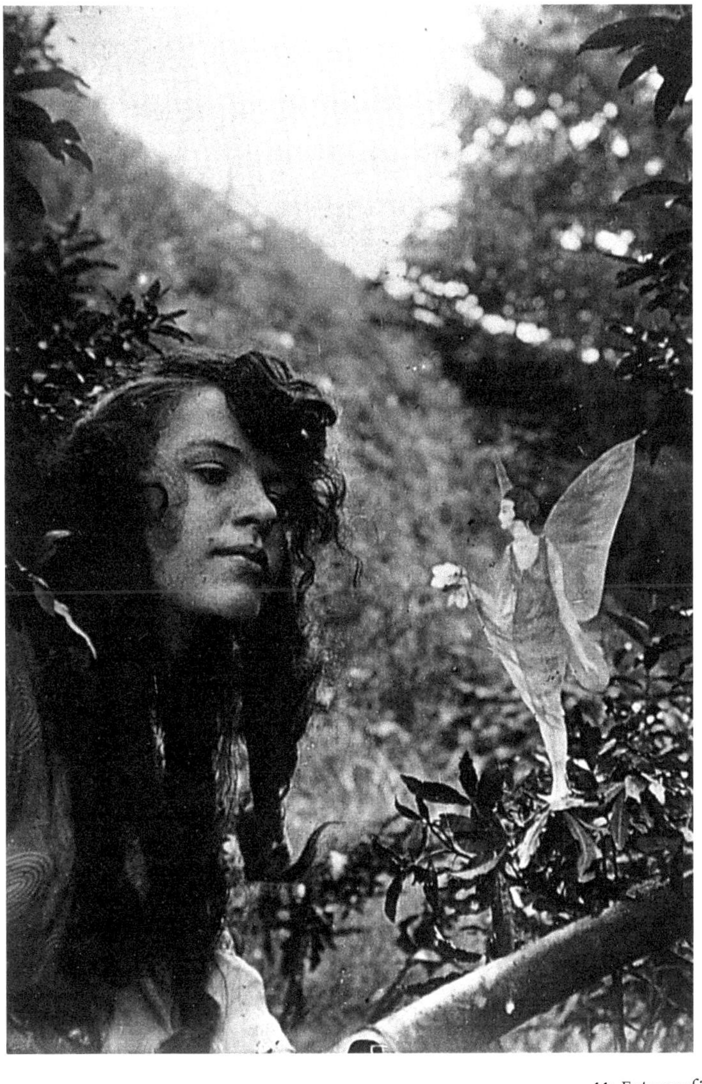

11: Fotografie der Cottingley Fairies.

Conan Doyles *The Coming of the Fairies* ist in der Deutung seines Autors eine regelrechte Spurensicherung, bei der der Leser die *Inferenz*, die Schlussfolgerung selber zu leisten hat. Das Buch überträgt, mit anderen Worten, ein Verfahren, das Sherlock Holmes bis zur Meisterschaft gebracht hat, auf einen Fall, bei dem es vordergründig um höchst abwegige, skurrile Bilder geht, der aber zugleich die Frage der Deut- und Lesbarkeit solcher Bilder in höchst fundamentaler Weise stellt. *The Coming of the Fairies* ist ein höchst eigentümliches Dokument, das in anderer Weise auf Zeichen setzt: Nun ist es die Fotografie, die zwei Reiche zusammenbringen soll, die regelrechte Parallelwelten darstellen.[54] Elfen sind dabei anders als die allermeisten Erscheinungen bei spiritistischen Sitzungen, mit denen Conan Doyle vertraut war, ja keine Wesen aus dem Jenseits, sondern höchst irdische Kreaturen, wenn auch mit recht rätselhaften Eigenschaften, die genauer zu bestimmen, dem Autor mehr als nur schwer fällt. So differieren die verfügbaren Berichte in jeder Hinsicht: Die vermeintlich gesichteten Elfen sind höchst unterschiedlich groß, können manchmal fliegen, dann aber wieder nicht, und auch die Frage der Fortpflanzung bleibt ungeklärt.

Doch der Reihe nach: 1917 gaben die beiden Cousinen Frances Griffiths und Elsie Wright vor, in Cottingley, einem Dorf in der Nähe des englischen Orts Bradford, in dem heute – welche Ironie der Geschichte – die größte englische Fotografiesammlung aufbewahrt wird, Elfen nicht nur gesehen, sondern fotografiert zu haben. Es entstanden 1917 erst zwei, dann drei Jahre später weitere drei Fotografien. Die beiden ersten veröffentlichte Conan Doyle in seinem Artikel und macht deutlich, dass diese „will mark an epoch in human thought"[55] und mit der Entdeckung Amerikas durch Columbus zu vergleichen seien. Ein neuer Kontinent tut sich auf – und das mitten in Yorkshire! Bevor Conan Doyle sich an die Öffentlichkeit wendete, wurden die Aufnahmen gleich mehrfach einer kritischen Überprüfung unterzogen, bei denen selbst die von Conan Doyle hinzugezogene Firma Kodak eine wenig rühmliche Rolle spielte. Ausgeschlossen wurden von Kodak eine Doppelbelichtung sowie eine anders geartete Manipulation der Platten. Es handle sich Aufnahme für Aufnahme „um vollkommen echte, unverfälschte Photographien, nur einmal belichtet und unter freiem Himmel entstanden, die Elfen haben sich während der Belichtung bewegt, und es gibt keinerlei Anzeichen dafür, dass sie im Atelier unter Zuhilfenahme von Modellen aus Karton oder Papier oder dunklen Hintergründen oder aufgemalten Figuren entstanden sind. Meiner Ansicht nach handelt es sich bei beiden um nicht manipulierte, auf normalem Weg entstandene Bilder."[56] Und das sollte in der Tat zutreffen, da die später von den Mädchen eingestandene Manipulation darin bestand, mit *Cut Outs* gearbeitet zu haben, die dann in natürlicher Umgebung drapiert wurden. Für Conan Doyle hingegen war die Tatsache, dass es sich um eine *straight exposure* handelt, Beleg dafür, dass die eigentlich unsichtbare Parallelwelt nun in die sichtbare hineinragte.

Argument einer Sichtbarmachung solcher vermeintlich unsichtbarer Parallelwelten ist die seit der Moment- und Röntgenfotografie weit verbreitete Annahme, dass die Fotografie, die hier als Mittel der visuellen Evidenzerzeugung eingesetzt wird, imstande sei, auch in für das Auge unsichtbare Welten einzudringen. Die Fotografie ist nicht nur Mittel der Spurensicherung im Feld des Sichtbaren, sondern eben auch ein regelrechtes Übertragungsmedium zwischen sichtbarer und unsichtbarer Welt: Sie ist ein Medium, das auch in spiritistischen Kreisen seinen Namen zu Recht trägt. Sie ist ein Bote aus dem Reich des Unsichtbaren, der verschlüsselte, zumeist frohe Botschaften überbringt, die dann der Kreis der im Diesseits Versammelten zu entziffern hat. Die Fotografie ist eben jene „Retina des Wissenschaftlers",[57] der ein ungleich größeres Wahrnehmungsspektrum als dem menschlichen Auge zur Verfügung steht. Daher soll sie frei von Sinnestäuschungen sein und produziert doch eine Fülle von diesen.

Conan Doyle kommt es darauf an, ähnlich wie bereits in seinem ersten selbständig erschienen Sherlock-Holmes-Roman „Eine Studie in Scharlachrot", den Leser in die Rolle des Detektivs zu versetzen, der die verschiedenen Dokumente zusammenzufügen hat. Wenn „the whole of the evidence" Ziel der Ausführungen ist, so ist das eben das Ergebnis einer Lektürepraxis, die narrative Zeichenketten als Indizien eines Zusammenhangs von Parallelwelten deuten soll: „Der geneigte Leser wird sich in einer ähnlich guten Lage wie ich befinden und die Authentizität der Bilder selbst beurteilen können. Dieser Bericht soll kein besonderes Plädoyer für deren Echtheit darstellen, sondern lediglich als eine Faktensammlung dienen, deren Schlussfolgerungen der Leser entweder annehmen oder zurückweisen mag, wie er es für angebracht hält."[58] Doch Conan Doyle, dem Medium der Fotografie blind vertrauend und von der Existenz von Elfen unkritisch überzeugt, ruft auch in Erinnerung, dass „nur wenige Realitäten sich nachahmen lassen" – und das gelte eben auch für Elfen. Sie sind für ihn der Punkt, an dem sich die Geraden der Parallelwelten berühren. In *The Coming of the Fairies* geht es in anderer Weise um die besagten „rules and conditions of seeing a particular thing in a particular context". Conan Doyle vereinigt eine Reihe von höchst heterogenen Dokumenten, die zusammengenommen auch beim Leser jene Evidenz erzeugen sollen, von der er längst überzeugt ist.

6. POSTMORTALE BILDER

Auch nach Conan Doyles Tod war sein Werk nicht abgeschlossen. Nicht nur erschien er mehrfach, unter anderem dem besagten William Hope auf dessen fotografischen Platten, sondern sprach auch – Pheneas gleich – zu einem Medium. Bereits 1933 erschien ein Buch mit dem Titel *Thy Kingdom Come*, bei dem Conan Doyle als Autor verzeichnet ist.[59] Auf über 200 Seiten erklärt er dort, dass es schwierig sei, fotografiert zu werden, wenn man bereits gestorben ist, und dass dies doch möglich sei. Der ersten These werden wir zustimmen, der zweiten hingegen vermutlich nicht (Abb. 12).

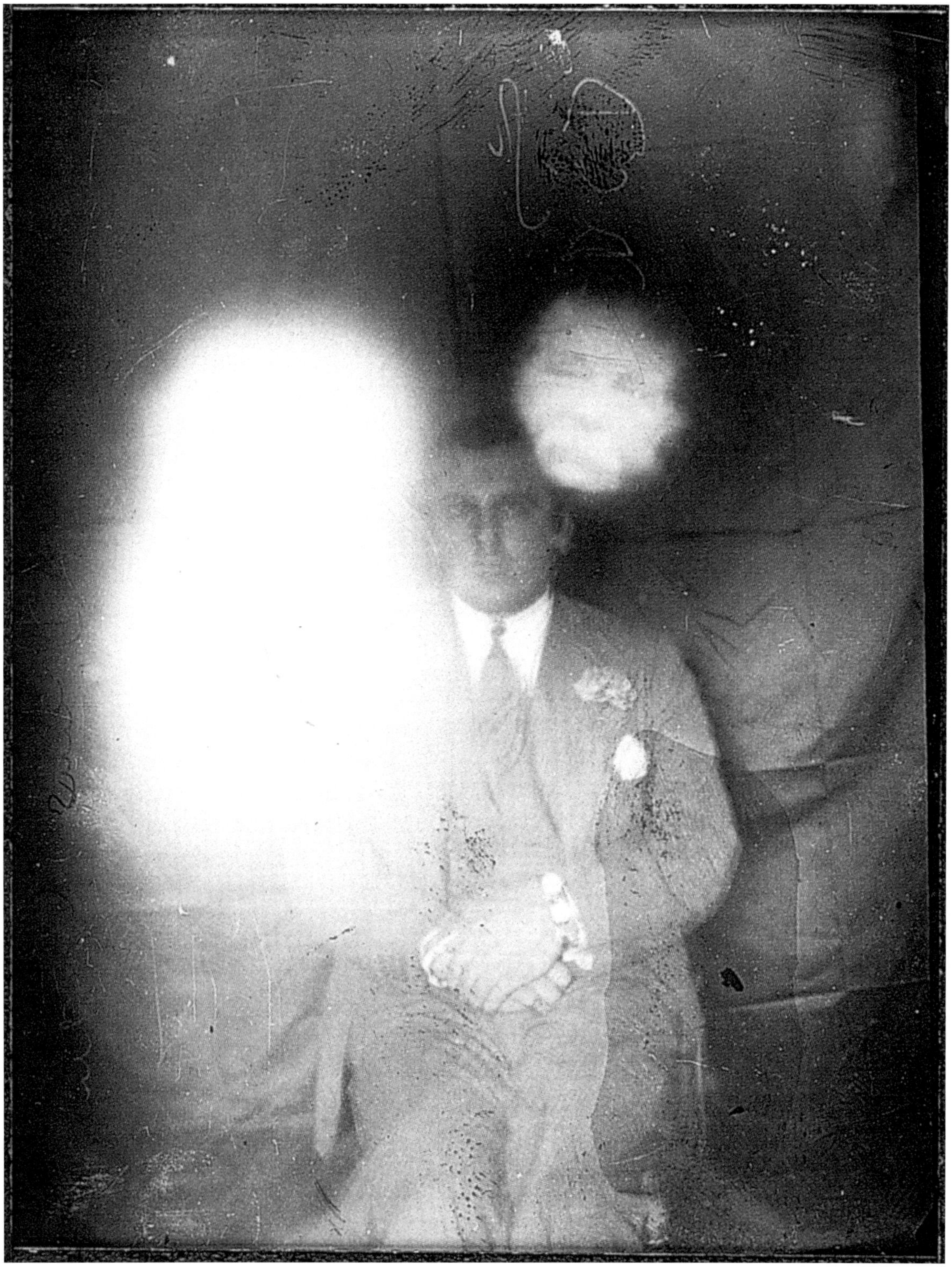

12: Geisterfotografie, in der Conan Doyle als „Extra" erscheint.

7. STRATEGISCHER REALISMUS

Der französische Soziologe Luc Boltanski hat in seinem Buch *Rätsel und Komplotte* den engen Bezug zwischen der Entstehung des Kriminalromans und der in der Moderne brüchig gewordenen sozialen Ordnung herausgearbeitet.[60] Je fragiler das soziale Gebilde wird, je undurchschaubarer die moderne Welt, umso attraktiver ist es, einen Detektiv zu haben, der Ordnungen wiederherstellt und für seine Leser die Realität der Wirklichkeit beglaubigt. Dem Detektiv wird dabei eine bedrohliche Nähe zum Paranoiker nachgesagt, der gleichfalls im 19. Jahrhundert geboren wurde. Beide verwandeln zersplitterte Spuren in Ordnungen der Deutung, beide bilden aus versprengten Zeichen einen homogenen Kosmos.

Conan Doyles breitgefächertes Werk, das wir in all seiner befremdlichen Heterogenität in einigen Streifzügen durchquert haben, fügt sich nahtlos in diese Deutung ein und ergänzt sie um einige weitere Facetten. Conan Doyles Publikationen von der Amateurfotografie über die Sherlock-Holmes- und Professor-Challenger-Erzählungen, seinen politischen Essays bis hin zum Spiritismus, zeichnen die Erschütterungen der Moderne auf und stellen im gleichen Zug den Versuch dar, diese mittels der Fiktion, aber auch der Fotografie und vieler weiterer Verfahren zu parieren. Nicht Neuentwurf und Neukonstruktion wie bei den Avantgarden ist Conan Doyles Programm, sondern Konsolidierung, Bewahrung und Rettung. Er ist bei aller Originalität seiner Figuren und bei aller Merkwürdigkeit seiner narrativen Räume ein zutiefst konservativer Schriftsteller, der mit immer neuen narrativen Erfindungen eine alte, verlorene Welt zu restituieren sucht. Sein strategischer Realismus, der konsequent Parallelwelten generiert und zugleich Passagen zwischen ihnen eröffnet, ist ein Verfahren, der zerbrochenen Ordnung der Wirklichkeit eine zweite zur Seite zu stellen, die neue Stabilität verspricht. Zwischen Fiktion und Realität kann problemlos hin und hergewandert werden, da sie ohnehin wahlverwandt sind. Und gleiches gilt dann auch für das Diesseits und das Jenseits, Großbritannien und die koloniale Welt oder auch die Vergangenheit und die Gegenwart. Moralische Ordnungen bleiben dabei unangetastet. Auch das ist Teil des narrativen Programms, das es sich zur Aufgabe gemacht hat, die zerbrochenen Scherben der Wirklichkeit zusammenzufügen und in eine zweite Realität als Spiegelbild der ersten zu überführen.

Zu den vertrauten Bildern und Vorstellungen gehört auch der unerschütterbare Glaube an die Fotografie. Sie ist Conan Doyle ein Bild des Realen, selbst dann, wenn sie ironisch eingesetzt wird. In seiner Welt leuchtet das Licht der segensreichen Kodak, die nicht nur Aufklärung bringt, sondern auch die Versicherung, dass die Bilder, die sie aufnimmt, Spiegelbilder der wirklichen Welt sind. Sie ist Wirklichkeitsversicherung und -versprechen zugleich. Ein Zweifel an der Authentizität dieser Bilder wäre das wirkliche Sakrileg in diesem Reich des Glaubens an die Bilder. Es ist ein Reich der Bildmagie, in dem Fotografien längst Fetische geworden sind. Sie sind bereits das Dargestellte selbst, üben eine besondere Macht aus und gestatten den Übergang ins Reich der kommunizierenden Räume. Die besondere Bildmagie gestattet auch einen Austausch der Bilder untereinander. Sie unterhalten besondere Beziehungen, können kombiniert und arrangiert werden und so neue Geschichten herstellen. Am Ende landen alle, wie im 19. Jahrhundert üblich, in Alben, werden dort gesammelt und versammeln zugleich die Abbild gewordene erzählbare Welt. Conan Doyles Fotosammlung mit spiritistischen Aufnahmen ist dabei das Pendant zu Sherlock Holmes' Verbrecheralbum, das dieser minutiös anlegt, und zu Challengers Aufzeichnungen und Aufnahmen aus dem Kongo und der fotografischen Expeditionen in die wilde Natur. Zwischen ihnen gibt es Familienähnlichkeiten und Metamorphosen, können Geschichten ersponnen und erzählt werden. Durch solche Bilder werden aus den Protagonisten der Kongo-Kampagne Malone und Casement Mitglieder von Challengers Expeditionsteam und aus Porträtaufnahmen Bewohner von *Summerland*, dem spiritistischen Reich des Jenseits. Bereits die ‚wilden Phantasien' sind Abziehbilder einer domestizierten Natur, die so wild sie auch sein mag, in harmonische Aufnahmen gebracht wird. Conan Doyles Bücher sind Erzählung gewordene Fotoalben.

ANMERKUNGEN

1 Dieser Aufsatz steht im Zusammenhang mit einer Edition der Schriften des Autors zur Fotografie und einer umfangreicheren Studie: Arthur Conan Doyle, *Spurensicherungen. Schriften zur Photographie*, hg. von Bernd Stiegler (Paderborn: Fink, 2014) sowie Bernd Stiegler, *Spuren, Elfen und andere Erscheinungen. Conan Doyle und die Photographie* (Frankfurt a. M.: S. Fischer, 2014). Vorliegender Text stellt die erweiterte und überarbeitete Fassung des Nachworts der Edition dar.

2 Arthur Conan Doyle, „Skandal in Böhmen", in id., *Sherlock Holmes' Abenteuer* (Frankfurt a. M.; Berlin: Ullstein, o. J.), 9–30, 9.

3 Id., *Das Congoverbrechen*, hg. von Geert Demarest (Frankfurt a. M.: Syndikat; EVA, 1985). Die Originalausgabe erschien 1909.

4 Id., *The Lost World* (London: Hodder & Stoughton, 1912). Es sind verschiedene deutsche Übersetzungen erschienen.

5 Id., *The Land of Mist* (London: Hutchinson & Co., 1926), dt. *Das Nebelland* (Berlin: H. Wille Verlag, 1926).

6 Id., *The New Revelation* (New York: George H. Doran Co., 1918).

7 Id., *The Coming of the Fairies* (London: Hodder & Stoughton, 1922), dt. „Die Elfen kommen", in id., *Spurensicherungen* (siehe Anm. 1), 289–375.

8 Carlo Ginzburg, „Spurensicherung. Der Jäger entziffert die Fährte, Sherlock Holmes nimmt die Lupe, Freud liest Morelli – die Wissenschaft auf der Suche nach sich selbst", in id., *Spurensicherungen. Über verborgene Geschichte, Kunst und soziales Gedächtnis* (München: dtv, 1988), 78–125.

9 So etwa Tony Schirato und Jen Webb, *Understanding the Visual* (London et al.: Sage, 2004), 2: „In other words, he understands the rules and conditions of seeing a particular thing in a particular context; he takes an analytical and reflexive attitude to how and why he might be seeing it in a particular way; and consequently he will be able to extract a staggering amount of information from what is, to Watson, just a room."

10 Fotografien werden – außer in dem Roman *Der Hund der Baskervilles* – u. a. in den folgenden Erzählungen von Arthur Conan Doyle (nach der Ausgabe im Haffmanns Verlag, Zürich 1984) erwähnt:

„Der adelige Junggeselle“, in *Die Abenteuer des Sherlock Holmes*, 313–346; „Der Mann mit der entstellten Lippe“, in ibid., 175–210; „Die Liga der Rotschöpfe“, in ibid., 45–80; „Die Blutbuchen“, in ibid., 385–422; „Der niedergelassene Patient“, in *Die Memoiren des Sherlock Holmes*, 215–240; „Das gelbe Gesicht“, in ibid., 45–72; „Silberstern“, in ibid., 7–44; „Der Baumeister aus Norwood“, in *Die Rückkehr des Sherlock Holmes*, 41–76; „Der zweite Fleck“, in ibid., 413–451; „Charles Augustus Milverton“, in ibid., 223–248; „Die sechs Napoleons“, in ibid., 249–280; „Die Pappschachtel“, in *Seine Abschiedsvorstellung*, 271–296; „Die verschleierte Mieterin“, in *Sherlock Holmes' Buch der Fälle*, 279–296; „Der Farbenhändler im Ruhestand“, in ibid., 323–346; „Der illustre Klient“, in ibid., 11–48; „Die Löwenmähne“, in ibid., 251–278; „Der Vampir von Sussex“, in ibid., 129–154 und „Die drei Garridebs“, in ibid., 155–180.

11 Conan Doyle, „Skandal in Böhmen“ (siehe Anm. 1), 9, 30.

12 Ibid., 9.

13 Vgl. dazu ausführlich Adam Hochschild, *Schatten über dem Kongo. Die Geschichte eines der großen, fast vergessenen Menschheitsverbrechen* (Stuttgart: Klett-Cotta, 2000).

14 Anon. [Alice Seeley Harris], „The Kodak on the Congo“, in *Special Congo Supplement of the Wet African Mail* (September 1905); id., „The Inconvenient Kodak Again“, in *Official Organ of the Congo Reform Association* (Februar 1906); dazu allg. James R. Ryan, *Picturing Empire. Photography and the Visualization of the British Empire* (London: Reaktion Books, 1997).

15 Russell Miller, *The Adventures of Arthur Conan Doyle* (London: Harvill Secker, 2008), 281–282.

16 John Hope Franklin, *George Washington Williams. A Biography* (o. O.: Duke University Press, 1998), 220.

17 Miller, *The Adventures of Arthur Conan Doyle* (siehe Anm. 15), 282.

18 Vgl. zu Twains Buch auch: http://de.wikipedia.org/wiki/König_Leopolds_Selbstgespräch (Abruf 10.06.2013).

19 Mark Twain, „What I Am Thankful For“, in *New York World Sunday Magazine* (26. November 1905).

20 Conan Doyle, *Das Congoverbrechen* (siehe Anm. 3), 83.

21 Martin Booth gibt weitere Quellen an: die Reiseberichte von P. H. Fawcett in die Gegend des Mato Grosso do Sol in Brasilien und von Ricardo Franco Hill in die Sierra dos Parecis sowie H. W. Bates Buch *The Naturalist on the River Amazon*, Martin Booth, *The Doctor, the Detective and Arthur Conan Doyle. A Biography of Arthur Conan Doyle* (London: Hodder & Stoughton, 1997), 286.

22 Ibid., 285.

23 Ibid.

24 Ibid., 286.

25 Ibid.

26 Ibid., 288.

27 Ibid., 336.

28 Zu sehen unter: http://www.youtube.com/watch?v=XWjgt9PzYEM oder als freier Download unter: http://archive.org/details/SirArthurConanDoyleSpeaks_272 (Abruf 05.04.2013).

29 Selbst Spiritismus-affine Zeitschriften urteilten kritisch über das Buch. Vgl. exemplarisch die Rezension der deutschen Ausgabe in *Zeitschrift für kritischen Okkultismus und Grenzfragen des Seelenlebens*, Bd. 2 (1927), 163.

30 Vgl. Anon., „Expériences de Société Polonaise d'Etudes Psychiques avec Monsieur Franek Kluski“, in *Revue Métapsychique*, Nr. 1, (1923), 27–39.

31 Arthur Conan Doyle, *Das Nebelland* (Berlin: Hugo Wille, 1926), 227–228.

32 Ibid., 229.

33 Ibid.

34 Ibid., 311.

35 Ibid., 316.

36 Booth, *The Doctor, the Detective and Arthur Conan Doyle*, 315.

37 Vgl. auch Carolin Artz, *Indizieren – Visualisieren. Über die fotografische Aufzeichnung von Strahlen* (Berlin: Kulturverlag Kadmos, 2011), 72–86.

38 Arthur Conan Doyle, „The ‚New‘ Scientific Subject“, in *British Journal of Photography*, Bd. XXX, 20.07.1883, 418, dt. „‚Ein neuer wissenschaftlicher Gegenstand‘“,

in id., *Spurensicherungen* (siehe Anm. 1), 56–61. Nachweisbar sind weiterhin Lektüren von Standardwerken wie Myers *Human Personality and Its Survival of Bodily Death* (1903) oder Oliver Lodges *Raymond; or Life and Death, with Examples of the Evidence for Survival of Memory and Affection after Death* (1916).

39 Einen entscheidenden Einfluss hatte dabei Lily Loder-Symonds, die als Spiritistin automatisches Schreiben praktizierte, dabei Botschaften ihrer drei in Ypern gefallenen Brüder erhielt und Conan Doyle dann die Ergebnisse vorlegte. Während die ersten dieser Berichte noch ohne Probleme aus Berichten in Zeitungen und Zeitschriften gespeist sein konnten, galt das für ein in den Dokumentationen aufgezeichnetes Gespräch zwischen Malcolm Leckie und Conan Doyle nicht, das Jahre vorher stattgefunden hatte und in diesen nun zusammengefasst wurde.

40 Der Artikel trug den Titel „A New Revelation. Spiritualism and Religion".

41 Conan Doyle, *Das Nebelland* (siehe Anm. 5), 314.

42 Ibid., *Pheneas Speaks* (London: The Psychic Press and Bookshop, o. J.), 5.

43 Ibid., 9.

44 Ibid., 147.

45 Ibid., 177.

46 Ibid., 162.

47 Ibid., 329.

48 Kelvin I. Jones, *Conan Doyle and the Spirits. The Spiritualist Career of Sir Arthur Conan Doyle* (Wellingborough: Aquarian Press, 1989), 193.

49 Ibid., 190.

50 Ibid., 166.

51 Ibid.

52 Arthur Conan Doyle., *The Case for Spirit Photography* (London: Hutchinson & Co., 1927), dt. „Ein Plädoyer für die Geisterphotographie", in id., *Spurensicherungen* (siehe Anm. 1), 121–176.

53 Id., *Die Elfen kommen* (siehe Anm. 7), 289, in der engl. Ausgabe o. S.

54 Ibid., 290: „It is hard for the mind to grasp what the ultimate results may be if we have actually proved the existence upon the surface of this planet of a population which may be as numerous as the human race, which persues its own strange life in its own strange way, and which is only seperated from ourselves by some difference of vibrations."

55 Ibid., 18, in der dt. Übersetzung 289.

56 Ibid., 25, in der dt. Übersetzung 307.

57 Diese Metapher stammt von dem französischen Astronom Jules Janssen. Vgl. „Banquet Annuel de la Société, 5. Mai 1888", in *Bulletin de la Société française de photographie*, 2. Serie, Bd. 4 (1888), 134–140, 166–168.

58 Conan Doyle, *Die Elfen kommen* (siehe Anm. 7), 289–290, engl. Ausgabe: Preface, o. S.

59 Ivan Cooke und Arthur Conan Doyle, *Thy Kingdom Come ...: A Presentation of the Whence, Why, and Whither of Man. A Record of Messages Received from One of the White Brotherhood, Believed to Have Been Known on Earth as Arthur Conan Doyle* (London: Wright & Brown, 1933).

60 Luc Boltanski, *Rätsel und Komplotte. Kriminalliteratur, Paranoia, moderne Gesellschaft* (Berlin: Suhrkamp, 2013).

BILDNACHWEISE

1 aus: *Photographic Almanac* (London: Henry Greenwood & Co., 1888), 596.
4 aus: *The Strand Magazine*, Bd. XLIII (April 1912), 487.
5 aus: Arthur Conan Doyle, *The Annotated Lost World* (Indianapolis, IN: Wessex Press, 1996), 124.
8 aus: Martyn Jolly, *Faces of the Living Dead* (New York: Mark Batty Publisher, 2006), 129.
9 aus: Joe Cooper, *The Case of the Cottingley Fairies* (New York: Pocket Books, 1998), 112–113.
10–12 aus: Clément Chéroux et al. (Hg.), *The Perfect Medium* (New Haven, CT: Yale University Press, 2005), 96, 89.

CHARLOTTE TRÜMPLER

GERTRUDE BELL, MAX VON OPPENHEIM, AGATHA CHRISTIE: FRÜHE ARCHÄOLOGISCHE FOTOGRAFIEN ALS „WELTGÜLTIGES BEGLAUBIGUNGSSCHREIBEN IN FREMDEN LÄNDERN“

GERTRUDE BELL (1868–1926)

„Ich ließ mein Zelt zurück, nahm ein paar Decken, fünf Hühner und jede Menge Brot, einen Pelzmantel und eine Kamera. Das war unsere bescheidene Ausrüstung für drei Tage“[1] (Abb. 1). Diese Sätze stammen aus einem Brief, den die englische Orientforscherin, Politikerin, Schriftstellerin, Archäologin und Fotografin Gertrude Bell (1868–1926) am 23. Februar 1905 von Baalbek im Libanon an ihre Mutter schrieb. Die Biografie dieser Engländerin ist einzigartig, nicht nur für die damalige Zeit. Gertrude Bell wurde am 14. Juli 1868 in New Hall in Washington in Nordostengland als Tochter eines Fabrikanten geboren, dessen Familie mit Kohle und Stahl ein Vermögen gemacht hatte.

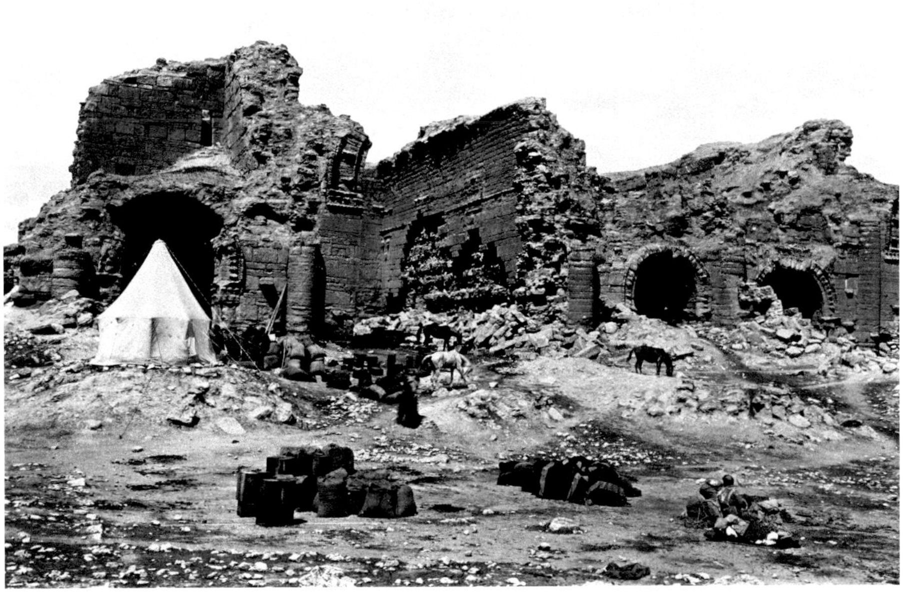

1: Gertrude Bell, Die Ruinen von Hatra mit dem Zelt von Gertrude Bell, Irak, April 1911, The Gertrude Bell Archive, School of Historical Studies, Newcastle University.

Nach dem Besuch des renommierten Queen's College in London begann sie ein Studium in Neuerer Geschichte in Oxford und schloss 1888 als erste Frau mit Auszeichnung ab. Da sie keinen passenden Mann fand, der ihrer Intelligenz und ihrem scharfen Verstand gewachsen war, schienen ihr Reisen die einzige Möglichkeit, sich aus dem engen gesellschaftlichen Korsett zu befreien. Einen Winter lang lernte sie Persisch, dann fuhr sie nach Teheran, wo ihr Onkel als britischer Botschafter unter Schah Nasr ed-Din akkreditiert war. Nach einer unglücklichen Liebe kehrte sie nach England zurück und veröffentlichte *Safar Nameh, Persian Pictures*,[2] in denen sie die Eindrücke ihrer Reise in den Iran schilderte und *Poems from the Divan Hafiz*,[3] Übersetzungen der Gedichte des persischen Dichters Hafiz.

Entscheidend für Bells Leben sollte ein Besuch bei dem Archäologen David Hogarth werden, der zu dieser Zeit die British School of Archaeology in Athen leitete. Ihre ersten Besichtigungen von Ausgrabungen begeisterten sie für die Archäologie und bestimmten ihren weiteren ‚beruflichen' Werdegang. 1899 bis 1900 unternahm sie eine Reise nach Jerusalem, wo sie den deutschen Orientalisten Friedrich Rosen und seine Frau besuchen wollte, der dort Konsul war. Die Fahrt diente ursprünglich der Vertiefung der arabischen Sprache, wurde aber zum persönlichen Wendepunkt ihres Lebens. Von dieser Reise, auf der sie zahlreiche weitere Orte besichtigte, besitzen wir ihre ersten Fotografien. Sie sind sorgfältig von ihr selbst in Alben zusammengestellt und befinden sich heute im Fotoarchiv der Universität Newcastle. Insgesamt umfasst dieser unschätzbare Bestand 6000 Bilder und gehört somit zu den bedeutendsten Konvoluten jener Zeit. Ebenfalls dort befinden sich ihre Tagebücher und Briefe, die sie bis ans Ende ihres Lebens 1926 fast täglich geschrieben hatte. Kein anderer Orientforscher hinterließ eine so umfangreiche, vielseitige Dokumentation wie Gertrude Bell. Die Fotografien, Briefe und Tagebücher sind vorbildlich digitalisiert und in weiten Teilen zugänglich.[4]

Ende des 19., Anfang des 20. Jahrhunderts wurde die Fotografie noch lange nicht von allen Wissenschaftlern und Reisenden für die Dokumentation ihrer Expeditionen und Forschungen genutzt. Und auch Bell besaß ein ambivalentes Verhältnis zur Kamera: „The camera may be a horrid modern invention, but it's a universal letter of credit in strange part" schrieb sie in einem Brief an ihre Mutter 1903.[5] Bells hervorragende Fotografien sind jedoch weit mehr als nur ein „weltgültiges Beglaubigungsschreiben" ihrer Reisen. Sie sind einzigartige Dokumente von Land und Leuten, Monumenten und Landschaften. Vor allem auch deswegen, weil sie in Gegenden reiste, die damals teilweise noch unbekannt und unerforscht waren und heute in dieser Form gar nicht mehr existieren. Es ist ein großer Glücksfall, dass Bell das Medium Fotografie so intensiv einsetzte.

Von Jerusalem aus unternahm sie im März 1900 ihre erste Reise ohne europäische Schutzbegleitung in die Wüste. Die Gruppe setzte sich aus einem Koch, einem Führer und – zum Schutze ihrer Sicherheit – einem Soldaten zusammen. Es war der Beginn monatelanger Expeditionen in unerforschte Gebiete, die Bell ohne Begleitung anderer Europäer unter großen Strapazen durchführte und sie von einer

Touristin zur Orientforscherin machte. Die Reise führte sie unter anderem durchs Jordantal nach Mschatta (Abb. 2), dreißig Kilometer südlich von Amman, zu einer Palastanlage. Diese 743–744 n. Chr. in frühislamischer Zeit entstandenen Ruinen begeisterten sie so, dass sie nach Hause schrieb: „So etwas vergisst man sein Leben lang nicht.“[6] Ihre Bilder vom 22. März 1900 gehören zu den besten, die wir vom Palast vor Ort haben, denn die Palastfassade gelangte kurz danach als Geschenk von Sultan Abdul Hamid II. an Kaiser Wilhelm II. nach Berlin (im Gegenzug bekam der osmanische Herrscher sechs Vollblutrennpferde). Heute bildet die Fassade das Kernstück im Museum für Islamische Kunst des Pergamonmuseums.

Auf dieser Expedition stellte Bell nicht nur pittoreske Bilder her, sondern weitete ihr Beobachtungsfeld auf Menschen aus (Abb. 3). Dadurch, dass sie selbst eine Frau war, hatte sie in bestimmten Bereichen mehr Möglichkeiten als ihre männlichen Kollegen und konnte zum Beispiel auch Frauen fotografieren. Das schon erwähnte „weltgültige Beglaubigungsschreiben“ bezog sich in dem Fall also nicht einfach auf die Kamera, sondern auch auf sie als fotografierende Frau. Jedoch galt Bells Hauptanliegen der Dokumentation von archäologischen Stätten, Monumenten und Ruinen. Ein Studienaufenthalt in Paris beim Archäologen Salomon Reinach, einem Professor an der École du Louvre, brachte sie auf die Idee, sich mit byzantinischen und islamischen Monumenten zu beschäftigen, um deren Auswirkungen

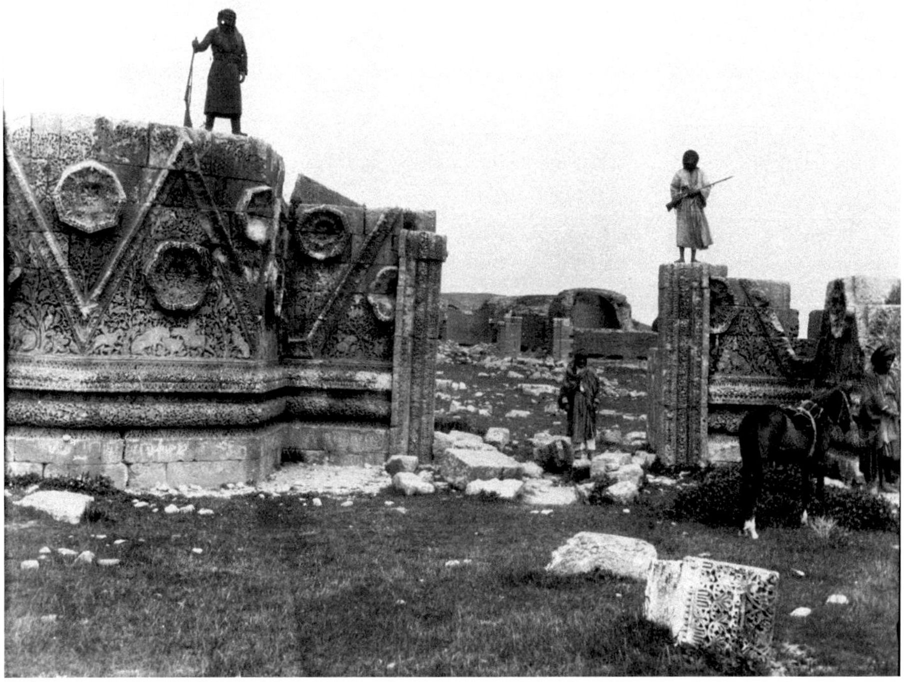

___ 2: Gertrude Bell, Der Eingang zum Palast von Mschatta in Jordanien, März 1900, The Gertrude Bell Archive, School of Historical Studies, Newcastle University.

auf die Architektur des Mittleren Ostens analysieren zu können. Dieses Forschungsgebiet war damals noch weitgehend unbekannt.

Schon auf ihrer nächsten Reise 1905 begann sie zahlreiche byzantinische und islamische Monumente zu vermessen, zu zeichnen und zu fotografieren, erstellte aber auch Protokolle über Beduinen und Drusen. Diese dienten ihr als Vorlage für das Buch *Syria: The Desert and the Sown*, das unter dem Titel *Am Ende des Lavastromes. Durch die Wüsten und Kulturstätten Syriens* auf Deutsch erschien.[7] Es ist ein literarisch sehr schön geschriebener, lebendiger Reisebericht mit zahlreichen Fotografien, der sich sowohl mit der Architektur als auch mit den Sitten und Gebräuchen der Araber beschäftigte.

1905 besichtigte sie auf einer Expedition in die Türkei das Gebiet Binbirkilise, zu Deutsch „Tausendundeine Kirchen". Fasziniert von den gut erhaltenen Kirchen kehrte sie zwei Jahre später mit dem britischen Archäologen Sir William Ramsay

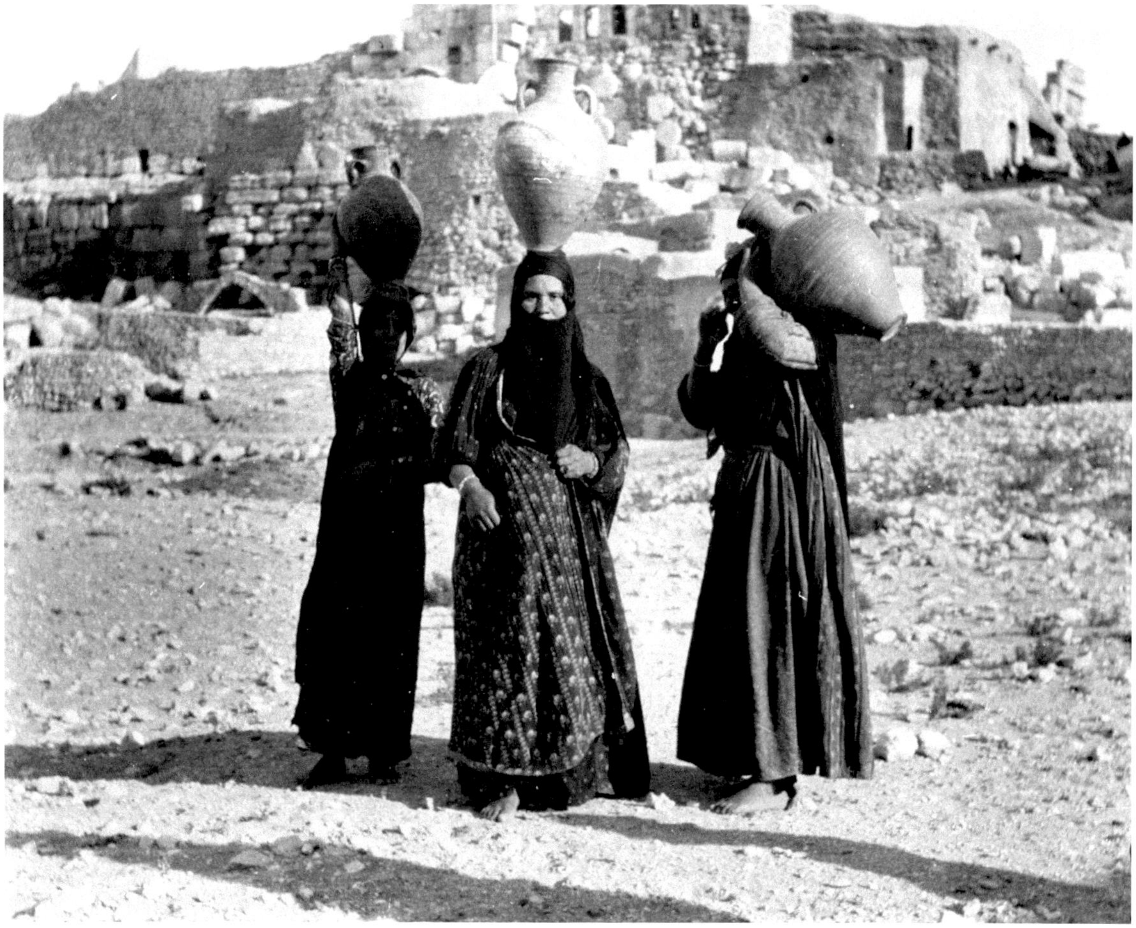

3: Gertrude Bell, Drei Frauen mit Wasserkrügen in Palmyra, Syrien, Mai 1900, The Gertrude Bell Archive, School of Historical Studies, Newcastle University.

zurück, um die Gebäude näher zu untersuchen. Ihre gemeinsame Publikation *The Thousand and One Churches*, die zahlreiche von Bells Bildern enthält, bildet bis heute das Standardwerk über die frühbyzantinische Architektur in Anatolien.[8] Es ist zugleich ein einzigartiges Zeitdokument, denn schon 1909, als Bell wieder dorthin kam, waren zahlreiche Gebäude durch Steinräuber abgetragen worden.

1908 lernte sie bei der Royal Geographical Society in London, Karten zu zeichnen, Land zu vermessen und astronomische Beobachtungen anzustellen. Als sie 1909 zu einer weiteren Expedition aufbrach, die sie von Aleppo durch die syrische Wüste in Richtung Irak und dem Euphrat entlang führte, stellte sie erstmals geografische Karten von bislang unerforschtem Gebiet her. Diese Karten wurden nicht nur von Reisenden, sondern im Ersten Weltkrieg auch vom Militär benutzt.

Auf dieser Expedition entdeckte sie die Ruine Ukhaidir (Abb. 4), eine bis dahin unbekannte riesige Burg mit zahlreichen stuckverzierten Räumen aus dem 8. Jahrhundert n. Chr. Sie fertigte Skizzen und einen Plan an, fotografierte die Gebäude und wollte die Anlage in einer Erstpublikation veröffentlichen. Auf der Rückfahrt erfuhr sie jedoch bei einem Zwischenstopp in Konstantinopel zu ihrer großen Enttäuschung, dass kurz davor ein französischer Archäologe in einer Zeitschrift über Ukhaidir geschrieben hatte. Ihr Traum, in dem imperialen Gerangel um Erstentdeckungen auf wissenschaftlichem Gebiet für England einen Triumph zu feiern, erfüllte sich somit nicht. Allerdings war sie die Erste, die eine Bauaufnahme von der Burg erstellt hatte.

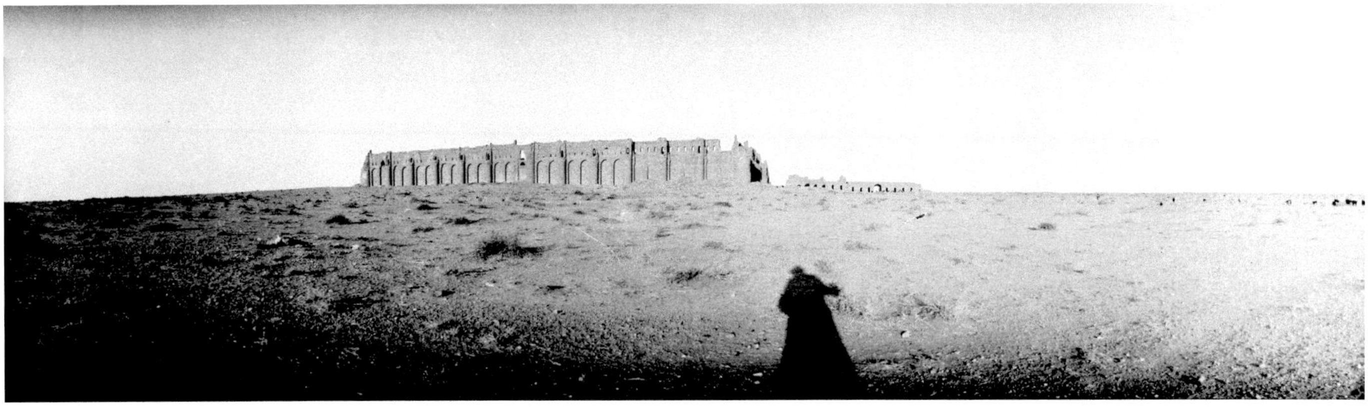

___ 4: Gertrude Bell, Der Palast von Ukhaidir in Irak, März 1909, The Gertrude Bell Archive, School of Historical Studies, Newcastle University.

Für Bell spielten Fotografien eine wichtige ergänzende Rolle bei der Bauaufnahme und bei der Anfertigung von Plänen. In einem Brief vom 18. April 1905 beschrieb sie das antike Hierapolis-Kastabala in der Südtürkei mit der Akropolis, dem Theater, der Säulenstraße und den zwei Kirchen und fügte hinzu: „Die beiden letzteren fotografierte ich mit großer Sorgfalt und vermaß sie, Mustapha hielt das Ende des Maßbandes."[9] Ihre architektonischen Skizzen waren gut, mussten aber für die Veröffentlichung noch vervollständigt werden. Dazu bediente sie sich der Fotografien, die sie bei den Beschreibungen als Ergänzung und Verifizierung zu Rate zog. In dieser Hinsicht unterschied sie sich von den anderen zeitgenössischen Bauforschern, für die die Zeichnung als wichtigstes Mittel zur Dokumentation eines Gebäudes diente. Sie war zwar eine gute Zeichnerin, besaß aber nicht die Ausbildung eines Architekten und da sie oft alleine, ohne andere Wissenschaftler reiste, waren ihre Pläne die einzige zeichnerische Wiedergabe eines Monumentes, weshalb den sorgfältig angefertigten, ins Detail gehenden Fotografien eine Schlüsselkomponente für die Dokumentation zukam.

Wir wissen nicht, welche Kameras sie besaß, aber alle Negative sind Nitratnegative und nicht wie bei den anderen Forschern schwere Glasnegativplatten. Sicher ist, dass sie oft eine Panoramakamera verwendete. Im Unterschied zu heute war die Ausrüstung jedoch trotzdem sehr viel schwerer zu transportieren. Vielleicht gerade deswegen und obwohl sie eine leidenschaftliche Fotografin war, besaß sie ein ambivalentes Verhältnis zur Fotografie: „Ich hatte ein paar Stunden in der großen Moschee verbracht und begann mich zu fragen, ob ein Maßband und eine Kamera ein vorteilhaftes Zubehör zur Reiseausrüstung bilden, ein Zweifel, den Mohammed und Jusuf teilen, deren Aufgabe es war, das eine auszubreiten und die andere über unwegsame Ausdehnungen bröckelnder Ruinen zu schleppen."[10] Dieser Tagebucheintrag stammt aus Samarra in Irak, als sie die große Moschee vermaß. Im Buch *Amurath to Amurath*[11] veröffentlichte sie viele dieser Aufnahmen. Es ist ein Reisebericht über ihre Tour vom Irak nach Anatolien, kombiniert mit Beschreibungen von archäologischen Stätten. Das Buch enthält insgesamt 202 Abbildungen mit Panorama-Ansichten, Landschaftsaufnahmen, archäologischen Ruinen und Monumenten sowie Personen verschiedenster Ethnien. Sie spiegeln auf wunderbare Weise das breite Spektrum von Bells Fotografien wider und bilden zugleich einzigartige Zeugnisse einer vergangenen Epoche.

MAX VON OPPENHEIM (1860–1946)

Zeitgleich mit Gertrude Bell war ein anderer Forscher in derselben Gegend tätig, der ebenfalls ein beachtliches Fotokonvolut hinterließ: der Kölner Bankierssohn Max von Oppenheim (Abb. 5).[12] Seiner Leidenschaft zur Archäologie konnte er zunächst nicht nachkommen. Er begeisterte sich zwar seit der Lektüre von *Tausend und eine Nacht* für den Orient, aber sein Vater war von der Idee, dass er Forschungsreisender werden wollte, nicht angetan. Seiner Meinung nach sollte Oppenheim als Bankier das Familienunternehmen Sal. von Oppenheim weiterführen. So musste er erst ein Jurastudium mit anschließender Referendarzeit absolvieren sowie als

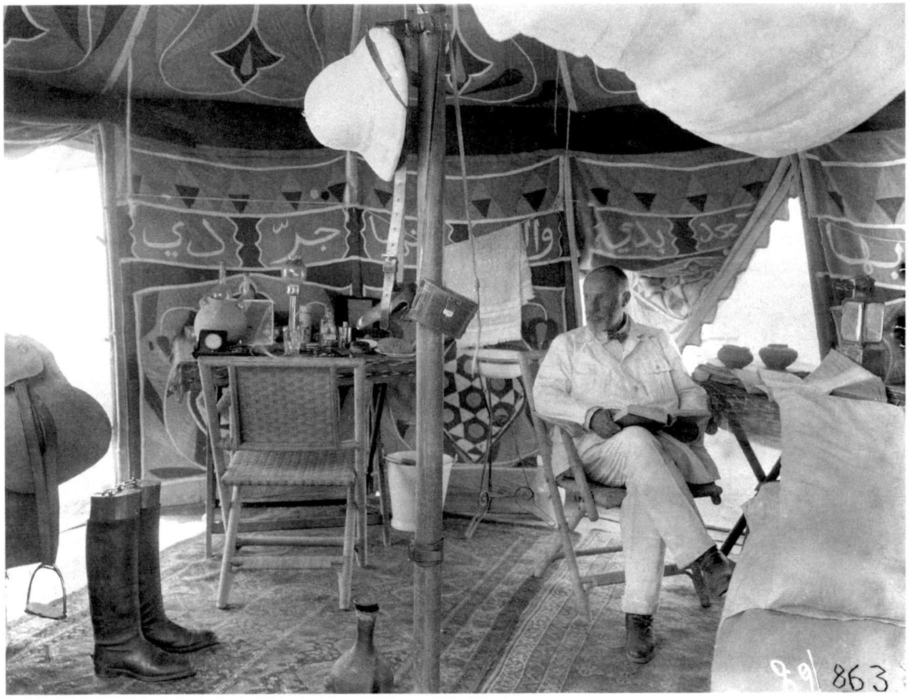

5: Max von Oppenheim in seinem Reisezelt, Djebeet el-Beda, Syrien, 1929, Hausarchiv Sal. Oppenheim jr. & Cie., Köln.

Regierungsassessor tätig sein, bevor er seinen Wunsch verwirklichen konnte.[13] Maßgebliche Hilfe bekam Oppenheim vom Afrikaforscher Gerhard Rohlfs, einem engen Freund seiner Eltern, der für ihn ein großes Vorbild war.

Zur Vorbereitung seiner ersten Expedition verbrachte Oppenheim den Winter 1892 bis 1893 in Kairo, wo er Arabisch lernte. Ein Bericht an Rohlfs zeigt, wie er die Reise plante. Darin erläuterte er, dass ein Offizier ihn begleiten sollte, um Kartenskizzen anzufertigen, Tagebuch zu führen, zoologische Sammlungen anzulegen, zu fotografieren und medizinisch tätig zu sein, falls es sich um einen Arzt handelte.[14] Es ist der erste Beleg für Oppenheims Absicht, seine Reisen fotografisch dokumentieren zu lassen. Wahrscheinlich folgte er auch darin einem Impuls von Rohlfs. Denn die Aufnahmen des Afrikaforschers gehören zu den ersten Fotografien, die wir aus dieser Region haben.[15]

Interessant ist, dass Oppenheim in demselben Bericht erwähnte: „Sollte er [der Offizier] nicht photographieren können oder zu beschäftigt sein, so würde ich dieses übernehmen ebenso wie das Plattenwechseln und Entwickeln, welch letzteres nur bei längerem Aufenthalt vorgenommen, eventuell ganz unterlassen wird."[16] Es ist meines Erachtens das einzige Mal, dass Oppenheim erwähnte, dass er fotografieren kann. Dazu ist es allerdings nie gekommen, denn er stellte ab 1899 professionelle

Fotografen ein oder Mitarbeiter, die neben anderen Tätigkeiten auch Bilder anzufertigen hatten.

Die erste Expedition führte Oppenheim von Beirut durch die Syrische Wüste bis nach Basra am Persischen Golf. Wieder zurück, ging sein großer Traum, Diplomat in Kairo zu werden und von dort weitere Forschungsreisen zu unternehmen, nicht in Erfüllung, weil sein Vater Jude war. Dank einflussreicher Freunde gelang es ihm jedoch, in den konsularischen Dienst aufgenommen zu werden und so blieb er von 1896 bis 1909 in Kairo attachiert.

Während dieser Zeit unternahm er diverse Reisen. Entscheidend für seine weitere berufliche Karriere war eine ausgedehnte siebenmonatige Expedition, die er unter dem Titel „Bericht über eine im Jahr 1899 ausgeführte Forschungsreise in die Asiatische Türkei" publizierte.[17] Auf dieser Reise wurde er vom Berufsfotografen Otto Müller begleitet, der die gesamte Expedition auf hervorragende Weise dokumentierte und vor allem archäologische Stätten und Monumente in wunderbaren Bildern festhielt. Die Fotografien dieser Reise sind in insgesamt acht Bildbänden erhalten, die der Reiseroute folgend aufgeteilt sind. In einem separaten Schauband wurden außerdem die schönsten Aufnahmen nochmals vergrößert und malerisch zusammengestellt unter dem Titel „Bilder aus Syrien, Mesopotamien und Klein-Asien". Die Alben befinden sich im Hausarchiv des Bankhauses Sal. Oppenheim jr. & Cie. in Köln und wurden, zusammen mit allen andern Fotografien von Oppenheim, in den letzten Jahren vom Archäologischen Institut der Universität zu Köln vorbildlich digitalisiert und unter dem Namen der Bilddatenbank *Arachne* abrufbar gemacht.[18]

Auf dieser ersten großen Reise entdeckte Oppenheim den Tell Halaf, die aramäische Stadt Guzana aus dem 2. bis 1. Jahrtausend v. Chr. im Norden Syriens. Oppenheim wurde von den Dorfbewohnern von Ras el-Ain auf verschüttete Steinbilder aufmerksam gemacht. Er begann sogleich mit Arbeitern einige Suchgräben anzulegen und bereits nach drei Tagen kam die Vorderfront des späteren Westpalastes mit Monumentalplastik und Reliefs zum Vorschein. Da er aber keine Grabungslizenz besaß, konnte er die Ausgrabungen nicht fortführen. Zurück in Konstantinopel sicherte er sich von Osman Hamdi Bey, dem Antikendirektor und Generaldirektor der Kaiserlich Osmanischen Museen, das Grabungsrecht auf den Tell Halaf. Dabei dienten ihm unter anderem die Bilder, die der Fotograf Otto Müller vom Tell Halaf hergestellt hatte, als Beweis für seine Entdeckungen. Da Oppenheim seine Grabungen nicht sofort begann, sondern erst 1911, also zwölf Jahre nach der Entdeckung, bekam er Probleme mit den osmanischen Behörden. Diese forderten ihn nachdrücklich auf, seine Grabungen durchzuführen, da sich Wissenschaftler anderer Nationen, neugierig geworden durch die Fotografien, auch für den Tell Halaf zu interessieren begannen. Ende des 19., Anfang des 20. Jahrhunderts war der Nahe Osten zu einem Schauplatz imperialen Gerangels um die besten und prestigeträchtigsten Grabungsplätze geworden. Jede größere Expedition oder Grabung wurde mit wachem Interesse verfolgt. Noch galt: Wer als erstes einen

Grabungsplatz besetzte, erhielt das Grabungsrecht. Dieses war jedoch nicht für unbegrenzte Zeit gültig, sodass Oppenheim in Gefahr lief, dieses Vorrecht zu verlieren.

Max von Oppenheim war sich dessen bewusst und als Gertrude Bell 1911 eine Reise in den Irak plante, um die schon erwähnten Ruinen von Ukhaidir weiter zu untersuchen, erregte dies seinen Ärger. In einem Brief an Theodor Wiegand vom 19. Januar 1911 schrieb er über Gertrude Bell: „[...] [I]ch hoffe zuversichtlich, dass er ihr in nicht misszuverstehender Weise von meiner Grabung und allem, was darum und daran hängt, gesprochen hat. Sie wird evtl. nicht im Stande sein, behaupten zu können, sie habe nicht davon gewusst. Schade, dass sie auch nach Hauran gehen will. Ich hatte gerade Hauran mir als einen der wichtigsten Plätze zu größeren Untersuchungen vorgesehen und auch schon mit Halil davon gesprochen. Wie dem sei, sollte sie wirklich darüber gehen und einige Skizzen und Photographien machen, würde ich, der ich mit einem gelernten Architekten dorthin komme und einige Tage zur Aufnahme verwenden würde, ihre ‚Konkurrenz' gewiss nicht zu fürchten haben. Es würde wohl nicht leicht sein, sie davon abzuhalten, dorten zu arbeiten."[19]

Dieser Brief zeigt verschiedene wichtige Aspekte. Zum einen wird deutlich, wie stark das nationale Konkurrenzdenken zu dieser Zeit ausgeprägt war. Die ständige Furcht vor dem Verlust eines fundträchtigen Grabungsplatzes vernebelte aber auch die Sicht- und die Denkweise von sonst rational denkenden Forschern.

Denn erstens war Bell nicht an hethitischen Stätten interessiert, sie hatte sich auf spätantike Bauten und frühe Moscheen und Basiliken spezialisiert, wie auch Oppenheim anhand ihrer Publikationen hätte sehen können. Und zweitens zeigt er in dem Brief eine ziemlich überhebliche Arroganz Bell gegenüber. Die Forscherin hatte zu dieser Zeit schon durch Publikationen, in denen sie ihre Reisen in unbekannte Gebiete mit Karten und Fotografien dokumentierte, internationalen Ruf erlangt und galt in deutschen Fachkreisen als Kapazität auf dem Gebiet. Wieso Oppenheim, der selbst weder Archäologe, noch Architekt oder Bauforscher war, sich anmaßte, so über Bell zu schreiben, ist unverständlich. Vielleicht war es aber doch gerade die Konkurrenz, die er fürchtete, denn beide hatten sie anderen Forschern dieser Zeit etwas voraus: Sie wussten, dass Fotografien einen unschätzbaren Bestandteil der Dokumentation ihrer Expeditionen und wissenschaftlichen Unternehmungen bildeten. Dies war durchaus noch keine Selbstverständlichkeit.

Sowohl Oppenheim als auch Bell war bewusst, dass das neue Medium eine unersetzbare Ergänzung zu den zeichnerischen Dokumenten bildete. Fotografien können die unwiderrufliche Zerstörung einer Kulturschicht, die beim Graben stattfindet, festhalten. Ohne die sorgfältigen Aufnahmen wüssten wir heute also nur noch wenig bis gar nichts von den damaligen archäologischen Tätigkeiten und könnten viele Befunde nicht mehr rekonstruieren. Beiden Orientreisenden gemeinsam ist aber auch ihr Interesse an Land und Leuten, an den verschiedenen Ethnien, am täglichen Leben der Beduinen und der Europäer im Orient, am Grabungsalltag,

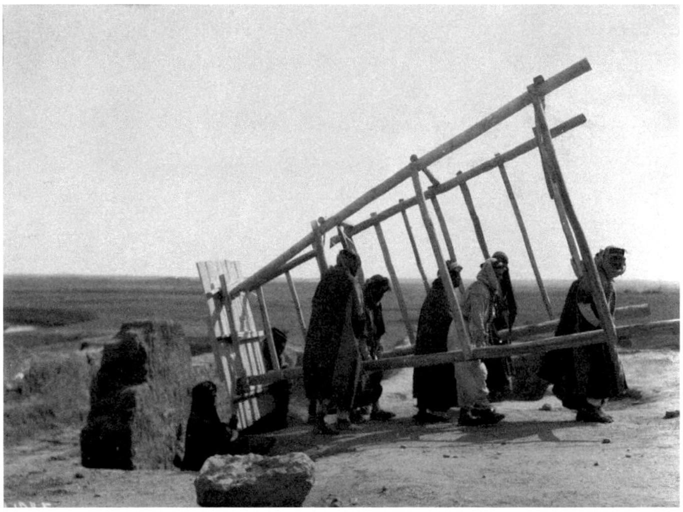

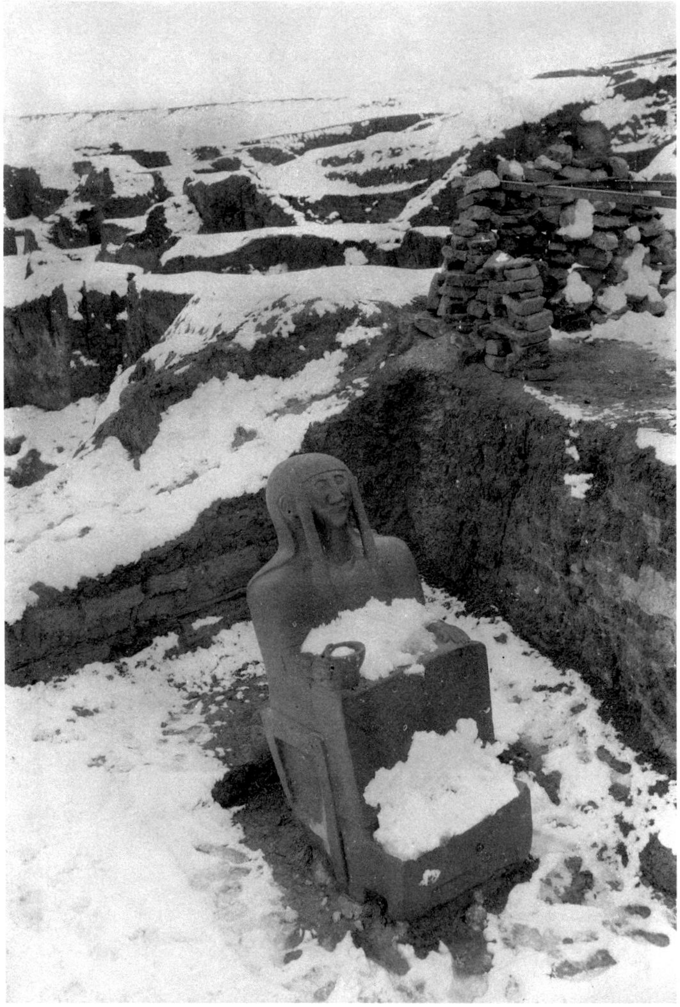

___ 6: Die Arbeiter tragen das Fotografiergestell über die Grabung in Tell Halaf, Syrien, undatiert, Hausarchiv Sal. Oppenheim jr. & Cie., Köln. ___ 7: Die Große Thronende Göttin im Schnee in Tell Halaf, Syrien, 1912/1913, Hausarchiv Sal. Oppenheim jr. & Cie., Köln.

an den Städten, den Dörfern und der Landschaft, die sie in Panoramabildern festhielten.

1911 begann Oppenheim seine Grabungen auf dem Tell Halaf. Der Fotograf Oswald Seemann, der gleichzeitig Arzt war, wurde am 14. November 1912 von Ludwig Kohl-Larsen, ebenfalls einem Arzt, abgelöst. Während der Grabungen von 1911 bis 1913, aber auch 1929, in der ersten Kampagne nach dem Krieg, entstanden wunderbar atmosphärische Bilder vom Tell Halaf, die sowohl die Arbeiten, die archäologischen Befunde, die Objekte, als auch den Grabungsalltag dokumentieren. Sie sind praktisch einzigartig, weil sie einen hervorragenden Einblick in das Leben auf einer Grabung geben, wie wir es sonst nur noch von Agatha Christie kennen. Oppenheim ließ den Aufbau des Grabungshauses mit dem Transport der Baumaterialien, bei dem sich die Kamele weigerten, durch das Hoftor zu gehen, ebenso festhalten wie die Küchen-, Schlaf- und Aufenthaltszelte der Grabungsteilnehmer, deren Fotos eine bunte Mischung von orientalischen Teppichen, Waffen sowie Büchern zeigen. Eindrücklich sind Bilder vom imposanten Grabungshaus, das 1911 errichtet und im Krieg zerstört wurde, ein weithin sichtbares Wüstenschloss von imperialem Charakter – auch wenn es nicht dieselben Dimensionen besaß wie das Grabungsschloss der Franzosen, das Château de Suse, das Jacques de Morgan 1898 im Iran errichten ließ. Eine Reihe von Bildern dokumentiert die aufwendige Logistik eines Expeditionstransportes anhand von langen Kamelkarawanen mit Fachinger Mineralwasser und unzähligen Kisten mit Grabungsausrüstungen und Esswaren, die aus den Planwagen im Hof des Expeditionshauses abgeladen werden. Einige für den Ort ungewöhnliche Aufnahmen entstanden zu Weihnachten und zu Silvester 1912. Ein Weihnachtsbaum, der in Aleppo besorgt worden war, wird zum Grabungshaus getragen und leicht angeheiterte Mitarbeiter feiern am 31. Dezember mit Gläsern, Zigaretten, Pfeife, einer Trompete und dem Schild „Schippe heil" kurz vor Mitternacht neben dem geschmückten Baum mit brennenden Kerzen das Jahresende 1912. Weitere Aufnahmen zeigen die Anwerbung von Arbeitern, den Grabungszahltag sowie die verschiedenen Bevölkerungsgruppen, die auf der Grabung tätig sind. Einmalig sind Fotografien von Grabungsarbeiterinnen, die Oppenheim angestellt hatte. Dies war nicht nur für die damalige Zeit ungewöhnlich.

Das Fotografieren selbst ist ebenfalls ein Thema. Wir sehen die Arbeiter, gebückt, das Fotografiergestell (Abb. 6), das zum Herstellen von Bildern aus der Höhe diente, über die Grabung schleppen, um von dort aus eine Übersichtsaufnahme herzustellen. Einen seltenen Einblick in die Entwicklungsarbeiten gibt ein Bild mit Mahmud Siblini, dem Gehilfen des Fotografen, der in der Dunkelkammer der französischen Militärstation von Ras el-Ain in Syrien steht, wo sich Oppenheims Expedition 1929 eingerichtet hatte. Er ist daran, Abzüge von den Negativen herzustellen, die er mit Wäscheklammern an einer Schnur aufhängt. In einem separaten Gestell sind die Glasnegativplatten aufgestellt.

Aber selbst die archäologischen Aufnahmen halten sehr oft stimmungsvolle Situationen fest, beispielsweise wenn vom Fotografen Otto Schulz-Schotten die großen, mit Schnee bedeckten Skulpturen festgehalten wurden (Abb. 7) und ein weicher, lautloser Eindruck entsteht. Die meisten Bilder dienten jedoch der wissenschaftlichen Dokumentation der Ausgrabung, daher den Befunden und Objekten. Reliefs und Skulpturen wurden während des Grabungsvorgangs mehrfach in situ mit Maßstab oder einem Grabungsarbeiter fotografiert, um die Größe festzuhalten. Selbst Panorama-Aufnahmen finden sich vom Tell Halaf, die auf eindrückliche Weise die großen und imposanten Dimensionen des Hügels verdeutlichen.

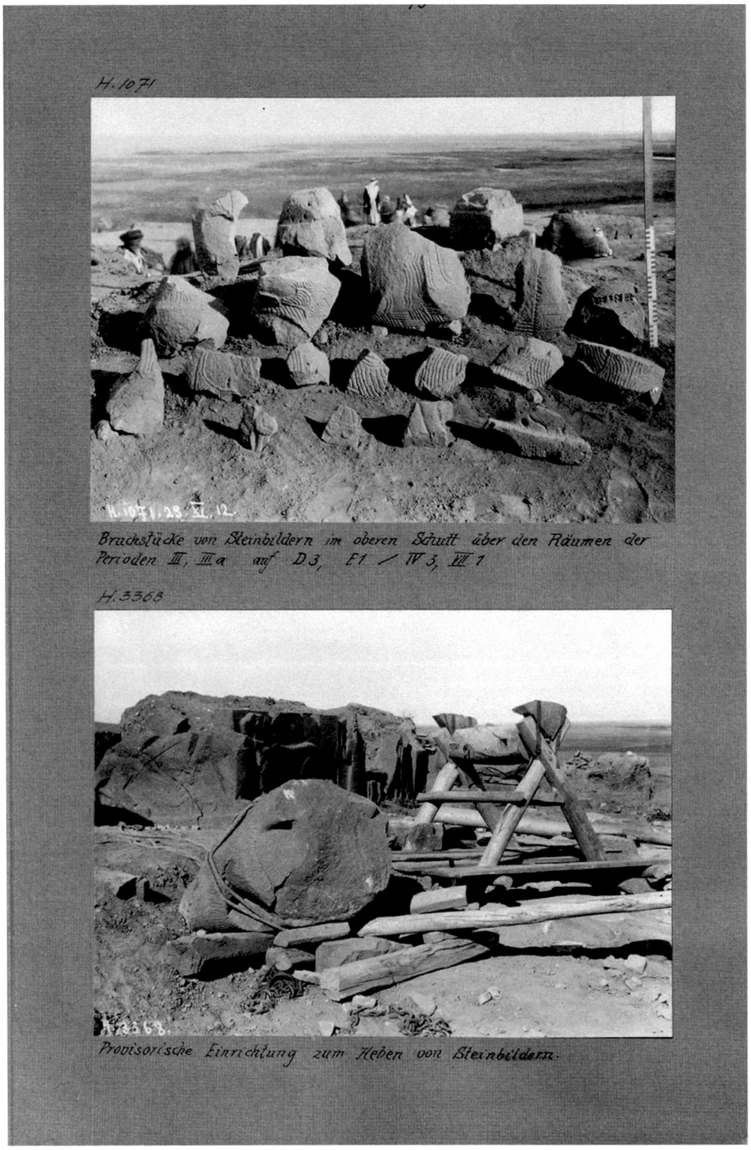

8: Bruchstücke von Skulpturen in Tell Halaf, Syrien; Seite eines Fotoalbums von Max von Oppenheim, Hausarchiv Sal. Oppenheim jr. & Cie., Köln.

Die Fotografien waren für Oppenheim jedoch nicht nur Dokumente. Die beeindruckenden Bilder sollten zugleich auch seine Leistungsfähigkeit demonstrieren, sie dienten ihm gewissermaßen als Leistungsschau. Immer wieder erwähnte er in Briefen, dass seinen Berichten Bilder beilägen, so beispielsweise am 2. Februar 1912 an Konsul Rössler: „Zu dem Kaiserbericht gehören eine Reihe von Photographien, die ich zunächst an Herrn Titzenthaler gesandt habe, damit dieser sie umgehend aufzieht und dann dem Auswärtigen Amt übergibt."[20] Dem Antikendirektor des Osmanischen Reiches, Halil Bey, teilte er mit, dass er die Burg Kalat el Nedjm am Euphrat gründlich untersucht habe, und zwar mit zwei Baumeistern, einem Fotografen und einem Sekretär, und dass sich der wissenschaftliche Apparat, mit dem er reiste, wenn jemals, dann dort, als nützlich erwiesen habe. „Ich behalte mir vor, über diese gelegentlich nähere Details mit Photographien usw. Ihnen vorzulegen."[21] Dies erklärt auch, warum Oppenheim eine Zeigeserie von seinen Reisen oder beispielsweise vom Tell Halaf herstellte. Mit diesem Vorzeigealbum wollte er Freunde, Politiker und Forscher gleichermaßen beeindrucken.

Insgesamt umfasst die Sammlung 13 000 Fotografien von 1899 bis 1939, die in 75 Fotoalben mit teilweise wunderbaren Einbänden aufbewahrt sind (Abb. 8). Die Datenbank *Arachne* folgt der mehr oder weniger chronologischen Reihenfolge der Bilder, die nach Reisen, Aufenthaltsorten und den Ausgrabungen auf dem Tell Halaf in den Fotoalben angeordnet sind. Die Bilder sind in den Alben sorgfältig und gut lesbar beschriftet. In einem ersten Schritt wurden die Fotografien einzeln für die Datenbank digitalisiert. In einem zweiten Durchgang digitalisierte man zusätzlich die gesamte Seite des Albums, sodass nun auch im Internet die ursprüngliche Anordnung der Bilder festgehalten ist. Dadurch kommt das Atmosphärische eines Fotoalbums besser zum Ausdruck und gleichzeitig bleiben für die Wissenschaft interessante Informationen erhalten. Oppenheims Sammlung von Fotografien gehört wegen ihres Umfangs und ihrer ungewöhnlichen Qualität sowie ihrer außergewöhnlichen Vielfalt zu den weltweit bedeutendsten Fotokonvoluten jener Epoche. Zugleich spiegelt sie in ihrem gesamten Spektrum auf eindrückliche Weise die intensive Auseinandersetzung ihres Auftraggebers mit dem Nahen Osten wider und weist diesen als Grenzgänger zwischen Orient und Okzident aus.

AGATHA CHRISTIE (1890–1976)

Auf ähnliche Weise beschäftigte sich auch Agatha Christie (Abb. 9) mit dem Leben im Orient, als sie auf den Grabungen in Tell Brak (Syrien) und in Nimrud (Irak) Fotografien und Filme herstellte. Oppenheim und Agatha Christie ist gemeinsam, dass sie sich – vielleicht weil sie keine ausgebildeten Archäologen waren – nicht nur für die wissenschaftlichen Aspekte einer Grabung interessierten, sondern auch für das Alltagsleben.

Die 1890 geborene Agatha Christie war bis 1928 mit dem Fliegeroffizier Archibald Christie verheiratet. 1928 wurde die Ehe geschieden und um das Trauma zu verarbeiten, entschloss sich die Autorin spontan zu einer Reise in den Orient. Sie wurde dazu inspiriert durch Erzählungen von Bekannten, die jahrelang im Orient gelebt hatten. Dazu kam der Wunsch, einmal mit dem Orient-Express zu fahren.[22]

Auf ihrer ersten Reise besuchte Agatha Christie Ur in Chaldäa, die Geburtsstadt Abrahams im Irak. Vor ihrer Abfahrt hatte sie in der *Illustrated London News* von den sensationellen Funden in den Königsgräbern von Ur gelesen, die Leonard Woolley seit einiger Zeit unter der Leitung von Gertrude Bell als Antikendirektorin ausgrub. Von der mit Ruinen durchzogenen Landschaft und den Ausgrabungen war sie begeistert.

„Ich verliebte mich in Ur mit seinen herrlichen Abenden, der in geheimnisvolle Schatten gehüllten Zikkurrat und dem unendlichen Sandmeer, das ständig seine zarten Farben wechselte. Es machte mir Freude, die Arbeiter zu beobachten, die Vorarbeiter, die kleinen Jungen mit den Körben, die Handlanger – die ganze Technik, das Tun und Treiben. Der Zauber der Vergangenheit nahm mich gefangen. Die Sorgfalt, mit der Töpfe und Krüge ans Tageslicht geholt wurden, erfüllte mich mit dem sehnsüchtigen Verlangen selbst Archäologin zu sein.“[23]

Fasziniert vom Orient, den Ausgrabungen und dem Leben auf der Grabung, beschloss Agatha Christie 1930 die Einladung des Ehepaars Woolley anzunehmen und ein zweites Mal nach Ur zu reisen. Bei diesem Aufenthalt lernte sie den vierzehn Jahre jüngeren Archäologen Max Mallowan kennen, der seit 1925 als Assistent bei Leonard Woolley tätig war. Nach einiger Unsicherheit wegen des großen Altersunterschiedes willigte Agatha Christie schließlich in den Heiratsantrag von Mallowan ein. Auf seine Frage, ob es ihr etwas ausmachen würde, jemanden zu heiraten, dessen Beruf es sei, „Tote auszugraben“, soll Agatha geantwortet haben: „Ich liebe Leichen“.[24] Im September heirateten die beiden in Schottland. Die 46 Jahre dauernde Ehe verlief ausgesprochen glücklich und erfolgreich.

Max Mallowan grub vor dem ersten Weltkrieg zuerst in Ninive und Tell Arpachiyah im Irak aus und danach zwischen 1934 und 1938 im Norden Syriens. Während dieser Zeit begleitete Agatha Christie ihn nicht nur mehrere Monate pro Jahr auf seine Grabungen, sondern sie arbeitete auch intensiv mit.

Wir sind über die Zeit in Syrien sehr gut durch die Autobiografie der Schriftstellerin *Come, Tell Me How You Live* informiert.[25] Das 1946 erschienene Buch beschreibt auf äußerst amüsante, liebevoll distanzierte Weise das Leben auf den Grabungen in Chagar Bazar und in Tell Brak in Syrien zwischen 1934 und 1938. Außer diesem schriftlichen Bericht besitzen wir Fotografien und einen Film, den Agatha Christie 1938 in Syrien gedreht hat. Dieses unschätzbare Dokument ist in 16 Millimeter teilweise in Farbe gefilmt und schon deshalb eine Sensation, da es zu den ersten Amateur-Farbfilmen überhaupt gehört.[26]

Dieser und ein zweiter in den 1950er Jahren von ihr im Irak gemachter Film sind von hervorragender Qualität und bilden in verschiedener Hinsicht eine Rarität. Erstens liegt hier der seltene Glücksfall vor, dass eine Schriftstellerin uns nicht nur ihre schriftlichen Erinnerungen, sondern auch ihre filmische und fotografische Dokumentation des Beschriebenen überliefert hat. Zweitens stellen sie seltene Dokumente einer vergangenen Zeit dar, die vor allem im Falle des älteren Films aus den 1930er Jahren eine Welt zeigen, in der auf kleinstem Raume ein Zusammenleben von verschiedenen Völkern und Religionen noch möglich war. Das wirklich Besondere ist jedoch, dass es sich nicht um reine Dokumentarfilme über die Ausgrabungen handelt, in denen Funde, Befunde und Schichten festgehalten werden, sondern die Filme und Fotografien auf einzigartige und humorvolle Weise das Leben, den Alltag und die Wohnsituation einer Grabung zeigen. Diese faszinierenden Bildüberlieferungen kamen nur deshalb zustande, weil Christie keine Archäologin war und trotzdem auf der Grabung mitarbeitete. Dadurch behielt sie eine gewisse Distanz zur Archäologie, konnte aber dennoch mit dem Blick eines Insiders den Grabungsablauf wahrnehmen. Genau so verhielt es sich mit den Fotografien. Sie fotografierte auf der Grabung nicht nur die Schichten und archäologischen Befunde, sondern auch den Grabungsalltag, die Arbeiter, die Tätigkeiten im Haus und das Hauspersonal. So hielt sie beispielsweise den Zahltag im Auto fest, das von ihr den Spitznamen „Queen Mary" erhalten hatte. Es war ein Vier-Zylinder-Ford, dessen Chassis sehr hoch aufgebaut worden war, um besser durch die Schlaglöcher der Wüste zu gelangen und aus dessen Fenster Max Mallowan die Arbeiter auszahlte (Abb. 10). Agatha Christie beobachtete nicht nur, sie beteiligte sich auch aktiv an den Grabungen, obwohl sie damals schon eine weltberühmte Schriftstellerin war. In Syrien, wo der Mitarbeiterstab sehr klein war, wurde sie zu einer unentbehrlichen Mitarbeiterin, die ihre eigene Arbeit als Schriftstellerin zurückstellte. Meistens ging sie jeden Tag auf den Hügel und schaute die neuesten Grabungsergebnisse an – eine Gewohnheit, die sie alle Jahre, bis zu ihrer letzten Teilnahme als 68-Jährige in Nimrud in Irak fortführte.

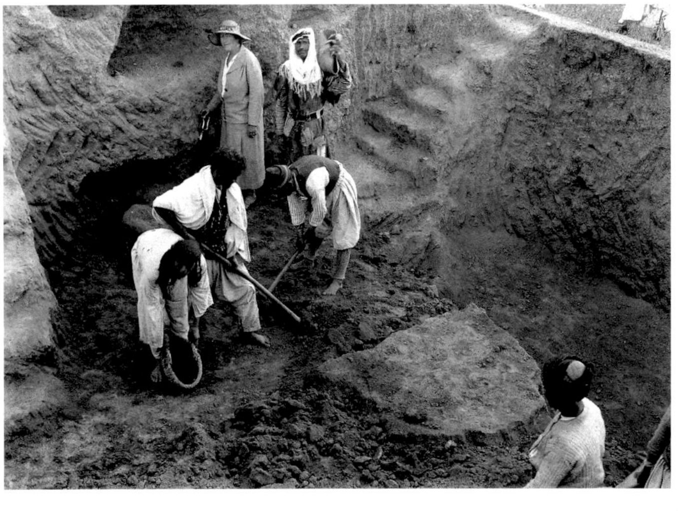
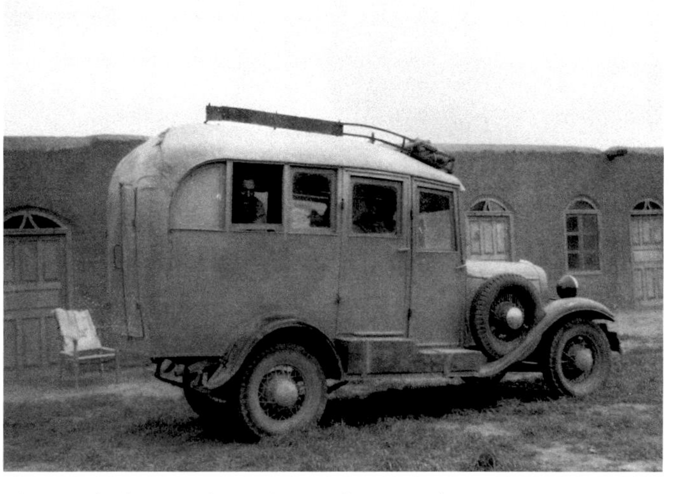

9: Agatha Christie bei der Beaufsichtigung der Grabungsarbeiter in Chagar Bazar, Syrien, 1935, The British Museum, London. 10: Agatha Christie, Max Mallowan im Auto Queen Mary im Hof des Grabungshauses, Tell Brak in Syrien, 1938, The British Museum, London.

Die wichtigste Aufgabe Agatha Christies bestand jedoch im Fotografieren und Entwickeln der Grabungsbilder. So schreibt sie über ihre Tätigkeit in Chagar Bazar: „Ich habe jetzt sehr viel zu tun, da ich außer dem Zusammensetzen der Töpfe mich auch um das Entwickeln der Fotos kümmere. Eine Dunkelkammer wurde mir zugewiesen, die ein bißchen den verschwiegenen Örtchen des Mittelalters ähnelt. Dort kann ich weder stehen noch sitzen, und beim Entwickeln der Platten krieche ich auf allen Vieren herum oder knie mit gebeugtem Kopf. Fast erstickt vor Hitze tauche ich daraus auf und kann mich nicht mehr gerade halten [...]“[27] Damit die Hitze in der engen Dunkelkammer auszuhalten war, begann die Schriftstellerin ihre Entwicklungsarbeiten um sechs Uhr früh, auch um die große Anzahl von Fotografien bewältigen zu können, die vor allem am Ende einer Kampagne anfielen. Außerdem wurde sonst das Wasser zu heiß und somit unbrauchbar für die Laborarbeiten.

Die Arbeiten, die Agatha Christie unter wirklich schwierigen Bedingungen durchführte, können nicht hoch genug eingeschätzt werden. Das Fotografieren auf einer Grabung ist unentbehrlich, da jeder Grabungsvorgang eine unwiederbringliche Zerstörung eines Befundes bedeutet. Die Laborarbeiten besaßen deshalb einen hohen Stellenwert, da nach dem Fotografieren gleich festgestellt werden konnte, ob die Bilder einer Schicht korrekt aufgenommen worden waren, bevor man weiter grub. Außerdem musste man sicher sein, dass die Funde richtig dokumentiert waren, da nach dem Gesetz der Fundteilung eine Hälfte im Ausgrabungsland blieb.

Nicht nur die Unbequemlichkeit des Raumes war ein Problem für Agatha Christie, sondern auch das Sauberhalten des Wassers, das sie für die Entwicklung der Negative brauchte. Der feine Wüstensand, der überall eindrang, verunreinigte natürlich auch das Wasser. „Das Personal hat die Aufgabe, mich mit verhältnismäßig sauberem Wasser zu versorgen. Erst wird der grobe Schmutz weggefiltert, und dann seiht man das Wasser durch Watte in verschiedene Eimer. Wenn ich es für die Negative verwende, sind nur noch ein paar Sandkörner und etwas Staub aus der Luft darin, so daß die Resultate ganz befriedigend ausfallen.“[28]

1937 besuchte Christie einen Kurs für Werbefotografie in der Reinhard School of Commercial Photography in London. Sie war begeistert von den Experimenten, die sie durchführen konnte. So benutzte sie beispielsweise verschiedenfarbige Filter beim Fotografieren und lernte, den Dingen ein Aussehen zu geben, das möglichst wenig mit der Realität zu tun hatte. Die Vorstellung, dass seine Frau auf der Grabung plötzlich anfangen könnte, halbe Töpfe oder verzerrte Statuetten zu fotografieren, erfüllte Max Mallowan allerdings mit blankem Entsetzen. Er wollte genaue, wirklichkeitsgetreue Aufnahmen in der richtigen Perspektive und mit einem beigelegten Maßstab.

Nach dem Kurs verbesserte sich die Qualität von Agatha Christies Aufnahmen. Sie musste zwar weiterhin die Grabung und Objekte dokumentieren, aber manchmal erlaubte sie sich kleine Experimente. So legte sie Vorratsgefäße aus der Grabung malerisch aufs Gras und spielte mit Licht und Schatten (Abb. 11). Ab und zu fotografierte sie Leute, zum Beispiel das Hauspersonal, das sie dafür extra im Innenhof versammelte, oder den Grabungskoch Dimitri, der sich in der Küche aufstellen musste. Mehrfach hielt sie beispielsweise auch das Grabungshaus fest, für das der begabte Architekt und spätere Künstler Robin Macartney einen höchst eigenwilligen Plan entworfen hatte, der sich an den Häusern mit Spitzbogenkonstruktion im Norden Syriens orientierte.

Der Zweite Weltkrieg beendete die Ausgrabungen in Syrien. Nach dem Krieg setzte Mallowan seine Tätigkeiten in Nimrud im Irak fort, wo er die riesige Palastanlage von Assurnasirpal II. (Regierungszeit 883–859 v. Chr.) ausgrub.

Im ersten Grabungsjahr 1949 war Agatha Christie noch als Grabungsfotografin tätig und somit auch für die Entwicklung der Aufnahmen verantwortlich. Da sie erst noch kein eigenes Haus besaßen, sondern in einem gemieteten wohnten, in dem es keine eigene Dunkelkammer gab, mussten die Fotografien im Esszimmer entwickelt werden, was erhebliche Unannehmlichkeiten für sie bedeutete. Denn wenn sie abends anfing, ihre Entwicklungsarbeiten durchzuführen, zogen sich Mallowan und der Grabungsassistent in die oberen Räume zurück, um zu arbeiten und zu diskutieren. Sobald sie aber durch durch den über dem Esszimmer gelegenen Raum gingen, fielen Lehmstückchen von der Decke in die Entwicklungsschale, was Agatha Christies Zorn erregte.[29]

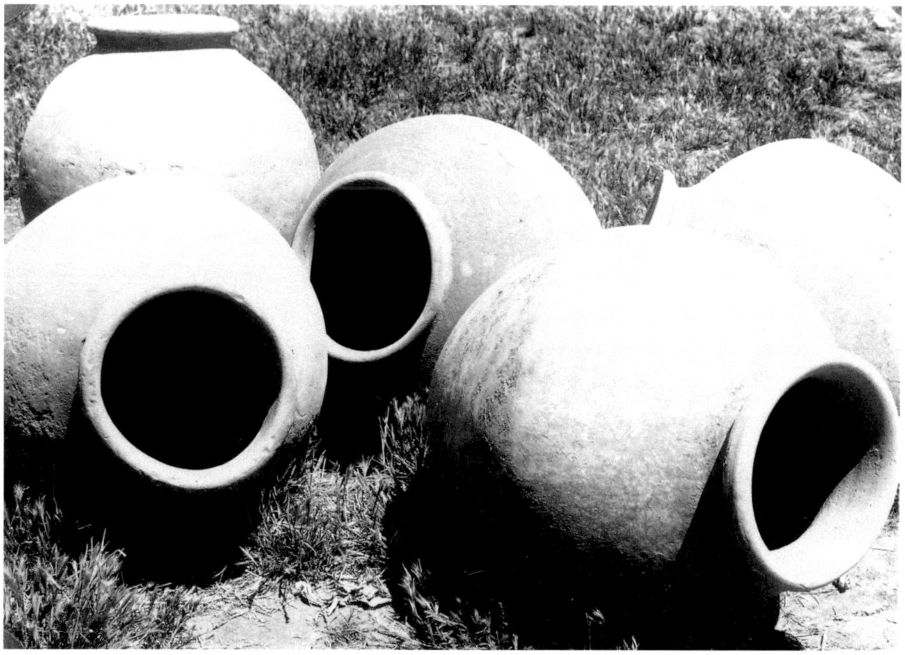

11: Agatha Christie, Experimentelle Fotografien von Vorratsgefäßen aus den Grabungen in Tell Brak, Syrien, 1938, The British Museum, London.

1950 war Agatha Christie nicht mehr als Grabungsfotografin tätig. Sie konnte deshalb frei experimentieren und Bildmotive wählen, die sie selbst faszinierten. So konzentrierte sie sich auf das Fotografieren von Land und Leuten (Abb. 12). 1952 setzte sie zum ersten Mal Farbfilmmaterial ein. Interessanterweise verwendete sie dieses vorwiegend für ethnologische Aufnahmen, für Landschaften und auf Exkursionen. Der Grabungsalltag, das Expeditionshaus oder Besucher in Nimrud wurden weiterhin vorwiegend in Schwarzweißbildern dargestellt. Wie die Filme zeigen

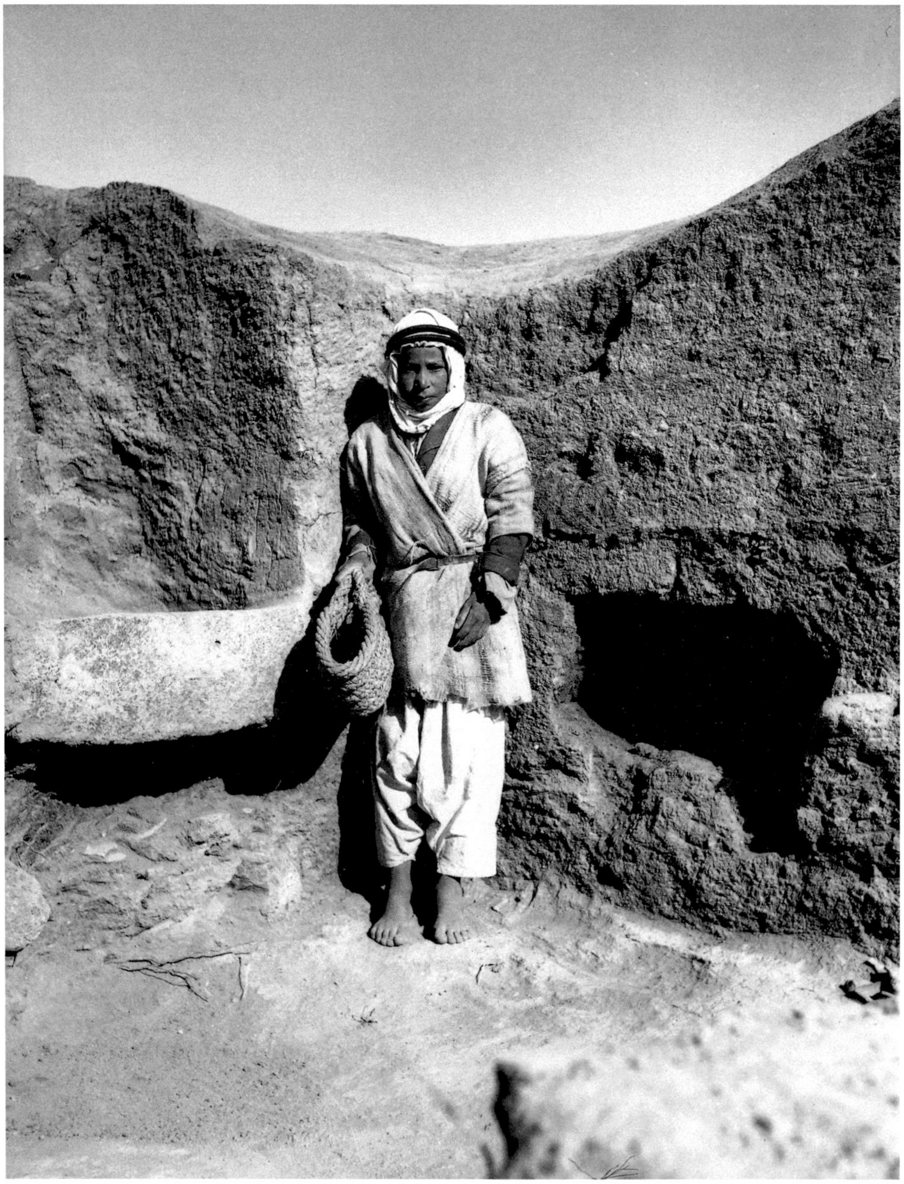

___ 12: Grabungsjunge mit Korb in Nimrud, Irak, 1950er Jahre, John Mallowan, London.

auch diese das sensible Auge, das Agatha Christie für Land und Leute hatte und mit wie viel Humor sie sich den Leuten näherte. Lieblingsmotive sind Arbeiter, die in möglichst ungewöhnlicher Haltung in einem Grabungsschnitt sitzen, stehen oder sich ausruhen.

Die wenigen hier publizierten Aufnahmen von ihr sollen einen Einblick in eine kleine, in sich geschlossene Welt im fernen Orient geben. Sie stehen exemplarisch für das Abenteuer Archäologie, dessen Mythos bis heute Anziehungskraft besitzt. Durch den distanzierten und doch liebevollen Blick einer reisenden und im Orient tätigen Schriftstellerin besitzen wir mit dem Film, der Autobiografie und den Fotografien ein einzigartiges Zeugnis von den Menschen, den Tätigkeiten und der Landschaft einer heute von Gewalt und Konflikten durchdrungenen Region.

ANMERKUNGEN

1 Gertrude Bell, *The Letters of Gertrude Bell*, hg. von Lady Bell, Bd. 1 (London: Ernest Benn Limited, 1927), 194.

2 [Gertrude Bell], *Safar Nameh. Persian Pictures* (London, R. Bentley and son, 1894), der anonym publizierte Band erschien auf Deutsch unter: Gertrude Bell, *Persische Reisebilder* (Hamburg: Marion von Schröder, 1949).

3 Gertrude Bell, *Poems from the Divan Hafiz* (London: William Heinemann, 1897).

4 http://www.gerty.ncl.ac.uk (Abruf 26.06.2014).

5 Gertrude Bell, *The Letters of Gertrude Bell* (siehe Anm. 1), 159; Jim Crow, „Gertrude Bell. Fotografin und Archäologin", in Charlotte Trümpler (Hg.), *Das Große Spiel. Archäologie und Politik*, Ausstellungskatalog, Ruhr Museum, Essen (Köln: DuMont, 2008), 598.

6 Gertrude Bell, *Ich war eine Tochter Arabiens. Das abenteuerliche Leben einer Frau zwischen Orient und Okzident* (Bern: Scherz, 1995), 140.

7 Gertrude Bell, *The Desert and the Sown* (London: William Heinemann, 1907), dt. id., *Am Ende des Lavastroms. Durch die Wüsten und Kulturstätten Syriens* (Leipzig: Spamer, 1908).

8 William Ramsay und Gertrude Bell, *The Thousand and One Churches* (London: Hodder and Stoughton, 1909).

9 *The Letters of Gertrude Bell* (siehe Anm. 1), 213; Bell, *Ich war eine Tochter Arabiens* (siehe Anm. 6), 79–80.

10 Gertrude Bell, *Amurath to Amurath* (London: William Heinemann, 1911), 211–212; Crow, „Gertrude Bell" (siehe Anm. 5), 606.

11 Bell, *Amurath to Amurath* (siehe Anm. 10)

12 Die folgenden Ausführungen basieren auf meinem Aufsatz im Katalog zur Ausstellung *Die geretteten Götter aus dem Palast von Tell Halaf*: Charlotte Trümpler, „Zu dem Kaiserbericht gehören eine Reihe von Photographien", in Nadja Cholidis und Lutz Martin (Hg.), *Die geretteten Götter aus dem Palast von Tell Halaf*, Ausstellungskatalog, Vorderasiatisches Museum, Berlin (Regensburg: Schnell & Steiner, 2011), 205–212.

13 Gabriele Teichmann, „Grenzgänger zwischen Orient und Okzident. Max von Oppenheim 1860–1946", in Gabriele Teichmann und Gisela Völger, *Faszination Orient. Max von Oppenheim. Forscher, Sammlung, Diplomat* (Köln: DuMont, 2001), 15.

14 Hausarchiv des Bankhauses Sal. Oppenheim jr. & Cie., Köln, A/AIII/3 Memorandum für die in die Sahara projektierte Expedition des Kgl. Preuss. Regierungs Assessors Max Frhr. v. Oppenheim, Sanzibar, den 10. 10. 1893, 1.

15 Museum Schloss Schönebeck (Hg.), *Fotografien aus der Libyschen Wüste. Eine Expedition des Afrikaforschers Gerhard Rohlfs in den Jahren 1873/74 fotografiert von Philipp Remelé* (Bremen: Edition Temmen, 2002).

16 Hausarchiv des Bankhauses Sal. Oppenheim jr. & Cie. (siehe Anm. 14).

17 Max von Oppenheim, „Bericht über eine im Jahr 1899 ausgeführte Forschungsreise in der Asiatischen Türkei", in *Zeitschrift der Gesellschaft fuer Erdkunde zu Berlin* 36 (1901), 69–99.

18 Die Bilder sind im Internet in der Bilddatenbank Arachne abrufbar: http://www.arachne.uni-koeln.de (Abruf 26.06.2014).

19 Archiv des Vorderasiatischen Museums, Berlin, Oppenheim 1909–1940, Brief vom 19.01.1911.

20 Hausarchiv des Bankhauses Sal. Oppenheim jr. & Cie., Köln, Nachlass Max von Oppenheim - 94, Schriftwechsel mit Konsul Rössler, Brief vom 02.02.1912.

21 Archiv des Vorderasiatischen Museums Berlin (siehe Anm. 19), Brief vom 04.08.1911.

22 Ich beziehe mich in meinen Ausführungen im Wesentlichen auf das Begleitbuch zur Ausstellung *Agatha Christie und der Orient. Archäologie und Politik*, die 1999 im Ruhrlandmuseum gezeigt wurde: Charlotte Trümpler (Hg.), *Agatha Christie und der Orient. Archäologie und Kriminalistik*, Ausstellungskatalog, Ruhrlandmuseum, Essen (Bern: Scherz Verlag, 1999).

23 Agatha Christie, *Meine gute alte Zeit. Eine Autobiographie* (Bern: Scherz Verlag, 1993), 364.

24 Dieses Zitat habe ich von Rosalind Hicks, der Tochter Agatha Christies, erfahren.

25 Agatha Christie Mallowan, *Come Tell Me How You Live* (London: Collins, 1946), id., *Erinnerung an glückliche Tage* (Bern: Scherz Verlag, 1997).

26 Charlotte Trümpler, „Eine Dunkelkammer wurde mir zugewiesen [...] Fotografie und Film auf den Ausgrabungen" in id., *Agatha Christie und der Orient* (siehe Anm. 22), 231–258.

27 Christie Mallowan, *Erinnerung an glückliche Tage* (siehe Anm. 25), 116.

28 Ibid., 166.

29 Christie, *Meine gute alte Zeit* (siehe Anm. 23), 530.

BILDNACHWEISE

1–4: The Gertrude Bell Archive, School of Historical Studies, Newcastle University.
5–8: Hausarchiv Sal. Oppenheim jr. & Cie., Köln.
9–11: The British Museum, London.
12: John Mallowan, London.

INDIZIEN – BEWEISE: GESICHTSBILDER

CHRISTIAN JOSCHKE

SCHANDBILDER DER NEUZEIT. *FAMA* UND *INFAMA* IM FOTOGRAFISCHEN ZEITALTER

Die Frage, ob *fama* und *infama* im zeitgenössischen Umgang mit Bildern eine Rolle spielen, scheint sich schon dadurch zu erübrigen, dass ein aristokratischer Ehrenkodex im 20. Jahrhundert nur noch als blasses Nachbild von überkommenen Ehrvorstellungen nachwirkt; auch ist die Strafe der Schandbilder und Schmähbriefe schon lange aus dem Strafrecht getilgt worden.[1] Bilder haben im Zeitalter der Fotografie weniger mit Ruhm und Ehre zu tun als mit einer Ethik der Transparenz, die – jenseits von Dignität, Würde und Schande – als Symbol für die Demokratie steht. Dass die Bilder aber immer noch als Akt und Urteil wahrgenommen werden,[2] zeigt der Tatbestand der „unbefugten Bildaufnahme", der im Recht zu Beginn des 20. Jahrhunderts formuliert wurde. Mit diesem Begriff wird die Person gegen die Verbreitung ihres unerwünschten Porträts geschützt, die, durch die Erfindung der Fotografie ermöglicht, von den abgebildeten Personen unabweislich als einer symbolischen Gewalt gezollt empfunden werden. Fotografien wider Willen haben so die in einem historischen Diskurs verankerte Frage nach der Schande neu aufgeworfen.

EHRE, RUF UND SCHANDE IM WANDEL DER ÖFFENTLICHKEIT

Gegen Ende des 19. Jahrhunderts beschrieb der Soziologe und Rechtswissenschaftler Gabriel Tarde das Verhältnis von Ehre und Ruf folgendermaßen:

> „Was ist die Ehre? Unter ein und demselben Begriff versteht man zwei verschiedene Dinge [...]. Es gibt die Ehre, die *an der Oberfläche* durch die wachsende Zahl derjenigen zunimmt, die uns [...] kennen; und es gibt die Ehre, die in der Tiefe durch die Verankerung und die Konsolidierung des Vertrauens in uns, in die Integrität unseres Charakters durch diejenigen, die uns kennen, größer wird. Ziehen wir nur diese letzte Bedeutung in Betracht, die in der Tat die wesentlichste ist, so kann man sagen, dass die Ehre eines nur bei einigen Nachbarn bekannten und von diesen geschätzten Mannes derjenigen eines anderen Mannes gleich ist, der von einigen Millionen seinesgleichen, die sich unter den

> Eliten mehrerer Nationen finden, gekannt und geschätzt wird. Aber im ersten Sinn, dem in bestimmten Fällen ein überragender Stellenwert zukommt, etwa wenn es sich um einen Politiker, einen Händler oder einen Literaten handelt, ist die Ehre des sehr bekannten Mannes ein moralisches und soziales Gut, das derjenigen des unbedeutenden Mannes weit überlegen ist. Nennen wir die Ausdehnung des öffentlichen Ansehens an der Oberfläche [...] *Bekanntheitsgrad*, und behalten wir den Namen *Ehre* für dessen Ausbreitung in der Tiefe vor; so können wir sagen, dass der moralische und soziale *Wert* eines Menschen, wie die Mathematiker sagen, das Produkt aus Bekanntheit und Ehre ist."[3]

Eigentlich war Tardes Essay ein Plädoyer für die Abschaffung der Praxis des Duells sowie eine Darlegung eines erweiterten Verständnisses des Begriffs der Diffamierung. Sein Text stellte eine Kritik des französischen Diffamierungsgesetzes von 1881 dar (enthalten im Gesetz über Pressefreiheit vom 29. Juli 1881), das – laut Tarde – deshalb ein schwaches Gesetz war, weil es zwar die Freiheit der Presse gewährleistete, ohne aber Diffamierungen systematisch zu verbieten.[4] Um das zu leisten, sollte, so Tarde, ein Gericht eingeführt werden, das über Ehre und Schändung urteilt, ungeachtet dessen, ob das Opfer selbst Einspruch gegen die Schandtat erhebt. Damit würde man das Duell endgültig abschaffen können, das – obwohl im Recht verboten – dennoch praktiziert wurde. Was der französische Rechtswissenschaftler hier vorschlug, war also eine Erweiterung des Verbots des Pasquills,[5] das in der Jurisdiktion einiger Ländern seit dem 17. und 18. Jahrhundert ausgesprochen worden war,[6] und das – wie Tarde meinte – schon von den Römern eingeführt worden sei.[7]

Was Tarde als das „Produkt aus Bekanntheit und Ehre" beschreibt, kann man auch als *fama* im wortwörtlichen Sinne bezeichnen. Für Tarde setzte deren Definition eine Definition der Öffentlichkeit voraus, da letztere durch die Modernisierung der Medien stark verändert worden war: „Vom Capitol, dessen First sehr viel höher geworden ist bis zum Tarpejischen Felsen, dessen Abgrund sich sehr viel weiter aufreißt, erfolgt der Sturz jeden Tag tiefer, und, dank der Presse, dank der Tribüne, dank des Telegraphen, immer einfacher und unverzüglicher."[8] Für den Rechtsphilosophen war es also wichtig, die Definition der *fama* zeitgenössischen Bedürfnissen anzupassen, um die demokratischen Verhältnisse wahrnehmen und den Schutz der Ehre von prominenten Menschen gewährleisten zu können. Anders als früher galt die Ehre des öffentlichen Menschen nun nicht mehr nur als Verhaltenskodex einer kleinen Elite der herrschenden Klasse; ihr Geltungskreis hatte sich verbreitert, weshalb man für ihre Gewährleistung – wie Tarde meinte – einen neuen Begriff einsetzen sollte, der den Bruch mit den alten sozialen Praktiken markiert.

Tardes Argumentation mochte zwar durchaus konservativ sein, sie reflektierte aber die beträchtlichen Veränderungen der Öffentlichkeit durch den technischen Wandel wie die Veränderungen der bürgerlichen Welt durch den Verfall des alten aristokratischen Ehrenkodex. Er legte eine neue, zeitgenössische Definition der *fama* vor, die bis ins Zeitalter des Internets nichts an Gültigkeit verloren hat. So ging Tarde schon davon aus, dass sich das Bild einer Person nicht in den kleinen aristokratischen Zirkeln, sondern in der breiten Masse spiegle. Die Schnelligkeit der Kommunikationsmedien, die Breite des Publikums, die Vielfalt der Informationsträger ließen erahnen, so Tarde, in welchem Ausmaß sich Größe und Verfall des Rufs auf den Einzelnen auswirken können.

Dass die Frage von Ehre und Schande mit der Verbreitung der Fotografie eng verbunden ist, verdankt sich dem spezifischen Charakter des fotografischen Porträts. Anders als bei historischen Schandbildern wird der würdige oder unwürdige Charakter des Porträts nicht als Akt eines Urteils, sondern als ein Faktum wahrgenommen. Vom 13. bis zum 15. Jahrhundert gehörten sowohl bei sogenannten Schmähbriefen in Mitteleuropa als auch bei Schandbildern in Städten der Lombardei oder der Toskana, Bilder mit zum gerichtlichen Verfahren. Ihnen kam die Funktion zu, als symbolische Bestrafung zu fungieren, die vor oder gleichzeitig mit der körperlichen und pekuniären Strafe vollzogen wurde. Von Gerichten eingesetzt war das Bild ein legitimer Akt der Infamie; das Schandbild folgte auf eine gerichtliche Entscheidung. Damit gehörten Bilder zu den offiziellen und öffentlichen Medien der Brandmarkung.

Der Bezug zwischen Bild und Schande änderte sich im 19. Jahrhundert grundsätzlich. Mit der Fotografie wurde das Bild Spur und Beweis einer Tat, die rein juristisch als solche beurteilt wird, ungeachtet einer moralischen Wertung. Über Ehre, Ruhm und Schande entscheidet nun stattdessen die Öffentlichkeit – unabhängig vom Justizsystem. Eine Schändung durch Bilder ist also nicht mehr mit einer gerichtlichen Entscheidung verbunden, sondern folgt den Mechanismen des gesellschaftlichen Moralempfindens. Tarde reagierte auf diese Änderung im Gefüge der symbolischen Gewalt, wenn er für die Einrichtung von unabhängigen Ehrengerichten plädierte.

Wenn die fotografische Aufnahme als Beweis für eine Handlung bzw. als Beweis dafür genommen wird, dass eine Person zu einem bestimmten Zeitpunkt an einem bestimmten Ort gewesen ist, so wird ein Foto, auf dem eine konkrete Person erkennbar ist, für authentisch gehalten. Durch ihre Abbildung auf der Fotografie wird ihre nicht bestreitbare Teilhabe an einer Handlung bestätigt. Vice versa haftet eine dargestellte Person – in einem gewissen Sinn – für ihr fotografisches Abbild, weil dieses sich, wie es Roland Barthes beschreibt, durch eine unbestreitbare Bindung an ein „tatsächlich Gewesenes" auszeichnet.[9] Während in der Karikatur die Übertreibung von Charaktermerkmalen als ein Stilmittel erkannt wird, gilt die Fotografie als indexikalischer Beweis einer Tat. Die Diffamierung durch Karikaturen erfolgt durch einen zeichnerischen Akt, bei dem eine Tat rekonstruiert oder erfunden wird, die den Charakter einer Person lächerlich macht. Stil und Humor sind dabei eng miteinander verbunden. Anders verhält es sich bei der Fotografie, die als Beweis und Enthüllung eines „tatsächlichen Gewesenen" gilt. In diesem Fall verschiebt sich der Akt der Diffamierung vom Bereich der künstlerischen Interpretation in den Bereich des Dargestellten, also von der Form in den Inhalt. Das fotografische Portrait wird dabei als stellvertretend für die Würde eines Menschen betrachtet.

Das Auftreten einer neuen Art von Schandbildern im Zeitalter der Fotografie mag zunächst mit der Geburt der Fotoreportage bzw. mit der Geschichte der Paparazzi in Verbindung gebracht werden. Aber auch wenn die Erfindung der Figur des Paparazzos unser Verhältnis zu Ruhm und Schande maßgeblich verändert hat, weil dessen Fotografien die Grenze zwischen Privatsphäre und Öffentlichkeit verschwimmen ließen, trifft man auf Schandfotografien lange bevor es die Gattung des aufdringlichen Pressefotografen gab. Der Wandel des Verhältnisses von Bildnis, Ehre und öffentlicher Schande vollzog sich bereits im 19. Jahrhundert in zwei Anwendungsbereichen der Fotografie: In der Post-mortem-Fotografie einerseits und in der Polizeifotografie andererseits. Die Frage des Schutzes des eigenen Bildes vor unbefugten Bildaufnahmen stellte sich in beiden Bereichen auf unterschiedliche Weise.

PORTRÄTS WIDER WILLEN

Die Fotografie hat im Laufe des 19. Jahrhunderts unerwartete Wirkungen insofern gezeitigt als ein Porträt sowohl mit einem *negativen* als auch mit einem *positiven* Bekanntheitsgrad verbunden werden konnte. Dafür war nicht nur die Funktion, sondern auch die Form – z. B. Aufnahmewinkel und Belichtung – der Bilder verantwortlich. Ein Bild kann, je nachdem in welcher Situation es die Person abbildet, diese Person kränken, ihrer *memoria* schaden oder auch dienen. Zwei bekannte Beispiele mögen das belegen. Bei beiden handelt es sich um Post-mortem-Fotografien, bei denen der Ruf einer Person möglicherweise geschädigt werden sollte.[10]

Das erste Bild ist eine bekannte Fotografie der Leiche Kaiser Maximilians von Mexiko, Bruder von Franz Josef I., der im Juni 1867 von der Juarez-Armee hingerichtet worden war (Abb. 1). Das Bild gehört zu einer Bildserie, die im August 1867 nach Paris geschickt und von Disdéri heimlich reproduziert und weiterverbreitet wurde. Diese Fotografien werden oft als populäre Bildquellen für Manets Gemälde *Die Erschießung Kaiser Maximilians* betrachtet, von dem vier Fassungen existieren.[11] Als rein dokumentarische Quellen können sie deshalb nicht bezeichnet werden, weil sie gleichermaßen zum Objekt eines populären Maximiliankults wie zum anti-napoleonischen Symbol eines Märtyrer-Königs wurden.

Schon in dem mit Wolff gezeichneten Artikel in *Le Figaro*, der Anfang August 1867 die Existenz dieser Bilder bekannt gemacht hatte, war darauf hingewiesen worden, dass die Leiche des Kaisers schlecht einbalsamiert worden war. Wolff zitierte den Brief eines Freundes, der als Augenzeuge diente. Dem Brief ist zu entnehmen, dass die Leiche wie „ausgestopft" gewirkt haben muss; auch seien Maximilians Augen durch schwarze anstatt blaue Glaskugeln ersetzt worden. Die Art und Weise, wie die Leiche behandelt worden war, wurde in dem *Figaro*-Artikel als dem königlich-kaiserlichen Stand Maximilians unwürdig befunden. Wolffs Beschreibung wird durch zwei Fotografien bestätigt, die von dem Lyoner Fotograf François Aubert aufgenommen wurden und dennoch in dem Artikel nicht erwähnt werden. Aubert, der technisch schlecht auf derartige Aufnahmen vorbereitet war, musste die Porträts in kürzester Zeit und bei künstlichem Licht, also unter für damalige Fotografien sehr schlechten Lichtbedingungen in der Leichenkammer anfertigen. Er fotografierte Maximilians Leichnam nicht frontal, sondern aus leichter Untersicht. Durch die künstliche und frontale Ausleuchtung wurden Details des toten Körpers gnadenlos sichtbar: die Haut wirkt papieren, so als ob Maximilian eine Maske trüge; aus dem geöffneten Mund ragen riesig wirkende Zähne; die Augen scheinen auf der Fotografie zu weit voneinander entfernt zu liegen; all diese der Ausleuchtung, der fotografischen Perspektive und der schlechten Balsamierung geschuldeten Effekte machten den toten Kaiser zu einer grotesken Papierfigur.

Die hier beschriebenen Aufnahmen unterscheiden sich von vier weiteren Fotografien Auberts, die im Gegensatz zu ersteren geeignet waren, dem populären Märtyrer-Kult um den Kaiser zugeführt zu werden. Abzüge von Hemd, Jacke, Exekutivkommando und Ort der Handlung wurden von Disdéri reproduziert, nicht aber die den Leichnam zeigenden Fotografien. Dass er die Leichenfotografien exkludierte, kann darauf hindeuten, dass er sich selbst zensierte, wahrscheinlicher aber noch, dass er deren Wiedergabemodalitäten als eines Kaisers nicht würdig erachtete.

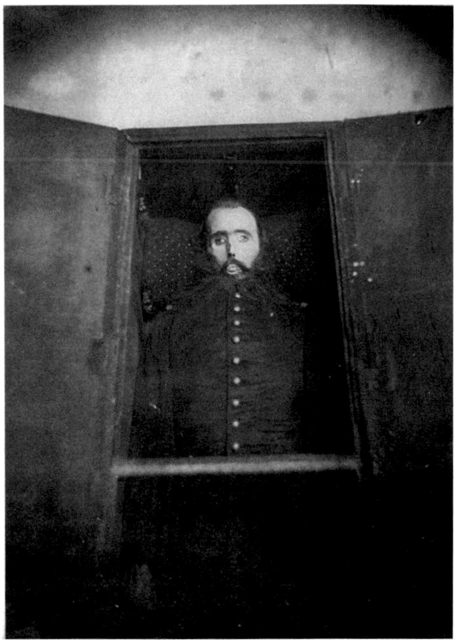

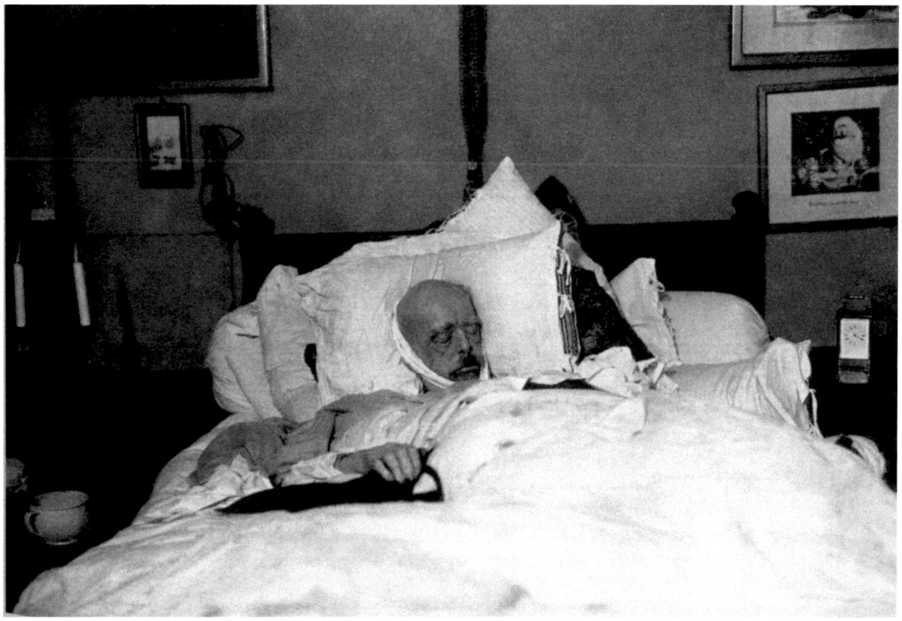

___ 1: François Aubert, Die Leiche des Kaisers Maximilian von Mexiko, 1867, Schwarz-Weiß-Fotografie auf Albuminpapier, 22,7 × 16,6 cm, Wien, Albertina. ___ 2: Max Priester und Willy Wilcke, Bismarck auf seinem Totenbett, 30.07.1898.

Dreißig Jahre später sollte ein Akt der Zensur vollzogen werden, der das Verhältnis von *memoria* und Porträt verschärfte. Kurz nach Bismarcks Tod am 30. Juli 1898 hatten sich zwei Fotografen, Max Priester und Willy Wilcke, in das Schloss Friedrichsruh in der Nähe von Hamburg eingeschlichen und in größter Eile ein Porträt des Kanzlers auf seinem Totenbett angefertigt (Abb. 2). Schockierend war dieses Bild, weil es mit Blitzlicht aufgenommen brutal die Zeichen des Todes und der Verwesung auf dem Gesicht des Fürsten zeigte.

Die Porträts von Kaiser Maximilian und von Bismarck illustrieren die Entstellung des Gesichts durch Post-mortem-Porträts auf zweierlei Weise. Bei Maximilian wurde das Foto viel zu spät nach der Einbalsamierung der Leiche angefertigt, sodass sich die Zeichen der Verwesung in Körper und Gesicht schon vor der Ankunft des Fotografen eingeschrieben hatten. Bei Bismarck hingegen wurde der fotografische Akt zu früh vollzogen, noch bevor die Leiche präpariert werden konnte.[12] Beide Fotografien entsprachen nicht dem ‚edlen Bildgenre' der Post-mortem-Fotografie – wie wir sie etwa von Victor Hugo kennen, der von Paul Nadar auf seinem Sterbebett fotografiert worden war. Damit galten beide Abbildungen als unwürdig, weswegen sie auch zensiert werden sollten.

So wurden die Fotografen Priester und Wilcke schon am 4. August 1898, noch ehe sie versuchen konnten, das Porträt des toten Reichskanzlers der Presse zu verkaufen, von Herbert von Bismarck angeklagt. Da es aber in der Gesetzgebung keinen Schutz des eigenen Bildes gab, und da es sich bei dem Foto auch nicht um einen Diffamierungsakt handelte, konnten die beiden Fotografen zunächst einmal nur wegen Einbruchs angeklagt werden. Im Strafprozess führte dieser Anklagepunkt denn auch zur Verurteilung der Fotografen. Der kurz danach geführte Zivilprozess ist aber hinsichtlich der Frage der *fama* und des persönlichen Rechts weit interessanter. In diesem wurde bestritten, dass ein Porträt einer Person ohne ihre oder ihrer Erben Erlaubnis angefertigt, verbreitet oder verkauft werden dürfe. „Niemandem steht das Recht zu, von der Leiche eines Verstorbenen ohne die ausdrückliche Genehmigung seiner nächsten Angehörigen eine photographische Aufnahme zu machen. Wer nun gar eine solche Abbildung anfertigt, um sie in die Öffentlichkeit zu bringen, verletzt das Recht der Persönlichkeit des Abgebildeten bzw. seiner Angehörigen in besonders eklatanter Weise."[13]

Dieses Urteil war bahnbrechend für die Einführung des Rechts am eigenen Bild im Kunsturheberrecht von 1907. Mit diesem Gesetz sollte vor einer möglichen Diffamierung durch Bilder geschützt werden. Um ihre Reputation zu wahren oder die kommerzielle Auswertung ihres Bildes zu verhindern, darf eine Person – das sogenannte „Urbild"[14] – die Verbreitung ihres Bildes kontrollieren.

Dieser wichtigen Anekdote aus der Geschichte der Fotografie ist zu entnehmen, dass die juristischen Folgen des Wandels von *fama* und *infama* als eine Konsequenz der Verbreitung der Fotografie zu verstehen sind. Dennoch bleibt es schwierig, die funktionelle Definition von Schandbildern im 19. und 20. Jahrhundert zu erklären. Diese Argumentation bedarf noch eines weiteren Schritts, nämlich Schandbilder aus dem polizeilichen und juristischen Kontext in den Blick zu nehmen.

POLIZEIFOTOGRAFIE ALS MODELL DER ABSCHEU

Die Benutzung von Bildern für eine öffentliche Brandmarkung von Kriminellen oder Verdächtigen hat die Ökonomie von Ruhm und Schande grundsätzlich verändert. Es mag zunächst merkwürdig erscheinen, den Begriff Schandbild – einen Terminus aus der Geschichte des Mittelalters und der Frühen Neuzeit – für unsere Zeit zu verwenden, insbesondere dann, wenn man bedenkt, dass das Erhängen *per effigie* des Grafes Guyla Andrássy im September 1851 – laut Gherardo Ortalli – als letztes Beispiel von Schandstrafe gilt.[15]

Graf Guyla Andrássy, der 1867 im Zuge des österreichisch-ungarischen Ausgleichs zum ungarischen Ministerpräsidenten gewählt wurde, hatte in seinen jungen Jahren, neben Lajos Kossuth, an der Märzrevolution 1848 in Pest teilgenommen. Nach der Niederschlagung der Aufstände durch die k. u. k. Truppen musste er aus dem Land fliehen. Über Konstantinopel und Paris gelangte Andrássy nach London. In Abwesenheit wurden er und seine Mitstreiter in Pest von einem k. u. k. Militärgericht am 22. September 1851 „nebst dem Verfalle [seines] Vermögens [...] [zur] Todesstrafe durch Strang" verurteilt.[16] Nach der Bestätigung des Urteils durch das 3. k. u. k. Armeekommando errichtete man einen Galgen, auf den die Namen der Delinquenten geschlagen wurden. Gehängt wurden Andrássy, Kossuth und ihre Mitstreiter dennoch nur *per effigie*, d. h. am Strang hingen Stofffiguren.[17]

Die Monopolisierung der Gewalt durch den Staat und die Verbannung von Hinrichtungen aus der Öffentlichkeit hatte eine neue Art der Disziplinargesellschaft zur Folge, die die Schändung der Würde einer Person als eine unnötige und symbolisch gewalttätige Strafe erscheinen lässt.[18] Nur in Kriegszeiten und in Ausnahmezuständen wurden im 20. Jahrhundert noch Schandbilder hergestellt.[19]

Dennoch wurden auch im Laufe des 19. und 20. Jahrhunderts als Schändung der dargestellten Personen wahrgenommene Bilder von Kriminellen, korrupten Bankiers, Verrätern und Anarchisten in der Öffentlichkeit gezeigt.[20] Die Form dieser visuellen Zurschaustellungen ist aber durchaus spezifisch. Vergleicht man die älteren Schandbilder mit den Porträts von Kriminellen zur Zeit der illustrierten Zeitungen des frühen 20. Jahrhunderts, so fallen frappierende Unterschiede auf. Wenn im Mittelalter die Verklagten samt der makabren symbolischen Hinrichtungsausstattung dargestellt wurden, so sollten diese Zeichen auf die Wichtigkeit des Verbrechens und die Unbarmherzigkeit der Strafe hinweisen. Ab dem Ende des 19. Jahrhunderts wurden nur noch die Gesichter der Verurteilten in einer einfachen und dennoch gnadenlosen Frontalität wiedergegeben. Ein Beispiel liefert das Archiv des *Petit Parisien*, einer bekannten französischen Illustrierten, die seit dem ausgehenden 19. Jahrhundert u. a. die schrecklichsten Gräueltaten publizierte.[21] Um eine Fotografie für den Druck vorzubereiten, wurden hier die Köpfe der

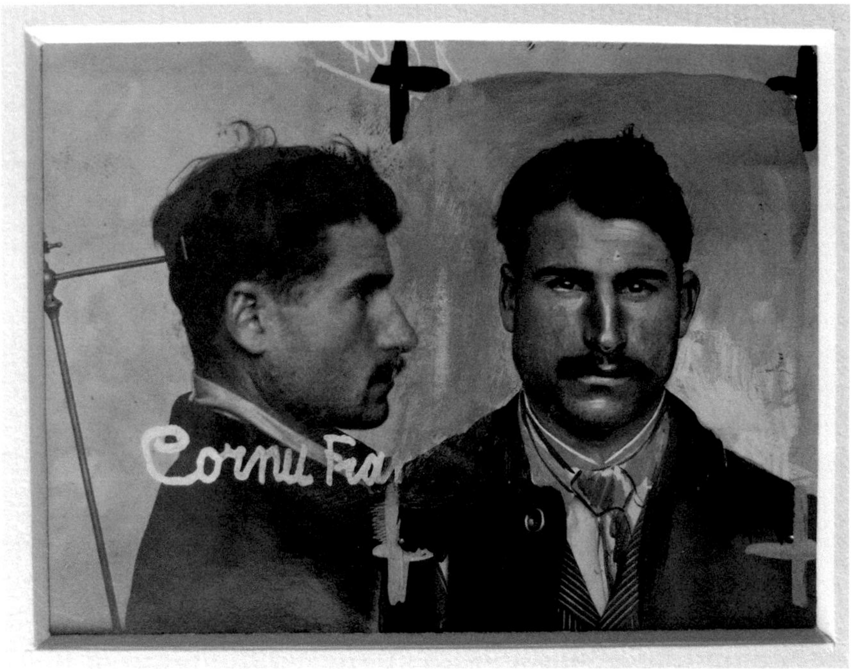

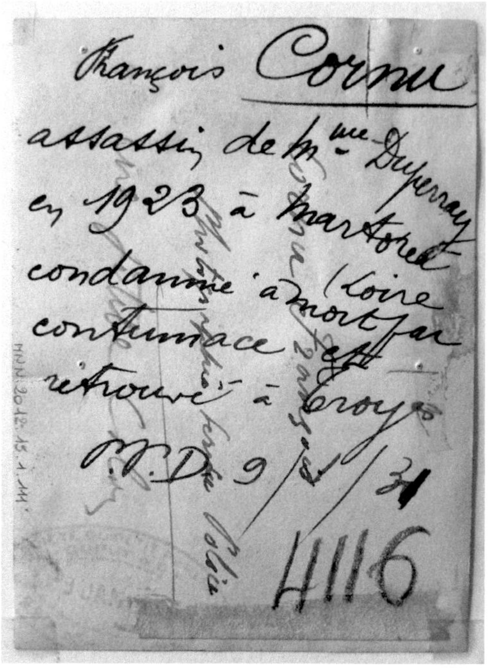

___ 3a: Bildnis des Mörders François Cornu, Fotografien „Vermischtes" im Archiv der Zeitschrift Le Petit Parisien, Musée Nicéphore Niépce. ___ 3b: Rückseite von Abb. 3, beschriftet mit „François Cornu, Mörder von Mme Duperray 1923 in Martoret (Loire), in Abwesenheit verurteilt und in Troyes erfasst".

dargestellten Delinquenten mit raschen Pinselstrichen vom Hintergrund abgetrennt, also entkontextualisiert, womit jeglicher Hinweis auf die Herkunft der Bilder verschleiert wurde (Abb. 3). Wirft man einen genaueren Blick in das genannte Zeitungsarchiv, so findet man aber vorwiegend Bilder, die heimlich oder nach Absprache mit den Behörden dem Polizeiarchiv entnommen und kopiert worden waren. Diese Fotos zeigen Gesicht und Profil des Sträflings nach der bekannten Art von Alphonse Bertillons anthropometrischen Aufnahmen. Per Farblösungsmittel sind Name, Datum und polizeiliche Aktennummer weiß eingesetzt worden.[22]

In den 1920er Jahren wollte die Gruppe der Surrealisten in der Zeitschrift *Révolution surréaliste* Germaine Berton ehren (Abb. 4). Die Anarchistin war bekannt geworden, weil sie den Generalsekretär der *Action française*, der bekannten rechtsextremistischen Organisation von Charles Maurras, ermordet hatte. Das von den Polizeibehörden aufgenommene Foto einer Mörderin wurde von den Surrealisten zur Effigie einer Märtyrerin umgedeutet.[23] Um den Mord an einem ihrer politischen Feinde poetisch zu legitimieren, benutzten sie also eben jenes Fahndungsbild, das die symbolische Macht der Polizei vor Augen führte. Die Zeichen der modernen Polizeitechnik waren einerseits Stigma einer neuen Schande, vermochten aber andererseits auch als Zeichen des Martyriums zu fungieren.[24]

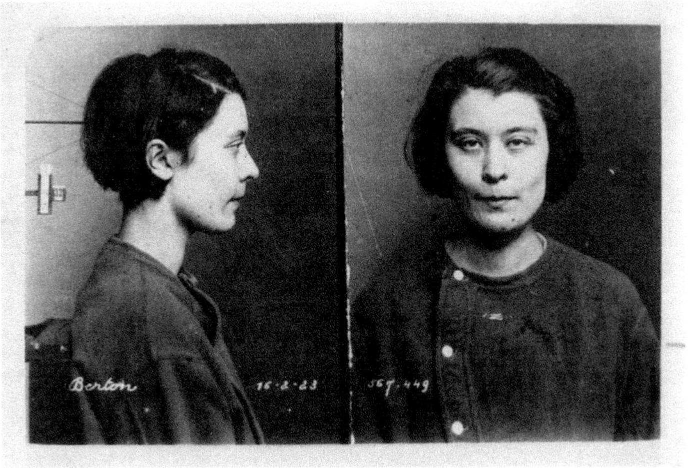

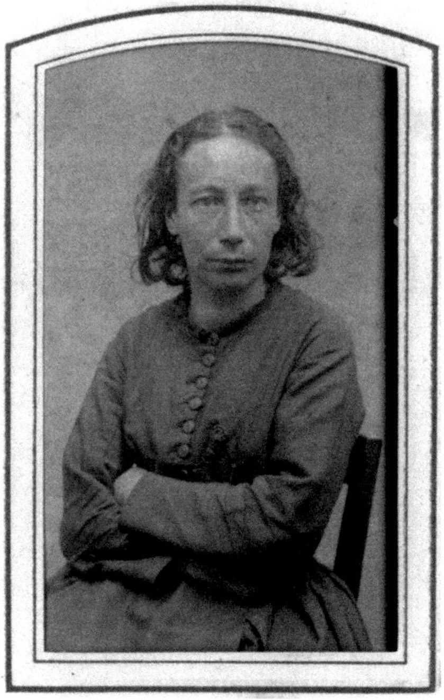

___ 4: Anonym, Germaine Berton, Anarchistin, Mörderin von Marius Plateau, Generalsekretär der Action Française, 1923, Fotografie des Pariser Erkennungsdienstes der Préfecture de Police, 12 × 18 cm, ehem. Sammlung André Breton, Paris, Sammlung J + C Mairet, Ausschnitt. ___ 5: Eugène Appert, Porträts von Kommunarden – Louise Michel, 1871.

Eine derartige Umdeutung von fotografischen Bildern hatte ihre Vorläufer. So konnte man unmittelbar nach der Pariser Kommune das Bild der Kommunardin Louise Michel in den Straßen von Paris erwerben. Eugène Appert war – kurz vor deren Verbannung nach Neukaledonien – damit beauftragt worden, die Porträts der Kommunarden im Gefängnis von Versailles für die Militärbehörde anzufertigen.[25] Die für die Militärakten gedachten Porträts der Inhaftierten ließ Appert (in seiner Großzügigkeit) auch den Angehörigen (Abb. 5) zukommen, die die als Delinquentenporträts inszenierten Fotografien in Bilder des Martyriums verwandelten. Auch hier wurde die Schande zum Martyrium, das Polizeibild zur Effigie.

Die angeführten fotografischen Beispiele weisen zu große Unterschiede zu dem auf, was man im Mittelalter als Schandbild bezeichnete, als dass man sie mit diesen eins zu eins vergleichen könnte. Man kann aufgrund der Veränderung der Form und der symbolischen Ausstattung der Effigies jedoch von einem Funktionswandel des Einsatzes von Bildern im juridischen Kontext ausgehen. So sind etwa selbst in den frühesten Beispielen von Porträts von Kriminellen im 19. Jahrhundert keinerlei Hinweise auf die Strafe zu finden. Die Gesichter wurden karg und sachlich wiedergegeben. Das lag an der unmittelbaren Funktion der Bilder, die nicht nach dem Urteilsspruch, sondern von der Polizei- bzw. Militärbehörde während des Ermittlungsverfahrens, also schon bevor die Angeklagten vor Gericht kamen, fotografiert worden waren. Wenn diese Bilder in die Öffentlichkeit getragen wurden oder wenn Künstler sich ihrer bemächtigten, war das Gerichtsurteil immer schon ergangen. Dennoch folgte die Veröffentlichung nicht einer Gerichtsentscheidung, sondern einer Art von Öffentlichkeitsarbeit der Polizei. Die Justiz hatte sich also aus diesem Bildsystem zurückgezogen und ließ gleichsam die soziale Moral, also die Moral des Polizisten und des Journalisten, über die Legitimität der symbolischen Strafe entscheiden. Vom Fahndungsbild zum Schandbild – das ist eine leicht zu überschreitende Schwelle. Darauf werde ich noch zurückkommen.

In der Kunst des 20. Jahrhunderts wurde die Furcht, die sich mit Bildern von Kriminellen verbindet, ästhetisch genutzt. Im Jahr 1964 schuf Andy Warhol eine Serie von Porträts von dreizehn Verdächtigen, die vom FBI gesucht und festgenommen wurden. *Thirteen Most Wanted Men*: so hieß die Bildserie, die zur Weltausstellung in New York im New Yorker Pavillon hätte ausgestellt werden sollen. Die Serie muss auf die sich mit dem Tod auseinandersetzenden Werken, die Warhol zu jener Zeit geschaffen hat, bezogen werden. 1962 hatte er in der Serie *Death and Disaster* auf Fotos von Autounfällen und des elektrischen Stuhls zurückgegriffen, die er aus populären Zeitungen reproduzierte. Er behielt in dieser Serie das grobe Druckraster der Vorlagen bei und verwies damit unmittelbar auf seine Bildquellen, die sogenannten *tabloids*, in denen diese schockierenden Aufnahmen ursprünglich veröffentlicht worden waren. Mit dem Sujet des Todes setzte sich Warhol auch in seiner ersten monografischen Ausstellung in Paris im Januar und Februar 1964 in der Galerie Ileana Sonnabend auseinander. „My show in Paris is going to be called *Death in America*. I'll show the electric-chair pictures and the dogs in Birmingham and car wrecks and some suicide pictures."[26] Christopher Phillips spricht hinsichtlich dieser Arbeiten von einer Inszenierung der Verwundbarkeit und Sterblichkeit des Menschen, die von der maschinellen, unendlichen Reproduzierbarkeit der Konsumgüter, wie sie Warhol gleichermaßen ins Bild setzte, zu unterscheiden sei.[27] Dass diese zwischen 1962 und 1964 angefertigten Arbeiten sich in die Tradition von Vanitas-Darstellungen einbetten lassen, ist in der Sekundärliteratur immer wieder ausgeführt worden.[28]

Man kann Warhols Porträts von Verbrechern aber auch in Bezug setzen zu Warhols Celebrity-Porträts von Marilyn Monroe bis Liz Taylor. Der *fama* oder Berühmtheit von wichtigen Schauspielerinnen setzt Warhol imaginär die *infama* der Fahndungsbilder gegenüber. „[die] Infamie [der berühmten Kriminellen] ist nur eine Modalität der universalen Fama" schreibt Michel Foucault in seinem Text *Das Leben der infamen Menschen*.[29]

Was bei der von Warhol geplanten Ausstellung in New York im Kontext dieses Aufsatzes aber von Bedeutung ist, ist die Reaktion der Kuratoren und Politiker. Am 16. April 1964 verboten Nelson Rockefeller, der Gouverneur des Staates New York, und Robert Moses, der Organisator der Weltausstellung, die Ausstellung der Porträts. Warhol schlug vor, diese gegen ein Porträt von Robert Moses auszutauschen.

Schließlich aber übermalte er die Porträts der Delinquenten mit grauer Aluminiumfarbe. Der offizielle Grund des Verbots ist einleuchtend: Moses argumentierte, dass die Verdächtigen vom FBI schon gefasst wurden und damit eine derartige Zurschaustellung ihrer Porträts unnötig sei. Er verweigerte dem Künstler die Aneignung der Polizeifotos, d. h. ihren Transfer in einen künstlerischen Kontext. Dass es sich um eine Umfunktionierung der Bilder handelte, konnte er – und das fast fünfzig Jahre nach den ersten Readymades von Marcel Duchamp – nicht wahrnehmen: diese blieben für ihn reine Fahndungsbilder. Indem er die Veröffentlichung der sich polizeitechnischen Ermittlungsverfahren verdankenden Bilder als nur durch das Ermittlungsverfahren legitimiert begriff, bestritt er deren potenzielle Schand(bild)funktion.

Auch hier, in diesem Akt künstlerischer Aneignung von visueller Kultur, wurden Fahndungsbilder von Schandbildern unterschieden; und auch hier wurde die Schändung einem Verdikt unterstellt – sie blieb verboten. Die Entwicklungsgeschichte der neuzeitlichen Schandbilder vollzieht sich also nicht nur in einem Wandel der Form – von symbolisch reich ausgestatteten Bildern zu kargen Polizeifotografien –, sondern auch durch eine Kontrolle des Einsatzes der Bilder. In der Gesetzgebung werden beide Bildfunktionen schon seit dem 19. Jahrhundert unterschieden. Fahndungsbilder werden breit ausgestellt, während Schandbilder als Strafe nicht mehr existieren dürfen.[30] Selbst die Freiheit der Kunst kennt hier ihre Grenzen.

JENSEITS VON FORM UND FUNKTION

Der Funktionsbegriff, den ich bis jetzt angewendet habe, ist sehr eng mit einem intentionalistischen Denken verbunden, das davon ausgeht, dass Fahndungsbilder, weil sie keine schändende Funktion hätten, von Schandbildern zu trennen seien. Tatsächlich waren – wie weiter oben ausgeführt – die ersten Bilder von Kriminellen nicht für die Öffentlichkeit gedacht, sondern für die Akten der Polizeiarchive. Sogar dann, wenn Fahndungsbilder öffentlich gezeigt wurden, war eine Schändung des dargestellten Individuums nicht ihr Ziel; weshalb die Fahndungsbilder auch wieder von den Straßen und aus den Bahnhöfen verschwanden, sobald der Kriminelle gefasst worden war.

Jedoch ist der sich in Schandbildern vollziehende Bildakt nicht als reine Intention zu begreifen, sondern durch den Effekt, den er produziert. Der Rückgriff auf einige historische Fälle kann uns helfen, Abstand von einem intentionalistischen Modell zu gewinnen. Im Juni 1900 erschien in der Zeitung *l'Aurore* ein kurzer Artikel über die Geschichte eines ehemaligen Pariser Kellners, Herrn P., der nach einigen Jahren Abwesenheit zum Besuch der Weltausstellung nach Paris zurückkehrte.[31] Auf der Weltausstellung traf er zufällig einen Freund, der ihm erzählte, er hätte sein Gesicht im Pariser Pavillon in den dort ausgestellten Bertillon-Akten (den Akten der *Préfecture de police de Paris*) gesehen, und ihn fragte, welche Schandtat er denn begangen habe. Irritiert begab sich Herr P. in den Pariser Pavillon und stellte fest, dass sich sein Bild tatsächlich unter den Ausstellungsstücken befand. Wie ihm beschieden wurde, handelte es sich dabei um einen „Fehler der Organisatoren“,[32] da Bertillon ausdrücklich darum gebeten hätte, dass nur Akten von verstorbenen oder verbannten Delinquenten ausgestellt würden. Ob das Foto danach entfernt wurde, ist unbekannt. Es bleibt aber zu fragen, wie dieser Herr P. seinen Weg in die Bertillon-Akten fand. Die Erklärung ist die folgende: Als Herr P. als junger Mann nach Paris gekommen war, musste er während der Arbeitssuche auf der Straße leben. Eines Tages wurde er als Vagabund festgenommen und für 24 Stunden auf dem Polizeirevier festgehalten. Dies implizierte, dass er wie von Alphonse Bertillon vorgeschrieben erkennungsdienstlich erfasst, also fotografiert und vermessen wurde.

Dass diese Akte in die Öffentlichkeit gelangte, hat mit dem Ausstellungswahn der Polizeibehörden um 1900 zu tun.[33] Man könnte behaupten, dass die Konkurrenz der verschiedenen Polizeibehörden auf dem Gebiet von Ausstellungen und Kriminalmuseen (wie z. B. der Sammlung von Lacassagne in Lyon oder dem Lombroso-Archiv in Turin) ausgetragen wurde. Diesen kam sowohl eine interne als auch eine externe Funktion zu. Intern strebten Alphonse Bertillon und seine Zeitgenossen mit der Ausstellung der neuen erkennungsdienstlichen Methoden eine Schulung der Beamten an. Extern sollten einer interessierten Öffentlichkeit die wissenschaftlichen Errungenschaften der Polizeitechnik vermittelt werden. Primär kam den als Beispiel neuer erkennungsdienstlicher Verfahren gezeigten Fotografien gegenüber den dargestellten Kriminellen und Delinquenten keine schändende Funktion zu. Sekundär jedoch empfanden diese die Ausstellung ihrer Fotografien als Rufschädigung; die Zurschaustellung der Bilder in einem polizeilichen Kontext wurde von ihnen als eine symbolische Bestrafung empfunden. Weshalb ein Mensch, der zwar einige Zeit in Not gelebt, sich aber später als anständiger Kellner in der Pariser Gesellschaft etabliert hatte, eine derartige Reklame nicht dulden konnte.

Schon vor der Standardisierung der Erkennungstechniken – also den Körpervermessungen und dem Fotografieren nach den Vorschriften von Bertillon – ist die Fotografie in der Strafprozessordnung erwähnt worden. Benutzt wurde sie *de facto* schon ab den 1850er Jahren, wie Susanne Regener in ihrem Buch *Fotografische Erfassung* anhand mehrerer Beispiele zeigt.[34] 1851 waren die ersten Daguerreotypien von Kriminellen in Dänemark produziert worden; 1852, nach dem Erlass gegen Landstreicher im Kanton Bern, stellte die dortige Polizei einen Fotografen an, der alle festgenommenen Vagabunden zu fotografieren hatte. In Deutschland gab es schon ab 1853 die ersten illustrierten Fahndungsblätter. In Brüssel wurden 1852 im damals hochmodernen Gefängnis von Forest die ersten erhaltenen Daguerreotypien von Häftlingen angefertigt. Fast zeitgleich, 1854, wurde im Gefängnis von Ensisheim das Porträt eines Häftlings auf Salzpapier angefertigt und in eine Akte geklebt, in der ausführliche Informationen über Familienstand, Verbrechen und Strafe eingetragen wurden (Abb. 6).

Dass diese Fotografien wider Willen eine Art symbolische Gewalt auf die Personen ausübten, ist schon dadurch belegt, dass in der Strafprozessordnung von 1877 im § 81b deutlich darauf hingewiesen wurde, dass die Polizei das Fotografieren einer Person auch gegen deren Willen anordnen durfte. Nur im Falle eines Freispruchs konnte verlangt werden, dass ein Foto bzw. die Akte vernichtet oder unzugänglich gemacht wird. Nach der Einführung des Rechts am eigenen Bild von 1907 wurde der §81b insofern ergänzt, als nun die Polizei ermächtigt wurde, das Foto einer Person trotz des Bildnisschutzes anzufertigen.

Hier überlagerten sich zwei Modalitäten des Rechts: Das Recht, vor der Behörde unbekannt zu bleiben, solange man nicht verurteilt worden ist, und das Recht, sein eigenes Bild vor einer symbolischen Anprangerung zu schützen. Deutlich wird hier, dass der schändende Effekt schon im Dispositiv (im Sinne Foucaults) selbst beinhaltet war: Die erkennungsdienstliche Fotografie übte durch die administrative Unterdrückung eine symbolische Gewalt auf die erfassten Personen aus, sodass deren

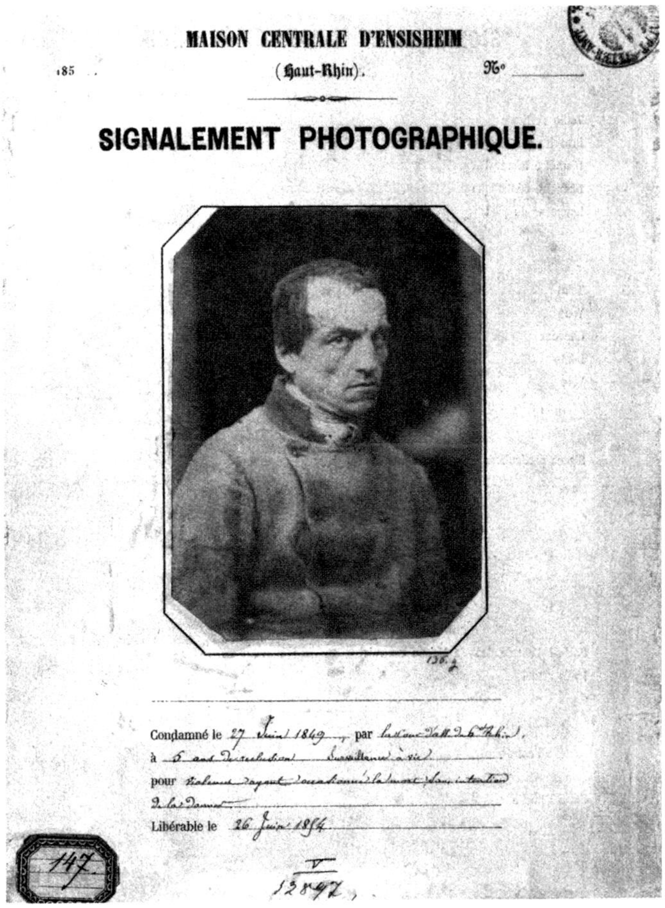

6: Anonym, Fotografischer Steckbrief eines Insassen des Zentralgefängnisses von Ensisheim, Elsass, 1849–1854, Salzpapier, 10,6 × 7,8 cm, Wien, Albertina, Depot der Graphischen Lehr- und Versuchsanstalt.

Bild, auch nach dem Freispruch des Verdächtigten, von dieser Unterdrückung geprägt blieb.

Die Bilder, von denen ich in meinem Aufsatz geschrieben habe, deuten auf eine Entwicklung hin, die weit über Fragen des Urheberrechts hinausgeht. Durch den Wandel der Öffentlichkeit im Zeitalter der illustrierten Zeitungen, der großen Ausstellungen und der Fotografie wurde einerseits der Bezug zwischen *memoria* und Bild durch die Verbreitung von unbefugten Bildaufnahmen stark verändert. Andererseits fungierten Porträts von Kriminellen oder Verdächtigten nun als Modell schlechthin für die Abscheu, die durch das Schandbild bewirkt wird. Sie lassen sich dennoch nicht mehr als Schandbilder im alten Sinne des Wortes verstehen. Der Verfall der stellvertretenden Funktion des Bildnisses im Rechtswesen war der Grund für den Verfall der Schandstrafe. Dass diese Bilder exklusiv von der Polizei als Fahndungsbild erzeugt wurden, erklärt das Verschwinden von jeglichen symbolischen Details, mit denen man früher die Schandbilder ausgestattet hatte. Der bildgeschichtliche Wandel war daher die Folge einer institutionellen Transformation: Symbolische Strafen wurden nicht mehr bildlich durchgeführt. Es scheint, als ob im Bildsystem die Gerichte nun über die Veröffentlichung des Urteils in den Medien und die Mittel der Verbreitung von solchen Bildnissen ihren Einfluss verloren hätten. Stattdessen bestimmte fortan die Öffentlichkeitsarbeit der Polizei über die Ehre und den Ruf der Angeklagten, sei es in den Kriminalmuseen oder in den illustrierten Zeitungen. Der Wandel dieser Praxis, also die Versetzung der symbolischen Schandstrafe in den Bereich des sozialen Bildsystems, jenseits von Recht und Unrecht, kann also mit dem Aufstieg der modernen Polizei in Verbindung gebracht werden. Zwar verfügt der Staat immer noch über das Monopol über die Produktion dieser Bilder, dennoch verschiebt sich diese symbolische Macht innerhalb des Staatswesens von der juristischen auf die exekutive Ebene und außerhalb derselben auf die Medien. Diese Machtverschiebung ist kennzeichnend für die Entwicklung unserer Demokratien.

ANMERKUNGEN

1 Matthias Lentz, *Konflikt, Ehre, Ordnung. Untersuchungen zu den Schmähbriefen und Schandbildern des späten Mittelalters und der frühen Neuzeit (ca. 1350-1600)* (Hannover: Hahn, 2004), 15–16.

2 Horst Bredekamp, *Theorie des Bildaktes* (Frankfurt a. M.: Suhrkamp, 2010), 97–204.

3 Gabriel Tarde, *Études pénales et sociales* (Paris; Lyon: G. Masson; A. Storck, 1892), 72–73. Zu Tarde siehe: Allan Sekula, „Der Körper und das Archiv", in Herta Wolf (Hg.), *Diskurse der Fotografie. Fotokritik am Ende des fotografischen Zeitalters*, übersetzt von Wilfried Prantner, 2 Bde., Bd. 2 (Frankfurt a. Main: Suhrkamp, 2003), 269–334: 297.

4 Ute Frevert, *Ehrenmänner. Das Duell in der bürgerlichen Gesellschaft* (München: Beck, 1991).

5 Pasquille sind diffamierende Schriften, die in der Renaissance u. a. durch Pietro Aretino zum literarischen Genre wurden.

6 Günther Schmidt, *Libelli famosi. Zur Bedeutung der Schmähschriften, Scheltbriefe, Schandgemälde und Pasquille in der deutschen Rechtsgeschichte* (Dissertation: Universität zu Köln, 1985), Kap. 9–14.

7 Tarde zitiert Ciceros *Republica*, Gabriel Tarde, *Études pénales et sociales* (siehe Anm. 3), 80–81.

8 Ibid., 73.

9 Roland Barthes, *Die helle Kammer. Bemerkungen zur Photographie* (Frankfurt a. M.: Suhrkamp, 1985), 92.

10 Siehe zur Post-mortem-Fotografie die umfassende Studie von Katharina Sykora, *Die Tode der Fotografie. Totenfotografie und ihr sozialer Gebrauch* (München: Fink, 2009).

11 Drei großformatige Fassungen (1. Boston, Museum of Fine Arts, 2. London, National Gallery, 3. Mannheim, Städtische Kunsthalle) und eine kleinformatige Fassung (Kopenhagen, Ny Carlsberg Glyptotek) sind gleichzeitig mit der Lithografie entstanden.

12 Katharina Sykora, *Die Tode der Fotografie* (siehe Anm. 10), 68–77.

13 Emmanuelle Héran (Hg.), *Le Dernier Portrait*, Ausstellungskatalog, Musée d'Orsay, 05.03.–26.05.2002 (Paris: Réunion des Musées Nationaux, 2002), 192; siehe auch Lothar Machtan, *Bismarcks Tod und Deutschlands Tränen, Reportage einer Tragödie* (München: Goldmann, 1998).

14 Hans Schneickert, *Der Schutz der Photographien und das Recht am eigenen Bilde* (Halle an der Saale: Wilhelm Knapp, 1903), 101.

15 Ortalli unterscheidet dennoch die „Executio per effigie" und das Schandbild. Nichtdestotrotz führt er dieses Beispiel als letzte Erscheinung einer mittelalterlichen Rechtspraxis an. Gherardo Ortalli, *La Pittura infamante nei secoli XIII-XVI* (Rom: Jouvence, 1979), hier in der französischen Fassung zitiert: Id., *La Peinture infamante du XIIIe au XVIe siècle* (Paris: Gérard Montfort, 1993), 26.

16 Anonym, „Kronenländer – Pest, den 22 September 1851", in *Wiener Zeitung*, Bd. 25 (September 1851), 2777–2782. Zu Andrássy vgl.: Jiri Koralka, „Revolutionen in der Habsburgermonarchie", in Dieter Dowe et al. (Hg.), *Europa 1848. Revolution und Reform* (Bonn: J. H. W. Dietz Nachf., 1998) 197–230; Tibor Simanyi, *Julius Graf Andrassy. Baumeister der Doppelmonarchie, Mitstreiter Bismarcks* (Wien: Österreichischer Bunderverlag, 1990), 46.

17 Die Rechtsgeschichte der Schmähbriefe und der Pasquille endet in Deutschland mit dem Strafgesetzbuch von 1871. Günther Schmidt, *Libelli famosi* (siehe Anm. 6). Zitiert nach Matthias Lentz, *Konflikt, Ehre, Ordnung* (siehe Anm. 1), 24.

18 So die bekannte These Foucaults, Michel Foucault, *Überwachen und Strafen. Die Geburt des Gefängnisses*, übersetzt von Walter Seitter (Frankfurt a. M.: Suhrkamp, 1979).

19 Die Demütigung der ‚Nazi-Frauen' am Ende des Zweiten Weltkrieges gehört zu solchen Schandstrafen. Vgl. Fabrice Virgili, *La France „virile". Des femmes tondues à la Libération* (Paris: Payot, 2000).

20 Christian Phéline, *L'image accusatrice*, Cahiers de la photographie 17 (Laplume: Association de critique contemporaine en photographie, 1987), 43–72.

21 Musée Nicéphore Niépce, Fotografien „Vermischtes" im Archiv der Zeitung *Le Petit Parisien*, MNN 2012.15.1–72.

22 Ilsen About, „Les fondations d'un système national d'identification policière en France (1893–1914). Anthropométrie, signalements et fichiers", in *Genèse*, Nr. 54 (2004), 28–52; Ilsen About und Vincent Denis, *Histoire de l'identification des personnes* (Paris: La Découverte, 2010), 56–94.

23 Jean Clair (Hg.), *Crime et châtiment*, Ausstellungskatalog, Musée d'Orsay, Paris (Paris: Gallimard; Musée d'Orsay, 2010), 370; Clément Chéroux et. al. (Hg.), *La subversion des images. Surréalisme, photographie, film*, Ausstellungskatalog, Centre Georges Pompidou, Paris (Paris: Centre Georges Pompidou, 2009), 203.

24 Die Umdeutung oder „Wandelbarkeit" der *libellorum famosorum* gehört zu den Grundprinzipien der Schandbilder, vgl. Günther Schmidt, *Libelli famosi* (siehe Anm. 6).

25 Bertrand Tillier, *La Commune de Paris, révolution sans images? Politique et représentations dans la France républicaine (1871–1914)* (Seyssel: Champ vallon, 2004); Christine Lapostelle, „La Commune. De

la barricade à la ruine", in *La Recherche photographique*, Nr. 6 (1989), 21–29; vgl. auch: Donald E. English, *Political Uses of Photography in the Third Republic. 1871-1914*, (Ann Arbor, MI: UMI Research Press, 1984), 21–81; Herta Wolf, „Tears of Photography", in *Grey Room*, Nr. 29 (Cambridge, MA: MIT Press, 2007), 67–89.

26 Gene R. Swenson, „What is Pop Art?", in *Art News*, Nr. 7 (1963), 22.

27 Christopher Phillips, „Desiring Machines: Notes on Commodity, Celebrity, and Death in the Early Work of Andy Warhol", in id. (Hg.), *Public Information, Desire, Disaster, Document* (San Francisco: San Francisco Museum of Art, 1994), 44.

28 Thomas Crow, „Saturday Disaster: trace de référence de la première période de Warhol", in *Artstudio*, Nr. 8 (1988), 90; Vincent Lavoie, „Le dernier tabloïd", in *Etudes photographiques*, Nr. 4 (1998), http://etudesphotographiques.revues.org/index160.html (Abruf 12.07.2014).

29 Michel Foucault, *Das Leben der infamen Menschen*, übersetzt von Walter Seitter (Berlin: Merve, 2001), 22–23.

30 Jeder Hinweis auf eine Bildstrafe ist spätestens im 19. Jahrhundert getilgt worden, wie Matthias Lentz erläutert hat. Vgl. Lentz, *Konflikt, Ehre, Ordnung* (siehe Anm. 1).

31 A. D., „Une infamie", in: *L'Aurore*, Nr. 983, 1900, 1.

32 Ibid.

33 Ilsen About, „Les artefacts de l'identité. Exposition et esthétique de l'identité judiciaire, 1880-1914", in Michel Porret et al. (Hg.), *Bois, fers et papiers de justice. Histoire matérielle du droit de punir* (Chêne-Bourg: Georg, 2013), 315–333.

34 Susanne Regener, *Fotografische Erfassung. Zur Geschichte medialer Konstruktionen des Kriminellen* (München: Fink, 1999).

BILDNACHWEISE

1 aus: Monika Faber und Klaus Albrecht Schröder (Hg.), *Das Auge und der Apparat. Eine Geschichte der Fotografie aus den Sammlungen der Albertina* (Wien: Albertina, 2003), 32.

2 aus: Daniel Girardin und Christian Pirker (Hg.), *Controverses. Une histoire juridique et éthique de la photographie*, Ausstellungskatalog, Musée de l'Élysée, Lausanne (Arles; Lausanne: Actes Sud; Musée de l'Élysée, 2008).

3: PPD 0/1/31, Fotografien „Vermischtes" im Archiv der Zeitung *Le Petit Parisien*, Musée Nicéphore Niépce, MNN 2012.15.1.111.

4 aus: Jean Clair (Hg.), *Crime et châtiment*, Ausstellungskatalog, Musée d'Orsay, Paris (Paris: Gallimard; Musée d'Orsay, 2010), 370, Kat. Nr. 400.

5 aus: Jean Baronnet, Xavier Canonne und Johan Pas (Hg.), *Le temps des cerises. La Commune de Paris en photographies*, Ausstellungskatalog, Musée de la photographie de Charleroi, Mont sur Marchienne (Paris: Les Éditions de l'Amateur, 2011), 122.

6 aus: Monika Faber und Klaus Albrecht Schröder (Hg.), *Das Auge und der Apparat. Eine Geschichte der Fotografie aus den Sammlungen der Albertina* (Wien: Albertina, 2003), 89.

JENS JÄGER

VOM GESICHT DES VERBRECHENS UND VOM VERSCHWINDEN DER VERBRECHER

„Die fröhliche Nachbarin, die mit dem Griechen um die Ecke einen Schnaps trank [...].“[1] So wird Ende 2012 in einem Artikel in der *Thüringer Allgemeinen Zeitung* die Rechtsterroristin Beate Zschäpe beschrieben. Sodann wird dieser Eindruck mit den ihr vorgeworfenen Taten kontrastiert. Immer wieder ist in den Medien zu lesen, dass Straftäter als solche nicht zu erkennen seien. Fast immer zeigen sich Menschen davon überrascht, dass derjenige, den sie als netten Nachbarn erlebten, zu überaus brutalen Taten fähig gewesen ist. Warum aber sollte dies verwunderlich sein? Sind die Zeiten nicht längst vorbei, da man glaubte, bei oberflächlicher Bekanntschaft und am Körper den Charakter einer Person ablesen zu können? Offenbar erzeugt es immer wieder Verwunderung und schockiert, dass die eigene Erwartung so täuschen kann. Der äußere Eindruck ist jedoch für den alltäglichen Umgang nach wie vor bedeutsam, immerhin heißt es ja auch sprichwörtlich, dass jemand eine ehrliche Haut sei, ein offenes Gesicht habe oder vertrauenswürdig aussehe. Auch haben wir den Impuls, Verbrechervisagen erkennen oder in Gesichtern unlautere Absichten oder zweifelhafte Charakterzüge feststellen zu wollen. Doch wie oft wird man getäuscht? Wie oft entpuppt sich eine Zuschreibung als völlig unzutreffend? Und dennoch lassen wir von diesen nicht ab.

Über die Gründe ließe sich lange sprechen. Man mag dafür ein Bedürfnis nach Sicherheit, Eindeutigkeit, Sichtbarkeit und Kontrolle verantwortlich machen. Aber es gibt hierbei auch eine visuelle Dimension, um deren Geschichte es im Folgenden gehen wird. Leitfragen sind: Welche Bilder werden über Missetäter und Verbrecher verbreitet und sind es nicht gerade die Bildangebote, die den Glauben an die Sichtbarkeit des verbrecherischen Menschen unter den massenmedialen Bedingungen der Moderne fördern?

Als ein Angelpunkt kann der mediale Umbruch von grafischen Darstellungen zur sogenannten Polizeifotografie gelten. Mit Polizeifotografie ist hier vor allem der engere Bereich der Identifikations- oder erkennungsdienstlichen Fotografie gemeint, nicht die Gesamtheit des Einsatzes der Kamera zu polizeilichen Zwecken. Doch geht es hier vor allem darum, diese erkennungsdienstliche Praktik in eine *longue durée* einzubetten, um deren Werden und Funktionswandel zu greifen.

Keineswegs nämlich war es vor dem 19. Jahrhundert üblich, Täter im strafrechtlichen Sinn auch äußerlich so darzustellen, dass ihr abweichendes Verhalten in Gesicht und Körper sichtbar gemacht wurde; dazu war ein Konzept der Visualisierung des Verbrecherischen notwendig, welches erst nach 1800 entwickelt worden ist. Wie die erkennungsdienstlichen Porträts in den Behörden produziert und verwendet und vor allem wie sie von den Medien genutzt worden sind, ähnelte sich namentlich bis zur zweiten Hälfte des 19. Jahrhunderts; erst ab dem letzten Drittel des 19. Jahrhunderts driftete die Praxis in Behörden und Medien auseinander. Während behördenintern und im Fachdiskurs zunehmend davon ausgegangen wurde, dass Straftäter und Straftäterinnen eigentlich nicht aufgrund ihres Äußeren als solche identifiziert werden können, suchten Redaktionen in Antizipation auf vermeintliche und tatsächliche Publikumswünsche seither genau das Gegenteil darzustellen, nämlich die Abweichung der Delinquenten von einer Norm visuell nachzuweisen.

Zunächst gilt es, der Frage nach der Existenz einer Ikonographie des Verbrechens bis etwa 1800 nachzugehen. Anschließend soll das sich wandelnde kriminalistische und öffentliche Konzept eines Verbrechertums und gegebenenfalls einer veränderten Visualisierungspraxis im 19. Jahrhundert nachgezeichnet werden. Entscheidend erscheinen dabei die Prozesse der Verwissenschaftlichung des kriminalistischen und kriminologischen Wissens sowie die Ausprägung des Sichtbarkeitsparadigmas[2] auch in der Strafverfolgung. Schließlich muss die erwähnte Abkopplung des Gebrauchs visueller Fahndungs- und Registrierungsmaterialien in der polizeilichen Verfolgungspraxis vom öffentlichen – d. h. medialen – Bild des Verbrechens und der Straftäter nachgezeichnet werden. Denn vor allem in der medialen Repräsentation, also wie sie uns in Presse und populären Publikationsformen begegnen, werden Personen als verbrecherisch markiert und für das Publikum sichtbar gemacht. Das gilt für Reportagen und vor allem für fiktionale Darstellungen, etwa in Karikaturen oder insbesondere im Film. Gerade im Massenmedium Film werden von Beginn an visuelle Stereotype ausformuliert. Das lässt sich gut anhand des Klassikers *M – eine Stadt sucht einen Mörder*, den Fritz Lang nach einem Buch von Thea von Harbou 1931 gedreht hat, darlegen. Im Fachdiskurs hingegen verabschiedete man sich bereits vor 1900 von dem Glauben, dass sich Verbrecher ohne Weiteres an ihren Gesichtszügen erkennen ließen. Die Physiognomik, die im Verlauf des 19. Jahrhunderts mehrere Popularitätswellen erlebte, fruchtete in der kriminalistischen Praxis nicht. Zwar schürte ein Teil der Kriminalanthropologen – in der Folge von Cesare Lombrosos 1876 erstmals publiziertem Werk *L'uomo delinquente*,[3] dessen deutsche Übersetzung seit 1887 erhältlich war – noch die Hoffnung, dass es möglich sei, einen verbrecherischen Charakter an äußeren Merkmalen erkennen zu können, doch entwickelte sich daraus kein wissenschaftlicher Konsens; in der alltäglichen Fahndungsarbeit wurde daraus nicht der Königsweg zur Identifizierung von Missetätern. Schon um 1860 hatte der Polizeifachmann Friedrich Christian Benedikt Avé-Lallemant (1809–1892) in seiner voluminösen Studie über das so genannte Gaunertum skeptisch formuliert:

> „In der Polizei- und Richterpraxis wird man völlig über die Physiognomik enttäuscht. Wem es an Erfahrung fehlt, der mag in den vielen Photographien in den heutigen Polizeiblättern die meistens gutmütigen Gesichter mit den raffiniertesten Gaunereien vergleichen [...]. Der Gauner ist und bleibt für den Ethnographen verloren. Seine Erscheinung geht nicht über den gewöhnlichen Alltagsmenschen hinaus."[4]

Zwar ist der Hinweis „[w]em es an Erfahrung fehlt" insofern wichtig, als er darauf hinweist, dass der erfahrene Kriminalist zwar das ein oder andere Zeichen zu deuten verstehe, macht die Bemerkung doch deutlich, dass auch in der Hochzeit der kriminalanthropologischen Welle genügend Skepsis an der praktischen Umsetzbarkeit physiognomischer Erkenntnisse bestehen blieb.[5]

Bilder sind in dem Diskurs über Verbrechen, Verbrecher und Sichtbarkeiten außerordentlich wichtige Elemente. Anders als Texte und Berichte über das Aussehen und den Habitus von Delinquenten sind Bilder stets konkret und prägen sich dem Gedächtnis als Muster ein. Ihre Anschaulichkeit ist dem abstrakten Text gegenüber überlegen. Visuelle Darstellungen aktualisieren das Gemeinte und suggerieren intersubjektive Überprüfbarkeit. Zudem enthalten Bilder zusätzliche Details, beinhalten die situative Einbettung, formulieren die zeitgenössischen Normen und vermitteln auch etwas über Körperhaltungen, Kleidungen und Attribute, die in Texten nicht erwähnt werden. Formale wie materielle, inhaltliche wie ästhetische Elemente der Bilder deuten auf ihnen zugrundeliegende gesellschaftliche Strömungen hin, wie etwa die Einstellung zu Technik und Wissenschaft, die Geschlechterordnung usw., die durch die Auseinandersetzungen mit abweichendem Verhalten mitgestaltet werden. Insofern sind die Visualisierungen von Delinquenten auch mehr als konkretes Anschauungsmaterial, sie sind eigenständige Elemente im Diskurs, die letztlich immer auch auf die strafverfolgenden Behörden verweisen: Teil ihrer Botschaft ist es, stets deutlich zu machen, wer als Gegner der Polizei und Justiz (und damit der Gesellschaft insgesamt) gilt. Dabei werden bildliche Vorstellungen selten aus dem Nichts geschaffen. Vorbilder, Muster und ikonografische Traditionen fließen in die Gestaltung eines Bildes ein; ob bewusst oder unbewusst, spielt dabei nur eine untergeordnete Rolle.

Wie oben angedeutet, bietet sich, wenn wie hier anhand von Bildern über Verbrechensvorstellungen nachgedacht wird, eine ikonografische Vorgehensweise an. Diese wird aber nicht im kunsthistorischen Sinne betrieben, sondern in einer kulturhistorisch und bildwissenschaftlich informierten Art und Weise durchgeführt. Das erfordert vor allem die Einbettung der Bilder in ihren (medien-)historischen Kontext.

IKONOGRAFIE DES VERBRECHENS / VERBRECHERTUMS BIS UM 1800

Es gibt durchaus so etwas wie eine Ikonografie der Verbrecher. Diese lässt sich weit zurückverfolgen und basiert teils auf Mythen (wie die biblischen Sünder), teils auf der medialen Begleitung von Missetaten sowie empirischen Daten der Strafverfolgungsbehörden. So gehörten Abbildungen von Seeräubern, Räubern, Mördern oder anderen Missetätern – oft gemeinsam mit Prostituierten – seit der Vormoderne in den Bilderkanon des abweichenden Verhaltens; sie wurden einerseits durch die Räume, in denen sie dargestellt wurden, markiert und andererseits durch Zeichen und Symbole identifiziert, aber eben nicht durch explizite körperliche Merkmale, die exklusiv Gesetzesbrechern zugeordnet wären. Vor dem 19. Jahrhundert stand – das sei hier sehr vergröbernd dargestellt – die moralische Bewertung im Vordergrund.[6] Sie wirkte über diesen Zeitraum hinaus fort, auch wenn sich nach 1800 und verstärkt in der zweiten Hälfte des Jahrhunderts eine Hierarchisierung der Straftäter sowie eine Vorstellung besonders kriminogener Orte entwickelte, d. h. solcher soziogeografischer Räume, die Personen angeblich zum Gesetzesbruch animieren oder verleiten. Lange wurde davon ausgegangen, dass Menschen frei entscheiden, ob sie straffällig werden. Zwar gab es Vorstellungen davon, dass es charakterliche

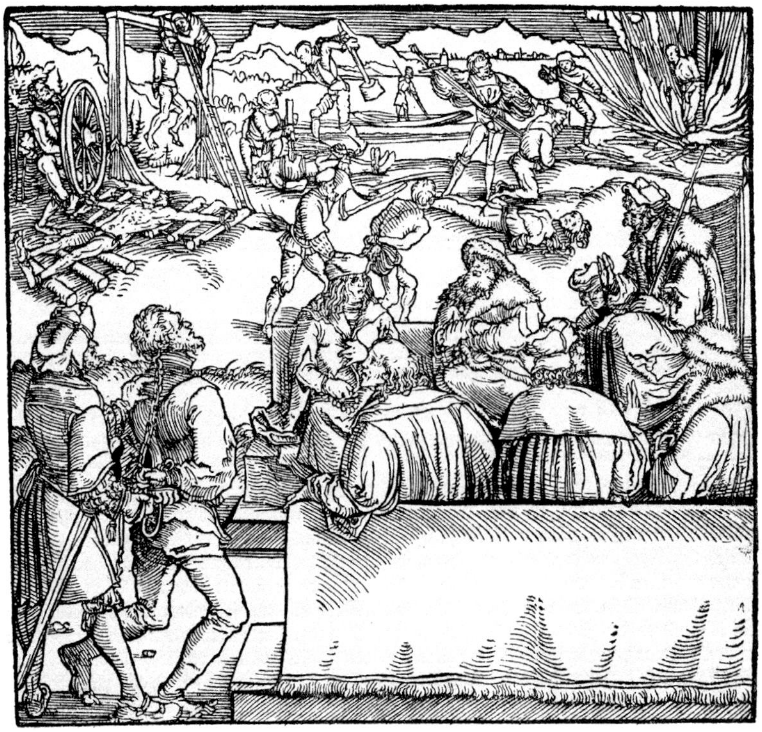

1: Hans Burkmair, Die Gerichtssitzung, ca. 1510, Holzschnitt, bpk - Bildagentur für Kunst, Kultur und Geschichte, Berlin.

Neigungen zum Verbrecherischen gäbe, doch erst im Verlauf des 19. Jahrhunderts verfestigte sich die Idee, dass eine verbrecherische Neigung aus der individuellen physisch-psychischen Anlage und Biografie ableitbar wäre.[7] Später wurde die Humanbiologie als Hilfsmittel herangezogen, um delinquente Neigungen von Indi-

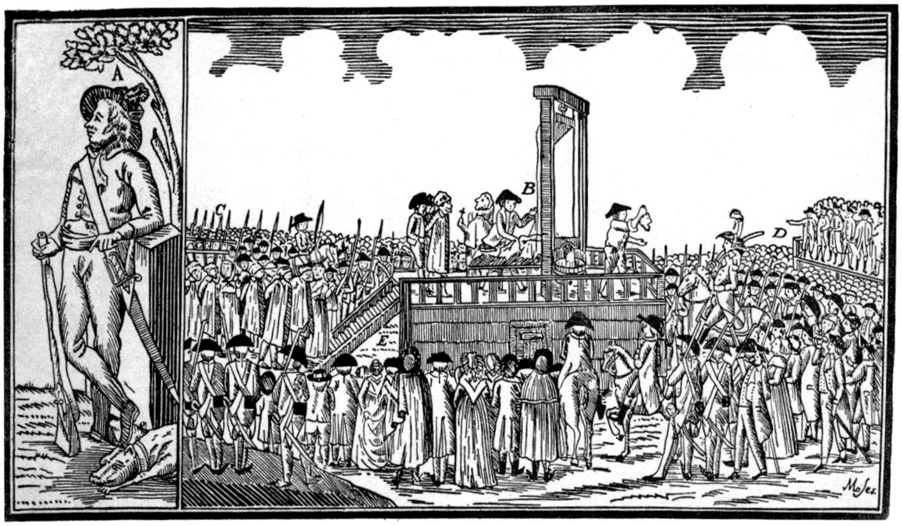

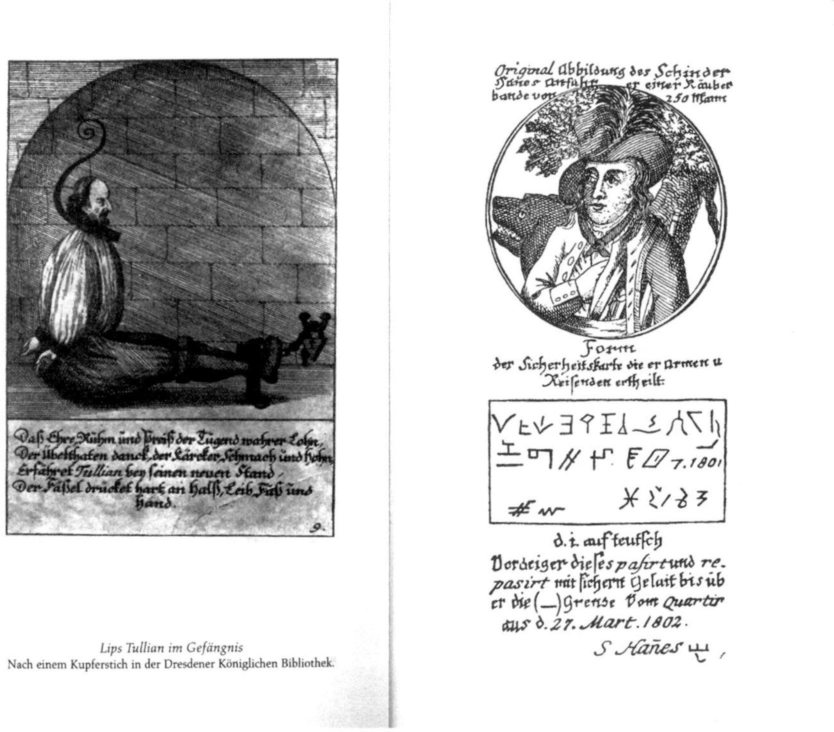

___ 2: Moses, Vorstellung der Hinrichtung des Johann Bückler, 1803 oder später, Holzschnitt, bpk - Bildagentur für Kunst, Kultur und Geschichte, Berlin. ___ 3: Links: Anonym, Lips Tullian im Gefängnis; Rechts: Anonym, Original Abbildung des Schinderhanes [sic!] [...].

viduen zu erklären. Doch vor der Mitte des 19. Jahrhunderts wurden Missetäter zumeist nicht durch besondere physiognomische Elemente markiert, auch wenn sich etwa als ‚schlecht' oder moralisch fragwürdig geltende Personen durchaus mit verzerrten Gesichtszügen oder Körperhaltungen abgebildet fanden: so in mittelalterlichen oder frühneuzeitlichen Darstellungen von übel beleumdeten Landsknechten, Mönchen, Klerikern oder Amtsträgern. Entscheidend ist aber, dass diese Darstellung nicht exklusiv für Personen, die strafrechtliche Normen übertraten, reserviert war, sondern jeden treffen konnte, der (dauerhaft) zeitgenössische gesellschaftliche Normen brach. Vor diesem Hintergrund zeigt sich, dass Missetäter in der Frühen Neuzeit meistens neutral (wenn der Begriff gestattet ist) dargestellt wurden.

Ob es sich nun um einen Angeklagten auf einem Holzschnitt aus dem frühen 16. Jahrhundert von Hans Burgkmair d. Ä. (1473–1531) (Abb. 1) handelt oder um Abbildungen von Räubern aus dem 18. Jahrhundert – wie etwa des Lips Tullian (hingerichtet 1715) (Abb. 3) oder des Johannes Bückler (1779–1803, besser bekannt als Schinderhannes) – besondere Mühen wurden auf die Darstellung Körper und Gesicht der Personen nicht verschwendet (Abb. 2). Verglichen mit späteren Abbildungen waren die Verbrecher auf diese Weise nicht klar von anderen Personen unterscheidbar repräsentiert. Es ist ihr Ort auf dem Bild, der ihre Zuordnung ermöglichte, nicht ihr Aussehen, ihre Gesichtszüge oder ihre Körperhaltung.

Das Flugblatt von der Hinrichtung des Schinderhannes am 21. November 1803 in Mainz zeigt das gut (Abb. 3). Der Delinquent wird auf der linken Bildseite als Ganzfigur dargestellt: Hut, Bewaffnung, Körperhaltung und die Positionierung im Freien deuten lediglich auf die Tätigkeit als Räuber hin. Allerdings ist 1803 der Anblick von Bewaffneten nicht ungewöhnlich, wozu nicht nur die napoleonischen Kriege beitrugen, sondern die insgesamt vergleichsweise unsichere Situation von Reisenden. Auch die Kleidung des Schinderhannes trägt nicht dazu bei, ihn als Missetäter zu identifizieren. Wenn überhaupt, ist das erhobene Haupt im Profil eine Darstellungsweise, die einen selbstbewussten, vielleicht überheblichen Mann darstellt – das aber ist schon spekulativ. Bückler besaß zeitgenössisch in der Region keinen guten Ruf und galt nicht als Wohltäter;[8] es hätte im Hinblick auf die intendierten Rezipienten des Flugblattes keinen Grund gegeben, ihn neutral darzustellen – was dennoch der Fall war. Das Blatt hatte auch nicht die Funktion, ein Urteil über die Person zu fällen. Vielmehr berichtete es über die Hinrichtung, indem es fast nüchtern und distanziert das Panorama des Ereignisses entfaltete: die große Menschenmenge, das Schafott, die Wagen und den Hauptmann der Wache, alle werden mit kleinen Verweisbuchstaben gekennzeichnet, deren Legende sich am Fuß des Blattes findet. Gezeigt wird der Augenblick, als der Scharfrichter den abgetrennten Kopf eines Delinquenten vorführt. Doch ist dies so klein geraten, dass grausige Details fehlen.

Letztlich ist hier – durchaus noch vormodern – der Moment repräsentiert, an dem die Ordnung wiederhergestellt ist. Dass dies auch spektakelhaft stattfindet, tut der Sache keinen Abbruch, sondern gehört zeitgenössisch dazu. Zukünftige

Missetäter sollte das abschrecken und dem Publikum als Bestätigung dienen, dass Sühne und Strafe sicher folgen. Eine physiognomische Anleitung ist das Blatt nicht – sollte es seiner Funktion nach auch nicht sein –, denn die bildlichen Darstellungen von Verbrechern seit der Frühen Neuzeit waren Teil des Prozesses, der die Wiederherstellung der Ordnung und damit auch die Rückkehr des Täters in die Gesellschaft begleitete, selbst wenn diese nur durch dessen Tod möglich wurde.[9] Im Augenblick der Strafe war es wichtig, dass die Delinquenten wieder in die Gemeinschaft eingegliedert werden, schon von daher wäre eine Darstellung dieser Personen als Andere nicht angebracht gewesen. Gleichwohl mussten letztere individualisiert werden, denn es war die individuelle Geschichte, die allerdings auch als exemplarisch galt. Durch Sühne gehörten die Täter dann gewissermaßen wieder zur Gesellschaft, und das ist es, was in den Darstellungen reflektiert wird – ob bewusst oder unbewusst, das sei dahingestellt.

Die Visualisierung von Verbrechern und Delinquenten war also seit der Frühen Neuzeit (massen-)medial verbreitet. Dabei ging es aber vor allem um zweierlei: Erstens, um die Darstellung einer individuellen und unerhörten Geschichte und zweitens um die Sanktionierung des abweichenden Verhaltens, d. h. letztlich die Erneuerung bzw. Wiederherstellung der bestehenden Ordnung – wobei hier der Sympathie für die reuigen Missetäter auch Raum gegeben wurde. Da die Delinquenten potenziell stets wieder in die gesellschaftliche Ordnung eingefügt werden konnten, wurden – bezogen auf rechtliche Normbrüche – keine festen Verbindungen, gleichviel ob schriftlich oder bildlich, zwischen äußeren Merkmalen und dem Charakter geknüpft.

Wurden in den Flugblättern die individuellen Geschichten von Verfehlung, Reue und Sühne dargestellt, um exemplarisch wirken zu können, so gesellten sich seit dem 18. Jahrhundert die so genannten „Pitavalgeschichten"[10] als weitere Erzählungen von Missetaten und Missetätern hinzu. Diese literarisch-juristische Kategorie brachte Bestseller hervor. In den Erzählungen der Kriminalfälle wurde Wert auf die Lebensgeschichte der Täter gelegt, um ihre Handlungsweise nachvollziehen, ihre Motive verstehen zu können. So ist festzuhalten, dass sich das Interesse für das verbrecherische Individuum im 17. und dann verstärkt seit dem 18. Jahrhundert intensivierte – es ist aber stets exemplarisch und moralisch aufgeladen geblieben.

VERWISSENSCHAFTLICHUNG UND SICHTBARKEITSPARADIGMA

Sicher ist, dass die Beschäftigung mit dem Straftäter im frühen 19. Jahrhundert – also einer Epoche, in der sich die systematische und wissenschaftliche Auseinandersetzung mit dem Verbrechen professionalisierte – durch die älteren Kenntnisse und Vorstellungen informiert und vorstrukturiert war. Dafür kann exemplarisch der Lübecker Polizeifachmann Friedrich C. B. Avé-Lallemant (1809–1892) angeführt werden: Sein Buch *Das deutsche Gaunertum* aus den Jahren 1858 bis 1862 suchte nach historisch-empirischen Antworten für die Ursache des Verbrechens. Dafür schöpfte er aus den schriftlichen wie bildlichen Quellen seit der Frühen Neuzeit.[11] Er argumentierte zwar noch teils im Sinne der Vorstellung vom moralischen Versagen der Missetäter, aber es deutete sich bereits eine Verschiebung an, denn Avé-Lallemant bedauerte, dass die alten Porträts dieses Versagen nicht zeigen würden (Abb. 3). So bemerkte er: „Betrachtet man die Holzschnitte und Kupferstiche in den alten Gaunerbüchern, so gibt man es sofort auf [...] ein anderes Porträt zu finden, als das der sittlichen Entrüstung des Zeichners oder Kupferstechers."[12] Was Avé-Lallemant damit betonen wollte, war die Mangelhaftigkeit der Porträts als Ausgangsmaterialien für eine mögliche Sichtbarmachung des Verbrechens.

Die Fotografie schien für die Zeitgenossen dagegen neue Möglichkeiten des Sichtbarmachens des Verbrechens zu eröffnen. Gemeinsam mit wissenschaftlichen Konzepten sollte das neue Medium das Verbrecherbild bzw. die an es gerichteten Erwartungen verändern. Im Glauben an eine vermeintliche Objektivität der Fotografie wurde das Verbrecherbild in kriminalistischer, anthropologischer, medizinischer oder psychologischer Hinsicht verwissenschaftlicht. Die aus früheren Zeiten vorhandenen Bilder wurden zwar weiter verwendet, aber nun als defizitär angesehen, da sie im Gegensatz zu einer als wissenschaftlich aufgefassten Abbildung nur eine sittliche Entrüstung ausdrückten. Der Grund hierfür wurde in der Subjektivität der Künstler gesehen, die durch das neue Medium Fotografie vermieden bzw. minimiert zu werden schien.

Die Entwicklung der fotografisch gestützten Verbrecherikonografie entfaltete nach 1860 eine Dynamik, die auch mit kulturellen und sozialen Veränderungen wie der Urbanisierung, dem sozialen Wandel, der Migration, Industrialisierung und Medialisierung zusammenhing. Ebenso wichtig wurden der Ausbau von Justiz, Polizei und Statistik. Zunächst wanderte die Vorstellung des archetypischen Verbrechers, wie er in der medialen Öffentlichkeit präsentiert wurde, vom Land (Räuber und Räuberbanden) in die Stadt (Wiederholungstäter). Dies war ein Prozess, der im letzten Drittel des 19. Jahrhunderts abgeschlossen war. Ab den späten 1870er Jahren, also etwas zeitversetzt, wurde die Technik des fotografischen Porträtierens von Delinquenten Kriterien angepasst, die man aus der Anthropologie übernahm: Gefordert und umgesetzt wurde nun das nüchterne, gut ausgeleuchtete Brustbild einer Person *en face* und *en profil*.[13] Zeitgleich wurden bei repräsentativen Porträts in der Berufsfotografie vermehrt Retuschen und Atelierinszenierungen eingesetzt, um die Bilder optisch aufzuwerten. Damit eröffnete sich eine Schere in der Art der Repräsentation von Delinquenten und unbescholtenen Bürgern und Bürgerinnen. Mehr als bei älteren Modalitäten, Verbrecher abzubilden, begannen sich die Ergebnisse zu unterscheiden. Eine Folge davon war, dass die Bilder aus unterschiedlichen Blickwinkeln und mit unterschiedlichen Erwartungen betrachtet wurden. Standen beim bürgerlichen Porträt Individualität und gesellschaftlicher Status im Vordergrund, wurden beim erkennungsdienstlichen Porträt die individuellen Gesichtszüge in ihrem Bezug zur Tat in den Vordergrund gerückt. Eine potenzielle wissenschaftliche Ausdeutbarkeit bildete zunächst bestenfalls einen Nebeneffekt, auch wenn einige Fachleute Hoffnungen in sie setzten. In der alltäglichen polizeilichen Praxis hingegen stand die Wiedererkennbarkeit der Person im Vordergrund und nicht die Überlegung zu überindividuellen Zügen delinquenter Neigung.

Die Polizei begann nach der Mitte des 19. Jahrhunderts eigene Bildentwürfe des Kriminellen anzufertigen. Gleichsam parallel zur Etablierung der modernen Polizei als Inbegriff einer Institution der Verbrechensbekämpfung änderten sich – durch gesellschaftliche, organisatorische und mediale Umschwünge quantitativer und qualitativer Art – auch Aspekte des Verbrecherbildes. Als grundsätzliches

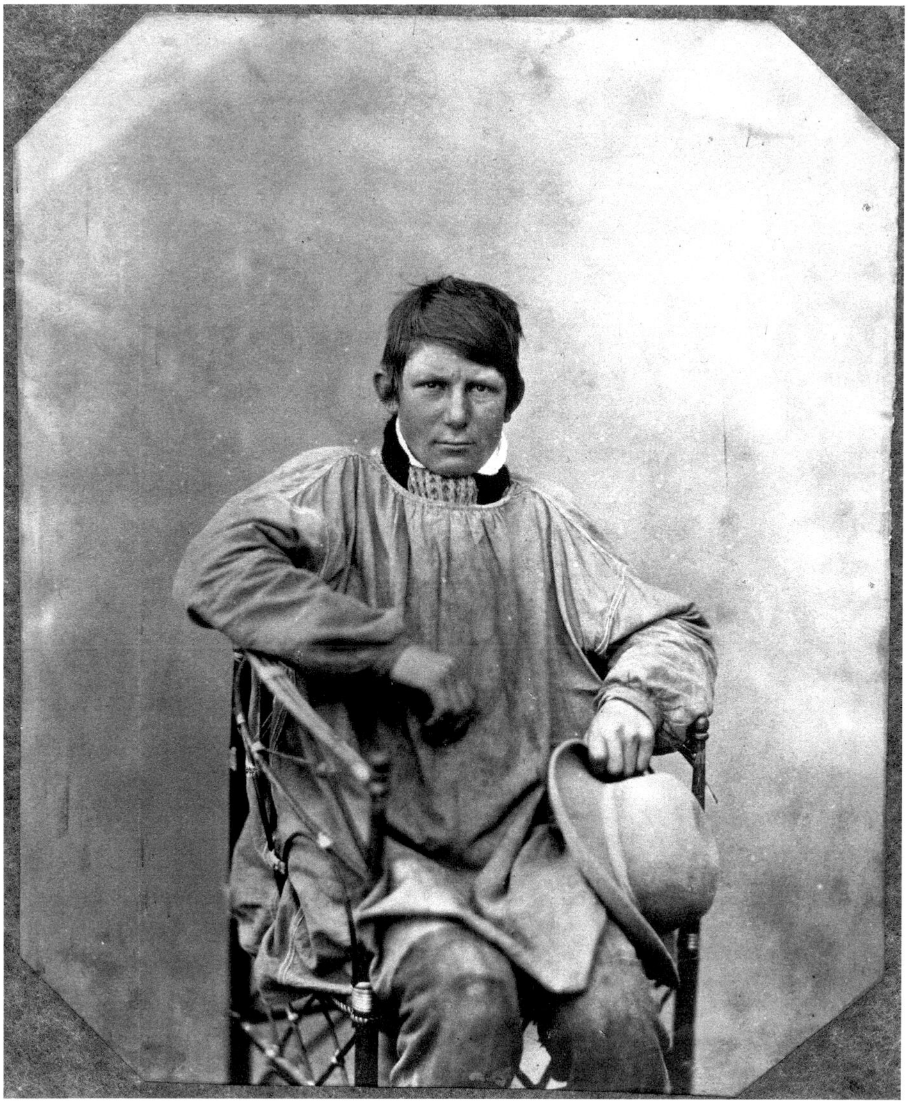

4: Carl Durheim, Joseph Durkheim, ca. 1852/53, Fotografie, Salzpapierabzug, Bern, Schweizerisches Bundesarchiv.

Kennzeichen der polizeilichen Fotografie kann gelten, dass sie im Wesentlichen zum Zweck individueller Identifizierung oder Archivierung benutzt wurde und nicht für eine wissenschaftliche Bearbeitung oder generelle öffentliche Nutzung gedacht war.[14] Betrachtet man frühe, zu erkennungsdienstlichen Zwecken angefertigte Porträts, etwa jene, die der Berner Fotograf Carl Durheim 1852 bis 1853 im Auftrag des Schweizer Staatsanwalts Jacob Amiet von Nichtsesshaften anfertigte, so war die Aufnahmepraxis kaum von derjenigen kommerzieller Berufsfotografen zu unterscheiden (Abb. 4). Überdies ging man offensichtlich von überschaubaren Datenmengen aus, da keine weiteren Überlegungen zur Archivierung und Sortierung der Fotografien angestellt wurden.[15]

In den 1850er bis 1870er Jahren wurde ganz der Evidenz des Mediums vertraut,[16] Berufsfotografen oder Amateure fertigten Identifikationsbilder nach dem Vorbild der fotografischen Alltagspraxis an. Das entsprach auch den Sehgewohnheiten der Beamten. Der unmittelbare Nutzen der Porträts bestand vordergründig in ihrer sprachunabhängigen Kommunizierbarkeit, ging es doch vor allem darum, jene Delinquenten ausfindig zu machen, die mobil und daher den örtlichen Behörden unbekannt waren.

Erst ab den späten 1860er und frühen 1870er Jahren wurden von Polizeibehörden vereinzelt Verbrecheralben angelegt, die eher als Verbrecherkarteien bezeichnet werden müssten. Hier griffen mehrere Entwicklungen ineinander: Zur Verbilligung fotografischer Bilder kam die Neukonzeption einer auf das Visuelle konzentrierten Identifikationsmethode, die sich gleichermaßen der Verbindung von Alltagswissen, Medizin und Anthropologie verdankte, wie der aus der Statistik stammenden Überlegung, dass das Rückfall-, Gewohnheits- und vor allem das Berufsverbrechertum das größte Problem der Kriminalitätsbekämpfung darstellen.[17] An dieser Schnittstelle bildete sich die Fiktion heraus, dass vergleichsweise wenige Delinquenten für das Gros der schweren Straftaten (vor allem von Diebstählen) verantwortlich seien, weshalb es angezeigt schien, diese Wenigen zu identifizieren und wenn möglich dauerhaft fortzusperren. Verschiedene große europäische Polizeibehörden begannen deshalb in den frühen 1870er Jahren, systematisch fotografische Porträtsammlungen von Verhafteten anzulegen.[18]

So bestand in Berlin spätestens seit 1876 ein Verbrecheralbum.[19] Eigene polizeiliche Fotoateliers wurden allerdings meist erst um die Wende zum 20. Jahrhundert eingerichtet.[20] Damit übernahm die Polizei selbst die erkennungsdienstliche Praxis und bemühte sich, den gesamten Prozess der Identifikationsfotografie zu kontrollieren.[21] Das gelang auch, doch wurden innerpolizeilich wenige Überlegungen angestellt, mittels der Fotografien so etwas wie das verbrecherische Gesicht zu identifizieren. Man bezog sich in der Polizeipraxis kaum auf Ideen und Gedankengänge aus der Physiognomik in der Folge Johann Caspar Lavaters (1741–1801) oder der Schädelkunde bzw. Phrenologie nach Franz J. Gall (1758–1828), obwohl Avé-Lallemants Überlegungen aus der Mitte des 19. Jahrhunderts zeigen, dass diese – da insbesondere die Physiognomik in den populären Vorstellungen verankert war – durchaus in das Blickfeld der polizeilichen Fachwelt gelangt waren.[22]

Doch selbst nachdem größere aus Gefängnissen stammende Korpora von Verbrecherfotografien vorlagen, wurden physiognomische Untersuchungen nur in geringem Umfang durchgeführt. Wenn dies geschah, dann trat die Polizei hierbei auch nicht als Auftraggeberin in Erscheinung. So sind auch die in der Sekundärliteratur zur Geschichte der Polizeifotografie angeführten Beispiele über die Auseinandersetzung mit der Identifikationsfotografie, nämlich die Studien Cesare

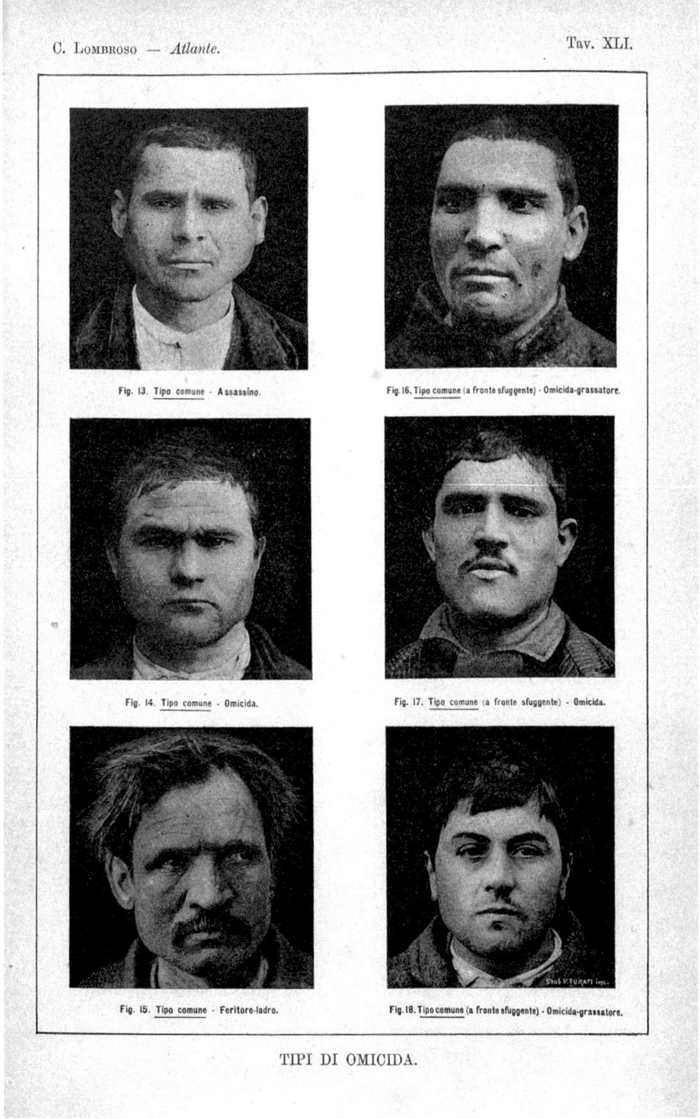

5: Typen von Mördern, aus: Cesare Lombroso, L'uomo delinquente. In rapporto all'antropologia, alla giurisprudenza ed alla psichiatria, Bd. 3, 5. Aufl. (Turin et al.: Fratelli Bocca, 1897), Tafel XLI.

Lombrosos (1836–1909) und Francis Galtons (1822–1911), in den 1870er Jahren auf Eigeninitiative der beiden Forscher entstanden (Abb. 5 und 6).

Unter Kriminologen und Polizeibeamten setzten sich beider Thesen kaum durch, wenngleich sie – weil dem Sichtbarkeitsparadigma generell ein großer Stellenwert eingeräumt wurde[23] – ausführlich diskutiert wurden; attraktiv waren die von beiden formulierten Überlegungen aber insbesondere für die Printmedien und das gebildete Bürgertum. Erkennungsdienstliche Sammlungen wurden deshalb nicht für wissenschaftliche oder statistische Untersuchungen herangezogen, weil dies nicht nur die Arbeit der Erkennungsdienste behindert hätte, sondern wohl

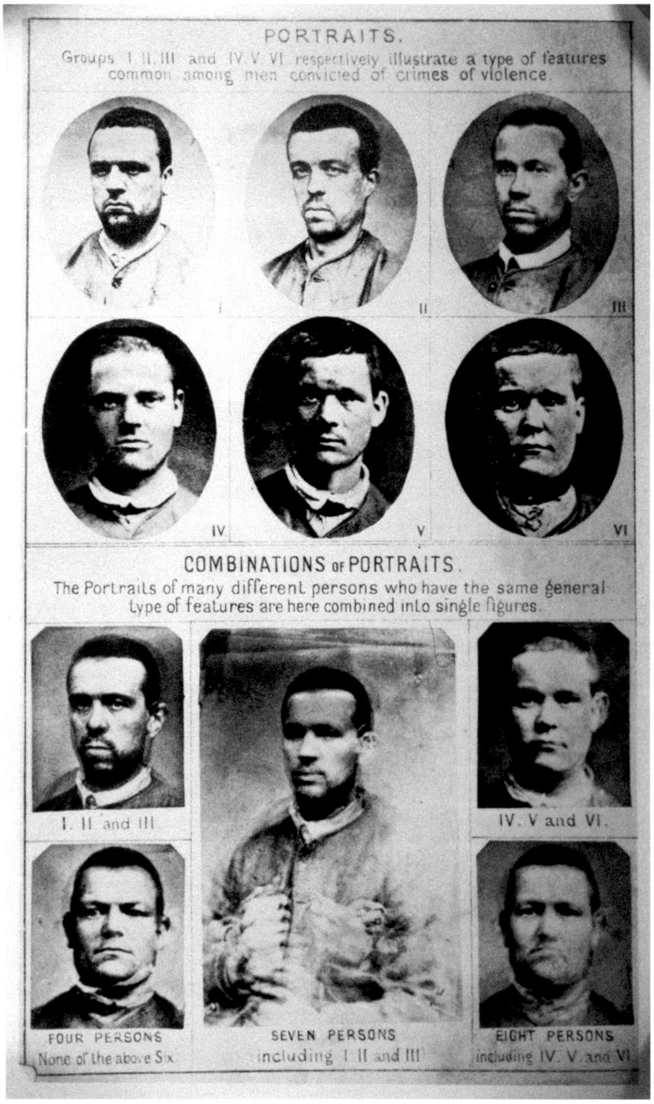

6: Kompositporträts von Francis Galton, welche „übliche Merkmale von Männern, die wegen Gewaltverbrechen verurteilt wurden", zeigen, mit Originalfotografien, um 1885, University College, London, Galton Papers, 158/2M.

auch, weil ein wissenschaftlicher Gewinn fragwürdig erschien.[24] Die Bilder wurden weit mehr als Fahndungs- und Registraturmittel betrachtet, denn als Material weiterführender Forschungen. Außerdem gab es Bedenken gegen die Zuverlässigkeit fotografischer Porträts, seit sich die Kenntnis über die Rolle von Inszenierung, Belichtung, Ausschnitt und Retusche gegen Ende des 19. Jahrhunderts im Bewusstsein von Polizei und Öffentlichkeit niederzuschlagen begonnen hatte.[25] Vor diesem Hintergrund wird die gleich genauer zu erläuternde, eklatante Veränderung in der erkennungsdienstlichen Fotografie augenfällig, die sich in systematisierter Form durch den Chef des Erkennungsdiensts an der Pariser Polizeipräfektur, Alphonse

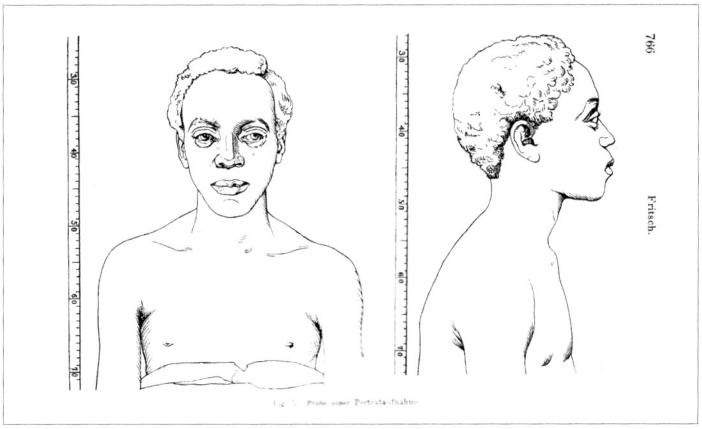

7: Probe einer Porträtaufnahme von 1876.

Bertillon (1853–1914), nach 1890 durchzusetzen begann.[26] Aufnahmen *en profil* und *en face* waren zwar als Dokumentationsmittel von Personen schon in den 1860er und 1870er Jahren in der Anthropologie eingeführt worden (Abb. 7),[27] bei den Erkennungsdiensten wurden sie aber erst mit zeitlicher Verzögerung gängig. Wissenschaftlich redliche Identifikationsfotografien sollten wie oben angedeutet zudem gleichmäßig ausgeleuchtet, allein auf das Gesicht konzentriert sein und ohne jegliche Retusche auskommen. Der Bildhintergrund musste neutral sein. Verwechslungen mit dem bürgerlichen Porträt erschienen nun weitgehend ausgeschlossen. Dieses zeigte oft nicht nur das Gesicht, war selten rein frontal und quasi nie wurde das reine Profil aufgenommen. Auf den Bildern fanden sich häufig Attribute, Hintergründe, Beistelltisch oder Stühle. Außerdem wurde mit der Beleuchtung experimentiert und, wo es den Kunden oder Fotografen notwendig erschien, auch retuschiert.

Bei der Identifikationsfotografie traten neue, mit der Menge der archivierten Bilder zusammenhängende Schwierigkeiten auf.[28] Es wurden bald zu viele, um sie alle den Zeugen oder Opfern eines Verbrechens vorlegen zu können. Dadurch wurde es notwendig, die Einteilung der Verbrecherkarteien so zu differenzieren, dass beispielsweise Opfer von Taschendiebstählen ausschließlich die Porträts von örtlich aktiven und der Polizei bereits bekannten Taschendieben vorgelegt bekamen. Das erhöhte den Überwachungsdruck auf bekannte Delinquenten und nährte den Verdacht (oder die Hoffnung), dass nur wenige sehr aktive Täter für das Gros der Verbrechen verantwortlich seien. Gleichzeitig begünstigten diese Visualisierungen und die Form der Archivierung – gleichsam durch die Hintertür – die erneute Vermutung, dass bestimmten Personentypen auch bestimmte Delikte zugeordnet werden könnten. Pointiert: Die Idee spezifischer Verbrecherphysiognomien (diesmal in größerer Variation, den Delikten entsprechend) erhielt Nahrung.

Weil die Strafverfolgungsbehörden vor den Regierungen wie der Öffentlichkeit ihre Modernisierung rechtfertigen mussten, wurden die neuen Bilder auch medial verbreitet. Die Presse interessierte sich für die Verbrecheralben, was der Polizei aus kriminalpolitischen und präventiven Erwägungen heraus durchaus willkommen war. Für die *Gartenlaube* beispielsweise, einer im bürgerlichen Milieu verbreiteten illustrierten Wochenschrift, bot sich 1876 die Gelegenheit, ihren Lesern und Leserinnen Abbildungen aus der Wiener Verbrecherkartei[29] zu zeigen (Abb. 8). Zwar war es drucktechnisch noch nicht möglich, Fotografien in ausreichender Qualität bei hoher Auflage und geringen Kosten zu reproduzieren, doch erlaubte gerade die Übertragung der Porträts in eine grafische Darstellung, Gesichtszüge etwas strenger oder verschlagener aussehen zu lassen. Hinzu kam der Text, der alle Abgebildeten als Rückfalltäter markierte und sie damit gleichsam auch als typische Vertreter ihrer Gruppen vorstellte. Daraus resultierte eine mögliche physiognomische und psychologisierende Deutung, die zwar im Polizeialltag kaum eine Rolle spielte, in der Presse jedoch schon. Entscheidend war, dass die beiden Funktionen der Gesichtsabbildung – Charakterstudie und Identifikation – in der veröffentlichten Form nun ineinander übergingen, sich aber für die Leserschaft der *Gartenlaube* der Eindruck einstellte, dass es ein typisches Aussehen verschiedener Delinquententypen gäbe. Nunmehr aber erfolgte diese Typisierung nicht mehr im Rückgriff auf alte Darstellungstraditionen, sondern schien mit der scheinbaren wissenschaftlichen Exaktheit polizeilicher Identifikationsfotografie verbunden.

Die nach 1880 fortentwickelten Druckverfahren erlaubten schließlich die Veröffentlichung fotografischer Porträts in der Presse und damit auch in den Fahndungsblättern, wie dem 1899 erstmals von der Berliner Polizeibehörde herausgegebenen *Deutschen Fahndungsblatt* (Abb. 9). Wichtiger war jedoch die Verbreitung des neuen Bildtypus in einer breiteren Öffentlichkeit, wie er mit Übertragungen in andere grafische Formen und Veröffentlichungen in der Presse schon in den 1870er Jahren vorbereitet worden war. Die Einspeisung polizeilich produzierter Bilder von Verbrechern in öffentliche Diskurse ist deswegen bedeutsam, weil in der spezifischen Form der erkennungsdienstlichen Fotografie nunmehr die Kriminalisierung der Abgebildeten vorgenommen wurde. Bilder *en face* und *en profil* führten bei den Leserinnen und Lesern gleichsam zu einer automatischen Zuordnung der

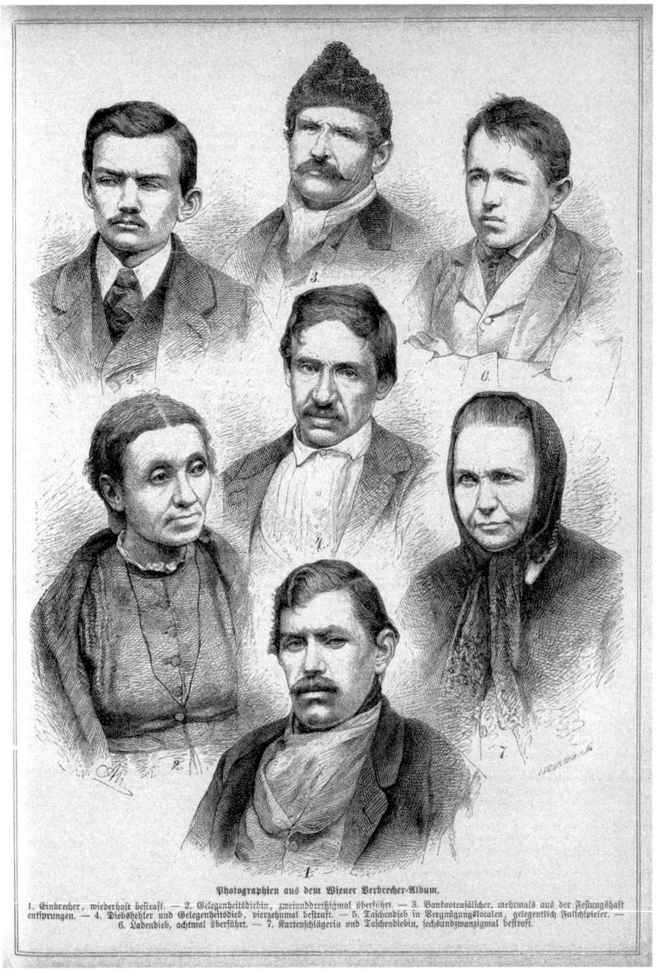

__ **8**: A. Neumann, k.A., Photographien aus dem Wiener Verbrecher-Album, erschienen in der *Gartenlaube*, Nr. 29 (1876).

abgebildeten Person in einen kriminellen Kontext – bei Galton und Lombroso war das noch nicht der Fall gewesen.

Wie verankert diese Vorstellungen schon um 1900 waren, zeigt, dass während einer Debatte im Reichstag – in der es es um den § 23 des neuen Urheberrechts, der erstmals im deutschen Kontext die Praxis des fotografischen Porträtierens in Polizeigewahrsam legalisieren sollte, ging – von der SPD darauf gepocht wurde, diese Art des Aufnehmens ausschließlich für gemeine Verbrecher und Huren zu reservieren und keinesfalls auf aus politischen Gründen strafrechtlich Verfolgte angewendet werden dürfe.[30] Unabhängig von der Zielrichtung der Debatte – in den Augen der Zeitgenossen stigmatisierte die erkennungsdienstliche Praxis die betreffenden Personen in jedem Fall, da sie fest mit verbrecherischem Handeln assoziiert war.

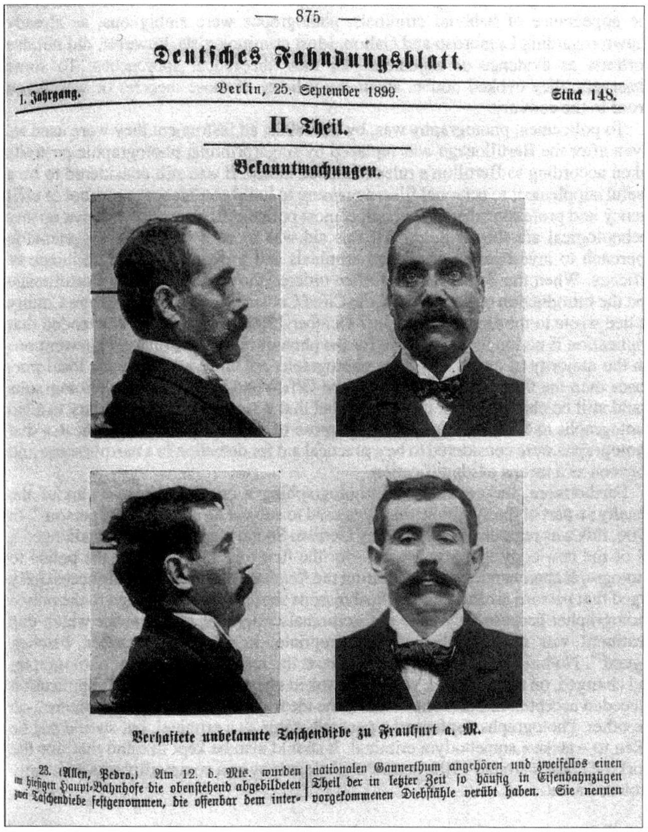
— 875 —

Deutsches Fahndungsblatt.

1. Jahrgang. Berlin, 25. September 1899. Stück 148.

II. Theil.

Bekanntmachungen.

Verhaftete unbekannte Taschendiebe zu Frankfurt a. M.

23. (Allen, Pedro.) Am 12. d. Mts. wurden im hiesigen Haupt-Bahnhofe die obenstehend abgebildeten zwei Taschendiebe festgenommen, die offenbar dem internationalen Gaunerthum angehören und zweifellos einen Theil der in letzter Zeit so häufig in Eisenbahnzügen vorgekommenen Diebstähle verübt haben. Sie nennen

9: Verhaftete unbekannte Taschendiebe zu Frankfurt a. M., aus: Deutsches Fahndungsblatt 1 (1899), 875.

Im Umkehrschluss wurde also die standardisierte Fotografie zu Identifikations- und Registraturzwecken als Zeichen kriminellen Handelns oder einer verbrecherischen Persönlichkeit wahrgenommen. Hier waren nicht die Gesichtszüge entscheidend, sondern die Art und Situation der Aufnahme. Es klingt wie eine historische Ironie, dass – in den Printmedien vor allem – erneut der Ort und die Umstände der Aufnahme wichtiger für die Zuschreibung verbrecherischen Handelns waren als die tatsächlichen Gesichtszüge oder körperlichen Eigenschaften der Porträtierten, gleichzeitig aber davon ausgegangen wurde, dass die Betroffenen über besondere physische Eigenschaften verfügten. Ging es im frühen 19. Jahrhundert noch eher um die Sühne und Wiederherstellung der Ordnung, so ging es nun um das Stigma einer bestimmten Darstellungsweise. In den Zeitschriften und Zeitungen wurde nahegelegt, dass den dargestellten Gesichtern ein charakterlicher (oder biologischer) Defekt entlockt werden könne.

Für diese Deutung war in den Jahren um 1900 entscheidend, dass sich einerseits die Verwissenschaftlichung des visuellen Wissens um Verbrecher durchgesetzt hatte und dass andererseits die Sichtbarmachung wissenschaftliches Paradigma geworden war. Analog zum ausgesprochen symbiotischen Verhältnis zwischen Presse, Populärliteratur und Verbrechen, das – wie hier ausgeführt – bis in die Frühe Neuzeit zurückreicht, wurde Kriminalität medial präsenter.[31] Aus einem in die gleiche Richtung gehenden Impuls in Wissenschaft und Medien heraus, ergab sich an der Wende zum 20. Jahrhundert, dass viele an die Sichtbarkeit verbrecherischer Charaktere glaubten. Die Überlegungen der Kriminalanthropologie, die diese Annahmen nährte, blieben allerdings keineswegs unangefochten, weshalb sich ein wissenschaftlicher Konsens über die Sichtbarkeit eines Verbrechertypus' ebenso wenig ausbildete wie er in den Strafverfolgungsbehörden mehrheitlich Überzeugung wurde. Kriminalisten wie Juristen wussten aus Erfahrung, dass (eine Neigung zur) Straffälligkeit eben nicht an äußeren Merkmalen ablesbar war.

Da empirisch der Nachweis eines Zusammenhangs von Aussehen und Delinquenz nicht erbracht werden konnte, kamen Wissenschaft und Strafverfolgungspraxis von der Idee eines unhintergehbar Sichtbaren ab. An die Stelle des Typus traten Spuren und individuelle Anlagen, die nun wieder vermehrt beachtet wurden. So kümmerte sich die Kriminalbiologie nur noch wenig um Äußeres. Nachrichten- und Unterhaltungsmedien blieben dem Sichtbarkeitsparadigma aber verhaftet, weil sie auf eine funktionierende Bildersprache setzten und die Hypothese über das abweichende Aussehen verbrecherischer Menschen durch die Bildauswahl, die Retusche und das Layout in ihren Publikationen scheinbar zu bestätigen vermochten. Fachwissen und öffentliches Bild drifteten somit nach 1900 wieder auseinander.

ABKOPPLUNG: ÖFFENTLICHES VERBRECHERBILD VERSUS REGISTRIERTE IDENTIFIKATIONSBILDER

Während also die Strafverfolgungsbehörden – zumindest intern – deutlich davon abrückten, aus Porträts ein Instrument der prognostischen bzw. deliktunabhängigen Indizierung einer Person als Verbrecher zu machen, blieb diese Kennzeichnung in der medialen Repräsentation von Straftätern erhalten. Das galt für die Berichterstattung wie für fiktionale Darstellungen in der Karikatur, der Grafik und später auch im Film. Als Beleg dafür kann die 1914 erneut erfolgte Ausgabe des Buches von Avé-Lallemant gelten. Das Werk wurde nun nicht mehr als reines wissenschaftliches Werk gelesen, sondern diente der gepflegten und gebildeten Unterhaltung: Avé-Lallemants Kommentare zu den Bildern wurden nun ihrerseits kommentiert (vgl. Abb. 2 und 3). So merkte der Herausgeber an:

> „Avé L. hatte keine Ahnung von der Kriminalanthropologie, die sich allerdings erst lange nach der Abfassung des vorliegenden Werkes entwickelte [...] Und ob diese Kerle [in den Holzschnitten und Kupferstichen, J. J.] nicht im Leben noch gemeinere Gesichter hatten, als sie der Zeichner darstellte, wissen weder wir

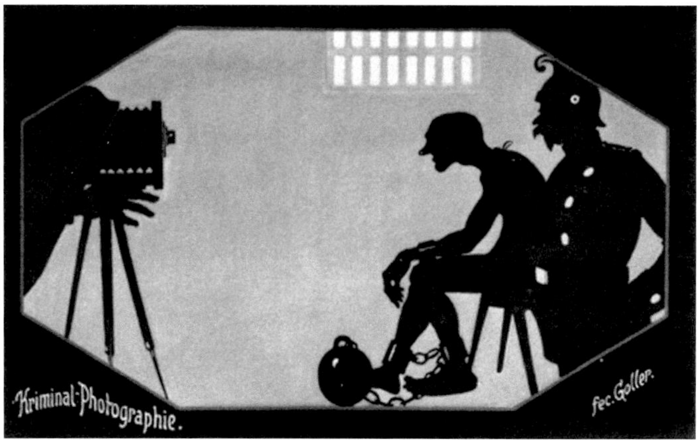

> noch Avé L. [...] Dem Schinderhannes hat der Künstler [...] zweifellos geschmeichelt. So sah der rohe und feige Straßenräuber wohl kaum aus.“[32]

Die Lektüre und Rezeption der Bilder wurde nicht nur durch schriftliche Anmerkungen, sondern auch durch visuelle Mitteln zu lenken versucht: dies geschah entweder durch leichte Veränderungen in der Übertragung von einem Bildmedium ins andere (wie der *Gartenlaube*) oder bereits im Bildentwurf wie in der Karikatur, die ein Kamerahersteller anlässlich der Internationalen Photographischen Ausstellung in Dresden 1909 herstellen ließ (Abb. 10). Hier wird nicht nur die Physiognomie des abgebildeten Delinquenten stark abweichend von jener der Strafverfolger dargestellt, auch Kerker, Kette und Eisenkugel (als 1909 völlig obsoletes Mittel der Fixierung) unterstreichen die Zuordnung. Während die Überzeichnung körper-

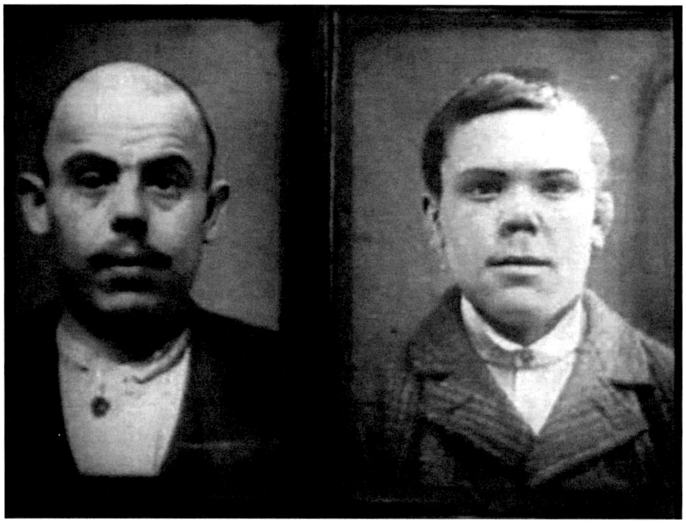

___ 10: Goller, Kriminal-Photographie, Postkarte, Dresden 1909. ___ 11: Der internationale Polizeikongress in Wien, 1923, Vita-Film Wien, produziert von ISIS-Film Wien / Gustav Aurel Mindszenty, Filmstill.

licher Merkmale in der Karikatur nicht verwundert, da diese von Übertreibungen lebt, lassen sich auch auf Fotografien Formen der Überzeichnung feststellen, die durch Bildauswahl entstanden bzw. vermittels Bildunterschrift und Begleittext nahegelegt werden.

Diese Entwicklung setzte sich auch im Medium Film fort, wie ein Beispiel veranschaulichen soll (Abb. 11). Hierbei handelt es sich um einen Film, der anlässlich des ersten internationalen Polizeikongresses in Wien 1923 gedreht und den Teilnehmern in einer Voraufführung gezeigt wurde. Entscheidend ist hier, dass für den Film erkennungsdienstliche Porträts ausgewählt worden waren, die als abweichend vom normalen Porträt gelten konnten. War der Film zum Kongress noch mit einem Anspruch, als Lehrfilm zu bilden hergestellt und damit gerade nicht als fiktionale Geschichte inszeniert worden, so ist das in Spielfilmen anders. Dort konnten Darsteller ausgewählt werden, die populären Vorstellungen des Verbrechens

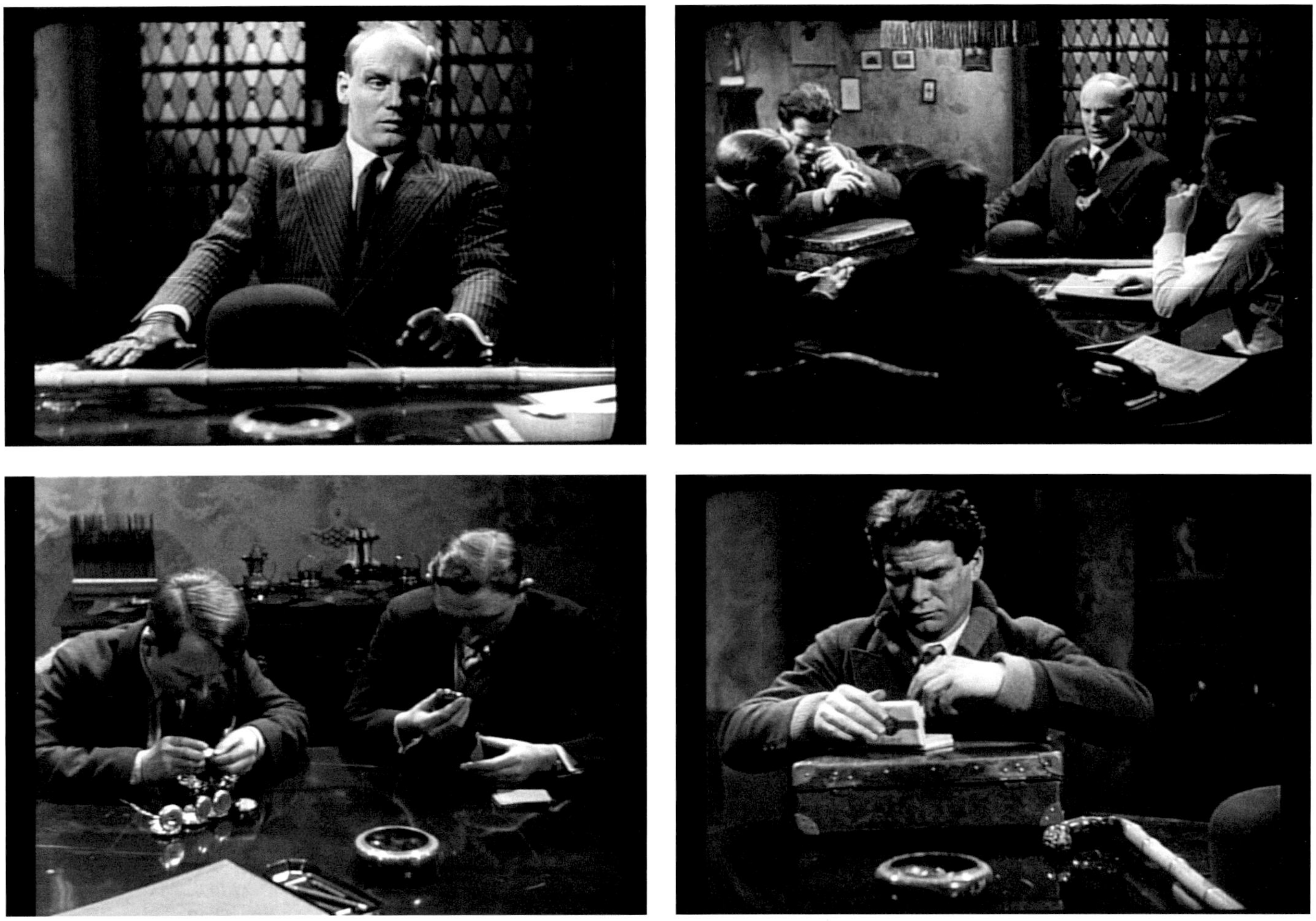

— 12: Fritz Lang (Drehbuch Fritz Lang und Thea von Harbou), M – Eine Stadt sucht einen Mörder, 1931, Filmstills: — 12a: Internationaler Safeknacker (Gustav Gründgens). — 12b: Runde der Verbrecher. — 12c: Taschendieb (Paul Kemp) und Bauernfänger (Theo Lingen). — 12d: Einbrecher (Friedrich Gnaß).

entsprachen bzw. diese in einem steten Austauschprozess verfestigten. Als letztes Bildbeispiel belegen vier Filmstills aus *M – Eine Stadt sucht einen Mörder* von 1931 diese Tendenz (Abb. 12 a bis d). Hier lassen sich gängige Verbrechertypen ausmachen, die – unter anderem – durch körperliche Attribute derart gekennzeichnet werden, dass den zeitgenössischen Zuschauern ihre eindeutige Zuordnung problemlos gelingt: Der „internationale Safeknacker" (Gustav Gründgens), der „Bauernfänger" (also Trickbetrüger: Theo Lingen), der „Taschendieb" (Paul Kemp), ein „Einbrecher" (Friedrich Gnaß) und schließlich ein „Falschspieler" (Fritz Odemar). Gleichzeitig wurden hier Verhaltensannahmen inszeniert, die eine eindeutige Markierung als Verbrecher ermöglichen sollten: das Treffen der Männer findet tief in der Nacht statt, die Protagonisten verhalten sich unstet usw. Gustav Gründgens als souveräner internationaler Geldschrankknacker sieht dabei zwar nicht wie ein Verbrecher aus, das aber gerade deshalb, weil die Mimikry, d. h. die Anpassungsfähigkeit an ein bürgerliches Äußeres einschließlich eines solchen Habitus, gerade als ein Kennzeichen von Eliteverbrechern galt.

FAZIT

Dominierten bis 1800 moralische Funktionen die Verbrecherdarstellung, setzte danach eine Physiognomisierung und charakterliche, später biologisierende Deutung des Aussehens ein. Kurzzeitig bewegten sich Mitte bis Ende des 19. Jahrhunderts die visuelle Repräsentation und Dissemination von Verbrechern und Teile der polizeilichen Hoffnungen (Kriminalanthropologie) auf ähnlichen Bahnen. Doch während in der polizeilichen Praxis eine Abkehr – zumindest vom einfachen – Visualisierungsparadigma erfolgte, wurde es in den (populären) Bildmedien aufrechterhalten. Dort allerdings wurde es nun durch polizeilich hergestellte Bilder veranschaulicht – eben durch erkennungsdienstliche Aufnahmen, die den Anschein zu erwecken vermochten, dass populäre Vorstellungen und polizeiliche Praxis einem ähnlichen Konzept der Sichtbarkeit des Verbrecherischen am Körper folgten. So bleibt die Vorstellung von der Evidenz eines verbrecherischen Gesichts erhalten, ebenso wie die immer wieder erneut aufgeworfene Frage, warum dieses nicht oder zu spät erkannt werde, während der Verbrecher selbst eigentümlich verschwunden, und nur für den Experten sichtbar ist. Auch in zeitgenössischen Forschungen tritt immer wieder einmal die Vorstellung zu Tage, dass sich der Hang zum Strafrechtsbruch genetisch manifestiere. So stellte ein Artikel in der *Süddeutschen Zeitung* vom 17. Mai 2010 die Frage: „Gibt es den geborenen Verbrecher?" und beantwortete diese zögerlich mit dem Hinweis darauf, dass für verbrecherische Neigung die Gene wohl möglicherweise doch eine wichtige Rolle spielten.[33] Womit der Abbildung genetischer Sequenzen dann die neuerliche Visualisierung des Verbrechens zukäme, nun freilich gesichtslos und damit medial nur schwer verwertbar.

ANMERKUNGEN

1 Martin Debes, *Die zwei Gesichter der Beate Zschäpe*, http://www.thueringer-allgemeine.de/web/zgt/leben/detail/-/specific/Die-zwei-Gesichter-der-Beate-Zschaepe-1386383459 (Abruf 21.05.2013).

2 Vgl. hier aus einer Vielzahl an Studien lediglich Jonathan Crary, *Techniken des Betrachters. Sehen und Moderne im 19. Jahrhundert*, übersetzt von Anne Vonderstein (Dresden; Basel: Verlag der Kunst, 1996).

3 Cesare Lombroso, *Der Verbrecher in anthropologischer, ärztlicher und juristischer Beziehung* (Hamburg: Verlagsanstalt, 1887).

4 Friedrich Christian Benedict Avé-Lallemant, *Das deutsche Gaunertum in seiner sozialpolitischen, literarischen und linguistischen Ausbildung zu seinem heutigen Bestande* (Wiesbaden: Fourier, 1998 [1914]), Bd. 2, 2–3.

5 Dieses Erfahrungswissen ist von Peter Becker eingehend untersucht worden und mit dem Begriff des *Praktischen Blicks* bezeichnet worden, vgl. Peter Becker, *Verderbnis und Entartung. Eine Geschichte der Kriminologie des 19. Jahrhunderts als Diskurs und Praxis* (Göttingen: Vandenhoeck & Ruprecht, 2002).

6 Vgl. dazu Becker, *Verderbnis und Entartung* (siehe Anm. 5).

7 Vgl. dazu nochmals Becker, *Verderbnis und Entartung* (siehe Anm. 5).

8 Vgl. Scheibe, *Schinderhannes. Nichtsnutz, Pferdedieb, Räuberhauptmann?*, Historische Kommission für die Rheinlande 1789–1815, 5. Aufl. (Kelkheim: Scheibe, 2010).

9 Jürgen Martschukat, *Inszeniertes Töten. Eine Geschichte der Todesstrafe vom 17. bis zum 19. Jahrhundert* (Köln; Weimar; Wien: Böhlau, 2000).

10 Der Name rührt von dem französischen Juristen François Gayot de Pitaval (1673–1743) her, der Sammlungen von Kriminalfällen herausgab. Es wurde zu einem eigenständigen Genre an der Schnittstelle zwischen Fach- und Trivialliteratur.

11 Avé-Lallemant, *Das deutsche Gaunertum* (siehe Anm. 4).

12 Ibid.

13 Vgl. allgemein: Jens Jäger, „Photography: A Means of Surveillance? Judicial Photography, 1850 to 1900", in *Crime, History & Societies* 5, Nr. 1 (2001), 27–51; Christian Phéline, *L'image accusatrice*, Les Cahiers de la Photographie, Nr. 17 (Brax: Laplume, 1985); Susanne Regener, *Fotografische Erfassung: zur Geschichte medialer Konstruktionen des Kriminellen* (München: Fink, 1999).

14 Zur einschlägigen Forschung vgl. Phéline, *L'image accusatrice* (siehe Anm. 13); John Tagg, „A Means of Surveillance: The Photograph as Evidence in Law", in id., *The Burden of Representation. Essays on Photographies and Histories* (Basingstoke: Macmillan, 1988), 60–102; Allan Sekula, „Der Körper und das Archiv", in Herta Wolf (Hg.), *Diskurse der Fotografie. Fotokritik am Ende des fotografischen Zeitalters*, Bd. 2 (Frankfurt a. M.: Suhrkamp, 2003), 269–334; Peter Becker, „Kriminelle Identitäten im 19. Jahrhundert. Neue Entwicklungen in der historischen Kriminalitätsforschung", in *Historische Anthropologie* 2 (1994), 142–157; Regener, *Fotografische Erfassung* (siehe Anm. 13); Milos Vec, *Die Spur des Täters* (Baden-Baden: Nomos, 2002).

15 Das Gleiche gilt für fotografische Aufnahmen von Delinquenten in belgischen Gefängnissen in den 1840er Jahren und für Experimente von britischen Gefängnisdirektoren in den 1850er Jahren oder dänischen Gefängnissen in den 1860er Jahren. Vgl. Jäger, „Photography: A Means of Surveillance?" (siehe Anm. 13), 31–35 sowie Regener, *Fotografische Erfassung* (siehe Anm. 14), 27–40.

16 Vgl. Jäger, „Photography: A Means of Surveillance?" (siehe Anm. 13), 27–51.

17 Vgl. Richard Wetzell, *Inventing the Criminal. A History of German Criminology, 1880–1945* (Chapel Hill, NC: Univ. of North Carolina Press, 2000); Peter Becker und Richard Wetzell (Hg.), *Criminals and their Scientists. The History of Criminology in International Perspective* (New York: Cambridge University Press, 1998).

18 An der Préfécture de police wurde ab 1872 porträtiert und begonnen, Fotografien zu sammeln; das britische Habitual

Criminals Office forderte ab 1870 Porträts von Gefängnisinsassen an. In Wien wurde zwischen 1870 und 1873 ein Verbrecheralbum eingeführt. Vgl. Jens Jäger, *Verfolgung durch Verwaltung. Internationales Verbrechen und internationale Polizeikooperation 1880–1933* (Konstanz: UVK, 2006), 201.

19 Aber erst seit 1888 wurden auch wieder Bilder aussortiert, und zwar solche, die zehn Jahre und älter waren; vgl. J. K. Kley und H. Schneickert (Hg.), *Kriminaltaktik und Kriminaltechnik, Die Kriminalpolizei*, Bd. 2, 3. erw. Aufl. (Hamburg; Berlin: Deutscher Polizei-Verlag, 1929), 230.

20 Wien: Archiv der Republik, BKA 020 Karton 4004 Bundeskanzleramt Inneres 1933; vgl. auch Allgemeines Verwaltungsarchiv, Ministerium des Inneren, Allgemeine Reihe 1848–1918, III. Teil (1900-1918), 20, 2088 Polizei-, Gewölbe-, Grenz- und Sicherheitswache 1913–1914; Berlin: Landesarchiv Berlin 8757 Die Überwachung der anarchistischen Bewegung nach einheitlichen Grundsätzen [...] 1898–1910 (alte Pr.Br.Rep. 30 Berlin C Tit.94 Lit.A Nr. 360 adh. A, B): In dieser Akte befindet sich die Geschäftsabwicklung mit dem vormals für die Aufnahmen zuständigen Berufsfotografen Adler; London: Public Record Office, MEPO 2 575. Hier befindet sich der Vorgang von 1901/02, in dem das Home Office der Metropolitan Police die Mittel zum Aufbau eines eigenen Fotoateliers gewährt.

21 Jens Jäger, „‚Erkennungsdienstliche Behandlung' – zur Inszenierung polizeilicher Identifikationsmethoden um 1900", in Jürgen Martschukat und Steffen Patzold (Hg.), *Geschichtswissenschaft und der „performative turn": Ritual, Inszenierung, „performance" vom Mittelalter bis zur Neuzeit* (Wien: Böhlau, 2003), 207–228.

22 Zum Konzept der Physiognomie des verbrecherischen Anderen: Peter Strasser, *Verbrechermenschen. Zur kriminalwissenschaftlichen Erzeugung des Bösen* (Frankfurt a. M.: Campus, 1984).

23 Vgl. als einzelnes, aber wichtiges Beispiel: Johannes Gross, *Handbuch für Untersuchungsrichter, Polizeibeamte, Gendarmen u.s.w.*, 2. verm. Aufl. (Graz: Leuschner & Lubensky, 1894), 103–107.

24 Galton arbeitete mit Material, das er vom 1871 in London eingerichteten Habitual Criminals Office ab 1877 erhielt. Auch waren seine Versuche, durch Übereinanderkopieren von Verbrecherfotografien, Verbrechertypen anschaulich machen zu können, wenig überzeugend und wurden weder als Möglichkeit präventiver Kriminalitätsbekämpfung noch als schlüssige Nachweise für die Existenz von Verbrechertypen angesehen. Vgl. Jäger, „Photography: A Means of Surveillance?" (siehe Anm. 13), 30.

25 Vgl. dazu die kritischen Äußerungen gegenüber den Atelierfotografien von Dr. Leppmann aus dem Jahr 1892, Gutachter des Bertillonschen Verfahrens für das Preußische Innenministerium, in seinem Abschlussbericht vom 24.06.1892: „Wie häufig die bisher nicht gebräuchlichen von billigen Photographen aufgenommenen Visitenkartenbilder zu Täuschungen Anlaß geben, weiß jeder praktische Kriminalist.", Geheimes Staatsarchiv Preußischer Kulturbesitz, Berlin-Dahlem, HA I Rep 77, Tit. 1208 Kriminalpolizei Sachen, Nr. 4 Maaßregeln behufs Feststellung der Identität von Verbrechern, Bd. 1, 04.02.1887–05.05.1896.

26 Alphonse Bertillon, *La photographie judiciaire* (Paris: Gauthier-Villars, 1890). Vgl. die deutsche Ausgabe: id., *Die gerichtliche Photographie. Mit einem Anhange über die anthropometrische Classification und Identificirung, autorisierte, vom Verfasser neu bearbeitete u. vermehrte deutsche Ausgabe* (Halle: Knapp, 1895).

27 Michael Hagner, „Mikro-Anthropologie und Fotografie. Gustav Fritschs Haarspaltereien und die Klassifizierung der Rassen", in Peter Geimer (Hg.), *Ordnungen der Sichtbarkeit. Fotografie in Wissenschaft, Kunst und Technologie* (Frankfurt a. M.: Suhrkamp, 2002), 258. Fritsch hatte bereits auf Reisen nach Afrika 1863 und 1866 auf diese Weise Afrikaner porträtiert. In der *Zeitschrift für Ethnologie* war

1872 diese Empfehlung abgegeben worden. Vgl. auch den Vorschlag, anthropologische Verfahren bei der Identifikationsfotografie anzuwenden, der 1872 veröffentlicht wurde: Anonym, „Judicial Photography", in *The Photographic Journal* 15, Nr. 229 (1872), 107.

28 Es sei hier lediglich darauf verwiesen, dass diese Probleme Alphonse Bertillon dazu veranlassten, sein Verfahren der Körpermessung zu entwickeln, das Identifizierungen gänzlich ohne Porträts ermöglichen sollte. Vgl. dazu Jäger, *Verfolgung durch Verwaltung* (siehe Anm. 18), 207–224.

29 In Wien war zwischen 1870 und 1873 ein Verbrecheralbum eingeführt worden. Vgl. Engelbert Steinwender, *Von der Stadtguardia zur Sicherheitswache. Wiener Polizeiwachen und ihre Zeit. 1: Von der Frühzeit bis 1932* (Graz: Weißhaupt, 1992), 135–136.

30 *Stenographische Berichte über die Verhandlungen des Deutschen Reichstages, 11. Legislaturperiode, II. Session 1905/1906*, Bd. 5, 24. Sitzung v. 23.11.1906, Berlin 1906, 3853.

31 Verwiesen sei hier lediglich auf den folgenden Handbuchartikel und die instruktive Studie von Philipp Müller: Robert Reiner, „Media Made Criminality: The Representation of Crime in the Mass Media", in Mike Maquire (Hg.), *The Oxford Handbook of Criminology* (Oxford: Oxford University Press, 2002), 376–416; Philipp Müller, *Auf der Suche nach dem Täter. Die öffentliche Dramatisierung von Verbrechen im Berlin des Kaiserreichs* (Frankfurt a. M.: Campus, 2005).

32 Avé-Lallemant, *Das deutsche Gaunertum* (siehe Anm. 4), Fußnote, Bd. 2, 3.

33 Markus C. Schulte von Drach, *Gibt es den geborenen Verbrecher?*, http://www.sueddeutsche.de/wissen/frage-der-woche-gibt-es-den-geborenen-verbrecher-1.598237 (Abruf 23.07.2013).

BILDNACHWEISE

1–2: bpk - Bildagentur für Kunst, Kultur und Geschichte, Berlin.
3 aus: F.C.B. Avé-Lallemant, *Das deutsche Gaunertum in seiner sozialpolitischen, literarischen und linguistischen Ausbildung zu seinem heutigen Bestande*, Bd. 2, neu hg. von Max Bauer (München; Berlin: Georg Müller, 1914 [1858–1862]), o. S.
4: Schweizerisches Bildarchiv, Bern.
6: University College, London, Galton Papers, 158/2M.
7 aus: Gustav Fritsch, „Praktische Gesichtspunkte für die Verwendung zweier dem Reisenden wichtigen technischen Hilfsmittel: Das Mikroskop und der photographische Apparat [1876]", in Georg von Neumayer (Hg.), *Anleitung zu wissenschaftlichen Beobachtungen auf Reisen*, Bd. 2, 3. völlig umgearb. u. verm. Auflage (Hannover: Jänecke, 1906), 766.
8 aus: Max Huybensz, „Das Verbrecher-Album der Wiener Polizei", in: *Gartenlaube*, Nr. 29 (1876), 493.
10–11 aus: *Internationale Photographische Ausstellung*, Serienbild 7 vom Wandfries der Sonderausstellung Heinr. Ernemann A.-G., Dresden 1909.
12: © Praesens-Film AG, Zürich.

SARAH KEMBER

GESICHTSERKENNUNG UND DAS AUFKOMMEN DER SMART PHOTOGRAPHY

In diesem Artikel wird die Gesichtserkennung als Schlüsselbeispiel für das Aufkommen der Smart Photography untersucht. Die Smart Photography stützt sich auf die *Künstliche Intelligenz* (*KI*) und die *Umgebungsintelligenz* (AmI, *Ambient Intelligence*) und zeigt einen *habit of mind* – wie Karen Barad ihn nennt[1] – also eine Denkweise, die insofern menschlich ist, als sie auf menschlicher und maschineller Autonomie basiert, und repräsentationalistisch, als sie nach den unvermittelten Dingen-an-sich sucht. Gesichter zählen zu den Gegenständen, die die Smart Photography (autonom) bemüht ist darzustellen. Durch die Untersuchung von zwei der hauptsächlichen Algorithmen der Technologie der Gesichtserkennung will der folgende Text zeigen, wie sich Sehweisen, die mit Denkweisen verknüpft sind, die letztlich auch diskriminierend und essentialistisch sind, durch die Software materialisieren. Denn wenn *smart* in Smart Photography bedeutet, zu lernen, zwischen Gesichtsklassen zu unterscheiden, die festgelegt und essentialisiert (das stereotype Gesicht des Terrors ist gleichermaßen geschlechtlich [*gendered*] als auch ethnisch [*racialised*] determiniert), aber letzten Endes schwer zu fassen sind, dann stellt sich die wohl eher politische als technische Frage, wie man *smart smarter* machen könnte.

DAS AUFKOMMEN DER SMART PHOTOGRAPHY

Wie kann man vom Aufkommen der Smart Photography sprechen? Was ein Zukunftsszenario zu sein scheint (und weitgehend auch noch ist), das durch ein Medium und eine Technologie bedingt ist, die reaktiv, adaptiv und lernfähig sind, ist in Wirklichkeit die Folge der Konvergenz[2] von Bildgebung, Informations- und Biotechnologie. Wie Donna Haraway in ihrem Interview mit Thyrza Nichols Goodeve bemerkte, „leben [wir] eng ‚in' und ‚als Teil' einer biologischen Welt."[3] Von der Gesundheits- und Unterhaltungsindustrie bis zur Nahrungsmittelindustrie, zur gesetzlichen Regelung geistigen Eigentums, zu Umweltrecht und Management „und so weiter" gibt es, wie sie sagt, „heutzutage fast keine Tätigkeit, die gänzlich ohne Kenntnisse der Biologie auskäme".[4] Die Biologie, von der sie spricht, ist eine, die „mit Informationstechnologien und -systeme[n]" verflochten ist. Und obwohl Haraway wenig über die Rolle der Medien bei und als solche(n) Technologien und Systeme(n) zu sagen hat, soll in diesem Text ein Argument vorangetrieben werden, das ich bereits in Bezug auf Medien im Allgemeinen ausgeführt habe,[5] und aufgezeigt werden wie die Fotografie heute aus uns allen Biotechnologen zu machen verspricht.[6]

Natürlich ist unwahrscheinlich, dass dieses Versprechen oder – je nach Standpunkt – diese Drohung der Biotechnologie, wie alle Formen des Technofuturismus, auch wie angekündigt erfüllt bzw. umgesetzt wird. Nur in Sciencefiction- und Fantasy-Filmen werden Fotografien (gehen wir davon aus, dass sie digital sind) buchstäblich zum Leben erweckt und bieten einen unmittelbaren Zugang zu Ereignissen und Individuen, die in Interaktion treten und den Betrachter in einer Weise anrufen, die Louis Althusser mit großer Gewissheit nicht kommen sah.[7] Dennoch sind kritische Technofuturisten wie Haraway und Sozialwissenschaftler wie Lucy Suchman ausnahmslos bereit, das Performatorische des Versprechens, das wir irgendwie immer schon gehört haben, anzuerkennen – das ist nicht neu, generiert aber bis zu einem gewissen Grad Neues.[8] Die Smart Photography wird nicht Ihren Namen rufen, da sie keine Gegebenheit ist. Doch ist sie nicht nur eine Facette der Technologie oder eine *unvermeidbare* Konsequenz der Konvergenz von Bildgebung, Information und Biotechnologie. Dieser Artikel wird sich damit auseinandersetzen, in welchem Ausmaß die Smart Photography tatsächlich kommen wird und die Zusammenhänge und Bedingungen beleuchten, die sie ermöglichen. Dabei werden auch die technologischen und außertechnologischen Kräfte in Betracht gezogen, die die Entwicklung einer Fotografie nach der Fotografie ermöglichen und behindern.

In *After Photography* spekuliert Fred Ritchin, der früher einmal erklärt hat, dass die Digitalisierung „das Ende der Fotografie, wie wir sie kennen"[9] zur Folge haben wird, über die ungewisse Entwicklung und Zukunft eines erweiterten Mediums, dessen Identität zunehmend nicht nur an andere Medien, sondern auch an kybernetische Systeme, biologische Formen und physikalische Prozesse gebunden ist.[10] Ritchins Text ist durchsetzt von vermischten Metaphern wie jenen des Quanten-, Cyborg- und genetischen Bildes, das sich wie ein Teilchen bewegt, wie eine Maschine funktioniert und besorgniserregend leicht zu manipulieren ist, und zeichnet ein nihilistisches Baudrillard'sches Szenario,[11] in dem die Auflösung der Fotografie im Leben und des Lebens in der Fotografie vorausgesehen wird, um produktivere (wenn nicht progressivere) Möglichkeiten zu skizzieren, im Rahmen derer die Welt und ihre Bewohner *zum Bild werden*.[12] Gepixelte virtuelle Welten und Identitäten können, wovon Ritchin ausgeht, erweitert und automatisiert werden und werden es auch. Jedes als „Landkarte aus Quadraten" konzipierte Bild kann nahtlos modifiziert werden und „als Pfad woandershin dienen".[13] Wie in Charlie Brookers Drama, in dem das Auge des Protagonisten gleichermaßen als Projektionsfläche und als konstantes Aufnahmegerät dient,[14] wird Ritchins Fotomaschine „uns vieles abnehmen, die Gesichtserkennung verwenden, um uns daran zu erinnern, mit wem wir bei einer Party sprechen, oder aufnehmen, was uns in berauschtem Zustand entging".[15] Das einst in sich abgeschlossene Bild kann nun mit Informationen, die auf den Standort und die Anforderung des Betrachters zugeschnitten sind, überlagert oder vergrößert werden (siehe z. B. die *Layar*-App) und die digitale Kamera selbst „wird zunehmend in andere Geräten integriert", nicht nur in Mobiltelefone, sondern auch in „Kühlschränke, Wände, Tische, Schmuck und schließlich unsere Haut".[16] Hier berührt Ritchin einen Aspekt des Vernakulären, des Alltäglichen in der Postfotografie, den Geoffrey Batchen bezeichnenderweise vermisst. Batchen, der sich vor allem mit dem marginalen Status populärer Praktiken in der Fotografiegeschichte und -theorie befasst, setzt sich ein für das Vernakuläre als „das Organisationsprinzip der Fotografiegeschichte schlechthin".[17] Was ihm entgeht – hier ist anzumerken, dass Batchen fast ein Jahrzehnt vor Ritchin schreibt – ist die Tatsache, dass diese Geschichte der Fotografie als Schlüssel für das Alltägliche und als zentrales Ritual sowie visuelle Praxis des Alltagslebens derzeit von der mit der Technoscience[18] verbundenen Industrie geschrieben wird. Das Vernakuläre ist ein sehr umkämpftes Feld, fest verwurzelt finden sich darin kamerafähige Objekte und Räume, die für so selbstverständlich gehalten werden, dass sie de facto unsichtbar sind.

GESICHTSERKENNUNG ALS SMART PHOTOGRAPHY

Das selbstverständliche Umfeld des eigenen Heims und der Stadt sind das Terrain der Smart Photography, die als Teil einer neuen Technoscience namens Umgebungsintelligenz (AmI) in Erscheinung tritt. Diese Ambient Intelligence hat sich aus der Künstlichen Intelligenz (KI), entwickelt, und wird neuerdings auch als Ubiquitous Computing, als Allgegenwärtigkeit rechnergestützter Informationsverarbeitung, bezeichnet. Diese betont die umweltbezogenen und sozialen Aspekte vernetzter, dezentralisierter und intelligenter Formen der Informationsverarbeitung. AmI-Systeme, die die Fotografie und insbesondere die Gesichtserkennung einschließen, sind vollständig in die Umgebung eingebettet und in der Lage, sich an deren Bewohner anzupassen und auf sie zu reagieren. Eine „intelligente" Umgebung ist eine, die „die Menschen, die darin leben, erkennen kann", sich an sie anpasst, „aus ihrem Verhalten lernt und möglicherweise auch Emotion zeigt."[19] In dieser von der Industrie gesteuerten Vision einer umgebungsintelligenten Welt, „werden die Menschen von elektronischen Systemen umgeben sein, die aus vernetzten intelligenten Geräten bestehen, welche in ihre Umgebung integriert sind [sic] und sie mit Informationen, Kommunikation, Dienstleistungen und Unterhaltung versorgen, wo immer sie sich aufhalten und wann immer sie es wünschen."[20] Indem unternehmerischen Aspekten freizeitbetonte entgegengehalten werden, bezieht die Fokussierung auf Umgebungen und Sozialität die Grenzen des intelligenten Eigenheims ein, überschreitet sie aber letztlich auch, sodass wir, wie AmI-Forscher Stefano Marzano meinte, „entdecken werden, dass alle nicht-interaktiven Objekte oder Systeme um uns herum durch fast unsichtbare, intelligente interaktive Systeme ersetzt wurden – eine ‚KI', die bald ein natürlicher Bestandteil unseres Alltags sein könnte."[21]

Die AmI-Systeme, die im häuslichen Umfeld, in mobilen Räumen wie Autos, Bussen, Zügen und Flugzeugen und öffentlichen Räumen wie Läden und Flughäfen und sogar persönlichen Dingen wie Kleidung anwendbar sind, normalisieren und naturalisieren eine Kultur, in der der gebündelte Einsatz von Marketing und Überwachung vorherrschend wird. Hauseigene sowie mobile Netzwerke „bringen die Möglichkeit von Überwachungssystemen mit sich, die vollständig in die Konsumlandschaften integriert sind.“[22]

Innerhalb dieser Systeme „können jeder Konsumakt und jeder Vorgang aufgezeichnet und bearbeitet werden, was eine Anhäufung personalisierter Informationen von einem beispiellosen Ausmaß zur Folge hat“.[23] Diese „Ontologie der Alltagskontrolle“ – wie Fiona Allon in ihrer Arbeit über „smart homes“, also intelligent vernetzte Häuser, schreibt – ist nicht neu, relativ neu ist hingegen die Naturalisierung.

Die Gesichtserkennungstechnologie wird ein zentraler Faktor dieser naturalisierten – eingebetteten und unsichtbaren – Ontologie der Alltagskontrolle. Als eine auf Marketing und Überwachung beruhende biometrische sowie fotografische Technologie besteht einer ihrer wesentlichen Vorteile gegenüber anderen biometrischen Technologien wie Fingerabdruck oder Iris-Scanning darin, dass sie aus der Distanz operiert und weder Zustimmung noch Partizipation erfordert. Gesichtserkennung ist eine Standardeinstellung bei sozialen Netzwerken wie Facebook, das automatische Tagging-Vorschläge bietet, wenn der Nutzer Fotografien von Freunden und Familie hochlädt. Auf internationalen Flughäfen und anderen öffentlichen Plätzen, wo Sicherheit und/oder Handel auf dem Spiel stehen, wird sie allgegenwärtig. Das Ziel der Gesichtserkennung ist es, ein Gesicht aus einer Menge herausgreifen und identifizieren zu können, indem man es mit einer Datenbank abgleicht. Während dieses Ziel, wie ich zeigen werde, schwer zu erreichen ist, besteht ein weiteres darin, auf der Grundlage von Geschlecht, Ethnie [race] und Alter zwischen Gesichtsklassen unterscheiden zu lernen. Dies ist insofern einfacher, als auf Gruppen und nicht auf Einzelpersonen Bezug genommen und auf biologische Unterschiede rekurriert wird. Behauptungen der Branche zufolge sind Gesichtserkennungssysteme sowohl autonom als auch umgebungsintelligent: worauf aber beruhen diese Behauptungen und wie *smart* ist die Gesichtserkennung wirklich?

Die in den feministischen Science and Technology Studies entwickelten Methoden und Formen der Kritik eignen sich wohl am besten, um dieser Frage nachzugehen. Suchman beispielsweise verwendet ethnografische Methoden, um Annahmen über die Autonomie der Maschinen zu hinterfragen.[24] Ob sie Software oder Hardware analysiert, die KI-fähigen, sprachbasierten Avatare eines Performancekünstlers oder einen vermeintlich eigenständigen Roboter, der seine Gefühle ausdrückt, sie erfasst das Artefakt in situ und beschreibt detailliert die Betriebsstörungen, wodurch deren vermeintliche Autonomie entlarvt wird. Die mit solchen Gegenständen verbundenen Affekte sind für Suchman „Auswirkungen vielfältiger Instanzen“, wozu auch die unsichtbare Arbeit von Designern, Trainern und Programmierern zählt.[25] Maschinenautonomie gibt es schlichtweg nicht oder nur als Handlungen und als Projektion von Eigenschaften – wie Intelligenz und Emotion – die als menschlich assoziiert werden. In den feministischen *Science and Technology Studies* wird der Humanismus als diskriminierende Denkweise angesehen, die auf einer Reihe kartesischer Dualismen gründet, auf falschen Trennungen, die geschlechtsbezogen und hierarchisch sind. Für Haraway, deren Methoden die Ethnografie als eine Form gesellschaftlichen und wissenschaftlichen Erzählens einschließen, konstituiert der Kartesianismus eine Matrix der Herrschaft, eine Geschichte über Natur und Kultur, die neu erzählt werden kann und muss.[26] Für die Physikerin und Philosophin Karen Barad ist der Kartesianismus eine mit einer Sehweise verknüpfte Denkweise [*habit of mind*], die sowohl Teilchen als auch Menschen als vermeintlich autonome Entitäten fabriziert.[27] Ihre Theorie der Verschränkung hinterfragt die falschen Unterscheidungen von Humanismus und Repräsentationalismus, die ihrer Ansicht nach ein „Glaube an die ontologische Unterscheidung zwischen Repräsentationen und dem, was sie zu repräsentieren vorgeben" sind.[28] Personen und Teilchen, Menschen und Maschinen sind insofern miteinander verschränkt, als sie keine „unabhängige, in sich abgeschlossene Existenz" besitzen.[29] Ontologische und epistemologische Verschränkungen unterminieren die Grundprinzipien des Repräsentationalismus, denen zufolge Menschen Maschinen so darstellen können, als ob es eine essentielle Unterscheidung oder Kluft zwischen ihnen gäbe.[30] Suchman wird nicht müde zu betonen, dass diese spezifische Unterscheidung von einem industriepolitischen Standpunkt aus äußerst zweckdienlich ist, da sie die technologischen Innovationen zur Überwindung derselben legitimiert, etwa indem Maschinen und Maschinensysteme autonomer und intelligenter gemacht werden.[31]

Gesichtserkennungssysteme versuchen die Trennung zwischen menschlichem Sehen und maschineller Bildverarbeitung oder spezifischer zwischen menschlichen und maschinellen Fähigkeiten für eine auf dem Erscheinungsbild beruhende Gesichtserkennung und -identifikation zu überwinden. Fragen nach der Genauigkeit und Leistung des Systems rücken in den Vordergrund, weil der Vergleich für Letzteres nach wie vor unvorteilhaft ausfällt. Die damit verbundene Versagensangst dient zur Legitimation einer Reihe technologischer Innovationen, beispielsweise der Verwendung der KI, die dazu verwendet werden, diese Lücke zu schließen: „KI-Ansätze verwenden Anwendungsprogramme wie neuronale Netzwerke und Techniken des maschinellen Lernens, um Gesichter zu erkennen".[32] Wie lernen Maschinen? Diese Frage wurde ausführlich erörtert, doch ist in diesem Kontext klar, dass zusätzlich zu Mustererkennungs- und Sortiertechniken, die in den folgenden Abschnitten erörtert werden, der wesentliche Mechanismus des maschinellen Lernens der Reduktionismus ist. Matthew Turk und Alex Pentland haben einen bedeutenden Beitrag zur Entwicklung der Gesichtserkennung geleistet. Für sie ist „die Entwicklung eines rechnerischen Modells für die Gesichtserkennung ziemlich schwierig, weil Gesichter komplex, multidimensional und aussagekräftige visuelle Reize" sind.[33] Gesichtserkennungssysteme ersetzen die Bedeutung von

Gesichtern durch eine Mathematik der Gesichter, reduzieren ihre Komplexität und Multidimensionalität auf messbare und vorhersagbare Kriterien. Darüber hinaus erfordert die Gesichtserkennungstechnologie eine Reduktion der Variationen von Gesichtsbildern und Umgebungen und muss letztlich Gesichter durch Vektoren (Hauptkomponenten des Gesichts) oder standardisierte Templates ersetzen, um überhaupt etwas zu lernen. Die Genauigkeit und Leistung des Systems hängt von „begrenzten Umgebungen wie etwa einem Büro oder einem Privathaushalt" ab.[34] Das Gesichtsbild, das dem System zur Erkennung präsentiert wird, muss zentriert sein, „dieselbe Größe haben wie die Trainingsbilder" und in Frontal- oder Profilansicht wiedergegeben sein; es reproduziert auf diese Weise – als Input – die Fahndungsfotos, die sich den Sichtweisen des 19. Jahrhunderts verdanken.[35] Suchman folgend hat Kelly Gates erkannt, dass durch die Vernachlässigung der Arbeit die Illusion von Autonomie in der Gesichtserkennungstechnologie gewährleistet wird.[36] Es gibt auch eine Reihe technischer Störungen,[37] die in Verbindung mit dem Reduktionismus den Anspruch der Smart Photography, *smart* zu sein, einschränken. Können wir diesen Anspruch demnach insgesamt fallenlassen? Meiner Meinung nach nicht, da er in der Systemarchitektur selbst begründet ist. Hier materialisiert sich *smartness* in den Mustererkennungs- und in Sortieralgorithmen, die lernen Gesichter zu identifizieren, indem sie Unterscheidungen treffen sowie ontologische und epistemologische Unterschiede wie zwischen männlich und weiblich, schwarz und weiß, alt und jung generieren. Diese Unterschiede müssen in diesem Fall unversöhnte Gegensätze bleiben, weil sie Systemleistung nur dann garantieren, wenn sie auf eine Reihe essentialisierter Kategorien reduziert werden, das heißt gewährleisten, dass der Input (ein erkennbares Gesicht) dem Output (einem erkannten Gesicht) entspricht.

SORTIERALGORITHMEN

Das Ziel eines Gesichtserkennungssystems besteht darin, jemanden auf einem Stand- oder Videobild zu überprüfen oder zu erkennen. Nach Beschaffung eines ersten Bildes (Testbild) muss das System zunächst das Gesicht entdecken oder zwischen dem Gesicht und seiner Umgebung unterscheiden. Dazu werden bestimmte Erkennungsmerkmale ausgewählt, um sie mit der Datenbank abzugleichen oder Templates von Standardmerkmalen – Mittelwerte oder Typen – generiert. Sobald das Gesicht ausfindig gemacht ist, wird es normalisiert oder in Hinblick auf etablierte fotografische Codes wie Belichtung, Format, Stellung und Auflösung standardisiert. Auch dies wird durch einen Abgleich mit der Datenbank unterstützt. Der Normalisierungsalgorithmus kann allerdings nur kleine Abweichungen kompensieren, weshalb das Testbild einem Normporträt bereits so ähnlich wie möglich sein muss. Um die Gesichtserkennung zu erleichtern, muss das bereits standardisierte Bild in eine vereinfachte mathematische Repräsentation übertragen und umgewandelt werden, die biometrisches Template genannt wird. Der Trick bei diesem Verfahren der reduktiven Berechnung besteht darin, genügend Informationen zu erhalten, um ein Template von einem anderen unterscheiden und dadurch das Risiko „biometrischer Doppelgänger“ vermeiden zu können.[38]

Den Herstellern und Befürwortern von Gesichtserkennungssystemen zufolge wird durch die komplexe Abfolge technischer Eingriffe und Veränderungen, die auf dem Gesichtsbild vorgenommen werden, die Objektivität des Prozesses in keiner Weise unterminiert. Dies ist teilweise darauf zurückzuführen, dass das dem System zugrundeliegende Prinzip fotografisch ist und die Autorität der Fotografie historisch nicht nur auf ihren starken Anspruch auf Indexikalität zurückzuführen ist, sondern auch auf ihre Entwicklung und Verwendung in eben jenen Institutionen, in denen sie nach wie vor zum Einsatz kommt. Es ist gut dokumentiert, dass die Geschichte der Fotografie als Bildgebungstechnologie untrennbar mit den disziplinären Institutionen den 19. Jahrhunderts verbunden ist.[39] Im Kontext der industriellen Revolution in Westeuropa bestand erkennbarer Bedarf, die neu urbanisierten Massen zu versorgen und zu kontrollieren, die Ausbreitung von Armut, Krankheit und Verbrechen zu bekämpfen und einzudämmen und die „unproduktive Bevölkerung der Kranken, Verrückten und Bösen“ produktiv zu machen. Neben Hospitälern, Schulen, Asylen und Arbeitshäusern trat ein neuer Polizeiapparat in Erscheinung – in diesem Kontext entwickelte Alphonse Bertillon das erste Identifizierungssystem für Straftäter, für das er neben anthropometrischen und statistischen Methoden auch die Fotografie verwendete. Die Anthropometrie entspricht weitgehend der heutigen Biometrie: Bertillon nahm elf Körpermaße von jedem einzelnen Straftäter ab und protokollierte sie nebst En-face- und Profilporträts und einer kurzen schriftlichen Beschreibung besonderer Merkmale in Karteikarten. Als sein Archiv der *Portraits parlés* an Umfang gewann, musste er es organisieren, was er mithilfe des Konzepts des Durchschnittsmenschen tat. Statistisch konnte der Durchschnitts- oder Mittelwert durch die glockenförmige Kurve ausgedrückt werden, doch war dieser, wie Allan Sekula aufgezeigt hat, auch an die Normalität und das gesellschaftliche Ideal gekoppelt, während die Differenz zum Mittelwert mit Devianz verbunden war.[40] Zudem wurde dieser gleitende Übergang von einem rein statistischen zu einem diskriminierenden Sozialrecht der Durchschnittswerte von einem Klima unterstützt, das vom Glauben an die Scheinwissenschaften der Physiognomie und Phrenologie geprägt war. Während die Phrenologie Korrespondenzen zwischen der Topografie von Schädeln und geistigen Eigenschaften erstellte, ließ der Physiognomie zufolge die Anordnung der Gesichtszüge Rückschlüsse auf Eigenschaften zu, sodass eine niedrige Stirn beispielsweise als Zeichen für mangelnde Intelligenz gewertet wurde. Allgemeiner gehalten schrieb Havelock Ellis in seinem Buch *Verbrecher und Verbrechen* im Abschnitt „Über die Physiognomie des Verbrechers“, dass „wirklich schöne Gesichter bei Verbrechern selten vorkommen; das Vorurtheil gegen Hässliche und Missgestaltete ist nicht ohne eine gewisse gesunde Begründung.“[41]

Sekula lässt keinen Zweifel daran, dass die Fotografie eine zentrale, wenngleich problematische Rolle bei der Bildung dieses gigantischen und schändlichen Archivs des 19. Jahrhunderts spielte. Die Fotografie fungierte als wirksamer Mechanismus der Überwachung, Aufzeichnung, Normalisierung und gesellschaftlichen Kontrolle, konnte die Identitäten von Straftätern aber nicht allein eruieren und benötigte als Ergänzung sprachliche, anthropometrische und statistische Maßnahmen.

Die Autorität von Bertillons Identifizierungssystem beruhte nicht auf der Kamera, sondern auf einem „bürokratische[n], statistische[n], erkennungsdienstliche[n] System".[42] Dieses System wurde seither kontinuierlich verbessert und manifestiert sich – trotz des Übergangs von der analogen zur digitalen Bildgebung – in den computergestützten kriminologischen Identifizierungssystemen des späten 20. Jahrhunderts. Diese international verwendeten Systeme stützten sich auf eine Datenbank mit analogen und digitalen Fotografien und wurden nach nachvollziehbaren Grundsätzen organisiert und betrieben. Jacques Penry, der Erfinder von PhotoFIT (das zur Grundlage von E-FIT und CD-FIT wurde), stützte sein Identifizierungssystem auf die Einführung von Gesichtsnormen und Messabweichungen von dieser Norm. Er erklärte, dass Gesichter entweder eckig, rundlich oder eine Kombination von beidem seien.[43] Da Gesichtsmerkmale variieren, hielt er es für hilfreich, „über eine Reihe von Standards oder Gesichtsmessungen zu verfügen, anhand derer man beurteilen könne, ob ein Merkmal in Bezug auf den Gesichtsbereich, in dem es auftritt, ‚groß', oder ‚klein' (‚lang' oder ‚kurz') ist".[44] Penry legte einen Entwurf „normaler Proportionen" vor (Abb. 1), der als Vorlage zur Vermessung von Gesichtern diente. Als Physiognomiker verknüpfte er Gesichtsmerkmale auch mit der Persönlichkeit, wobei er ausführte, dass etwa ein Mund mit hochgezogenen Winkeln einem stets fröhlichen Besitzer zuzuordnen sei, „ein voller Mund mit fleischigen Lippen oder ein unscharf gezeichneter Mund hingegen auf einen prinzipiellen Mangel an Kontrolle über emotionale Impulse hinweist".[45] Während ein herkömmliches Fotoalbum nach wie vor zu Erkennungs- oder Identifizierungszwecken benutzt werden könnte (falls der Verdächtige dem Zeugen unbekannt war, der Polizei aber bekannt sein könnte), wurden computergestützte Systeme verwendet, um den Zeugen bei der Gesichtserinnerung zu unterstützen. Diese Systeme basierten auf zwei unterschiedlichen Formen der Codierung sowie der Verwendung spezieller *kognitiver* Interviewtechniken, die Augenzeugen helfen sollten, den Kontext des Delikts zu rekonstruieren und ihr Gedächtnis systematisch zu durchforschen.[46] Die geometrische Codierung bezog die Vermessung der Gesichtsmerkmale auf Bildern mit ein und ist nach wie vor die Grundlage des Vorgehens in der Gesichtserkennungstechnologie. Bei der syntaktischen Codierung wurden eher Gesichtsbeschreibungen als -messungen verwendet, insofern hatte sie vermutlich eine gewisse Ähnlichkeit mit Beobachtungen, wie Zeugen sie äußern, etwa „er hatte eine lange Nase" oder „sie hatte abstehende Ohren". Ein Gesicht und damit eine Identität nach dem Gedächtnis eines Zeugen zu rekonstruieren, war nie einfach. Das Bild des

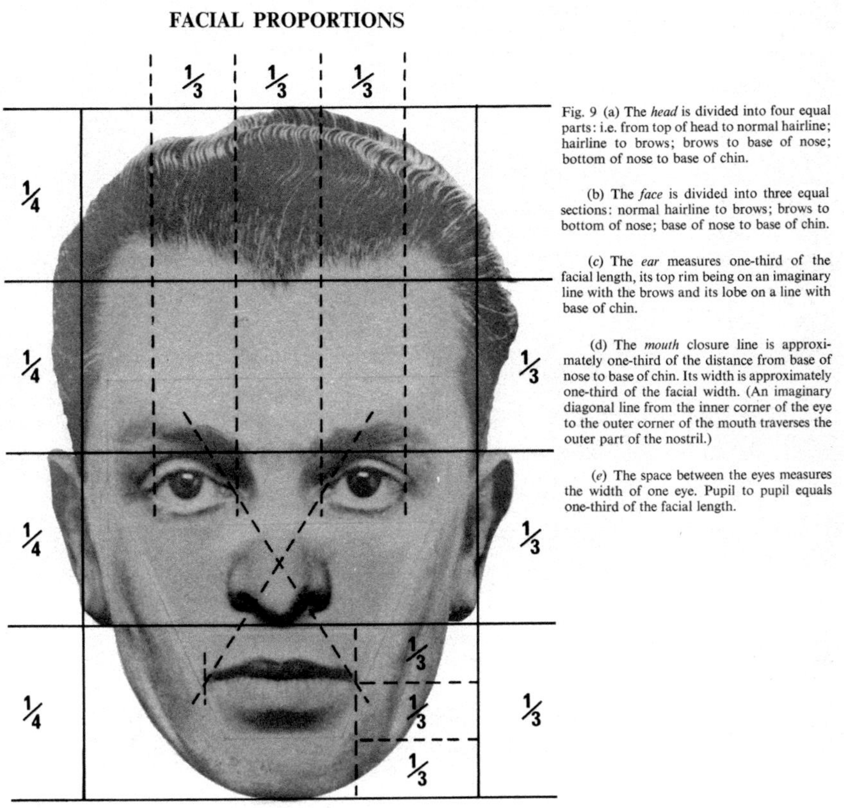

—— 1: Normalisierte Gesichtsproportionen, aus: Jacques Penry, Looking at Faces and Remembering Them: A Guide to Facial Identification (London: Elek Books, 1971), 29, Abb. 9.

Gesichts wurde minutiös, Merkmal für Merkmal, aufgebaut, das Verfahren war langwierig und mühevoll und endete nur allzu oft damit, dass der Zeuge ermüdete – und der Versuch scheiterte. Die Wirksamkeit dieser zu jener Zeit neuen Computersysteme wurde schon damals hinterfragt, dennoch wurden sie weiter produziert und wurde ihnen – weniger von technischer Seite als von Marktkräften – zum Durchbruch verholfen.[47]

Die Gesichtserkennungstechnologien des 21. Jahrhunderts sind, ungeachtet jedweden Anspruchs auf Unparteilichkeit und verbesserte Effizienz, in dieses Vermächtnis technisch beschränkter, pseudowissenschaftlicher und politisch problematischer Praktiken des Sehens eingebettet. Dennoch sind nach den Ereignissen des 11. September die Ansprüche an diese inadäquaten bürokratischen, statistischen, erkennungsdienstlichen Systeme exponentiell gestiegen. Sie müssen zunehmend retrospektiv und proaktiv agieren, nicht nur ein Gesicht und damit eine Identität aus einem Bild erfassen, sondern uns vor schrecklichen, Furcht erregenden Ereignissen schützen, die bereits einmal stattfanden und daher auch wieder stattfinden könnten. In Zusammenhang mit der Entwicklung von Videoüberwachungsanlagen, die wohl eher zum Schutz von Eigentum als von Menschen installiert wurden, sind diese von Frustration und Wut zeugenden Appelle an eine Technologie, die uns in Stich gelassen hat, nicht neu, nun doch eine Zeitreise zu unternehmen, um schlimme Dinge ungeschehen zu machen und uns vor weiteren schlimmen Ereignissen zu bewahren. Solche Rufe – charakteristisch dafür sind die öffentlichen Reaktionen auf die körnigen Bilder von *Sicherheits*kameras, die die Entführung und Ermordung von James Bulger 1993 nicht verhindern konnten – wurden als Folge von 9/11 wieder laut und nach Rache dürstend wiederholt. Daraufhin wurde das Problem der Ermüdung und des Versagens von Zeugen, das ein Makel früherer Systeme war, mit einem Mal ernst genommen, so ernst, dass die Rolle der Augenzeugen in der Folge marginalisiert und langsam aus dem zunehmend automatisierten System ausgeschlossen wurde. Vom Standpunkt der Polizei und des Geheimdienstes waren die Terroranschläge von 9/11 von dem großen Versagen des Flughafensicherheitspersonals gekennzeichnet, Mohammed Atta und seine Begleiter zu identifizieren, die von den Sicherheitskameras bereits *gesehen* und in zwei Fällen bereits von der Datenbank des US-Geheimdienstes *erfasst* worden waren. Eine Kette zerbricht immer an ihrem schwächsten Glied – von diesem Zeitpunkt an war die Voraussetzung für die Wirksamkeit der maschinellen Gesichtserkennung, sich nicht mehr menschlicher Augenzeugen, die als Hauptfehler der Maschine ausgemacht worden waren, zu bedienen.

Es ist wichtig darauf hinzuweisen, dass die automatisierten Gesichtserkennungssysteme keine Nach-9/11-Technologien sind. Ihre Geschichte geht, wie ich aufgezeigt habe, viel weiter zurück; in ihren Aufgabenbereich fällt mindestens ebenso sehr das Marketing wie die Überwachung, und sie sind ein intrinsischer Bestandteil der neuen Technoscience und ihres Versuchs, den Alltag zu erobern. In naher Zukunft können Kameras, die mit Gesichtserkennung arbeiten, auch in Einkaufszentren und exklusiveren Läden installiert werden. Ihre Aufgabe wird es sein, einzelne Kunden herauszugreifen und das Marketing und die Auslagengestaltung maßgeschneidert auf sie abzustimmen. Ivor Tossell berichtet, dass der Computerchiphersteller Intel an Gesichtserkennungssystemen arbeitet, die Kundenprofile erstellen: „Eine auf einem großen LCD-Schirm angebrachte Kamera hält Ausschau nach Gesichtern, die sich auf vier bis sechs Meter nähern. Der Bildschirm kann die Werbung, je nach *Art des Gesichts* [Hervorhebung im Original], das erfasst wurde, verändern."[48] Obwohl Bertillons System auf einer Vermessung des einzelnen Straftäters beruhte, stellte es den Einzelnen in Beziehung zur Gruppe, indem es sowohl Normen als auch Devianzen einführte. Ob in institutionellem oder kommerziellem

Kontext, die aktuelle Gesichtserkennung geht in dieselbe Richtung und klassifiziert und trennt Individuen – abhängig von ihrer Erscheinung, die als Indikator für Verhalten gilt – in Gruppen und Typen; sie lässt eine Art biopolitische Kontrolle[49] erkennen, die viel wirksamer oder zumindest heimtückischer ist, da sie aus der Distanz wirkt.

Das Gesichtserkennungssystem als Ganzes setzt sich aus Technologien und Nutzern, Bildern, Infrastruktur, Investitionen, Arbeit, Erwartung und Glaube zusammen. Im Kontext sozialer Netzwerke und anderer Bereiche sind Bedenken bezüglich des Datenschutzes berechtigt, allerdings werden sie aber vom Bild und der Infrastruktur der totalen Überwachung und des totalen Marketings überschattet, die die eigentliche Technologie an Wirkung bereits erheblich übertreffen. Während letztere nach wie vor äußerst eingeschränkt ist – angefangen von der schlechten Belichtung über den Betrachtungswinkel, der weder der standardmäßigen Frontal- noch Profilansicht entspricht, bis hin zu Hindernissen wie Haaren und Brillen, der niedrigen Auflösung und Gesichtsausdrücken, die jene auf durchschnittlichen Fahndungsfotos übertreffen – sollten wir in Betracht ziehen, was das System als Ganzes zur Folge hat. Es produziert Gesichter als Scheinobjekte, die gleichzeitig von Körpern losgelöst und mit ihnen verschmolzen sind, die ihrerseits von Identitäten losgelöst und mit ihnen verschmolzen sind. Diese Gesichter werden als statische, standardisierte fotografische Aufnahmen neu kodiert, die von Sekula – möglicherweise falsch – in eine respektvolle und eine repressive Kategorie unterteilt wurden. John Tagg zeigte auf, dass die Kategorien einander durchsetzten.[50] Sekula vertrat dennoch zu Recht die Auffassung, dass die im 19. Jahrhundert etablierten fotografischen Codes überdauern würden.[51]

Einer der bei der Gesichtserkennung verwendeten Algorithmen ist die Hauptkomponentenanalyse (*Principal Component Analysis* – PCA). Durch Entfernung irrelevanter Informationen, einschließlich der Gesichtskontur selbst, liefert sie Bilder, die an Francis Galtons eugenische Kompositbilder erinnern.[52] Die Hauptkomponentenanalyse reduziert Gesichter auf Vektoren und setzt sie als Eigengesichter (auch *eigenfaces* genannt) wieder zusammen. In „Eigenfaces for Recognition" erläutern Turk und Pentland, dass das System funktioniert, „indem Gesichtsbilder auf einen Gesichtsraum projiziert werden, der die wesentlichen Variationen von bekannten Gesichtsbildern umfasst".[53] Markante Merkmale werden als Eigengesichter bezeichnet, „weil sie die Eigenvektoren (Hauptkomponenten) der Menge an Gesichtern" sind. Sie können vertrauten Merkmalen wie Augen oder Nasen entsprechen, deren geometrische Beziehung dann – nach Penrys Vorgaben – vermessen und berechnet wird. Jede Eingabe oder jedes einzelne Gesichtsbild ist „eine gewichtete Summe von Eigengesichtsmerkmalen; um ein bestimmtes Gesicht zu erkennen, muss man diese Gewichte daher nur mit jenen bekannter Personen vergleichen".[54] Turk und Pentland haben darauf verwiesen, dass ein Eigengesicht „eine äußerst kompakte Repräsentation" sei, und zwar nicht nur des Gesichts, sondern des ursprünglichen Gesichtsbilds.[55] Es ist eher eine praktische denn eine elegante Lösung des Problems der Gesichtserkennung.[56]

Ein weiterer wesentlicher Algorithmus ist die Lineare Diskriminanzanalyse (LDA). Ähnlich wie Havelock Ellis in seinen Studien über den Typus des Verbrechers kreiert die LDA Gesichtsklassen. In ihrem Überblick über Gesichtserkennungstechniken erläutern Jafri und Arabi, dass die LDA „das Verhältnis der Streuung zwischen den Klassen maximiert" und bei der Klassifizierung und Unterscheidung von Gesichtsklassen besser sei als die Hauptkomponentenanalyse.[57] Dies ist teilweise vielleicht darauf zurückzuführen, dass dieser Ansatz mit einer Auswahl von Gesichtern beginnt, die bereits distinktiv sind. Die LDA-Forscher Kamran Etemad und Rama Chellappa formulierten es wie folgt: „Zunächst benötigen wir eine Trainingsmenge, die aus einer relativ großen Gruppe von Personen mit unterschiedlichen Gesichtsmerkmalen besteht. Die geeignete Auswahl der Trainingsmenge bestimmt damit unmittelbar die Validität des Endergebnisses."[58] Die Sortieralgorithmen unterscheiden zwischen Klassen und Typen von Gesichtern. Sowohl LDA als zunehmend auch PCA werden verwendet, um aufgrund des Geschlechts zu unterscheiden.

DIFFERENZ UND DISSENS

Die derzeitigen Gesichtserkennungssysteme unterscheiden sich von früheren analogen und digitalen Systemen dadurch, dass sie nicht auf die Rekonstruktion (*recall*), sondern ausschließlich auf die Erkennung von Gesichtern ausgerichtet sind. Sie wurden in Hinblick auf die Erfordernisse der Überwachung und des Marketings – Zielauswahl (*targeting*), Standortverfolgung und Lokalisierung – entworfen. Ein Gesicht aus einer Menge herauszugreifen, ist jedoch schwieriger und fehleranfälliger, als eine Gesichtsklasse aus einer anderen zu erkennen, insbesondere wenn diese Klasse sich auf biologische Kategorien auf der Grundlage von Geschlecht, Ethnie [race] und Alter beruft. Diese Kategorien werden durch geometrische Codierungsverfahren naturalisiert (wobei die syntaktische Codierung der Gesichtsrekonstruktion [*face recall*] vorbehalten ist) und die Norm dieser Techniken nach wie vor der junge männliche Weiße ist.

Penrys PhotoFIT-Set kam in den 1970er Jahren in Verwendung und bestand aus fotografischen Aufnahmen von fünf Merkmalen (Haare und Stirn, Augen, Nase, Mund und Kinn), die auf Karton aufgezogen waren.[59] Penry bezog je eine Datenbank mit Aufnahmen von Männern und Frauen ein, beanspruchte aber, eine allgemein gültige geschlechtslose Gesichtstopografie einzuführen. Diese war eigentlich von einer Norm abgeleitet – jener des jungen männlichen Weißen (Abb. 2) –, an der die Gesichtserkennung nach wie vor festhält, allerdings mit Zielen wie den „Zugang zu bestimmten Bereichen aufgrund der Geschlechtszugehörigkeit zu beschränken" oder „nützliche demografische Daten zu sammeln" wie etwa „die Anzahl von Frauen, die einen Laden an einem bestimmten Tag betreten".[60] Der Übergang von der Disziplinar- zur Biomacht ist für Foucault durch die zunehmende Verwendung von demografischen Daten und Statistiken bedingt, die bewirkte,

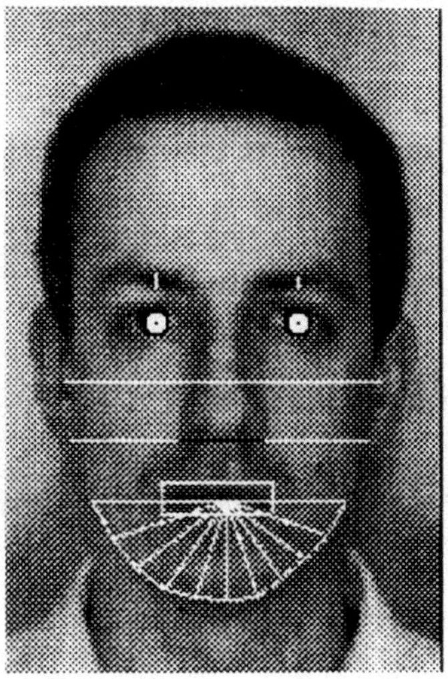

1	pupil to eyebrows separation
2	pupil to nose vertical distance
3	pupil to mouth vertical distance
4	pupil to chin vertical distance
5	eyebrows thickness
6	nose width
7	mouth width
8	bizygomatic breadth
9	bigonial breadth
10-15	six chin radii
16	mouth height

___ 2: Geometrische Merkmale (weiß), die in der aktuellen Gesichtserkennung verwendet werden, aus: Roberto Brunelli und Tomaso Poggio: HyperBF Networks for Gender Classification, Proceedings. DARPA Image Understanding Workshop, San Diego (San Mateo, CA: Morgan Kaufman, 1992), 312.

dass die Machttechniken auf die Allgemeinheit der gesamten Bevölkerung und nicht auf den Einzelnen abzielen.[61] Gesichtserkennungssysteme demonstrieren beide Formen der Macht und vielleicht sogar auch den Übergang von der einen zur anderen. Dies wird verständlicher, wenn wir die biopolitischen Anwendungen und die Verwendungen der Gesichtskennungstechnologie bis zum disziplinären Design und der Architektur der Technologie selbst zurückverfolgen.

Koray Balci und Volkan Atalay präsentieren zwei Algorithmen für „Geschlechtseinschätzung".[62] Sie weisen darauf hin, dass dieselben Algorithmen „ohne jede Veränderung“ „für unterschiedliche gesichtsspezifische Aufgaben“ wie die Einschätzung der Ethnie [race] oder des Alters verwendet werden können.[63] Bei dem ersten Algorithmus werden die Trainingsbilder normalisiert und die Eigengesichter mithilfe der PCA errechnet.[64] Die PCA wird hier als statistisches Verfahren für „die Dimensionsreduktion und Merkmalsextraktion“[65] beschrieben. Die Leistung des Systems wird durch die anschließende Verwendung eines *Pruning*-Algorithmus verbessert, der statistische Verbindungen identifiziert, die für die Geschlechtseinschätzung (oder die Einschätzung von Ethnie [race] oder Alter) nicht relevant sind und diese löscht. „Nach dem Entfernen wird das System neu trainiert“ und das *Pruning* wiederholt, bis „alle Verbindungen gelöscht sind“.[66] Eine Leistungstabelle wird erstellt, die die Beziehung zwischen jeder Iteration des *Prunings*, den prozentualen Anteil der entfernten Verbindungen und die Genauigkeit des Systems zeigt. Die Genauigkeit der Geschlechtsschätzung in dem Experiment von Balci und Volkan verringert sich tatsächlich nach der achten Iteration, wenn auch nur um einige wenige Prozentpunkte, wodurch sie geltend machen können, dass das System stabil ist. Sie behaupten, dass das *Pruning*, also das Entfernen statistischer Verbindungen, die Geschlechtseinschätzung nicht in linearem oder absolutem Sinn verbessert, sondern den Klassifikationsprozess selbst.

Für Geoffrey Bowker und Susan Leigh Star ist die Klassifikation ein größtenteils unsichtbares, zunehmend technologisches und im Wesentlichen infrastrukturelles Mittel, um „Dinge auszusortieren“.[67] Es ist ein Instrument im Gefüge von Macht/Wissen, das die Dinge, die es sortiert, generiert, etwa Gesichter, die vor der Sortierung keinesfalls „eindeutige Entitäten“ sind.[68] Das Bestehen eines *Pruning*-Algorithmus, der die Mehrdeutigkeit von Gesichtern reduziert, zeugt von deren Undefinierbarkeit oder dem ihnen inhärenten Widerstand gegen Klassifikation als eine Form des Repräsentationalismus. Die Behauptung, dass in den auf dem Erscheinungsbild beruhenden Gesichtserkennungssystemen eine Krise des Repräsentationalismus herrscht, ginge vielleicht zu weit. Deren Designer und Konstrukteure sind sich jedoch darüber im Klaren, dass sich Gesichter „der Abbildung widersetzen“,[69] weil sie „komplex und multidimensional“[70] und keine „eindeutigen, starren“ Objekte sind.[71] Aud Sissel Hoel befasst sich aus der Perspektive der Visual Studies sowie der Science and Technology Studies mit der Differenz, die computergestützte Formen der Visualisierung – wie die Gesichtserkennung – erzeugen. Sie wirft die wichtige Frage auf, „ob die neue Generation der computergestützten Abbildung in allen ihren Formen dem Repräsentationalismus den ultimativen Stoß versetzt – zugunsten dynamischer und relationaler Ansätze“, die besser geeignet sein könnten, mit den Verschränkungen von Technologie und Wissen, Macht und Wahrnehmung zurande zu kommen.[72] Für mich wäre es der Vorteil eines eher dynamischen relationalen Ansatzes bei der Produktion von Gesichtern in der Gesichtserkennungstechnologie, dass der Repräsentationalismus und sogar der Humanismus als Forderung, als Abwehrreaktion angesichts der nicht-essentiellen Ontologie und dynamischen Koevolution von Gesichtern mit technologischen Systemen mit einbezogen würden. Doch ist dieser defensive Schachzug in zweifacher Hinsicht relevant: Er ist sowohl bedeutungstragend als auch materiell, er reproduziert Normen, etwa des Geschlechts, in einer Maschine, die innerhalb einer Population zu klassifizieren, zu sortieren und zu unterscheiden/diskriminieren lernt, und zwar besser als das zuvor möglich war. Wenn dies ein ultimativer Stoß gegen den Repräsentationalismus ist, dann einer, der diesen eher stärkt, als dass er ihm eine Absage erteilt. Die Gesichtserkennungstechnologie hält den Glauben an das Vorhandensein ontologischer Diskrepanzen zwischen Repräsentationen und dem, was sie repräsentieren, aufrecht. Sie reproduziert die Normen der disziplinären Fotografie des 19. Jahrhunderts gerade in dem Moment, in dem die Fotografie sich mit der auf Sicherheit basierenden Biopolitik des computergestützten Sehens (Computational Vision) und smarten Sortieralgorithmen verbündet. So gesehen besteht Gates zu Recht darauf, dass neue Blickwinkel alte Sichtweisen sowie alte Forderungen nach einer unvermittelten Visualität unterstreichen können.[73] Wie sie habe ich die Autonomie der Gesichtserkennungssysteme hinterfragt, ohne zu verleugnen, dass diese in Verbindung mit menschlichem Input jeder Art einen „agentiellen Realismus", wie Barad es nannte,[74] in Szene setzen, der sowohl Kategorien als auch Entitäten generiert, indem er männlich von weiblich, schwarz von weiß, alt von jung trennt und sortiert. In einem Kontext, in dem Sicherheitssysteme zur Gänze in jene des Marketings eingebunden sind, überschneiden sich diese besonderen Epistem-Ontologien in vorhersehbarer Weise mit der Kategorie des Straftäters/Bürger-Konsumenten.[75] Seit den Ereignissen von 9/11 ist das stereotype Gesicht des Terrors (gegendert, rassifiziert) vielleicht das am häufigsten dargestellte und am schwersten fassbare von allen. Wenn das Problem aus systemtechnischer Sicht darin besteht, dass die Kategorien durchlässig sind und die Klassifikationsstruktur nicht hält, besteht die Lösung darin, sie mittels *Pruning* zu verstärken. Dieser Prozess des agentiellen Trennens und Sortierens stärkt statistische Gruppen, indem Verbindungen zwischen ihnen gelöscht werden, und hier ist auch exakt der Punkt einer möglichen Intervention, eines Eingreifens in die Biopolitik und Ethik des computergestützten Sehens zugunsten von Differenz.

CONCLUSIO: DIE VERBINDUNG VON ALGORITHMEN, DAS ER-KENNEN VON GESICHTERN UND DIE NEUDEFINITION VON SMART IN DER FOTOGRAFIE

Barad und Haraway verstehen Ethik als Prozess des mit konstitutiven Anderen Mit-Werdens.[76] Im Besonderen geht es um das Erkennen und die Übernahme von Verantwortung für die „dynamischen Relationalitäten", die Menschen und Maschinen, Subjekte und Objekte, das Selbst und die anderen verbinden und unterscheiden.[77] Ethik gründet hier auf einer nicht-essentialistischen Herangehensweise an die Ontologie und auf einer aktiven Missachtung der Kategorien, die der Humanismus hochhält – unsere „kartesischen Gewohnheiten des Geistes".[78] Insbesondere Haraway ist in ihrem Plädoyer für Differenz sehr explizit, sie befürwortet eine praxisorientierte Herangehensweise an die Technologie, die diese als Werkzeug politischer Intervention begreift. Sie sympathisiert mit Derridas Dekonstruktion, während sie gleichzeitig nach einer Möglichkeit sucht, die Geschichten der Technoscience neu zu erzählen und sich auf ein „ernsthaftes Spiel" einzulassen.[79]

Welche Interventions- und Verbesserungsmöglichkeiten gibt es in der Gesichtserkennungstechnologie? Ich habe bereits auf die Funktionsschwächen und technischen Beschränkungen hingewiesen, durch die das System seine Strukturen offenlegt. Die Gesichtserkennung scheitert in unkontrollierten Umgebungen. Sie kommt mit schlechten Lichtverhältnissen oder unzureichender Auflösung nicht zurecht, kämpft mit Gesichtsbehaarung und Brillen und kann nur sechs einfache Ausdrucksformen sortieren, die sie durch Reduktion der Variation und automatische Ausdrucksanalyse produzieren muss.[80] Ziel ist es, „eine Reihe prototypischer emotionaler Gesichtsausdrücke zu erkennen", und zwar aus einer Liste ohne Anspruch auf Vollständigkeit: „Zorn, Ekel, Angst, Freude, Überraschung und Traurigkeit".[81] In Ergänzung zu dem, was Foucault als die der Bio-Macht inhärente Zirkularität erkannte,[82] bekennen Forscher, dass „die meisten der existierenden Arbeiten auf Ausdrucksdaten beruhen, die gesammelt wurden, indem man Personen bat, bewusst für Gesichtsausdrücke zu posieren".[83]

An anderer Stelle habe ich die Frage gestellt, ob kommerziell verfügbare Software zur Deformation von Gesichtern wie Apples *Photo Booth* einen Weg aus dieser Zirkularität oder durch diese bietet.[84] Dies lässt sich aber schwer behaupten, wenn die Software nur eine Reihe von Prototypen durch eine andere ersetzt. Statt Zorn, Ekel etc. erhalten wir eine ziemlich feststehende Auswahl an Gesichtsverzerrungen – das verzogene Gesicht, das flach gepresste Gesicht und das Gesicht mit Kaleidoskop-Effekt. Kommerzielle Anwendungen verfügen über den Modus Gesichtsverzerrung und ergänzen und erweitern Sicherheitsanwendungen eher, als dass sie diese konterkarieren. Dennoch hat die Gesichtserkennungstechnologie blindes Vertrauen in das schlecht belichtete Fahndungsfoto *en face*, das weiterbehandelt wird, indem Haare und Gesichtskontur entfernt werden, um gegenderte Stereotypen und exemplarische Differenzen zu generieren. Die Verbindungen der Kategorien männlich/weiblich, schwarz/weiß, alt/jung werden an der Entscheidungsgrenze gelöscht. Was wäre, wenn dies nicht geschähe? Was wäre, wenn ein Sortieralgorithmus durch den Ersatz einiger weniger grundlegender Instruktionen zu einem Verbindungsalgorithmus würde?

> „Für alle Verbindungen berechne keinen Fehlergradienten
> berechne Schwellenwert für Verbindung
> füge Verbindungen gemäß Schwellenwert hinzu
> bis alle Verbindungen hergestellt sind"[85]

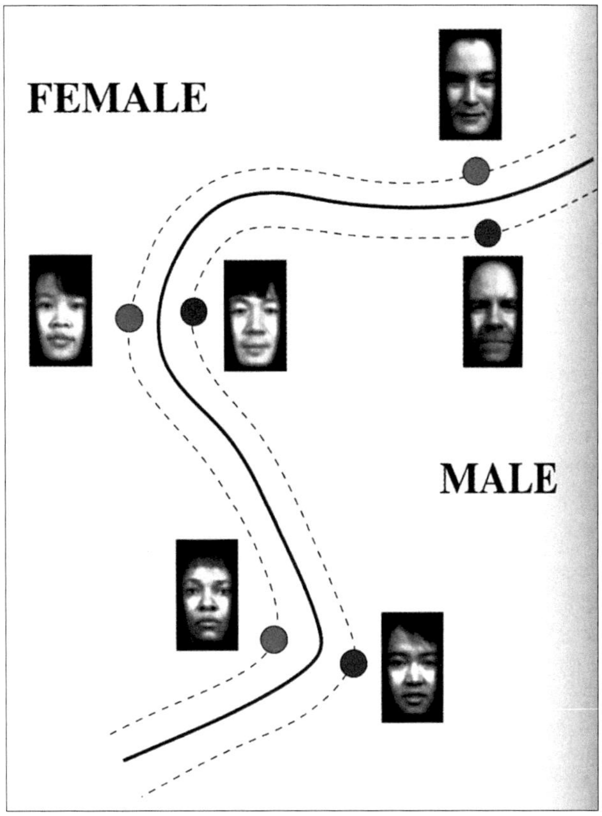

___ 3: Gesichter an der Grenze, aus: Baback Moghaddam und Ming-Hsuan Yang, „Learning Gender with Support Faces", in IEEE Transactions on Pattern Analysis and Machine Intelligence 24, Nr. 5 (2002), 5.

Durch das Schreiben von Software kann zwar die Geschichte der Gesichtserkennung nicht neu erzählt werden, es wäre aber, wie Anderson und Pold meinen,[86] ein guter Ausgangspunkt für ein solches Unterfangen. Die Möglichkeit dafür zeigt sich deutlich darin, dass das System mit Ambiguität zu kämpfen hat, einschließlich und insbesondere mit geschlechtlicher Ambiguität. Für eines der Forschungslabore verläuft die Linie zwischen männlich und weiblich weder gerade noch eindeutig. Moghaddam und Yang bezeichnen sie als kurvige, sich schlängelnde, unvollständige Trajektorie, auf deren beiden Seiten sich, sehr nahe zur Grenze, Gesichter befinden (Abb. 3).[87] „Es ist interessant", schreiben sie, „nicht nur die visuelle Ähnlichkeit eines beliebigen Paares festzustellen, sondern auch dessen androgynes Erscheinungsbild".[88] Das ist tatsächlich interessant, insbesondere wenn man darüber hinaus in Betracht zieht, dass es „höhere Fehlerraten bei der Klassifikation von Frauen" gibt, was „mit großer Wahrscheinlichkeit auf den generellen Mangel an typischen und ausgeprägten Gesichtsmerkmalen in diesen Gesichtern zurückzuführen ist".[89] Wenn der „Informationsgehalt der Augenbrauen", wie Brunelli und Poggio berichten,[90] als einer der hilfreichsten Ansatzpunkte für die Unterscheidung von männlich und weiblich angesehen wird, dann wissen alle, die ihre Androgynität betonen möchten, je nachdem auf welcher Seite der Linie sie sich wiederfinden, ob sie diese zupfen sollen oder nicht.

Ein Verbindungsalgorithmus würde Gesichter als weiblich-männlich-schwarz-weiß-alt-jung erkennen und neu denken. Diese Gesichter würden feministische, antirassistische, gegen Altersdiskriminierung gerichtete Figurationen konstituieren, cyborgähnliche performative Bilder und politische Imaginationen. Sie würden eine nicht diskriminierende Politik und Ethik veranschaulichen, die auf Verschränkung und Relationalität, wenn nicht – oder noch nicht – auf Symmetrie beruht. Wenn die Relationalität auch keine Lösung für das Problem der asymmetrischen Machtbeziehungen ist, so ist sie doch eine Möglichkeit und ein guter Anfang für die Übernahme von Verantwortung dafür, dass das, was sich auf der anderen Seite des agentiellen Schnitts befindet, nicht von uns getrennt ist".[91] Ein Verbindungsalgorithmus würde an einer durchlässigen Grenze ansetzen und mit ihr spielen, um die Welt der Gesichter mit mehr Potenzial für Ambivalenz auszustatten. Dieses Potenzial ist nicht grenzenlos – der Algorithmus vervollständigt seine Verbindungen – weil das klassifikatorische Trennen und Sortieren ‚menschlich' ist, das heißt dem entspricht, was Menschen tun. Wie Bowker und Star meinen: „[...] nicht alle Klassifikationen nehmen Gestalt an oder werden in kommerziellen und bürokratischen Produkten standardisiert."[92] „Wir alle verbringen, oft stillschweigend, Tag für Tag viele Stunden mit Klassifikationsarbeit und erstellen und verwenden eine Reihe von Ad-hoc-Klassifikationen dafür".[93] Alle Kategorien, die auftauchen, haben „materielle Wirkung", aber die entscheidenden Fragen bleiben: Welche Kategorien sind das? Wer erstellt sie und wer kann sie verändern? Wann und warum werden sie sichtbar?[94]

In der Gesichtserkennungstechnologie werden Geschlechtskategorien in einem breiteren soziopolitischen Kontext erneuert, in dem sie weniger von Bedeutung zu sein scheinen. Sie sind ein Schlüsselbeispiel für eine zunehmend verborgene, unsichtbare infrastrukturelle Eingrenzung, ein paradoxes Zurücknehmen der Möglichkeiten, die in den Systemen der Biotechnologie fortwährend eröffnet werden. In Gesichtserkennungssystemen wird das Gesicht renaturalisiert, nachgerüstet – als Entweder-oder innerhalb einer Umgebung, die ein zu heißes Eisen ist, als dass sie angefasst werden könnte, weshalb sie auf Büros oder Privaträume beschränkt werden muss, in denen Entweder-oder zunehmend Sowohl-als-auch bedeutet. Aber die Identität, einschließlich der Gesichtsidentität, ist keine Akkumulationsstrategie – Schnitte müssen gemacht werden, Kategorien müssen immer verhandelt werden. Eine stabile Identität ist nicht festgelegt und abgeschlossen. Gesichter verändern sich unablässig und werden unablässig durch schwer aufzubrechende Denk- und Sehgewohnheiten gefiltert und sortiert. Die Frage lautet nicht, ob man klassifizieren soll, sondern wer klassifiziert wie, wann und wo?

Die Gesichtserkennung ist eine Technologie der alltäglichen Kontrolle, die Sicherheitsinteressen voll und ganz mit jenen der Vermarktung verknüpft. Gesichter werden aus der Distanz instrumentalisiert, indem sie in Kategorien getrennt und sortiert werden, die sie renaturalisieren. Bei der Denaturalisierung geht es darum, die Grenzziehung sichtbar zu machen. Dies geschieht intern, im System selbst, das dadurch ein Interventionsfeld eröffnet. Wenn Trennen und Sortieren unvermeidbar sind, stellt sich zwar nicht die Frage, ob es gemacht werden soll, dafür aber jene, wie man es besser, smarter machen könnte, wobei *smart* nicht ein Indikator für technologische (oder menschliche) Autonomie und Fortschritt ist, sondern eher für ein Mensch-Maschine-Fotosystem, das in der Lage ist, Gesichter sowohl als Objekte als auch als ambivalente Werdende-an-der-Grenze zu betrachten.

Aus dem Englischen übersetzt von Martina Bauer

ANMERKUNGEN

* Der Aufsatz erschien unter dem Titel „Face Recognition and the Emergence of Smart Photography", in *Journal of Visual Culture* 13, Nr. 2 (2014), 182–199.

1 Karen Barad, *Meeting the Universe Halfway* (Durham, NC: Duke University Press, 2007).

2 Der umstrittene Begriff Konvergenz beschreibt mindestens ebenso kulturelle und ökonomische wie technologische Prozesse. Für Bolter und Grusin ist Konvergenz ein anderes Wort für Remediation oder das interdependente Geflecht alter und neuer Medien. Vgl. Jay D. Bolter und Richard Grusin, „Remediation: Zum Verständnis digitaler Medien durch die Bestimmung ihres Verhältnisses zu älteren Medien", in Gisela Febel (Hg.), *Kunst und Medialität* (Stuttgart: Akad. Schloss Solitude, 2004 [2002]), 11–36.

3 Donna Haraway, *How Like a Leaf: An Interview with Thyrza Nichols Goodeve* (New York: Routledge, 2000), 25.

4 Ibid., 26.

5 Sarah Kember, „Doing technoscience as (new) media", in James Curran und David Morley (Hg.), *Media and Cultural Theory* (London: Routledge, 2006), 235–249.

6 Haraway, *How Like a Leaf* (siehe Anm. 3), 26.

7 Althussers Begriff der Interpellation bzw. Anrufung des Subjekts bezieht sich darauf, wie Subjekte in die Ideologie eintreten und durch Ideologie konstituiert werden. Vgl. Louis Althusser, *Lenin und die Philsophie. Über die Beziehung von Marx zu Hegel*, übersetzt von Klaus-Dieter Thieme (Reinbek bei Hamburg: Rowohlt, 1974).

8 Vgl. Donna Haraway, *Die Neuerfindung der Natur: Primaten, Cyborgs und Frauen*, übersetzt von Dagmar Fink et. al. (Frankfurt a. M.: Campus-Verlag, 1995 [1991]); Lucy A. Suchman, *Human-Machine Reconfigurations* (Cambridge: Cambridge University Press, 2007).

9 Fred Ritchin, „The End of Photography as We Have Known It", in Paul Wombell (Hg.), *Photovideo: Photography in the Age of the Computer* (London: Rivers Oram Press, 1991), 8–16.

10 Fred Ritchin, *After Photography* (New York: W. W. Norton & Company, 2009).

11 Baudrillard postuliert ein reziprokes Endspiel in der Beziehung zwischen Ereignissen und Medien: „die Auflösung des Fernsehens im Leben, die Auflösung des Lebens im Fernsehen". Jean Baudrillard, *Simulacres et Simulation* (Paris: Éditions Galilée, 1981).

12 Ritchin, *After Photography* (siehe Anm. 10), 25.

13 Ibid., 141.

14 Charlie Brooker, *The Entire History of You. Black Mirror*, 18.12.2011, Channel 4.

15 Ritchin, *After Photography* (siehe Anm. 10), 163.

16 Ibid., 143.

17 Geoffrey Batchen, *Each Wild Idea: Writing, Photography, History* (Cambridge, MA: The MIT Press, 2002), 59.

18 *Technoscience* ist ein von Haraway verwendeter Begriff, um auf die enge Verbindung von Wissenschaft und Technologie, Theorie und Praxis hinzuweisen. Ein Beispiel dafür ist die Biotechnologie. Vgl. Donna Haraway, *Modest_Witness@Second_Millenium. FemaleMan@_Meets_OncoMouseTM. Feminism and Technoscience* (London: Routledge, 1997).

19 Emile Aarts, Jan Korst und Wim F. J. Verhaegh, „Algorithms in Ambient Intelligence", in id. (Hg.), *Algorithms in Ambient Intelligence* (Boston, MA: Kluwer Academic, 2004), 1–19: 6.

20 Ibid.

21 Stefano Marzano, „Cultural Issues in AI", in id. et al. (Hg.), *The New Everyday: Views on Ambient Intelligence* (Rotterdam: 010 Publishers, 2003), 8.

22 Fiona Allon, „An Ontology of Everyday Control: Space, Media Flows and ‚Smart' Living in the Absolute Present", in Nick Couldry und Anna McCarthy (Hg.), *Media Space: Place, Scale and Culture in a Media Age* (London: Routledge, 2003), 253–274: 264.

23 Ibid.

24 Vgl. Suchman, *Human-Machine Reconfigurations* (siehe Anm. 8).

25 Ibid., 246.

26 Haraway, *Die Neuerfindung der Natur: Primaten, Cyborgs und Frauen* (siehe Anm. 8).

27 Barad, *Meeting the Universe Halfway* (siehe Anm. 1).

28 Ibid., 46.

29 Ibid., IX.

30 Ibid., 47.

31 Suchman, *Human-Machine Reconfigurations* (siehe Anm. 8).

32 Rabia Jafri und Hamid R. Arabnia, „A Survey of Face Recognition Techniques", in *Journal of Information Processing Systems* 5, Nr. 2 (2009), 41–67: 48.

33 Matthew Turk und Alex Pentland, „Eigenfaces for Recognition", in *Journal of Cognitive Neuroscience* 3, Nr. 1 (1991), 71–86: 71.

34 Ibid.

35 Ibid., 76.

36 Kelly A. Gates, *Our Biometric Future: Facial Recognition Technology and the Culture of Surveillance* (New York: New York University Press, 2011).

37 Lucas D. Introna und Helen Nissenbaum, *Facial Recognition Technology: A Survey of Policy and Implementation Issues* (New York: New York University, Centre for Catastrophe Preparedness and Response, 2009). Auch online verfügbar: http://www.nyu.edu/projects/nissenbaum/papers/facialrecognitionreport.pdf (Abruf 28.12.2011).

38 Ibid.

39 Allan Sekula, „Der Körper und das Archiv", in Herta Wolf (Hg.), *Diskurse der Fotografie. Fotokritik am Ende des fotografischen Zeitalters*, übersetzt von Wilfried Prantner, 2 Bde., Bd. 2 (Frankfurt a. Main: Suhrkamp, 2003), 269–334; John Tagg, *The Burden of Representation: Essays on Photographies and Histories* (London: Macmillan Education, 1988); auf dt. daraus: id., „Eine Rechtsrealität. Die Fotografie als Eigentum vor dem Gesetz", in Herta Wolf (Hg.), *Paradigma Fotografie. Fotokritik am Ende des fotografischen Zeitalters*, übersetzt von Wilfried Prantner, 2 Bd., Bd. 1 (Frankfurt a. Main: Suhrkamp, 2002), 239–254.

40 Sekula, „Der Körper und das Archiv" (siehe Anm. 39), 290–297.

41 Havelock Ellis, *Verbrecher und Verbrechen*, übersetzt von Hans Kurella (Leipzig: Wigand, 1895 [1901]), 86.

42 Sekula, „Der Körper und das Archiv" (siehe Anm. 39), 286.

43 Jacques Penry, *Looking at Faces and Remembering Them: A Guide to Facial Identification* (London: Elek Books, 1971).

44 Ibid, 27.

45 Ibid., 42.

46 Sarah Kember, *Virtual Anxiety: Photography, New Technologies and Subjectivity* (Manchester: Manchester University Press, 1998), 50.

47 John Shepherd und Hayden Ellis, „Face Recognition and Recall Using Computer-Interactive Methods with Eye Witnesses", in Vicki Bruce und Mike Burton (Hg.), *Processing Images of Faces* (Norwood, NJ: Ablex, 1993), 129–148.

48 Ivor Tossell, „Facial-Recognition Technology Needs Limits, Privacy Advocates Warn", in *The Globe and Mail*, http://www.theglobeandmail.com/news/national/time-to-lead/time-to-lead-archives/facialrecognition-technology-needs-limits-privacy-advocates-warn/article/2108118/ (Abruf 28.12.2011).

49 Biopolitik bezeichnet für Foucault die Art und Weise, wie Macht auf der Ebene einzelner und gesellschaftlicher Körper sowie des Staates operiert. Entscheidend ist seiner Ansicht nach, dass Macht kein einseitiger *Top-down-*, vom Staat hin zum Staatssubjekt verlaufender Prozess ist, der nur mit den Technologien der Herrschaftsausübung befasst ist, sondern auch mittels Techniken des Selbst verhandelt wird, die sowohl restriktiv als auch ermächtigend sind. Vgl. Michel Foucault, *Die Geburt der Biopolitik. Geschichte der Gouvernementalität II, Vorlesung am Collège de France 1978–1979*, übersetzt von Jürgen Schröder (Frankfurt a. M.: Suhrkamp, 2011).

50 Tagg, *The Burden of Representation* (siehe Anm. 39).

51 Sekula, „Der Körper und das Archiv" (siehe Anm. 39), 306–307.

52 Turk und Pentland, „Eigenfaces for Recognition" (siehe Anm. 33).

53 Ibid., 71.

54 Ibid.

55 Ibid., 73.

56 Ibid., 84.

57 Jafri und Arabnia, „A Survey of Face Recognition Techniques" (siehe Anm. 32), 47.

58 Karman Etemad und Rama Chellappa, „Discriminant Analysis for Recognition of Human Face Images", in *Journal of the Optical Society of America* 14, Nr. 8 (1997), 1724–1733: 1726.

59 Vgl. Kember, *Virtual Anxiety* (siehe Anm. 46).

60 Baback Moghaddam und Ming-Hsuan Yang, „Learning Gender with Support Faces", in *IEEE Transactions on Pattern Analysis and Machine Intelligence* 24, Nr. 5 (2002), 707.

61 Vgl. Foucault, *Die Geburt der Biopolitik* (siehe Anm. 49).

62 Koran Balci und Volkan Atalay, „PCA for Gender Estimation: Which Eigenvectors Contribute?", in *IEEE* 3 (2002), 363–366.

63 Ibid., 364.

64 Mit dem mehrlagigen Perzeptron (MLP)-Geschlechtsklassifikator. Vgl. ibid.

65 Ibid., 364.

66 Ibid., 365.

67 Geoffrey Bowker und Susan Leigh Star, *Sorting Things Out: Classification and Its Consequences* (Cambridge, MA: The MIT Press, 2002).

68 Ibid., 320.

69 James Elkins, *Six Stories from the End of Representation* (Stanford, CA: Stanford University Press, 2008), XV.

70 Turk und Pentland, „Eigenfaces for Recognition" (siehe Anm. 33).

71 Jafri und Arabnia, „A Survey of Face Recognition Techniques" (siehe Anm. 32).

72 Aud Sissel Hoel, Annamaria Carusi und Timothy Webmoor, „Editorial", in *Interdisciplinary Science Reviews* 37, Nr. 1 (2012), 2.

73 Gates, *Our Biometric Future* (siehe Anm. 36).

74 Barad, *Meeting the Universe Halfway* (siehe Anm. 1).

75 Vgl. David Lyon, *Surveillance after September 11* (Cambridge: Polity, 2008).

76 Barad, *Meeting the Universe Halfway* (siehe Anm. 1); Donna Haraway, *When Species Meet* (Minneapolis: University of Minnesota Press, 2008).

77 Vgl. Barad, *Meeting the Universe Halfway* (siehe Anm. 1).

78 Ibid., 49.

79 Haraway, *Die Neuerfindung der Natur* (siehe Anm. 8).

80 Caifeng Shan und Ralph Braspenning, „Recognizing Facial Expressions Automatically from Video", in Hideyuki Nakashima, Hamid Aghajan und Juan Carlos Augusto (Hg.), *Handbook of Ambient Intelligence and Smart Environments* (Berlin: Springer, 2010), 479–509.

81 Ibid., 480.

82 Die Bio-Macht operiert in einem Milieu, in dem eine „zirkuläre Umstellung von Wirkung und Ursache zustande kommt", Michel Foucault, *Sicherheit, Territorium,*

Bevölkerung: Vorlesung am Collège de France 1977–1978, übersetzt von Claudia Brede-Konersmann und Jürgen Schröder (Frankfurt a. M.: Suhrkamp, 2006), 40.

83 Shan und Braspenning, „Recognizing Facial Expressions Automatically from Video" (siehe Anm. 80), 489.

84 Sarah Kember, „Face Re-cognition", in *Photoworks* 17 (2011/2012), 50–56.

85 „for all connections do not compute error gradient end for compute threshold for connection add connections according to threshold until all connections are completed" Dies ist eine Neufassung des *Pruning*-Algorithmus von Balci und Atalay. Vgl. Balci und Atalay, „PCA for Gender Estimation" (siehe Anm. 62), 365.

86 Christian Ulrik Anderson und Søren Bro Pold (Hg.), *Interface Criticism. Aesthetics Beyond Buttons* (Aarhus: Aarhus University Press, 2011).

87 Moghaddam und Yang, „Learning Gender with Support Faces" (siehe Anm. 60), 710.

88 Ibid.,

89 Ibid.

90 Roberto Brunelli und Tomasio Poggio, „HyberBF Networks for Gender Classification", http://citeseerx.ist.psu.edu/viewdoc/summary?doi=10.1.1.54.2814 (Abruf 28.12.2011).

91 Barad, *Meeting the Universe Halfway* (siehe Anm. 1), 393.

92 Bowker und Star, *Sorting Things Out* (siehe Anm. 67), 1.

93 Ibid., 2.

94 Ibid., 3.

BILDNACHWEISE

1 aus: Jacques Penry, *Looking at Faces and Remembering Them: A Guide to Facial Identification* (London: Elek Books, 1971), 29, Abb. 9.

2 aus: Roberto Brunelli und Tomaso Poggio, *HyperBF Networks for Gender Classification, Proceedings. DARPA Image Understanding Workshop*, San Diego (San Mateo, CA: Morgan Kaufman, 1992), 312.

3 aus: Baback Moghaddam und Ming-Hsuan Yang, „Learning Gender with Support Faces", in *IEEE Transactions on Pattern Analysis and Machine Intelligence* 24, Nr. 5 (2002), 5.

AUFZEIGE – TECHNIKEN

OMAR W. NASIM

ASTROFOTOGRAFIE UND JOHN HERSCHELS „SKELETTE"

Mitte der 1860er Jahre fotografierte der amerikanische Amateur-Astronom Lewis Morris Rutherfurd (1816–1892) als einer der Ersten den auffälligen, aus Hunderten von Sternen bestehenden Sternhaufen der Plejaden. Nach der Erstellung von 54 Negativen des Deep-Sky-Objekts ermittelte er mithilfe eines selbstgebauten, aus einem Mikroskop und einem Mikrometer bestehenden Geräts (Abb. 1) direkt von den entwickelten Platten die relativen Winkelabstände und Positionswinkel der darauf zu sehenden Sterne. Mit seinen Bemühungen half Rutherfurd zu demonstrieren, dass fotografische Sternaufnahmen genau vermessbar sind und exakte wissenschaftliche Daten zu liefern vermögen.[1] Er blieb also, wie einer von denen, die seine Platten lange nach seinem Tod weiter vermaßen und reduzierten, feststellte,

> „[...] nicht bei bloßen Fotografien stehen. Deutlich erkannte er die offenkundige Tatsache, dass wir mit der Schaffung eines Himmelsbilds lediglich den Schauplatz unserer Tätigkeit wechseln. Auf der Fotografie können wir vermessen, was wir direkt am Himmel hätten studieren können; solange aber Himmelsfotografien nicht vermessen werden, besitzen sie nur potenziellen Wert. In ihnen könnte ein Geheimnis unseres Universums verborgen liegen."[2]

Was auf den Platten verborgen lag, waren unter anderem messbare Relationen zwischen den Sternen: Winkel und Linien. Aber das Freilegen dieser messbaren Eigenschaften war beileibe keine einfache Aufgabe. Schon Platten, die nur wenige Minuten belichtet wurden, zeichneten Myriaden von Sternen auf und lieferten „Material für hunderte Stunden aufwändiger Messungen".[3] Und „[i]n den Augen eines Astronomen" ist, wie Sir David Gill (1843–1914), einer der Gründer des *Carte-du-Ciel*-Projekts, feststellte, „ein Abbild der Sterne relativ unerheblich, solange es sich nicht genau vermessen lässt."[4] Brauchbare Sternfotografien wurden weniger nach ihrem Bildrealismus beurteilt als nach ihrer Fähigkeit, formale und messbare Eigenschaften festzuhalten und unverfälscht weiterzugeben.

In Wirklichkeit aber war die Qualität eines Sternfotos ein wesentlicher Faktor für die genaue Messung, da nichtrunde, asymmetrische, überbelichtete oder in die

Länge gezogene Sterndarstellungen für die erwarteten präzisen Messungen unbrauchbar waren. Um als mathematischer Ausgangspunkt für die Messung von Linien und Winkeln fungieren zu können, musste das Abbild eines Sterns kreisrund sein und einen klar erkennbaren Mittelpunkt aufweisen. Genau diese Wiedergabe des Sterns als kreisrunder Punkt aber war, wie es ein Sternenfotograf ausdrückte, „bei weitem die größte aller praktischen Schwierigkeiten".[5] Je länger nämlich das mit der Kamera ausgerüstete, unhandlich große Teleskop dem winzigen, exakt verorteten Objekt in seinem Lauf über das Himmelsgewölbe folgen musste, desto wahrscheinlicher war es, dass irgendwelche geringfügigen Abweichungen von der gleichmäßigen Bewegung des Teleskops die vollendete Kreisgestalt beeinträchtigten und die Bilder „unvereinbar mit der Messgenauigkeit"[6] machten. Solche Platten wurden häufig ausgeschieden.[7]

Wichtigstes Ergebnis dieser langen und schwierigen Messungen waren numerische Sternkataloge mit den reduzierten Werten ihrer relativen und vorzugsweise auch absoluten Sternörter. 1866 überprüfte der amerikanische Astronom Benjamin Gould (1824–1896) die neuen fotografischen Methoden der Astrometrie, indem er einen solchen in akribischer Kleinarbeit aus Rutherfurds Fotoplatten von den Plejaden erstellten Katalog mit einem 45 Jahre früher nach den damals gängigen visuellen Methoden entstandenen Katalog derselben Sterne verglich. Letzterer stammte

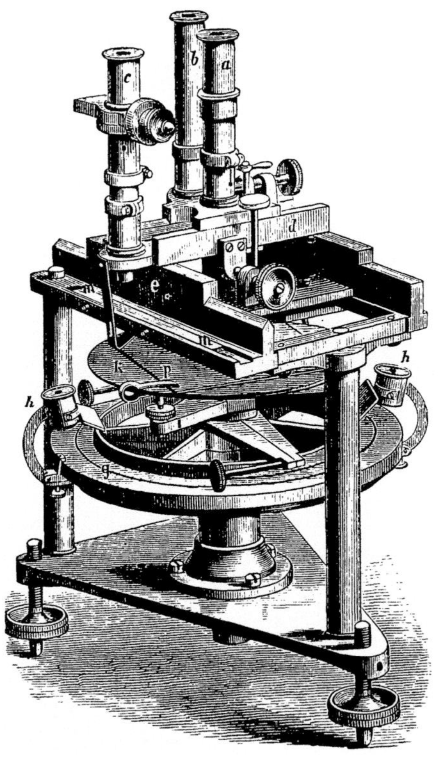

1: Lewis Morris Rutherfords Messgerät für photographische Platten, Illustration zum Eintrag „Micrometer".

von niemand Geringerem als Friedrich Wilhelm Bessel (1784–1846), dessen Name geradezu als Synonym für wissenschaftliche Präzision in der Astronomie galt. Die Ergebnisse dieser extrem schwierigen und feinen Messungen direkt von den fotografischen Platten erwiesen sich als so genau, dass sie es mit denen des berühmtesten Modells der Positionsastronomie im 19. Jahrhundert aufnehmen konnten. Verdeutlicht wurde dies jedoch weniger durch die Sternfotografien selbst als durch die von ihnen abgeleiteten numerischen Kataloge. Wofür uns „künftige Generationen am meisten dankbar sein werden“, erklärte Gill, „sind *nicht* die [fotografischen, O. N.] Aufzeichnungen [der Sterne, O. N.], sondern die Kataloge.“[8]

Wie aber Gill, ein Mitglied der „strengen Schule Bessels“[9] und Astronom ihrer Majestät am königlichen Observatorium am Kap der Guten Hoffnung, seiner Leserschaft weiter erklärte, sollte die Katalogisierung von Sternen am besten Astronomen an großen staatlichen Observatorien (wie ihm selbst) überlassen werden, denn derartige „Kataloge und Zahlen sind keine Angelegenheit großen öffentlichen Interesses.“[10] Das galt nicht nur für die in mühevoller Arbeit abgeleiteten, wenig glanzvollen endlosen Zahlenreihen trockener Sternkataloge, sondern auch für die Fotografien von Sternhaufen, die laut Gould, „keinerlei Reiz für die breite Öffentlichkeit besitzen. Es sind lediglich schwarze Flecken auf der Albumin beschichteten Oberfläche von Glasplatten.“[11] Jeglicher Realismus war darum von geringer Bedeutung. Die obige Charakterisierung von Sternhaufenfotografien erscheint besonders treffend, wenn man sie mit einigen der ersten Lichtbilder astronomischer Objekte vergleicht, wie sie unmittelbar nach Erfindung der Fotografie entstanden.

Eines der ersten Himmelsobjekte, auf das die Fotografie angewandt wurde, war der Mond. Mondfotografien nahmen einen prominenten Platz auf der Londoner Weltausstellung von 1851 ein und wurden das gesamte 19. Jahrhundert hindurch immer wieder in Zeitungen und Zeitschriften reproduziert. Die Fotografien zeigten die Mondoberfläche in einer Fülle von Details, lieferten verblüffende, eindrucksvolle Ansichten für ein breites Publikum. Dasselbe ließe sich auch von Sonnen- und Kometenfotos sagen. Der direkte Gebrauch dieser Fotografien jedoch blieb mit zahlreichen Schwierigkeiten verbunden – etwa hinsichtlich der Vergrößerung von Oberflächendetails oder der unverfälschten Wiedergabe der typischen Planetenfarben –, sodass Handzeichnungen für astronomische Zwecke bis zum Beginn des 20. Jahrhunderts den Vorrang behielten. Die Fotografien dieser astronomischen Objekte blieben vorwiegend populäre Bilder – Bilder, die eher ihrer realistischen als ihrer formalen Eigenschaften wegen geschätzt wurden.

Die Astrofotografie wurde also zunächst als etwas betrachtet, das eine ganz andere Art von Astronomie beförderte als die von der „strengen Schule Bessels“ praktizierte, nämlich die „Naturgeschichte des Himmels“ wie sie Sir William Herschel (1738–1822) erstmals im großen Stil betrieb, eine frühe Vorläuferin der Astrophysik oder was man damals als „neue Astronomie“ bezeichnete. Diese Form der Astronomie konzentrierte sich vor allem auf das Unbekannte, Piktoriale, Deskriptive und Klassifikatorische im Gegensatz zum Bewährten, Positionalen, Mess- und

Berechenbaren. Die neue Astronomie war die Domäne der großen Amateure, die alte die der Berufs- oder Staatsastronomen. Und zumindest am Anfang galt die Fotografie als ein Instrument der neuen und nicht der alten Astronomie, des Privat- oder Amateurastronomen und nicht des Staats- oder Berufsastronomen.

So interessant die Naturgeschichte des Himmels für einige auch sein mochte, sie fand keine Aufnahme „in das Gebiet der eigentlichen Astronomie“. Zur Untermauerung seines Standpunkts zitierte Gould einfach Bessel, für den die eigentliche Astronomie die Wissenschaft von den Bewegungsgesetzen war: „Alles was man sonst noch von den Himmelskörpern erfahren kann, z. B. ihr Aussehen und die Beschaffenheit ihrer Oberflächen, ist zwar der Aufmerksamkeit nicht unwerth, allein das eigentlich astronomische Interesse berührt es nicht. Ob die Gebirge des Mondes so oder anders gestaltet sind, ist für den Astronomen nicht interessanter, als die Kenntnis der Gebirge der Erde für den Nicht-Astronom ist.“[12] Nicht unerheblich ist auch, dass Gould diese Auffassung von der Astronomie im Zusammenhang mit einer hässlichen Kontroverse vertrat, in deren Zentrum er Mitte der 1850er Jahre stand. Bei dieser Kontroverse ging es um die angemessene Rolle des neu errichteten Dudley-Observatoriums in Albany, New York; genauer gesagt, um die Frage, ob es eine jedermann zugängliche Volkssternwarte oder ein professionelles Observatorium werden sollte, zu dem „Müßiggänger und Naseweise“ keinen Zutritt hätten.[13] Gould, der in Deutschland bei Leuten wie Gauss studiert hatte, kämpfte mit allen Mitteln für ein Observatorium der letzteren Art, in dem statt eines mit Kamera ausgerüsteten Fernrohrs ein Präzisionsteleskop (ein Heliometer) aufgestellt werden sollte, wie es Bessel früher im 19. Jahrhundert am kaiserlichen Observatorium in Königsberg benutzt hatte. Goulds Kampf für die Etablierung dieser Form von Astronomie und dieses Observatoriumstyps war im Grunde von dem Prinzip geleitet, „dass die Forschung für die Allgemeinheit umso abstruser und uninteressanter wird, je höher ihr wissenschaftlicher und technischer Wert ist.“[14]

Wie wir aber gesehen haben, sollte selbst Gould schon wenig später, nachdem er 1866 Rutherfurds Platten vermessen und sich von ihrer geringen mittleren Fehlerrate überzeugt hatte, völlig „hingerissen“ sein von den „Schönheiten der fotografischen Methode“.[15] Und letztlich trugen gerade die astrofotografischen Arbeiten von Leuten wie Gill und Gould in den 1870er und 1880er Jahren dazu bei, dass die Fotografie, ursprünglich ein Instrument der neuen Astronomie, auch eines der alten wurde. Agnes Clerke (1842–1907), eine der großen populärastronomischen Autorinnen des späten 19. Jahrhunderts, feierte diesen Umstand in ihrem vielgelesenen Aufsatz über „siderische Fotografie“ mit der Behauptung: „[D]ie neue Astronomie hat sich darauf eingelassen, das Joch der alten zu tragen. [Und] die alte hat die neuen Methoden übernommen.“[16] Als wichtigsten Beleg für ihre Behauptung führte Clerke den Erfolg der Sternfotografie an. Doch die Perfektionierung der Messmethoden und der Ortsbestimmung in der Sternfotografie brachte für die Astronomen auch neue und unerwartete Anwendungsmöglichkeiten des Numerischen auf Fotografien von Körpern und Oberflächen, d. h. auf das Deskriptive und

Piktoriale, mit sich. Die Fotografie führte also schließlich das Neue und das Alte, Amateur- und Berufsastronomen, das Piktoriale und das Positionale zusammen – so jedenfalls die gängige Darstellung. Und für jene, die den „formalen Realismus“ noch immer für eines der Grundmerkmale der Fotografie halten, mag deren langsamer, aber stetiger Fortschritt bei der Überwindung dieser Trennungen im Nachhinein unvermeidlich gewesen sein.

Während aber Trennungen wie die zwischen Amateur und Fachmann weitgehend Konstrukte des späten 19. Jahrhunderts waren,[17] wurden andere Trennungen, die die Fotografie überbrückt haben soll, wie die zwischen der neuen und der alten Astronomie oder die zwischen piktorialem und positionalem Ansatz bereits vor jeglicher erfolgreichen Anwendung der Fotografie auf den Himmel überbrückt – ja sogar schon vor der öffentlichen Bekanntgabe der Erfindung der Fotografie im Jahr 1839. Niemand Geringerer als Sir John F. W. Herschel (1792–1871) überwand und verband diese nämlich in einer Serie von Handzeichnungen von kosmischen Nebeln, mit deren Anfertigung er 1834 bis 1838 bei seinem Aufenthalt am Kap der guten Hoffnung begann. Herschel galt als einer der führenden Gentleman-Astronomen seiner Zeit. Und kein anderes astronomisches Objekt stand so sehr für das Piktoriale, Deskriptive und „sich dem Numerischen Widersetzende“ wie die Nebel. Zwar waren die Nebel bereits für John Herschels Vater William einer der zentralen Beweggründe für die Formulierung einer Naturgeschichte des Himmels gewesen, aber sein Sohn versuchte mit seinen Nebel-Zeichnungen noch viel mehr zu erreichen – mehr als viele damals bei diesen schwierigen und rätselhaften Objekten für möglich gehalten hätten.

Kosmische Nebel schienen sich nicht nur der numerischen, sondern auch der fotografischen Erfassung zu widersetzen. Bis zu Henry Drapers Aufnahme des Orion-Nebels im Herbst 1880 (Abb. 2) war es niemandem gelungen, eines dieser diffusen Objekte zu fotografieren. Aufgrund ihrer extrem schwachen relativen Leuchtkraft und der dadurch benötigten langen Belichtungszeit wurde dies erst mit der Erfindung der Trockenplatten möglich. Aber selbst nach der Aufnahme Drapers blieb die Aufnahme von Nebeln noch mit vielen Schwierigkeiten verbunden. Das Besondere an diesen astronomischen Objekten bildete nämlich auch die größte Herausforderung für die Fotografie: die scheinbare Verbindung einer großen Anzahl von Sternen (des Diskreten) mit verschiedenförmigen einander vielfach überlagernden Nebelschleiern (dem Kontinuierlichen). Mit anderen Worten: Die Natur des Objekts – und die vielen physikalischen Theorien über dessen Beschaffenheit, dessen Aufbau und Geschichte – verlangte die Wiedergabe und Fixierung sowohl der piktorialen als auch der positionalen Aspekte in jedem Bild, das es als wissenschaftliches Phänomen zu erfassen versuchte. Anders als bei den Sternen oder beim Mond konnten keine einfachen Kompromisse zugunsten der einen oder anderen Seite eingegangen werden.

Um nun auf den Sternhaufen der Plejaden zurückzukommen: Was auf den Platten Rutherfurds vollkommen verborgen blieb, waren die zwischen seinen Haupt-

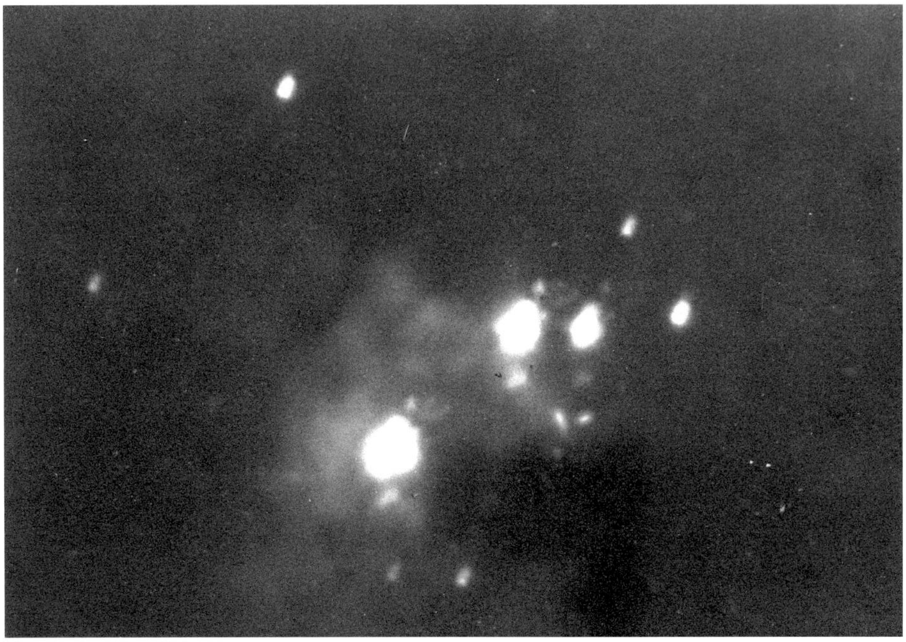

___ 2: Henry Draper, Die erste Fotografie eines Nebels (M42), 30. September 1880, hergestellt durch Nutzung einer Gelatine-Bromid-Emulsion, die in Verbindung mit einem achromatischen Refraktorteleskop mit einem Objektiv von 11 Inch Blendenöffnung für 51 Minuten belichtet wurde, Archive der Hasting Historical Society, New York.

sternen befindlichen ausgedehnten Nebelschleier. Erst Ende 1885 fotografierten die Gebrüder Paul und Prosper Henry am Pariser Observatorium den Sternhaufen mitsamt diesen Nebelschleiern, allerdings mit der Folge, dass die Sterne überbelichtet waren, das heißt, nicht mehr als mathematische Punkte zu gebrauchen waren (Abb. 3).[18] Die Gebrüder Henry belichteten eine Nassplatte drei Stunden lang – die übliche Zeitdauer, die das schwache Licht eines Nebels benötigte, um einen Abdruck auf der Platte zu hinterlassen. Dagegen betrug die übliche Belichtungszeit für Sterne, vor allem, wenn sie als mathematische Punkte fungieren sollten, nur wenige Minuten. Dazu kam, dass für die Sternfotografie Teleskope mit einer langen Brennweite benötigt wurden, wogegen bei Nebeln kürzere Brennweiten erforderlich waren, um ein deutliches Bild der sehr lichtschwachen Objekte zu erhalten. Während also das visuelle Ideal in Bezug auf die Abbildung von Nebeln eindeutig in der Darstellung des Positionalen wie des Piktorialen (des Diskreten und des Kontinuierlichen) auf ein- und derselben Fotoplatte bestand, war das in der Praxis äußerst schwer zu bewerkstelligen: Hielt man die Nebel fest, waren die Sterne überbelichtet, und strebte man vollkommen runde Sterne an, blieben die Nebel unsichtbar. Es verwundert daher nicht, dass bis in die ersten Jahrzehnte des 20. Jahrhunderts Handzeichnungen verwendet wurden, um beide Aspekte in einem Bild zu vereinen; sie dienten mit anderen Worten als bevorzugtes Mittel für die

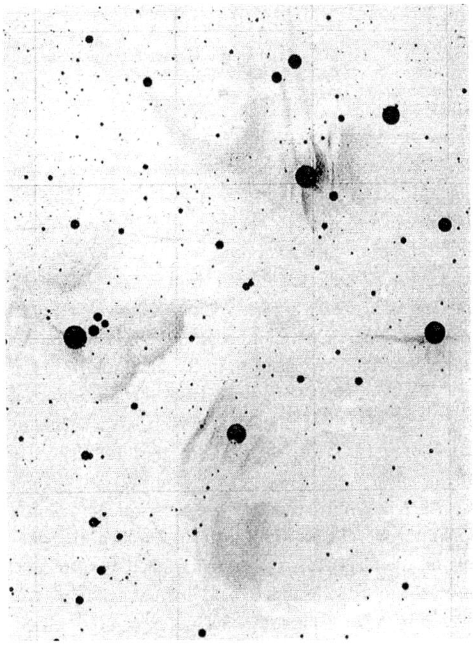

___ 3: Gebrüder Henry, Stich der ersten Fotografie, die die schwache Nebligkeit in und um den Sternhaufen der Plejaden einfängt, 1888, Observatorium von Paris, gestochenes und geätztes Bild nach der Originalfotografie.

Phänomendarstellung. Bereits 1853 hatte Herschel die Ansicht geäußert, die Fotografie könne in Bezug auf Nebel – wenigstens in absehbarer Zukunft – nur dazu verwendet werden, „ein Bildskelett auf Papier zu bannen, das heißt *lediglich die Sterne*, die mit einem Nebel oder Sternhaufen verbunden oder darüber verstreut sind; dessen Umrisse müssen [von Hand, O. N.] eingefügt werden.“[19] Wie wir noch sehen werden, spiegelt diese Ansicht Herschels sein eigenes früheres Verfahren des kameralosen Zeichnens von Nebeln wider, bei dem die Tätigkeiten des Zeichnens und Vermessens mittels bestimmter Techniken aussagekräftig miteinander verbunden und nicht – wie es bei der Astrofotografie unvermeidlich der Fall war – getrennt wurden.

Im vorliegenden Aufsatz zeige ich, dass die Art, wie die Nebelfotografen des späten 19. Jahrhunderts diese Phänomene für die wissenschaftliche Betrachtung, d. h. als beweiskräftige Belege aufzubereiten versuchten, sich nur graduell und nicht grundlegend von den piktorialen Nebeldarstellungen in den Handzeichnungen unterschied. Ich möchte zeigen, dass die Ansprüche, die die Theoretiker und Betrachter des späten 19. Jahrhunderts an Nebelfotografien stellten, durch das geprägt waren, was – wenn auch in einem anderen Maße – bereits von den früher in diesem Jahrhundert entstandenen Handzeichnungen derselben Phänomene erreicht worden war. Der Umstand, dass die Handzeichnungen, mit denen ich das belegen will, sämtlich vor 1839 begonnen wurden, verleiht dieser These noch mehr Nachdruck.

Der Beleg dieser These ist auch heute noch wichtig, weil einige die Fähigkeit, das Piktoriale und das Positionale auf ein- und derselben Bildfläche darzustellen, nach wie vor für eine allgemeine und einmalige Eigenschaft der Fotografie halten; oder allgemeiner ausgedrückt, die Fotografie für eine Art Realismus halten, der perfekt mit einer Art von Formalismus harmoniert. So stützt sich etwa Andrea Henderson in einem kürzlich erschienenen Artikel über den „formalen Realismus" als gemeinsame Repräsentationsgrundlage der viktorianischen Physik und Fotografie durchgehend auf die Behauptung, „die Fotografie der 1850er und 1860er Jahre" habe „Realismus – verstanden als Bekenntnis zu deskriptiver Wahrheitstreue – mit Formalismus oder dem Glauben an die Definitionskraft struktureller Beziehungen" vermählt.[20] Ich möchte diese Behauptung nicht infrage stellen. Mir geht es vielmehr darum zu zeigen, dass diese Eigenschaft des sogenannten formalen Realismus nichts Fotografiespezifisches ist, sondern auch auf die handgezeichneten deskriptiven Nebelkarten zutrifft. Dabei werde ich auch Gelegenheit erhalten, John Herschels Nebelbeobachtungsverfahren ausführlicher zu beschreiben. Versuchen wir also zu verstehen, was Herschel vorhatte.

In der ersten Hälfte des 19. Jahrhunderts bestand eine der großen Herausforderungen für die schweren Riesenteleskope, wie sie John Herschel benutzte, in der Vermessung der Nebel. Angesichts ihrer diffusen Grenzen und ihrer hohen Anzahl an hellen Flecken – bei denen es sich teils um Sterne, teils um Gasansammlungen handelte – war es mit den damals verfügbaren Mitteln nahezu unmöglich, Ausmaß und interne Struktur mancher dieser Objekte zu bestimmen. Gleichwohl musste die Aufgabe in Angriff genommen werden, wenn man die rätselhaften Phänomene dem wissenschaftlichen Blick adäquat darlegen und damit auch der Forschung zugänglich machen wollte.

Basierend auf jahrelangen, bereits in den 1820er Jahren begonnenen Beobachtungen entwickelte John Herschel für seine mit Spannung erwartete wissenschaftliche Expedition ans Kap ein neues Beobachtungs- und Zeichenverfahren für Nebel. Ehe er Ende 1833 mit Teleskop und Familie von England nach Südafrika aufbrach, hatte er Beobachtungsverfahren eingesetzt, die es ihm ermöglichten, piktorial ergiebige Zeichnungen einzelner Objekte anzufertigen, die allerdings nicht auf Messungen beruhten und sich darum nicht dazu eigneten, beispielsweise Eigenbewegungen oder sonstige Veränderungen festzuhalten (Abb. 4). Diese älteren Handzeichnungen und für Herschels Katalogpublikationen angefertigten Stiche könnte man vielleicht als Porträts bezeichnen.

Im Gegensatz dazu ging es bei Herschels neuem, am Kap eingesetzten Beobachtungs- und Abbildungsverfahren für Nebel darum, auf ein- und demselben Blatt Papier die detailreiche piktoriale Darstellung ansprechend mit den numerischen und geometrischen Merkmalen zu verbinden, die für ein Bild, das der Bewertung, Messung und Berechnung dienen sollte, so dringend erforderlich waren.

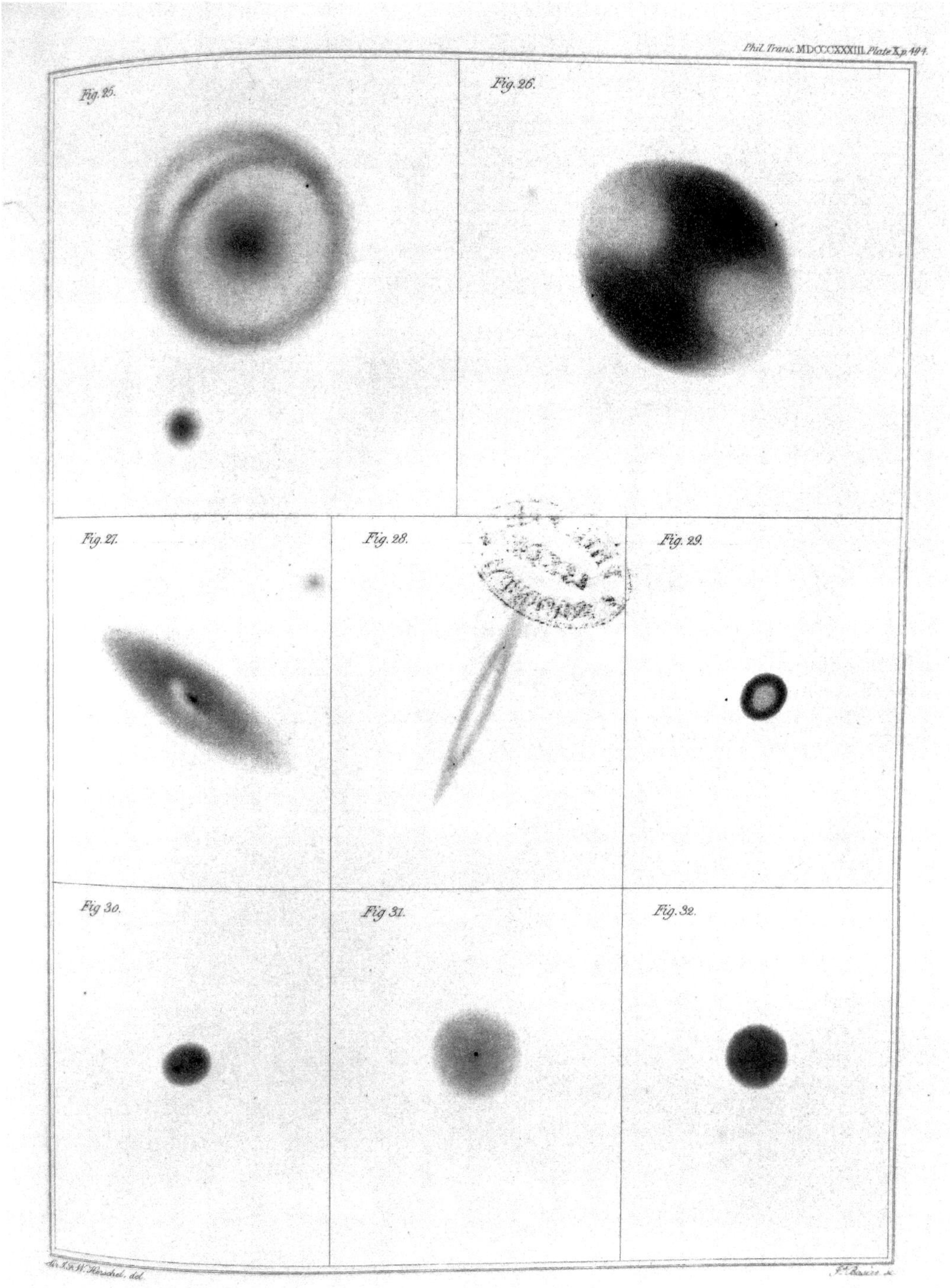

— 4: John Herschel, Einige veröffentlichte Bildnisse der Nebel, gestochene Drucke für sein „Observations of Nebulae and Clusters of Stars, Made at Slough, with a Twenty-Feet Reflector, Between the Years 1825–1833“.

Anders gesagt, im Gegensatz zu den Porträts versuchte Herschel ab Mitte der 1830er Jahre so etwas wie deskriptive Karten zu erstellen (Abb. 5). Möglich wurden diese mithilfe von Techniken sowohl aus den quantitativen als auch den qualitativen Wissenschaften, insbesondere aber dank einer bestimmten Philosophie von der Natur wissenschaftlicher Phänomene.[21]

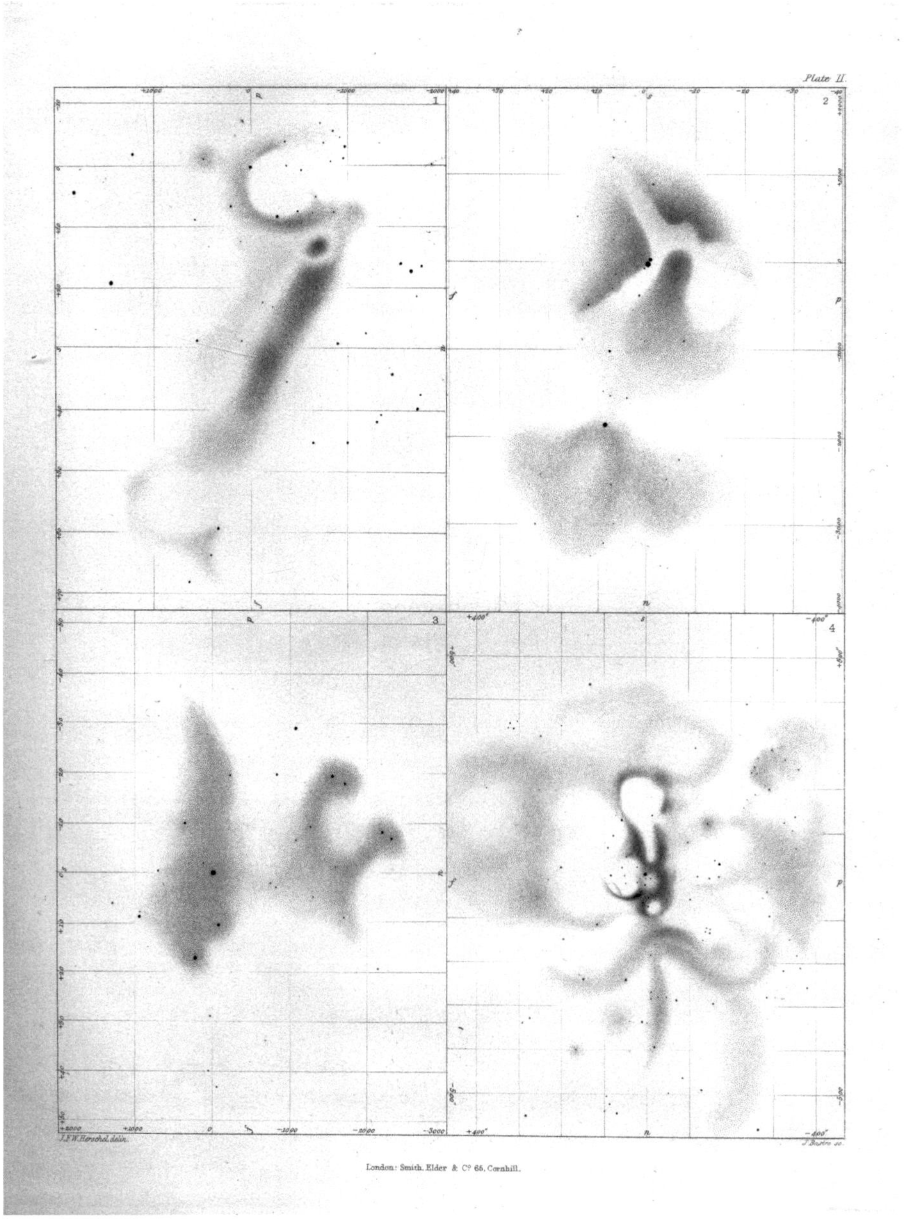

___ 5: John Herschel, Eine gestochene erläuternde Karte von 30 Doradus (NGC 2070), Stahlstichdruck für seine Results of Astronomical Observations Made During the Years 1834, 5, 6, 7, 8, at the Cape of Good Hope (London: Smith & Elder, 1847), Tafel II, Abb. 4.

Herschel erreichte das Kap der Guten Hoffnung Anfang 1834. Das Ziel seiner Reise war klar: die Durchmusterung des gesamten Südhimmels nach Doppelsternen, Nebeln und Sternhaufen – die Fortführung der zuvor für die nördliche Hemisphäre begonnenen Durchmusterung, welche ihrerseits die wesentlich früher, gegen Ende des 18. Jahrhunderts, von seinem Vater begonnene fortsetzte. Mit ans Kap brachte Herschel einen Nachbau des 20-Fuß-Spiegelteleskops, das schon sein Vater für seine Durchmusterungen verwendet hatte, sowie ein bedeutend kleineres und genaueres, mit Präzisionsmikrometer ausgestattetes und äquatorial montiertes 7-Fuß-Teleskop für einige der erforderlichen Feinmessungen. 1838 kehrte er nach vier sehr produktiven Jahren wieder nach England zurück. 1847 schließlich wurden die Früchte dieser Jahre veröffentlicht, in einem Band, der meist einfach nur als *Cape Results* bezeichnet wird. Circa ein Drittel der vierjährigen Beobachtungszeit am Kap fiel auf die Anwendung der neuen Verfahren zur Anfertigung ausgeprägt piktorialer und doch zugleich numerisch informierter Abbildungen (d. h. deskriptiver Karten). Von den 59 Abbildungen von Nebeln und Sternhaufen in den *Cape Results* wurden acht als deskriptive Karten ausgeführt – die anderen sind Porträts. In der Folge will ich versuchen, die zur Herstellung der deskriptiven Karten verwendeten Verfahren näher zu beschreiben.

Wegen der extremen Schwierigkeit der Messungen und der Erfassung der kaum sichtbaren, schwachen und kleinen Sterne in den Nebeln und ihrer Umgebung, aber auch wegen der vielen potenziellen Fehlerquellen, die mit derartigen Beobachtungen einhergehen, können – wie Herschel betonte – „solche Abbildungen faktisch nicht in einer einzigen Nacht adäquat beschrieben und verfertigt werden“.[22] Im Wesentlichen sollte der Beobachter die Fehler dadurch vermeiden oder verringern, dass er die Resultate vieler Beobachtungsnächte ein- und desselben Objekts heranzog. Das bedeutete nicht nur, dasselbe Objekt und seine Bestandteile wiederholten Messungen zu unterziehen, sondern es auch Nacht für Nacht immer wieder neu zu zeichnen. Wie wir noch sehen werden, gingen diese beiden Dinge in Herschels eigens für Nebel entwickeltem Verfahren Hand in Hand, da letztere nicht nur wiederholte Beobachtung erforderten, sondern auch eine „Zerlegung in Dreiecke, um sie eingehend erforschen zu können“.[23]

Anders als bei der früheren, in England durchgeführten Serie von Nebelbeobachtungen fand Herschel am Kap die herrlich klaren und ruhigen Nachthimmel vor, die er sich erhofft hatte. Dies bedeutete – neben anderen wichtigen Aspekten für die astronomische Beobachtung –, dass die Sterne, wie er es selbst ausdrückte, „nahezu auf mathematische Punkte reduziert [waren, O. N.] und wie Objekte unter einem Mikroskop beobachtet werden [konnten, O. N.]“.[24] Und tatsächlich basierte Herschels Kap-Verfahren für Nebel im Wesentlichen darauf, einige der Sterne als mathematische Punkte zu verwenden. Die Hauptschritte dieses Verfahrens werde ich nun kurz darlegen.

Es begann naturgemäß damit, dass Herschel einige Sterne in das Blatt eintrug, die das von ihm so genannte „Arbeitsskelett“ bildeten (Abb. 6). Mithilfe seines kleineren und präziseren 7-Fuß-Teleskops nahm Herschel direkte Messungen einiger weniger, leicht aufzufindender und wohlbekannter Sterne im jeweiligen Objekt oder seiner Umgebung vor. Das heißt, er bestimmte für jeden der Sterne die Rektaszension (RA) und die Nordpoldistanz (NPD). Von diesen Sternen, deren relative Positionswinkel und Winkelabstände er mithilfe des Mikrometers am 7-Fuß-Teleskop vermaß, wurde ein strategisch günstiger, möglichst nahe am Zentrum des Nebels gelegener ausgewählt. Dieser „Null-Stern“ bildete den „Null-Punkt“ eines Rasters, dessen X-Achse der Rektaszension und dessen Y-Achse der Nordpoldistanz entsprach. Sobald das Raster – oder zumindest eine vom Nullpunkt ausgehende „Hauptlinie“ – festgelegt war, mussten die anderen direkt vermessenen Sterne nur noch an ihrem vorbestimmten Ort im Raster eingetragen werden. Alle diese direkt vermessenen Sterne werden als Sterne erster Klasse geführt und bilden die Grundlage für alles Weitere.

Sterne zweiter Klasse sind Sterne deren Koordinaten nicht durch direkte Messung am Teleskop, sondern mithilfe eines Netzwerks aus Dreiecken ermittelt werden, deren Basis aus zwei Sternen erster Klasse besteht. Die Koordinaten eines Sterns zweiter Klasse können also ausgehend von einer direkt gemessenen Basis

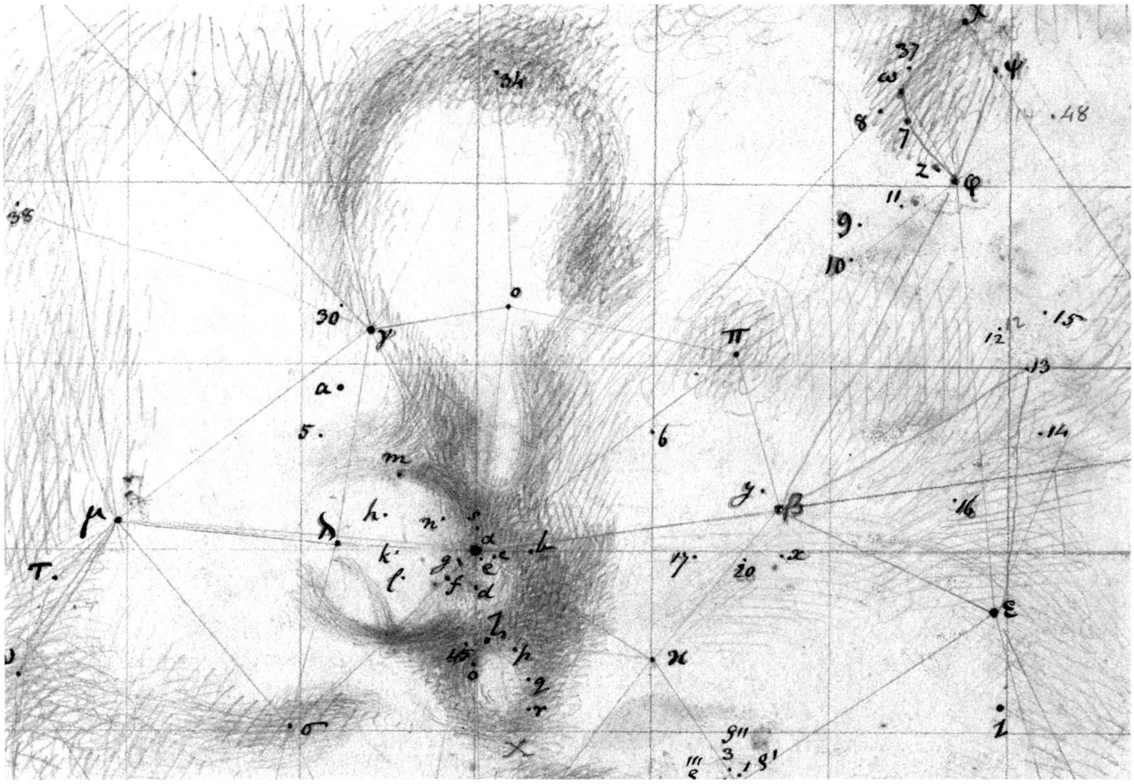

6: Unveröffentlichtes Arbeitsskelett für 30 Doradus, Arbeit für den 21.12.1835, Bleistift und Tinte auf Papier, gefertigt am Kap der Guten Hoffnung, Bibliothek der Royal Astronomical Society in London, RAS: JH 3/6.

und unter Verwendung der festgestellten Positionswinkel trianguliert werden. Die Linien dieses Dreiecks können dann als Basis für zwei weitere Dreiecke und zur Berechnung der Koordinaten weiterer Sterne zweiter Klasse herangezogen werden und so fort – bis das gesamte Gebiet, über das sich der Nebel erstreckt, samt seiner Umgebung erfasst ist. Von einem derartigen Skelett oder Gerüst lassen sich dann Rektaszension und Poldistanz der einzelnen Sterne einfach ablesen, wobei Herschel oft so weit ging, der mittleren Position und Distanz eines Sterns zweiter Klasse einen „Grad an Exaktheit“ zu attestieren, „der dem, was direkte Messungen mit dem Positionsmikrometer ergeben hätten, um nichts nachsteht.“[25] Mit anderen Worten, die auf Papier entwickelten Hilfsmittel – die Punkte, Linien und Dreiecke – verhalten sich wie das Mikrometer eines Teleskops.

War das Netz der Dreiecke über das gesamte Gebiet des erst noch einzuzeichnenden Nebels ausgespannt, wurden diejenigen Sterne, die zu schwach waren, um direkt gemessen (oder auch nur mit Sicherheit erkannt) werden zu können, annäherungsweise eingetragen. Diese Sterne werden als Sterne dritter Klasse bezeichnet; ihre mittleren Koordinaten werden nach ihrer Lage im Verhältnis zu allen anderen Elementen, insbesondere zum Raster, bestimmt. Diese Art der Eintragung ist – so Herschel – das Ergebnis eines rein „geistigen Vergleichs“[26] und beinhaltet ein Urteil vonseiten des Betrachters – allerdings gelenkt und erhärtet durch die Gesamtheit dessen, was zuvor im Arbeitsskelett festgelegt wurde. Zu guter Letzt werden die mittleren Koordinaten aller Sternklassen reduziert und in einen Sternkatalog eingetragen. Und wie wir gerade gesehen haben, werden die Örter vieler in einen solchen Katalog aufgenommener Sterne einfach vom Arbeitsskelett abgelesen.

Fehlt noch die Eintragung des Nebelkörpers. Sobald eine ausreichende Anzahl von Sternen aller Klassen festgelegt und eingezeichnet ist, dienen die Punkte, Raster- und Dreieckslinien als Richtmaß für die allmähliche Einfügung des Nebels. Wie bei der annäherungsweisen Eintragung der Sterne dritter Klasse werden die Fetzen, Schichten, Arme, Fortsätze und Schleier des Nebels „in jedem Dreieck einzig und allein nach dem Urteil des Auges festgelegt, [denn, O. N.] die Fehler eines solchen Urteils lassen sich ohnehin durch kein Rechensystem umgehen.“[27] Bei komplexeren und umfassenderen Nebeln wird ein und dasselbe Dreiecksnetz mehrmals ausgefüllt, oder es werden mehrere Skelette für ein- und dasselbe Objekt angefertigt. Auf jeden Fall werden diese Arbeitsgerüste immer wieder verwendet, in vielen Nächten und bisweilen auch bei Tag, oft mehrere Jahre lang, wird in sie eingetragen, was an Sternen und Nebelflecken zu sehen ist. Die Verwendung der Arbeitsskelette ist laut Herschel „die einzige Möglichkeit, um korrekte Monografen von derartigen Nebeln zu erstellen, die aus komplizierten Verschlingungen und schlecht aufgelösten, von der geringsten Aufhellung des Blickfelds ausgetilgten Teilen bestehen.“[28]

Diese ganzen Arbeiten müssen schließlich zu einem einzigen Bild des Nebels synthetisiert werden, das als maßgebliche deskriptive Karte zur Veröffentlichung gedacht ist. Auch für diese Synthese sind die Arbeitsskelette von Nutzen. Sie helfen dem Zeichner nicht nur bei der Übertragung der Information vom Teleskop aufs Papier, sondern auch bei der Übertragung piktorialer, geometrischer und numerischer Informationen von einem Blatt auf das andere. Das ermöglicht eine längerfristige informationelle Kontinuität zwischen einer Reihe von Skeletten für ein- und dasselbe Objekt. Diese gestatteten Herschel, auch noch nachdem er längst wieder zurück in England war und seine Ergebnisse für die Publikation vorbereitete, weiter Messungen und Berechnungen, Urteile und Einträge vorzunehmen, weitab von Teleskop und Beobachtungsort.

Auf diese Weise entsteht schließlich ein endgültiges Blatt, in das – eins zu eins – sämtliche relevanten und wesentlichen Merkmale eines jeden Arbeitsskeletts übertragen werden. Erstaunlicherweise aber fehlt in den Endfassungen der deskriptiven Nebelkarten fast jede Spur der Skelette; geblieben ist lediglich ein schwaches hinter dem Nebelkörper angeordnetes Raster, dessen Linien mit der Annäherung an das Objekt immer mehr verblassen. Sämtliche Sternbezeichnungen, Zahlen und Dreiecke sind verschwunden und die Magnituden der Sterne werden durch feinsäuberliche Punkte unterschiedlicher Größe angezeigt. Mit dem Fehlen jeglichen Hinweises auf den ihnen zugrunde liegenden Arbeitsaufwand sollen die für die Publikation vorgesehenen piktorialen Darstellungen unmittelbar und so realistisch wie nur möglich wirken. Doch auch in diesem Zustand, ohne ihr geometrisches und grafisches Gerüst, bleiben sie alle vermessbar, lassen sich die Maße direkt von der fertigen deskriptiven Karte ablesen.

Von der Oberfläche deskriptiver Karten lassen sich folglich nicht nur evidente Informationen ablesen, sondern im Prinzip könnten sie auch viele potenzielle – etwa in Bezug auf mögliche Veränderungen und deren Richtung – enthalten. Diese Karten ließen sich also ebenfalls als Übertragung des Himmels, seiner Relationen und Rätsel auf ein Blatt Papier beschreiben; auch mit ihnen wechseln wir, wie es der eingangs erwähnte Weitervermesser von Rutherfurds Fotoplatten ausdrückte, „lediglich den Schauplatz unserer Tätigkeit". Nicht nur auf der Fotografie, auch auf der deskriptiven Karte „können wir messen, was wir direkt am Himmel hätten studieren können."[29]

Trotz derart weitreichender Behauptungen war die Astrofotografie jedoch ebenso wie die deskriptiven Nebelkarten in hohem Maße von „direkten Messungen" abhängig, d. h. von Sternvermessungen, die mithilfe der Methoden der alten Astronomie direkt am Teleskop vorgenommen wurden. Denn schließlich sollten die wertvollsten Resultate für die Sternfotografen die auf den Fotoplatten aufzufindenden absoluten und nicht bloß relativen Sternpositionen sein. „Doch keine Fotoplatte", erklärte Gill, „gibt von sich aus irgendwelche Informationen über die absoluten Örter von Sternen preis [...] man muss auf die altmodischen Meridianbeobachtungen zurückgreifen, um die absoluten Örter der helleren Sterne auf jeder Platte zu bestimmen, und dann ausgehend von diesen *Standardsternen* [oder in Herschels Terminologie: Sternen erster Klasse oder „Nullsternen", O. N.] die der schwächeren zu ermitteln."[30] Darüberhinaus räumte Gill ein, dass wir es ohne diese Standardsterne bloß mit Bildern „von relativ geringem Wert" zu tun hätten, „für einen Astronomen etwa so wertvoll wie für einen Seemann ein Kartensatz von Teilen der Welt, der keine Breiten- und Längenlinien eingezeichnet hat."[31]

Dieser Vergleich ist deshalb besonders treffend, weil er auch eine der grundlegenden Anregungen für Herschels Verfahren beleuchtet. Dieses war nämlich direkt von der Arbeit von Landvermessern inspiriert, die oft trigonometrisch – mithilfe eines Netzwerks von Dreiecken – von einer bekannten und real vermessenen Basis aus die Entfernungen und genauen Lagen anderer, meist unbekannter Punkte eines Geländes unbestimmten Ausmaßes erschlossen. Obwohl auch Astronomen wie Gauss, Bessel, Thomas Maclear und Wilhelm Struve dafür bekannt waren, ausgedehnte Triangulationsnetze zur Erstellung präziser Karten und zur Berechnung geodätischer Linien auf der Erdkugel zu verwenden, war das sicherlich nicht der Endpunkt der wirkungsmächtigen Überschneidung von Geodäsie und Astronomie. Für Herschel war diese nicht bloß zufällig, konventionell oder nützlich, sondern besaß eine natürliche Basis – und bei dem am Kap entwickelten Verfahren bestand diese natürliche Basis in den Sternen erster Klasse oder, wie sie Herschel ebenfalls nannte, „etablierten verlässlichen Landmarken".[32] Bereits 1827 erinnerte Herschel sein Publikum daran, dass es in der Astronomie eines guten Sortiments an „Nullpunkten" bedarf, um eine Richtschnur beim Steuern unserer Schiffe, Kalibrieren unserer Instrumente, Vermessen des Himmels und Reduzieren der Messergebnisse zu haben. Denn die Sterne seien die Landmarken des Universums, die uns leiten und „lehren, unser Handeln an dem auszurichten, was am Werk Gottes unveränderlich ist."[33] Nach allem, was wir von Herschels Verfahren gesehen haben, führt dabei der Bezug auf das „Unveränderliche" buchstäblich Hände, Augen und Geist.

Ähnlich wie bei der Vermessung einer Vielzahl von Sternen auf der Grundlage einiger weniger, die als mathematische Punkte auf einer Fotoplatte fungieren, werden auch in Herschels deskriptiven Karten gewisse Relationen deutlich, die sich in Entfernungen und Positionen übersetzen lassen. Anders als bei der Sternenfotografie jedoch fließen diese Relationen in die Konstruktion eines Körperbilds – einer Nebelmasse – ein. Aufbauend auf das bloße Knochengerüst aus Punkten und Linien, das als Ergebnis einer Analyse zu sehen ist, ausgedrückt in einer bestimmten geometrischen Form, erfolgt eine Synthese, die einen Körper konstituiert, der mehr ist als die Summe seiner Teile. Die sonst unsichtbaren wesentlichen Teile – in diesem Fall Punkte, Linien und ihre jeweiligen Beziehungen – werden von Herschel als „Konzepte" bezeichnet und bilden die empirische Voraussetzung all dessen, was wir wahrnehmen. Als „geistige Konzepte" bleiben sie „verborgen", nur dem geschulten Auge zugänglich, und fungieren als „Untergrund" und „Bindemittel" für die Herstellung eines Körpers.[34] In der Tat, so Herschel, existieren und zeigen sich „die Wahrheiten der Geometrie [...] in jedem Teil des Raums, so wie die Statue im Marmor. Ihre Konzeption und Entdeckung mag vom denkenden Bewusstsein abhängen, aber sie können zu dem, was ihre Materie bildet und worin sie überall und allezeit Gestalt annehmen, nicht im Widerspruch stehen."[35] Die Arbeitsskelette sind genau diese Wahrheiten, sind die Statue im Marmor. Wesentlicher aber ist, dass uns dieses Zitat auch den Schlüssel zu Herschels Vertrauen auf und Antrieb für die Verbindung des Piktorialen mit dem Positionalen, des Formalen mit dem Realistischen, des Abstrakten mit dem Konkreten liefert; nämlich, dass Welt und Geist gewisse Elemente gemeinsam haben, und dass es die Aufgabe des Wissenschaftlers ist, sie kenntlich zu machen. Doch vergessen wir nicht, dass Herschel in der schlussendlich publizierten brauchbaren Form, in der er diese Phänomene für die wissenschaftliche Betrachtung vorlegt, die analytischen oder konzeptuellen Bestandteile, die er als Körpergerüst benötigte, wieder zugunsten eines Bildrealis-

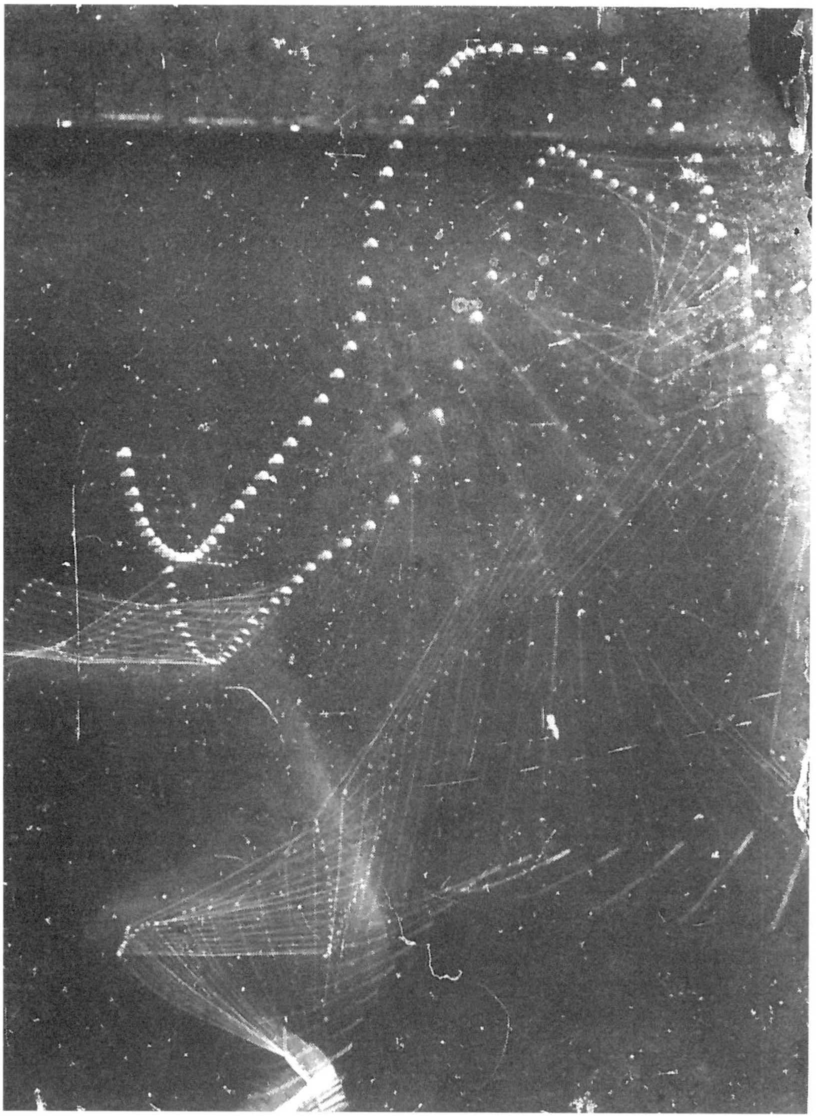

7: Étienne-Jules Marey, Sprung aus der Höhe mit gebeugten Knien, um den Fall abzufangen.

mus zurücknimmt, in dem die Phänomene in all ihren Einzelheiten und in ihrem vollen piktorialen Glanz erscheinen.

Vergleichen wir das mit Étienne-Jules Mareys (1830–1904) Verwendung von „Skeletten“ in seinen berühmten Chronofotografien von Tieren und Menschen in Bewegung. Wie Herschel strebte auch Marey eine wissenschaftlich brauchbare Visualisierung eines Phänomens an und nicht die Präsentation roher, unvermittelter Objekte. Direkte Chronofotografien eines gehenden, springenden oder rennenden Mannes besaßen, wie es Josh Ellenbogen formulierte, „keine Form [die Marey, O. N.] studieren konnte.“[36] Um die gewünschte Form, d. h. eine, die wissenschaftli-

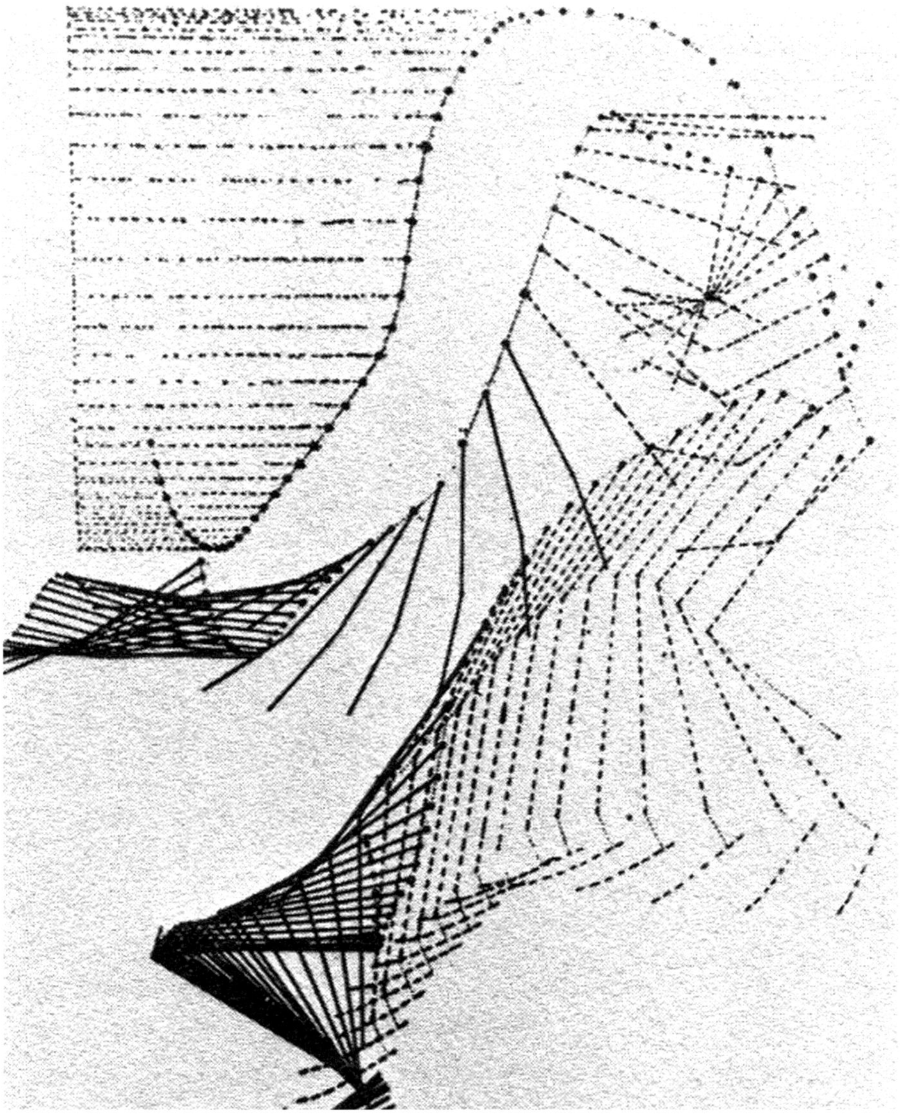

8: Étienne-Jules Marey, Sprung aus der Höhe mit Beugung der Beine, um den Fall abzufangen.

che Daten zu produzieren oder generieren vermochte, zu erzielen, wählte Marey nur diejenigen Teile des menschlichen Körpers aus, die wissenschaftlich relevant waren. Diese ausgewählten oder besser gesagt vorher analysierten Teile wurden auf einem schwarzen Ganzkörpertrikot als weiße, lichtreflektierende Punkte oder Linien aufgebracht, welche die Kamera vor schwarzem Hintergrund und in einem verdunkelten Raum aufnahm. Sie bilden das, was Marey als „homme squelette", als „Skelettmensch" bezeichnete (Abb. 7).[37] Infolge dieser Technik erscheinen auf den fotografischen Platten weniger in Bewegung befindliche Körper als die geometrischen Wesensmerkmale eines beliebigen Körpers in Bewegung. Marey erklärte die Bedeutung dieser Skelette damit, dass es ihm nicht darum gehe, „den gesamten Körper zu fotografieren, sondern bestimmte Punkte oder Linien, deren Position etwas über die Fakten aussagt, die wir zu ergründen versuchen."[38] Interessanterweise machte Mareys Versuch, wissenschaftliche Phänomene und nicht bloße Objekte darzustellen, nicht bei Fotografien halt. Diese wurden vielmehr in Handzeichnungen umgewandelt, die keinerlei Körperreste mehr enthielten, sondern nur noch reine Sequenzen aus Linien und Punkten waren, die Marey als „épures géométriques", als „geometrische Skizzen" bezeichnete (Abb. 8).[39] Es sind diese Zeichnungen, die die Phänomene in ihrer endgültigen wissenschaftlich brauchbaren Form zeigen. Marey bewegt sich also im Unterschied zu Herschel analytisch von den Körpern weg und synthetisiert sie nicht mehr als erkennbare Körper.[40] Fotografien von Himmelskörpern sind für Herschel immer nur Mittel zum Zweck, die dienen der Forschung, ohne Forschung zu sein. Erst wenn fotografische Platten einer weiteren Operation, dem Vermessen, überführt werden, können sie zu einem heuristischen Objekt werden.

Marey benutzte seine Skelette zu Analyse- oder Reduktionszwecken; Herschel die seinen, trotz der analytischen Ableitung, zu solchen der Synthese und Konstruktion. In beiden Fällen dienten sie jedoch dazu, bestimmte Funktionen des Geistes zu isolieren oder nutzbar zu machen: nämlich Abstraktion bzw. Konstruktion. Ein weiterer Unterschied liegt nicht nur in der Produktionsweise – Fotografie versus Handzeichnung –, sondern auch in der Richtung, aus der sich die beiden der Darstellung des Phänomens näherten: Herschel von innen nach außen; Marey von außen nach innen. Beide Richtungen verraten etwas über ihre Auffassung davon, was ein wissenschaftliches Phänomen ist und was Beobachten bedeutet. Bei Herschel ist ein starkes Vertrauen auf Elemente am Werk, die Geist und Welt miteinander gemein haben, ein Vertrauen, das geradezu die Existenz eines Objekts garantiert. Bei Marey ist dieses Vertrauen schwächer oder irrelevant geworden; an seine Stelle ist der Wunsch getreten, die formalen Strukturen aufzudecken, die allen Arten von Bewegungen innewohnen und nicht nur einem bestimmten Fall. Beim einen ist die Beobachtung mit einem produktiven Wechselspiel zwischen Konzeption und Wahrnehmung verbunden; beim anderen spielt die Wahrnehmung eine wesentlich geringere Rolle.

Hinsichtlich der Fotografie von Sternen und Nebeln bemerkte Gould einmal: „[W]ir sollten nicht vergessen, dass die bloße Reproduktion eines Bildes von irgendeinem Himmelsabschnitt auf der fotografischen Platte keine astronomische Forschung ist, sondern lediglich ein Mittel zu ihrer leichteren Durchführung. Eine fotografische Platte zeigt uns nichts, was nicht mithilfe geeigneter Sehinstrumente für jedermann zu sehen wäre; erst mit der sorgfältigen Vermessung der Platten beginnt die Arbeit des Astronomen.“[41] Was in dieser Passage als „bloße“ Reproduktion und nicht Teil der astronomischen Forschung angesehen wird, ist für Herschel (wie übrigens auch für Marey) einer der Grundbestandteile seiner eingehenden und umfassenden astronomischen Forschungstätigkeit – es ist die Stelle, an der etwas Körperhaftes möglich und auf eine bestimmte Art und Weise zur Erscheinung gebracht wird. Jede von Herschels deskriptiven Karten enthält eine ganze Geschichte des Beobachtens, zahllose Schichten an Handarbeit und Jahre erschöpfender, bisweilen von Angst und Verzweiflung begleiteter Arbeitsnächte und Arbeitstage. Herschel drang tief zum konzeptuellen Skelett eines Objekts vor, um es dann wieder in der Realität zu verankern und neu erstehen zu lassen, ihm Fleisch und Körper zu verleihen, damit es sich dem wissenschaftlichen Blick vorlegen und in seiner undeutlichen Existenz fixieren lässt. Die fotografische Platte dagegen schließt nicht nur diese historische, räumliche und emotionale Tiefe aus, sondern verbannte auch ihre eigene Herstellung aus der astronomischen Forschung.

Handgezeichnete deskriptive Karten prägten den Erwartungshorizont dafür, was als angemessene wissenschaftliche oder gelungene fotografische Darstellung derartiger astronomischer Phänomene galt. Das heißt aber nicht, dass sie die Ergebnisse der Fotografie vorwegnahmen oder eine Art Vorläufer derselben waren. Es heißt lediglich, dass die Art der Informationsaufbereitung, die man bei einem echten, brauchbaren und gesicherten wissenschaftlichen Phänomen erwartete, direkt mit den Erwartungen zusammenhing, die man in dieser Hinsicht an Form und Funktion deskriptiver Karten stellte. Und diesen Erwartungen liegt wiederum eine bestimmte Vorstellung von der sachkundigen und zweckdienlichen Präsentation eines Phänomens zugrunde: einer, die seine Existenz verdeutlicht und seine Messung ermöglicht, einer, die nicht nur den flüchtigen Blick bedient, sondern dieses der wissenschaftlichen Betrachtung zugänglich macht.

Aus dem Englischen übersetzt von Wilfried Prantner

ANMERKUNGEN

1 Für nähere Ausführungen zu Rutherfurds Fotoplatten vgl. John K. Rees, *The Rutherfurd Photographic Measures* (New York, 1906). Weniger nachhaltig hatte George Bond vom Harvard Observatorium bereits 1857 viele interessante Türen aufgestoßen, die in eine ähnliche Richtung gingen.

2 Harold Jacoby, *Practical Talks by an Astronomer* (New York: Charles Scribner's Sons, 1902), 92–93.

3 Benjamin Gould, „Celestial Photography", in *The Observatory* 2 (1878), 15.

4 David Gill, „The Applications of Photography in Astronomy", in *The Observatory* 10 (1887), 269.

5 Benjamin Gould, „Photographic Determinations of Stellar Positions", in *The Observatory* 9 (1886), 324.

6 Ibid., 323.

7 Ibid., 325. Erwähnt werden sollte hier auch Isaac Roberts *Stellar Pantograver*, eine Maschine, die nicht nur zur Übertragung der Sterne von der Foto- auf eine Kupferplatte diente, sondern auch zur Produktion exakter Punkte verschiedener Größen. Vgl. Isaac Roberts, „On an Instrument for Measuring the Positions and Magnitudes of Stars on Photographs and for Engraving them upon Metal Plates with Illustrations ..." in *Monthly Notices of the Royal Astronomical Society* 49 (1888), 5–13.

8 Vgl. Gill, „The Application of Photography in Astronomy" (siehe Anm. 4), 288.

9 Agnes Clerke, „Sidereal Photography", in *Edinburgh Review* 167 (1888), 32.

10 Vgl. Gill, „The Application of Photography in Astronomy" (siehe Anm. 4), 288.

11 Vgl. Gould, „Celestial Photography" (siehe Anm. 3), 15.

12 Zitiert in Benjamin Gould, *Reply to the 'Statements of the Trustees' of the Dudley Observatory* (Albany: Charles van Benthuysen, 1859), 94. (Original in F. W. Bessel, *Populäre Vorlesungen über wissenschaftliche Gegenstände* [Hamburg: Perthes-Besser & Mauke, 1848], 5- 6.)

13 Ibid., 98.

14 Ibid., 95. Für eine kurze Darstellung der Kontroverse und Goulds elitärer Position vgl. Richard G. Olson, „The Gould Controversy at Dudley Observatory: Public and Professional Values in Conflict", in *Annals of Science* 27, Nr. 3 (1971), 265–276.

15 Ibid., 16.

16 Vgl. Clerke, „Sidereal Photography" (siehe Anm. 9), 30.

17 Vgl. John Lankford, „Amateurs versus Professionals: The Controversy over Telescope Size in Late Victorian Science", in *Isis* 72, (1981), 11–28; Roger Hutchins, *British University Observatories 1772–1939*, (Hampshire: Ashgate, 2008).

18 Paul und Prosper Henry, „Nouvelles nebuleuses remarquables, decouvertes, à l'aide de la photographie, dans les Pleiades", in *Comptes Rendus Hebdomadaires des Seances de l'Academie des Sciences* 106 (1888), 912–914.

19 Brief von Sir John Herschel an Mr. Thomas Bell (1853), zit. nach: *Correspondence Concerning the Great Melbourne Telescope, In Three Parts: 1852–1870*, (London: Taylor and Francis, 1871), 22 (Hervorhebung im Original).

20 Andrea Henderson, „Magic Mirrors: Formalist Realism in Victorian Physics and Photography", in *Representations* 117, Nr. 1 (Winter 2012), 123.

21 Für eine eingehendere Darstellung dieser Ausführungen vgl. Omar W. Nasim, *Observing by Hand: Sketching the Nebulae in the Nineteenth-Century* (Chicago: University of Chicago Press, 2013).

22 John Herschel, *Results of Astronomical Observations Made During the Years 1834, 5, 6, 7, 8, at the Cape of Good Hope ...* (London: Smith, Elder and Co., 1847), 11.

23 Ibid., 11.

24 Zitiert in Augustus De Morgan, *An Explanation of the Gnomonic Projection ...* (London: Baldwin and Cradock, 1836), 104–105.

25 Vgl. John Herschel, *Results of Astronomical Observations* (siehe Anm. 22), 12.

26 Ibid., 40.

27 Ibid., 27.

28 Ibid., 12–13.

29 Harold Jacoby, *Practical Talks by an Astronomer* (siehe Anm. 2), 92–93.

30 Vgl. Gill, „The Application of Photography in Astronomy" (siehe Anm. 4), 287.

31 Ibid., 271.
32 Vgl. John Herschel, *Results of Astronomical Observations* (siehe Anm. 22), 29.
33 John Herschel, „Address to the Royal Astronomical Society, April 11, 1827“, in id., *Essays from the Edinburgh and Quarterly Reviews with Addresses and Other Pieces* (London: Longman, Brown, Green, Longmans & Roberts, 1857), 469.
34 John Herschel, „Kosmos“, in id., *Essays from the Edinburgh and Quarterly Reviews* (siehe Anm. 33), 271–272.
35 John Herschel, „Whewell on the Inductive Sciences“, in id., *Essays from the Edinburgh and Quarterly Reviews with Addresses and Other Pieces* (siehe Anm. 33), 197.
36 Josh Ellenbogen, „Camera and Mind“, in *Representations* 101 (2008), 93.
37 Ibid., 92.
38 Zitiert nach ibid., 103.
39 Ibid., 106.
40 Die Synthese könnte allerdings die Form von Gesetzen oder Gleichungen annehmen, die Bewegung im Allgemeinen erfassen.
41 Benjamin Gould, „Rutherfurd’s Starplates“, in *The Observatory* 15 (1892), 54.

BILDNACHWEISE

1 aus: *American Cyclopedia*, Bd. 2 (New York: D. Appleton and Company, 1875), 512.
3 aus: Wolfgang Steinicke, *Observing and Cataloguing Nebulae and Star Clusters* (Cambridge: Cambridge University Press, 2010), 542.
4 aus: *Philosophical Transactions of the Royal Society of London*, Nr. 23 (1833), 494, Tafel X.
7 aus: Marta Braun, *Picturing Time. The Work of Étienne-Jules Marey (1830–1904)* (Chicago: Chicago University Press, 1992), 100, Abb. 57d.
8 aus: Étienne-Jules Marey, *Movement* (New York: D. Appleton & Company, 1895), 142, Abb. 96.

HERTA WOLF

LOUIS DÉSIRÉ BLANQUART-ÉVRARDS STRATEGIEN DES BEWEISENS

INSKRIPTIONEN

In der Sammlung der Pariser Société française de photographie (SFP) finden sich unter dem Namen *Louis Désiré Blanquart-Évrard* nicht wenige Fotografien verzeichnet. Diese entstanden in unterschiedlichen Zeiträumen und stehen in Verbindung mit den verschiedensten Anwendungsfeldern von dessen vielfältigen fotografischen Aktivitäten. Bei der Durchsicht eines großen Konvoluts von Abzügen, die den in Alben zusammengefassten Bilderserien entstammen, die seit 1851 in der von Blanquart-Évrard gegründeten Imprimerie photographique in Loos in der Nähe von Lille angefertigt wurden, fallen handschriftliche Eintragungen ins Auge, die auf den ersten Blick wenig Sinn ergeben. Auf den in der Manier von Druckgrafiken mit einem Titel, dem Namen des Albums zu dem die Fotografie gehört, sowie – zeitweise – dem des aufnehmenden Fotografen und dem der Imprimerie bedruckten Vorsatzkartons steht mit Bleistift geschrieben: „Impressions photographiques de Lille, fermé en 1855" (Abb. 1). Fein säuberlich wurde auf den ursprünglich für einen kommerziellen Vertrieb vorgesehenen Blättern vermerkt, dass „die fotografische

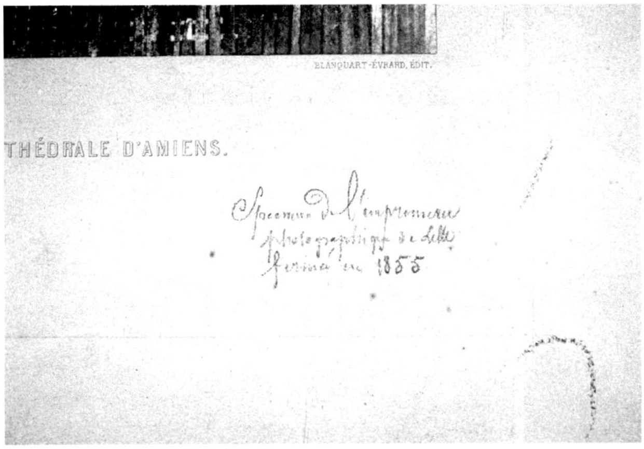

1: „Specimen de l'imprimerie photographique de Lille, fermé en 1855", Notiz von Louis Désiré Blanquart-Évrard auf einem Blatt von: Charles Marville, Hauptportal der Kathedrale von Amiens von Robert de Luzarches, Arch. XIII. Jhd., SFP, Paris.

Druckerei aus Lille 1855 zugemacht hat". Da einige der mit dieser Inschrift versehenen Blätter überdies mit „B. É.", den Initialen von Blanquart-Évrard, unterschrieben und damit beglaubigt sind, und da es sich zweifelsfrei um dessen Schrift handelt, kann man davon ausgehen, dass dieser der Urheber der Mitteilung ist. Warum aber sollte der Fotoindustrielle Blanquart-Évrard auf jedem der im Rahmen von (mehr als) einer Schenkung an die SFP übergebenen Bilder handschriftlich eine Botschaft über das Ende seiner fotografischen Kopieranstalt hinterlassen haben?[1] Man kann davon ausgehen, dass die derart beschrifteten Einzelblätter Ende 1868, Anfang 1869 der SFP übergeben wurden, ist doch dem Bericht von deren Generalversammlung vom 8. Januar dieses Jahres zu entnehmen, dass „Herr Blanquart-Évrard einige historische Stücke überreicht und als Geschenk präsentiert, die aus der Zeit seiner ersten Mitteilungen an die Akademie der Wissenschaften stammen, *sowie mannigfaltige Abzüge von Arbeitsproben seiner ehemaligen fotografischen Druckerei* [Hervorh. v. H. W.]. Herr Blanquart-Évrard lenkt die Aufmerksamkeit der Gesellschaft auf die Abzüge, die zwischen 1851 und 1855 kopiert, keine Veränderung erfahren haben."[2]

Da sich diese sorgfältigen Bleistiftvermerke auf fast allen nicht eingebundenen Tafeln der Imprimerie photographique in der Sammlung der SFP finden, fragt man sich, warum all diese Arbeit aufgewendet wurde, um einen Sachverhalt festzuhalten, der nicht nur den Teilnehmern der Generalversammlung, sondern auch den Lesern des *Bulletin de la Société française de photographie* geläufig gewesen ist. Dank ihrer Betonung eines den Zeitgenossen bekannten Tatbestandes verweisen diese mühevollen Inskriptionen auf mehr als auf einen pedantischen älteren Mann, der rechthaberisch das Vergangen-Sein einer seiner Aktivitäten festhält. Wie ich in der Folge ausführen werde, lassen sich Blanquart-Évrards handschriftliche Vermerke nicht allein in einem sehr viel breiteren foto- und wissenschaftshistorischen Zusammenhang lesen, sondern sie lassen uns auch begreifen, welchen Wissenssystemen oder vielmehr -praktiken die Fotografie – und das nicht allein um 1869 – unterworfen war.

LOUIS DÉSIRÉ BLANQUART-ÉVRARD

Obwohl sich diese Praktiken nicht allein biografisch und auf keinen Fall individualpsychologisch verankern lassen, sollen einige aus Blanquart-Évrards Werdegang resultierende Voraussetzungen seiner Arbeiten oder vielmehr Arbeitsweisen meinen Ausführungen vorangestellt werden. Der 1802 in Lille Geborene wird herkömmlicherweise als Inhaber der Imprimerie photographique erinnert, die er auf dem Gelände von Hippolyte Fockedey[3] im Ort Loos südwestlich von Lille etablierte. Doch schon die Wahl des Ortes resultiert nicht allein aus einer glücklichen Begegnung mit einem Kunstliebhaber, der zufällig in Loos einen „charmanten Wohnsitz" besaß, wie es Blanquart-Évrard in seinem Rückblick und seiner Vorausschau auf die Entwicklungen der Fotografie, *La Photographie. Ses origines, ses progrès, ses trans-*

formations, darstellen sollte.[4] Bei Loos handelt es sich um einen Industriestandort an dem sich u. a. 1826 eine bedeutende Chemiefabrik angesiedelt hat. Doch dazu gleich.

> „Ich wurde in eine Lage versetzt, in der ich meine wissenschaftliche Glaubwürdigkeit nur retten konnte, wenn ich meine Theorie bewies. Das bedeutete nicht weniger als eine Fabrik zu gründen und ihr regelmäßig Arbeit zu verschaffen, indem man sie Fotografen und Verlegern zur Verfügung stellt, die ihre Publikationen mit fotografischen Illustrationen anreichern wollten. Erfreulicherweise traf ich in dieser Lage durch einen glücklichen Zufall einen Freund, Herrn Hippolyte Fockedey, einen Kunstliebhaber und Mann mit Geschmack, der sich einverstanden erklärte, die Freizeit über die er gerade verfügte der Errichtung und Leitung einer fotografischen Druckerei auf seinem charmanten Wohnsitz in Loos zu widmen, wo wir die aus dem [Positiv-negativ-]Verfahren resultierenden Einsparungen industriell realisieren konnten."[5]

Um sich gegen die Angriffe von Fotokritikern wie Francis Wey zu wehren, glaubte Blanquart-Évrard sich um der Wahrung seiner wissenschaftlichen Lauterkeit willen verpflichtet, eine fotografische Druckerei zu errichten, in der er bewies, was er – wie Wey ihm vorwarf – einzig theoretisch behauptet hatte. Dass Blanquart-Évrard von den Vertretern der mit *La Lumière* kooperierenden französischen Fotokritik nicht mit Seidenhandschuhen angefasst worden ist, ist der Vereinszeitschrift der Société héliographique, *La Lumière*, zu entnehmen, die Blanquart-Évrard im übrigen in seinem historiografischen Werk von 1869 in aller Ausführlichkeit zitiert.[6]

Dass er heute insbesondere als Fotounternehmer erinnert wird, mag an der von diesen Kreisen an der Kommerzialisierung der Fotografie angebrachten Kritik liegen, die sich – nicht zuletzt – in einer mit der Infragestellung seiner wissenschaftlichen Lauterkeit verbundenen Häme sedimentiert.[7] Der in den fotohistorischen Abrissen nach der Mitte des 20. Jahrhunderts anzutreffenden Hypostasierung seiner Tätigkeit als Fotoindustrieller[8] stehen Blanquart-Évrards Bekanntheitsgrad und die Bedeutung entgegen, die seinen verfahrenstechnischen Schriften in der Mitte des 19. Jahrhunderts (und darüber hinaus) zugemessen wurden.[9] Um aufzuzeigen, dass es zu kurz gegriffen ist, ihn in einem ausschließlich industriellen Anwendungsfeld zu situieren und historisch unrichtig, ihn als Vorreiter der Fotografie als Massenmedium darzustellen, ist es notwendig, die Geschichte seiner – ebenfalls in der Notiz von 1869 erwähnten – „historische[n] Stücke" nachzuzeichnen.[10] Nicht zuletzt dadurch kann auch ein anderer, genauerer Blick auf den Werdegang Blanquart-Évrards geworfen werden, aus dem sich letztlich seine handschriftlichen Inskriptionen gleichermaßen wie seine große, biografisch motivierte fotohistorische Schrift von 1869 und die im gleichen Jahr getätigte Schenkung einer historiografischen Sammlung der Fotografie und ihrer Verfahren an das Musée de l'Industrie von Lille begründen und begreifen lassen (vgl. Abb. 15).

ERSTE ARBEITSPROBEN FÜR DIE ACADÉMIE DES SCIENCES

Dank eines an den ständigen Sekretär der Akademie der Wissenschaften, François Arago, adressierten Briefes vom 23. September 1846 betritt Blanquart-Évrard die Bühne der Öffentlichkeit (Abb. 2 u. 3).[11] In diesem kommt er – nach einer kurzen

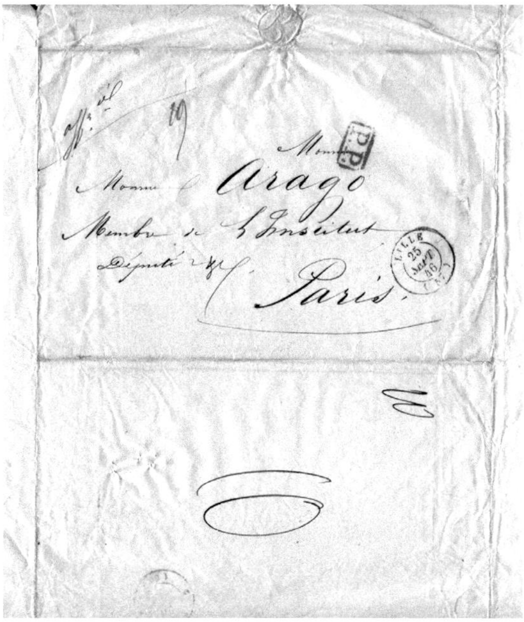

___ 2: Louis Désiré Blanquart-Évrard, Brief vom 23. September 1846, Archives de l'Académie des sciences, Paris.

Einführung, in der er Aragos Förderung derjenigen, die sich mit der Fotografie auseinandergesetzt haben, als Motivation für seine Kontaktaufnahme nennt – sogleich auf die *épreuves* wie sie auf Französisch genannt werden, also die als Arbeitsproben oder Beweise zu qualifizierenden Abzüge seines Papierverfahrens zu sprechen,[12] die er seinem Schreiben beigefügt hat. Bei diesen handelt es sich um zwei „unter den gleichen technischen Voraussetzungen und Lichtbedingungen aufgenommen[e]" Porträts, mit denen Blanquart-Évrard aufzeigen möchte, dass fotografische Papierabzüge „nach dem Gutdünken des Operators variieren können", in dessen Hand es nunmehr liege, ob Abzüge schwach oder stark gezeichnet sind. Aus seinen Explikationen geht schnell hervor, dass die beiden Abzüge, die zwei in der Körperhaltung unmerklich voneinander abweichende, während des gleichen Settings angefertigte (Selbst-)Porträts zeigen, nicht so sehr Zugabe, denn Veranlassung der Kontaktaufnahme sind (Abb. 4a u. 4b). Diese Deutung wird durch seine im Brief formulierte

Bitte bestätigt, dass Arago seinen Namen dem derjenigen hinzufügen möge, denen sich die (Weiter-)Entwicklung der fotografischen Verfahren verdankt: Sollte Arago diese Anerkennung als gerechtfertigt erachten, kündigt der erste französische Verbesserer der Papierfotografie an, ihm weitere und größere Abzüge schicken zu wollen. Im Übrigen weist er auf seine, auf nordfranzösischen Ausstellungen – trotz hauptstädtischer Konkurrenz – vielfach ausgezeichnete Passion für die Kunst des Zeichnens und der Malerei hin, der er – obwohl in erster Linie mit dem Tuchhandel befasst – jede freie Minute widme. Welche Hybris, könnte man meinen, die ein Unbekannter aus Lille dem einflussreichen Astronomen gegenüber an den Tag legt. Und dennoch ist Arago seinem Begehren nach Publizität insofern nachgekommen, als er dessen Kommunikation im Sitzungsbericht vom 28. September 1846 in den *Comptes rendus hebdomadaire de l'Académie des sciences (CR)* zusammenfasst. So wird öffentlich, dass ein Herr Blanquart-Évrard aus Lille „zwei Spezimen von Papierfotografien eingereicht hat, die sich – obwohl sie dieselbe Szene abbilden und unter den gleichen Bedingungen aufgenommen wurden – in ihren Tonwerten sehr unterscheiden. Ihr Urheber teilt mit, dass diese Unterschiede vollständig dem Gutdünken ihres Operators gezollt sind“.[13]

Bleiben wir vorerst beim Autor der Einsendung an die Académie des sciences, der in seinem Schreiben an Arago Biographeme preisgibt, Informationen, die – wenn sie ihn als Kunstliebhaber ausweisen – der postulierten gestalterischen Freiheit des von ihm entwickelten Verfahrens entsprechen. Blanquart-Évrard behält allerdings wichtige, seinen Lebenslauf betreffende Informationen für sich, die für die Art und Weise seiner fotografischen Experimente gleichermaßen von Bedeutung sind wie sie erklären könnten, warum ein dilettierender Tuchhändler überhaupt in der Lage war, sich experimentell mit fotografischen Verfahren auseinanderzusetzen und Prozedere zu entwickeln, von denen er in seinem Brief vom Herbst 1846 selbst sagt, dass es sich bei ihnen nicht um „wirkliche Entdeckungen“ handelt, sondern um recherchierte „Anwendungen der aufgestellten Grundsätze“.[14] Aber während er sich an den Urheber der genannten „Grundsätze“ der Papierfotografie in seinen späteren verfahrenstechnischen (1851) und historischen Schriften (1869) erinnern (müssen) wird, kommt er in keiner seiner Abhandlungen darauf zu sprechen, dass in seine fotografische Experimentierfreudigkeit zeitgenössisches chemisches Laborwissen eingeflossen ist. Dass dieses die Grundlage seiner Verbesserungen der Papierfotografie bildet, erfahren wir erst aus den Nachrufen von Benjamin Corenwinder und Alphonse Davanne.[15]

Der in Privatschulen erzogene und vor seiner Heirat 1831 in der Tabakindustrie tätige Blanquart-Évrard besuchte um 1826 die Vorlesungen des Chemieprofessors Fréderic Kuhlmann.[16] Der 1803 in Colmar geborene Kuhlmann war als junger Mann nach Paris gegangen, wo er im Labor des berühmten Experimentators, Professors der Chemie am Collège de France und am Muséum d'histoire naturelle sowie Mitglied des Institut de France, Louis Nicolas Vauquelin, arbeitete.[17] Um die industrielle Rückständigkeit Frankreichs gegenüber England zu beheben, sollten im

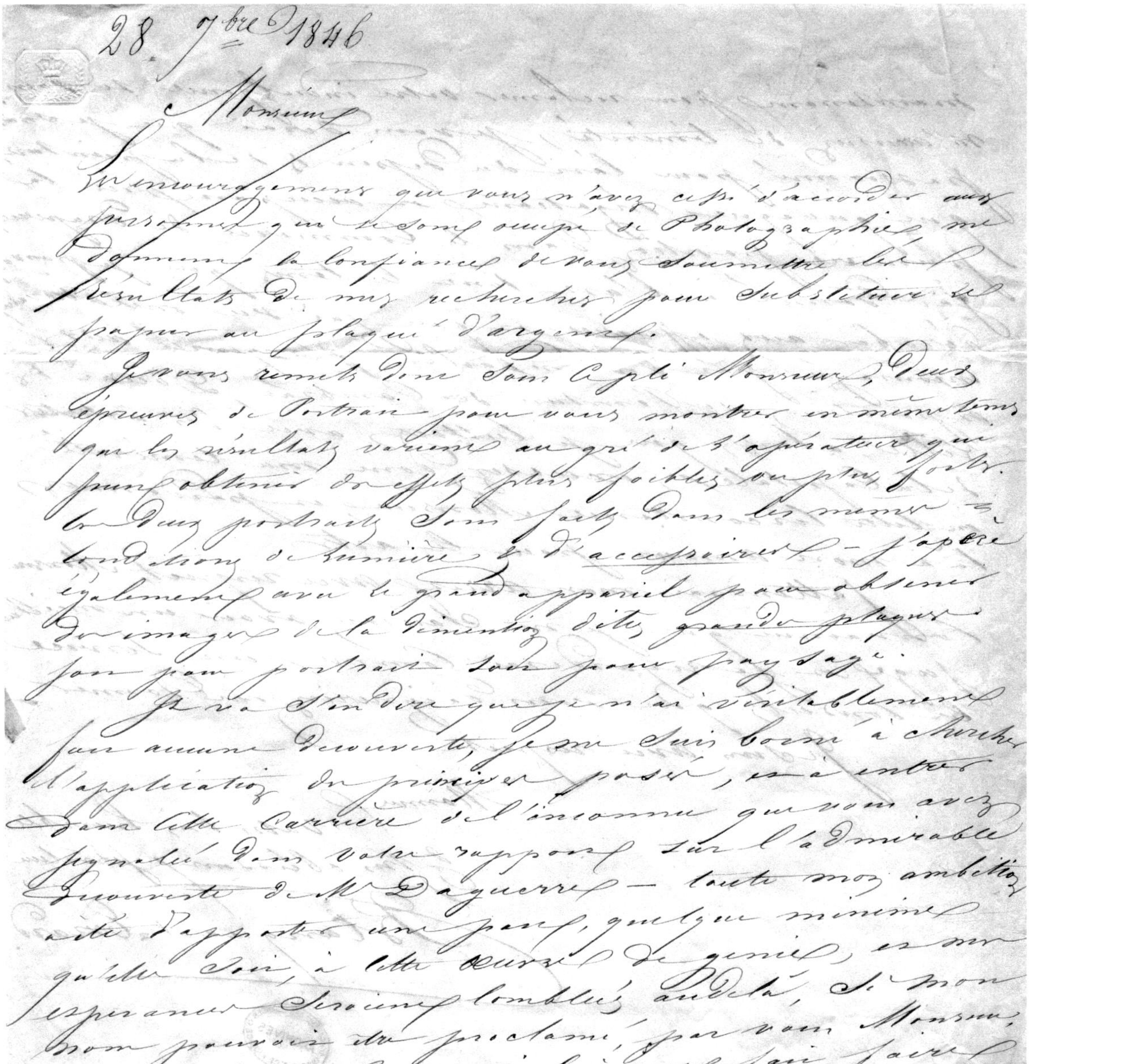

28 7bre 1846

Monsieur

Les encouragements que vous n'avez cessé d'accorder aux personnes qui se sont occupé de Photographie, me donnent la confiance de vous soumettre les résultats de mes recherches pour substituer le papier aux plaques d'argent.

Je vous remets donc sous ce pli Monsieur, deux épreuves de Portrait pour vous montrer en même tems que les résultats varient au gré de l'opérateur qui peut obtenir des effets plus faibles ou plus forts. Les deux portraits sont faits dans les mêmes conditions de lumière & d'accessoires — j'opère également avec le grand appareil pour obtenir des images de la dimension dite grande plaque soit pour portrait soit pour paysage.

Je dois dire que je n'ai véritablement fait aucune découverte, je me suis borné à chercher l'application du principe posé, et à entrer dans cette carrière de l'inconnu que vous avez signalé dans votre rapport sur l'admirable découverte de M. Daguerre — toute mon ambition était d'apporter une part, quelque minime qu'elle soit, à cette œuvre de génie, et mes espérances seraient comblées au delà, si mon nom pouvait être proclamé, par vous Monsieur, au nombre de ceux qui lui ont fait faire quelques pas.

Si vous pensiez Monsieur que je puisse espérer cette distinction, je vous adresserai avec bonheur des épreuves de plus grande dimension et que ne comportait pas le pli d'une lettre.

Blanquart-Evrard

3a: Louis Désiré Blanquart-Évrard, Brief vom 23. September 1846, Archives de l'Académie des sciences, Paris.

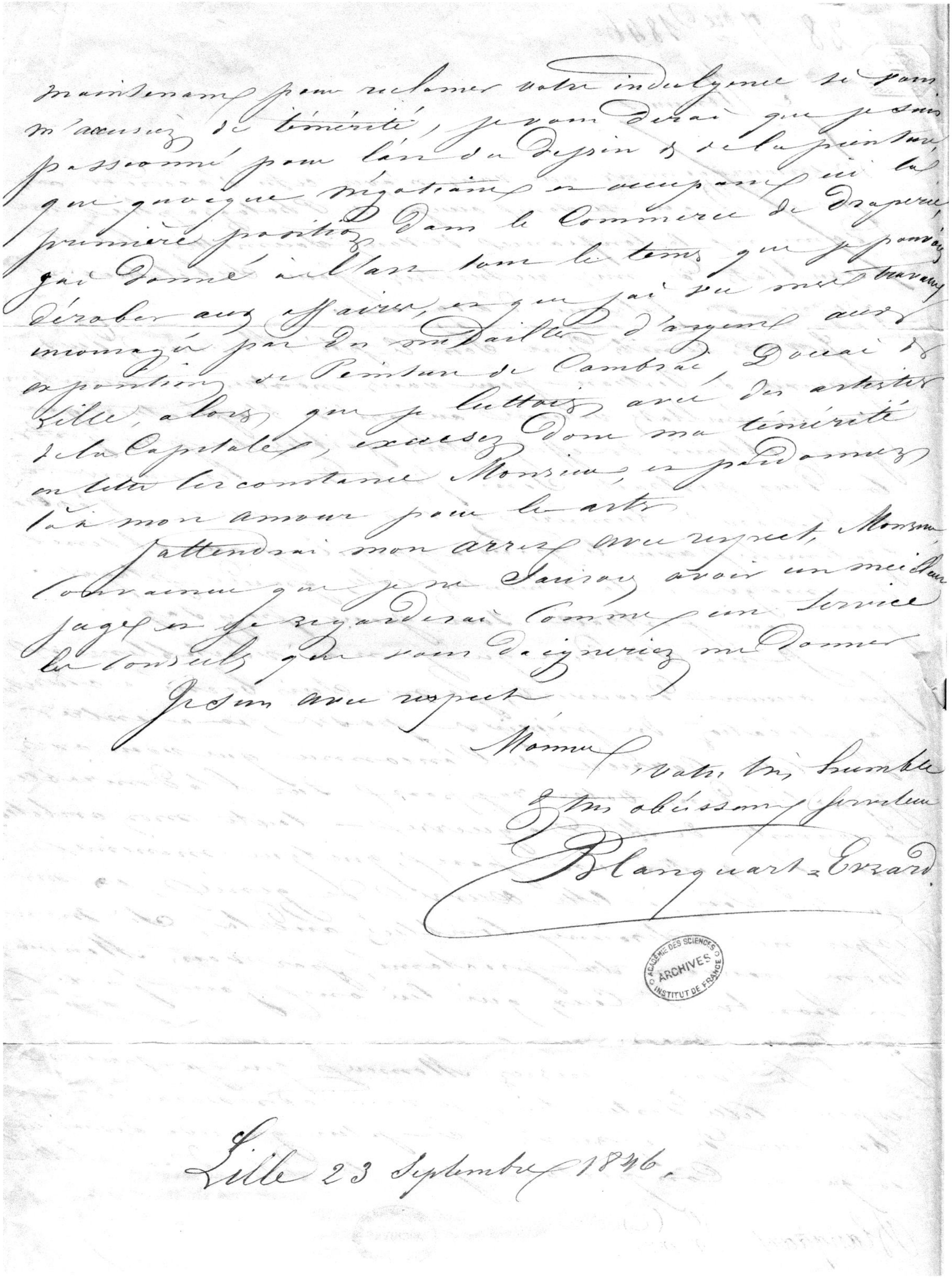
maintenant pour réclamer votre indulgence si vous
m'accusez de témérité, je vous dirai que je suis
passionné pour l'art du dessin et de la peinture,
que quoique négociant et occupant une
première position dans le commerce de draperie,
j'ai donné à l'art tout le temps que j'ai pu
dérober aux affaires, et que j'ai vu mes travaux
encouragés par des médailles d'argent aux
expositions de Peinture de Cambrai, Douai et
Lille, alors que je luttais avec des artistes
de la Capitale, excusez donc ma témérité
en tête les convenance Monsieur, et pardonnez
la à mon amour pour les arts

J'attendrai mon arrêt avec respect, Monsieur,
convaincu que je ne saurais avoir un meilleur
juge et je regarderai comme un service
les conseils que vous daignerez me donner

Je suis avec respect

Monsieur
votre très humble
et très obéissant serviteur

Blanquart-Evrard

Lille 23 Septembre 1846.

3b: Louis Désiré Blanquart-Évrard, Brief vom 23. September 1846, Archives de l'Académie des sciences, Paris.

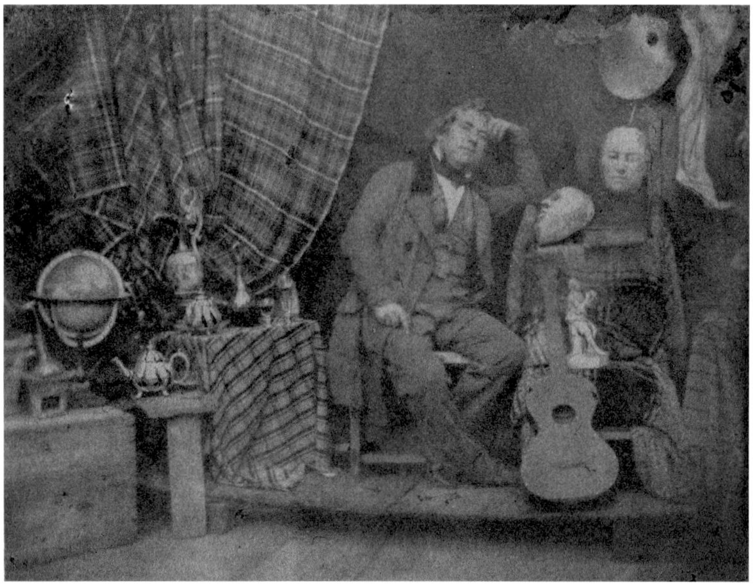

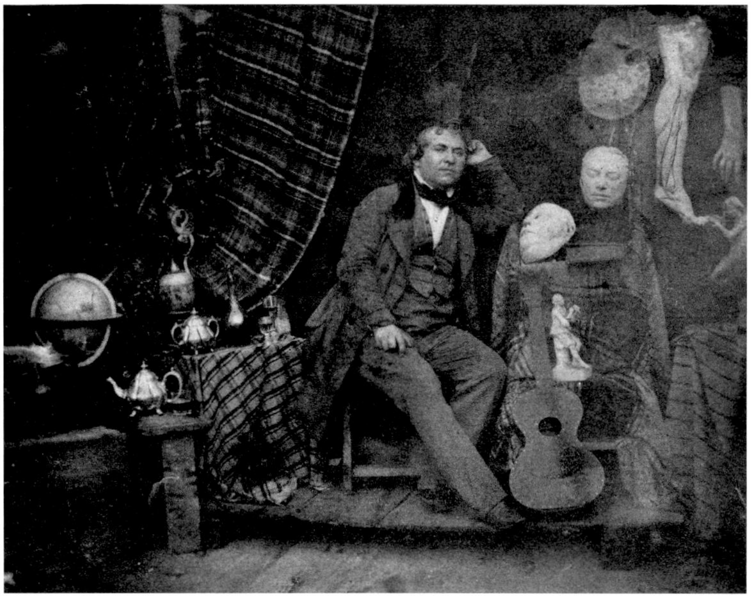

___ 4a: Louis Désiré Blanquart-Évrard, Selbstporträt im Atelier, kontrastarmer, in unterschwefeligem Natron geschwenkter Salzpapierabzug von einem Papiernegativ, das mit einer Schutzschicht versehen ist; Bildbeispiel eins aus dem Brief an Arago vom 23. September, auf Seidenpapier kaschiert, 9,5 × 27,5 cm (Fotografie: 8,4 × 10,8 cm), Archives de l'Académie des sciences, Paris. ___ 4b: Id., Kontrastreicher, in unterschwefeligem Natron geschwenkter [virée] Salzpapierabzug von einem Papiernegativ, das mit einer Schutzschicht versehen ist; Bildbeispiel zwei aus dem Brief an Arago vom 23. September; auf Seidenpapier kaschiert, 9,2 × 27,5 cm (Fotografie: 8,4 × 11 cm), Archives de l'Académie des sciences, Paris.

ganzen Land die Kenntnisse der angewandten Wissenschaften disseminiert und Fachkräfte ausgebildet werden. So beschloss auch die Stadt Lille, nachdem sie schon 1817 einen von Charles Delezenne geleiteten öffentlichen Physikkurs eingerichtet hatte, ebenfalls ein *enseignement supérieur de la chimie*, einen höheren Chemieunterricht zu etablieren. Vauquelin, von seinem Freund Delezenne um Rat gefragt, empfahl seinen Schüler Kuhlmann für diesen Posten, der sich mit Arbeiten über das Färben einen Namen gemacht hatte. So wurde der Lehrstuhl für angewandte Chemie der Stadt Lille ab dem Juni 1824 mit dem 21-Jährigen ehemaligen *préparateur*, d. h. Laborassistenten von Vauquelin besetzt. Kuhlmann wurde von der regionalen Industrie begeistert aufgenommen und errichtete 1826, nachdem er sein Wissen über den Einsatz der Chemie in der Industrie erweitert hatte, die bereits erwähnte „bedeutende chemische Fabrik" in Loos in der Nähe von Lille. Bis zur Gründung der Faculté des Sciences de Lille 1854 verband Kuhlmann die Tätigkeitsfelder als Lehrender und als Industrieller und das obwohl sich der von ihm geleitete Industriebetrieb zu einem der maßgeblichen Wirtschaftsbetriebe (Nord-)Frankreichs entwickeln sollte. [18] Neben dem Färben, dem Bleichen, dem Stoffdruck, also chemischen Belangen der Textilindustrie,[19] galt Kuhlmanns Interesse der Agrarindustrie. Er sei der erste gewesen, der die Effekte von Ammoniaksalzen auf die Vegetation und ihren Einfluss auf die Fruchtbarkeit des Bodens erkannt hat, schreibt Ulrike Fell in ihrer Abhandlung über die Entwicklung der Chemie in Frankreich.[20]

> „Lehre und Forschung standen in Lille schon lange in enger Beziehung zur lokalen Industrie, insbesondere zur Textilindustrie, Kohleproduktion und Metallurgie. Charles-Frederic Kuhlmann hatte hier 1824 als Professor für Chemie in einer städtischen Schule begonnen, die später der Faculté des Sciences angegliedert wurde. Dreißig Jahre lang hatte der Urvater der späteren Etablissements Kuhlmann angewandte Chemie gelehrt und geradezu eine Infrastruktur an der Schnittstelle von chemischer Industrie, Lehre und Forschung geschaffen."[21]

Von Anfang an waren Kuhlmanns Kurse sehr erfolgreich; sein Auditorium bestand aus bis zu dreihundert Hörern, eine Vielzahl von ihnen waren Industrielle und junge Wissenschaftler. Kuhlmann liebte es, lernbegierige Schüler um sich zu versammeln, und so kam auch der gleichaltrige Blanquart-Évrard – wie der Chemiker Corenwinder ausführt – als Laborassistent zu ihm. Hier eignete er sich Kenntnisse der Chemie an, „der Wissenschaft, die zum unerlässlichen Hilfsmittel für die Entdeckungen und Verbesserungen werden sollte, die er in die Kunst der Fotografie eingebracht hat."[22] Dass er „im Laboratorium dieses herausragenden Wissenschaftlers die Grundlagen der Chemie erwarb, die für denjenigen, der ernsthaft die fotografischen Prozesse studieren möchte, so nützlich sind", kann man dem Nachruf des Chemikers und als Handbuchautor und Vermittler der Fotografie und ihrer Prozesse tätigen Alphonse Davanne entnehmen.[23] Nicht nur Lehrling der Chemie, sondern „Chemiker" sei Blanquart-Évrard gewesen, fährt letzterer fort, „Chemiker und Künstler, der einmal durch die Fotografie verführt, deren Charme erlag und ihr seine ganze Karriere widmen sollte".[24]

BEWEISSTRATEGIEN 1846/47

Da Arago am 28. September 1846 von Blanquart-Évrards Einsendung berichtet, wird er im Gegenzug mit weiteren Bilderproben von dessen „Recherchen, die Silberplatten durch Papier zu ersetzen" bedacht.[25] So kann er in der Akademiesitzung vom 7. Dezember „eine Folge schöner fotografischer Papierbilder" in „Blanquart-Évrards Namen" präsentieren. Das diesen zugrundeliegende Verfahren wolle ihr Urheber dann mitteilen, wenn die „Académie, mit den ihr unterbreiteten Resultaten zufrieden, dieses glaubt" in ihren *Comptes rendus* veröffentlichen zu können. „Wie schon in den zuvor gezeigten Lichtbildern findet sich ein und dieselbe Zeichnung mehrmals reproduziert, allerdings in unterschiedlichen Ton- und Lichtwerten, die man nach Belieben erzielen kann" (Abb. 5).[26] Wir wissen nicht, ob Arago Blanquart-Évrard geantwortet hat; letzterer allerdings legt in einem nächsten Schreiben an die Académie des sciences vom 29. Dezember 1846 noch einmal nach und schickt einen Plis cacheté, einen versiegelten Brief, den er bittet nur dann zu öffnen, wenn sein Verfahren in der Akademiezeitschrift publiziert werde (Abb. 6). Da, wie es in der darauf bezugnehmenden Notiz so schön heißt, die „Académie nicht über Aufzeichnungen entscheiden könne, die sie nicht kenne", wird das Schreiben zu den Akten gelegt.[27] Am 11. Januar wurde noch ein weiteres fotochemische Verfahren betreffendes Paquet cacheté deponiert, das von Abel Niépce de St. Victor, dem Neffen von Nicéphore Niépce stammte. Als dessen akademischer Mittelsmann agierte der (Farb-)Chemiker Eugène Chevreul, der – weil er offensichtlich mit den Inhalten beider versiegelten Schreiben vertraut war – feststellte, „dass die Untersuchungen auf die sich beide Depots beziehen sehr weit fortgeschritten sind, weshalb zu erwarten ist, dass beider Resultate bald veröffentlicht werden können."[28] Und so geschah es auch: Blanquart-Évrard verfasste eine detaillierte Darstellung seines Positiv-Negativ-Verfahrens, die am 25. Januar 1847 unter dem Titel „Procédés employés pour obtenir les épreuves de photographie sur papier" von Arago verlesen und Ende der Woche in den Sitzungsberichten der Académie des sciences „in extenso" – wie Corenwinder in seinem Nachruf schreibt – publiziert wurde.[29]

Wenn hervorgehoben wird, dass Blanquart-Évrards Mitteilung in ihrer ganzen Länge veröffentlicht wurde, hängt dies mit den Publikationsregularien der 1835 von Arago maßgeblich initiierten *Comptes rendus* zusammen. Diese wollten der einseitigen Berichterstattung der Wissenschaftsakademiesitzungen durch Tageszeitungen begegnen sowie die Kontrolle über das Publizierte behalten, indem sie selbst regelmäßig von den in den wöchentlichen Sitzungen abgehandelten Themen berichteten oder aber die eingereichten Beiträge in gekürzter Form präsentierten. Sobald Papiere verlesen oder zumindest an die Akademie zum Verlesen geschickt worden waren,[30] wurden die Kommunikationen von Mitgliedern und Nichtmitgliedern gleichermaßen veröffentlicht – wie auch das Beispiel Blanquart-Évrards zeigt. Damit stand die Publikationspolitik der *Comptes rendus* im Gegensatz zu wissenschaftlichen Zeitschriften wie den *Philosophical Transactions* der Royal Society. „The *Comptes rendus* represented an extremely new concept of scientific publication."[31] Sie erwiesen sich als offene Zeitschrift und setzten, weil sie Schnelligkeit mit Genauigkeit paarten, neue publizistische Standards.[32] „Weil die Autoren selbst für ihre jeweiligen Texte verantwortlich waren, konnten falsche Darstellungen fast gänzlich eliminiert werden."[33] Und da alle Beiträger, selbst die weniger bedeutenden, sich sicher sein konnten, dass zumindest die Überschriften der von ihnen mitgeteilten Forschungsergebnisse festgehalten wurden, profitierten alle Autoren vom regelmäßig erscheinenden Organ; und das obwohl ihre Abhandlungen oft nur gekürzt wiedergegeben wurden, durften die Artikel der ordentlichen Akademiemitglieder doch sechs Seiten pro Nummer nicht überschreiten, während korrespondierende Mitglieder maximal vier Seiten zugestanden bekamen.[34] Wenn also Blanquart-Évrards Darstellung im Januar 1847 in extenso auf über sechs Seiten erschienen ist, dann kam dies durchaus einem Erfolg, ja mehr noch einer wissenschaftlichen Anerkennung seiner Leistung gleich. Überdies konnten seine Verbesserungen des Papierverfahrens, dank ihrer Aufnahme in die Akademiezeitschrift, in mit dieser befreundeten Zeitschriften wie *Le Technologiste* und in den *Annales de chimie et de physique* nachgedruckt werden.[35] Gleiches gilt für das Supplement zu seiner Anleitungsschrift, das am 12. April verlesen worden war.[36]

Wenn Blanquart-Évrard der Akademie Beispielbilder seiner verfahrenstechnischen Verbesserungen der Papierfotografie zusandte, dann folgte er geläufigen Praktiken. Nicht nur Fotografen – wie Talbot oder Bayard oder eben auch Blanquart-Évrard – unterbreiteten den Teilnehmern der Montagssitzungen Visualisierungen, also Illustrationen ihrer eingereichten Techniken oder Thesen. Dies taten auch andere (experimentelle) Wissenschaftler, indem sie Artefakte vorlegten oder neues Laborwissen demonstrierten.

> „Although most of the business of the Academy depended on words [...] it also occasionally included artefacts. It was sometimes possible to bring into the arena specimens of new substances produced in the laboratory, notably new elements, or to carry out demonstrations of newly discovered phenomena."[37]

Wie Maurice Crosland in seiner Monografie über die Französische Akademie der Wissenschaften erläutert, seien die Akademiker zwar oft neugierig auf Neues gewesen und hätten sich privilegiert gefühlt, dieses vor allen anderen zu sehen; dass aber die anschaulichen Beweisführungen nur zu dem Zweck ausgeführt worden seien, um Neugierde zu befriedigen, brauche man nicht zu glauben. Immer seien die Demonstrationen im Zusammenhang mit der Verbreitung neuen Wissens zu sehen, das vor einem elitären Publikum ausgebreitet werden sollte, bevor es, von

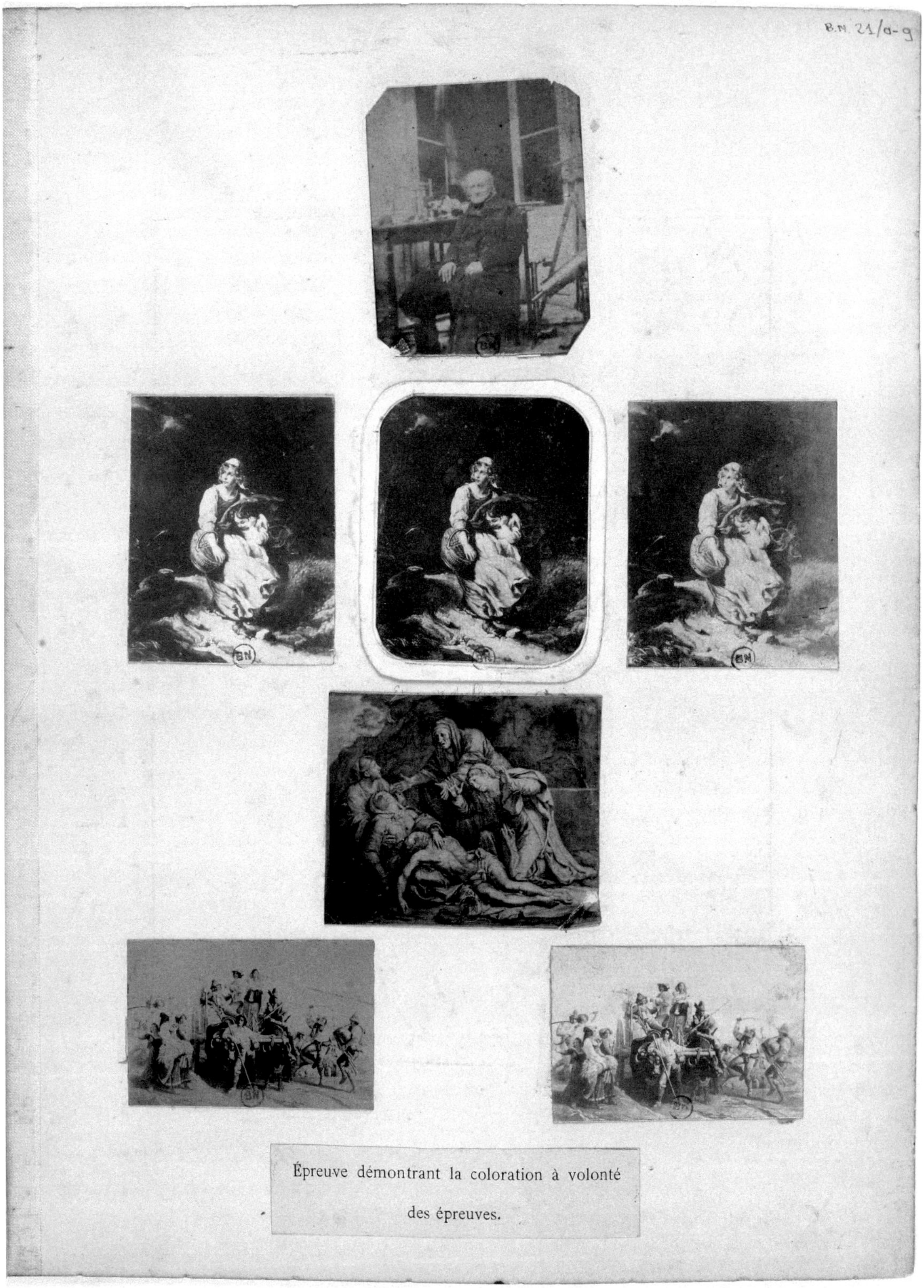
Épreuve démontrant la coloration à volonté
des épreuves.

einer ergänzenden Publikation sekundiert, der Öffentlichkeit vorgelegt wurde. „But it is important to appreciate *the visual element* in a demonstration and this brings us to the most crucial aspect of a demonstration, which was implied authentication by the Academy [Hervorh. v. H. W.]." Die Rolle, die den der Vorführung beiwohnenden Akademiemitglieder zukam, war, die vorgelegten sichtbaren, also ikonischen Belege gleichermaßen wie veranschaulichende Experimente zu beglaubigen. Dieses Authentifizieren implizierte wissenschaftliche Neuerungen nicht nur zur Kenntnis zu nehmen, sondern an deren Neuheit bzw. Originalität geknüpfte Erstheitsansprüche zu attestieren; Crosland begreift daher das Setting der öffentlichen Demonstration als das Hauptmotiv für die Einreichung von Artefakten wie für Vorführungen.[38]

Eine der zentralen Rollen der Französischen Akademie der Wissenschaften, die anders als die École polytéchnique oder das Muséum d'histoire naturelle über keine Lehreinrichtungen verfügte, bestand – wie skizziert – darin, als Disseminationsorgan neuer wissenschaftlicher Erkenntnisse und Entdeckungen zu fungieren. Dazu dienten sowohl ihre wöchentlichen *Comptes rendus* als auch ihre Sitzungen, die als nationale und internationale Plattform die Ergebnisse wissenschaftlicher Forschungen vorstellen und die zur Wahrung der Priorität wissenschaftlicher Entdeckungen eingereichten *Plis cachetés* bestätigen sollten. Versiegelte Schreiben wurden erstmals von Lavoisier und anderen Wissenschaftlern des ausgehenden 18. Jahrhunderts dem Akademiesekretär eingereicht; eine Praxis, die man im 19. Jahrhundert beibehielt – wie nicht zuletzt die vielen, Verbesserungen fotografischer Prozesse betreffenden versiegelten Notizen zeigen.[39]

Beglaubigung oder Bestätigung, Beurkundung, Echtheitserklärung sind die Begriffe, denen im Kontext des Beweisens eine grundlegende Rolle zukommt; mit welchem Terminus der Beweis auch belehnt werden mag, immer schließt er im wissenschaftlichen Kontext eine urheberrechtliche Maßnahme ein.[40] Das gilt nicht nur für die der Akademie der Wissenschaften eingereichten Artefakte oder die vor ihren Augen getätigten Experimente, sondern auch für die ihr übergebenen versiegelten Briefe.[41]

___ 5: Louis Désiré Blanquart-Évrard, Die beliebige Färbung des Abzugs aufzeigende Fotografie, aus: id., La Photographie. Ses origines, ses progrès, ses transformations (Lille: Imprimerie L. Danel, 1869), BnF, Paris. ___ 21/a: Biot vor dem Labor von Regnault, 10.04.1847, 6,3 × 5cm. ___ 21/b–d: Drei farblich unterschiedliche Versionen einer Fotoreproduktion des von Goupil et Cie gedruckten Stichs von Samuel William Reynolds (?) nach dem Gemälde von Paul Delaroche, „Enfants surpris par l'orage" (1825), 6,3 × 5cm, 6 × 5 cm, 6,3 × 5cm. ___ 21/e: Fotoreproduktion des Kupferstichs von Jean Louis Roullet, „Der tote Christus und die heiligen Frauen" (zwischen 1645 bis 1699), nach Annibale Carraci, „Les Cinq douleurs", albuminierter Salzpapierabzug, 5,5 × 6,5 cm. Die Fotoreproduktion ist ebenfalls im Album Mélanges photographiques in einem größeren Format enthalten (dort: 12,6 × 15,4 cm). ___ 21/f–g: Zwei farblich unterschiedliche Versionen der Fotoreproduktion nach Louis Léopold Robert, „Ankunft der Schnitter in den Pontinischen Sümpfen" (L' Arrivée des Moissonneurs dans les marais Pontins), Salon von 1831, 4 × 6 cm u. 4,2 × 6 cm (vgl. auch Album Regnault, SFP, Paris [Bildzuschreibung, H. W.]).

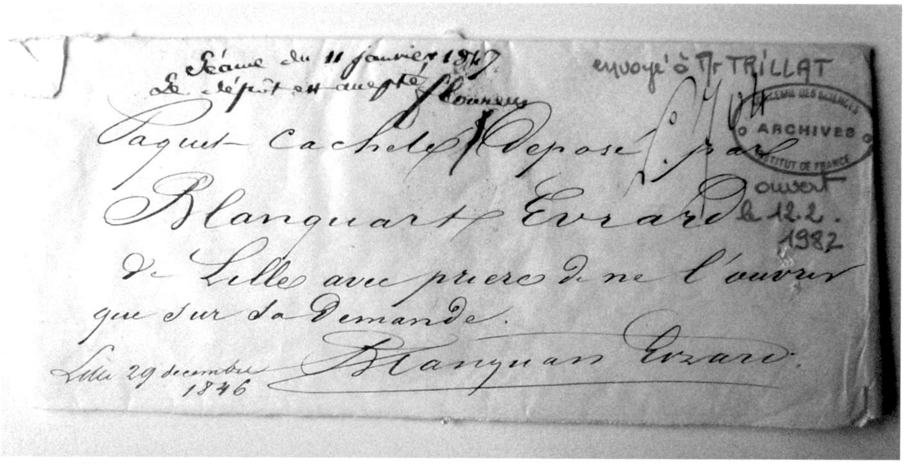

___ 6: Louis Désiré Blanquart-Évrard, Plis cacheté vom 29. Dezember 1846, Archives de l'Académie des sciences, Paris.

In diesem Sinn tritt auch die Einsendung einer *Note cacheté* wie die verschlossen gehaltene Darstellung des von Blanquart-Évrard entwickelten fotografischen Verfahrens als urheberrechtliches Postulat der Originalität und Eigenständigkeit der präsentierten Leistung an die Stelle eines Patents. Sehen wir uns den Wortlaut des erst 1982 durch den Chemiker Jean-Jacques Trillat geöffneten versiegelten Schreibens an. Wenn es mit „Principe du procédé de Photographie sur papier des épreuves adressées à l'académie des sciences par Blanquart-Évrard de Lille les 26 7bre et 21 novembre 1846" überschrieben ist, macht es deutlich, dass hier die Prinzipien von Bildern erläutert werden, die Monate vorher, eben im September und November des vorhergehenden Jahres der Akademie der Wissenschaften vorgelegt worden waren. Allerdings sind die Verfertigungsanleitungen der eingereichten Bild-*épreuves*, also Bildbeweise, hier sehr viel weniger konkret expliziert als in ihrer darauffolgenden Veröffentlichung vom 25. Januar 1847.

Kommt die Einreichung des versiegelten Briefes der Artikulation eines Prioritätsanspruchs gleich, wird bei der Lektüre des seinen Zeitgenossen verborgen gebliebenen Schreibens deutlich, dass dieses auf profunden chemischen Kenntnissen basiert. Gerade weil in ihm keine Handreichungen, also konkrete Anleitungen zum Verfertigen eines Papiernegativs, respektive -positivs gegeben werden, sondern einzig die Prinzipien der Papierfotografie, *seiner* Papierfotografie, zeigt sich, dass Blanquart-Évrards Denken und Vorgehen von der anwendungsbezogenen zeitgenössischen Chemie geprägt ist. Fotogenisch, also lichtempfindlich könne ein Papierfilz nur werden, „wenn man ihn in eine Salzlösung taucht, sodass der Papierfilz die chemischen Prinzipien der Lösungen behält und so zum Milieu wird, in dem sich die chemischen Reaktionen abspielen, die schließlich das fotografische Bild konstituieren."[42] Damit liest sich der kurze Text wie eine Einführung in chemische Medien (wie Emil Dingler das französische *milieu* übersetzt[43]) und deren Reaktionen. Schon in seiner ersten versiegelten Publikation manifestiert sich die chemische Expertise des ehemaligen Laboranten von Fréderic Kuhlmann.

ÖFFENTLICHE BEWEISVORFÜHRUNG IM APRIL 1847

Blanquart-Évrard war sich der Qualität des von ihm verbesserten Papierverfahrens so sicher, dass er sich aktiv um dessen Bekanntmachung bemühte. Als kunstaffiner Amateur schickte er über seinen Deputierten aus Lille, Gaspard Thémistocle Lestiboudois, auch der Académie des Beaux-Arts eine Reihe selbst aufgenommener (wie

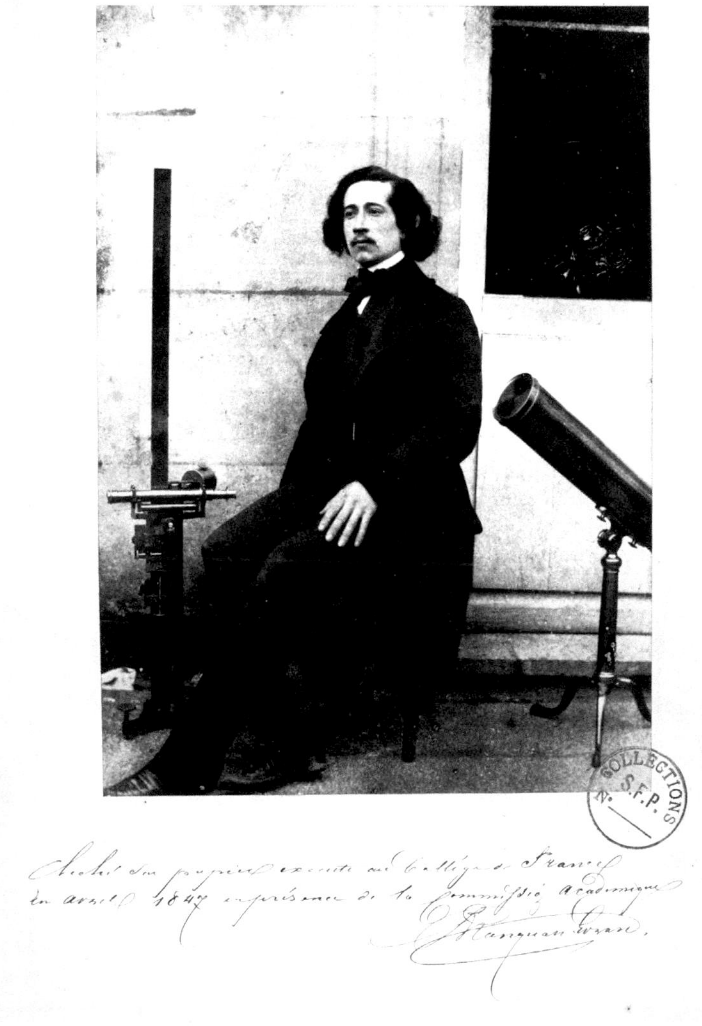

___ 7: Louis Désiré Blanquart-Évrard, In Anwesenheit der wissenschaftlichen Kommission im April 1847 im Collège de France aufgenommen und entwickelt, Salzpapierabzug vom Papiernegativ, 13,3 × 18,5 cm, SFP, Paris.

in deren Protokollen hervorgehoben wird) fotografischer Probebilder mit der Bitte, diese einer Prüfung zu unterziehen.[44] Wie dem Sitzungsbericht der Kunstakademie vom 20. Februar zu entnehmen ist, wurden die Herren Picot, Hersent, Petitot, Dumont, Debret, Lebas, Desnoyers und Gatteux gebeten, von der als „Album" titulierten Einsendung Kenntnis zu nehmen.[45] Bereits in der Sitzung vom 13. März berichtete François-Édouard Picot für die Kommission, dass diese das Foto-Album geprüft habe; nach – wie aus dem Protokoll implizit hervorgeht – offensichtlich kontroversen Diskussionen beschloss die Akademie, keine Stellungnahme zu beziehen, bevor nicht zwei Mitglieder der Académie des sciences den Konsultationen beigezogen worden seien.[46] Auf die Bitte des ständigen Sekretärs der Académie des Beaux-Arts, Raoul-Rochette,[47] entsandte diese die mit fotografischen Belangen vertrauten Herren Biot und Regnault.[48] Die nunmehr zehnköpfige Spezialkommission beschloss auf ihrem Treffen am 27. März Blanquart-Évrard zur öffentlichen Demonstration und damit Überprüfung seines Verfahrens für den 10. April ans Institut de France nach Paris zu zitieren.[49]

Über die Ergebnisse von dessen Beweisvorführung, die sich zum gewünschten Zeitpunkt im respektive vor dem Physiklabor Regnaults abspielte (Abb. 5, 7 u. 8), das sich im Innenhof des Instituts de France befand, sowie über die daraus resultierenden Konklusionen der Kommission verfasste Picot einen Bericht, der – nach einigen Verzögerungen – in der Samstagssitzung der Académie des Beaux-Arts vom 19. Juni verlesen wurde. Dass Blanquart-Évrards Prozess – dank seiner Genauigkeit und der Klarheit seiner Bilder – alle bislang ausprobierten übersteige und sich überdies leicht ausführen lasse und ökonomisch sei, erfahren wir aus dem Sitzungsprotokoll: „Zum Beweis dieser Schlussfolgerungen werden die Lichtbilder [*épreuves*], die während der im Beisein der Kommission durchgeführten Experimente aufgenommen wurden, den Augen der Akademie unterbreitet, die somit deren Verdienst ermessen kann. Die Akademie schließt sich dem Fazit des Berichts an und vereinbart, dass ihr ständiger Sekretär [...]"[50] überdies den Innenminister von der Nützlichkeit des Verfahrens von Blanquart-Évrard informieren, und hier insbesondere die uneigennützige Art und Weise herausstreichen möge, in der der Verfahrenstechniker und Fotograf aus Lille die Geheimnisse seines Operierens den Kommissionsmitgliedern mitgeteilt habe.

Am 20. April desselben Jahres sollte auf dem Meeting einer weiteren Gesellschaft ein Prüfungsbericht von Blanquart-Évrards Papierverfahren verlesen werden: In der Sitzung der Société libre des Beaux-Arts oblag es dem Bildhauer Louis-Victor Bougron, im Namen einer dreiköpfigen Kommission, die Ergebnisse einer Prüfung vorzustellen, die nicht aus der Teilnahme an einer experimentellen Vorführung, sondern einzig auf der Überprüfung von der Gesellschaft eingereichten Fotografien beruhte.[51] Auch in der Einleitung von de Valicourts – nicht nur um verfahrenstechnische, sondern auch fotohistorische Hinweise erweiterten – Darstellung von Blanquart-Évrards Handlungsanleitungen zur Erstellung von Papierfotografien, die ab Juli 1847 in *Le Technologiste* erschienen, wird „von den glücklichen

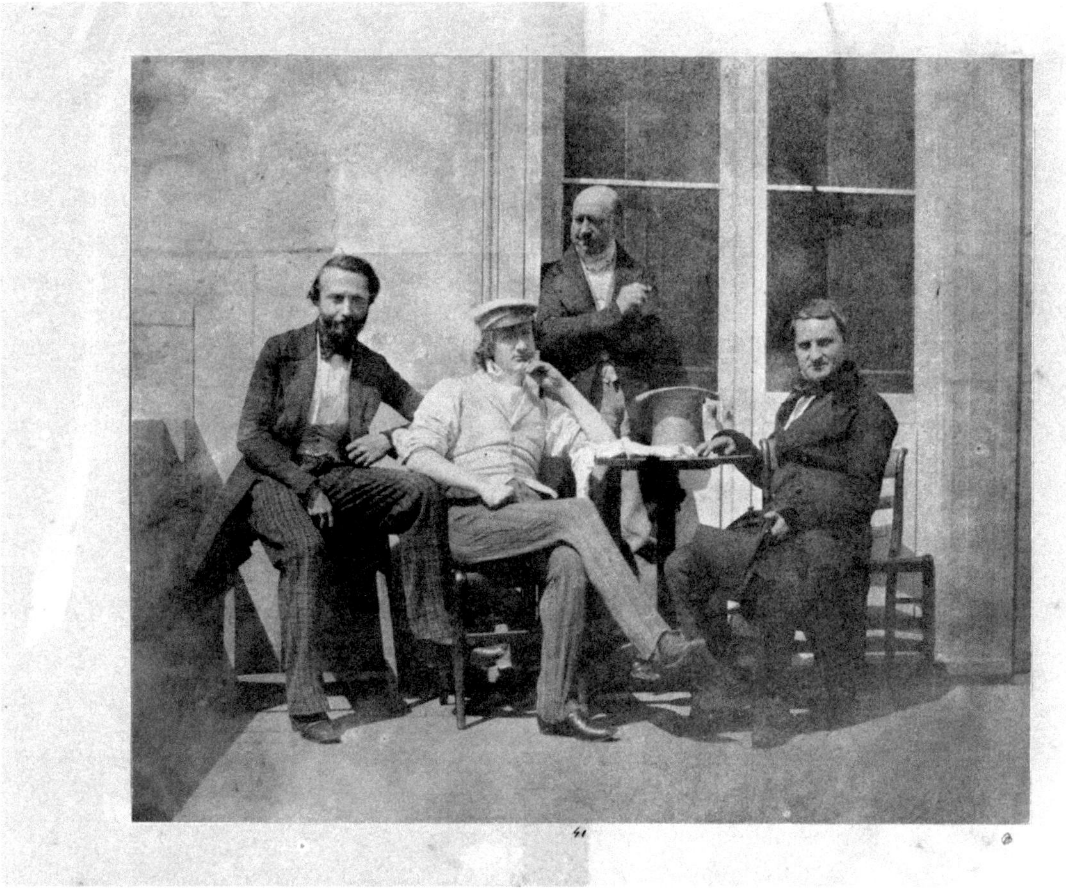

___ 8: Louis Désiré Blanquart-Évrard, Mitglieder der Prüfungskommission am Institut de France, im April 1847 aufgenommen, in unterschwefeligem Natron geschwenkter Salzpapierabzug, 18,2 × 15 cm, Nr. 41 [= Album Regnault], SFP, Paris. Auf dem während Blanquart-Évrards dreitägiger Vorführungen seines Verfahrens entstandenem Foto steht der für den Prüfungsbericht verantwortliche Picot hinter dem in der Mitte sitzenden Regnault, der 1. von links ist A. Dumont; und der 1. von rechts Gatteux (Personenzuschreibung H. W.).

Resultaten“ erzählt, die vor einer aus Mitgliedern der beiden Akademien bestehenden Kommission durch den Lilleoiser erzielt worden sind.[52]

Liest man all diese Resümees von Vorführungs- und Prüfungsberichten fragt man sich, ob diese ein Ausdruck des Erfolgs von Blanquart-Évrards PR-Bemühungen waren oder ob es für diese an die Einsendung seiner Bilder geknüpften kommissionellen Überprüfungen nicht doch auch noch andere Ursachen gab. Warum wird Blanquart-Évrards Dissemination nicht als eigensüchtig, sondern als *manière désintéressée*, als selbstlos qualifiziert? Der Bericht von Picot lässt uns erahnen, warum es Diskussionen gab, bevor eine Kommission zur Prüfung seines Verfahrens einberufen wurde und beantwortet gleichzeitig *unsere* Frage.

PRIORITÄT = PUBLIZITÄT

Wenn Picot dem Prüfungsbericht vorausschickt, dass die ersten Versuche der Fotografie auf Papier denjenigen von Niépce und Daguerre vorausgegangen sind, macht er deutlich, dass es eine lange Geschichte der Papierfotografie gibt, an deren Anfang er Thomas Wedgwood und Humphry Davy in England und den Physiker Jacques Charles in Frankreich (dessen Versuche sich nicht wirklich rekonstruieren lassen) stellt. An Untersuchungen über fotosensible Materialien und Mittel, diese – nach der Belichtung – wieder zu desensibilisieren, habe William Henry Fox Talbot seit 1834 mit großer Ausdauer parallel zu den beiden französischen Daguerreotypie-Entdeckern gearbeitet. Mit Talbot lässt Picot einen der impliziten Verursacher der Multiplikationsbestrebungen von Blanquart-Évrard und der März-Diskussionen innerhalb der Académie des Beaux-Arts die Bühne betreten. Ansonsten folgt er der seit Aragos Publikmachen des Mediums üblichen Historiographie.[53]

> „Uns [es ist davon auszugehen dass mit dem ‚uns' die Mitglieder der beiden Akademien gemeint sind, H. W.] haben eine große Anzahl schöner Lichtbilder von Gebäuden und Kunstwerken von Herrn Talbot vorgelegen. Diese Abzüge sind aufgrund ihrer Bildschärfe vorzüglich, aber die Porträts desselben Fotografen sind weit davon entfernt, dieselbe Vollkommenheit aufzuweisen. Sie sind denen, die uns Herr Blanquart-Évrard überreicht hat und die der Akademie vorliegen, sehr unterlegen."[54]

Aber nicht nur Talbots (Porträt-)Fotografien werden erwähnt, sondern auch Bayards Bilderproben, die der Akademie seit 1839 wiederholt unterbreitet worden waren. Neben ihrer – im Vergleich zu Blanquart-Évrards Lichtbildern – mangelhaften Qualität (sie seien nicht lichtbeständig), wird als weiteres Manko angeführt, dass Bayard es verabsäumt habe, die zu seinen Bildern notwendigen Verfahrensabläufe und die diesen zugrundeliegenden Chemikalien zu publizieren. Indem er – gleichermaßen wie Talbot – die Geheimnisse seines Verfahrens für sich behielt, habe er darauf verzichtet, zum Fortschritt der Fotografie beizutragen, der einzig durch die Offenlegung aller Kenntnisse und Verfahrenstechniken erzielt werden könne. Denn nur, was anderen Experimentatoren bekannt gemacht wird, kann weiterentwickelt und verbessert werden. Wie wir schon gehört haben, ist die Haltung Blanquart-Évrards seinen beiden papierfotografischen Vorgängern deshalb überlegen, weil er sich zum einen „mit größter Ausdauer, die das höchste Lob verdient und die zum unbestreitbaren Erfolg geführt hat", seinen fotografischen Experimenten gewidmet hat. Zum anderen weil er sein Papierverfahren „bis ins kleinste Detail, ohne die kleinste Maßnahme zu verschweigen von deren Berücksichtigung der Erfolg so oft abhängt" beschrieb, wodurch nicht nur alle sein Verfahren ausprobieren konnten, sondern mehr noch, er es „geschickteren Experimentatoren als er selbst einer ist, ermöglichte" bessere Fotos zu machen und den Papierprozess weiterzuentwickeln.[55]

Mittels dieser Argumentationsstrategie ist es möglich, die von Blanquart-Évrards Gegnern postulierte Urheberschaft Talbots am papierfotografischen Verfahren des letzteren zurückzuweisen. Denn was nicht bis ins Letzte publiziert wurde, kann auch nicht appropriiert werden. Zwar können – wie in der Académie des sciences üblich – Prioritätsansprüche formuliert und mittels versiegelter Briefe deponiert werden. Zu kritisieren aber ist, wenn deren Inhalte überhaupt nicht veröffentlicht oder gar mittels eines Patents allen Verbesserungen entzogen werden.

Hier treffen wir auf eine Beweisführung, die als Quintessenz der technischen, polytechnischen Logik der Zeit zu bezeichnen ist: Ob in den wissenschaftlichen Zeitschriften wie den *Comptes rendus* oder in den Journalen der angewandten Wissenschaften, immer gilt es Wissen zu kommunizieren, Verfahren zu erläutern, auf dass beide einem großen Leserkreis von Nutzen seien. Diesem Postulat wurde interessanterweise durch den Historienmaler, also den Künstler Picot auch die Verbreitung fotografischer Kenntnisse subsumiert. Wollte jemand um die Mitte des 19. Jahrhunderts nicht bekanntgeben, welche Ergebnisse seine Experimente gezeitigt hatten, wollte er diese nicht öffentlich demonstrieren und deren Ergebnisse keiner Prüfung unterziehen lassen, dann wurde er selbst dafür verantwortlich gemacht, wenn ihm in der zeitgenössischen (Handbuch-)Literatur nicht die gebührende Anerkennung für seine Leistung entgegengebracht wurde.[56] Der Tenor war also, dass alles, was man weiß zu veröffentlichen ist, nicht nur weil andere damit in die Lage versetzt werden, Prozesse nachzuvollziehen bzw. nachzumachen, sondern – mehr noch – damit andere verbessern können, was man selbst nicht vermochte. Damit begründete auch de Valicourt seine Explikation der Explikationen von Blanquart-Évrard:

> „Wir werden in unserm Berichte die genauern Details des Verfahrens, welche von dem Erfinder noch nicht veröffentlicht wurden, und die Beobachtungen mittheilen, die wir bei unsern Arbeiten mit ihm zu sammeln Gelegenheit hatten, und dadurch Jedermann in den Stand zu setzen suchen, die Versuche fortzusetzen und diese Kunst zu vervollkommnen."[57]

Wenn sie dem Erläutern den Vorzug vor dem Verschweigen einräumte, dann folgte die Publikation von Blanquart-Évrards erster Schrift von 1847 nicht nur der Logik des (obligatorischen) Veröffentlichens, sondern auch der des Prioritätskonflikts mit Talbot und Bayard.[58] Die Distribution seiner (Er-)Kenntnisse dient aber nicht so sehr dem Hervorheben der eigenen Entwicklungsleistungen (vor denen eines anderen), sondern sie ist eine dem Modus und den Bedingungen der Industrialisierung bzw. der technischen Revolution kongeniale publizistische Vorgangsweise. Wenn er sich dem Ehrenkodex der polytechnischen Revolution, also dem Veröffentlichen unterwirft, entspricht der Händler aus Lille[59] auch dem Verhaltenskodex wissenschaftlicher Gesellschaften.

BILDBEWEISE UND BEWEISBILDER 1846, 1847 UND 1851

Kommen wir noch einmal auf Blanquart-Évrards Taktieren von Ende 1846 zurück, als er den auf den 29. Dezember datierten *Lettre cacheté*, der die Prinzipien seines Verfahrens enthielt, nur öffnen lassen wollte, wenn das darin niedergeschriebene fotografische Prinzip in der hauseigenen Zeitschrift publiziert werde. Auch wenn diese Anmutung nicht von Erfolg gekrönt war und ihm überdies von seinen Gegnern vorgeworfen werden sollte,[60] war seine Strategie nicht ungeschickt. Indem er der Académie des sciences – bevor er ihr auch nur eine einzige Explikation seines Verfahrens unterbreitete – Bildbeispiele und Verfahrensskizzen schickte, die einzig durch Texte erläutert und damit nachvollziehbar wurden, forcierte er deren nachträgliche Erklärung. Andererseits folgten bereits die eingereichten Lichtbilder selbst der Rhetorik des wissenschaftlichen Beweises. Das gilt auch für die Spezimen vom September 1846, denen darüber hinaus die Auseinandersetzung mit den beiden Erfindern der Papierfotografie inhäriert (vgl. Abb. 4a u. 4b): Blanquart-Évrard schickte zwei Lichtbilder, eines zu *blass*, das andere *richtig* entwickelt; eines dem Paradigma einer flauen, nicht ganz scharfen Papierfotografie eines Bayard oder Talbot verhaftet, das andere auf das neue Potenzial des eigenen Verfahrens verweisend, auf das scharfe, kontrastreiche fotografische Papierbild, das lichtbeständig und damit bis heute den Widrigkeiten der Zeit zu trotzen vermochte. Damit beweist

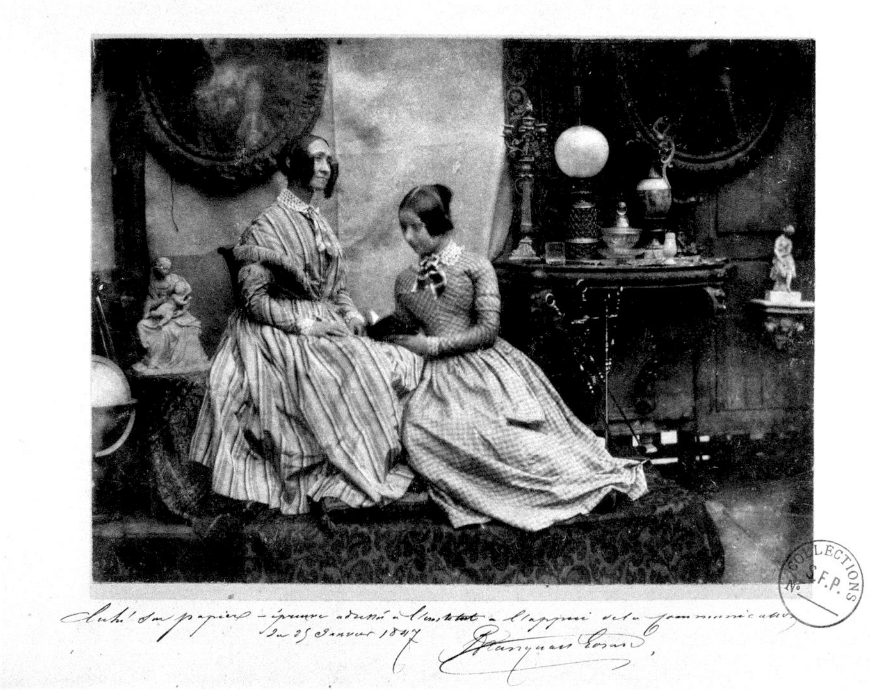

___ 9: Louis Désiré Blanquart-Évrard, Probeabzug – nach einem Papiernegativ – als Beweis der an das Institut [de France] gerichteten Mitteilung vom 25. Januar 1847, in unterschwefeligem Natron geschwenkter Salzpapierabzug vom Papiernegativ, 20,5 × 15 cm, Paris.

Blanquart-Évrard implizit, dass sein Verfahren dem der ungenannt bleibenden Konkurrenten überlegen ist, während er explizit mit den beiden Probebildern die Gestaltungsfreiheit des Künstler-Fotografen zu veranschaulichen vorgibt.

Das Paradigma des Beweises wohnt auch den Einsendungen vom November 1846 inne; wieder gab ihr Autor vor, die künstlerische Freiheit vermittels der in unterschiedlichen Farbabtönungen und -intensitäten vorgelegten Positivabzüge eines Negativs bildlich aufzuzeigen. Auch die blassen Varianten der Fotokopien von Kunstreproduktionen nach Louis Léopold Robert oder Paul Delaroche erinnern eher an die ersten Photogenic drawings von Talbot als an Blanquart-Évrards kontrastreiche Abzüge.[61] Die Konkurrenz zu Talbot könnte auch den Sujets der Musterbilder entnommen werden, die Blanquart-Évrard – laut eigener Bildlegende – zur Untermauerung seines am 25. Januar verlesenen Papiers eingereicht hat (Abb. 9 u. 10): Sie

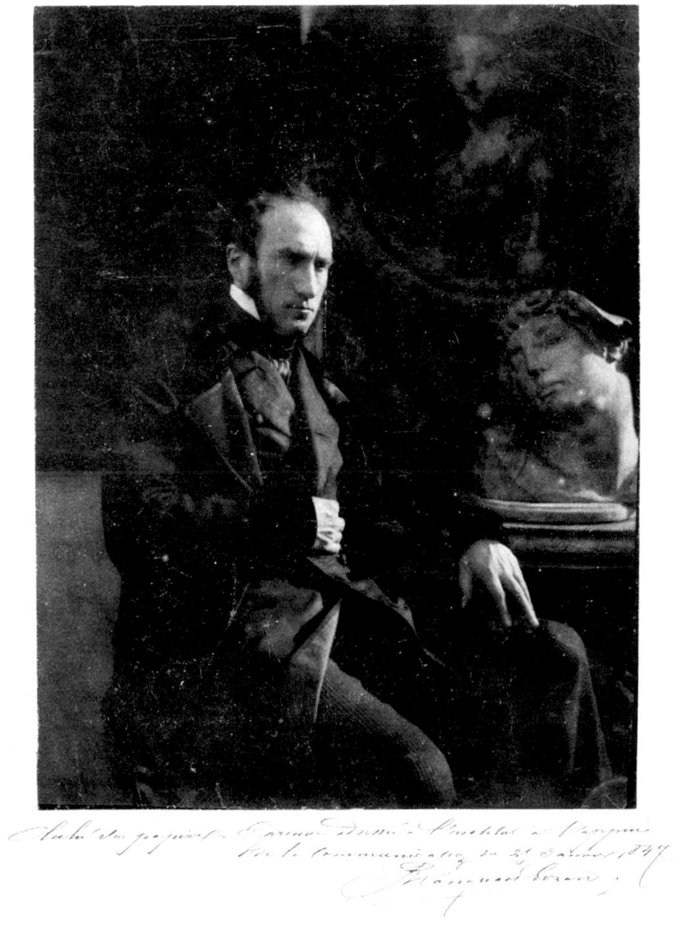

10: Louis Désiré Blanquart-Évrard, Probeabzug – nach einem Papiernegativ – als Beweis der an das Institut [de France] gerichteten Mitteilung vom 25. Januar 1847, in unterschwefeligem Natron geschwenkter Salzpapierabzug vom Papiernegativ, 16,6 × 21,5 cm, SFP, Paris. Hier handelt es sich um eines von zwei Porträts, die Blanquart-Évrard von Fréderic Kuhlmann aufgenommen hat (Personenzuschreibung H. W.).

zeigen wunderbare, ob ihrer Unbekümmertheit außergewöhnliche Porträts von Familienmitgliedern und Freunden, in Einzelbildern und Gruppenaufnahmen gleichermaßen wie Selbstinszenierungen des Fotografen. Hatte nicht Picot in seinem Bericht formuliert, dass man von Talbot zwar schöne Architekturaufnahmen und Kunstreproduktionen, aber keine gelungenen Bildnisfotografien kenne? Es sind also die Porträts von Blanquart-Évrard, die dessen Verfahren – im Urteil der Kommissionsmitglieder – als dem Talbots überlegen ausweisen.[62] Im Übrigen ist nicht auszumachen, ob es sich bei den „Clichés sur papier" der SFP nicht um diejenigen Fotografien handelt, die im Januar 1847 (auch) der Académie des Beaux-Arts zur Ansicht geschickt worden sind.[63] Bernard Marbot sieht in ihnen „eine Wärme und Atmosphäre", etwas, was er als „wohltemperierten Realismus der Träumerei" bezeichnet.[64] Diese Anmutung begreift er als nicht nur den frühen, auf Papiernegativen basierenden Fotografien eigen, durch sie vermeint er auch den Geschmack derjenigen fassen zu können, die sich für die Papierfotografie (und nicht die Daguerreotypie) entschieden haben. Mag dieser Befund des ehemaligen Fotokurators der Bibliothèque nationale de France sich auch etwas blumig lesen, so ist es unzweifelhaft richtig, dass den privaten Fotografien von Blanquart-Évrard eine Direktheit gleichermaßen wie eine Verschlossenheit der Abgebildeten eignet, eine Nähe und Distanz, die den Fotografen als bemerkenswert ausweisen.

Auch nach dem für sein Verfahren erfolgreichen Frühjahr 1847 fährt Blanquart-Évrard sowohl mit seinen fotografischen Experimenten als auch mit seinen Einsendungen an die Académie des sciences fort. Immer wieder ist von Fotografien zu lesen, von denen man heute nicht mehr weiß, wohin sie gekommen sind. Bei einigen Einsendungen findet sich vermerkt, dass diese zur Prüfung an Victor Regnault weitergeleitet wurden; einige wenige von diesen haben ihren Weg in das sogenannte „Regnault-Album" gefunden.[65] Wie auch der Bericht von Bougron deutlich macht, hat Blanquart-Évrard sehr viel mehr *épreuves*, Probebilder seiner jeweiligen Verbesserungen bzw. Neuerungen disseminiert als uns heute bekannt sind.

Wenden wir uns einer weiteren Serie von fünf Beispielbildern zu, mit denen der Fotograf aus Lille seine letzte in den *Comptes rendus* publizierte Kommunikation illustriert hat. Diese Lichtbilder weisen eine andere Beweisstrategie auf: es gibt keine Vergleichsbilder mehr, mittels derer das Potenzial des beschriebenen Prozedere erläutert wird. Auf den die Kommunikation vom 28. April begleitenden Fotografien finden sich die unterschiedlichen Tonwerte auf ein- und demselben Bildträger. Das zentrale Anliegen Blanquart-Évrards war hier nicht mehr zu zeigen, wodurch sich der Gestaltungsrahmen des Fotografen erweitern lässt, sondern Manipulationen vorzustellen, durch die jede Fotografie gelingt. Hatte er in der Sitzung vom 14. April 1851 ein Verfahren zur Verkürzung des Entwicklungsprozesses vorgestellt, bei dem die Gallussäure bereits vor der Exposition auf das Positivpapier aufgetragen wird, wodurch sich das latente Bild wie von selbst entwickelt, ging es in seinen zwei Wochen später erschienenen Ausführungen darum, Bilder nach Belieben zu färben und entfärben. Wollte man die Fotografie industrialisieren,

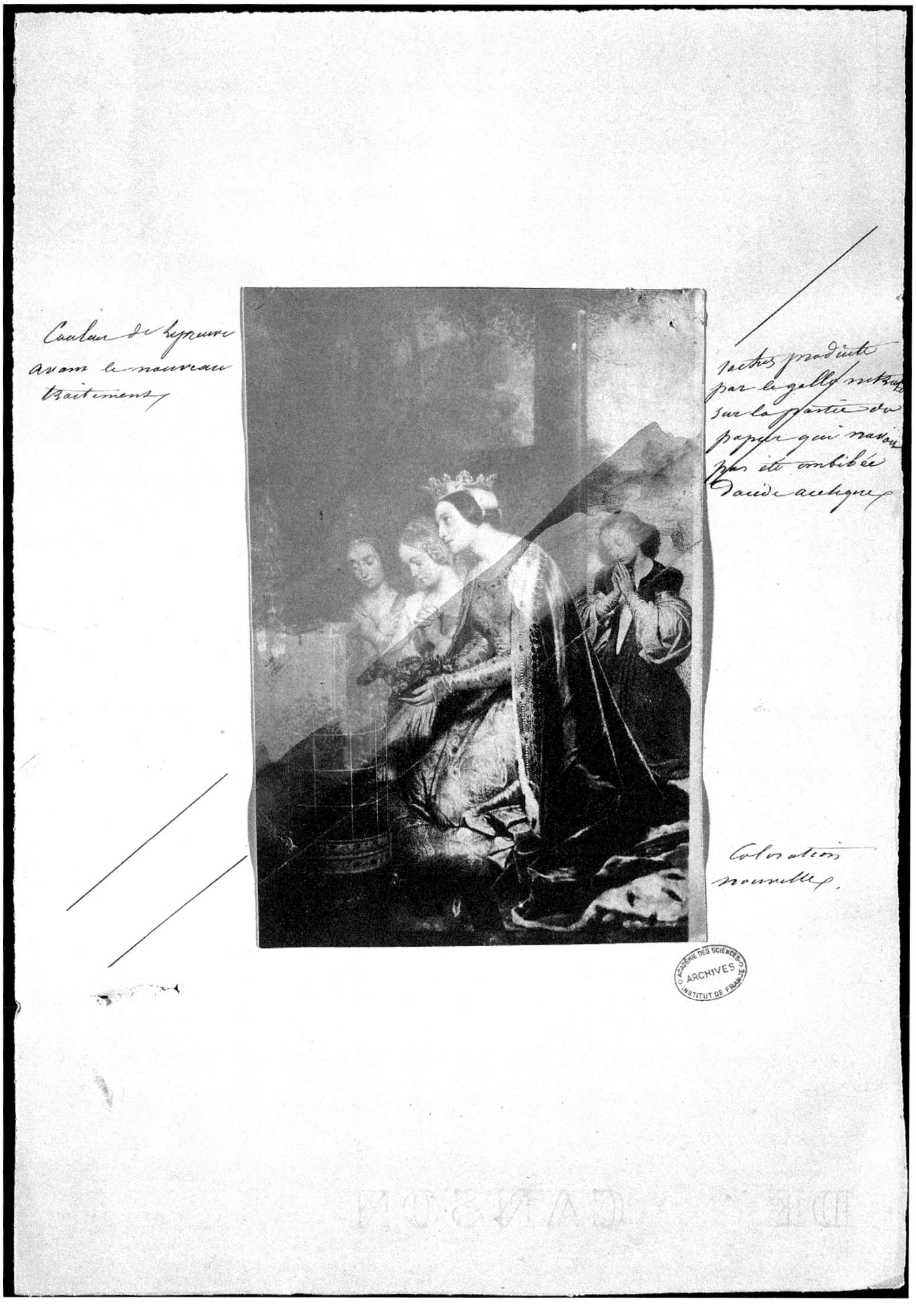

___ 11: Louis Désiré Blanquart-Évrard, [Reproduktion von Paul Delaroche, St. Amélie, nach einem Stich von Paul Mercuri], Beschriftung: „Farbe des Abzugs vor der erneuten Behandlung", „durch Gallussäure erzeugte Flecken auf dem Teil des Papiers, der in Essigsäure getränkt war", „erneute Färbung", Archives de l'Académie des sciences, Paris, Foto: 14,5 × 21,5 cm, Blatt: 23 × 36,5cm [= Beweisbild der Mitteilung an die Académie des sciences vom 28. April 1851].

musste nicht nur die Entwicklungszeit des einzelnen Abzugs reduziert und damit Zeit gewonnen werden, was – wie hier nur skizziert – gelang, indem man „die intensive Wirkung des Lichts durch die chemische Wirkung ersetzt“.[66] Mit dieser Ökonomisierung – es ließen sich in kürzerer Zeit mehr Positive kopieren – lief man allerdings Gefahr, schlechte, das meint unverkäufliche Fotografien zu produzieren.

Aber auch dafür dachte sich Blanquart-Évrard eine Lösung aus. Um Fotografien industriell zu verwerten, „1) [...] muß [man] den Bildern nach Belieben die Färbung geben können, welche für sie die geeignetste ist oder die vom Käufer verlangt werden dürfte; 2) muß [man] die unter ungünstigen Umständen entwickelten Bilder, nämlich zu blasse oder zu dunkle, in verkäuflichen Zustand versetzen können, um werthlose zu vermeiden.“ (Abb. 11 u. 12).[67]

Fassen wir zusammen: Blanquart-Évrards Leistung bestand darin, das fotografische Verfahren zwar nicht entwickelt, aber doch maßgeblich verbessert zu haben, u. a. auch dadurch, dass er es zu vereinfachen und damit – wenn man so will – zu rationalisieren suchte. Nicht nur, dass Fotografien einfacher und schneller entwickelt

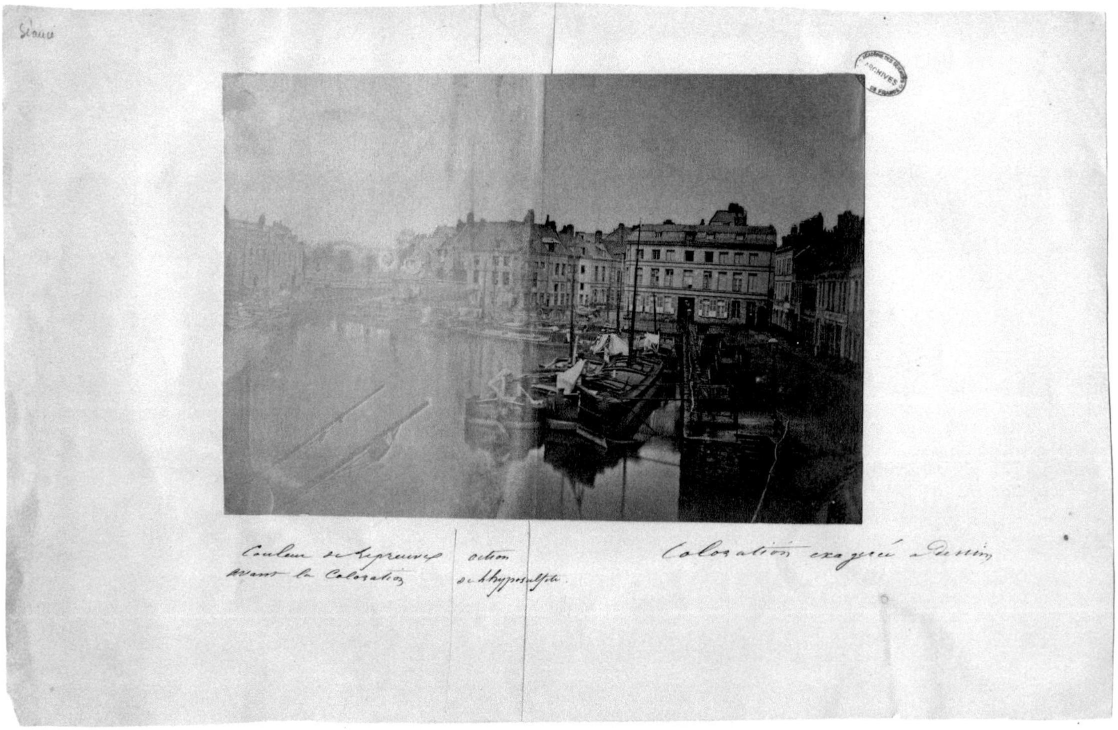

12: Louis Désiré Blanquart-Évrard, Quai Wault, alter Hafen von Lille, Beschriftung: oben links: „Sitzung“, unter dem Foto: „Farbe des Abzugs vor der Färbung; Wirkung des unterschwefeligsauren Natrons; übertriebene Färbung der Zeichnung“, 14,5 × 21,5 cm, Archives de l'Académie des sciences, Paris, Foto: 6,5 × 14 cm, Blatt: 22,5 × 31,5 cm [= Beweisbild der Mitteilung an die Académie des sciences vom 28. April 1851].

werden sollten, war sein maßgebliches Anliegen, sondern deren Bildqualität zu verbessern. Das Motto von Blanquart-Évrards Aktivitäten war: zu rationalisieren und zu standardisieren wo immer es möglich ist. Damit folgte er – wie ausgeführt – der Logik des polytechnischen Wissens, das auf den Fortschritt der industriellen Produktionsbedingungen abzielte. Diesen wollte Blanquart-Évrard auch die Fotografie unterwerfen – wie nicht zuletzt die Beispiele vom April 1851 zeigen. Aber der Innovationsdruck, der die Entwicklung der angewandten Wissenschaften der Mitte des 19. Jahrhunderts bestimmte, und dessen Logik Blanquart-Évrards Verfahrensverbesserungen folgte, hatte einen Antipoden. Dieser ist das fotografische Bild, auf dessen Tonwerte, Bildqualität, Sujets, d. h. auf dessen ästhetische Implikationen die Aktivitäten des Lilleoiser gleichermaßen gerichtet waren. Ob die Vorstellung, dass sich nur mittels qualitativ hochwertiger Abzüge deren Verkauf ventilieren lässt, seinen fotografischen Experimenten zugrunde lag, oder umkehrt, für den passionierten Fotografen die Experimente die Funktion hatten, eine Qualitätssteigerung der Papierbilder zu bewirken, durch die sich neue Bildwelten und -möglichkeiten überhaupt erst verbreiten lassen, bleibt dahingestellt.

Mit Davanne können wir Blanquart-Évrard sowohl als Chemiker als auch als Künstler begreifen, der sich in seinen letzten Lebensjahren überdies als großer Propagator der Fotografie erweisen sollte. Dies zeigt seine letzte große Publikation, der ein Vortrag zugrunde lag, den er vor seinen Kollegen der Société impériale des sciences, de l'agriculture et des arts de Lille, gehalten hat. Diese Schrift kann überdies gelesen werden als letzte Zusammenstellung seiner Tätigkeiten, seiner Befunde über die Entwicklungen des Mediums, aber auch der Transformationen, denen sich die Fotografie als Verfahren, das sich dem angewandten Wissen verdankt, nicht verschließen darf. Hier argumentiert Blanquart-Évrard ebenfalls nicht ohne Anschauungsmaterial, weswegen es sich bei dem Buch auch um eine (letzte) Beispiel- bzw. Musterbildsammlung handelt. Alle Publikationen von *La photographie, ses origines, ses progrès, ses transformations* waren mit Fotodrucken illustriert, einige sehr wenige Exemplare darüber hinaus mit bemerkenswerten Beispielen von Fotografien, die der Fotograf selbst zur Veranschaulichung der eigenen Verfahrensverbesserungen angefertigt hat.[68]

OBSOLESZENZ

1864 wurde Blanquart-Évrard von der Société française de photographie ausgezeichnet. Neben Claude Felix Abel Niépce de Saint-Victor, C. Russel und Warren de la Rue war er einer von vier Fotografen, denen die von der französischen Fotogesellschaft zum ersten Mal vergebene Jahresmedaille verliehen wurde.[69] Sein Laudator, Edmond Becquerel, stellte ihn als „Veteran der Fotografie" vor, dessen Arbeiten es ob ihrer Bekanntheit genauso wenig wie diejenigen der anderen Laureaten ins Gedächtnis der Vereinsmitglieder zu rufen gälte. Darüber hinaus erinnert Becquerel ihn auch als denjenigen, der im Januar und Juni 1863 seine Recherchen über das *Eingreifen der Kunst in die Fotografie* publiziert und sich über den Vorteil des Einsatzes von Joddämpfen als Mittel für eine willentliche Beeinflussung der fotografischen Abzüge ausgelassen hatte; aber eben doch auch als denjenigen, dessen Verdienst es gewesen sei, die Fotografie mittels seiner fotografischen Kopieranstalt populär gemacht zu haben.[70]

Wenn im Bericht der für die Preisvergabe zuständigen Kommission auf die längst geschlossene Imprimerie photographique das Augenmerk der Gesellschaftsmitglieder gerichtet wird, so entspricht das zwar durchaus den Regularien des Preises, die, äußerst kompliziert ausgedacht, unter anderem vorsahen, aktuelle Arbeiten zum Anlass zu nehmen, um alte Verdienste zu würdigen. Einerseits, denn andererseits rief die Designation Blanquart-Évrards als Veteran, bei dem man nicht vergessen dürfe, welchen Einfluss auf die Verbreitung fotografischer Waren sein Lilleoiser Etablissement hatte, mit der Aufrufung seiner ehemaligen Leistung eine Periode ins Gedächtnis der Mitglieder der Generalversammlung vom 5. August 1864, die neun Jahr zuvor zu Ende gegangen war.

Dass neun Jahre eine lange Zeitspanne sind, wenn es sich um (chemo-)technische Produkte handelt, darauf verweist eine andere Publikation, die zwei Jahre früher, 1862, ebenfalls auf eine vergangene Leistung Blanquart-Évrards zu sprechen kam. In der zweiten Auflage seines Traktates *Nouveau manuel complet de photographie sur métal, sur papier et sur verre* geht dessen Verfasser, der große Propagator Blanquart-Évrards, de Valicourt, zu diesem auf Distanz. Gründungsmitglied der Société française de photographie und wie Blanquart-Évrard aus dem Norden Frankreichs stammend, gehörte der Autor populärwissenschaftlicher Werke – wie weiter oben ausgeführt – zu den ersten, die 1847 dessen Papierverfahren verbreiteten.[71] Noch 1851 hatte de Valicourt dessen Verdienste um die Papierfotografie als so bedeutend erachtet, dass er seine eigenen Erläuterungen von 1847 nicht nur integral im zweiten Buch seines der Papierfotografie gewidmeten *Traktates* abdruckte, sondern auch Blanquart-Évrards nachfolgende Entwicklungen und Ideen wie diejenige, die Fotografie zu industrialisieren, in anderen Kapiteln seines Handbuches wiedergab.[72]

> „Ich habe damals das Resultat unserer Beobachtung in *Le Technologiste* publiziert. Ich glaube diese Arbeit hier reproduzieren zu müssen, da sie heute noch von Nutzen sein kann, weil man in ihr die Prinzipien wiedergegeben findet, auf denen die Papierfotografie beruht; und da die meisten der darin mit großer Sorgfalt beschriebenen Manipulationen in den aktuell im Gebrauch befindlichen Verfahren beibehalten werden. Sie könnte, im Übrigen, als Beleg dafür herangezogen werden, was die Papier-Fotografie um 1847 am Übergang von den alten zu den neuen Verfahren gewesen ist."[73]

Schon 1851 attestiert de Valicourt Blanquart-Évrards Verfahren, auch wenn er ihm euphorisch bescheinigt, eine neue Ära eingeleitet zu haben,[74] eine gewisse Obsoleszenz, dem seine Bedeutung insbesondere als Akteur einer vergangenen Entwicklungsphase der Papierfotografie zukomme. Diese Einschätzung sollte de Valicourt 1862 noch einmal zuspitzen und gleichermaßen relativieren, als er sich dafür rechtfertigen zu müssen glaubte, dass er in der ersten Auflage seines Werkes zu sehr für Blanquart-Évrard Partei ergriffen habe:

> „Man hat uns seinerzeit beschuldigt, Blanquart-Évrard gegenüber ein vielleicht zu großes Wohlwollen gezeigt und das Verdienst seiner uneigennützigen Publikation zu hoch eingeschätzt zu haben. Man möge uns aber sagen, wo sich heute die Fotografie befände, wenn Blanquart-Évrard Talbots *Dornröschen* [Hervorh. v. H. W.] nicht geweckt hätte? Es stellt also keine zu geringe Ehrbezeugung Blanquart-Évrard gegenüber dar, alles was seit seiner ersten Publikation gemacht worden ist als seiner Anregung verdankt auszuweisen."[75]

Becquerels und de Valicourts Einschätzungen der vergangenen Leistungen Blanquart-Évrards sollen hier exemplarisch für die Zeitverhaftetheit fotografischer Verfahren und Bilder stehen. Ob de Valicourts vier (1851) bzw. elf Jahre (1862) nach Blanquart-Évrards erster Publikation von 1847 angestellter Befund oder der 17 Jahre später von Becquerel getroffene, sie führen uns beide nicht nur vor Augen, wie kurzlebig verfahrenstechnische Innovationen sind, ja welch kurze Halbwertszeit ihnen eignet. In der „fortdauernd beschleunigten Entwicklung"[76] technologischer Apparate und fotografischer Verfahren liegt meines Erachtens auf keinen Fall die Ursache einer Geschichtsvergessenheit – wie Walter Benjamin meint –, sondern ein Vorstellungsfeld begründet, für das Rosalind Krauss den Begriff Obsoleszenz gewählt hat. Mit ihm wird die Rolle des Veraltens in der Fotografie beschrieben, dem man in fotohistorischen oder vielmehr -theoretischen Reflexionen immer wieder begegnet.[77] Der von Benjamin beklagte „Verfall"[78] oder „Niedergang"[79] historischer Konzepte, die er im Übrigen von Heinrich Schwarz entlehnt hat,[80] lässt sich diesem gleichermaßen subsumieren wie Alfred Lichtwarks Ausführungen über die frühe Vollendung der Fotografie und ihres – technologisch und fotoindustriell bzw. berufsfotografisch induzierten – Niedergangs. Aber auch Roland Barthes fügt sich durch seine Betonung des *ça a été* in die Reihe derer ein, die das Konzept des Veraltens an den Fotografien sowie an kulturell determinierten Einsätzen des Mediums und dessen zeitabhängigen kommerziellen Vertriebsstrukturen festmachen. Und doch ist es einzig die dem polytechnischen Wissen kongeniale Kurzlebigkeit chemotechnischer Verfahren, aus der sich die kulturhistorischen Diskurse über die Obsoleszenz fotografischer Bilder und Medien begründen lassen. So wird ins Bild hineingelegt, was sich letztlich einzig aus dem dieses überhaupt erst hervorbringenden chemischen Dispositiv der Fotografie, ihrem Prinzip, erklären lässt – um hier Blanquart-Évrards chemische Deskription vom Dezember 1846 aufzunehmen. Die Melancholie der Fotografie resultiert nicht einzig aus dem Barthes'schen Gewesen-Sein des Vergangenen, dem ein So-Sein attestierenden Zeit-

Raum-Moment, der uns aus dem Bild entgegenblickt. Sie ist verankert in der dem Fortschritt, der Fortentwicklung technischer Medien notwendigerweise eingeschriebenen Obsoleszenz. Und ist somit einem sehr viel komplexeren Wissensgeflecht verhaftet als ihre kulturhistorischen (wenn nicht kulturpessimistischen) Theoretisierungen vermuten lassen.

RÜCKBLICK UND VORSCHAU

Blanquart-Évrard war diese Kurzzeitigkeit wohl bekannt, er wusste mit ihr zu operieren, worauf nicht nur die Inschrift auf den aus der Imprimerie photographique stammenden Prints verweist, sondern auch die zwei letzten Projekte, mit denen er Ende der 1860er Jahre befasst war. Diesen vor der Historie und der Historizität des von ihm entwickelten und praktizierten Verfahrens nicht kapitulierenden Beweisstrategien widme ich mich (kursorisch) im letzten Abschnitt meines Aufsatzes.

Nicht dass Blanquart-Évrard die von ihm gegründete Imprimerie nicht als wichtig erachtet hätte: Folgt man seinem letzten Werk *La Photographie. Ses origines, ses progrès, ses transformations* (1869) – das man als Schlüsselwerk der Fotogeschichte bezeichnen könnte – dann steht nicht in Frage, dass die Zukunft der Fotografie in der Vervielfältigung liegt.[81] Durch sie erst ist es möglich, fotografische Bilder in und für die unterschiedlichsten Bildaufgaben einzusetzen, zu denen nicht zuletzt die Illustration von gedruckten Werken gehört. Medium in anderen Medien, im Verbund mit anderen Medien zu sein, ist was sich Blanquart-Évrard für die Fotografie wünscht. Wie aus seiner Darstellung der Fortschritte der Fotografie von 1869 hervorgeht, kommt diese Aufgabe nun nicht mehr der Fotografie, sondern den neuen fotografischen Druckverfahren zu. Das machen die allen (auch den einfachen) Ausgaben seines historischen Rückblicks (und Prospektes) auf die Entwicklung der Fotografie eingebundenen Fotografiken genauso deutlich wie die Fokussierung des Buches auf die Transformation der chemotechnisch generierten, auf fotosensiblen Materialien basierenden Positive und Negative in Fotodrucke. Bildbeigaben und Text bestätigen, dass Blanquart-Évrard selbst die Fotografie als obsolet angesehen hat. Dies scheint mir auch seine Motivation dafür gewesen zu sein, seinen vergangenen – nicht zuletzt fotografischen – Leistungen mit der Luxusausgabe von *La Photographie. Ses origines, ses progrès, ses transformations* ein Denkmal zu setzen.[82] Die von der Bibliothèque nationale de France 1942 angekaufte Ausgabe illustrierte der Fotograf aus Lille mit Spezimen all der Fotos, die in den Jahren bis 1851 seine verfahrenstechnischen Schriften als Beispiele vorbereitet und begleitet haben (Abb. 13). Neben den im Dezember 1846 der Académie des sciences eingereichten Fotografien (Abb. 5) wurden die wunderbaren, mit dem 25. Januar 1847 datierten privaten Porträts hier gleichermaßen eingebunden wie ein im April 1847 während der Demonstration seines ersten Papierverfahrens an der Académie des Beaux Arts verfertigtes Porträt von Biot (Abb. 5). Daneben fanden in die Publikation aus seiner ehemaligen Druckerei in Loos stammende fotografische Restbestände Ein-

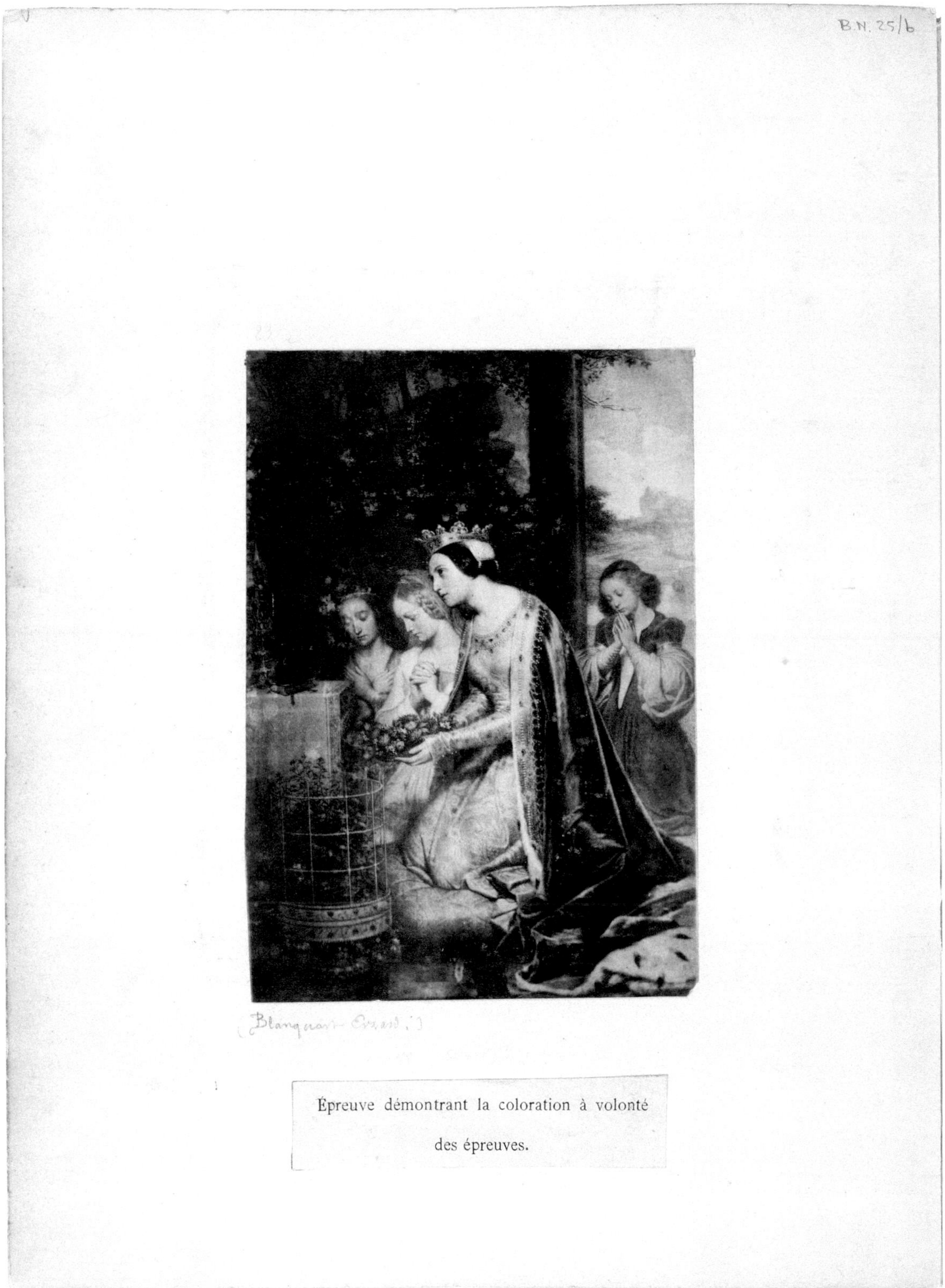

___ 13: Louis Désiré Blanquart-Évrard, [Reproduktion von Paul Delaroche, „St. Amélie", nach einem Stich von Paul Mercuri], Die beliebige Färbung des Abzugs aufzeigende Fotografie, aus: id., La Photographie. Ses origines, ses progrès, ses transformations (Lille: Imprimerie L. Danel, 1869), BnF, 15,2 × 10,8 cm.

gang, die zumeist ferne Reiseziele in Fotografien von Du Camp, Salzmann, Lagrange und so fort zeigen.[83]

Neben dieser publizistischen Erinnerung, von der wir ein einziges sehr ausführliches Zeugnis besitzen, erstellte der für die Fotografie *Passionierte* ein Museum der Fotografie: Blanquart-Évrard schenkte dem Musée de l'Industrie de Lille eine Geschichte der Fotografie und ihrer Verfahren in Bildern. Von der so sorgfältig in unterschiedliche Gruppen unterteilten, vom Autor bereits als Ausstellung konzipierten Schenkung haben sich leider nur noch wenige Bildbeispiele und einige Beschriftungstafeln erhalten (Abb. 14 u. 15).[84]

Seit seinen fotografischen Anfängen ist der Unternehmer aus Lille mittels Fotografien und verfahrenstechnischen, ästhetischen und medienhistorischen Texten in die Öffentlichkeit getreten, um diese anzuregen, sich des neuen Bildmediums in den vielfältigsten Anwendungsgebieten und Beschäftigungszweigen zu widmen. Dies tat er mit Fotografien, die beweisen und Texten, die zeigen sollten. Bei der hier kursorisch bleibenden Lektüre von Blanquart-Évrards Veröffentlichungsstrategien wird deutlich, dass – wenn wir in die Frühgeschichte der Papierfotografie und damit zu den Anfängen des Mediums zurückgehen – das Zeigen und das Beweisen und die mit beiden Begriffen verbundenen Vorstellungsfelder zueinander durch-

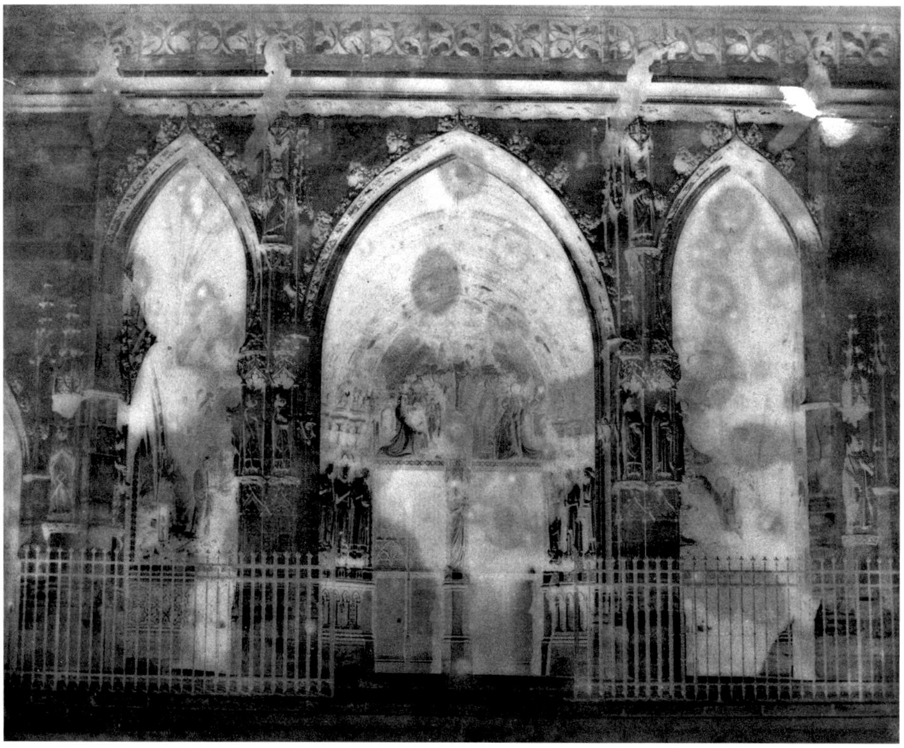

14: François-Alphonse Fortier, Portalhalle von Saint-Germain l'Auxerrois in Paris, um 1850, albuminiertes Glasnegativ, Musée d'Histoire Naturelle, Lille.

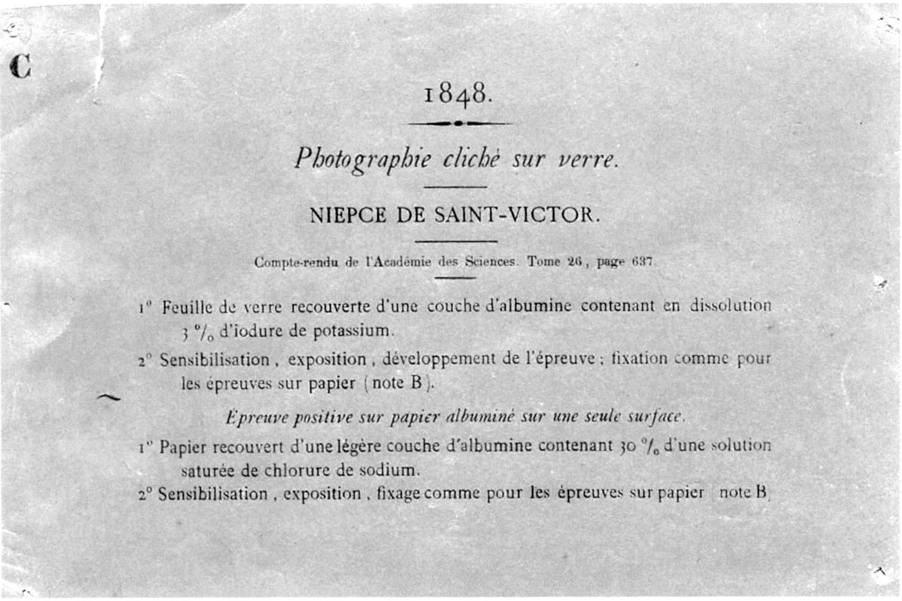

C

1848.

Photographie cliché sur verre.

NIEPCE DE SAINT-VICTOR.

Compte-rendu de l'Académie des Sciences. Tome 26, page 637.

1° Feuille de verre recouverte d'une couche d'albumine contenant en dissolution 3 % d'iodure de potassium.

2° Sensibilisation, exposition, développement de l'épreuve; fixation comme pour les épreuves sur papier (note B).

Épreuve positive sur papier albuminé sur une seule surface.

1° Papier recouvert d'une légère couche d'albumine contenant 30 % d'une solution saturée de chlorure de sodium.

2° Sensibilisation, exposition, fixage comme pour les épreuves sur papier (note B)

15: Louis Désiré Blanquart-Évrard, „1848, Glasnegativ, Niépce de Saint-Victor"; Erläuterungstext zu dem Verfahren, das Nièpce de St Victor im Band 26, Seite 637 der CRAS der Académie des sciences veröffentlicht hat. Musée d'Histoire Naturelle, Lille. Die zugehörigen Spezimen sind nicht Teil der Bestände des Musée d'Histoire Naturelle von Lille.

aus auch eine reziproke Beziehung unterhalten konnten, insbesondere dann, wenn es sich um ein neues, experimentellen Demonstrationen verpflichtetes Bildmedium handelte.[85]

ANMERKUNGEN

1 Die Notiz findet sich auf den Kartons mit den Inventarnummern III 3/41-37, 41-44 (Abb. 1) bis 41-54 und 41-58 bis 59 und 41-64 bis 67; vgl. die Inventarnummer 41-37, die „Agar renvoyé par Abraham, Par Philippe Vandyck, École hollandaise, XVIIe siècle" aus dem *Musée photographique*, einem 1853 publizierten Album zeigt. Der Abzug stammt übrigens von Hippolyte Bayard und François Auguste Renard. Die Angaben zum Print entnehme ich: Isabelle Jammes, *Blanquart-Évrard et les origines de l'édition photographique française. Catalogue raisonné des albums photographiques édités 1851-1855* (Genf: Librairie Droz, 1981), 244. Verwiesen sei u. a. auch noch auf die Nummer 41-45, deren „Négatif de Ch. Marville, photographié et édité par Blanquart-Évrard, Cathédrale de Reims. Figures du Grand Portail, Pl. 22", aus *L'art religieux, XIIIe siècle* stammt. Bereits in der Sitzung vom 20.07.1855 wurde verlautbart, dass Blanquart-Évrard der SFP „ein großes gebundenes Album, das eine Beispielsammlung von Abzügen aus der Imprimerie photographique de Lille" enthält, geschenkt hat, *Bulletin de la Société française de photographie* 1 (1855), 178.

2 „M. Blanquart-Évrard présente et offre plusieurs pièces historiques datant de

ses premières communications à l'Académie des sciences, et diverses épreuves spécimens des travaux de son ancienne imprimerie photographique. M. Blanquart-Évrard appelle l'attention de la Société sur se épreuves, qui, tirées de 1851 à 1855, n'ont pas subi d'altération.", „Sitzung vom 8. Januar", in *Bulletin de la Société française de photographie* 15 (1869), 6.

3 Charles Hippolyte Fockedey (1804 bis 1873) war (Groß-)Händler und Direktor der Pfandleihanstalt Mont de Piété in Lille, einer Vorgängerinstitution der Caisses municipales. In dem Gebäude, in dem von 1626 bis 1796 die Mont de Piété in Lille residierte, sollte von 1824 bis 1854 auch der Städtische Lehrstuhl für Chemie seinen Sitz haben. Und auch dessen Nachfolgeinstitution, die École des arts industriels et des mines (1854 bis 1871). Außerdem war dort von 1856 bis 1990 das Musée industriel et commercial untergebracht, dem Blanquart-Évrard die Relikte sowohl seiner Imprimerie als auch sein Lehrmuseum der Fotografie (das wirklich diesen Namen verdient) vermachte. Siehe weiter unten.

4 Louis Désiré Blanquart-Évrard, *La Photographie. Ses origines, ses progrès, ses transformations* (Lille: Imprimerie L. Danel, 1869), 28–9. Wenn nicht anders angegeben sind alle Übersetzungen aus dem Französischen von mir.

5 Ibid.

6 Vgl. u. a. ibid, 26–30; vgl. u. a. Francis Wey, „Traité de photographie sur papier par M. Blanquart-Évrard (de Lille) avec une introduction de M. Georges Ville", in *La Lumière*, Nr. 25, 27.07.1851, 99–100; und id., „Publications Héliographiques", in *La Lumière*, Nr. 28, 17.08.1851, 110–111; vgl. Blanquart-Évrard, *La Photographie* (siehe Anm. 4), 20–24.

7 Vgl. zu dieser Kritik und der daraus resultierenden Konkurrenz zwischen *La Lumière* und der Société française de photographie: André Gunthert, „L'Institution du photographique. Le roman de la Société héliographique", in *Études photographiques*, Nr. 12 (2002), 49. Wie Gunthert schreibt, mokierte man sich über eine kommerzielle Anwendung der Fotografie, die der der Aristokratie entstammende Kalotypie-Zirkel als „exclue de toute dignité culturelle" ablehnte. Das geschah nicht zuletzt, um problematischer Prioritätszuschreibungen willen, mit denen diejenigen bekrönt wurden, die die als künstlerisch ausgewiesenen Belange der Kalotypie vertraten wie etwa Gustave Le Gray, dessen Verfahrensverbesserungen in der Zeitschrift als denjenigen von Blanquart-Évrard bzw. als denjenigen auf Glas überlegen qualifiziert wurden (ibid., 44, 48 u. 55); vgl. u.a. auch *La Lumière*, Nr. 11, 20.04.1851, 45: Die Fotografen Bayard oder Le Gray sind davon überzeugt, dass ihre eigenen Verfahren besser, älter, schneller sind als diejenigen von anderen (wie in diesem Fall von Blanquart-Évrard) in den Sitzungen vorgestellten Verfahren(sverbesserungen). Vgl. auch André Gunthert, „La naissance de la Société française de photographie", in id., Michel Poivert und Carole Troufléau (Hg.), *L'Utopie photographique. Regard sur la collection de la Société française de photographie*, (Cherbourg: Le point du jour, 2004), 15–16.

8 Vgl. hier die beiden ausführlichsten jüngeren Abhandlungen zu seinem Werk: Isabelle Jammes, die das erste Kapitel ihrer Monografie mit „Geburt einer Industrie" betitelt (id., *Blanquart-Evrard et les origines de l'édition photographique française* (siehe Anm. 1), 19–44; und Jean-Claude Gautrand, „Blanquart-Évrard: De l'art à l'industrie", in id. und Alain Buisine, *Blanquart-Évrard* (Douchy-les-Mines: Centre Régional de la Photographie Nord Pas-de-Calais, 1999), 11–55.

9 Vgl. Gunthert, „L'Institution du photographique " (siehe Anm. 7), 40; Gunthert schreibt zwar von der Aufmerksamkeit der Zeitgenossen gegenüber Blanquart-Évrard, Guillot-Saguez oder Niépce de St. Victor, qualifiziert deren Leistungen aber als durch die schlechte Papierqualität geschmälert, ein Befund, den ich nicht teile.

10 Vgl. dazu die Kritik an Fotohistoriografien, die von einer massenmedialen

Fotografie um 1851 ausgehen, in Pierre-Lin Renié, „De l'imprimerie photographique à la photographie imprimée. Vers une diffusion internationale des images (1850–1880)", in *Études photographiques*, Nr. 20 (2007), 31, Anm. 2.

11 Louis Désiré Blanquart-Évrard, „Brief vom 23. September 1846", Archives de l'Académie des sciences, *pochette* zur Sitzung vom 28.09.1846.

12 *Épreuve* heißt auf Französisch der Abzug; dem Terminus aber inhäriert die Allusion an die Probe, das Probe- oder Beispielbild; von Emil Dingler wird der Terminus um 1850 im Polytechnischen Journal als Lichtbild übersetzt.

13 „Correspondances", in *Comptes rendus hebdomadaires des séances de l'Académie des sciences* (in der Folge als *CR* abgekürzt), Bd. 23, Sitzung vom 28.09.1846, 639. Die deutschen Synonyme von Spezimen veranschaulichen die Funktion und Qualität dieser Fotografien: „Muster, Ansichtssendung, Ausstellungsstück, Kostprobe, Probe[exemplar], Warenprobe, Prototyp, Sample." (vgl. Duden).

14 Blanquart-Évrard, „Brief vom 23. September 1846" (siehe Anm. 11).

15 Benjamin Corenwinder, „Discours prononcé sur la tombe de M. Blanquart-Évrard, le 28 avril", in *Mémoires de la société impériale des sciences, de l'agriculture et des arts de Lille* 10 (1872), 665–670; Louis-Alphonse Davanne, „M. Davanne fait part de la mort de M. Blanquar[t]-Évrard", in *Bulletin de la Société française de photographie* 18, Nr. 5, Sitzung vom 03.05.1872, 114–116. Isabelle Jammes und Jean-Claude Gautrand übernehmen beider Ausführungen und Beurteilungen in ihren Publikationen, Jammes, *Blanquart-Evrard et les origines de l'édition photographique française* (siehe Anm. 1), 22; Gautrand, „Blanquart-Évrard: De l'art à l'industrie" (siehe Anm. 8), 17.

16 Schmitt schreibt, dass Kuhlmann „[a]près ses études secondaires au collège de Colmar puis au lycée de Nancy, ainsi qu'un passage à la Faculté des Sciences de Strasbourg" Assistent des „célèbre chimiste Vauquelin" in Paris geworden sei, Jean-Marie Schmitt, „Charles Frédéric Kuhlmann", in *Nouveau dictionnaire de biographie alsacienne*, hg. von Jean-Pierre Kintz und Charles Baechler, Bd. 22 (Straßburg: Fédération des sociétés d'histoire et d'archéologie d'Alsace, 1994), 2142. Blanquart heiratet in den schwiegerelterlichen Tuchhandel ein und fügt – im Zuge seiner Eheschließung Virginie Évrards Familiennamen dem seinen hinzu.

17 Louis Nicolas Vauquelin war *préparateur* (Laborant) und Doktorand von Antoine François de Fourcroy (1755–1809), der mit Claude-Louis Berthollet zu den ersten gehörte, der sich Antoine Lavoisiers Lehren anschloss und diese insbesondere als Lehrender verbreitete. Vauquelin nahm vielfältige Positionen ein (vom Inspecteur des mines bis zum Posten eines Chemieprofessors an der medizinischen Fakultät, wo er 1809 auf Fourcroy folgte, und eine Vielzahl von Chemikern, insbesondere in der praktischen Laborarbeit ausbildete. Zu Fourcroy und zur Rolle des Chemieunterrichts und der Etablierung der Chemie als angewandte, d.h. auch industrieaffine Wissenschaft, vgl. Bernadette Bensaude-Vincent, Antonio García Belmar und José Ramón Bertomeu Sánchez, *L'émergence d'une science des manuels. Les livres de chimie en France (1789–1852)* (Paris: Éditions des Archives contemporaines, 2003), 35–41; 50–55.

18 Vgl. J. Heubel, *Charles Frédéric Kuhlmann (1803–1881) Chimiste enseignant et industriel*, http://asa3.univ-lille1.fr/spip/ASA_histoire/serviteurs/kuhlman.htm (Abruf 26.11.2014). Das Etablissement Kuhlmann wurde zu einem stahlproduzierenden Industriekonzern, der bis zu seiner Schließung 2003 existierte.

19 A. R., „Kuhlmann (Charles Frédéric)", in Eugène-Oscar Lami und Alfred Tharel (Hg.), *Dictionnaire encyclopédique et biographique de l'industrie et des arts industriels*, 8 Bde., Bd. 5 (Paris: Librairie des dictionnaires, 1885), 983.

20 Vgl. Schmitt, „Charles Frédéric Kuhlmann" (siehe Anm. 16), 2142.

21 Ulrike Fell, *Disziplin, Profession und Nation. Die Ideologie der Chemie in Frankreich vom*

Zweiten Kaiserreich bis in die Zwischenkriegszeit (Leipzig: Leipziger Universitätsverlag, 2000), 40–41.

22 Corenwinder, „Discours prononcé sur la tombe de M. Blanquart-Évrard, le 28 avril 1872“ (siehe Anm. 15), 666. Corenwinder, der zum Zeitpunkt seines Nachrufes Präsident der Société impériale des sciences, de l'agriculture et des arts de Lille war, fungierte 1847, also zum Zeitpunkt der ersten Einsendungen Blanquart-Évrards an die Académie des sciences, selbst als Assistent Kuhlmanns.

23 Davanne, „M. Davanne fait part de la mort de M. Blanquar[t]-Évrard“ (siehe Anm. 15), 114–115.

24 Ibid., 115.

25 Blanquart-Évrard, „Brief vom 23. September 1846“ (siehe Anm. 11).

26 „Correspondance [M. Arago présente, au nom de M. Blanquart-Évrard, une suite de belles *images* photographiques sur papier]“, in *CR*, Bd. 23, Sitzung vom 07. 12. 1846, 1083.

27 „Plis cacheté Nr. 704 adressé à l'Académie des sciences le 29 décembre 1846. Notice présentant un procédé photographique sur papier“, Archives de l'Académie des sciences; vgl. *CR*, Bd. 24, Sitzung vom 11.01.1847), 46–47. Das sog. Paquet cacheté (oder *plis cacheté*) sollte erst 1982 geöffnet werden (Jean-Jacques Trillat, „Note sur le paquet cacheté déposé par M. Blanquart Evrard de Lille avec prière de ne l'ouvrir que sur sa demande. Lille, 29 décembre 1846“, in *CR*, Bd. 294, Sitzung vom 15. 03. 1982, 77–78).

28 „M. Chevreul fait, au nom de M. Abel Niepce, le dépôt d'un second paquet cacheté [...]“, in *CR*, Bd. 24, Sitzung vom 11. 01. 1847, 47.

29 Louis Désiré Blanquart-Évrard, „Procédés employés pour obtenir les épreuves de photographie sur papier. Présentés à l'Académie des sciences“, in *CR*, Bd. 24, Sitzung vom 25.01.1847, 117–123; vgl. Corenwinder, „Discours prononcé sur la tombe de M. Blanquart-Évrard, le 28 avril 1872“ (siehe Anm. 15), 668; vgl. Blanquart-Évrard, *La Photographie. Ses origines, ses progrès, ses transformations* (siehe Anm. 4), 20.

30 Vgl. Maurice P. Crosland, *Science under Control. The French Academy of Sciences 1795–1914* (Cambridge et al.: Cambridge University Press, 1992), 296.

31 Ibid., 294. Das galt auch gegenüber ihrem Vorgängerorgan, den *Mémoires de l'Académie des sciences*, die nur ausgewählte Beiträge, dafür in voller Länge und oft viele Jahre später publizierten.

32 Ibid. Die Schnelligkeit war wirklich außerordentlich: die am Montag gelesenen Beiträge hatten so redigiert zu sein, dass sie abends, nach der Sitzung abgegeben werden konnten.

33 Ibid, 293.

34 Ibid.

35 Die *Annales de chimie et de physique*, zu deren Herausgeberteam u. a. neben François Arago auch Joseph Gay-Lussac und Victor Regnault gehörten, übernahmen immer wieder Texte aus den CR, genauso wie *Le Technologiste*, dem Arago selbst Berichte zuspielte. Während „IX. Blanquart-Evrard's Verfahren Lichtbilder auf Papier hervorzubringen“ (in *Polytechnisches Journal*, Bd. 104 [1847], 32–38) den Text aus den CR übernahm, bediente sich die Übersetzung des *Journals für praktische Chemie* der Vision der *Annales de chimie et de physique* („XXVI. Ueber ein neues Verfahren, photographische Bilder auf Papier zu erhalten“ in *Journal für praktische Chemie* 41, Nr. 1 [1847], 193–200). Bei der dritten deutschen Version ein und desselben französischen Textes handelt es sich um einen nach Dingler kompilierten Beitrag, Louis Désiré Blanquart-Évrard, „Verfahren, Lichtbilder auf Papier hervorzubringen“ (Auszug aus einer Abhandlung des Herrn Blanquart-Evrard zu Lille, Comptes rendus, Jan. 1847, Nr. 4, mitgetheilt in Dingler's Journal, Bd. 94, 32), in *Journal für Malerei und bildende Kunst, oder Mittheilungen der neuesten Erfahrungen und Verbesserungen in allen Zweigen der Malerei, der Bildhauerei, Daguerreotypie (Photographie), der Farbenkunde und Farbenchemie; und die, in diese Fächer einschlagende Bibliographie*, hg. v. A. W. Hertel, Bd. III, Heft 1 (Weimar: Bernhard Friedrich Voigt, 1847), 1–3.

36 Louis Désiré Blanquart-Évrard, „Supplément à une précédente communication concernant la photographie sur papier“, in *CR*, Bd. 24, Sitzung vom 12.04.1847, 653.

37 Crosland, *Science under Control. The French Academy of Sciences 1795–1914* (siehe Anm. 30), 249.

38 Vgl. und zit. ibid.

39 Maurice Crosland, „The French Academy of Science in the Nineteenth Century“, in *Minerva* 16, Nr. 1 (1978), 101; neben Blanquart-Évrard waren das Bayard, Foucault und Fizeau, Niépce de St. Victor usf.

40 Von versiegelten Schreiben zur Sicherung der Priorität liest man in den Sitzungsprotokollen der Österreichischen Akademie der Wissenschaften, vgl. Herta Wolf, „Die Divergenz von Aufzeichnen und Wahrnehmen. Ernst Machs erste fotografiegestützte Experimente“, in id. (Hg.), *Diskurse der Fotografie. Fotokritik am Ende des fotografischen Zeitalters* (Frankfurt a. M.: Suhrkamp, 2003), 453, Anm 58.

41 Crosland, *Science under Control. The French Academy of Sciences 1795–1914* (siehe Anm. 30), 245–248.

42 „Principe ... rendre la pate du papier photogénique en procédant à sa préparation par immersion dans les sels qu'on aura préférés (on sais que beaucoup ont ces propriétés) de manière que cette pate de papier conserve les principes chimiques des dissolutions et qu'elle devienne ainsi le milieu dans lequel s'opéreront les réactions chimiques qui finalement constituerons l'image photographique. C'est l'ignorance de ce principe qui a fait échouer les nombreux essais faits depuis 6 ans procédant par analogie avec la préparation sur plaque Daguerre on se contente de déposer des sels photogéniques sur la surface du papier, de la des images sans puissance et sans finesses, sans dégradations lumineuses comme sans transparences dans les clairs obscurs, pointillés et marbrées outre les défectuosités l'inconstance dans le résultat lui-même, conséquences directes d'une préparation inégale et sans règle.“, Paquet cacheté Nr. 704 vom 11.01.1847.

43 Blanquart-Évrard, „IX. Blanquart-Evrard's Verfahren Lichtbilder auf Papier hervorzubringen“ (siehe Anm. 35), 32–38: 33.

44 Archives de l'Académie des Beaux-Arts 5 E 34, chemise „Lettres des particuliers“, lettre du 10 janvier accompagnée de la lettre du 17 février de M. Lestiboudois; vgl. auch Sybille Bellamy-Brown (Hg.), *1845–1849*, Procès-Verbaux de l'Académie des Beaux-Arts 8 (Paris: École des Chartes, 2008), 204. Der Sohn und Enkel berühmter Botaniker, Gaspard Thémistocle Lestiboudois (12.10.1797 in Lille bis 22.01.1876 in Paris) war 1818 zum Doktor der Medizin in Paris promoviert worden und agierte von 1839 bis 1848 als Deputierter des Departement du Nord in der Linksopposition zur Julimonarchie und von 1849 bis 1851 in der Rechtsopposition. Wie Blanquart-Évrard (seit 1851) war er Mitglied der Société Impériale des Sciences, de l'Agriculture et des Arts de Lille, einer für die Belange von Wissenschaft, Industrialisierung und Kultur von Lille und seiner Region bedeutenden regionalen wissenschaftlichen Gesellschaft.

45 Die zehn Kommissionsmitglieder waren: der Maler Louis Hersent (1777–1860); der Architekt François Debret, (1777–1850), seit 1825 Mitglied der Académie des Beaux Arts; der Bildhauer Louis Petitot (1794–1862), seit 1835 Akademiemitglied; der Maler und Stecher Auguste Gaspard Louis Desnoyers (1779–1857), seit 1816 in der Akademie; der Historienmaler François-Édouard Picot (1886–1868); der Bildhauer Augustin Dumont (1801–1884); der Maler und Medailleur, Jacques Edouard Gatteaux (1788–1881), er war seit 1845 Akademiemitglied; der Architekt und Mitglied des Institut de France, Louis-Hippolyte Lebas (1782–1867); sowie – neben Jean-Baptiste Biot (1874–1862), dem Physiker, Astronomen, Mathematiker und langjährigen Kontrahenten von François Arago – auch, Victor Regnault (1810–1878), der, nachdem er eine Professur für Chemie an der École polytéchni-

que innehatte, zum Zeitpunkt von Blanquart-Évrards Vorführungen als Lehrstuhlinhaber für Experimentalphysik am Collège de France tätig war.

46 Bellamy-Brown (Hg.), *1845–1849* (siehe Anm. 44), 206.

47 Der klassische Archäologe Desiré-Raoul Rochette (genannt Raoul-Rochette) (1789–1854) war seit 1838 Mitglied der Académie des Beaux-Arts, zu deren ständigem Sekretär er 1839 ernannt worden ist.

48 *CR*, Bd 24, Sitzung vom 15.03.1847, 448.

49 „Sur l'observation d'un membre la commission nommée pour l'examen de l'Album photographique de M. Blanquart-Évrard sera convoquée samedi prochain à deux heures.", Bellamy-Brown (Hg.), *1845–1849* (siehe Anm. 44), 220.

50 „Sitzung vom Samstag, den 19. Juni 1847", in ibid., 235.

51 Louis-Victor Bougron, „Rapport au nom de la commission* chargée d'examiner les procédés de M. Blanquart-Évrard, de Lille, pour obtenir des Épreuves photographiques sur papier. Séance du 20 avril 1847", in *Annales de la Société libre des Beaux-Arts*, Bd. XVII (Comprenant trois années Académiques, du 1er mai 1847 au 1er mai 1850), 222–226; die Kommission umfasste neben dem Berichterstatter zwei weitere Mitglieder, den Maler Rouget und den Graveur Ransonette. Die Société libre des beaux-arts war am 18. Oktober 1830 von Künstlern und Kunstamateuren gegründet worden, die sich mit der Leitung des *Journal des artistes* zusammenschlossen, um eine Gesellschaft zu gründen, die sich der Förderung der Kunst und der Künstler widmet; für letztere wurde auch ein Sozialfonds eingerichtet, https://fr.wikipedia.org/wiki/Société_libre_des_beaux-arts_de_Paris (Abruf 27.08.2015).

52 Augustin Marie Edmond de Valicourt de Seranvillers, „Nouveaux renseignements sur le procédé de photographie sur papier. Communiqué à l'Académie des sciences par M. Blanquart-Évrard", in *Le Technologiste, ou archives des progrès*, Juli bis Sept. 1847, 449–456; 493–503; 535–539. Die Artikelfolge erschien im gleichen Jahr als selbständige Publikation in der *Encyclopédie Roret*, die auch *Le Technologiste* herausgab. Übernommen wurde sie in Charles Chevalier (Hg.), *Recueil de mémoires et de procédés nouveaux concernant la photographie sur plaques métalliques et sur papier* (Paris: Charles Chevalier, Baillière u. Roret, 1847), 84–133; von Emil Dingler ins Deutsche übersetzt, machte sie überdies den Verfahrenstechniker aus Lille einem an polytechnischen Belangen interessiertem deutschsprachigen Publikum bekannt, id., „Praktische Anleitung Lichtbilder auf Papier nach Blanquart's Methode zu erzeugen", in *Polytechnisches Journal*, Bd. 106 (1847), 365–389; und schließlich konnte man de Valicourts Darstellung auch noch zusammengefasst lesen, id., „Practische Anleitung, um Lichtbilder auf Papier nach Blanquart-d'Evrard's Methode*) hervorzubringen", in *Journal für Malerei und bildende Kunst*, Bd. III, 3. Heft (1848), 65–73. Aber damit ist es mit der Verbreitung nicht getan: de Valicourt selbst integrierte den Text in sein Handbuch von 1851, wo er nun behauptet, an der Vorführung am Collège de France gleichermaßen wie schon an den ersten Versuchen seines Nordfranzösischen Landmanns Blanquart-Évrard teilgenommen zu haben, id., *Nouveau manuel complet de photographie sur métal, sur papier et sur verre*, überarbeitete Auflage (Paris: Roret, 1851), 257.

53 Franz Arago, „XI. Der Daguerreotyp", in *Annalen der Physik* 124 (48), Nr. 9 (1839), 193–216.

54 François-Édouard Picot, „Rapport sur le procédé et les produits photographiques de M. Blanquart-Évrard, lu à l'Académie le samedi 19 juin 1847", in Bellamy-Brown (Hg.), *1845–1849* (siehe Anm. 44), 236–237.

55 Vgl. ibid, 237.

56 Vgl. dazu auch Blanquart-Évrards Stellungnahme zu seinem ehemaligen Kontrahenten und späteren Kunstreproduktionslieferanten der Imprimerie photographique, Hippolyte Bayard: „Je ne suis pas dans le secret de M. Bayard", dass er nicht im Geheimnis Bayards sei,

d.h. die geheimen Gedanken Bayards genauso wenig kenne wie dessen Verfahren, id., *La photographie, ses origines, ses progrès, ses transformations* (siehe Anm. 4), 12–13.

57 Valicourt de Séranvillers, „Praktische Anleitung Lichtbilder auf Papier nach Blanquart's Methode zu erzeugen" (siehe Anm. 52), 365.

58 Vgl. dazu auch Figuier Louis, *Exposition et histoire des principales découvertes scientifiques modernes*, 3 Bde., Bd. 1, 1. Aufl. (Paris: Langlois; Leclercq; Victor Masson, 1851), 36–40. Blanquart-Évrard zitiert diesen ausführlich bevor er ihm widerspricht; vgl. id., *La photographie. Ses origines, ses progrès, ses transformations* (siehe Anm. 4), 18–20 (er irrt sich nur bei der Seitenangabe seines Zitatnachweises).

59 Vgl. hier Villes Apostrophierung Blanquart-Évrards als „un amateur de peinture, placé à la tête d'une riche maison de commerce de Lille, s'occupait, dans ses moments de loisir, de donner à la méthode de M. Talbot toute la simplicité qui devait en faire, quelques années plus tard, une des découvertes les plus intéressantes de notre temps.", Georges Ville, „Essai sur l'histoire et le progrès de la photographie", in Louis Désiré Blanquart-Évrard, *Traité de photographie sur papier. Avec une introduction par M. Georges Ville* (Paris: Librairie Encyclopédique de Roret, 1851), XXV. Ville ist einer der wenigen, der vom Reichtum Blanquart-Évrards schreibt und damit deutlich macht, dass er bei seinen fotografischen Verbesserungen und Aktivitäten von keinen persönlichen ökonomischen Interessen geleitet war.

60 L'Abbé Moigno, „Recherches photographiques par M. Blanquart-Évrard, de Lille", in id., *Répertoire d'optique moderne ou analyse complète des travaux modernes relatifs aux phénomènes de la lumière*, 4 Bde., Bd. 4 (Paris: A. Franck, 1850), 1715. Dieser führt aus, dass Blanquart-Évrard weder Talbot noch dem als dessen Schüler bezeichneten Tanner, der ihn in die Fotografie eingeführt habe, Gerechtigkeit habe widerfahren lassen. Das macht er auch an der Einsendung des Paquet cacheté fest; er hält den dieses begleitenden Brief für eine impertinente Anmaßung, mit der Blanquart-Évrard der Akademie seine Bedingungen habe diktieren wollen. Auf die komplexe Tanner-Geschichte möchte ich hier – nicht zuletzt aus Platzgründen – nicht weiter eingehen.

61 Herta Wolf, „Nature as a Drawing Mistress", in Mirjam Brusius, Katrina Dean und Chitra Ramalingan (Hg.), *William Henry Fox Talbot. Beyond Photography*, Studies in British Art 23 (New Haven; London: Yale University Press, 2013), 119–142.

62 Vgl. Picot, „Rapport sur le procédé et les produits photographiques de M. Blanquart-Évrard, lu à l'Académie le samedi 19 juin 1847" (siehe Anm. 54), 236–237.

63 Weder in den Protokollen noch in den *Comptes Rendus*, noch in den *pochettes*, den Akten der Académie des sciences finden sich Hinweise auf Fotografien, die mit dem Text vom Jänner 1847 eingereicht worden sind.

64 Bernard Marbot, „Blanquart-Évrard, Abb. 25a + b. Deux sujets". o. S., in id.. „Catalogue", in *Regards sur la photographie en France au XIXe siècle. 180 chefs-d'œuvres du département des Estampes et de la Photographie*, Ausstellungskatalog, Bibliothèque nationale, Paris; The Metropolitan Museum of Art, New York (Paris: Berger-Levrault, 1980), o. S.

65 Oft sind die Zuschreibungen schwer möglich: steht unter einigen der eingeklebten Fotografien der Name des Fotografen, wird die Urheberschaft bei anderen vermutet. Zum Album von Regnault: André Gunthert, „The Mystery of the Album of the Société héliographique", in Stephen Bann (Hg.), *Art and the Early Photographic Album* (New Haven; London: Yale University Press, 2011), 69–75. Zu Regnault: Laurie Dahlberg, *Victor Regnault and the Advance of Photography. The Art of Avoiding Errors* (Princeton; Oxford: Princeton University Press, 2005).

66 Louis Désiré Blanquart-Évrard, „LXII. Verfahren ein Lichtbild durch zahlreiche positive Copien auf Papier in kurzer Zeit

zu vervielfältigen. Erste Abhandlung u. zweite Abhandlung" (aus den *CR*, April 1851, Nr. 15 und 17), in *Polytechnisches Journal*, Bd. 120 (1851), 292–297: 294.

67 Louis Désiré Blanquart-Évrard, „LXII. Verfahren ein Lichtbild durch zahlreiche positive Copien auf Papier in kurzer Zeit zu vervielfältigen. Erste Abhandlung u. zweite Abhandlung" (aus den *CR*, April 1851, Nr. 15 und 17), in *Polytechnisches Journal*, Bd. 120 (1851), 294.

68 Davanne, „M. Davanne fait part de la mort de M. Blanquar[t]-Évrard" (siehe Anm. 15), 116. Während Davanne von einer begrenzten Anzahl von Bänden überhaupt spricht, die Blanquart-Évrard mit Beispielbildern der von ihm beschriebenen Verfahren illustriert hat, verändere ich in meiner Paraphrase seine Aussage etwas: Sind uns doch nur einige wenige Exemplare des Buches bekannt, in denen sich fotografische Beispiele finden; und nur ein einziges Exemplar, in das neu abgezogene goldgetönte Spezimen der eigenen frühen fotografischen Arbeiten von 1846 und 1847 eingeklebt worden sind (vgl. weiter unten).

69 „Procès verbal de la Séance du 5 Août 1864", in *Bulletin de la Société française de photographie*, Bd. 10 (1864), 231; die anderen Preisträger sind „Niepce de Saint-Victor, C. Russel (le major), Warren de la Rue". Vgl. auch Louis Désiré Blanquart-Évrard, *Intervention de l'art dans la photographie. Extrait des mémoires de la société. Séances des 6 Fevrier et 17 avril 1863* (Lille: Imprimerie de L. Danel, 1863).

70 Edmond Becquerel, „Rapport de la Commission chargée de décerner les médailles annuelles", in *Bulletin de la Société française de photographie* 10 (1864), 236; wieder abgedruckt in *La Lumière*, Bd. 14, Nr. 18, 30. September 1864, 70. Auch in seiner Publikation über die Interventionsmöglichkeiten der Kunst stellte Blanquart-Évrard chemische Manipulationsmöglichkeiten vor, mit deren Hilfe die Lichter und Schatten der Prints sich verändern lassen. Man könnte diese als chemische Retuschen bezeichnen, an deren Entwicklung er gearbeitet hat, vgl. id. *Intervention de l'art dans la photographie* (siehe Anm. 69) und vgl. auch „M. Davanne fait part de la mort de M. Blanquar[t]-Évrard" (siehe Anm. 15), 116.

71 Valicourt de Seranvillers, „Nouveaux renseignements sur le procédé de photographie sur papier" (siehe Anm. 52), 449–456; 493–503; 535–539.

72 Vgl. Valicourt de Seranvillers, *Nouveau manuel complet de photographie sur métal, sur papier et sur verre* (siehe Anm. 52); hier: „Rapport sur les procédés et produits photographiques de M. Blanquart-Evrard", 291–296; „Chapitre IV. Des papiers employés à l'état sec, par MM. Blanquart et Bayard"; 318–323; „Chapitre XIII. De l'utilité d'une imprimerie photographique", 350–351.

73 Ibid., 257–258.

74 Ibid, 257.

75 Augustin Marie Edmond de Valicourt de Seranvillers, *Nouveau manuel complet de photographie sur métal, sur papier et sur verre. [...]. Précédé d'un résumé historique et Critique sur l'origine et les progrès de la photographie*, 2 Bde., Bd. 2., Photographie sur papier et sur verre, neue erweiterte Auflage (Paris: Librairie encyclopédique de Roret, 1862), 44. Die Dornröschengeschichte (*la belle au bois dormant*) ist eine, mit der ich mich in meinem Buch *Muster oder Spezimen* ausführlicher auseinandersetzen werde.

76 Walter Benjamin, „Kleine Geschichte der Photographie", in *Die literarische Welt*, 1. Folge, Nr. 38, 18. 09. 1931, 3.

77 Rosalind Krauss, „Reinventing the Medium", in *Critical Inquiry* 25, Sondernummer: *Angelus Novus. Perspectives on Walter Benjamin* (1999), 289-305. Zum Problem der Obsoleszenz vgl. Herta Wolf, „Montrer et/ou démontrer. Index et/ou indice". Vortrag auf dem Colloque „Ou en sont les théories de la photographie" (Centre Pompidou, 27.05.2015), in *Études photographiques*, Nr. 34, 2016, 18–34 [= Que dit la théorie de la photographie? Interrogar l'historicité].

78 Ibid.

79 Walter Benjamin, „Kleine Geschichte der Photographie", in *Die literarische Welt*, 2. Folge, Nr. 39, 25.09.1931, 3; vgl. auch 4.

80 Heinrich Schwarz, *David Octavius Hill. Der Meister der Photographie* (Leipzig: Insel, 1931), 33f.

81 Blanquart-Évrard, *La Photographie. Ses origines, ses progrès, ses transformations* (siehe Anm. 4); es handelt sich um einen Vortrag vor der Société impériale des sciences, de l'agriculture et des arts de Lille, deren Mitglied er war und in deren *Mémoire* dieser, ebenfalls illustriert, erschien, id., „La Photographie. Ses origines, ses progrès, ses transformations", in *Mémoires de la Société impériale des sciences, de l'agriculture et des arts de Lille*, Nr. 7, III. série, année 1869 (Paris; Lille: Didron u. L. Quarré, 1870), 161–214. Bei Danel wurde 1870 eine weitere Auflage gedruckt – nicht klar ist, ob es sich bei den ersten selbständigen Auflagen von 1869 um die reich illustrierten Ausgaben handelt, oder ob die zahlreichen Bilder der zweiten Auflage eingebunden wurden, oder ob es sich nicht vielmehr um einzelne Exemplare handelt, deren Broschur aufgeschnitten, und die von einem Buchbinder mit einer unterschiedlichen Anzahl von fotografischen Beispielen neu, mit festem Deckel gebunden worden sind.

82 Die Ausgabe des Musée d'Orsay enthält zwar einen Originalprint von Hippolyte Bayard, aber im Unterschied zur Ausgabe der BnF nicht die *Privatporträts*, die Blanquart-Évrard seinen Verfahrenspublikationen von 1847 beigefügt hatte.

83 Unterschiedliche Exempel letzterer finden sich allerdings auch in den einfachen Ausgaben des Buches.

84 Louis Désiré Blanquart-Évrard, „Don au musée", in *Mémoires de la Société impériale des sciences, de l'agriculture et des arts de Lille* 9, 3e série (1871), 614–616. Die Schenkung umfasste Spezimen von 26 fotografischen Prozessen, die in verschiedenfarbigen Tafeln erläutert wurden. Man weiß allerdings nicht, ob jede Nummer einzelne Bilder oder Bilderserien enthielt, noch wie viele Fotografien die didaktische Schenkung insgesamt umfasste. Diese war bis zur Schließung des Musée industriel et commercial und der Überführung der fotografischen Bestände in das Musée d'Histoire Naturelle, ausgestellt (Auskunft von Dr. Annie-Laure Wanaverbecq und Aude Dokrakowski [responsable des collections de sciences et techniques, Musée d'Histoire Naturelle, Lille], denen ich sehr herzlich für ihre Hilfestellungen danke).

85 Dieser Aufsatz entstand im Rahmen des DFG-Projektes „Fotografie als angewandte Wissenschaft: Über die epistemische Rolle von fotografischen Handbüchern (1839–1883)" (WO1768/1-1). Für ihre Unterstützung bei meinen Recherchen danke ich sehr herzlich Florence Greffe (Archives de l'Académie des sciences) und Paul-Louis Roubert (Präsident der Société française de photographie); sowie Thomas Cazentre (Conservateur en charge de la photographie du XIXe siècle, Département des Estampes et de la photographie, BnF); Marie Robert (Conservatrice photographie Musée d'Orsay) sowie Luce Lebart (Société française de photographie).

BILDNACHWEISE

1: Société française de photographie, Paris.
2–4: Archives de l'Académie des sciences, Institut de France, Paris.
5: Bibliothèque nationale de France (BnF), Paris.
6: Archives de l'Académie des sciences, Institut de France, Paris.
7–10: Société française de photographie, Paris.
11–12: Archives de l'Académie des sciences, Institut de France, Paris.
13: Bibliothèque nationale de France (BnF), Paris.
14–15: Musée d'Histoire Naturelle, Lille.

MICHAEL KEMPF

ZWISCHEN BILDRAUSCHEN UND ORIENTIERUNGSWISSEN. THEODOR SCHEIMPFLUGS FRÜHE VERSUCHE MIT FOTOGRAFISCHEN KARTEN

> „Es ist meines Wissens das erstemal, daß versucht wurde, das Licht nicht nur bei der Aufnahme, sondern auch bei der Rekonstruktion zu verwenden. *Der Gedanke an sich eröffnet eine weite, berauschende Perspektive; ihr Schlußpunkt, ein Zukunftsbild, ist die Karte als Photographie. Der Weg dahin ist weit. Und ich würde mich glücklich schätzen, nur die Anregung zu weiteren Versuchen in dieser Richtung gegeben zu haben.*“[1]

Auf diese Weise umriss der k. u. k. Hauptmann Theodor Scheimpflug 1897 erstmals vor einem Publikum eine Idee, für die er sich – auch wegen persönlicher Differenzen – vier Jahre später mit nur 35 Jahren vom Militär verabschieden würde. Von einer Erbschaft lebend, sah er seine Aufgabe darin, ein Verfahren zu entwickeln, welches Luftbilder in exakte Karten verwandeln sollte.[2] Wäre es machbar, nicht nur die Aufnahme der Landschaft, sondern auch die Entzerrung auf fotografischem Wege erfolgen zu lassen, so würde sich die Karte quasi von selbst zeichnen und ihre Herstellung wäre weitestgehend automatisiert worden. Ein solches Verfahren hätte den Vorteil, Gelände in kürzester Zeit vermessen zu können, ohne dass man – wie bei der traditionellen Methode – auf einen Messtisch zurückgreifen müsste (Abb. 1).

In meinen folgenden Ausführungen werden die Versprechen nachgezeichnet, die Scheimpflug und seine Mitarbeiter mit der Photokarte[3] verbanden. Im Rahmen der Fragestellungen des vorliegenden Bandes scheint interessant, wie das Konzept einer fotografischen Karte vor dem Ersten Weltkrieg wahrgenommen wurde. Schließlich trafen in der zur maßstabstreuen Abbildung entzerrten Luftaufnahme (Abb. 2) zwei mächtige Kulturtechniken aufeinander: die Fotografie mit ihrem Vermögen, in einem Bild „auf kleinstem Raum eine unüberbietbare Zahl an Informationen aufzubewahren“[4] sowie die Karte, welche verschiedenste Informationen in einer kartesischen Anordnung auf einen Blick veranschaulichen kann. Die Überlagerung beider Techniken in ein hybrides detailreiches Bild sollte auf lange Sicht ein neues topografisches Wissen schaffen, an dem wir heute am augenscheinlichsten bei unserer Nutzung digitaler Karten teilhaben.

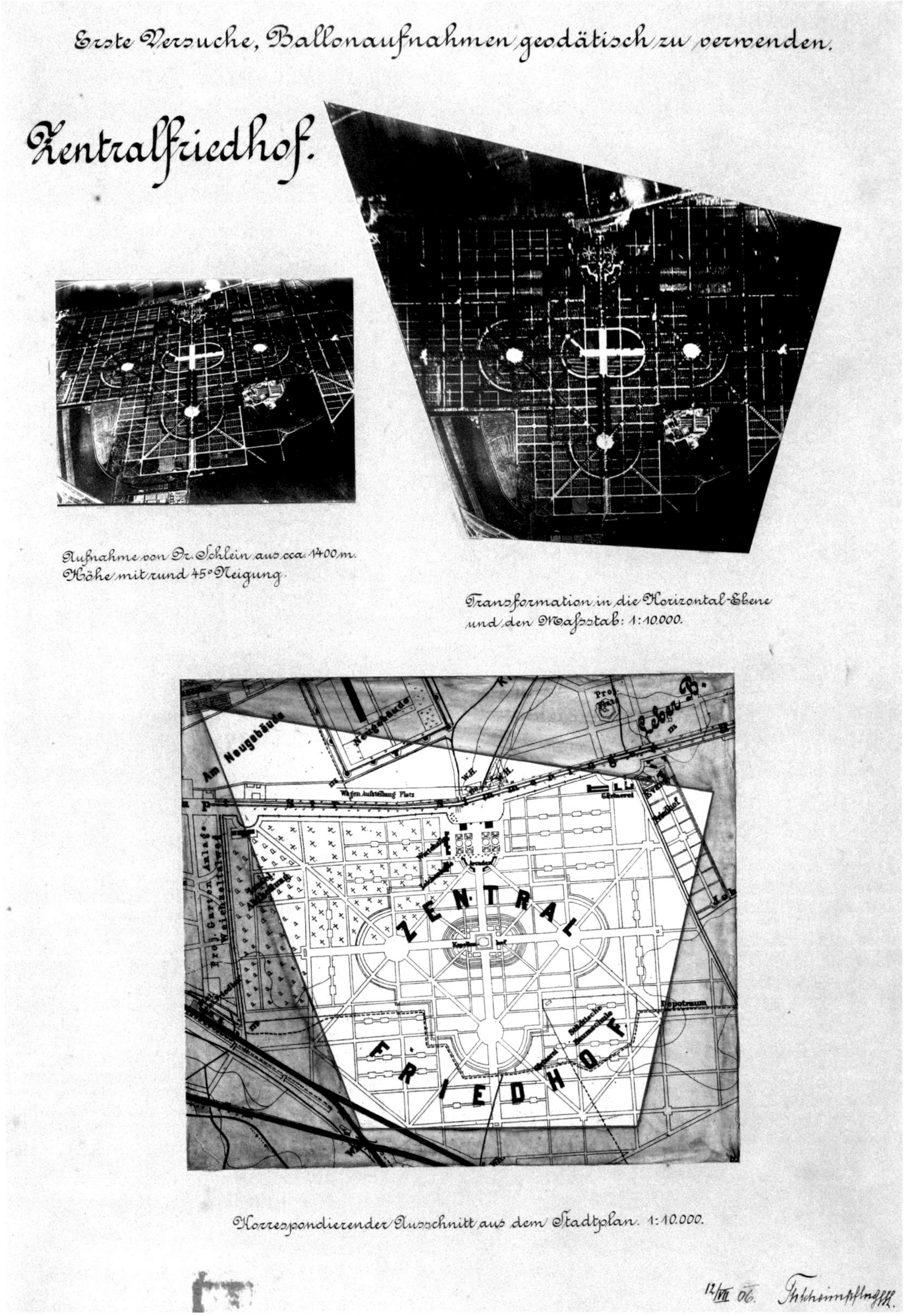

1: Theodor Scheimpflug, Erste Versuche, Ballonaufnahmen geodätisch zu verwenden: Zentralfriedhof, Lehrtafel, 12. 07. 1906, Technisches Museum Wien.

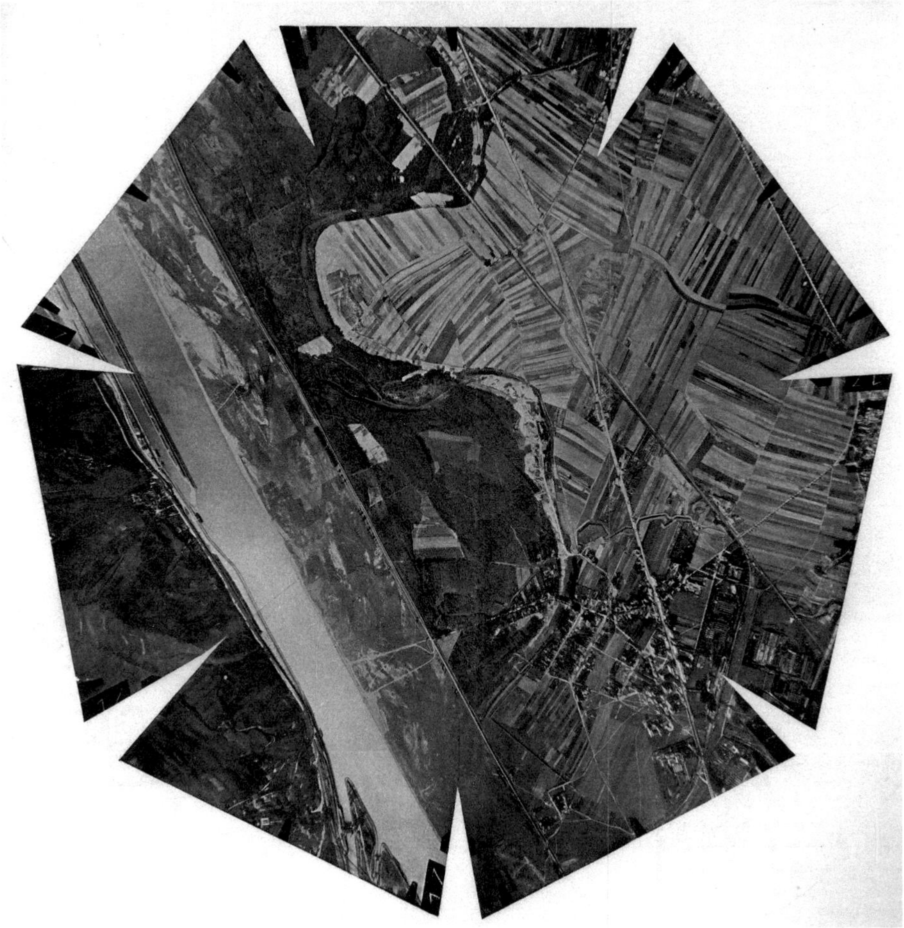

___ 2: Theodor Scheimpflug, Ballonpanorama, aus: Theodor Scheimpflug, „Die Flugtechnik im Dienste des Vermessungswesens", in Hermann Hoernes (Hg.), Buch des Fluges, Bd. 1 (Wien: Verlag Georg Szelinski, 1911), o. S.

Gleichzeitig sollen die hinter der Photokarte stehenden technischen Verfahren und Visualisierungsstrategien skizziert werden. Denn im Gegensatz zur Rhetorik der immanenten Natürlichkeit des fotografischen Kartenbildes, derer sich Scheimpflug bediente, eröffnet ein genauerer Blick ein weit komplexeres Verhältnis zwischen dem Indexikalischen, Ikonischen und Diagrammatischen. So können Scheimpflugs Schwierigkeiten, seine Erfindung gewinnbringend zu vermarkten, in Verbindung gebracht werden mit einer Unsicherheit über das tatsächlich in der Photokarte bestehende Verhältnis zwischen Orientierungswissen und – ob der vielen Details einer Luftfotografie – Bildrauschen. Gerade an der Schnittstelle von Information und Rauschen sollte die Photokarte jedoch epistemische Möglichkeiten eröffnen, die in den Anfangszeiten der Luftfahrt womöglich noch nicht überblickt werden konnten.

EINE AUTOMATISIERUNG DER KARTENHERSTELLUNG DURCH DIE FOTOGRAFIE

Hans Jülligs *Auf Drachenflügeln. Schicksal und Werk eines bahnbrechenden Erfinders,*[5] das 1962 in der Reihe *Frische Saat* erschien, von der einzelne Hefte auch als Klassenlektüre freigegeben waren, machte Theodor Scheimpflug zum Vorbild für einen integren Erfindergeist. Verkürzt auf prägnante Episoden erzählt der Text Scheimpflugs Leben und verklärt ihn zu einem hellsichtigen Solitär, der seiner Zeit weit voraus war und deshalb bis zu seinem frühen Tod mit nur 45 Jahren gegen äußere Widerstände ankämpfen musste. Scheimpflugs Grundgedanke, dass Karten in Zukunft effizienter aus der Luft und mit fotografischen Mitteln hergestellt werden sollten, wird gleich zu Beginn des Heftes in einer Art dramatischen Urszene beschrieben. Da der Jugendbuchautor für seine Leserschaft das komplexe technische Verfahren sehr verständlich vereinfacht, soll die Episode im Folgenden geschildert werden.

Die Szene spielt in den Alpen. Der junge Scheimpflug befindet sich dort mit der Mappierungsabteilung des k. u. k. Militärgeographischen Instituts zu Kartierungsarbeiten, als die Vermessungsgruppen von einem Gewitter überrascht werden. Dem schlagartig über sie hereinbrechenden Unwetter können Scheimpflug und sein treuer Untergebener nur durch Zuflucht in eine Höhle entgehen. Nach überstandener Gefahr erreichen die beiden das Quartier, wo sie im Wirtshaus bereits mit „Erbswurstsuppe und Kaiserschmarrn" erwartet werden.

> „‚Also, alles eingerückt?' erkundigt [...] sich [der Kommandant, M. K.] beim Adjutanten.
> ‚Leider nicht, Herr Oberst. Die Gruppe Mayerhofer ist noch ausständig.'
> ‚Na, wenn denen nur nichts passiert ist bei dem Unwetter!'
> ‚Ja, uns hätt's auch beinah erwischt', sagt Theodor. ‚Wir befinden uns ja noch im Altertum der Landaufnahme. Das wird einmal auf ganz andere Art gehen! Diese mühseligen und gefährlichen Arbeiten im Freien, die werden fast ganz aufhören!'
> ‚Wieso denn das?' erkundigt sich der Oberst.
> ‚Herr Oberst', sagt Scheimpflug freimütig, ‚im Zeitalter der Photographie muß die Karte größtenteils vom Licht selber gezeichnet werden. Es müssen nur ein paar Triangulierungszeichen aufgestellt werden — das Ganze wird dann aus der Vogelperspektive photographiert und endlich daheim im warmen Zimmer bequem ausgewertet.'"[6]

Selbstbewusst führt Scheimpflug dem Kommandanten aus, dass er vorhabe, seine Kameras bis zur Erfindung lenkbarer Ballons kostengünstig mit Drachen nach oben zu heben, um sie dann drahtlos „nach Marconi" auszulösen. „Drachen! Drachen! Gehen wir Drachen steigen lassen wie die kleinen Buben!" – der Chor der versammelten Soldaten verfällt daraufhin in ein „homerisches Gelächter".

„‚Hören Sie, Sie spinnen ja! Lauter so neumodische Sachen, die am End gar nicht gehen! Und die Bilder aus der Luft, die kommen ja ganz schief und verzerrt heraus!‘
Theodor läßt sich nicht beirren. ‚Die werden entzerrt!‘
‚Wie denn das?‘
‚Optisch! Dazu habe ich meine eigenen Apparate konstruiert!‘
‚Aber hören Sie auf!‘
‚Mein lieber Scheimpflug‘, sagt der Oberst, ‚das ist alles noch Zukunftsmusik!‘“[7]

Ein hereinstürmender, bleicher Soldat beendet schließlich das Gespött über Scheimpflug, indem er meldet, dass sechs Mann der Vermessungsgruppe Mayerhofer vom Blitz erschlagen worden sind.

Die Geschichte, mit der Hans Jüllig jungen Lesern das Potenzial der Luftphotogrammetrie verdeutlichen wollte, bezieht sich auf den Sommer 1897, als Scheimpflug zusammen mit Eduard Doležal an den photogrammetrischen Arbeiten der Mappierungsabteilung des Militärgeographischen Instituts im Mangart- und Triglavgebiet teilnahm. Die Photogrammetrie umfasst Verfahren, mittels derer es möglich ist, durch Umkehrung der Projektionsgesetze aus Fotografien Maße zu entnehmen, um daraus unter anderem Karten herzustellen oder dreidimensionale Objekte in Bauzeichnungen zu rekonstruieren.[8] Theodor Scheimpflug, nach der Schilderung Doležals bei der Unternehmung in den Bergen keinesfalls in der Rolle eines Außenseiters, vertrat den erkrankten Leiter der photogrammetrischen Abteilung.[9] Obwohl die Exkursion der Erprobung der Photogrammetrie diente, werden in Jülligs Erzählung die Arbeiten im Gelände mit Messtischen unternommen. Laut Doležal waren die damaligen Verantwortlichen „von der hohen Bedeutung der photographischen Meßmethode durchdrungene Männer“, was die Baumbachhütte zu „einem Diskussionssaale für photogrammetrische Probleme“[10] gemacht habe – eine Aufgeschlossenheit und ein kollegiales Verhältnis, das in Jülligs Darstellung ebenfalls keine Entsprechung findet.

Auch wenn er den historischen Daten nur bedingt Rechnung trägt, gelingt es dem Autor in dem Wirtshausgespräch die Vorteile, aber auch die Schwierigkeiten der Kartierung aus der Luft plastisch vor Augen zu führen: Im Unterschied zu den „mühseligen und gefährlichen Arbeiten im Freien“ an einem mitgeführten Messtisch in der traditionellen terrestrischen Vermessung will Scheimpflug den Standpunkt der Terrainaufnahme in die Höhe heben. Setzt man dann noch Kameras ein, lassen sich große Geländeabschnitte auf einmal erfassen und im Nachhinein bequem „im warmen Zimmer“ auswerten. Exkursionen in unwegsames Gelände, deren Gefahren Jüllig dem Leser über den vom Blitz erschlagenen Vermessungstrupp anschaulich vor Augen führt, hätten dann ein Ende.

Erscheint die Überlegung, dass es einfacher sei, größere Gebiete in Zukunft fotografisch aus der Luft zu erfassen, vergleichsweise vertraut und als eine Weiterführung der ersten Ballonfotografien Nadars 1858,[11] so liegt das eigentlich Revolutionäre des Scheimpflug'schen Verfahrens im darauffolgenden Schritt der Auswertung der Fotografien. Im Unterschied zu den um die Jahrhundertwende gebräuchlichen photogrammetrischen Verfahren wollte Scheimpflug nicht einzelne Standpunkte aus den fotografischen Aufnahmen extrapolieren, die dann auf Papier übertragen zum „Skelett"[12] einer gezeichneten Karte werden.[13] Stattdessen sollte die Fotografie selbst die Karte sein. Das wollte Scheimpflug durch eine Bildentzerrung mit fotografischen Mitteln erreichen, die jedes vorliegende Luftbild in eine maßstabsgetreue und zudem anschauliche Photokarte verwandeln sollte.

> „Der Gedanke, die Photogrammetrie zu Vermessungszwecken anzuwenden, ist zwar genial, wird aber noch recht unbeholfen angepackt. Die Photographie ist ein vollendetes Bild der Gegend, wie man es schöner nicht wünschen kann. Die Karte soll ein ebensolches sein. Warum zerreißt man also die Photographie in unzählige Punkte, um ihre Positionen umzurechnen und sie dann wieder mühsam zeichnerisch zu verbinden. Die Arbeit muß uns das Licht besorgen."[14]

Was Scheimpflug anstrebte, war somit die Ersetzung der Kartenherstellung von Hand durch den Gebrauch der Fotografie nicht nur bei der Geländeaufnahme, sondern auch bei der Weiterbearbeitung des Kartenbildes. Die Photokarte, und hierin lag die Tragweite seines Verfahrens, erschien ihm als eine Lösung für das Problem, dass die Kartierung eines Landes mit der Messtischmethode bis dahin oft Jahrzehnte dauerte und die Karten zum Zeitpunkt der Fertigstellung in Teilen schon wieder veraltet waren. Die Luftphotogrammetrie, so Scheimpflugs Versprechen, würde als ein weitestgehend automatisiertes Verfahren im Vergleich dazu schneller und günstiger und zudem leichter aktualisierbares Kartenmaterial liefern.[15]

SCHRITTE ZU EINER PHOTOKARTE

Scheimpflug experimentierte zunächst mit an Drachen befestigten Kameras; 1907 unternahm er schließlich auf eigene Kosten drei Ballonfahrten zur weiteren Erprobung seines Verfahrens (Abb. 3). Um ein möglichst großes Gebiet fotografieren zu können und gleichzeitig jene Überlappungen zwischen den einzelnen Bildern zu erhalten, die für die spätere photogrammetrische Ausmessung Voraussetzung waren, hatte er einen Panoramenapparat konstruiert mit sieben ringförmig um ein Mittelobjektiv angeordneten Fotokameras, welche vom Ballonkorb aus gleichzeitig ausgelöst werden konnten (Abb. 4, links oben).[16] Eine von oben aufgenommene Fotografie mochte dabei einer Karte zwar bereits ähnlich sehen; tatsächlich verhinderten aber schon die Höhenunterschiede des Geländes eine maßstabsrichtige Abbildung der Landschaft auf dem Luftbild.

Messbilder, das heißt Fotografien, die sich für eine spätere photogrammetrische Erschließung eigneten, stellten aus der Luft zudem eine besondere Herausforderung dar. Prinzipiell taugten für die Ausmessung nur exakt horizontale Bilder; derartige

Aufnahmen waren zu einer Zeit, in der für Versuche vor allem Ballons und Drachen zur Verfügung standen, im Flug aber kaum zu erhalten. Weil schon eine leichte Schräglage der fotografischen Platte im Moment der Aufnahme unweigerlich zu Verzerrungen führte, fand sich Scheimpflug mit der technischen Unlösbarkeit dieses Problems ab. Stattdessen entwickelte er ein Berechnungsverfahren, mit dem bei Bekanntheit dreier Vermessungspunkte am Boden die Raumlage der fotografischen Platten in der Luft zum Zeitpunkt der Aufnahme im Nachhinein bestimmt werden konnte – ein Arbeitsschritt, der als „Orientierung" bezeichnet wurde.[17] Der als „Horizontierung" bezeichnete zweite Schritt von Scheimpflugs Verfahren, womit die Umwandlung der unvermeidbar schiefen Luftbilder in streng horizontale Orthofotografien gemeint war, lässt sich als dessen eigentlicher Kern auffassen, handelte es sich dabei doch um die Umsetzung seiner grundlegenden Überlegung, dass nicht nur bei der Geländeaufnahme, sondern auch bei der Kartenherstellung die Fotografie die Arbeit besorgen sollte. Diese Idee hatte Scheimpflug zum ersten Mal 1897 in einem Vortrag umrissen, in dem die William Henry Fox Talbot zugeschriebene, aber wohl auf Michael Faraday zurückgehende Metapher von der „Dame Natur" als „Zeichenmeisterin"[18] anklingt.

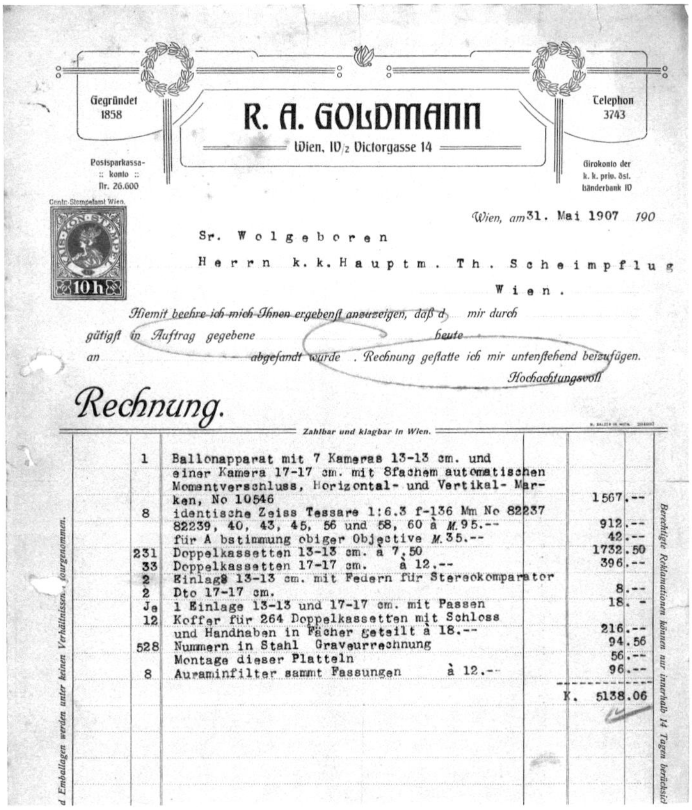

Gegründet 1858

R. A. GOLDMANN

Wien, IV/2 Victorgasse 14

Telephon 3743

Postsparkassa-konto Nr. 26.600

Girokonto der k. k. priv. öst. Länderbank IV

Wien, am 31. Mai 1907

Sr. Wolgeboren

Herrn k.k. Hauptm. Th. Scheimpflug

Wien.

Hiemit beehre ich mich Ihnen ergebenst anzuzeigen, daß d. mir durch gütigst in Auftrag gegebene heute an abgesandt wurde. Rechnung gestatte ich mir untenstehend beizufügen.

Hochachtungsvoll

Rechnung.

Zahlbar und klagbar in Wien.

1	Ballonapparat mit 7 Kameras 13-13 cm. und einer Kamera 17-17 cm. mit 8fachem automatischen Momentverschluss, Horizontal- und Vertikal- Marken, No 10546	1567.--
8	identische Zeiss Tessare 1:6.3 f-136 Mm No 82237 82239, 40, 43, 45, 56 und 58, 60 à M. 95.--	912.--
	für A bstimmung obiger Objective M. 35.--	42.--
231	Doppelkassetten 13-13 cm. à 7.50	1732.50
33	Doppelkassetten 17-17 cm. à 12.--	396.--
2	Einlag8 13-13 cm. mit Federn für Stereokomparator	
2	Dto 17-17 cm.	8.--
Je	1 Einlage 13-13 und 17-17 cm. mit Passen	18.-
12	Koffer für 264 Doppelkassetten mit Schloss und Handhaben in Fächer geteilt à 18.--	216.--
528	Nummern in Stahl Graveurrechnung	94.56
	Montage dieser Platteln	56.--
8	Auraminfilter sammt Fassungen à 12.--	96.--
		K. 5138.06

… Emballagen werden unter keinen Verhältnissen … zurückgenommen.

Berechtigte Reklamationen können nur innerhalb 14 Tagen berücksichtigt …

3: Rechnung einer technischen Ausrüstung Scheimpflugs zur Fotografie aus dem Ballon, 31.05.1907, Bundesamt für Eich- und Vermessungswesen Wien (BEV).

„Sollte es nicht möglich sein, das Licht, welches uns die Bilder der Außenwelt in unglaublich kurzer Zeit auf die photographische Platte zauberte, auch hiezu zu verwenden, d. h. direkt auf optischem Wege aus den Photographien die Karten und Pläne herzustellen?“[19]

Die Aufgabe, die Scheimpflug sich selbst gestellt hatte, war also die folgende: durch ein erneutes Fotografieren Luftbilder, unabhängig davon wie schräg sie aufgenommen worden waren, zu entzerren und dem Ideal der Maßstabsgerechtigkeit anzunähern. Eine erste technische Lösung präsentierte er 1902 mit dem „Photoperspektographen“[20] (Abb. 4, Mitte oben) – einem von ihm selbst entwickelten, in den folgenden Jahren mehrfach verbesserten Apparat, der Bilder jeglicher Art perspektivisch umwandeln konnte, so auch schiefe Luftaufnahmen in maßstabsrichtige Aufsichten.

Die durch den Photoperspektographen von perspektivischen in Parallelprojektionen transformierten Luftbilder wurden in einem letzten Schritt aneinandergefügt

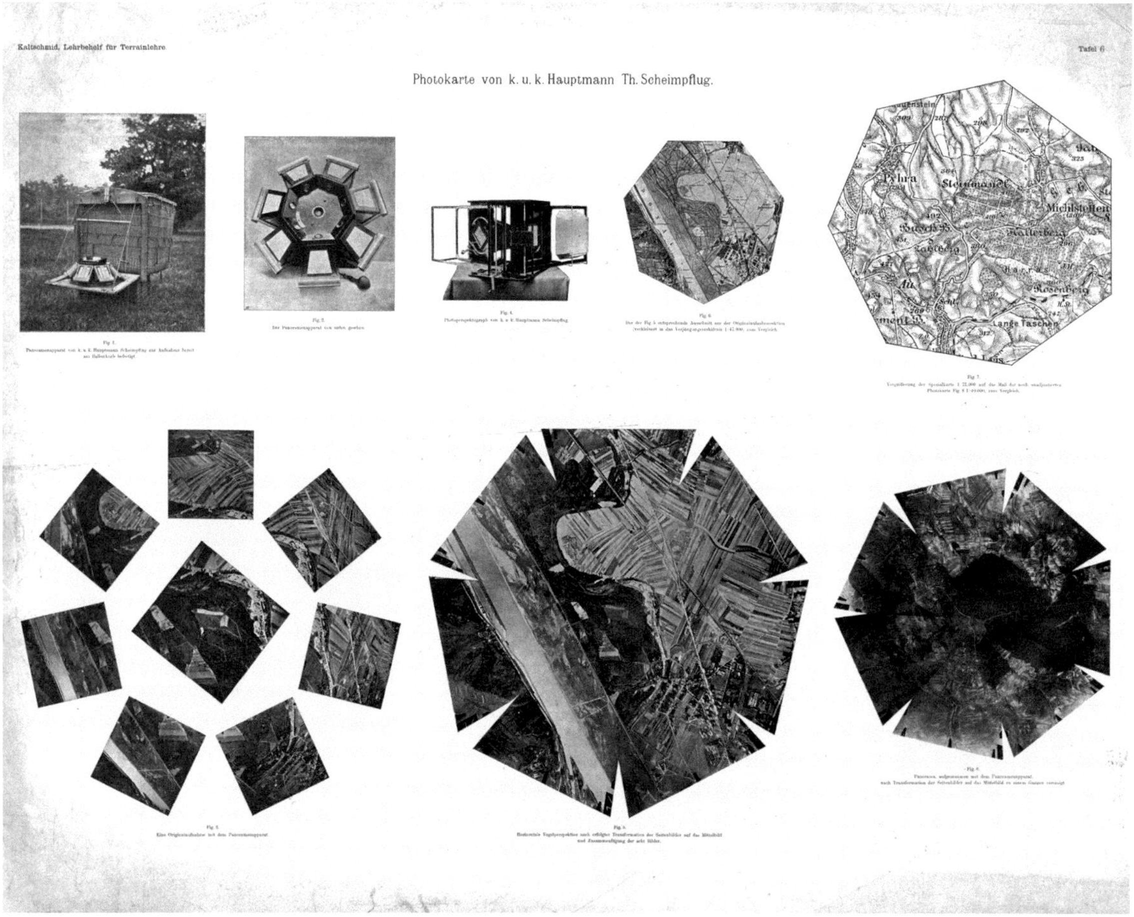

4: Photokarte von k. u. k. Hauptmann Th. Scheimpflug, Kaltschmid, Lehrbehelf für Terrainlehre, Tafel 6, 74,6 × 58,2 cm, o. J., Bundesamt für Eich- und Vermessungswesen Wien (BEV).

– anfangs noch von Hand mit sichtbaren Nähten zwischen den acht Aufnahmen (Abb. 5), später wieder auf fotografischem Wege nahtlos durch einen „trommelförmige[n] Paßapparat“.[21] Das Resultat waren jene großformatigen sternförmigen Ballonpanoramen, die heute noch in Scheimpflugs bildlichem Nachlass im Technischen Museum in Wien zu bewundern sind und die eine lebendige Ansicht der Landschaft vermitteln (Abb. 2 u. 5). Im Fall eines gänzlich ebenen Geländes hatte man mit den entzerrten und miteinander verschmolzenen Luftaufnahmen im

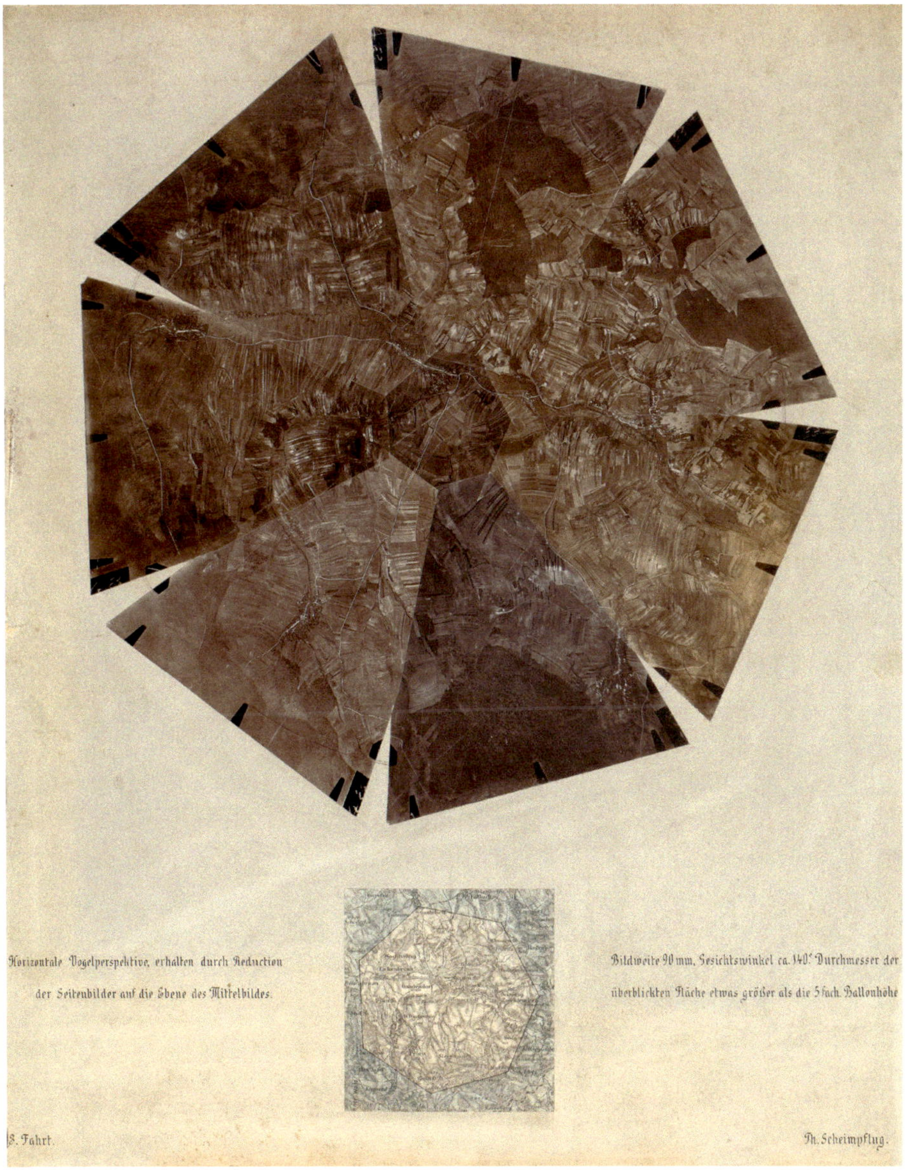

___ 5: Theodor Scheimpflug, Aerophotogrammetrische Aufnahmen von der Umgebung Eichbrunn und Gnadendorf, 3. Fahrt, Schautafel, 58,5 × 72,5 cm, nach 1907, Technisches Museum Wien. Gut erkennbar sind hier noch die Nähte zwischen den einzelnen Luftaufnahmen.

Prinzip bereits eine Photokarte vorliegen. Da auf Luftfotografien höher gelegene Objekte naturgemäß größer erscheinen als solche im Tal und zudem – trotz der ersten Entzerrung – immer noch perspektivisch falsch abgebildet werden, fanden sich in den Bildern bergiger oder hügeliger Gelände allerdings immer noch Maßstabsfehler, die weitere Eingriffe erforderlich machten. Diesen Schritt der Korrekturen nannte Scheimpflug „Zonentransformation". Mithilfe eines Pulfrich'schen Stereokomparators – eines Messapparats, mit welchem aus Bildpaaren Bildkoordinaten stereoskopisch ausgelesen werden – wurden dabei zunächst die Niveaulinien des Geländes ausgemessen. Von Höhenstufe zu Höhenstufe vorgehend wurden danach die verschiedenen Ebenen aus dem bereits korrigierten Grundbild herausgetrennt, fotografisch entzerrt und auf einen einheitlichen Maßstab gebracht. Spätestens an diesem Punkt ging allerdings die Einheitlichkeit des fotografischen Bildes verloren, denn beim Wiedereinfügen der entzerrten Flächen in das Ausgangsbild entstanden an den Nähten Lücken und Überschneidungen, die mittels Retuschen verdeckt werden mussten.

Mehrere der sternförmigen Panoramen konnten schließlich gegeneinander orientiert und zu rechtwinklig begrenzten Darstellungen größerer Gebiete zusammengebracht werden – erst viele aneinandergefügte Aufnahmen, die zudem zu unterschiedlichen Zeitpunkten aufgenommen worden waren, ergaben also ein kartenähnliches Gebilde. Auch wenn ihr Eindruck der eines Schnappschusses aus der Luft im Hier und Jetzt war, stellten Scheimpflugs natürlich wirkende Ballonaufnahmen somit ein hoch prozessiertes, synthetisches Bild der Erdoberfläche dar. Diese – wenn man so will – basale Künstlichkeit des fotografischen Kartenbildes steht jedoch in einem gewissen Gegensatz zu den Metaphorisierungen der Photokarte durch Scheimpflug und seine Unterstützer, das heißt zu den Umschreibungen, mit denen einer interessierten Öffentlichkeit das faszinierend Neue der Erfindung vermittelt werden sollte. Wie im Folgenden gezeigt wird, wurde hier vor allem das Moment der Natürlichkeit des fotografischen Kartenbildes hervorgehoben.

DER WIRKLICHKEITSEINDRUCK DER PHOTOKARTE

Da Scheimpflug die Skepsis gegenüber seiner Erfindung in Österreich auch darauf zurückführte, dass die heimischen Vermessungstechniker ihr Auskommen durch sein in größerem Maße automatisiertes Verfahren bedroht sahen, war er bald dazu übergegangen, es als kostengünstigstes und schnellstes Mittel zur Vermessung noch unbekannter Weltgegenden – und hier insbesondere der Kolonien – zu verkaufen.[22] Nach seinem unerwarteten und frühen Tod 1911 fand sich in Beiträgen des Öfteren die Behauptung, der Erfinder sei just in dem Moment verschieden, als ein Auftrag Brasiliens, das riesige und an Rohstoffen reiche Land zu vermessen, in greifbarer Nähe gestanden habe.[23] Ob dem so war, ist zweifelhaft; das Narrativ mag seinen Nachfolgern, das heißt seinem Bruder Karl Scheimpflug und dem Ingenieur Gustav Kammerer, vor allem dazu gedient haben, die Erfindung mit größerem

Gewicht zu vermarkten. Sich selbstbewusst ein Institut nennend, veröffentlichte die „Theodor Scheimpflug, Aerophotogrammetrie" – erreichbar unter der Telegrammadresse: „Photokarte"[24] – weiterhin regelmäßig Sonderabdrucke von wohlwollenden Zeitschriftenartikeln, um für die photogrammetrische Geländevermessung aus der Luft zu werben.

Von technischen Schwierigkeiten und noch bestehenden Herausforderungen ist in den bis etwa zum Ersten Weltkrieg in einer Vielzahl von auch populären Zeitungen und Zeitschriften erschienenen Artikeln auffallend wenig die Rede.[25] Nicht nur werden einzelne Argumente in den verschiedenen Beiträgen fast wörtlich wiederholt, auch das verwendete Bildmaterial gleicht sich oft – die entzerrte Luftaufnahme des Wiener Zentralfriedhofs wurde etwa immer wieder publiziert (Abb. 1). Über die tatsächliche Ausgereiftheit und Anwendbarkeit von Scheimpflugs Verfahren soll im vorliegenden Aufsatz aber kein Urteil gefällt werden.[26] Der strategisch werbende Charakter vieler Artikel lässt vielmehr rekonstruieren, wie die Photokarte als neuer Bildtypus – der Verbindung von Kartografie und Fotografie – von Scheimpflug und seiner Umgebung begriffen wurde und welche Erwartungen ein fotografisches Kartenbild mit seiner Vielzahl an Details zu seiner Zeit weckte.

Scheimpflugs letzte Veröffentlichung „Die Flugtechnik im Dienste des Vermessungswesens"[27] von 1911 eignet sich besonders, um die Deutungen der Photokarte herauszuarbeiten, denn als Beitrag zur Anthologie *Buch des Fluges* versuchte der Aufsatz einer breiteren Öffentlichkeit den erreichten Stand der Geländevermessung aus der Luft nahezubringen. Für den Laien verzichtete Scheimpflug dabei auf mathematische Formeln oder detaillierte geometrische Darstellungen, die sonst oft zur Auseinandersetzung mit seinem Verfahren dienten. Die mögliche Breitenwirkung des *Buchs des Fluges* im Blick, wird in dem Beitrag sein Anliegen deutlich, sich als Begründer der kommenden technischen Umwälzungen verstanden zu wissen, zumal der Erfinder sich in Österreich stets zu wenig gewürdigt und unterstützt fühlte.[28]

> „Eine neue Technik ist im Entstehen begriffen, welche es durch umfassende Verwendung der Photographie ermöglicht, die Vermessung weiter Gebiete, die bisher nur durch das Zusammenarbeiten sehr vieler intensiv geschulter Menschenkräfte bewältigt werden konnte, in Zukunft mit Hilfe von Maschinen, d. h. fabriksmäßig zu betreiben, mit allen den Konsequenzen, die solch ein Wandel erfahrungsgemäß nach sich zieht. Die theoretischen und praktischen Grundlagen dieser Technik sind, wie meistens in solchen Fällen, das Werk eines Einzelnen und von den offiziellen Faktoren noch wenig beachtet."[29]

Das hier betonte Potenzial einer Rationalisierung der Kartenherstellung durch die Fotografie mag dem Leser von Scheimpflugs Beitrag unmittelbar begreiflich gewesen sein. Wie konnte diesem des Weiteren aber auch die neuartige visuelle Erfahrung eines fotografischen Kartenmaterials nahegebracht werden? Auch wenn

Scheimpflug seinem Beitrag Bildmaterial beifügte (Abb. 2), war dieses ja erklärungsbedürftig, denn im Gegensatz zu unserem heutigen routinierten Umgang mit fotografischen Kartenbildern bestand damals noch kein unmittelbares Verständnis der Bildtechnik. Es zeigt sich jedoch, dass Scheimpflug seine Erfindung auch für ein fachfremdes Publikum prägnant herunterzubrechen wusste. „Dem Autor hat [...] von jeher das Ziel vorgeschwebt, daß die Karte selbst eine Art Photographie des Geländes sein soll, ein Ziel, das auch in dem Wort ‚Photokarte', das als Schlagwort [...] geprägt wurde, klar zum Ausdruck kommt."[30]

Landkarten, die in Zukunft Fotografien der Gebiete wären – wenn Scheimpflug derart die zentrale Idee seines Verfahrens umriss, evozierte er bei seinen Lesern nicht ungewollt die Vorstellung einer Unmittelbarkeit des Kartenbildes ähnlich der eines Schnappschusses. Welcher gezeichneten Karte wäre etwa mehr Vertrauen zu schenken als der Fotografie einer Landschaft von oben? Indem die Formulierung an gängige Überzeugungen vom großen mimetischen Vermögen der Fotografie anknüpfte, rief sie zudem das alte Phantasma einer perfekten Karte auf, auf der sich alle Artefakte eines Territoriums abgebildet finden.[31] Dass die Bilder, die durch Scheimpflugs Verfahren entstanden, wie oben ausgeführt, weit komplexer waren als einfache fotografische Aufnahmen, war für die Überzeugungsarbeit, die zur Durchsetzung der Technik noch geleistet werden musste, zunächst nicht von Bedeutung.

Um die Leser des *Buchs des Fluges* für seine Vermessungsmethode einzunehmen, stellte Scheimpflug den technischen Ausführungen zu seinem Verfahren einen knappen Abriss der Kartografiegeschichte voran. Eine seiner Beobachtungen war dabei, dass „der Augpunkt der Darstellung mit dem Fortschreiten der Zeichentechnik mehr und mehr in die Höhe rückte."[32] Scheimpflugs Ballonphotogrammetrie, die als eine weitere Hebung des Blickpunkts verstanden werden konnte, sollte dem Leser auf diese Weise als der Zielpunkt einer Entwicklung erscheinen. In Scheimpflugs Argumentation führte die Photogrammetrie aus der Luft dabei die Photokarte wie einen Zwilling mit sich, weil ein fotografisches Kartenbild seiner Meinung nach ganz den kommenden Bedürfnissen entsprach. „Sobald sich die Photogrammetrie vom Boden erhebt und zur Ballonphotogrammetrie wird, führt sie logisch zur Einführung der Photokarte, um so mehr, als die Luftschiffahrt immer mehr und mehr auf Ähnlichkeit und Vergleichbarkeit der Karten mit dem von oben gesehenen Bilde dringen wird."[33]

Scheimpflug verband die Photokarte also mit den rasanten Fortschritten der Flugtechnik zu seiner Zeit. Die sich entwickelnde Luftfahrt machte nach seiner Überzeugung neue Karten unausweichlich – Karten, die sich dann aber, da sie von Luftschiffern benutzt werden würden, an der spezifischen Wahrnehmung von oben orientieren mussten. Vor diesem Hintergrund erschien die Idee der Photokarte so einleuchtend wie verlockend: Was die Person im Ballonkorb auf ihr sah, entspricht der Landschaft, die sie überfliegt – man brächte die Karte mit dem Bodenbild in Übereinstimmung.[34] Nach dieser Auffassung sollte sie in Zukunft eine Art Spiegel der Erdoberfläche sein, und die Fotografie eröffnete dazu die Möglichkeit.

Der Erfinder schloss mit diesen Überlegungen an eine kartografische Debatte an, die verstärkt mit der Entwicklung erster Lenkballons, Zeppeline und Flugzeuge aufgekommen war. Irrflüge waren damals nicht selten und selbst die besten Piloten verloren in der Luft bei hoher Geschwindigkeit oft die Orientierung.[35] Die Wahrnehmungsstörungen, die das Fliegen verursachte, beförderte eine Diskussion über neue Kartenformen, wobei fotografische Karten als nur eine Möglichkeit unter anderen erachtet wurden.[36] Deren lebensnaher Eindruck war jedoch, was sie für Scheimpflug als Standard für Flugkarten prädestinierte. In so gut wie allen Veröffentlichungen zur Photokarte wurden aus diesem Grund *Anschaulichkeit*, *Naturtreue* und *Vollständigkeit* als die Hauptmerkmale eines fotografischen Kartenbildes hervorgehoben.

> „Das Endprodukt [...] behält den Charakter der Photographie und ist ebenso anschaulich und naturwahr als diese, ist aber in allen ihren Teilen maßstabsrichtig und deshalb in geometrischer Beziehung eine richtige Karte. Diese Vereinigung der bildmäßigen Wirkung einer Photographie und der Richtigkeit einer Karte in Bezug auf alle Größenverhältnisse könnte man vielleicht treffend eine ‚Photo-Karte' nennen. Eine solche macht es jedem Kinde möglich, wie das bereits Versuche gezeigt haben, bestimmte Objekte der Natur in der Karte sofort wieder zu erkennen, erleichtert demnach die Orientierung ungemein."[37]

Geradezu kinderleicht macht es hier in Scheimpflugs Vergleich der ikonische Charakter von Luftaufnahmen, ein fotografisches Kartenbild zu lesen und Orientierungspunkte wiederzufinden (Abb. 2). Unterstellt wurde dabei, dass der natur- und gegenstandsnahe Eindruck von Fotografien sich auch auf die vertikale Perspektive erstreckt. Obwohl Scheimpflug hier auf physiologische Versuche verweist, werden diese nicht näher ausgeführt, was ihre Existenz fraglich erscheinen lässt.

Auch der Kartograph Karl Peucker, der Scheimpflugs Photokarte unterstützte, appellierte vor allem an die gefühlsmäßige Einsicht seiner Leser, wenn er die Allgemeinverständlichkeit von Bildern gegenüber auf einem Vorrat an Zeichen aufbauenden Darstellungen hervorhob. „Denn es ist begreiflich, daß man aus seinem Ansichtsbilde einen topographischen Gegenstand ganz ungleich schneller erkennt, als aus irgend einem Symbol, wie sie in den heutigen topographischen Karten üblich sind."[38] Dabei hatte Peucker, der für den Verlag Artaria & Co. als wissenschaftlicher Leiter der Abteilung für Geografie und Kartografie arbeitete,[39] 1898 mit der „Farbenplastik" ein genuin wahrnehmungsphysiologisch begründetes System zu einer farblich abgestuften Geländedarstellung entworfen, die einen plastischen Raumeindruck vermittelte.[40] Der neuartige Eindruck von Scheimpflugs entzerrten Luftaufnahmen muss aber auch auf den bekannten Kartografen eine faszinierende Wirkung ausgeübt haben; Peucker wollte in der Photokarte sogar die Schönheit vormoderner Karten wiedererkennen. In der realistischen Darstellung eines fotografischen Kartenbildes, so sein Gedanke, würde die Anschaulichkeit der schrägen Kavalierperspektive wiederaufleben können, nun aber versöhnt mit den Anforderungen an kartografische Exaktheit.

> „Man wird es dann nicht mehr nötig haben, die herrlichen topographischen Pläne der Künstler und der Ingenieurgeographen Ludwig XIII. und XIV., besonders aber unseres Prinzen Eugen, [...] mit schmerzlichem Bedauern zu betrachten. Die unter der kartographischen Schablone der letzten Jahrhunderte verloren gegangene natürliche Anschaulichkeit der topographischen Karten wird wieder gefunden sein; nur eben ohne die alten Schwächen."[41]

Der Glaube daran, dass Fotografien per se für jeden verständlich seien, dass sie quasi eine universelle Sprache bilden[42] – wie die Zitate Scheimpflugs und Peuckers zeigen, wurde diese Vorstellung auch herangezogen, um der Photokarte zum Durchbruch zu verhelfen.

UNGEWISSE LEKTÜREN

Dazu, dass ein Luftbild gegenüber einer herkömmlichen topografischen Karte durch seine fotografische Anschaulichkeit per se leichter begreiflich sei, gab es jedoch auch Gegenmeinungen. Gerade in der Debatte über die zukünftigen Fliegerkarten wurden auch die Nachteile fotografischer Kartenbilder diskutiert. Ein Hauptkritikpunkt war dabei deren Detailfülle; denn dass bei einer entzerrten Luftaufnahme im Unterschied zu traditionellen Karten keine bewusste Auswahl von Elementen innerhalb des Kartenbildes getroffen worden war, konnte auch als Bildrauschen wahrgenommen werden (Abb. 2). Zwar mochte eine entzerrte Luftaufnahme auf den ersten Blick sehr anschaulich wirken; dass sie sich aber auch für navigatorische Zwecke eignet, wo schnelle Entscheidungen getroffen werden mussten, war mit einem Hinweis auf ihren *information overload* anfechtbar. Bei einem zeitgenössischen Kritiker findet sich zur Veranschaulichung der medialen Differenz der Kartenformen ein Vergleich aus der Sicht eines Luftschiffers.

> „Angenommen, der Pilot vergleichte vom Aeroplan aus die Gegend mit der ihm zufällig in die Hand geratenen richtigen photographischen Karte. Er darf sich nicht begnügen, die Empfindung zu haben, daß die beiden Gesamteindrücke übereinzustimmen scheinen, sondern er muß unten im Terrain den markanten Winkel einer Straßenkreuzung etc. entdecken (erstes angestrengtes Schauen). Dieses Bild muß er nun auf seiner photographischen Karte m i t g e n a u d e r g l e i c h e n Augenanstrengung suchen, weil bei dieser nichts übertrieben ist (zweites angestrengtes Schauen), während bei den bisherigen Karten alle Straßenwinkel über dem Maße deutlich eingezeichnet sind und das zweite Schauen bedeutend erleichtert wird. Mit einem Worte: die P h o t o g r a p h i e gewährt

früher die Wahrscheinlichkeit, in einer Gegend zu sein, die Gewißheit dazu verschafft aber dann rascher eine alte Karte."[43]

Das Begriffspaar Wahrscheinlichkeit versus Gewissheit, das hier um 1911 zur Kennzeichnung der gegensätzlichen kartografischen Lektüren verwendet wurde, soll im Folgenden noch einmal aufgegriffen werden. Wie schon ausgeführt sind Luftaufnahmen bei weitem nicht so einfach zu lesen, wie Scheimpflug und seine Unterstützer dies unterstellten. Nicht nur, dass ihre zunächst positiv erscheinende Informationsdichte eine schnelle Orientierung erschweren kann; als weitere Schwierigkeit kommt hinzu, dass – während in herkömmlichen Karten die Abbildung stets vereinfacht ist und auf einem konventionellen Zeichenrepertoire beruht – auf Luftbildern durchaus auch Bildgestalten erscheinen können, deren Referent anhand der Fotografie unbestimmbar bleibt.[44] Auch wenn Scheimpflug und Peucker also auf eine Allgemeinverständlichkeit von Luftbildern abhoben, blieben einzelne Objekte und Bodenformationen aus großer Höhe doch rätselhaft. Nötig wurde mit dem Aufkommen von Luftaufnahmen deshalb eine Schulung im Lesen der Erdoberfläche, die auf Erfahrung und Expertenwissen beruhte.

Der Kriegsbeginn nur drei Jahre nach Scheimpflugs Tod beschleunigte hier eine Entwicklung, mit deren Hilfe sich die Ungewissheiten bei der Lektüre fotografischer Karten verdeutlichen lassen. Da die Interpretation von Luftbildern im Ersten Weltkrieg eine Frage von Leben und Tod geworden war, entstanden Bildatlanten mit Beispielaufnahmen, welche den angehenden Auswertern in der Etappe das Erkennen militärischer Spuren in der Landschaft vermitteln sollten.[45] Die Unterscheidung von Freund und Feind – die Leitung des Artilleriefeuers auf den Gegner – beruhte so mit zunehmendem Verlauf des Krieges auf einer Indizienwissenschaft im Ginzburg'schen Sinne,[46] bei welcher die Kriegslandschaft als ein lesbarer Text aufgefasst wurde. Ein solcher Gebrauch der Fotografie klang bei Scheimpflugs Mitarbeiter Gustav Kammerer zwar bereits 1912 an, wenn er die Kamera als eine Art fliegendes Auge beschrieb, das alles von oben einzusehen und lückenlos aufzuzeichnen vermag.

> „Die Luftschiffahrt hat einen neuen Standpunkt geschaffen. Es ist der Aufnahmestandpunkt selber, der heute den topographischen Raum durchfliegt und das Land dabei in allen von oben sichtbaren Einzelheiten lückenlos und in photographischer Treue abzunehmen erlaubt."[47]

Wo Kammerer aber noch den Abbildrealismus von Luftaufnahmen herausstellte, zeigte der Kriegsgebrauch, dass bei der Ausdeutung von Luftbildern von Gewissheiten nur bedingt gesprochen werden kann. In der militärischen Bildauswertung ging es um die kleinsten Veränderungen in den Bildern einer fotografischen Serie, mit Ginzburg gesprochen den „unendlich feine[n] Spuren",[48] die sich erst in ihrer Summe zu Wahrscheinlichkeiten verdichteten. Die Luftbilder der Aufklärungsflieger vermochten zwar durchaus etwas aufzuzeigen; nicht zuletzt aufgrund der mit Kriegsverlauf zunehmend geschickteren Tarnung des Gegners konnten sie aber nur in einem geringeren Teil der Fälle auch tatsächlich etwas beweisen.

SKALIERBARKEIT UND OFFENHEIT DER PHOTOKARTE

Sich möglicher Kritik bewusst, blieb Scheimpflug bei seinen Bemühungen um eine Photokarte nicht bei den entzerrten Ballonpanoramen und deren realistischem Eindruck stehen, sondern bedachte auch die Defizite eines auf der Erscheinungsebene weitgehend belassenen fotografischen Kartenbildes. Um sich gegen den Einwand der Unübersichtlichkeit abzusichern, suchte er seine Photokarte traditionellen Karten in nichts nachstehen zu lassen. Er glaubte dies dadurch zu erreichen, dass er sie an tradierte Gestaltungskonventionen annäherte.

Grundlegend war die Photokarte den älteren, noch zeichnenden Messtischverfahren dahingehend überlegen, dass ein Mehr an Details kein Mehr an Aufwand bedeutete. Die Fotografie aus der Luft ergebe „die unvergleichliche Verschnellerung der Aufnahme und jenen unübertrefflichen Detailreichtum des Aufnahmebildes, der es fortan unnötig macht, aus dem Generalisierten ins Detaillierte überzugehen [...]“,[49] betonte beispielsweise Gustav Kammerer. Gemeint war damit, und dies wird gegenüber dem plakativen Wirklichkeitseindruck der Ballonpanoramen leicht vergessen, dass die Photokarte im Gegensatz zu traditionellen Karten sehr leicht skalierbar war. Da auf dem fotografischen Ausgangsmaterial alles in einem Gebiet zu einem bestimmten Zeitpunkt Vorhandene bereits enthalten war, konnte nicht nur der Maßstab großzügig verändert, sondern durch Tilgungen und Hervorhebungen auch gezielt ausgewählt werden, welche Objekte – dem gewünschten Zweck je angemessen – im Kartenbild erscheinen sollten. Statt auf bewussten Entscheidungen eines Kartographen, der in einem einmaligen Akt die diskreten Zeichen einer Karte bestimmt, basierte Scheimpflugs Photokarte auf einem analogen Bild, das erst in einer späteren Auswahl seinen Kartencharakter erhält. Dabei konnte das Kartenbild dem jeweiligen Einsatzzweck angepasst und auf der Grundlage des fotografischen Ausgangsmaterials prinzipiell immer wieder revidiert werden.

> „Auch läßt sich die Photo-Karte, insolange sie noch nicht mit Schrift versehen ist, innerhalb weiter Grenzen vergrößern und verkleinern und dadurch den verschiedensten Bedürfnissen viel besser anpassen als die bisherigen Vermessungs-Elaborate, die meist bestimmten Zwecken angepasst werden müssen und infolgedessen für andere, vorher nicht ins Auge gefaßte Zwecke minder tauglich sind.“[50]

Eine Verkehrskarte mit hervorgehobenen Straßen und Wegen, eine Stadtkarte, die Häuser und Monumente von oben detailliert in ihrem städtebaulichen Zusammenhang zeigt, oder eine militärische Karte, die kriegswichtige Objekte in den Vorder-

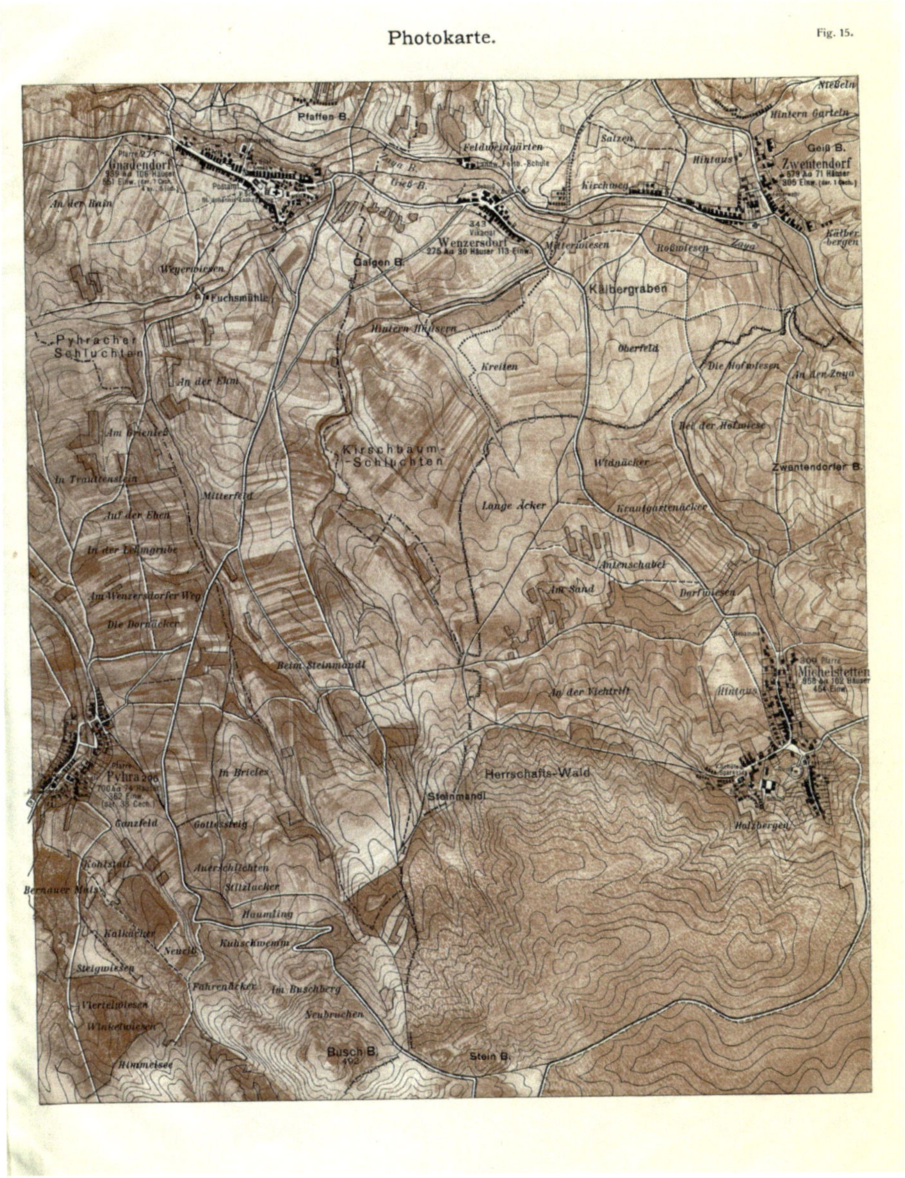

___ 6: Theodor Scheimpflug und Gustav Kammerer, Photokarte, um 1912.

grund stellt – die Vollständigkeit fotografischer Luftaufnahmen ließ zu, dass sich ein jeder aus ihnen heraussuchen konnte, was er für seinen Zweck benötigte (Abb. 6). Eine einmal bewerkstelligte Luftaufnahme konnte auf diese Weise das Ausgangsmaterial ganz unterschiedlicher Karten sein; wobei die Betrachtung der Resultate keine Rückschlüsse auf dieses zulässt.

Auf das Entzerren und Zusammenfügen der Panoramenaufnahmen hatte deshalb in der Regel noch eine kartografische Bearbeitung zu folgen. Durch eine

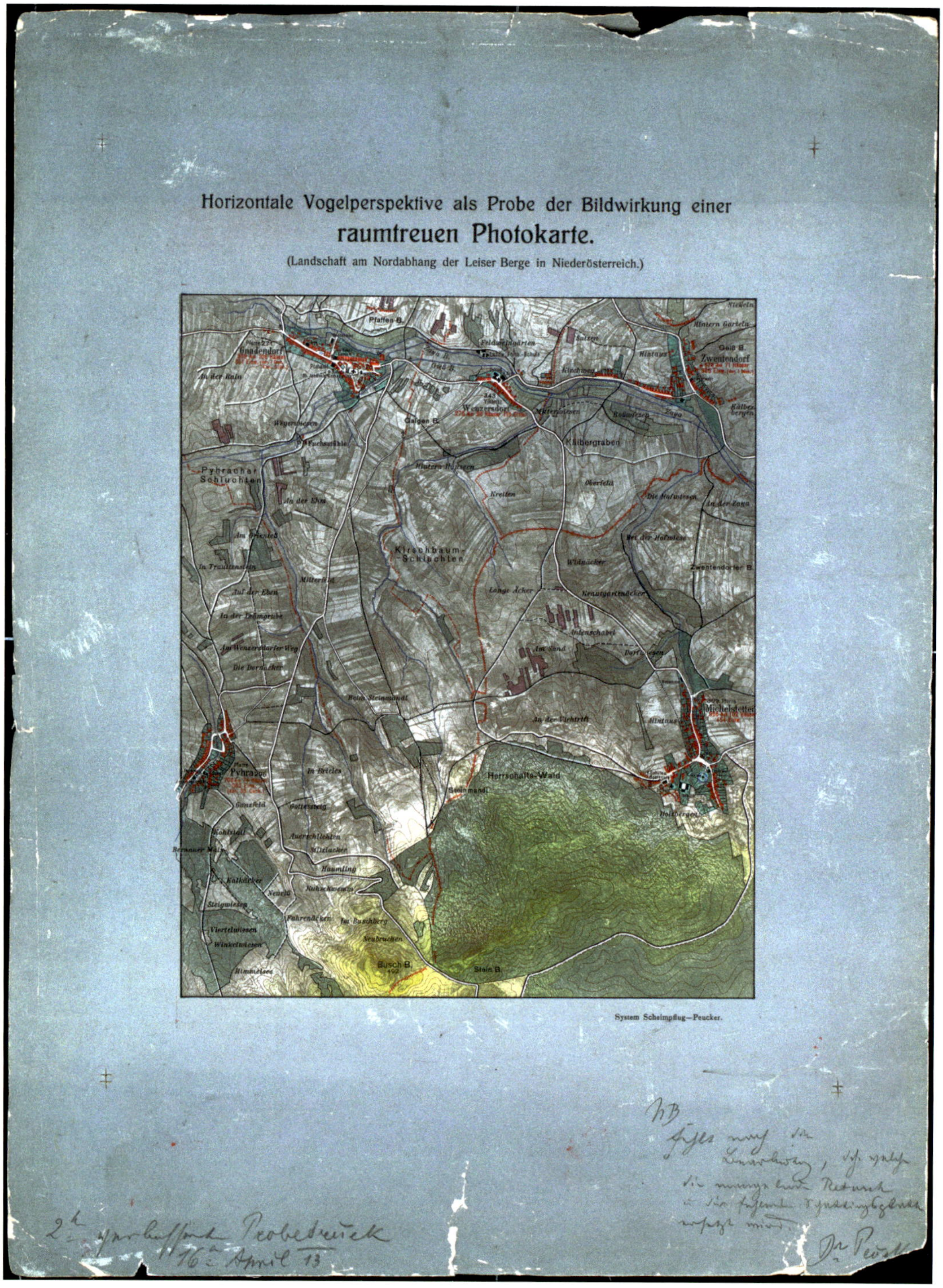

7: Horizontale Vogelperspektive als Probe der Bildwirkung einer raumtreuen Photokarte (Landschaft am Nordabhang der Leiser Berge in Niederösterreich), System Scheimpflug-Peucker, 28,7 × 38 cm, Probedruck vom 16. 04. 1913. Zusätzlich zur fotografischen Geländedarstellung sollten bei diesem Kartenbild die Höhenschichten mit einer von Grau nach Gelb aufsteigenden Farbenreihe plastisch herausgearbeitet werden.

Reambulierung, das heißt die nachträgliche Begehung des fotografierten Geländes, konnten im Luftbild durch Wälder verdeckte Wasserläufe und Wege gleichermaßen nachgetragen werden wie Besitz- und Verwaltungsgrenzen. Retuschen waren zudem Mittel der Wahl,[51] um bei der Aufnahme zufällig ins Bild geratene Objekte zu tilgen – generell alle „störenden Bildelemente [...], die der Landschaft zufällig oder vorübergehend anhaften, vor allem Schlagschatten an Waldsäumen und im Felsgebiete."[52] Wie auf einer Karte traditionellen Typs konnten Siedlungen und wichtige Verkehrswege gesondert hervorgehoben werden (Abb. 6). Um als Luftschifferkarte tauglich zu sein, bot es sich auch an, die bereits mit dem Stereokomparator ermittelten Höhenlinien in das Kartenbild zu übernehmen. Durch Verwendung von bis zu neun verschiedenfarbigen Druckplatten für die einzelnen Schrift- und Bildelemente sollte – trotz der aus den Eintragungen resultierenden Informationsdichte – die Anschaulichkeit des Kartenbildes gewährleistet bleiben.[53] Als sozusagen höchste Stufe der Photokarte strebte Scheimpflug deren Verbindung mit Karl Peuckers, einen Tiefeneindruck suggerierenden „Farbenplastik" an – wovon aber erst ein nach Scheimpflugs Tod veröffentlichtes Probekärtchen einen Eindruck vermittelt (Abb. 7).

PHOTOKARTEN ALS SYNTHETISCHE BILDER

Vergegenwärtigt man sich, wie für die Idee der Photokarte geworben wurde, verfügte diese über eine gewisse Janusköpfigkeit. Einerseits sollte sie, auf einer fotografischen Aufnahme beruhend, ein naturwahres Bild des Geländes präsentieren und sich dadurch dem Betrachter selbst erklären; andererseits waren zur Erschließung des Materials letztlich doch kartografische Bearbeitungen notwendig, wie etwa Hervorhebungen, Tilgungen und Retuschen, welche die vom Erfinder postulierte Unmittelbarkeit des Kartenbildes in Frage stellen. Das fotografische Luftbild, das als spiegelgleiches Abbild der Landschaft vermarktet wurde, bildete bei genauerem Blick nur die Grundlage für vielfältige weitere Einschreibungen. Diese machten das zu Sehende jedoch erst handhabbar.

Bei den Bildprodukten Scheimpflugs, die gemeinhin unter das Schlagwort Photokarte subsumiert werden, muss somit differenziert werden. Schließlich veränderte sich im Laufe der Zeit durch das Bestreben, die Luftaufnahmen noch stärker kartografischen Standards, insbesondere den praktischen Erfordernissen der Orientierung anzunähern, das, was unter einer Photokarte verstanden wurde. Während die in Orthogonalprojektionen überführten Ballonpanoramen dem entsprechen, was wir, an den Fotorealismus heutiger digitaler Karten gewöhnt, tatsächlich am ehesten als Photokarte bezeichnen würden (Abb. 2 u. 5), führten die weiteren Bemühungen Scheimpflugs zu hybriden Formen zwischen Fotografie und Karte, bei welchen jeweils die Konventionen der einen oder der anderen Technik das Übergewicht im Kartenbild haben konnten (Abb. 6, 7).[54] So war es wie bei den heute noch beeindruckenden Ballonpanoramen möglich, den Wirklichkeitseindruck der

Fotografie voll zur Geltung kommen zu lassen – oder aber das fotografische Geländebild durch Hervorhebungen, Tilgungen und Einschreibungen auf ein spezifisches Erkenntnisinteresse zuzurichten. Eine weitere Möglichkeit bestand darin, die Luftaufnahmen nur photogrammetrisch auszuwerten und in eine Karte herkömmlichen Typs zu übersetzen, in welcher dann alle Hinweise auf den Ursprung der Karte in einer Fotografie getilgt waren.

Anstatt die Photokarte weiterhin über die vermeintliche fotografische Anschaulichkeit ihres Kartenbildes zu charakterisieren, erscheint es angesichts ihrer vielen möglichen Erscheinungsformen daher sinnvoller, sie über ihre Anpassungsfähigkeit zu fassen. Dafür spricht auch, dass die Offenheit und Skalierbarkeit fotografischer Luftaufnahmen von Scheimpflug stets als eine zentrale Eigenschaft der Photokarte hervorgehoben wurde.

> „Die Genauigkeit und der Detailreichtum einer Photographie ist von ihrem Maßstabe ungleich weniger abhängig, als die Genauigkeit und Richtigkeit einer Handzeichnung. Man hat es daher in der Hand, innerhalb weiter Grenzen eine photographische Aufnahme durch einfache Vergrößerung und Verkleinerung den verschiedensten Bedürfnissen anzupassen. Auch würde es keiner Schwierigkeit unterliegen, daß die verschiedenen Fachleute sich aus einer Originalaufnahme, die auf photographischem Wege hergestellt ist, fallweise das herauszeichnen, was sie für ihre Bedürfnisse brauchen und das übrige weglassen."[55]

Es lässt sich behaupten, dass Scheimpflugs Photokarte gerade erst dank ihrer vielfältigen Bearbeitungsmöglichkeiten über besondere epistemische Qualitäten verfügte. Die komplexen Umschreibungsvorgänge, die aus einem schiefen, perspektivischen Luftbild eine maßstabs- und winkeltreue, via Beschriftung mit vielfältigen Informationen überlagerte Photokarte machten, können mit einem Begriff aus der Wissenschaftsgeschichte schließlich als „Repräsentationskette"[56] aufgefasst werden: Luftaufnahmen werden im Laufe eines geregelten Verfahrens in eine neuartige, jedoch an die traditionelle Rhetorik der Karte angelehnte Bildform übersetzt, welche einen instruktiven Blick auf ein Gebiet eröffnet. Das Ergebnis lässt sich mit einem weiteren Begriff Bruno Latours als „mobiles unveränderliches Element"[57] bezeichnen, weil die Photokarte ein Paradebeispiel für eine einfache, flache, leicht reproduzierbare Inskription ist, die eine große Menge an Ereignissen an einem Ort mobilisieren kann.[58] Fotografische Karten erscheinen unter diesem Blickwinkel sowohl als Wissensspeicher als auch als Wissenskatalysatoren, da in ihnen verschiedene Bilder und Informationen vollkommen unterschiedlichen Ursprungs überlagert werden können.[59]

Scheimpflugs verschiedene Modi der Photokarte deuteten damit Potenziale an, wie sie in digitalen Karten etwa von Google Maps wiederaufgenommen werden. Seine entzerrten Ballonpanoramen erscheinen prototypisch für ein Kartenbild, das über seine fotografische Vollständigkeit beeindruckt und vormals unbemerkte

Strukturen aufzeigen kann. Die in vielfältigen Formen weiterbearbeiteten Photokarten umreißen dagegen als hybride Bilder zwischen Indexikalität, Ikonozität und Diagrammatik die fast grenzenlosen Möglichkeiten, die sich durch ein „Kaskadieren“[60] von Informationen in einem fotografischen Kartenbild eröffnen. Die verschiedenen möglichen Einschreibungen auf der Basis der fotografischen Grundlage, nicht zuletzt auch die denkbare Rekombination der Druckplatten mit den einzelnen Kartenelementen, entsprechen in diesem Fall dem, was wir als das Ein- und Überblenden verschiedener Informationslayer in digitalen Karten kennen.

ZWISCHEN BILDRAUSCHEN UND ORIENTIERUNGSWISSEN

Roland Barthes nannte die Fotografie in einer vielzitierten Wendung eine „Botschaft ohne Code“,[61] da ihre Bilder einen Eindruck von Natürlichkeit erwecken. Den gleichen Effekt beschrieben ab Mitte der 1980er Jahre kritische Geografen für kartografische Darstellungen: Auch hier sei der Eindruck der einer natürlichen Repräsentation des Vorgefundenen.[62] Mit Rückgriff auf Barthes *Mythen des Alltags*[63] spricht beispielsweise Denis Wood von einer „Naturalisierung des Kulturellen“, die sich auch in Karten manifestiere.[64] In dieser Sichtweise finden sich Fotografie und Karte darüber verbunden, dass beide dem Betrachter als unkritisch zu sehende Repräsentationen einer vorgängigen Wirklichkeit erscheinen.

Fotografische Karten wiederum verbinden die beiden Medien und ihre Potenziale – die Detailtreue der Fotografie und die geometrische Genauigkeit der Karte. Gerade auf fotografische Karten trifft daher zu, dass sie auf den Betrachter beim ersten Blick wie eine transparente Wiedergabe der Wirklichkeit wirken können. So wie Denis Wood am Beispiel einer von ihren Schöpfern als „portrait from space“ präsentierten Satellitenkarte des *National Geographic* demonstriert, wie konstruiert deren Darstellung eigentlich ist,[65] lassen sich auch schon im Fall von Scheimpflugs Ballonpanoramen – als einem historischen Vorläufer dieser Blicke von oben – erhebliche Interventionen nachweisen. Auch wenn eine aus großer Höhe senkrecht aufgenommene Fotografie einer Karte bereits ähneln mag, ergaben sich aus der fotografischen Darstellung Lektüreprobleme, auf die Scheimpflug sowohl mit technischen Lösungen als auch direkten Eingriffen in die Aufnahmen reagieren musste. Wenig hilfreich wäre es hier, diese Interventionen mit einem dekonstruktivistischen Blick negativ im Sinne eines nicht-authentischen oder gar betrügenden fotografischen Bildes zu werten; Scheimpflugs später ausgearbeitete Entwürfe zu Photokarten zeigen, dass es sich bei seinem Verfahren vielmehr um einen konstruktiven Prozess handelte, bei dem durch Bildkorrekturen, Bildkombinationen und dem Übereinanderlegen von Informationen ein neues topografisches Wissen erst ermöglicht wurde.

Trotzdem mag ein taktischer Fehler Scheimpflugs darin gelegen haben, dass er die Photokarte mit der Annäherung an tradierte Darstellungskonventionen in einen direkten Vergleich, wenn nicht in eine Konkurrenz zu traditionellen topografischen Karten setzte, anstatt sie mit ihren medialen Eigenheiten konsequent als neues Bildmedium zu vermarkten. Schließlich konnten sich Luftaufnahmen im Ersten Weltkrieg gerade deswegen durchsetzen, weil ihre unterscheidungslose Abbildung des Gegebenen, die eigentlich ein kartenfremdes Element war, einen epistemischen Mehrwert offenbarte. Im Ersten Weltkrieg entwickelte sich, wie angedeutet, ein ausgeklügeltes Indizienwissen, dem winzige Spuren im Gelände die Bewegungen des Gegners verraten konnten. Weniger die Orientierungsleistung, mehr jedoch Geschwindigkeit und Vollständigkeit der Geländeaufnahme sowie der jedem Luftbild eingeschriebene zeitliche Index wurden nun kriegsentscheidende Eigenschaften.

ANMERKUNGEN

1 Theodor Scheimpflug, „Die Verwendung des Skioptikons zur Herstellung von Karten und Plänen aus Photographien. Vortrag, gehalten 1897 in Braunschweig auf der 69. Versammlung der Naturforscher und Ärzte von Linienschiffsfähnrich Theodor Scheimpflug. Gekürzte Wiedergabe der unter obigem Titel 1898 in der Photographischen Korrespondenz erschienenen Mitteilung", in *Theodor Scheimpflug. Festschrift zum 150jährigen Bestand des staatlichen Vermessungswesens in Österreich*, hg. vom Bundesamt für Eich- und Vermessungswesen, dem Österreichischen Verein für Vermessungswesen und der Österreichischen Gesellschaft für Photogrammetrie (Wien: Österr. Verein für Vermessungswesen, 1956), 15–23: 22–23 [Hervorh. im Original].

2 Zu Scheimpflugs Biografie vergleiche, wenngleich affirmativ: Eduard Doležal und Karl Lego, „Theodor Scheimpflugs Leben und Wirken", in *Theodor Scheimpflug. Festschrift zum 150jährigen Bestand des staatlichen Vermessungswesens in Österreich* (siehe Anm. 1), 5–15.

3 So die Bezeichnung, die Scheimpflug selbst für sein Verfahren fand. Um den historischen Gegenstand zu markieren, wird im Folgenden seine Schreibweise beibehalten.

4 Herta Wolf, „Das Denkmälerarchiv Fotografie", in id., *Paradigma Fotografie. Fotokritik am Ende des fotografischen Zeitalters*, 2 Bde., 1. Bd. (Frankfurt a. M.: Suhrkamp, 2002), 349–375: 367.

5 Hans Jüllig, *Auf Drachenflügeln. Schicksal und Werk eines bahnbrechenden Erfinders* (Mödling: St. Gabriel-Verlag, 1962).

6 Ibid., 3.

7 Ibid., 4.

8 Vgl. Herta Wolf, „Das Denkmälerarchiv Fotografie" (siehe Anm. 4); id., „Fixieren-Vermessen. Zur Funktion der Fotografie in der Moderne", in Norbert Bolz und Cordula Meier (Hg.), *Riskante Bilder* (München: Fink, 1996), 239–261; id., „Babylonisches Formengewirr: das Aufzeichnen von Wolken", in Sven Spieker (Hg.), *Bürokratische Leidenschaften. Kultur- und Mediengeschichte im Archiv* (Berlin: Kadmos Verlag, 2004), 196–220; Jan von Brevern und Katja Müller-Helle, „Die Vermessung der äußeren Wirklichkeit", in *IFKnow*, Nr. 1 (2011), 8–9; Jan von Brevern, *Blicke von Nirgendwo. Geologie in Bildern bei Ruskin, Viollet-le-Duc und Civiale* (München: Fink, 2012), 52–60; id., „Fototopografia: The ‚Futures Past' of Surveying", in *Intermédialités. Histoire et théorie des arts, des lettres et des techniques / Intermediality. History and Theory of the Arts, Literature and Technologies* 9, 17 (2011), 55.

9 Vgl. Doležal und Lego, „Theodor Scheimpflugs Leben und Wirken" (siehe Anm. 2), 10.

10 Vgl. Ibid.

11 Nadar, *Als ich Photograph war* (Frauenfeld: Huber, 1978), 68–84; Thierry Gervais, „Un basculement du regard. Les débuts de la photographie aérienne 1855–1914", in *Études photographiques*, Nr. 9 (2001), 89–108. Grundlegend zur Geschichte der

Luftfotografie: Beaumont Newhall, *Airborne Camera. The World from the Air and Outer Space* (New York: Hastings House, 1969).

12 Omar W. Nasim, „Astrofotografie und John Herschels ‚Skelette'".

13 Ein Verfahren, Luftbilder zu gezeichneten topografischen Karten auszuwerten, entwickelte um 1900 der Münchner Mathematikprofessor und Geodät Sebastian Finsterwalder. Vgl. Stefan Siemer, „Bildgelehrte Geotechniker: Luftbild und Kartographie um 1900", in Alexander Gall (Hg.), *Konstruieren, Kommunizieren, Präsentieren. Bilder von Wissenschaft und Technik* (Göttingen: Wallstein, 2007), 69–108: 74–77.

14 Theodor Scheimpflug, „Die technischen und wirtschaftlichen Chancen einer ausgedehnten Kolonial-Vermessung", in *Sonderabdruck aus der Denkschrift der Ersten Internationalen Luftschiffahrts-Ausstellung (Ila) zu Frankfurt a. M. 1909*, Bd 1: Wissenschaftliche Vorträge (Berlin: Julius Springer, 1909), 177–202: 179.

15 Theodor Scheimpflug, „Die Flugtechnik im Dienste des Vermessungswesens", in Hermann Hoernes (Hg.), *Buch des Fluges*, Bd. 1 (Wien: Verlag Georg Szelinski, 1911), 608–609.

16 Eine allgemeinverständliche Schilderung des im Detail natürlich weitaus komplexeren Verfahrens findet sich bei Karl Peucker, „Die Photokarte", in *Streffleurs Militärische Zeitschrift* 54, Bd. 2, Nr. 12 (1913), 2119–2125. Für eine ausführlichere Darstellung vgl. Gustav Kammerer, „Theodor Scheimpflugs Landesvermessung aus der Luft", in *Internationales Archiv für Photogrammetrie* 3, Nr. 3 (1912), 196–226; Josef Viktor Berger, „Hauptmann Theodor Scheimpflugs (†) Aerophotogrammetrie", in *Festschrift des k. u. k. Flugtechnischen Vereins anlässlich der Enthüllung der Gedenktafel für weiland k. und k. Hauptmann des Ruhestandes und Kapitän langer Fahrt Theodor Scheimpflug welche am 6. Dezember 1913, 11 ½ Uhr vormittags in Wien XVIII, Sternwartestraße 39 stattgefunden hat* (Wien: Eduard Sieger, 1913), 1–12.

17 In seiner zweiten Patentschrift von 1909 gibt Scheimpflug an, das Verfahren nun weiterentwickelt zu haben, sodass auf Triangulierungspunkte am Boden verzichtet werden könne. Theodor Scheimpflug, „Verfahren zur Herstellung von richtigen Schichtenkarten und Plänen aufgrund von Ballonphotogrammen und dergl.", Österreichische Patentschrift Nr. 48356, angemeldet am 02.09.1909, ausgegeben am 12.06.1911, Bundesamt für Eich- und Vermessungswesen, AV4_6390_P-Oe_48356.

18 Vgl. Herta Wolf, „Nature as Drawing Mistress", in Mirjam Brusius, Katrina Dean und Chitra Ramalingam, *William Henry Fox Talbot. Beyond Photography* (New Haven et al.: Yale University Press, 2013), 119–143: 123.

19 Scheimpflug, „Die Verwendung des Skioptikons zur Herstellung von Karten und Plänen" (siehe Anm. 1), 16 [Hervorh. im Original].

20 Theodor Scheimpflug, „Der Photoperspektograph und seine Anwendung", in *Photographische Correspondenz* 43, Nr. 554 (1906), 516–531.

21 Berger, „Hauptmann Theodor Scheimpflugs (†) Aerophotogrammetrie" (siehe Anm. 16), 7.

22 Vgl. Scheimpflug, „Die technischen und wirtschaftlichen Chancen einer ausgedehnten Kolonial-Vermessung" (siehe Anm. 14), 180.

23 Karl Scheimpflug, „Österreichs Mitarbeit an der Weltvermessung", in *Österreich-Ungarn. Wochenschrift für alle Gebiete des öffentlichen Lebens* 1, Nr. 27 (28.06.1912), 8–9: 8.

24 So der Zusatz in der Kopfzeile der Mitteilungen des Instituts.

25 Der Nachlass Theodor Scheimpflugs findet sich heute aufgeteilt zwischen dem Technischen Museum Wien und dem Bundesamt für Eich- und Vermessungswesen (BEV). Während im Technischen Museum Wien Scheimpflugs Apparate lagern sowie das Bildmaterial seiner Versuche, bewahrt das Bundesamt für Eich- und Vermessungswesen Scheimpflugs – seinem Charakter geschuldet – recht ungeordneten schriftlichen Nachlass auf. Sehr herzlich möchte ich mich bei Cornelia Schörg und Erika Simoni

vom Technischen Museum sowie Thomas Knoll vom BEV für ihre zuvorkommende Unterstützung bedanken, ohne die dieser Aufsatz nicht hätte geschrieben werden können.

26 Zweifel an Scheimpflugs Verfahren äußerte z. B. wiederholt der Geodät Max Gasser. Vgl. Max Gasser und Gustav Kammerer, „Die photogrammetrische Messkunst in der Aeronautik. Erwiderung – Entgegnung", in *Sonderabdruck aus der Deutschen Luftfahrer-Zeitschrift*, Nr. 21 (1912), o. S., Bundesamt für Eich- und Vermessungswesen, AV4_6390_070.

27 Scheimpflug, „Die Flugtechnik im Dienste des Vermessungswesens" (siehe Anm. 15).

28 Doležal und Lego, „Theodor Scheimpflugs Leben und Wirken" (siehe Anm. 2), 11–12.

29 Scheimpflug, „Die Flugtechnik im Dienste des Vermessungswesens" (siehe Anm. 15), 605.

30 Ibid., 624.

31 Vgl. Jorge Luis Borges, „Von der Strenge der Wissenschaft", in id., *Gesammelte Werke. Borges und ich*, Bd. 6, übersetzt von Karl August Horst und bearbeitet von Gisbert Haefs (München und Wien: Carl Hanser, 1982), 121; Umberto Eco, „Die Karte des Reiches im Maßstab 1:1", in id., *Platon im Striptease-Lokal. Parodien und Travestien* (München: dtv, 1993), 85–97.

32 Scheimpflug, „Die Flugtechnik im Dienste des Vermessungswesens" (siehe Anm. 15), 606.

33 Ibid., 607.

34 Gleichzeitig gab es zu jener Zeit auch den umgekehrten Vorschlag – nämlich die Landschaft an die Karte anzugleichen. In das Terrain sollten dazu für Luftfahrer leicht erkennbare Zeichen eingeschrieben werden, z. B. durch ein Bestreichen von Hausdächern mit weißen Kennzeichen. Vgl. J. K. Urban, „Die Luftschifferkarte", in *Separatabdruck aus „Österreichische Flug-Zeitschrift" Nr. 8, vom 25. April 1911. Organ des k. k. Österreichischen Flugtechnischen Vereins*, o. S., Bundesamt für Eich- und Vermessungswesen Wien, AV4-6390-Ge-3_006; Karl Peucker, „Die Brüsseler Konferenz der Internationalen Kommission für die Luftschifferkarte", in *Kartographischer Monatsbericht* 4, Nr. 7 (1911), 31–34: 33.

35 Vgl. hierzu Siemer, „Bildgelehrte Geotechniker" (siehe Anm. 13), 87.

36 Ibid., 86–93. Zur Entwicklung der Luftkarte vergleiche grundlegend: *Beiträge zur Geschichte der Luftfahrkarte* (Frankfurt a. Main: Verlag des Instituts für angewandte Geodäsie, 1959).

37 Theodor Scheimpflug, „Zur Kolonialvermessung aus der Vogelperspektive", in *Sonderabdruck aus Nr. 41 des Frankfurter Wochenblattes „Die Mainbrücke" vom 9. Oktober 1909*, o. S., Archiv der Österreichischen Akademie der Wissenschaften, Allg. Akten 916/1912 [Hervorh. im Original].

38 Peucker, „Die Photokarte" (siehe Anm. 16), 21–22.

39 *Österreichisches Biographisches Lexikon 1850–1950*, Bd. 8, hg. von der Österreichischen Akademie der Wissenschaften (Wien: Verlag der Österreichischen Akademie der Wissenschaften 1983), 19.

40 Karl Peucker, *Schattenplastik und Farbenplastik. Beiträge zur Geschichte und Theorie der Farbdarstellung* (Wien: Artaria 1898).

41 Peucker, „Die Photokarte" (siehe Anm. 16), 21–22.

42 Allan Sekula, „Reading an Archive. Photography Between Labour and Capital", in Liz Wells (Hg.), *The Photography Reader* (London et al.: Routledge, 2006), 443–452: 446.

43 Urban, „Die Luftschifferkarte" (siehe Anm. 34), o. S. [Hervorh. im Original].

44 Vgl. Jörg Albertz, *Einführung in die Fernerkundung. Grundlagen der Interpretation von Luft- und Satellitenbildern* (Darmstadt: Wissenschaftliche Buchgesellschaft, 2007), 87–91.

45 Vgl. auf deutscher Seite die „Taktischen Lichtbilderbücher", die während des Ersten Weltkriegs als Schulungsmaterial herausgegeben wurden: *Das taktische Lichtbilderbuch. Zusammengestellt aus Flugzeugaufnahmen von Ost und West*, hg. vom Kommandierenden General der Luftstreitkräfte, 3 Teile (1916–1918).

46 Vgl. Carlo Ginzburg, „Spurensicherung. Der Jäger entziffert die Fährte, Sherlock Holmes nimmt die Lupe, Freud liest

Morelli – die Wissenschaft auf der Suche nach sich selbst“, in id., *Spurensicherung. Die Wissenschaft auf der Suche nach sich selbst* (Berlin: Wagenbach, 2011 [1979]), 7–57.

47 Gustav Kammerer, „Flugwesen in den Kolonien“, in *Deutsche Kolonialzeitung. Organ der Deutschen Kolonialgesellschaft* 29, Nr. 51 (21.12.1912), 878–879: 879.

48 Ginzburg, *Spurensicherung* (siehe Anm. 46), 17.

49 Kammerer, „Flugwesen in den Kolonien“ (siehe Anm. 47), 879.

50 Scheimpflug, „Zur Kolonialvermessung aus der Vogelperspektive“ (siehe Anm. 37), o. S.

51 Hier sei auf das Dissertationsprojekt von Dagmar Keultjes verwiesen – *Praktiken und Diskursivierung der fotografischen Negativ-Retusche von 1839–1900* –, das die vielfältigen und heute größtenteils vergessenen Bearbeitungsmöglichkeiten von analogen Fotografien beschreibt.

52 Kammerer, „Theodor Scheimpflugs Landesvermessung aus der Luft“ (siehe Anm. 16), 217.

53 Ibid., 218–219.

54 Vgl. Siemer, „Bildgelehrte Geotechniker“ (siehe Anm. 13), 83–84.

55 Scheimpflug, „Die Flugtechnik im Dienste des Vermessungswesens“ (siehe Anm. 15), 609–610.

56 Vgl. Bruno Latour, „Der Pedologenfaden von Boa-Vista – eine photo-philosophische Montage“, in id., *Der Berliner Schlüssel. Erkundungen eines Liebhabers der Wissenschaften* (Berlin: Akademie Verlag, 1996), 191–248: 238–242.

57 Bruno Latour, „Drawing Things Together. Die Macht der unveränderlich mobilen Elemente“, in Andréa Belliger und David Krieger (Hg.), *ANThology. Ein einführendes Handbuch zur Akteur-Netzwerk-Theorie* (Bielefeld: transcript, 2006), 259–307.

58 Ibid., 285–287.

59 Ibid., 286; Latour gibt dafür das Beispiel der Überlagerung einer geologischen Karte mit einem Ausdruck des Rohstoffmarktes an der New Yorker Börse.

60 Ibid., 288.

61 Roland Barthes, „Die Fotografie als Botschaft“, in id, *Der entgegenkommende und der stumpfe Sinn. Kritische Essays III* (Frankfurt a. M.: Suhrkamp, 1990), 12–13.

62 Vgl. Brian Harley, „Maps, Knowledge, Power“, in Denis Cosgrove und Stephen Daniels (Hg.), *The Iconography of Landscape. Essays on the Symbolic Representation, Design and Use of Past Environments* (Cambridge, MA et al.: Cambridge University Press, 1988), 277–312; Denis Wood, *The Power of Maps* (New York: The Guilford Press, 1992); Jeremy W. Crampton, *Mapping. A Critical Introduction to Cartography and GIS* (Oxford; New York: Wiley-Blackwell Publishers, 2010).

63 Roland Barthes, *Mythen des Alltags* (Frankfurt a. M.: Suhrkamp, 2010).

64 Wood, *The Power of* Maps (siehe Anm. 62), 76–78.

65 Ibid., 48–69.

BILDNACHWEISE

1: Technisches Museum Wien, Archiv.
2 aus: Theodor Scheimpflug, „Die Flugtechnik im Dienste des Vermessungswesens“, in Hermann Hoernes (Hg.), *Buch des Fluges*, Bd. 1 (Wien: Verlag Georg Szelinski, 1911), o. S.
3–4: Bundesamt für Eich- und Vermessungswesen Wien (BEV).
5: Technisches Museum Wien, Archiv.
6 aus: Josef Viktor Berger, „Hauptmann Theodor Scheimpflugs (†) Aerophotogrammetrie“, in *Festschrift des k. u. k. Flugtechnischen Vereins anlässlich der Enthüllung der Gedenktafel für weiland k. und k. Hauptmann des Ruhestandes und Kapitän langer Fahrt Theodor Scheimpflug welche am 6. Dezember 1913, 11 ½ Uhr vormittags in Wien XVIII, Sternwartestraße 39 stattgefunden hat* (Wien: Eduard Sieger, 1913), o. S., Abb. 15.
7: Bundesamt für Eich- und Vermessungswesen Wien (BEV).

LEKTÜRE – METHODEN

STEFANIE KLAMM

GRABEN – FOTOGRAFIEREN – UND ZEICHNEN? PRAKTIKEN DER VISUALISIERUNG AUF DEUTSCHEN AUSGRABUNGEN UM 1900

Bilder waren und sind ein wesentliches wissenserzeugendes Moment der Archäologie. Mehr noch, sie sind für deren Wissen geradezu konstitutiv, da die Grabungssituation selbst nicht konservierbar ist. Verändert und zerstört die Archäologie durch den Akt des Ausgrabens einerseits – zumindest teilweise – das eigene Material, bringt sie dabei andererseits ihre eigenen Gegenstände auch erst hervor. Um der Artefakte und Strukturen auf dem Grabungsplatz, der sich während des Ausgrabens permanent verändert, habhaft zu werden, sie zu katalogisieren und zu ordnen, sind visuelle Verfahren unumgänglich.[1] Die Archäologie hat also in erster Linie Umgang mit Informationen, die, weil sie nur temporär verfügbar sind oder erst durch ihre Visualisierung hervorgebracht werden, von der visuellen Darstellung abhängig sind.

Mit dem in der Mitte des 19. Jahrhunderts neuen Medium Fotografie koinzidierte die Entwicklung der neuen akademischen Disziplin Archäologie, die das neue Darstellungsverfahren in Dienst nahm. Dabei stellte sich schnell heraus, dass es verschiedener visueller Medien bedurfte, um die vielfältigen Bildaufgaben in der Archäologie – wie die Verarbeitung der Topografie des Grabungsplatzes oder des archäologischen Befunds sowie die Klassifizierung von Artefakten durch das Bild und im Bild – zu bewältigen. Neben der Fotografie wurden unterschiedliche zeichnerische Formen oder auch Abgussverfahren eingesetzt, die verschiedene Aufgaben innerhalb der archäologischen Praxis wahrnahmen.[2] Insbesondere Zeichnung und Fotografie verfolgten ihre je eigenen Strategien, um visuelle Evidenz herzustellen; diese wurde dann wiederum von den Archäologen diskursiv verschieden eingebettet. Eine der Bildformen zur Strukturierung des archäologischen Grabungsplatzes war neben anderen Darstellungsmedien das Panorama.

DAS PANORAMA DES AUSGRABUNGSPLATZES

Vor dem Auge des Betrachters breitet sich, in einer fotografischen Totalen, eine Trümmerlandschaft aus (Abb. 1), ein Gewirr aus Steinen, Erdhaufen und Gerätschaften. Erst auf den zweiten Blick lässt sich darin ein archäologisches Grabungsfeld erkennen, in dem sich auch Menschen bewegen. Offensichtlich hat der Fotograf seine Kamera von einer Erdkante aus, oberhalb des freigelegten Terrains, auf die Grabungssenke gerichtet und auf diese Weise eine Aufnahme komponiert, welche an der Grabungskante der gegenüberliegenden Seite endet und die übrige umgebende Landschaft vollkommen ausblendet. Dass es sich bei dieser Ansicht um eine Ebene inmitten der griechischen Halbinsel Peloponnes handelt und die Trümmer den Ort eines der berühmtesten antiken Heiligtümer markieren, ist nicht einmal angedeutet. Die Aufnahme wirkt vielmehr ortlos und abstrakt.

Die auf eine Kartonunterlage montierte Fotografie präsentiert den Blick auf die Ausgrabungsstätte einer der ersten Großgrabungen des Deutschen Reiches. Von 1875 bis 1881 gruben Archäologen in Griechenland auf dem Gelände des antiken Heiligtums von Olympia. Diesem Unternehmen, das von dem Altertumswissenschaftler und Archäologen Ernst Curtius und dem Architekten Friedrich Adler geleitet wurde, kam eine hohe politische und kulturelle Bedeutung zu. Die Ausgrabung wurde im Auftrag des Deutschen Reiches und mit Mitteln des Reichstags

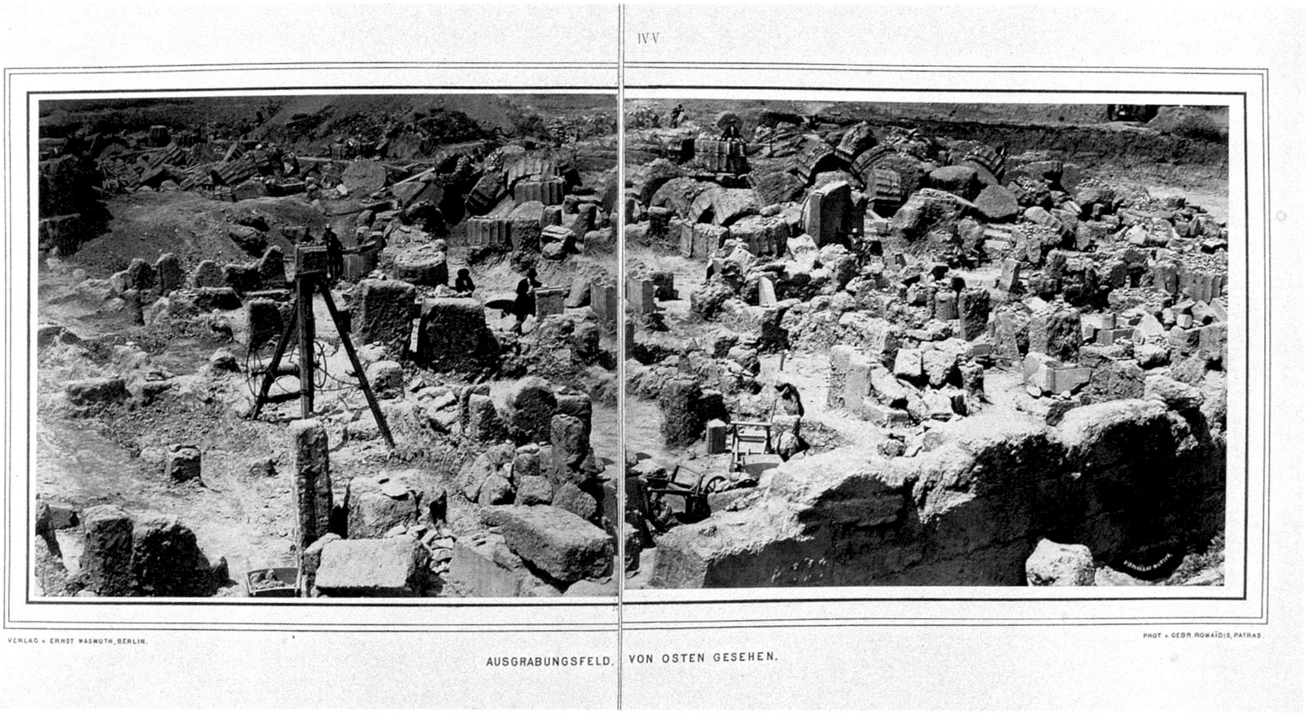

1: Fotografen Rhomaïdis, Ausgrabungsfeld von Osten, 1876, Albuminabzug, aus: Ernst Curtius, Friedrich Adler und Gustav Hirschfeld (Hg.), Die Ausgrabungen zu Olympia I. Übersicht der Arbeiten und Funde vom Winter und Frühjahr 1875–1876, 1. Aufl. (Berlin: Wasmuth, 1876), Tafel 4–5.

sowie des preußischen Königshauses finanziert. Ein Novum war dabei, dass Ernst Curtius eine staatliche Hilfestellung und Finanzierung bei archäologischen Initiativen als selbstverständlich erachtete. Er setzte damit einen Maßstab, der richtungsweisend für die zukünftige Wissenschaftsförderung (nicht nur) in der Archäologie werden sollte. Kurz nach dem Sieg über Frankreich und der Reichseinigung von 1871 wurde die Grabung zu einem nationalen Prestigeunternehmen in einer Zeit der internationalen Wissenschafts- und Kulturkonkurrenz.[3]

Aus archäologischer Sicht war Olympia eine der ersten Flächengrabungen, bei der ein größerer Raum freigelegt und untersucht wurde. Spektakuläre Einzelfunde kanonischer Skulptur wie Architektur blieben zwar für die Legitimationsbemühungen der Ausgräber gegenüber den Geldgebern weiterhin wichtig. Jedoch war das Ziel der Grabung die Aufnahme des antiken Ortes als räumliche Ganzheit, um „mannigfaltige und höchst lehrreiche Ergebnisse für Architektur, Topographie und Denkmälerkunde" zu gewinnen,[4] oder, wie es Ernst Curtius formulierte: „Die Hauptsache aber sind nicht diese Einzelheiten, sondern das Ganze, die wiedergewonnene Anschauung des gesammten Raumes von Olympia [...]"[5] Durch die Aufdeckung großer Flächen wollten die Archäologen die Anlage des antiken Heiligtums als konkreten historischen Ort in seinen Strukturen und seiner geschichtlichen Entwicklung, also als Kulturraum, erfassen.[6] Das schloss – neben dessen Topografie – auch die Architektur des antiken Heiligtums mit dem Zeus- und Heratempel ein.

Ihre Ergebnisse veröffentlichten die Ausgräber in jährlich erscheinenden Tafelbänden.[7] Aus der Veröffentlichung nach dem ersten Ausgrabungsjahr stammt auch die hier gezeigte Panoramaaufnahme der griechischen Fotografenbrüder Rhomaïdis. Die Einfügung der Aufnahme in eine Publikation vorläufiger Grabungsergebnisse deutet an, dass der Fotografie ebenfalls repräsentative Funktionen zukamen: Olympia war die erste große Ausgrabung, deren Funde – dem griechischen Antikengesetz von 1834 gemäß – im Lande verblieben. Daher mussten die greifbaren Ergebnisse umso nachdrücklicher visuell durch Gipsabgüsse, Fotografien und grafische Repräsentationen sowie zeitnahe Veröffentlichungen dargeboten werden. Denn als „Reichs-Grabung" unterlag die Ausgrabung einem hohen Erfolgs- und Präsentationsdruck. Den Mangel an Originalobjekten mussten die Archäologen durch Reproduktionen kompensieren, um zu zeigen, was schon erreicht und gefunden worden war.[8]

Die Panoramafotografie zeigt, welche gestaltende Bedeutung dem Medium Fotografie für die Wahrnehmung und Bestimmung des Forschungsgegenstandes zukam. Denn um die Fotografie zu verstehen, muss sich der Betrachter zunächst innerhalb einer Vielzahl von stehenden oder umherliegenden Steinblöcken und Mauerresten zu orientieren versuchen. Trommelförmige, kannelierte Säulenteile im Bildhintergrund oder eine Mauer, die sich schräg rechts durch den Vordergrund zieht, sind als Reste einer von Menschenhand gearbeiteten, untergegangenen Architektur erkennbar. Umherstehendes Arbeitsgerät wie Schubkarren, ein Ständer für ein Nivelliergerät, Spaten und Messlatten vermitteln den Eindruck von Betriebsamkeit, die nur kurz für den Fotografen angehalten wurde. Entgegen ihrem Anschein ist die Aufnahme aber durchweg inszeniert, bereits aufgedeckte Bereiche wurden in einem bestimmten Zustand präpariert und damit stabilisiert, Säulenreste wieder aufgerichtet.[9]

Im Hinblick auf die Möglichkeiten einer fotografischen Aufnahme stellte sich die Frage, wie in der Totalen der Trümmerlandschaft ein verständliches Bild des Grabungsfeldes präsentiert werden konnte. Hierzu schienen verschiedene Interventionen nötig: Mitten in den Fragmenten des Grabungsfeldes sind bei näherem Hinsehen Personen zu erkennen, die auf den Bruchstücken sitzen oder sich an diese anlehnen. Augenscheinlich haben sie für die Aufnahme posiert, wie aus dem die Tafel beschreibenden Text deutlich wird. Diesem ist zu entnehmen, dass es sich bei den abgebildeten Personen um „Marker“ handelt, welche die Säulentrommeln des Zeustempels im mittleren Bildhintergrund, ein Kapitell und Inschriftenblöcke, die sich noch in ihrer Auffindungslage befinden, kennzeichnen sollten.[10] Wie hier deutlich wird, musste die Informationsfülle und Detailgenauigkeit der Fotografie durch Erläuterungen begleitet werden, durch die das bildlich Dokumentierte auch fachlich nachvollziehbar gemacht wurde. Der Lesbarkeit dienten auch die zahlreich in den Aufnahmen platzierten Personen, die das Dargestellte erklären, indem sie wichtige Baufundamente und Fundsituationen markieren. Zudem schaffen sie eine Maßstäblichkeit, ohne welche die Trümmer und Erdmassen kaum einzuordnen wären.

Fotografische Ansichten der Grabung präsentierten also häufig eine nur schwer zu entziffernde, aufgewühlte Landschaft aus Erdmassen und Bruchstücken, wie an der hier vorgestellten Panoramaaufnahme zu sehen ist. Das Panorama war eine sehr beliebte Ansicht antiker Architektur – in Bildern kommerzieller Fotografen[11] gleichermaßen wie auch auf der Ausgrabung.[12] Mit seiner Hilfe konnte das Ausgrabungsfeld zur Gänze aufgenommen werden, was als solches wesentlich für eine Archäologie war, die sich nicht mehr allein für einzelne Funde, sondern immer mehr für den Raum in seiner Totalität und seinen Strukturen zu interessieren begann. Mit Hilfe der Panoramen gelang es, Orientierung stiftende repräsentative Ansichten eines zunächst unübersichtlich und daher unzugänglich erscheinenden Grabungsraumes herzustellen.

In Olympia dokumentierten die Panoramafotografien der Brüder Rhomaïdis am Ende jedes Grabungsjahres den jeweiligen Stand der Arbeiten. Sie halfen, die Ausgrabungsfläche zu erschließen und vermittelten überdies einen Eindruck von der Leistung der Ausgräber, was sich auch im dafür gewählten Format in der Publikation der Grabungsergebnisse niederschlug: Die Aufnahmen wurden als Falttafeln angelegt, die sich – wie auch anhand der Faltkanten erkennbar – offensichtlich aus separaten Fotografien zusammensetzten. Diese hatten eine Größe von etwa 20 auf 25 Zentimetern, so dass die Panoramen in aufgeklapptem Zustand, je nach Anzahl der Fotografien, bis zu einen Meter Länge erreichen konnten. Diese, bereits ihrem Format nach repräsentativen Tafeln wurden mit einer dekorativen Rahmung versehen und den prächtigen Dokumentationsbänden der Grabungen vorangestellt, die das Publikum alljährlich über den Fortgang der Arbeiten informierten.[13]

Panoramen mit ihrem von einer erhöhten Position ausgehenden Blick boten eine repräsentative und ideale Stadt- und Landschaftsschau. Als Rundbilder, welche ein Blickfeld von 360 Grad nachzeichneten und in eigens dafür errichteten tonnenförmigen Gebäuden oder auch als Wandgemälde ausgestellt wurden, erlaubten sie eine neue Wahrnehmungserfahrung. Sie simulierten die Präsenz eines Ortes durch eine Totale, deren Detailreichtum nur in Fragmenten perzipiert werden konnte. Häufig boten Panoramen einem zahlenden Publikum Blicke auf historische Situationen oder räumliche Gegebenheiten, zu denen es nicht selbst reisen konnte, und beeinflussten damit auch die Erwartungshaltungen und die Wahrnehmung jener Reisenden, die sich auf den Weg machten.[14]

Doch nicht nur als Schaustücke in Gebäuden waren Panoramen populär. In Form des Bergpanoramas waren sie ein Instrument geografischer Registrierung und Erkenntnis, um die Topografie der Landschaft wissenschaftlich angemessen zu erfassen. Als Aussicht ein Merkmal des touristischen Blicks, formten sie gleichzeitig auch den geologisch-geografischen Blick.[15] Das Panorama wurde auf diese Weise direkt mit der wissenschaftlichen Erfassung der Landschaft verbunden – aus dem Bild selbst, aber häufig auch durch die Kombination von fotografischem Panorama und kartografischer Erfassung, ließ sich Erkenntnis gewinnen.[16] Äußerst populär seit dem frühen 19. Jahrhundert wurde es damit ebenso Teil einer neuen wissenschaftlichen Beobachtungspraktik, die auch für den archäologischen Grabungsplatz konstitutiv ist. So versuchten die Rundumsichten archäologischer Stätten, die Ausgrabungsfläche in dieser Bildtradition in eine repräsentative Ansicht zu übersetzen. Ihre die Größe der ausgegrabenen Fläche betonende Weitsicht sowie ihr Detailreichtum suggerierten nicht nur ein Übersichtsbild, sondern boten zugleich eine Leistungsschau archäologischer Tätigkeit, die den Betrachter beeindrucken sollte. Panoramen gaben zwar den Grabungsplatz in seiner komplexen Fülle wieder, versuchten jedoch ebenso, durch Perspektivierungen und menschliche Marker den Blick auf die Ausgrabungsstätte zu orientieren.

FOTOGRAFISCHE UND KARTOGRAFISCHE GRABUNGSLANDSCHAFTEN

Der alles überschauende Blick, den fotografische Aufnahmen des Grabungsplatzes wie die Panoramen vorgeben, kennzeichnet auch die Karte. Sie war für die Archäologen durch die Fotografie nicht zu ersetzen. Denn erst die topografische Karte im Allgemeinen bzw. der Lageplan der baulichen Überreste in der Landschaft im Besonderen synthetisierte die von den Ausgräbern gewonnenen Erkenntnisse und den Prozess der Ausgrabung in einer Abbildung. Dies demonstriert der im Abschluss der Grabung in Olympia erstellte Plan, der die Grundrisse aller ergrabenen Baulichkeiten und Strukturen verzeichnet (Abb. 2). Karten des Ausgrabungsraumes bieten dabei verstärkt Orientierung auf der Fläche; sie strukturieren den Raum, indem sie das für die Archäologen Bedeutungsvolle herausstellen. Im Gegensatz zur Fotografie liefert die Karte eine Synthese aller zu unterschiedlichen Zeiten ausgehobenen bedeutungstragenden Strukturen der Ausgrabung. Im Falle des hier gezeigten Planes von Olympia werden vor allem Mauerreste und Fundamente zusammen mit den Fundorten der Giebelskulpturen des Zeustempels dargestellt.[17]

Während die auf den Plänen notierten topografischen Gegebenheiten der Ausgrabungszeit entstammen, sind die antiken Hinterlassenschaften jedoch nicht

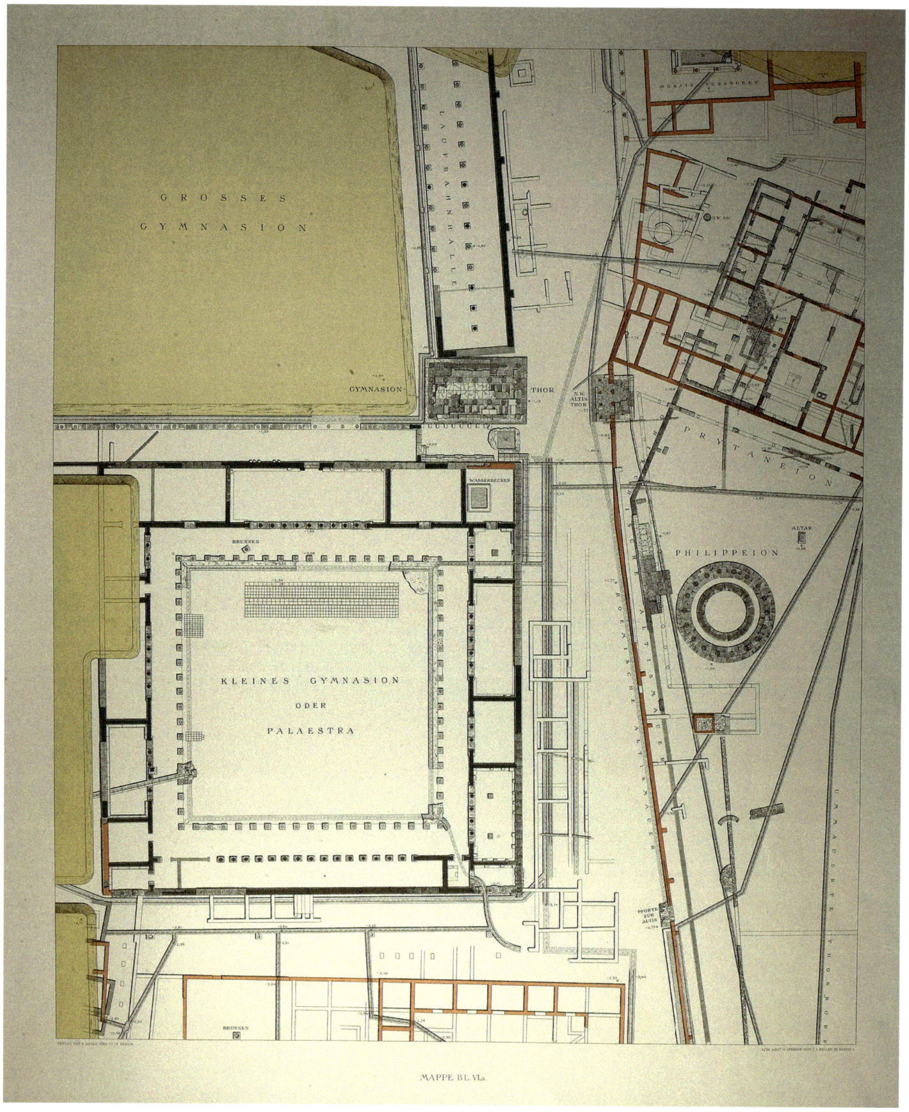

— 2: Lageplan der ausgegrabenen antiken Bauwerke, Lithografie, aus: Friedrich Adler und Ernst Curtius (Hg.), Topographie und Geschichte von Olympia. Tafelband – Karten und Pläne. Die Ergebnisse der von dem Deutschen Reich veranstalteten Ausgrabung im Auftrage des Königlich Preussischen Ministers der Geistlichen Unterrichts- und Medicinal-Angelegenheiten (Berlin: Asher, 1897), Bl.6a.

unbedingt in ihren fragmentarisch hinterlassenen Zuständen eingezeichnet worden. Stattdessen sind – wie im vorliegenden Fall – Grundrisse antiker Gebäude und Mauern rekonstruktiv ergänzt und bauliche Strukturen prospektiv unter noch nicht ergrabenem, gelblich unterlegtem Areal fortgeführt worden. Unterschiedliche Entstehungszeiten dieser Baulichkeiten und ihrer Strukturen wurden durch verschiedene grafische Markierungen und Farbgebungen angedeutet. Mehrere zeitliche Ebenen ließen sich somit auf diese Weise vereinigen, was den synthetischen Charakter der Karte noch verstärkte: Sie konnte auf diese Weise verschiedene Perioden der Vergangenheit zusammenbringen, wie die Rekonstruktion eines römischen und eines griechischen Olympias, und bildete sowohl imaginierte als auch realiter vorhandene Überreste und räumliche Komponenten ab.[18] Solch komplexe Karten entstanden daher in einem Kompositverfahren, bei dem verschiedene, zum Teil von unterschiedlichen Bearbeitern stammende Informationen nachträglich in ein Bild übertragen wurden.[19] Sie führten die fotografisch zeitlich wie räumlich allein ausschnittweise abgebildeten Grabungssituationen zusammen.

Archäologische Grabungsberichte waren daher stets mit mehr oder weniger umfangreichen topografischen Karten und Plänen verbunden. In Olympia entstanden nach jeder Kampagne dem aktuellen Stand entsprechende Pläne der Ausgrabungen, die auf Grundlage von Vermessungen versuchten, das Gewirr verschiedener Mauerzüge zu ordnen und zu strukturieren. Sie stellten damit weiter prozessierbare Aussagen her, welche, wie die verschiedenen zeitlichen Zustände Olympias, als Zusammenfassung gelesen werden konnten und aus denen zukünftige Interpretationen der Archäologen über die Ausgrabungsstätte abgeleitet wurden.[20] Anders als bei der Fotografie konnten durch das kartografische Zeichnen Elemente verschiedener Zeitlichkeit und mit unterschiedlicher „visueller Zugänglichkeit“ in einem Bildraum synoptisch zusammengestellt werden. Sichtbare und imaginierte Elemente werden so in einer Karte visuell evident.[21]

Außerdem konnten die Fotografien des Grabungsgeländes mit dessen Karte verbunden und auf diese Weise räumlich eingebettet werden. Die Ansicht der Landschaft und ihr kartografisches Pendant komplettierten sich auf diese Weise wechselseitig. Aus verschiedenen Himmelsrichtungen aufgenommene fotografische Ansichten von der Ausgrabung zeigen die Erschließung des Grabungsraums von mehreren Seiten: Das Heraion beispielsweise wurde aus zwei sich diagonal gegenüberliegenden Blickrichtungen fotografiert (Abb. 3). Diese der „Orientierung auf dem Platze“[22] dienenden und – mittels ihres häufig erhöht gewählten Standpunktes – einen Überblick gewährenden Ansichten konnten in den beigefügten Karten verortet und die Informationen der Fotografien so mit der kartografischen Darstellung des Grabungsraumes verbunden werden.[23] Deutlich wird dies bei einem als „Haus des Nero“ benannten Gebäudekomplex, dessen labyrinthische Mauerstruktur die Ausgräber nur mit Hilfe eines Lageplanes erkennen konnten.[24] Hier wird eine gedachte und funktionale Komplementarität von fotografischer Ansicht und kartografischer Fläche offenbar. Karten kondensieren die Komplexität des ausgegrabenen Raumes, sie führen zusammen, was durch die (Panorama-)Fotografien des Grabungsgeländes sichtbar wurde.[25]

Zur Konstitution des Grabungsfeldes trugen also beide visuellen Strategien bei: Panoramafotografien des Ausgrabungsgeländes stellten eine repräsentative Ansicht des zunächst einmal chaotisch-unansehnlichen Grabungsraumes her, blieben

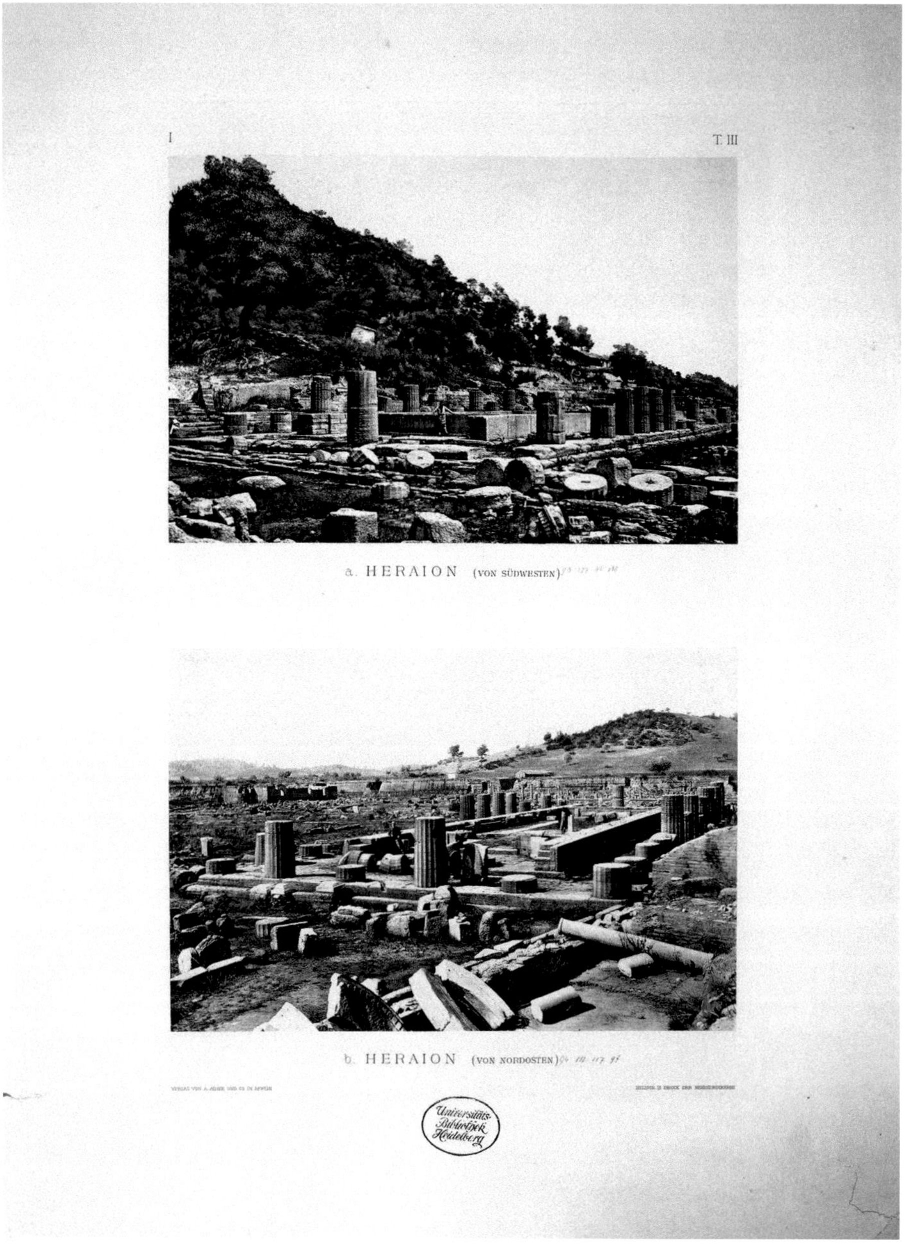

3: Heraion von Südwesten und von Nordosten, Heliogravüre, aus: Friedrich Adler und Ernst Curtius (Hg.), Die Baudenkmäler von Olympia. Die Ergebnisse der von dem Deutschen Reich veranstalteten Ausgrabung im Auftrage des Königlich Preussischen Ministers der Geistlichen Unterrichts- und Medicinal-Angelegenheiten (Berlin: Asher, 1892), Taf. 3a und b.

jedoch vielfach kommentarbedürftig. Sie konnten den Raum dokumentieren und in einer Ansicht präsentieren. Die Karte dagegen erfasste verschiedene zeitliche Ebenen, synthetisierte und strukturierte den Raum und führte seine Bedeutungsebenen zusammen. Karten lassen sich daher auch als Schlussfolgerungen eines durch das Ausgraben ermittelten Raumwissens lesen, indem sie Ergänzungen und Rekonstruktionen nahelegen oder generalisierende Aussagen über noch unerforschtes Terrain ableiten lassen.

Karte und fotografisches Bild waren also verschiedene, aber einander ergänzende Aspekte der Raumdarstellung, die im Zusammenspiel die Möglichkeit zur Orientierung und Synthetisierung boten. Die Fotografien konnten helfen, aus der Karte mit ihren bedeutungsgebenden Zeichen eine – im wörtlichen Sinne – Grabungslandschaft zu visualisieren. Mittels der Karten war es wiederum möglich, sich in den fotografischen Ansichten zu orientieren; sie erklärten die ergrabenen Strukturen. Fotografie und zeichnerische Verfahren wurden daher häufig in Kombination eingesetzt, um den Ausgräbern ein adäquates Bild der komplexen dreidimensionalen Raumsituation des Grabungsfeldes zu geben. Zusätzlich konnten Karten auch unterschiedliche Zeitdimensionen zusammenfassen. Dagegen hielt die Fotografie einen bestimmten Moment der Ausgrabung fest, der durch sie gesichert und beglaubigt wurde.

SICHTBARMACHUNG UND SICHTBARKEIT

Insbesondere das Verhältnis von Sichtbarmachung und Sichtbarkeit wurde durch die Fotografie neu akzentuiert. Es galt als Charakteristikum der Fotografie seit ihrer Annoncierung, dass sie eine Vielzahl an Details in großer Perfektion abbilden könne, selbst Details, von deren Existenz die Urheber der Aufnahmen noch nichts ahnten. Ihr Dokumentationsüberschuss konnte sich zum Beispiel in Aufnahmen ägyptischer Bauwerke, die mit Reliefs und Inschriften übersät waren, als hilfreich erweisen. So sah schon François Arago 1839 bei der Vorstellung der Daguerreotypie vor der Académie des sciences eine der zukünftigen Aufgaben der Fotografie im Bereich der Altertumsforschung. Die Fotografie, so Arago, ermögliche eine naturgetreue Wiedergabe dieses Überflusses mit geringem zeitlichem und personellem Aufwand.[26] Die alles einschließende Fotografie schien geradezu ein systematisches Auslesen der Gebäude zu erlauben und ebenso eine beinahe mikroskopische Analyse der von ihr festgehaltenen Objekte.

Seit den 1850er Jahren auf archäologischen Ausgrabungen eingesetzt,[27] hielt die Fotografie einen bestimmten Moment auf der Grabung fest, stellte den Grabungsprozess still und bewahrte eine räumliche Struktur, die durch Zeit und Grabungsaktivität verlorengehen musste. So zeigt eine Ansicht des Heratempels nach dessen Freilegung in Olympia noch Säulenreste in der originalen Fundlage (in situ) (Abb. 4). Im wöchentlichen Bericht des verantwortlichen Ausgräbers der dritten Kampagne von 1877 bis 1878, Richard Bohn, der dieses Foto zusammen mit wei-

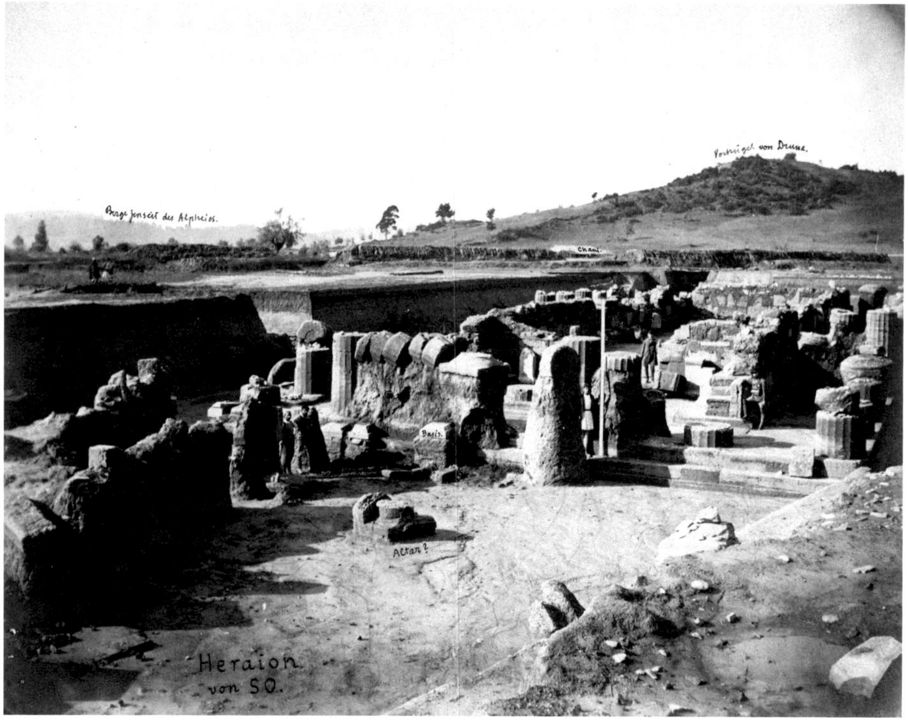

4: Unbekannter Fotograf, wahrscheinlich N. Pantzopoulos, Blick auf den Osten des Heraion mit Säulen in Falllage, 1878, Albuminabzug, Archiv der Antikensammlung, Staatliche Museen zu Berlin – Preußischer Kulturbesitz.

teren als Beleg aufführt, wird erwähnt, dass einige dieser Säulenreste in situ in der Zwischenzeit bereits umgestürzt seien.[28] Die Aufnahmen wurden im Bericht als das Einfrieren eines Ist-Zustandes gewertet, der im Verlauf der Grabung unweigerlich verändert werden würde:

> „Die Aufnahme erschien auch darum wünschenswerth, da die heftigen Regengüsse die Erde unter den noch in ihrer Lage nach dem Fall befindlichen Säulenresten des Heraion zu lockern begannen und ein Herabstürzen zum Theil schon eingetreten, zum Theil noch zu befürchten ist und so wenigstens ein Bild des Zustandes bei der Freilegung fixiert ist."[29]

Die Fotografie konnte also die originale Situation nach der Ausgrabung bewahren und so Informationen, die die Archäologen für ihre weitere Arbeit brauchten, sichern. Die Ausgrabung als ein im Wesentlichen prozessualer Ablauf wurde durch die Fotografie in Momentaufnahmen überführt.

Für die fotografische Dokumentation in Olympia waren die Ausgräber nicht selbst verantwortlich. Sie hatten Verträge mit den bereits genannten griechischen

Brüdern Konstantinos und Aristoteles Rhomaïdis geschlossen, in denen festgelegt worden war, dass diese am Ende eines jeden Grabungsjahres für kurze Zeit anreisten und die jeweilige Kampagne fotografierten. Unbehelligt vom Tagesgeschehen der Grabung entstanden Ansichten des Grabungsplatzes und Aufnahmen von Fundstücken, die die Archäologen für die Fotografen bereitgestellt hatten.[30] Es gab also keinen Fotografen auf der Grabung, der bei der täglichen Arbeit präsent gewesen wäre. Schon in Olympia wurde von den Ausgräbern daher eine den Grabungsprozess begleitende Fotografie gefordert.[31] Die Frage, ob professionelle Fotografen auf der Grabung anwesend sein sollten, ob die Archäologen selbst fotografieren oder ob speziell ausgebildete archäologische Fotografen eingesetzt werden sollten, blieb auch danach weiterhin virulent.

Nicht nur in Olympia, sondern beispielsweise auch bei anderen Ausgrabungen in den 1870er Jahren auf der griechischen Insel Samothrake und im kleinasiatischen Pergamon wurden zunächst Berufsfotografen engagiert, die punktuell auf der Grabung tätig waren.[32] Der Einsatz dieser professionellen Fotografen resultierte häufig in einer diskontinuierlichen Grabungsdokumentation. Dass es keinen Fotografen gab, der tagtäglich auf der Grabung arbeitete, wurde in Olympia daher bald als Manko angesehen. Im dritten Grabungsjahr versuchten Georg Treu und Richard Bohn, die zu dieser Zeit verantwortlichen Leiter der Ausgrabung, den im nahen Pyrgos durchreisenden Fotografen Nikos Pantzopoulos zu engagieren, um während der gesamten Grabungskampagne fotografische Aufnahmen der Funde anzufertigen, auch zu ihrer Entlastung von der zeichnerischen Dokumentation der Fundstücke.[33] Zusätzlich könnten, so Treu und Bohn, Grabungszustände (Abb. 4) festgehalten werden, die sich unweigerlich verändern würden. Was insbesondere für die nachantiken Mauern auf dem Gelände galt, die abgebrochen wurden, um zahlreiche Fragmente antiker Bauten freizulegen: „Er [Pantzopoulos, S. K.] hat d. byz. Ostmauer, das Heraion, Philippeion u. d. byz. Kirche aufgenommen, damit auf diese Weise die Erinnerung an den jetzigen Zustand dieser Baulichkeiten genau erhalten bleibe.“[34]

Diese Fotografien hielten damit explizit einen Grabungszustand in einer Momentaufnahme fest und konnten so nach Ansicht der Ausgräber die originale Situation nach der Freilegung bewahren. Gerade die archäologische Fundsituation zeichnete sich durch ebenso große Fragilität wie Bedeutsamkeit für die Interpretationen der Archäologen aus. Wie sie am besten zu fixieren sei, war wesentlich für die Disziplin. Die Fotografie nahm für die Ausgräber auf, was sich vor der Kamera befunden hatte und konnte so im weiteren archäologischen Diskurs auch zur Beglaubigung der Fundumstände herangezogen werden, wenn es beispielsweise darum ging, die Fundorte von Skulpturenfragmenten nachvollziehbar zu machen.[35]

Der schon beschriebene Dokumentationsüberschuss der Fotografie konnte Objekte und Strukturen nachträglich und unerwartet sichtbar werden lassen. Fotografien bildeten sowohl nicht mehr vorhandene Orte als auch undeutliche Strukturen wie die Unschärfedimension einer Bodenverfärbung ab, deren Erklärung und idealen Anblick es erst festzulegen galt. Dass Verfärbungen im Boden auf vergangenes organisches Material und damit auf vorgeschichtliche Besiedlungen hindeuten, die so an ihren Spuren erkannt werden konnten, war um 1900 zu einer grundlegenden Prämisse archäologischer Erkenntnis geworden.[36] Aber dass gerade nicht klar war, was die Fotografie genau abbilden würde, konnte sich im Erkenntnisprozess als produktiv erweisen.[37] So sollte sie die Existenz von Bodenverfärbungen als Trägerin zusätzlicher Evidenz und Authentifizierungsmedium häufig beglaubigen, etwa wenn es um die prekäre Existenz archäologischer Erkenntnisobjekte wie dem Pfostenloch ging (Abb. 5), wie sie bei Ausgrabungen römischer Feldlager im westfälischen Haltern am See am Anfang des 20. Jahrhunderts auftraten.[38] Pfostenlöcher, Verfärbungen im Boden, die sich durch die nachträgliche Verfüllung von Gruben vergangener Holzpfosten der Militärlager ergaben und somit auf die vergangenen Bauten hinwiesen, konnten sich durch ihre dunklere Färbung auf den Fotografien vom umgebenden Boden abheben.[39] Dieser Authentifizierungseffekt der Fotografie findet sich auch in vielen anderen ihrer Einsatzbereiche im 19. Jahrhundert, wie zum Beispiel in der Kriminalistik und deren Erkenntnisobjekten.[40]

Was dagegen in einer Fotografie nicht sichtbar war, konnte nur aus der archäologischen Erfahrung geschlossen werden. So verweist die Markierung der Basen

Tafel XVI.

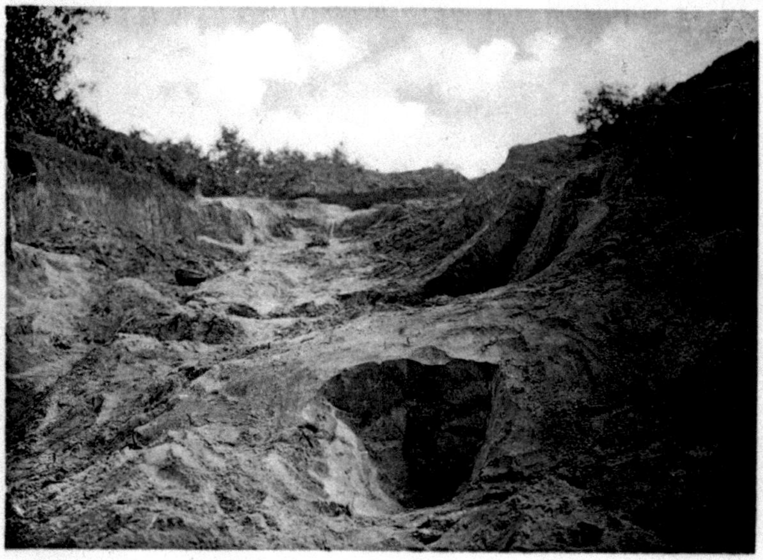

1. Das Pfostenloch im Nordgraben
von Westen gesehen.

5: Unbekannter Fotograf, Dunkel gefärbtes Pfostenloch im Nordgraben der Ausgrabung in Haltern, aufgenommen von Westen, Lichtdruck, aus: Haltern und die Altertumsforschung an der Lippe. Mitteilungen der Altertums-Kommission für Westfalen, Heft 2 (Münster 1901), Tafel 16,1.

und Inschriftenblöcke durch Grabungsmitarbeiter in Abbildung 1 auch auf Skulpturen, Bronzen, Keramiken und andere Funde, die auf der Ausgrabung vielfach zwischen Mauern verbaut, zerstört, fragmentiert oder mit Steintrümmern vermischt vorgefunden wurden und die auf dem Bild zwar nicht sichtbar, durch die Markierung jedoch impliziert sind.[41]

Die Evidenz der Fotografie konnte auch von einer postulierten Sichtbarkeit ausgehen, die Zeugnisfunktion also eine rein rhetorische sein, wie es häufig bei der Interpretation von Bodenverfärbungen auf Ausgrabungen problematisiert wurde.[42] Insofern war der Einsatz der Fotografie auch Teil einer visuellen Taktik, die sich einer Rhetorik der vollkommenen Wiedergabe eines Objektes durch die fotografische Aufnahme, die damit zu dessen Ebenbild stilisiert wurde, bediente.[43]

Gleichzeitig war die Evidenz der Fotografie abhängig von der vorgängigen Sichtbarmachung auf dem Grabungsfeld. Fotografischen Aufnahmen der Ausgrabung gingen zahlreiche Präparationsschritte auf dem Feld voraus; sie beruhten auf vielfältigen Inszenierungen: Freigelegte Bereiche wurden planiert, Bodenverfärbungen mit Stangen und Pflöcken markiert oder durch Ritzlinien angezeichnet, um ihre Sichtbarkeit sicherzustellen. Diese Hilfsmittel trugen entscheidend zur Erklärungsfähigkeit der Fotografie bei, die oft sowohl durch Präparationen auf der

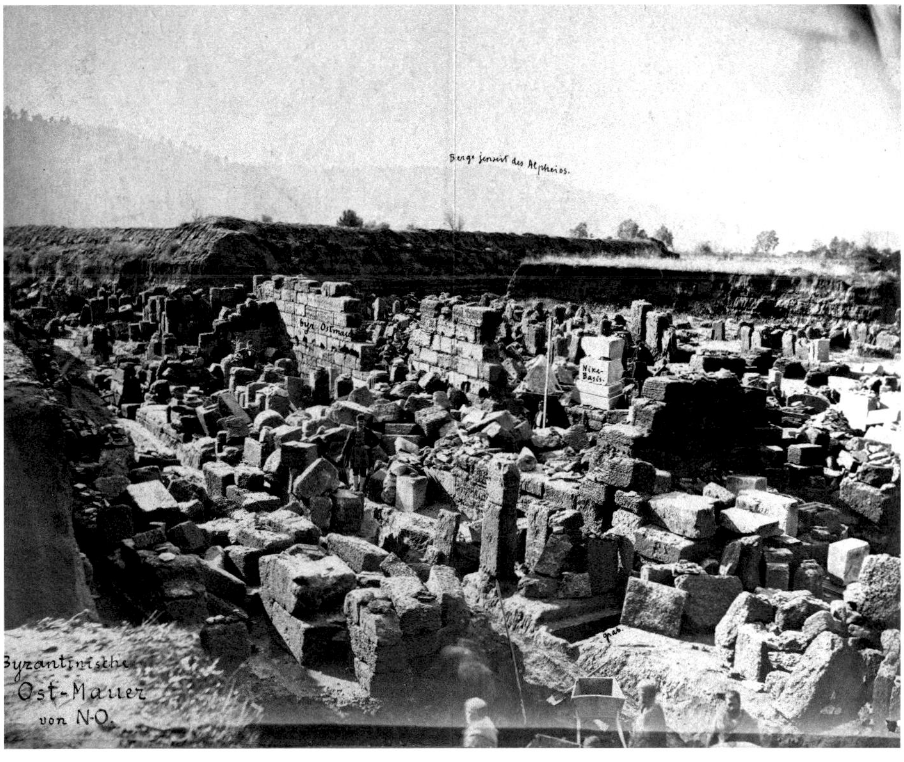

6: Unbekannter Fotograf, wahrscheinlich N. Pantzopoulos, Byzantinische Ostmauer von Nordosten gesehen, 1878, Albuminabzug, Archiv der Antikensammlung, Staatliche Museen zu Berlin – Preußischer Kulturbesitz.

Grabung als auch visuelle bzw. narrative Strategien in den Bildern selbst näher bestimmt werden musste, da sie sonst Gefahr lief, die archäologisch relevante Information schwer- oder ununterscheidbar werden zu lassen. Der visuelle Überschuss der Fotografie, ihre Überfülle und Strukturlosigkeit, barg daher gleichzeitig die Gefahr einer semantischen Indifferenz des Bildes, die eine Orientierungslosigkeit des Betrachters zur Folge haben konnte.

Fotografien benötigten deshalb selber immer wieder die ergänzende Erläuterung in Form von Beischriften, um den Fortgang der Grabungen erkennbar werden zu lassen (Abb. 6). Die Aufnahme eines Grabungszustandes in Olympia mit einer byzantinischen Mauer im Zentrum wurde darum mit Bemerkungen und Einzeichnungen auf dem fotografischen Abzug versehen, damit dieser verständlich wurde und die als relevant bestimmten Überreste und Fundstellen markiert waren. Diese Strategien wie auch die Platzierung von Grabungspersonal auf oder vor Fragmenten zur Markierung eines Fundplatzes machten die Fotografien erst für weitere archäologische Recherchen nutzbar. Auch da vor allem in der Frühzeit der Disziplin keineswegs klar war, was denn eine archäologische Fotografie sei und wozu sie dienen sollte, entstand häufig eine Kommentarbedürftigkeit der fotografischen Bilder der Ausgrabungsstätte.[44] Visuelle Eingriffe und Narrationen halfen hier, die archäologische Situation auf den Bildern zu klären und deren Bedeutung herauszustellen. Alle Elemente zusammen genommen vermittelten erst die Anschauung des Raumes und trugen zur Konstituierung einer Ansicht des Grabungsplatzes bei.

MEDIALE PLURALITÄT

Die Fotografie als Dokumentationsmittel wurde unter Archäologen immer auch mit der Zeichnung verglichen, die für eine erklärende und differenzierende Darstellung unverzichtbar blieb. Zwar konnte die Fotografie bis zu einem gewissen Grad dokumentieren, was sich vor den Augen der Ausgräber abspielte, aber ob sie auch das archäologisch Bedeutsame sichtbar werden ließ, hing nicht zuletzt von den Interventionen der Ausgräber während der Bildentstehung und ihrer diskursiven Einbettung ab. So konnte die Zeichnung auch kognitiv mittels ihrer synthetisierenden und bedeutungsgebenden Eigenschaften leisten, was die Fotografie an Herrichtung, Präparation und narrativen Strategien verlangte, um die archäologische Information sichtbar zu machen.[45]

Dass Fotografie und Zeichnung im Rahmen der archäologischen Tätigkeit meist einander ergänzend eingesetzt wurden und werden, gilt nicht nur für Fotografie und kartografische Aufnahme. Auch die archäologische Fundsituation wurde meist in einer Kombination aus Fotografien, Zeichnungen und Plänen verzeichnet. Zusätzlich zur fotografischen Grabungsansicht kamen häufig die kanonischen Darstellungsformen der Architekturaufnahme wie Grundrisszeichnungen, Schnitt und Aufriss hinzu.[46] Dieses Charakteristikum lässt sich auch auf Grabungen wiederfinden, denen gemeinhin attestiert wird, dass sich in ihnen die Fotografie als

Medium durchgesetzt habe – so zum Beispiel bei der Freilegung des Mausoleums von Halikarnassos in Kleinasien durch den englischen Archäologen Charles Thomas Newton für das British Museum in London.[47] Von 1856 bis 1857 waren Newton und seine Helfer, unter anderem auch der Architekt Richard P. Pullan, in der Nähe der kleinasiatischen Stadt Bodrum tätig. Sie fertigten neben Aufnahmen der Landschaft, der Ausgrabungsstätte und der aufgefundenen antiken Artefakte in fotografischer Form eben auch Karten, Grundrisse und Architekturzeichnungen an.[48]

Bilder sind stets zentraler Teil der archäologischen Wissensproduktion. Dabei stellt sich jedoch immer die Frage, welche archäologisch relevanten Informationen denn mit ihrer Hilfe gewonnen werden sollen. Verschiedene Medien, seien es Zeichnung und Fotografie oder auch digitale Verfahren, stehen dabei immer in einem relationalen Verhältnis, das sich einem simplen Denken von Fortschritten in den medialen Repräsentationen verwehrt. Daher kann man den wissenschaftlichen Gebrauch der Fotografie nur verstehen, wenn man sich mit den Verwendungskontexten verschiedener Medien und, im Rahmen einer vielschichtigen Wirkungs- und Funktionsgeschichte, mit der Geschichte ihrer Benutzung beschäftigt.

ANMERKUNGEN

1 Zur Verbindung von Zerstörung und Rekonstruktion in der Archäologie und der Notwendigkeit der Dokumentation vgl. Knut Ebeling, „Die Mumie kehrt zurück II. Zur Aktualität des Archäologischen in Wissenschaft, Kunst und Medien", in id. und Stefan Altekamp (Hg.), *Die Aktualität des Archäologischen in Wissenschaft, Medien und Künsten* (Frankfurt a. M.: Fischer, 2004), 9–30, bes. 21–23 sowie Stefan Altekamp, „Das archäologische Gedächtnis", in id. und Knut Ebeling (Hg.), *Die Aktualität des Archäologischen in Wissenschaft, Medien und Künsten* (Frankfurt a. M.: Fischer, 2004), 216–217, 225–227. In diesem Sinne spricht Stefan Altekamp auch vom „Ersatz des Befundes durch die Dokumentation": „Die archäologische Grabung wird erst wissenschaftlich relevant, sobald sie die überdauernden Kulturrückstände in Überlieferung rückübersetzt hat.", ibid., 226. Vgl. dazu auch Charlotte Trümpler, „Gertrude Bell, Max von Oppenheim, Agatha Christie – Frühe archäologische Fotografien als ‚weltgültiges Beglaubigungsschreiben in fremden Ländern'" in diesem Band.

2 Vgl. hierzu auch Stefanie Klamm, „Olympia entsteht im Bild – Die Klassische Archäologie des 19. Jahrhunderts und ihre Abhängigkeit von medialen Praktiken", in Harald Müller und Florian Esser (Hg.), *Wissenskulturen. Bedingungen wissenschaftlicher Innovation* (Kassel: Kassel University Press, 2012), 87–116.

3 Zur Geschichte der Ausgrabung vgl. Helmut Kyrieleis (Hg.), *Olympia 1875–2000. 125 Jahre Deutsche Ausgrabungen* (Mainz: Philipp von Zabern, 2002); Suzanne L. Marchand, *Down from Olympus: Archaeology and Philhellenism in Germany, 1750–1970* (Princeton, NJ: Princeton University Press, 1996), 77–91; Henning Wrede, „Olympia, Ernst Curtius und die kulturgeschichtliche Leistung des Philhellenismus", in Annette M. Baertschi und Colin G. King (Hg.), *Die modernen Väter der Antike. Die Entwicklung der Altertumswissenschaften an Akademie und Universität im Berlin des 19. Jahrhunderts*, Transformationen der Antike 3 (Berlin; New York: De Gruyter, 2009), 165–208.

4 Friedrich Adler und Ernst Curtius, „Die Ausgrabungen zu Olympia. I. Bericht", in *Deutscher Reichsanzeiger und Preußischer Staatsanzeiger* 3 (05.01.1876), o. S.

5 Ernst Curtius, „Die Ausgrabungen zu Olympia. XXXXIV. Bericht", in *Deutscher Reichsanzeiger und Preußischer Staatsanzeiger* 113 (15.05.1880), o. S.

6 Siehe auch Adolf H. Borbein, „Olympia als Experimentierfeld archäologischer Methoden", in Kyrieleis (Hg.), *Olympia 1875–2000* (siehe Anm. 3), 170–171; Gisela Eberhardt, *Deutsche Ausgrabungen im ‚langen' 19. Jahrhundert. Eine problemorientierte Untersuchung zur archäologischen Praxis* (Darmstadt: WBG, 2011), 193–195, 211–212.

7 Ernst Curtius (Hg.), *Die Ausgrabungen zu Olympia* (Berlin: Wasmuth, 1876–1881).

8 Lutz Klinkhammer, „Großgrabung und große Politik. Der Olympia-Vertrag als Epochenwende", in Kyrieleis (Hg.), *Olympia 1875–2000* (siehe Anm. 3), 30–47; Suzanne L. Marchand, „The Excavations at Olympia, 1868–1881: an Episode in Greco-German Cultural Relations, in Philip Carabott (Hg.), *Greek Society in the Making, 1863–1913* (Aldershot et al.: Variorum, 1997), 73–85; Bernd Sösemann, „Olympia als publizistisches National-Denkmal", in Kyrieleis (Hg.), *Olympia 1875–2000* (siehe Anm. 3), 49–84.

9 Ernst Curtius, Friedrich Adler und Gustav Hirschfeld (Hg.), *Die Ausgrabungen zu Olympia I. Übersicht der Arbeiten und Funde vom Winter und Frühjahr 1875–1876*, 1. Aufl. (Berlin: Wasmuth, 1876), 13.

10 Ibid.

11 Bodo von Dewitz und Karin Schuller-Procopovici (Hg.), *Das Land der Griechen mit der Seele suchen. Photographien des 19. und 20. Jahrhunderts*, Ausstellungskatalog, Agfa Foto-Historama im Römisch-Germanischen Museum (Köln: Wallraf-Richartz-Museum und Museum Ludwig, 1990), 15–17; Claire L. Lyons, „The Art and Science of Antiquity in Nineteenth-Century Photography", in id. und John K. Papadopoulos (Hg.), *Antiquity & Photography: Early Views of Ancient Mediterranean Sites*, Ausstellungskatalog, Getty Villa, Malibu (Los Angeles: Getty Publications, 2005), bes. 30–37, Abb. 1–5.

12 Siehe für Olympia auch die folgenden Beispiele Curtius et. al. (Hg.), *Ausgrabungen I* (siehe Anm. 9), Taf. 1–3; Ernst Curtius, Friedrich Adler und Gustav Hirschfeld (Hg.), *Die Ausgrabungen zu Olympia II. Übersicht der Arbeiten und Funde vom Winter und Frühjahr 1876–1877*, 1. Aufl. (Berlin: Wasmuth, 1877), Taf.1–3; Ernst Curtius, Friedrich Adler und Georg Treu (Hg.), *Die Ausgrabungen zu Olympia III. Übersicht der Arbeiten und Funde vom Winter und Frühjahr 1877–1878* (Berlin: Wasmuth, 1879), Taf. 1; Ernst Curtius, Friedrich Adler und Georg Treu (Hg.), *Die Ausgrabungen zu Olympia IV. Übersicht der Arbeiten und Funde vom Winter und Frühjahr 1878–1879* (Berlin: Wasmuth, 1880), Taf. 1–3 und 5; Ernst Curtius, Friedrich Adler, Georg Treu und Wilhelm Dörpfeld (Hg.), *Die Ausgrabungen zu Olympia V. Übersicht der Arbeiten und Funde vom Winter und Frühjahr 1879–1880 und 1880–1881* (Berlin: Wasmuth, 1881), Taf. 1–3.

13 Curtius (Hg.), *Ausgrabungen* (siehe Anm. 7). So wurde zum Beispiel in der zweiten Auflage des zweiten Bandes das Panorama in drei Einzelbilder zerlegt. Ernst Curtius, Friedrich Adler und Gustav Hirschfeld (Hg.), *Die Ausgrabungen zu Olympia II. Übersicht der Arbeiten und Funde vom Winter und Frühjahr 1876–1877*, 2. Aufl. (Berlin: Wasmuth, 1877), Taf. 1–3.

14 Zum Panorama als Medium des 19. Jahrhunderts siehe Stephan Oettermann, *Das Panorama. Die Geschichte eines Massenmediums* (Frankfurt a. M.: Syndikat, 1980); Marie-Louise Plessen (Hg.), *Sehsucht. Das Panorama als Massenunterhaltung im 19. Jahrhundert*, Ausstellungskatalog, Kunst- und Ausstellungshalle Bonn (Basel; Frankfurt a. M.: Stroemfeld/Roter Stern, 1993); Jonathan Crary, „Géricault, the Panorama, and Sites of Reality in the Early Nineteenth Century", in *Grey Room* 9 (2002), 17–22. Zum Panorama als Experimentierfeld von gesellschaftlicher und kultureller Moderne Wolfgang Kemp, „Die Revolutionierung der Medien im 19. Jahrhundert. Das Beispiel Panorama", in Monika Wagner (Hg.), *Moderne Kunst. Das Funkkolleg zum Verständnis der Gegenwartskunst*, Bd. 1 (Reinbek b. Hamburg: Rowohlt, 1992), 75–93. Auch rekonstruierte Ansichten antiker Städte erfreuten sich

großer Beliebtheit siehe Curtis Dahl, „Panoramas of Antiquity", in *Archaeology* 12 (1959), 258–263.

15 Daniel Speich, „Wissenschaftlicher und touristischer Blick. Zur Geschichte der ‚Aussicht' im 19. Jahrhundert", in *Traverse. Zeitschrift für Geschichte* 3 (1999), 83–99.

16 Ibid., insbes. 87–88. Zum Panorama als einer spezifischen Beobachtungspraktik der Landschaft, verbunden mit der Entstehung der neuen Disziplin der Geografie im frühen 19. Jahrhundert siehe Charlotte Bigg, „Das Panorama, oder la nature à coup d'œil", in *Nach Feierabend. Zürcher Jahrbuch für Wissensgeschichte* 1 (2005), 35–43. Deren Bilder zeichneten sich durch den Überblick von oben und genaue Beobachtung von Einzelheiten aber auch ästhetischen Anspruch aus. Das Panorama sei damit zugleich die Simulation des wissenschaftlichen, alles umfassenden Blicks.

17 Friedrich Adler und Ernst Curtius (Hg.), *Topographie und Geschichte von Olympia. Tafelband – Karten und Pläne, Olympia. Die Ergebnisse der von dem Deutschen Reich veranstalteten Ausgrabung im Auftrage des Königlich Preussischen Ministers der Geistlichen Unterrichts- und Medicinal-Angelegenheiten* (Berlin: Asher, 1897), Bl. 6a–f; Wilhelm Dörpfeld, „Lageplan der antiken Bauwerke", in Friedrich Adler und Ernst Curtius (Hg.), *Topographie und Geschichte von Olympia. Textband zur Mappe mit den Karten und Plänen, Olympia. Die Ergebnisse der von dem Deutschen Reich veranstalteten Ausgrabung im Auftrage des Königlich Preussischen Ministers der Geistlichen Unterrichts- und Medicinal-Angelegenheiten* (Berlin: Asher, 1897), 69–88. Zur Entstehungsgeschichte der topografischen Karte und ihrer Darstellungskonventionen siehe Max Eckert, *Die Kartenwissenschaft. Forschungen und Grundlagen zu einer Kartographie als Wissenschaft*, Bd. 1 (Berlin; Leipzig: de Gruyter, 1921), bes. 410–539.

18 Siehe auch Curtius et al. (Hg.), *Ausgrabungen zu Olympia V* (siehe Anm. 12), 20, Taf. 31–32 und Wilhelm Dörpfeld, „Olympia in griechischer Zeit" und „Olympia in römischer Zeit", in Friedrich Adler und Ernst Curtius (Hg.), *Topographie und Geschichte von Olympia. Textband* (siehe Anm. 17), 88–89 und 90.

19 Zum Beispiel Dörpfeld, „Lageplan der antiken Bauwerke" (siehe Anm. 17), 69.

20 Pläne der Ausgrabung sind jeweils den vorläufigen Ergebnisberichten beigefügt. Curtius (Hg.), *Ausgrabungen* (siehe Anm. 7) In der Abschlusspublikation wurden sie noch einmal in dem Bericht über die Geschichte der Ausgrabung zusammengeführt. Rudolf Weil, „Geschichte der Ausgrabung von Olympia", in Friedrich Adler und Ernst Curtius (Hg.), *Topographie und Geschichte von Olympia. Textband* (siehe Anm. 17), 101–154.

21 Jan von Brevern, „Bild und Erinnerungsort: Carl Rottmanns Schlachtfeld von Marathon", in *Zeitschrift für Kunstgeschichte* 71, Nr. 4 (2008), 537–538. Zur Verfügbarmachung der Landschaft durch ihre Vermessung siehe David Gugerli (Hg.), *Vermessene Landschaften. Kulturgeschichte und technische Praxis im 19. und 20. Jahrhundert*, Interferenzen (Zürich: Chronos, 1999); zum engen Zusammenhang von Vermessen und Zeichnen der Landschaft siehe Yvonne Boerlin-Brodbeck, „Vermessene Landschaft? Zur Landschaft in Zeichnung und Material um 1800", in David Gugerli (Hg.), *Vermessene Landschaften. Kulturgeschichte und technische Praxis im 19. und 20. Jahrhundert*, Interferenzen (Zürich: Chronos, 1999), 113–123.

22 Friedrich Adler, Ernst Curtius (Hg.), *Die Baudenkmäler von Olympia. Tafelbd. 1, Olympia. Die Ergebnisse der von dem Deutschen Reich veranstalteten Ausgrabung im Auftrage des Königlich Preussischen Ministers der Geistlichen Unterrichts- und Medicinal-Angelegenheiten* (Berlin: Asher, 1892), i.

23 Ibid., 1–3.

24 Ibid., 3: „Ohne Zuhülfenahme des großen Lageplanes ist eine sichere Orientierung unmöglich."

25 Auch Kathleen Howe hat die fotografische Praxis des britischen *Ordnance Surveys* in Palästina und auf der Halbinsel Sinai 1864 und 1868 als integralen Bestandteil des *Mappings* eines Landes

verstanden, bei dem beide Verfahren (Kartografie und Fotografie) einen komplementären Eindruck der Topografie vermittelten. Kathleen Stewart Howe, *Revealing the Holy Land: the Photographic Exploration of Palestine*, Ausstellungskatalog, Santa Barbara Museum of Art, Santa Barbara; University of New Mexico Art Museum, New Mexico; St. Louis Art Museum, St. Louis (Santa Barbara: Santa Barbara Museum of Modern Art, 1997), bes. 41–43.

26 François D. Arago, „Le Daguerréotype", in *Comptes Rendus de l'Académie des Sciences* 9, Nr. 8 (19.08.1839), 250–257, zit. nach Wolfgang Kemp und Hubertus von Amelunxen (Hg.), *Theorie der Fotografie. Bd. I, 1839–1912*, Neudr. der Ausg. München 1979–2000 (München: Schirmer/Mosel, 2006), 51–55. Hierzu auch Frederick N. Bohrer, „Photography and Archaeology: the Image as Object", in Samuel Smiles und Stephanie Moser (Hg.), *Envisioning the Past: Archaeology and the Image* (Malden, MA; Oxford: Blackwell, 2005), 183–184. Die Fotografien sollten auch eine metrische Auswertung ermöglichen, da die Aufnahmen nach den Regeln der Geometrie entstanden. Wie sich mit der Entwicklung der Photogrammetrie zeigen sollte, war dies jedoch bedeutend schwieriger. Zur Frage der Detailgenauigkeit vgl. die Aufsätze von Jan von Brevern und Elizabeth Edwards in diesem Band; zu den Problemen der Photogrammetrie vgl. Michael Kempf, ebenfalls in diesem Band.

27 So die Standardgeschichte zum Einsatz der Fotografie in der Archäologie wie zum Beispiel in Franz Schubert und Susanne Grunauer-von Hoerschelmann, *Archäologie und Photographie. Fünfzig Beispiele zur Geschichte und Methode* (Mainz: Philipp von Zabern, 1978).

28 Richard Bohn, *Architektonische Berichte III, 1877/78*, Archiv der Antikensammlung, Staatliche Museen zu Berlin – Preußischer Kulturbesitz, Rep.1 Abt. B Ausgrabungen der Berliner Museen, Olympia, 15.02.1878, 99–100.

29 Ibid., 100.

30 Siehe zu den fotografischen Aufnahmen beispielsweise Adler und Curtius, „Ausgrabungen zu Olympia" (siehe Anm. 4) und Anonym, „Die Ausgrabungen zu Olympia. XXVII. Bericht", in *Deutscher Reichsanzeiger und Preußischer Staatsanzeiger* 175 (27.07.1878), o. S. sowie *Hauptbuch über Einnahmen und Ausgaben für die Ausgrabungsarbeiten zu Olympia 1875–1883*, Archiv der Antikensammlung, Staatliche Museen zu Berlin – Preußischer Kulturbesitz, Rep. 1, Abt. B, Ausgrabungen, Olympia Oly 3. Abrechnungen der Kosten für Fotografen finden sich im April/Mai 1876, Mai 1877, Juni 1878, Juni 1879, Juni 1880. Zunächst in Patras, in der Nähe Olympias, angesiedelt, zogen die Rhomaïdis-Brüder 1876 in das wesentlich weiter entfernte Athen um. Dort gehörten sie zu den führenden Porträtfotografen, fotografierten aber auch für die griechische archäologische Gesellschaft im Kerameikosgebiet. Gerhild Hübner, „Bild als Botschaft. Das antike Erbe Athens in fotografischen Zeugnissen des 19. und 20. Jahrhunderts", in *Fotogeschichte* 8, Nr. 29 (1988), 15; Alkis X. Xanthakis, *History of Greek Photography 1839–1860* (Athen: Hellenic Library and Historical Archives Society, 1988), 97–100.

31 Siehe Georg Treu, *Archäologische Berichte III*, 1877/78, Archiv der Antikensammlung, Staatliche Museen zu Berlin – Preußischer Kulturbesitz, Rep. 1 Abt. B Ausgrabungen der Berliner Museen, Olympia, 06.12.1877, 98–99.

32 Zu Samothrake siehe Ruth Lindner, „Reinhard Kekulé von Stradonitz – Alexander Conze. Zum Diskurs der Fotografie in der klassischen Archäologie des 19. Jahrhunderts", in *Fotogeschichte* 19, Nr. 73 (1999), 3–16, hier: 9–12; zu Pergamon siehe Gerhild Hübner, „Zu den Anfängen der Photographie in der deutschsprachigen Klassischen Archäologie. Ihre Anwendung während der ersten zwei Jahrzehnte der Pergamongrabung", in *Istanbuler Mitteilungen* 54 (2004), 83–111, hier: 101–103.

33 Treu, *Archäologische Berichte III* (siehe Anm. 31), 22.11.1877, 29.11.1877,

06.12.1977, 95–99. Möglicherweise handelt es sich bei dem Fotografen Pantzopoulos um den bei Xanthakis, *History* (siehe Anm. 30), 110 erwähnten Nikos Pantzopoulos, einen Fotografen aus Smyrna, der sich um 1880 in Athen niederließ.

34 Treu, *Archäologische Berichte III* (siehe Anm. 31), 08.02.1878, 174; siehe auch 25.01.1878, 159–160.

35 Georg Treu, *Die Bildwerke von Olympia in Stein und Thon. Textband. Olympia. Die Ergebnisse der von dem Deutschen Reich Olympia. Die Ergebnisse der von dem Deutschen Reich veranstalteten Ausgrabung im Auftrage des Königlich Preussischen Ministers der Geistlichen Unterrichts- und Medicinal-Angelegenheiten* (Berlin: Asher, 1897), 96 Abb. 160, 98–100.

36 Hierzu vgl. Eberhardt, *Ausgrabungen* (siehe Anm. 6), 151–162.

37 Jan von Brevern hat diese Eigenschaft der Fotografie mit Bezug auf Bergpanoramen als explorativ bezeichnet, Jan von Brevern, „Counting on the Unexpected: Aimé Civiale's Mountain Photography", in *Science in Context* 22, Nr. 3 (2009), 409–437, hier: 424–431. Siehe hierzu und zur Selbsteinschreibung der Fotografie als Medium auch Peter Geimer, *Bilder aus Versehen. Eine Geschichte fotografischer Erscheinungen* (Hamburg: Philo Fine Arts, 2010), 88–92, 99–111.

38 Planmäßige Ausgrabungen der Militäranlagen begannen 1899. Haltern kann als exemplarisch für die Problematik der Untersuchung vorgeschichtlicher Siedlungen angesehen werden, denn es stellte sich dort die Frage, wie verhältnismäßig großräumige Strukturen und Bodeneigenschaften prähistorischer Hinterlassenschaften dargestellt werden konnten. Die Ausgrabung war ein wichtiges Unternehmen der deutschen Archäologie der Zeit, finanziert unter anderem aus Mitteln des *Kaiserlich-deutschen archäologischen Instituts* sowie der Provinz Westfalen. Zur Ausgrabung vgl. Rudolf Aßkamp, *Haltern, Stadt Haltern am See, Kreis Recklinghausen*, Bodenaltertümer Westfalens 14 (Münster: Altertumskommission für Westfalen, 2010); Erik Straub, *Ein Bild der Zerstörung. Archäologische Ausgrabungen im Spiegel ihrer Bildmedien* (Berlin: Lukas, 2008), 81–105.

39 Siehe auch Friedrich Koepp, „Die Anlagen am Ufer der Lippe", in *Haltern und die Altertumsforschung an der Lippe*, Mitteilungen der Altertums-Kommission für Westfalen 2 (Münster: Aschendorffsche Buchhandlung, 1901), 55–106 und Taf. 15,2 sowie 63 Abb. 2.

40 Christine Karallus hat in diesem Sinne auch die Etablierung des Tatortes in der Kriminalistik um 1900 mit Hilfe der Authentifizierung und des Evidenzeffektes durch die Fotografie analysiert. Christine Karallus, „Zwischen Kriminalistik und Justiz. Zur Konjunktur der Fotografie als Evidenzstrategie", in *Berichte zur Wissenschaftsgeschichte* 28, Nr. 3 (2005), 215–226; Christine Karallus, „Bildattacken. Die Fotografie vor Gericht um 1900", in Jean-Baptiste Joly, Cornelia Vismann und Thomas Weitin (Hg.), *Bildregime des Rechts* (Stuttgart: Merz & Solitude, 2007), 149–170. Zur Frage von Evidenz und Fotografie siehe jüngst Herbert Molderings (Hg.), *L'évidence photographique: la conception positiviste de la photographie en question* (Paris: Édition de la Maison des Sciences de l'Homme, 2009).

41 Auf das fragile Wechselverhältnis von Sichtbarkeit und Sichtbarmachen in der Fotografie hat auch Peter Geimer hingewiesen, Geimer, *Bilder aus Versehen* (siehe Anm. 37), 253–300; vgl. auch Frederick N. Bohrer, *Photography and Archaeology* (London: Reaktion Books, 2011), 27–68.

42 Der Fotografie wurde häufig noch eine „verdeutlichende" Zeichnung beigegeben, um die Bodenverfärbungen in der Aufnahme besser erkennbar werden zu lassen. Hans Dragendorff et al., „Ausgrabungen bei Haltern. Das große Lager 1901–1904", in *Mitteilungen der Altertums-Kommission für Westfalen* 4 (Münster: Aschendorffsche Buchhandlung, 1905), 14–15. Die Fotografie hatte deutliche Grenzen, wenn es um die Erkennbarkeit von Bodenveränderungen ging: ibid., 3; Koepp, „Anlagen" (siehe Anm. 39), 78–79.

43 Gabrielle Feyler zitiert den Ausgräber von Khorsabad, Victor Place, der 1851 Fotografien von Artefakten in Fundlage an seine Geldgeber nach Frankreich schickte, um seine Entdeckungen zu belegen, Gabrielle Feyler, „Contribution à l'histoire des origines de la photographie archéologique: 1839–1880", in *Mélanges de l'École Française de Rome: Antiquité* 99 (1987), 1019–1047, hier: 1029; siehe zur Theoriegeschichte des fotografischen Ebenbildes im 19. Jahrhundert Bernd Stiegler, *Philologie des Auges. Die photographische Entdeckung der Welt im 19. Jahrhundert* (München: Fink, 2001), 34–36, 56–85 und Bernd Stiegler, *Theoriegeschichte der Photographie* (München: Fink, 2006), bes. 18–45, 101–106.

44 Vgl. zur unklaren Funktion der Fotografie auch Mirjam Brusius, *Fotografie und museales Wissen. William Henry Fox Talbot, das Altertum und die Absenz der Fotografie*, Studies in Theory and History of Photography, 6 (Berlin: De Gruyter, 2015), 121–138, 144–158.

45 Siehe insbesondere die prozessualen Zeichnungen des Grabungsfortschritts der Architekten auf der Ausgrabung in Klamm, „Olympia entsteht im Bild" (siehe Anm. 2), 90–91.

46 Vgl. zur wirkmächtigen Tradition der Architekturaufnahme ibid., 92–93.

47 Zum Beispiel in Hübner, „Zu den Anfängen der Photographie" (siehe Anm. 32), 87; Lindner, „Reinhard Kekulé von Stradonitz" (siehe Anm. 32), 10; Schubert und Grunauer-von Hoerschelmann, *Archäologie und Photographie* (siehe Anm. 27), 18–19. Zu Newtons Ausgrabung vgl. Lyons, „Art and Science of Antiquity" (siehe Anm. 11), 40–44.

48 Charles Thomas Newton, *A History of Discoveries at Halicarnassus, Cnidus and Branchidae* (London: Day 1861–1863, plates 1862–1863).

BILDNACHWEISE

1 aus: Ernst Curtius, Friedrich Adler und Gustav Hirschfeld (Hg.), *Die Ausgrabungen zu Olympia I. Übersicht der Arbeiten und Funde vom Winter und Frühjahr 1875-1876*, 1. Aufl. (Berlin: Wasmuth, 1876), Tafel 4-55, Universitätsbibliothek Heidelberg.
2 aus: Friedrich Adler und Ernst Curtius (Hg.), *Topographie und Geschichte von Olympia. Tafelband - Karten und Pläne. Die Ergebnisse der von dem Deutschen Reich veranstalteten Ausgrabung im Auftrage des Königlich Preussischen Ministers der Geistlichen Unterrichts- und Medicinal-Angelegenheiten* (Berlin: Asher, 1897), Bl. 6, Universitätsbibliothek Heidelberg.
3 aus: Friedrich Adler und Ernst Curtius (Hg.), *Die Baudenkmäler von Olympia. Die Ergebnisse der von dem Deutschen Reich veranstalteten Ausgrabung im Auftrage des Königlich Preussischen Ministers der Geistlichen Unterrichts- und Medicinal-Angelegenheiten* (Berlin: Asher, 1892), Taf. 3a und b, Universitätsbibliothek Heidelberg.
4: Archiv der Antikensammlung, Staatliche Museen zu Berlin, Stiftung Preußischer Kulturbesitz, Rep.1 Abt. B Ausgrabungen der Berliner Museen, Olympia, Oly 56 Schublade I.
5 aus: *Haltern und die Altertumsforschung an der Lippe. Mitteilungen der Altertums-Kommission für Westfalen*, Heft 2 (Münster 1901), Tafel 16,1.
6: Archiv der Antikensammlung, Staatliche Museen zu Berlin, Stiftung Preußischer Kulturbesitz, Rep.1 Abt. B Ausgrabungen der Berliner Museen, Olympia, Oly 56 Schublade I.

JAN VON BREVERN

DAS INSTRUMENT DER ENTDECKUNG

1. SPAZIERGANG MIT LUPE – RUSKIN IN VENEDIG (1845)

Nach einem Venedig-Aufenthalt, der zunächst nur auf zwei Wochen geplant war, dann aber mehr als einen Monat gedauert hatte, spazierte John Ruskin am 15. Oktober 1845 noch ein letztes Mal über den Markusplatz – und entdeckte dabei allerlei Dinge, die ihm zuvor entgangen waren. „Ich bin heute den ganzen Markusplatz abgelaufen, und habe auf der Daguerreotypie viele Dinge gefunden, die ich am Ort selbst niemals wahrgenommen hatte", berichtete er seinem Vater in einem Brief.[1] Nicht von einem wirklichen Spaziergang ist hier die Rede – Ruskin befand sich zu diesem Zeitpunkt bereits auf dem Rückweg von Venedig, genauer: in einem Hotelzimmer in Padua. Es handelte sich vielmehr um einen virtuellen Spaziergang, der mittels Fotografie und Lupe stattfand. Als „helle kleine Platten" hat er die Daguerreotypien später beschrieben, „welche unter der Lupe den Canal Grande oder den Markusplatz enthielten, als ob ein Magier die Wirklichkeit verkleinert und in ein verzaubertes Land getragen hätte."[2] Sie ersetzten ihm den Markusplatz auf fast magische Weise, und doch war es ein ganz anderer Markusplatz als der, den er bisher gekannt hatte (Abb. 1).

Ruskins virtueller Spaziergang verdichtet eine ganze Reihe von Eigenschaften, die der Fotografie in ihrer Frühzeit zugeschrieben wurden. Da war die Möglichkeit, einen Ort (eine Landschaft, ein Gebäude) quasi davonzutragen und zuhause „wie die Natur selbst" zu untersuchen. Da war diese merkwürdige, immer wieder bestaunte Fähigkeit der fotografischen Bilder, Unerwartetes hervorzubringen: Gegenstände, die einem bei der Aufnahme entgangen waren und die man ohne die Fotografie vielleicht nie hätte bemerken können. Und da war der unerschöpfliche Detailreichtum der Bilder, der nur mit Lupe oder gar Mikroskop annähernd erschließbar schien. Geradezu beispielhaft folgt Ruskin damit einer Narration, die das neue Medium seit seiner Vorstellung begleitete. Schon 1839 erbrachte für Eduard Kolloff, der aus Paris über die Daguerreotypie Bericht erstattete, die Lupe den Beweis für die ungeheure Qualität der fotografischen Bilder; mit dem Vergrößerungsglas ent-

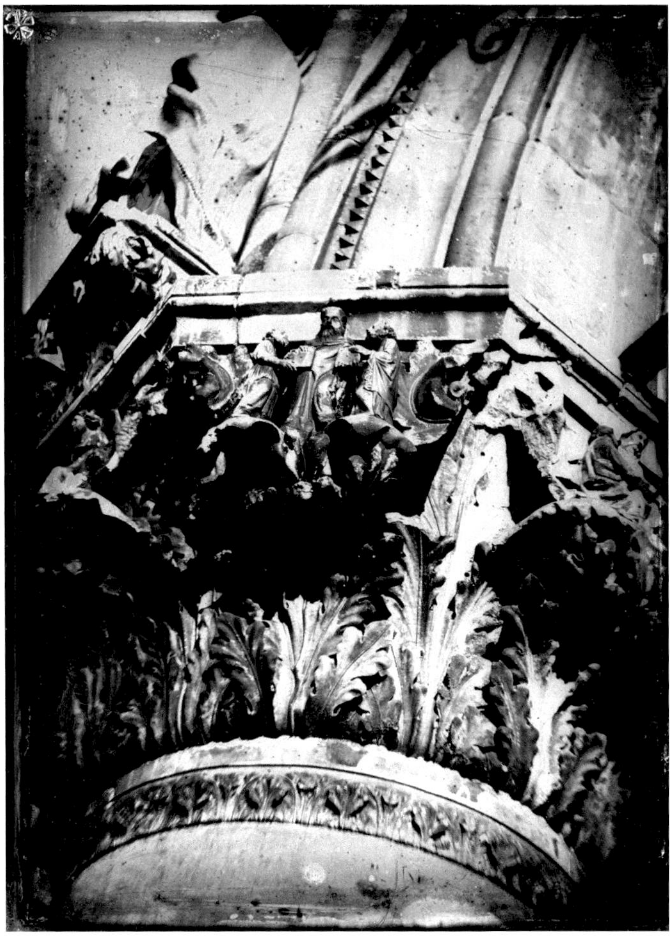

1: John Ruskin/John Hobbs, Venedig, Dogenpalast, Kapitell mit dem Jüngsten Gericht, ca. 1849–1852, Daguerreotypie.

decke man, so schrieb er, immer neue Einzelheiten und Feinheiten, welche dem unbewaffneten Auge in der Wirklichkeit entschlüpften:

> „Die schärfste Loupe, welche so viele Illusionen zerstört und uns oft in den zartesten, luftigsten Meisterwerken schreckliche Dinge und Ungeheuer entdecken läßt, prüft und mustert vergeblich diese Kunstprodukte, welche alle Proben ihrer genauesten Untersuchung aushalten und alle bösen Absichten ihrer durchbohrendsten Blicke vereiteln. Das Vergrößerungsglas macht im Gegentheil den unermeßlichen Vorzug dieser von den Strahlen des Tageslichts gestochenen Kupferstiche nur noch einleuchtender."[3]

Im selben Jahr berichteten auch Alexander von Humboldt, Jules Janin und Samuel Morse von den zahllosen Details, die sie erst mit der Lupe entdeckt hätten.[4] Im

Verlauf des ersten Jahrzehnts der Fotografie, zwischen 1840 und 1850, verfestigte sich diese Narration und gehörte bald zum üblichen Repertoire fotografischer Beschreibungen. Die vielleicht bekannteste stammt aus William Henry Fox Talbots *Pencil of Nature* und ist damit etwa zur gleichen Zeit entstanden, zu der Ruskin den oben erwähnten Brief an seinen Vater schrieb. Auch Talbot empfahl den Gebrauch eines Vergrößerungsglases, um Objekte, die zuvor „unbeobachtet und unvermutet" gewesen seien, zu enthüllen. Es passiere zudem häufig, schrieb er angesichts seiner Aufnahme vom Eingang des Queen's College in Oxford (1843), dass der Fotograf später entdecke, dass er viele Dinge abgebildet habe, derer er sich zum Zeitpunkt der Aufnahme nicht bewusst gewesen war – „und das ist eine der charmanten Eigenschaften der Fotografie."[5]

Die Hervorbringung des Unerwarteten, „perhaps long afterwards", war schon wenige Jahre später weitaus mehr als nur eine unter vielen charmanten Eigenschaften der Fotografie; es war einer der Hauptgründe, überhaupt Fotos zu machen. Mit der Lupe bewaffnet konnte man fest damit rechnen, unvorhergesehene Entdeckungen zu machen. War das unbeabsichtigt festgehaltene Ziffernblatt einer Uhr, wie bei Talbot beschrieben, ein zwar vielleicht kurioses, aber letztlich doch nur nebensächliches Detail gewesen, so entdeckte man nun Dinge, die, zuvor völlig unbemerkt, auf einmal in den Rang des Hauptgegenstandes aufstiegen. Die Berichte, in denen von solchen Ereignissen die Rede war, häuften sich. Die Fotografie schien einen neuen Blick auf die Welt zu ermöglichen. Weil sie „absolut unerschöpflich" war, versprach sie immer neue Funde.[6]

Mir ist es an dieser Stelle wichtig zu betonen, dass diese Eigenschaften erst einmal auf argumentativer Ebene existierten. Nicht jedes fotografische Bild war detailgenau, und nicht auf jedem konnte man etwas entdecken. Die Fähigkeit, unerwartete Gegenstände zum Vorschein zu bringen, war eher ein Versprechen, ein Potenzial, das man durch den richtigen Gebrauch der Fotografie noch aktivieren musste. Und es war gerade diese Potenzialität, die viele frühe Anwender der Fotografie faszinierte. Dafür spricht auch, dass Ruskin im genannten Brief nicht weiter darauf einging, was er auf den Daguerreotypien vom Markusplatz entdeckt hatte; viel interessanter war für ihn, dass die Fotografie überhaupt solche Entdekkungen ermöglichte.

Im Folgenden wird es mir darum gehen, welche Folgen das Narrativ der Fotografie als Instrument der Entdeckung für den Umgang mit ihr hatte. Dieses Narrativ erzeugte hohe Erwartungen: man rechnete damit, auf Fotografien etwas zu entdecken. Dies wiederum führte dazu, dass bestimmten Praktiken geradezu erzwungen wurden – eine davon war die nachträgliche Betrachtung der Bilder mit der Lupe. In den beiden folgenden Fallstudien waren die Gegenstände, die man dort entdeckt, allerdings von äußerster Fragilität. An ihnen lässt sich daher exemplarisch zeigen, wie der fotografische Referent hervorgebracht und stabilisiert wurde.

2. EIN ANDERER BLICK – BARON GROS IN GRIECHENLAND (1850)

Im Jahre 1850 hielt sich der französische Diplomat Jean-Baptiste Louis Baron Gros in Athen auf. Doch fast noch mehr als die diplomatische Mission am Hofe Ottos I. scheint ihn in dieser Zeit eine andere Leidenschaft beschäftigt zu haben: die Daguerreotypie. Mehr als achtzig Aufnahmen machte er in Athen, darunter eine der Propyläen auf der Akropolis (Abb. 2).[7] Im Vordergrund dieser Fotografie liegen Versturz, Fragmente und Geröll zwischen den Sträuchern auf dem Boden. Durch die teils noch stehenden, teils bereits wieder aufgerichteten Säulenreihen hindurch lässt sich die weite, noch unbebaute attische Ebene erahnen – die griechische Hauptstadt war damals eine Kleinstadt mit nur wenigen tausend Einwohnern.

Baron Gros war zu diesem Zeitpunkt längst ein routinierter Reisender und Fotograf. Als Gesandter war er in Kairo, Mexiko-Stadt und Bogotá gewesen. Während seiner Zeit in Amerika hatte er sich zunächst als Maler betätigt und Landschaften oder antike Bauwerke wie die Sonnenpyramide in Teotihuacán in Öl festgehalten. Doch bereits kurz nach der öffentlichen Präsentation der Daguerreotypie 1839 scheint er sich ganz dem neuen Medium gewidmet zu haben. Seine Aufnahmen aus Bogotá von 1842 gelten als die ersten Fotografien Kolumbiens.[8] Bis heute wird Gros als einer der technisch versiertesten frühen Fotografen beschrieben, als jemand, der den Prozess der Daguerreotypie „vollständig unter Kontrolle“ gehabt habe.[9] Seine Zeitgenossen nannten ihn den „Napoléon de la plaque“[10] – und spielten damit wohl nicht nur auf seinen Perfektionismus, sondern auch auf seine ausgedehnten Reisen an, bei denen er, gleich fotografischen Feldzügen, mit seiner Kamera die Schätze fremder Länder als Beute zurückbrachte.

Die Reisefotografie wurde um die Mitte des 19. Jahrhunderts als eine Möglichkeit verstanden, den bereisten Ort mit nach Hause zu nehmen, um ihn dort virtuell immer wieder bereisen zu können. Als Baron Gros aus Athen nach Paris zurückgekehrt sei, so hieß es, habe er seine Reise mit sich genommen: „Wenn man Griechenland sehen möchte, muss man nichts anderes machen, als seine große Sammlung von Aufnahmen mit dem Blick zu durchwandern.“[11] Von dieser Möglichkeit scheint vor allem auch der Baron selbst Gebrauch gemacht zu haben. Denn im Februar 1851 berichtete Francis Wey in *La Lumière* von einer Entdeckung auf der Daguerreotypie der Propyläen, die ein weiteres eindrückliches Beispiel für die erstaunlichen Fähigkeiten der Fotografie zu sein schien. Als Gros die Aufnahme gemacht habe, so erzählt Wey, seien vor Ort Ruinen, skulptierte Steine, Fragmente jeglicher Art verstreut gewesen. Zurück in Paris habe der Baron eine Lupe zur Hilfe genommen und sich die Trümmer im Vordergrund seines Bildes noch einmal genauer angesehen. „Plötzlich, dank des Vergrößerungsglases, entdeckte er auf einem Stein eine antike und sehr merkwürdige Figur, die ihm bis dahin entgangen war.“ Es habe sich um einen Löwen, der eine Schlange frisst, gehandelt – aus einer derart vergangenen Zeit stammend, dass man dieses einzigartige Monument der „ägyptischen Epoche“

zurechnen müsse. „Das Mikroskop hat es erlaubt, dieses wertvolle Dokument zu bergen, das von der Daguerreotypie enthüllt wurde – siebenhundert Meilen von Athen entfernt.“[12]

Aus den unübersichtlich aufgehäuften Trümmern war damit auf der Fotografie unverhofft ein einzelnes Objekt isoliert worden. Für Wey bewies die Anekdote daher vor allem, dass man Fotografien nicht nur „wie die Natur selbst“ untersuchen, sondern dabei auch jederzeit Dinge entdecken könne, die im Gelände unbemerkt geblieben waren. Die Lupe spielte dabei eine entscheidende Rolle. Ganz offensichtlich bedurfte die Fotografie eines weiteren Mediums, um ihre Fähigkeiten auszuspielen. Der französische Fotohistoriker André Gunthert hat in diesem Zusammenhang bemerkt, dass die Lupe genau jene winzigen, unwillkürlich aufgezeichneten Details sichtbar machte, welche das deutliche Zeichen dafür waren, dass sich die Fotografie von allen manuell hergestellten Bildmedien grundsätzlich unterschied. Die Benutzung der Lupe habe einen anderen Blick erzeugt: mit ihr sah

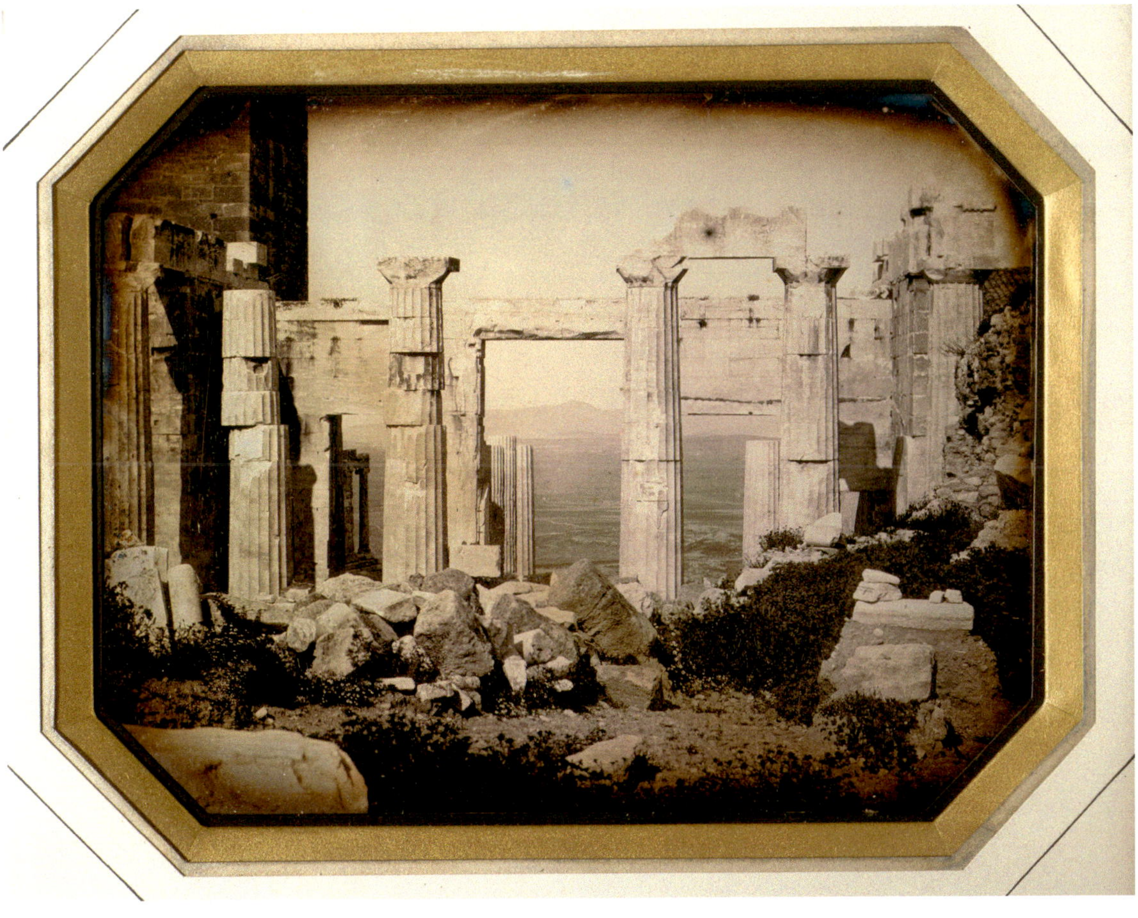

2: Jean-Baptiste Louis Baron Gros, Ansicht der Propyläen, Akropolis, Athen, Mai 1850, Daguerreotypie, ca. 15 × 20 cm, Canadian Center for Architecture (CCA), Montreal.

man nicht mehr als Ästhet, sondern wie ein Naturforscher auf die fotografischen Bilder.[13]

Nun kann man auf Gros' Daguerreotypie der Propyläen tatsächlich das Relief eines Raubtieres auf einem Stein im Bildvordergrund entdecken (Abb. 3).[14] Wenn man davon ausgeht, dass es sich hierbei um das beschriebene Relief handelt (und die Geschichte von der nachträglichen Entdeckung stimmt), so fragt man sich unweigerlich: Wie kommt es, dass Gros das Relief, das ja weder besonders klein noch zwischen Trümmern versteckt ist, vor Ort übersah, es ihm aber auf dem Bild, wo es ganz am Rand und von Gestrüpp halb verdeckt liegt, auffiel? Wie also war der andere Blick, den die Fotografie erzeugte, beschaffen? Offenbar ging die nachträgliche Betrachtung von Fotografien mit einer bemerkenswerten Verschiebung der Aufmerksamkeit einher. Durch sie wurde die Hierarchie von Haupt- und Nebensächlichem, so ist zeitgenössischen Berichten immer wieder zu entnehmen, durcheinandergebracht. „Der Rand des Bildes ist genauso interessant wie das Zentrum", verwunderte sich Delacroix über die Fotografie, und: „Das Beiwerk ist so entscheidend wie der Hauptgegenstand; meist fällt es zuerst auf und brüskiert den Blick."[15] Delacroix vergleicht als Maler die Fotografie hier mit Gemälden, in denen der Bild-

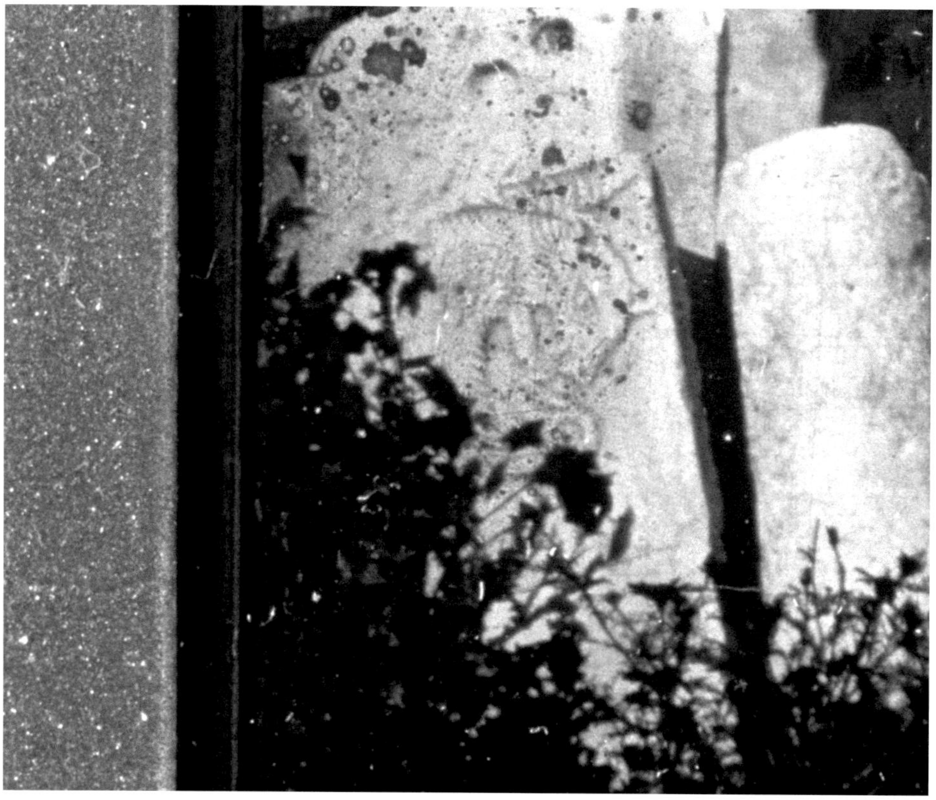

— 3: Jean-Baptiste Louis Baron Gros, Ansicht der Propyläen, Akropolis, Mai 1850, Daguerreotypie, ca. 15 × 20 cm, Canadian Center for Architecture (CCA), Montreal, Detail.

rand zu seiner Zeit noch keineswegs so wichtig sein konnte wie das Zentrum, und in denen die Hauptgegenstände vom Nebensächlichen klar zu unterscheiden waren. Am Erstaunen Delacroix', an den „brüskierenden" Details, die sich seinem Blick in den Weg stellten und seine ganze Aufmerksamkeit forderten, kann man also deutlich erkennen, auf welch radikale Weise die Fotografie die Wahrnehmung veränderte. So kann man vermuten, dass der Blick des Baron Gros vor Ort von den beeindruckenden Tempelanlagen der Akropolis gefesselt war, die ja auch im Zentrum seiner Fotografie stehen. Für den überall herumliegenden Schutt hatte er hingegen kaum einen flüchtigen Blick übrig. Doch die Möglichkeit, seine Fotografie später noch einmal genauer anzusehen, lenkte seine Aufmerksamkeit um – von den Hauptsachen zu den Details, vom Bildzentrum zum Bildrand, von den wiederaufgerichteten, monumentalen Säulen zum unscheinbaren Schutt. Natürlich griff er nicht zufällig zur Lupe: man konnte ja, wie gesagt, damit rechnen, Unerwartetes zu finden, und auch Gros rechnete damit. Ziemlich sicher durchsuchte er alle seiner achtzig Daguerreotypien aus Athen nach auffälligen Details.

Walter Benjamin hat das, viel später, als den Zwang beschrieben, den jeder Betrachter von Fotografien unwiderstehlich spüre und der ihn dazu nötige, „in solchem Bild das winzige Fünkchen Zufall, Hier und Jetzt, zu suchen, mit dem die Wirklichkeit den Bildcharakter gleichsam durchsengt hat, die unscheinbare Stelle zu finden, in welcher, im Sosein jener längstvergangenen Minute das Künftige noch heut und so beredt nistet, daß wir, rückblickend, es entdecken können."[16] Philippe Dubois hat vermutet, dass sich Roland Barthes von dieser Stelle zu seinem Punctum hat anregen lassen.[17] Gemeinsam jedenfalls ist beiden, Benjamin und Barthes, dass sie darauf bestehen, dass man Fotos auf eine besondere Art anschaut, dass es „rückblickend" Nebensächlichkeiten sind, die einen fesseln, die eben dadurch, dass sie fotografiert werden, zur Hauptsache werden können.

Der Fall des Baron Gros zeigt, dass die Lupe für diese Art der suchenden Betrachtung ein ideales Instrument war. Sie sei für die Fotografie, was das Teleskop für die Natur sei, schrieb Samuel Morse 1839.[18] Francis Wey hat das mit dem Begriffspaar „révéler" und „relever" beschrieben: Die Fotografie enthüllt etwas, das dann jedoch nur latent vorhanden ist und in einem zweiten Schritt mittels der Lupe noch geborgen werden muss.[19] Die Analogie von Teleskop und Lupe ist tatsächlich aufschlussreich: wie uns weitentfernte Sterne ohne das Teleskop „wesentlich verborgen waren",[20] sind uns offenbar auch die fotografischen Objekte nicht unmittelbar gegeben. Natürlich ist das Relief da – so, wie auch die neuen Sterne, die man durch ein Fernrohr entdeckt, da sind. Was das Relief dabei von den Sternen unterscheidet, ist, dass man es auch ohne Fotografie und Lupe hätte finden können. Doch der interessante Umstand ist ja gerade, dass dies nicht passiert ist. Für die Entdeckung des Reliefs (das hier nur stellvertretend für viele andere fotografische Objekte steht), war es keineswegs gleichgültig, ob man die Natur selbst oder ihre Fotografie untersuchte. Vor Ort handelte es sich um irgendeinen Stein, um nicht mehr als ein Bruchstück inmitten der Trümmer – kaum etwas, das die Aufmerksamkeit auf sich gelenkt hätte. Auf dem Bild hingegen ist es auf einmal ein definiertes Objekt, das sich beschreiben lässt, und dem dadurch eine Bedeutung zukommt. In gewisser Weise könnte man sagen, dass das Relief des Löwen, der eine Schlange frisst, nur auf der Daguerreotypie des Baron Gros' existierte.

Dafür spricht auch, dass die Altertumswissenschaftler seiner Zeit diesem Relief keine weitere Bedeutung geschenkt haben. Es hat keine Spuren in der archäologischen Fachliteratur hinterlassen. Vielleicht war der Stein zu dem Zeitpunkt, als Gros ihn entdeckte, bereits auf dem Schutthaufen entsorgt worden. Die Verfechter der Fotografie in Frankreich aber scheint das nicht weiter gestört zu haben. So paradigmatisch erschien ihnen die Geschichte von Gros' Entdeckung, dass sie sie immer wieder aufs Neue erzählten. Wie schon bei Ruskins virtuellem Spaziergang auf dem Markusplatz ging es dabei nicht darum, was genau entdeckt wurde – sondern um die Tatsache, dass die Fotografie überhaupt zu solchen Entdeckungen in der Lage war. In den Veröffentlichungen von Ernest Lacan, Mayer & Pierson oder Rodolphe Radau wurde Gros' Geschichte zum Beweis für das Vermögen der Fotografie, nachträglich Gegenstände zugänglich zu machen und so die unzureichende menschliche Wahrnehmung zu vervollkommnen.[21]

3. DAS (BEINAHE) EINGELÖSTE VERSPRECHEN – JANSSEN UND DIE PHOTOSPHÄRE (1877)

Im Laufe der 1870er Jahre wurden die Hoffnungen auf immer neue wissenschaftliche Anwendungsbereiche der Fotografie durch eine Reihe von Erfolgen genährt. Besonders in der Astronomie zeigte sich, dass die strikte Kontrolle des fotografischen Prozesses zu unerwarteten Entdeckungen führte. So hatte der französische Astronom Jules Janssen (1824–1907) herausgefunden, dass ein Teil des Sonnenspektrums im Bereich der Fraunhoferlinie G – sie liegt im violetten Bereich des Lichts – besonders intensiv auf die Silbersalze der fotografischen Schicht wirkte.[22] Aufnahmen der Sonnenoberfläche mit sehr kurzen Belichtungszeiten führten daher zu Bildern, die fast ausschließlich dieses schmale Band des Spektrums repräsentierten. Die gefürchteten chromatischen Aberrationen, die durch das unterschiedliche Brechungsverhalten von Lichtstrahlen verschiedener Wellenlänge verursacht wurden, konnten so beinahe vollständig vermieden werden. Das Ergebnis waren Fotografien der Sonne, die sowohl die Sonnenflecken als auch die sogenannte Granulation der Photosphäre in ungewohnter Deutlichkeit zeigten (Abb. 4).[23]

An Janssens Bildern lässt sich der fragile Status des fotografischen Referenten besonders gut nachvollziehen. Die Fotografie führte weniger zu einem klareren Blick auf Phänomene, die man ohnehin schon kannte; sie erlaubte vielmehr Beobachtungen, die durch sie überhaupt erst möglich wurden. Denn beim genauen Analysieren und Vergleichen der Fotografien – ein Prozess der, wie Janssen betonte, viele Monate in Anspruch nehmen konnte, während die Bilder selbst doch in nur einer dreitausendstel Sekunde entstanden waren – stieß Janssen auf Bereiche von

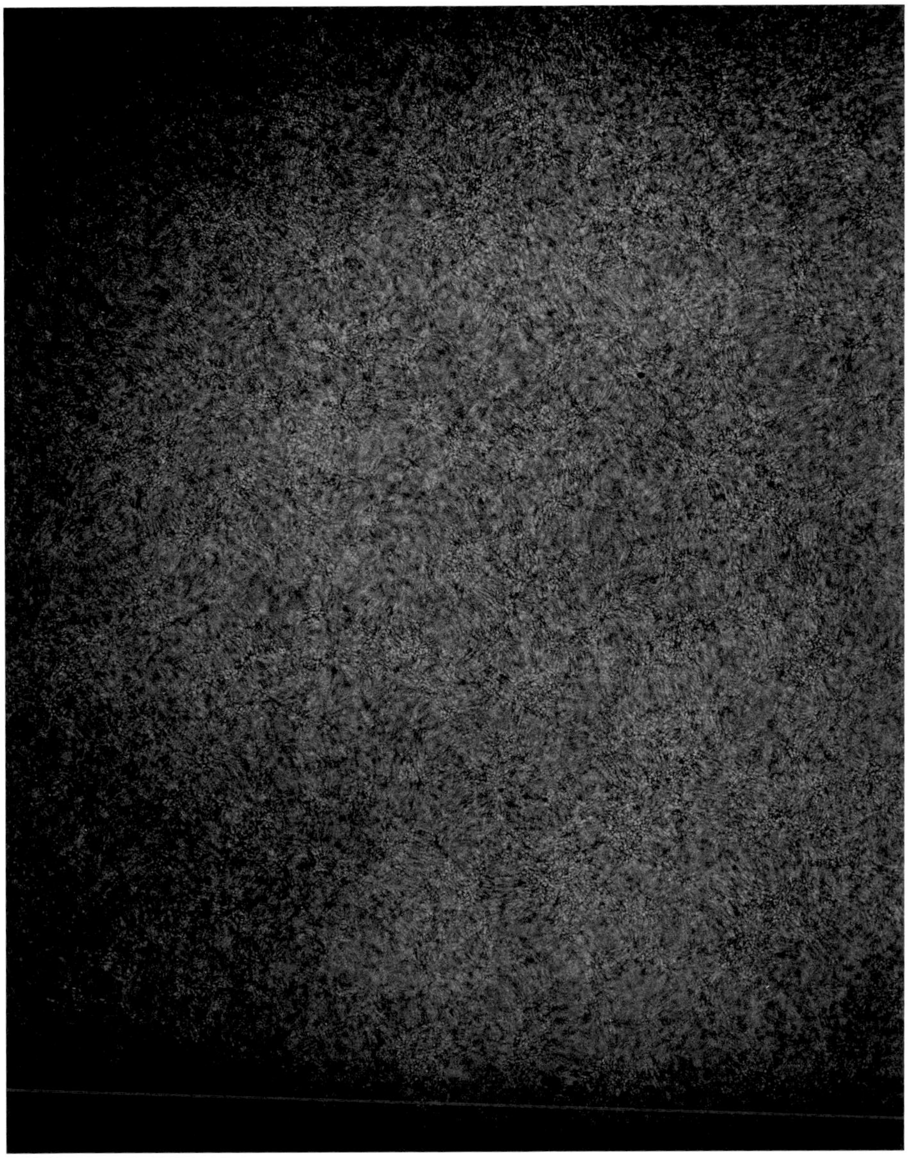

4: Jules Janssen, Réseau moyen, Aufnahme der Sonnenoberfläche (Photosphäre), 30. Sept. 1879, Karbon-Abzug von Kollodium-Glasnegativ, 32 × 30 cm.

Unschärfe auf der Sonnenoberfläche, die nur über kurze Zeit konstant blieben (Abb. 5).

Zusammen bildeten diese Bereiche ein polygonales Muster, das Janssen „réseau photosphérique" nannte und das ihm auf die starke und regelmäßige Aktivität der Photosphäre hinzudeuten schien. Mit den bisherigen Beobachtungsmethoden, so teilte er der Académie des Sciences mit, habe man die Unschärfen zwar bereits sehen können, nicht aber, dass sie zu einem System gehörten:

> „Das *réseau photosphérique* hätte mit den optischen Mitteln, die für die Betrachtung der Sonne eingesetzt werden, nicht entdeckt werden können. Tatsächlich muss man, um es auf den Abzügen ausmachen zu können, Lupen einsetzen, die es erlauben, eine gewisse Ausdehnung des fotografischen Bildes zu erfassen. Wenn die Vergrößerung gut geeignet ist, der Abzug sauber ist und vor allem, wenn er eine angemessene Belichtung erhalten hat, dann sieht man, dass die Granulation nicht überall die gleiche Schärfe besitzt [...]."[24]

Da war sie also wieder, die Lupe: sie erlaubte es, den Bildern Antworten zu entreißen, ohne dass man sich zuvor überhaupt über seine Fragen hätte im Klaren sein müssen. Niemand hatte wohl mit einem „réseau photospherique" gerechnet, aber nun war es unbestreitbar da und verlangte nach Deutung. Fast mehr noch als über die Aktivität der Sonnen schien es allerdings über die großartigen Fähigkeiten der Fotografie Auskunft zu geben. Endlich einmal sah es so aus, als ob das Versprechen der Fotografie eingelöst worden wäre. Die Entdeckung des „réseau photospherique" sei das bisher wichtigste Resultat der astronomischen Fotografie, urteilten

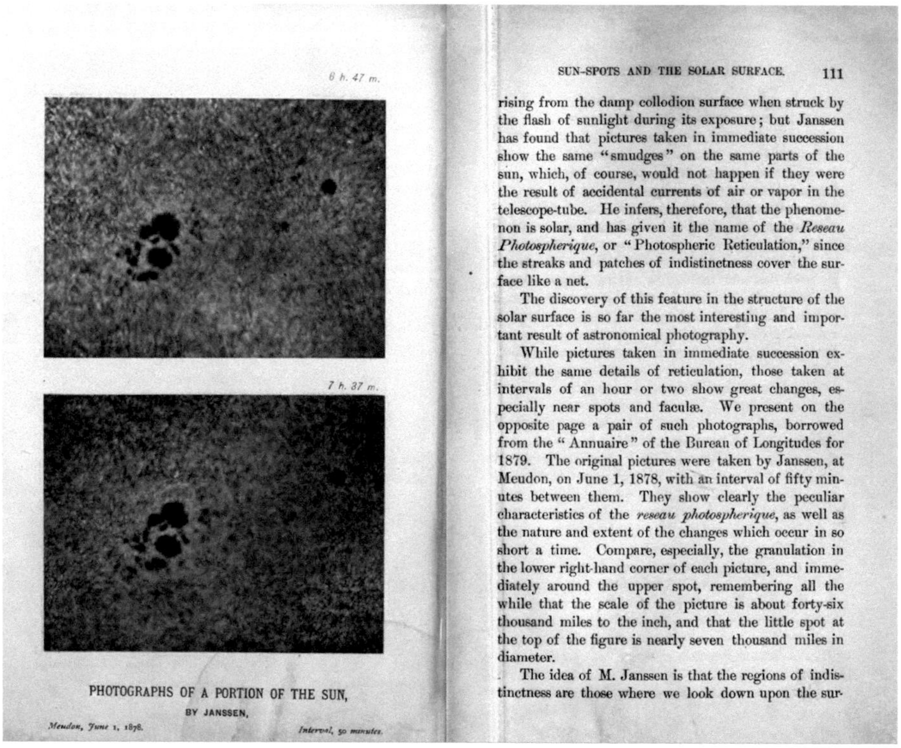

SUN-SPOTS AND THE SOLAR SURFACE. 111

rising from the damp collodion surface when struck by the flash of sunlight during its exposure; but Janssen has found that pictures taken in immediate succession show the same "smudges" on the same parts of the sun, which, of course, would not happen if they were the result of accidental currents of air or vapor in the telescope-tube. He infers, therefore, that the phenomenon is solar, and has given it the name of the *Reseau Photospherique*, or "Photospheric Reticulation," since the streaks and patches of indistinctness cover the surface like a net.

The discovery of this feature in the structure of the solar surface is so far the most interesting and important result of astronomical photography.

While pictures taken in immediate succession exhibit the same details of reticulation, those taken at intervals of an hour or two show great changes, especially near spots and faculæ. We present on the opposite page a pair of such photographs, borrowed from the "Annuaire" of the Bureau of Longitudes for 1879. The original pictures were taken by Janssen, at Meudon, on June 1, 1878, with an interval of fifty minutes between them. They show clearly the peculiar characteristics of the *reseau photospherique*, as well as the nature and extent of the changes which occur in so short a time. Compare, especially, the granulation in the lower right-hand corner of each picture, and immediately around the upper spot, remembering all the while that the scale of the picture is about forty-six thousand miles to the inch, and that the little spot at the top of the figure is nearly seven thousand miles in diameter.

The idea of M. Janssen is that the regions of indistinctness are those where we look down upon the sur-

— 5: Doppelseite mit Reproduktionen von zwei Fotografien der Sonnenoberfläche von Jules Janssen vom 1. Juni 1878, die das réseau photosphérique zeigen sollen. Erst im Vergleich wird deutlich, was auf den Fotos zu sehen ist.

Fachkollegen.[25] Und auch Janssen selbst sah seine Entdeckung als vielversprechenden Ausgangspunkt für weitere Versuche an. Die Fotografie sei von nun an in der Lage, schrieb er, die wichtigsten Tatsachen über die Sonne zu enthüllen und damit die großen Fragen nach der Konstitution des Universums zu lösen.[26]

Ein Abzug, den Janssen den Mitgliedern der *Société française de photographie* (SFP) am 18. Dezember 1877 präsentierte, macht allerdings deutlich, dass die Fotografie bei ihren Enthüllungstätigkeiten auf Unterstützung angewiesen war (Abb. 6). Eigenhändig hat Janssen darauf die Umrandungen des „réseau" eingetragen und so die scharfen von den verschwommenen Bezirken optisch getrennt. So machte er wahrscheinlich nicht nur seinem Publikum, sondern auch sich selbst seine Entdek-

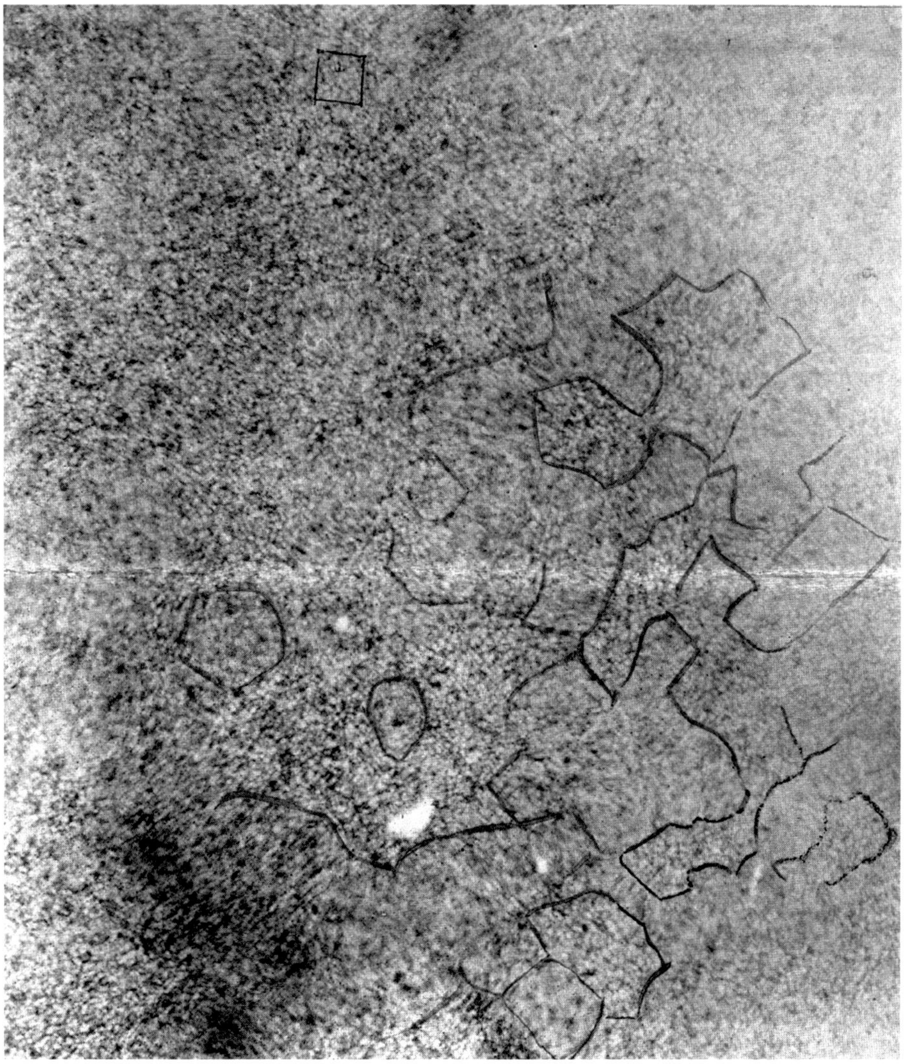

— 6: Jules Janssen, Variations du réseau photosphérique, 1877, Albumin-Abzug von Kollodium-Glasnegativ, ca. 22 × 21 cm. Auf dem Abzug hat Janssen die polygonalen Begrenzungslinien des réseau von Hand eingezeichnet.

kung deutlich. Eindeutig jedenfalls schien das, was die Fotografien zeigten, nicht gewesen zu sein. Durch die Übertragung der fotografischen Spuren in mehr oder weniger geometrische Linien versuchte Janssen, dennoch Eindeutigkeit herzustellen. So wie hier führte oftmals erst das Zusammenspiel verschiedener Medien und Bildpraktiken zu Resultaten. Fotografie und Zeichnung waren dabei weniger Konkurrenten als Verfahren mit je eigenen Funktionen, die sich im Verlauf der wissenschaftlichen Arbeit ergänzten.

Noch zu Anfang des 20. Jahrhunderts debattierte man über den Ursprung des *réseau*. Nun wurden allerdings nicht mehr solare Phänomene dafür verantwortlich gemacht, sondern Störungen der Erdatmosphäre oder im Inneren der Teleskope.[27] Mit den üblichen Konzepten von Indexikalität lässt sich der fotografische Gegenstand „réseau photopherique" jedenfalls nicht fassen: Auf den einzelnen Aufnahmen zunächst nicht vorhanden, kristallisierte er sich erst nachträglich durch bestimmte Bildpraktiken heraus; für einige Jahre existierte er dann und konnte auf neuen Aufnahmen auch wiedergefunden werden. Anfang des 20. Jahrhunderts, als man die Ursache für die unscharfen Areale genauer kannte, verschwand er wieder. Die Fotografien waren in dieser Zeit (abgesehen von Alterungsprozessen, die hier aber keine Rolle spielen) physikalisch dieselben geblieben – worauf sie allerdings referierten, welche Objekte auf ihnen zu sehen waren, hatte sich mehrfach geändert.

„Alle Chemiker, alle Gelehrten, alle guten Bürger werden zu verzückten Experimentatoren, wenn sie erwartungsvoll die vom Licht geschwärzte Platte befragen", schrieben Mayer und Pierson 1862 in *La photographie considérée comme art et comme industrie*.[28] Auch Janssen hat sich wohl von der Fotografie ein wenig verzücken lassen. Ihre epistemischen Qualitäten kamen allerdings erst in einer solch experimentellen, explorativen Praxis zum Tragen.[29] Die Fotografie des 19. Jahrhunderts, die Gegenstand ständiger Variationen und Versuche in den Aufnahmeverfahren und -materialien war, muss man wohl als ein großes Experiment mit offenem Ausgang verstehen.[30] Kein Wunder, dass sie mit ihrer Affinität zum Unvorhergesehenen sowohl in den Experimental- als auch in den Beobachtungswissenschaften große Erwartungen hervorrief. Viel Erfahrung und Arbeit war dabei notwendig, um Entdeckungen zu ermöglichen: Neben der Anwendung der geeigneten Emulsionen, Belichtungszeiten, Objektive und Vergrößerungen war manchmal das monatelange Durchforsten der Bilder „in all ihren Details"[31] mit den gerade richtigen – nicht zu starken, nicht zu schwachen – Lupen erforderlich, zudem das Einzeichnen von Linien, vielleicht auch noch das Übertragen in druckfähige Vorlagen.[32] Das Unerwartete war eben nur latent vorhanden, wie überhaupt die Bilder mit der Aufnahme noch lange nicht fertig waren. Erst nachträglich erwies sich, was auf ihnen eigentlich zu sehen war.

In der berühmt gewordenen Metapher Janssens, welche die Fotografie als „wahre Netzhaut des Gelehrten" beschreibt, sind natürliches Sehen und Übertrumpfung desselben gleichermaßen enthalten.[33] Fotografien stellten einen Unterschied zum Augeneindruck her, vermittelten aber gleichzeitig den Eindruck, dass man die Natur selbst vor sich habe. Zwar musste man manchmal an sehr vielen kleinen Rädchen drehen, bis ein Gegenstand zum Vorschein kam – Rädchen, welche die Medialität und auch die zuweilen recht störrische Materialität der Fotografie unübersehbar machten –, aber sobald ein Ergebnis vorlag, schienen Medium und Material auf geheimnisvolle Weise zu verschwinden und einen unverstellten Blick auf die Phänomene zu ermöglichen; einen Blick allerdings, der mit den herkömmlichen Modi des Sehens nicht mehr viel gemein hatte.

„Die Rolle der Fotografie ist nicht auf die wahrheitsgetreue Wiedergabe von Details beschränkt", schrieb Radau angesichts Janssens Aufnahmen von der Photosphäre. „Wenn sie sich in fähigen Händen befindet, kann sie ein Instrument der Entdeckungen werden."[34] Umso besser, wenn die gleichen Hände dabei auch eine Lupe hielten.

ANMERKUNGEN

1 Brief vom 15.10.1845, zitiert nach Harold I. Shapiro (Hg.), *Ruskin in Italy. Letters to his Parents, 1845* (Oxford: Clarendon Press, 1972), 224. Zu Ruskins Reise siehe im selben Band Shapiro, „Introduction", xiii–xxii.

2 John Ruskin, *Præterita*, 3 Bde, 2. Bde. (London: G. Allen, 1907), 206. Zu Ruskins Verhältnis zur Fotografie siehe u. a. Michael Harvey, „Ruskin and Photography", in *Oxford Art Journal* 7, Nr. 2 (1984), 25–33; Wolfgang Kemp, „Architektur-Aufnahme am Übergang von der Zeichnung zur Fotografie. Das Beispiel Ruskin", in *Marburger Jahrbuch für Kunstwissenschaft* 20 (1981), 55–62; Stephen Wildman (Hg.), *Ruskin and the Daguerreotype* (Lancaster: Ruskin Library, 2006).

3 Ludwig Schorn und Eduard Kolloff, „Der Daguerreotyp" [1839], in Wolfgang Kemp (Hg.), *Theorie der Fotografie I, 1839–1912* (München: Schirmer/Mosel, 1980), 56–57.

4 Siehe dazu André Gunthert, „La boîte noire de Daguerre", in Dagmar Rolf und Quentin Bajac (Hg.), *Le daguerréotype français. Un objet photographique* (Paris: Réunion des Musées Nationaux, 2003), 34–40 sowie das Kapitel „Detail" in Timm Starl, *Kritik der Fotografie* (Wien: 2008 f.), http://www.kritik-der-fotografie.at (Abruf 24.07.2013). Auch erschienen in: Timm Starl, *Kritik der Fotografie* (Marburg: Jonas Verlag, 2012).

5 William Henry Fox Talbot, *The Pencil of Nature* (London: Longman, Brown, Green & Longmans, 1844–1846 [Reprint: New York 1969]), hier zitiert nach: http://www.thepencilofnature.com/plate-13-queens-college-oxford (Abruf 24.07.2013).

6 Oliver Wendell Holmes, „Das Stereoskop und der Stereograph" [1859], in Wolfgang Kemp (Hg.), *Theorie der Fotografie I, 1839–1912* (München: Schirmer/Mosel, 1980), 117.

7 Siehe dazu Geoffrey Batchen, „Light and Dark. The Daguerreotype and Art History", in *The Art Bulletin* 86, Nr. 4 (2004), 768. Ich habe diesen Fall ausführlicher behandelt in: Jan von Brevern, „Fotografische Gegenstände unter der Lupe", in Iris Höger, Christine Oldörp und Hanna Wimmer (Hg.), *Mediale Wechselwirkungen* (Berlin: Reimer, 2013), 168–183. Siehe auch die Analyse von Sabine Slanina, „Die Negation der Linie: Delacroix' Zeichnungen nach Fotografien", in Werner Busch, Oliver Jehle und Carolin Meister (Hg.), *Randgänge der Zeichnung* (München: Fink, 2007), 145. – An dieser Stelle möchte ich Marion Meyer (Wien) und Undine Stabrey (Basel) für ihre zahlreichen Hinweise in archäologischen Fragen danken.

8 Rodrigo Orrantia, *Tres estudios sobre fotografía de viaje* (Dissertation: National University of Colombia, Bogotà, 2004), http://snapshot-journal.com/london/in-search-of-baron-gros (Abruf 06.10.2009).

9 Batchen, „Light and Dark" (siehe Anm. 7), 768.

10 Paul Périer, „Exposition universelle. 5e Article – Photographes français", in *Bulletin de la Société française de photographie* 1 (1855), 268.

11 Ernest Lacan, *Esquisses photographiques* (Paris: Grassart, 1856), 19.

12 Francis Wey, „De l'influence de l'héliographie sur les beaux-arts", *La Lumière* 1, Nr. 1/2 (09.02.1851), 3.

13 André Gunthert, „La boîte noire de Daguerre" (siehe Anm. 4), 38.

14 Obwohl dieses Bild schon einige Mal reproduziert worden ist, ist das Relief bisher offenbar unentdeckt geblieben; auf meine Bitte hin hat sich Nathalie Roy vom CCA in Montréal das Bild genauer angesehen und das Detail gefunden.

15 „Le bord du tableau est aussi intéressant que le centre. [...] L'accessoir est aussi capital que le principal; le plus souvent, il se présente le premier et offusque la vue." Eugène Delacroix, Tagebucheintrag vom 01.09.1859, zitiert nach André Rouillé (Hg.), *La Photographie en France. Textes et Controverses: une Anthologie 1816–1871* (Paris: Macula, 1989), 270.

16 Walter Benjamin, „Kleine Geschichte der Photographie" [1931], in id., *Das Kunstwerk im Zeitalter seiner technischen Reproduzierbarkeit* (Frankfurt a. M.: Suhrkamp, 1963), 50.

17 Philippe Dubois, *Der fotografische Akt. Versuch über ein theoretisches Dispositiv*, hg. von Herta Wolf, übersetzt von Dieter Hornig (Dresden: Verlag der Kunst, 1998), 50; Roland Barthes, *Die helle Kammer. Bemerkungen zur Photographie*, übersetzt von Dietrich Leube (Frankfurt a. M.: Suhrkamp, 1985).

18 Siehe dazu auch François Brunet, „Samuel Morse, ‚père de la photographie américaine'", in *Études photographiques* 9, Nr. 15 (2004), 4–30, http://etudesphotographiques.revues.org/393 (Abruf 24.07.2013).

19 Francis Wey, „De l'influence de l'héliographie sur les beaux-arts" (siehe Anm. 12).

20 Hans Blumenberg, „Das Fernrohr und die Ohnmacht der Wahrheit", in id. (Hg.), *Galileo Galilei. Sidereus Nuncius. Nachricht von neuen Sternen* (Frankfurt a. M.: Suhrkamp, 1980), 15.

21 Ernest Lacan, *Esquisses photographiques* (siehe Anm. 11), 19; Léopold Ernest Mayer und Pierre-Louis Pierson, *La photographie considérée comme art et comme industrie. Histoire de sa découverte, ses progrès, ses applications – son avenir* (Paris: Hachette, 1862), 165; Rodolphe Radau, *La Photographie et ses applications scientifiques* (Paris: Gauthier-Villars, 1878), 42.

22 Auf diesen Fall bin ich durch den Aufsatz von André Gunthert gestoßen: André Gunthert, „La rétine du savant. La fonction heuristique de la photographie", in *Études photographiques* 5, Nr. 7 (2000), 28–48, http://etudesphotographiques.revues.org/205 (Abruf 24.07.2013). Siehe dazu auch: Françoise Launay, „Jules Janssen et la photographie", in Quentin Bajac und Agnès de Gouvion Saint-Cyr (Hg.), *Dans le champ des étoiles. Les photographes et le ciel, 1850–2000* (Paris: Réunion des Musée Nationaux, 2000), 22–31. Ich danke Françoise Launay für ihre hilfreichen Hinweise zu Janssens Fotografien.

23 Charles Augustus Young, *The Sun* (New York: D. Appleton & Co., 1888 [1881]), 59.

24 Jules Janssen, „Note sur des faits nouveaux touchant la constitution du Soleil, révélés par la photographie", in *Bulletin de la Société française de photographie* 24 (1878), 24.

25 Siehe etwa Young, *The Sun* (siehe Anm. 23), 111.

26 Janssen, „Note sur des faits nouveaux" (siehe Anm. 24), 25. Andere Astronomen sahen die Nützlichkeit der Astrofotografie schon früher unter Beweis gestellt, etwa durch Warren de la Rues Aufnahmen von Protuberanzen während der Sonnenfinsternis vom 18.07.1860; siehe etwa das Kapitel „Die astronomische

Fotografie" in Johann Heinrich Mädler, *Geschichte der Himmelskunde von der ältesten bis auf die neuste Zeit*, Bd. 2 (Braunschweig: Westermann, 1873), 237–243.

27 Siehe etwa S. Chevalier, „Contribution to the Study of the Photosphere", in *Astrophysical Journal* 27 (1908), 12–24.

28 Mayer und Pierson, *La photographie* (siehe Anm. 21), 42.

29 Zu diesem Begriff vgl. Friedrich Steinle, *Explorative Experimente. Ampère, Faraday und die Ursprünge der Elektrodynamik* (Stuttgart: Steiner, 2005).

30 Zur frühen Fotografie als Experiment siehe H. Otto Sibum, „Latente Bilder. Optische Praktiken und die Natur der Wärme im frühen Viktorianischen England", in Werner Busch (Hg.), *Verfeinertes Sehen* (München: Oldenbourg, 2008), 185–201: 189. Auch Talbot hat die Fotografie in seinem *Pencil of Nature* vielfach als „Experiment" bezeichnet. Siehe dazu auch Carol Armstrong, *Scenes in a library. Reading the photograph in the book, 1843-1875* (Cambridge: MIT Press, 1998), bes. Kap. 1.

31 Jules Janssen, „Note sur des faits nouveaux" (siehe Anm. 24), 23.

32 Zu den zahlreichen Schwierigkeiten, die beim Drucken astronomischer Bilder auftraten, siehe: Alex Soojung-Kim Pang, „Technologie und Ästhetik der Astrofotografie", in Peter Geimer (Hg.), *Ordnungen der Sichtbarkeit. Fotografie in Wissenschaft, Kunst und Technologie* (Frankfurt a. M.: Suhrkamp, 2002), 100–141.

33 Zu dieser Metapher siehe André Gunthert, „La rétine du savant" (siehe Anm. 22); Christoph Hoffmann, „Zwei Schichten. Netzhaut und Fotografie 1860/1890", in *Fotogeschichte* 21, Nr. 81 (2001), 21–38. Siehe dazu auch Herta Wolf, „Die Divergenz von Aufzeichnen und Wahrnehmen. Ernst Machs erste fotografiegestützte Experimente", in Christoph Hoffmann und Peter Berz (Hg.), *Über Schall. Ernst Machs und Peter Salchers Geschoßfotografien* (Göttingen: Wallstein, 2001), 289–314.

34 Radau, *La Photographie et ses applications scientifiques* (siehe Anm. 21), 16–17.

BILDNACHWEISE

1: K. & J. Jacobson, Essex, Courtesy of K. & J. Jacobson, UK.
2–3: Canadian Center for Architecture (CCA), Montreal.
4 aus: Quentin Bajac und Agnès de Gouvion Saint-Cyr, *Dans le champ des étoiles. Les photographes et le ciel 1850–2000*, Ausstellungskatalog, Musée d'Orsay, Paris (Paris: Réunion des musées nationaux, 2000), 71.
5 aus: Charles August Young, *The Sun* (New York: D. Appleton & Co., 1888 [1881]), 110–111.
6 aus: André Gunthert, „La rétine du savant. La fonction heuristique de la photographie", in *Études photographiques* 5, Nr. 7 (2000), 28.

KATHRIN PETERS

SICHTBARKEIT UND KÖRPER: WILHELM VON GLOEDEN, EINE REVISION

Seit den 1970er Jahren erscheinen Wilhelm von Gloedens Aktfotografien in immer neuen Bildbänden, die schnell wieder vergriffen sind. Sie sind sowohl für Liebhaber früher Fotografie von Interesse, die die satte Materialität gestochen scharfer Großformatbilder schätzen, als auch fester Bestandteil eines schwulen Bildrepertoires.[1] Auf von Gloedens Pleinairfotografien posieren, von einigen Bildern mit Frauen und Kindern abgesehen, junge Männer einzeln, als Paare oder in kleinen Gruppen. Antikisierende Posen, Accessoires wie Haarkränze, Sandalen und Umhänge sowie Szenarien der Männerfreundschaft und Knabenliebe vor mediterraner Landschaft rufen einen imaginären Ort in einer vergangenen Zeit auf (Abb. 1). Von Gloedens *camp* besteht in der – zumindest für heutige Blicke – so aufwändigen wie ein wenig unbeholfenen fotografischen Inszenierung. Die Arrangements im sizilianischen Taormina um 1900 stehen uns im doppelten Sinne als vergangene vor Augen: Sie führen nicht nur die Vergänglichkeit von Körpern und Landschaften, sondern auch von Imaginationen vor.

Obgleich von Gloedens Fotografien alles andere als unbekannt sind, gilt für sie, wie wohl für die Aktfotografie insgesamt, dass sie merkwürdig untertheoretisiert geblieben sind. Während zur pornografischen Fotografie, auch und gerade zur frühen, in den letzten Jahrzehnten etliche Studien erschienen sind, die in psychoanalytischer, gendertheoretischer und kulturwissenschaftlicher Perspektive über die Fetischisierung des Körpers, über das Verhältnis von Geschlecht und Sichtbarkeit, über den Evidenzcharakter des pornografischen Fotos und über subjektive Betrachterpositionen nachgedacht haben,[2] liegen zur Aktfotografie vor allem Bildbände und Ausstellungskataloge vor, die einen weiten Bogen von fotografischen Akademien bis zu Helmut Newtons *Nudes* schlagen.[3] Diese Bände und Ausstellungen scheinen mit einem visuellem Genuss zu rechnen, wie amüsiert oder historisierend die Fotografien auch immer kommentiert sind. Ein Grund für den tendenziellen Mangel an Theorie zu Aktfotografie mag darin liegen, dass sie von der pornografischen Fotografie epistemologisch gesehen schwierig abzusetzen ist, da es in beiden Bereichen um das Zu-Sehen-Geben von Körpern und Geschlecht sowie um die Affekte und Effekte geht, die damit einhergehen. Während man sich heute fragen kann, ob das

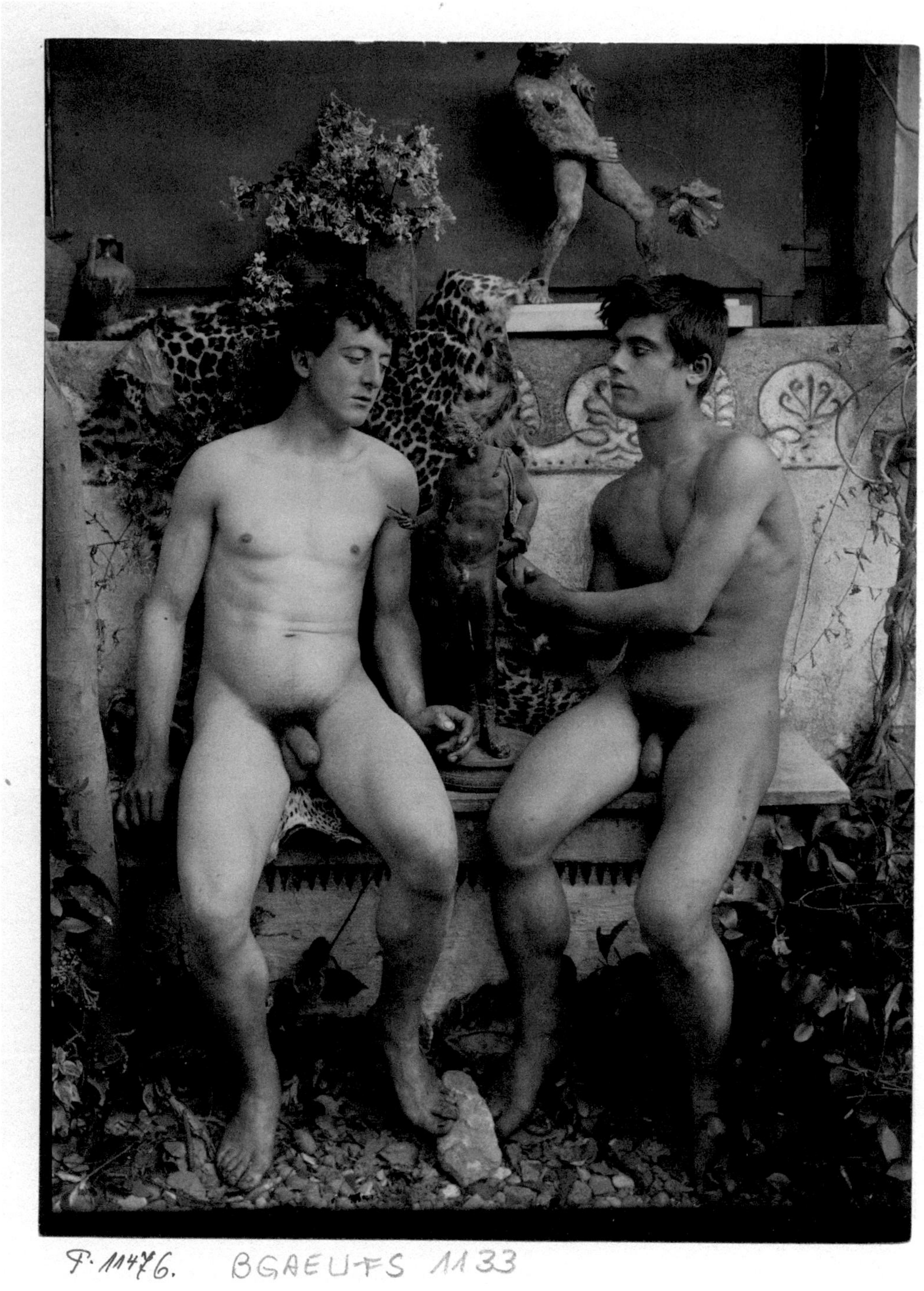

1: Wilhelm von Gloeden, Aktstudie, 1896, Fotografie, 22,4 × 16,8 cm, Fotografie aus dem Besitz von Richard Neuhauss, Archiv der Berliner Gesellschaft für Anthropologie, Ethnologie und Urgeschichte (BGAEU), FS 1133.

Genre Aktfotografie überhaupt noch existiert oder sich der Bereich zwischen allgemeinen Körperdarstellungen und Pornografie nicht verflüchtigt hat, waren um 1900 die Verbreitungs- und Gebrauchsweisen von Aktfotografien durchaus spezifisch, weil sie mit einem sowohl medizinischen als auch ästhetischen Wissen vom Körper korrespondierten. Wie Verwendung, Zirkulation und Rezeption der Aktfotografie um 1900 erfolgten, das möchte ich an einigen Fotografien Wilhelm von Gloedens und besonders anhand ihres Auftauchens in verschiedenen Archiven und Sammlungen nachzeichnen.

Dabei erscheint eine Diskussion der Bilder entlang der Unterscheidung von (visueller) Zensur sexueller Motive einerseits und (ästhetischer) Freiheit andererseits wenig produktiv. In einer solchen Perspektive ist die Lage allzu offensichtlich: Man hat es demnach mit einem zwar maskierten, aber im Bild sehr wohl artikulierten homosexuellem Begehren zu tun, das der aus dem repressiven Deutschen Reich geflohene *Baron* im irgendwie freieren Süditalien ins Bild setzen, ja womöglich leben konnte. Aber gerade das scheinbar Offensichtliche ist es, dessen historische und epistemische Genese nachvollzogen werden soll. Für wen und wann wird das Schwule sichtbar? Wo und was ist dieser ferne, andere Raum, in dem es heiß ist, hell und frei? Was hat das fotografische Medium mit diesen Vorstellungen zu tun?

Michel Foucault hat angesichts der sexuellen Befreiungsbewegung der 1970er Jahre, die auch von Gloedens Fotografien wieder ans Tageslicht gebracht hat, argumentiert, dass „le sexe" – in der Doppelbedeutung von Sex und Geschlecht – im 19. Jahrhundert nicht einfach unterdrückt und damit gewissermaßen verbannt worden, sondern als Sagbares und Sichtbares erst entstanden ist. Und zwar als das, was er ein Sexualitätsdispositiv genannt hat, ein Netz von Techniken, Diskursen, Bildern und Räumen, welches das Wissen von Geschlecht und Sexualität formierte. Um diesem Dispositiv nachzuspüren, „interessieren uns die Orte und Gesichtspunkte, von denen aus man spricht, die Institutionen, die zum Sprechen anreizen und das Gesagte speichern und verbreiten."[4] Die Orte und Institutionen, an denen zeitgenössisch über von Gloeden gesprochen, wo seine Bilder aufbewahrt, gesammelt und gezeigt wurden, sind erstaunlich verschieden. Sie lassen sich in einen anthropologisch-ästhetischen und einen sexualwissenschaftlich-politischen Diskursraum einteilen, die miteinander verwoben, aber doch von verschiedenen Interessen geleitet sind. Von Gloedens Aktfotografien sind, wie auch die von Guglielmo Plüschow, der zur gleichen Zeit in Rom Akte fotografierte, in diese Diskurse eingebettet, mehr noch, und um es mit Foucault zu sagen: Sie reizen in all ihrer Ambivalenz und Bedeutungsoffenheit, die sie zeitgenössisch noch hatten, einen Diskurs an, bringen ihn mit hervor – den der Evidenz von Körpern, der Sichtbarkeit und Eindeutigkeit von Geschlecht.[5]

IMAGINÄRE ETHNOGRAFIEN – ANTHROPOLOGIE UND ÄSTHETIK

Von Gloeden, der aus einem großbürgerlichen Umfeld stammte, hielt sich seit den 1880er Jahren in Taormina, Sizilien, auf und produzierte dort innerhalb von drei Jahrzehnten eine für zeitgenössische Verhältnisse beachtliche Menge an Aktfotografien.[6] Sie wurden u. a. in der Zeitschrift *Die Schönheit*, die der Freikörperkultur nahestand, publiziert wie auch in *Der Eigene. Ein Blatt für männliche Kultur* und der britischen Zeitschrift *The Studio*.[7] Auf der Grundlage eines Bildkatalogs konnte man sich Fotomappen zusammenstellen und zuschicken lassen, weswegen sich bis heute an verstreuten Orten immer wieder Konvolute von Gloedens auffinden lassen. Auch konnte man ihn persönlich in Taormina aufsuchen.[8] Für seine Popularität und sein Renommee, das sich keineswegs auf einen Zirkel Gleichgesinnter beschränkte, spricht auch, dass er 1898 in der Freien Photographischen Vereinigung zu Berlin seine Arbeiten vorstellte und zum Mitglied ernannt wurde.[9] Deren Vorsitzender, der Anthropologe Gustav Fritsch, forderte von Gloeden zur weiteren Einsendung von Fotografien auf, die, wie es ein Jahr später hieß, „von neuem von dem grossen Können unseres im Fernen Süden weilenden Mitglieds Zeugnis ablegen".[10]

Gustav Fritsch war wie andere Vorstandsmitglieder der Freien Photographischen Vereinigung zugleich in der Berliner Gesellschaft für Anthropologie, Ethnologie und Urgeschichte (BGAEU) aktiv.[11] Das Netzwerk von Medizinern, die mit Fotografie experimentierten und sich für deren Anwendung in der Forschung einsetzten, aber auch für eine Verbreitung fotografischer Kenntnisse außerhalb von Fachdiskursen und in ästhetischer Hinsicht, war eng gewoben; beide Gruppierungen disseminierten in die Öffentlichkeit mit Projektionsabenden, mit Lehrgängen in einem eigens betriebenen Atelier der Photographischen Vereinigung, mit Veröffentlichungen in Hauszeitschriften wie der *Photographischen Rundschau* einerseits und der *Zeitschrift für Ethnologie* andererseits.[12] Auch in der Fotosammlung der BGAEU befindet sich eine Mappe mit Aktstudien von Gloedens aus dem Jahr 1896.[13] Wie also lässt sich erklären, dass in den Beständen einer Forschungsgesellschaft, die sich dem wissenschaftlichen Paradigma der Evolutions- und Rassentheorien, der Anthropometrie und vergleichenden Ethnologie verschrieben hatte, Fotografien von Gloedens zu finden sind? Während sich dessen Fotografien muskulöser männlicher Körper im Ringkampf vor dunklem Hintergrund (Abb. 2) noch als Motive von anthropologischem Interesse begründen lassen, fragt man sich doch, wieso Bilder, die männliche Jugendliche in durchsichtige Schleiern, unter denen sich ihr Genital deutlich abzeichnet, dem Sammlungsprofil entsprachen (Abb. 3).

Bereits mit ihrer Gründung 1869 legte die BGAEU eine Sammlung anthropologisch und ethnologisch verwertbarer Fotografien an. Diese Fotosammlung wurde von Richard Neuhauss geleitet, der praktizierender Mediziner und wiederum Schriftleiter der Freien Photographischen Vereinigung sowie Herausgeber von deren *Photographischer Rundschau* war und zugleich das, was man einen Forschungsreisenden nannte; er hatte eine ganze Reihe ethnologischer Studien angefertigt sowie fotografische Anleitungsliteratur veröffentlicht, u. a. ein einschlägiges Lehrbuch zur Mikrofotografie.[14] Die Fotosammlung bestand hauptsächlich aus Schenkungen und Nachlässen prominenter Mitglieder der BGAEU wie Rudolf Virchow, welcher Fotografien seiner Forschungen im Bereich Pathologie beisteuerte, sowie von Paul Ehrenreich, Carl Günther und Fedor Jagor, von denen umfangreiche ethnologische Konvolute stammen, die Rituale, Kleidung und Praktiken in den bereisten Gebieten abbilden. Neuhauss selbst hatte im großen Umfang Fotografien beigetragen, auch war Gustav Fritsch vertreten, der der Anthropologischen Gesellschaft u. a. seine anthropometrischen Fotografien mit Vorder- und Seitenansicht von Ägypter/innen und Südafrikaner/innen überließ, die nach von ihm bereits 1875 aufgestellten Richtlinien zur Reisefotografie aufgenommen worden waren.[15] Anhand dieser Fotografien wurden Körpervermessungen durchgeführt oder hätten durchgeführt werden können – die Fotosammlung der BGAEU war vor allem

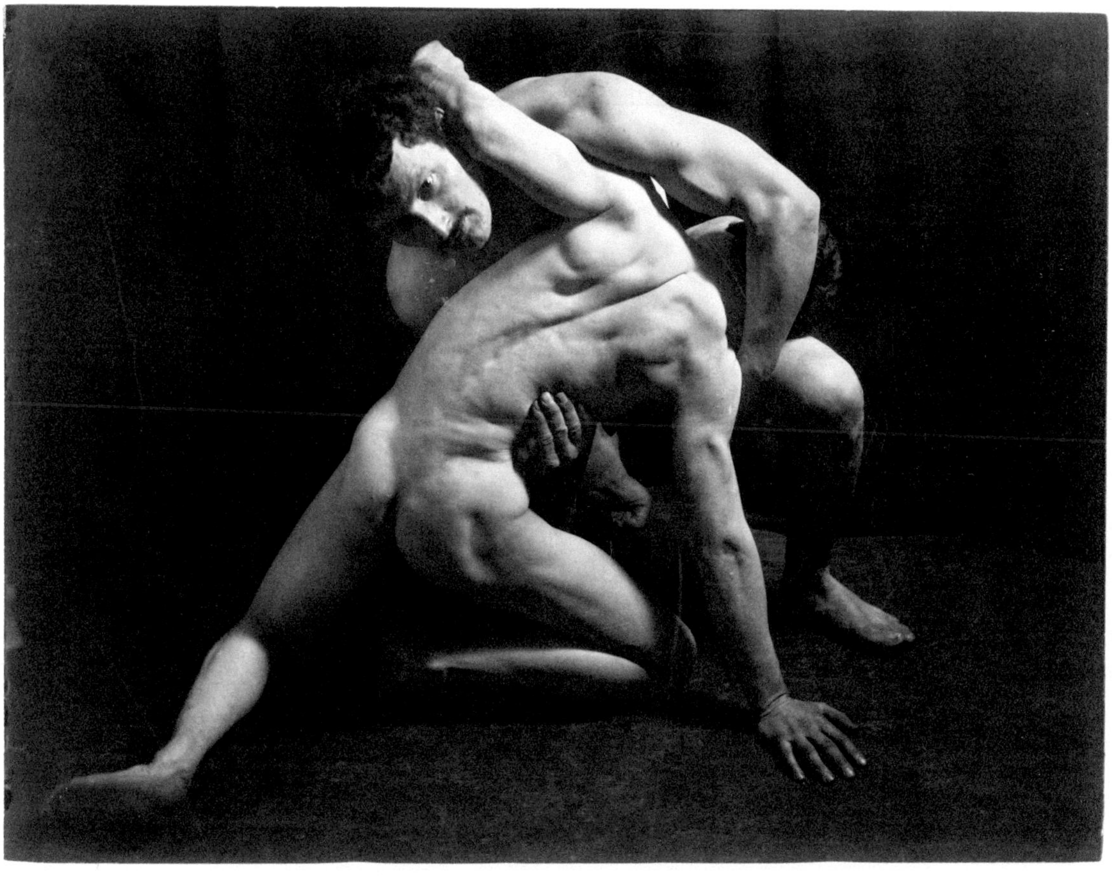

___ 2: Wilhelm von Gloeden, Aktstudie, 1896, Fotografie, 16,9 × 16,8 cm, Fotografie aus dem Besitz von Richard Neuhauss, Archiv der Berliner Gesellschaft für Anthropologie, Ethnologie und Urgeschichte (BGAEU), FS 1128.

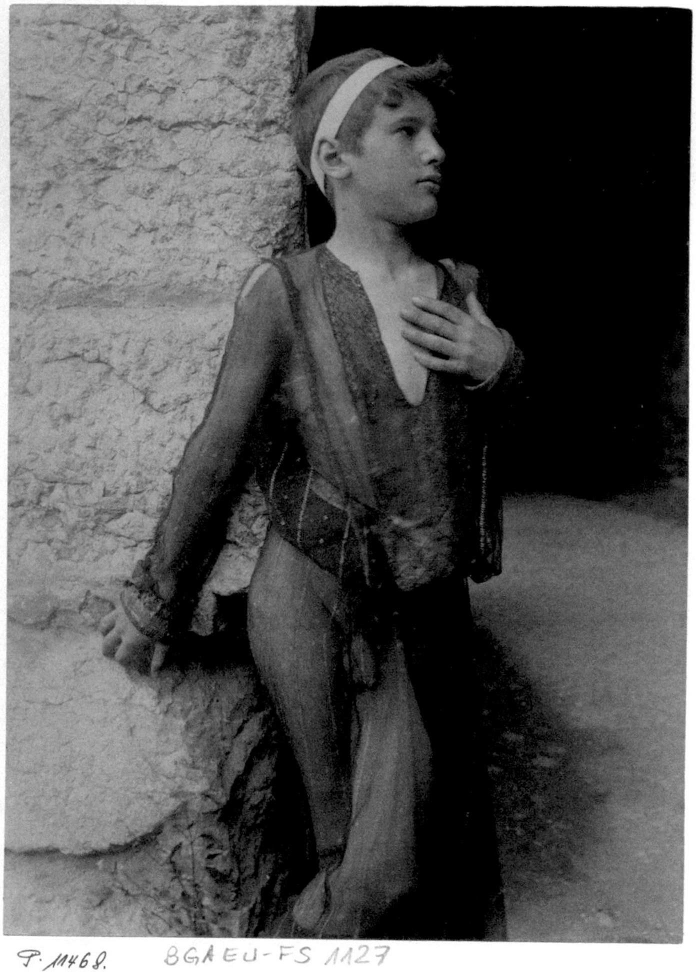

— 3: Wilhelm von Gloeden, Aktstudie, 1896, Fotografie, 22,4 × 16,8 cm, Fotografie aus dem Besitz von Richard Neuhauss, Archiv der Berliner Gesellschaft für Anthropologie, Ethnologie und Urgeschichte (BGAEU), FS 1127.

als ein Archiv des möglichen, zukünftigen Wissens angelegt, ein Archiv der Potenzialität, dessen Bestände im Vor- und Herumzeigen ihre kulturelle Wirksamkeit entfalteten und in (populär-)wissenschaftliche Publikationen einsickerten.[16] Wie aber passt von Gloedens Bildwelt mit ihrer überladenen Inszenierung nun hier hinein?

Einen Hinweis gibt die Feststellung Neuhauss' in einem Bericht von 1908, dass man zwar mittlerweile fotografische Dokumente vieler ethnischer Gruppen versammelt habe, besonders aus Ostasien und Afrika – der historische Zusammenhang von Ethnologie und Kolonialismus liegt auf der Hand –, aber: „Nicht so glänzend steht es mit Amerika und – Europa. Zumal aus unserem Heimatlande fehlen Typen und Trachtenbilder. Besonders erwünscht wäre eine Auswahl guter germanischer Typen."[17] Von Gloedens Fotografien, so lässt sich vermuten, waren als Dokumente europäischer „Typen" von Interesse. Sie fanden als Zeugnisse einer von den Unbilden der Zivilisation unbeschadeten, gleichsam ursprünglichen Kultur Verwendung – die scheinbare Unbefangenheit, mit der die Modelle nackt agierten, sah man als Indiz dafür, dass in Italien die Menschen bis zur Pubertät ohnehin alle nackt gingen.[18] Italien hatte innerhalb von Europa seit dem 18. Jahrhundert einen besonderen Status inne. Es wurde „zu jenen mythischen Dimensionen erhoben, die als ‚andersartig' im Vergleich zu dem nordeuropäischen ‚Zivilisationsstandard' empfunden wurde."[19] Von „moderner Primitivität" war die Rede, die man unter süditalienischen Bauern und Hirten zu finden meinte.[20] Italien war gewissermaßen ein orientalisiertes Europa, ein Idealort, ein Arkadien, und von Gloedens Bilder lieferten eine exakte Ethnografie dieses imaginären Ortes. Die antikisierenden Posen erschienen typisch italienisch – ein Naturalisierungseffekt, der durch die Freilicht-Fotografie unterstützt wurde –, während sich zugleich der Blick auf eine reizvolle Fremde öffnete, in dem Erotisches einen legitimen Ort haben konnte. Schleier und turbanartig drapierte Kopfbedeckungen riefen Orientalisches auf, die überfüllten Arrangements samt Raubtierfellen wiesen sogar ins imaginär Afrikanische wie auch die durch von Gloeden mit Ölpaste bearbeitete Hautfarbe der Modelle. In die Settings hineingestellte ‚antike' Statuen banden die Zeichenwelt wieder ins Abendländische zurück – die „‚kulturellste' Kultur" vermischte sich mit dem „strahlendsten Erotismus", wie Roland Barthes formulierte.[21]

Es ist aufschlussreich, an dieser Stelle ein Konvolut Fritschs aus dem Archiv der BGAEU hinzuziehen, das auch als Beitrag zu „europäischen Typen" verstanden werden kann, nun den „germanischen". Es handelt es sich um Fotografien weißer Männer und Frauen, die nackt in einer Art Dachkammer posieren. Fritsch folgte mit diesen Aufnahmen seinem eigenen Leitfaden zur anthropometrischen Fotografie und folgte ihm zugleich nicht ganz, denn zu den standardisierten Vorder-, Rücken- und Seitenansichten ein und derselben Person treten unvermittelt Venus-Figuren hinzu, ein Pan erscheint (Abb. 4) und der Athlet Lionel Strongfort, der als Modell in der Nacktkulturbewegung sehr gefragt war, posiert als Theseus. Künstlerische Anleihen wurden nur bei diesen Aufnahmen gemacht, nicht bei denen, die Afrikanerinnen zeigen – Kultur wurde einzig mit Europäischem assoziiert. Auch treten Geschlechtsmerkmale weitaus deutlicher an den weißen Körpern in den Vordergrund als an jenen, an denen Rassemerkmale den anthropologischen Ausschlag geben sollten. Kurz, die weißen Körper wurden nach anderen Maßstäben und Kategorien fotografiert und vermessen. Das anthropologische Wissen, das an sie angelegt wurde und das die Körperbilder generierte, ist nicht von einem ästhetischen Wissen zu trennen, das seinerseits als kulturelle Norm sowohl gesetzt als auch perpetuiert wurde. Praktiken des Wissens und der Ästhetik sind performativ, denn was aufgezeigt wird und sichtbar werden kann untersteht Bedingungen, die mit dem Aufgezeigten bestätigt und wiederholt werden.

Heute ist nicht mehr nachvollziehbar, wozu diese Aufnahmen der statuarisch aufgestellten Männer und Frauen dienten. Sicher ist aber, dass Fritsch an einer wissenschaftlichen Widerlegung der Körperdarstellungen in der zeitgenössischen modernen Malerei arbeitete, die sich ganz anders als von Gloeden nicht mehr am

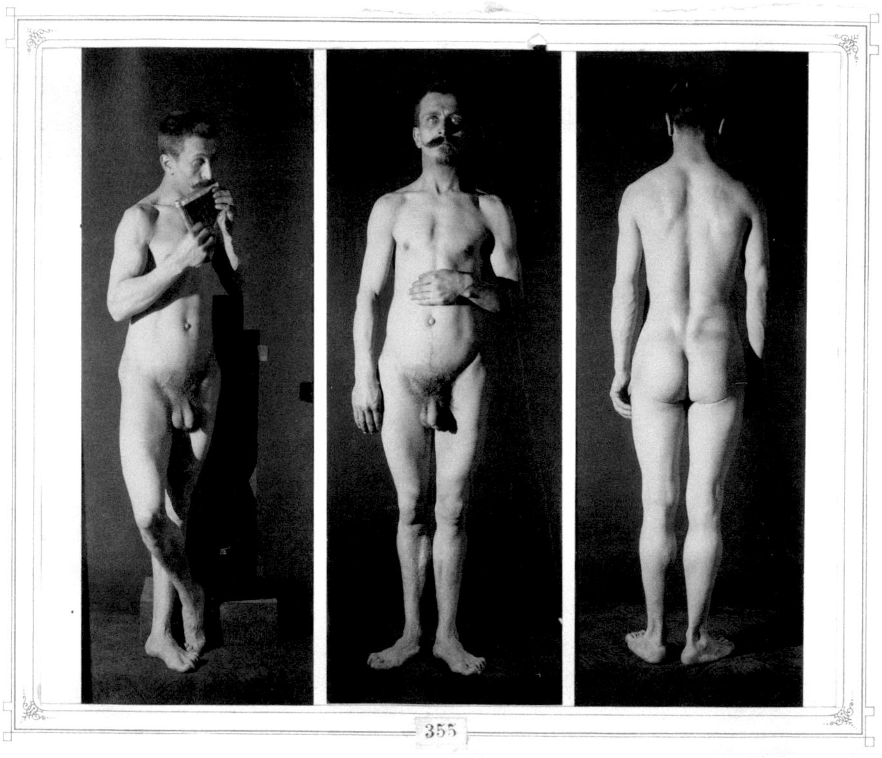

___ 4: Gustav Fritsch, Akt-Studien. Männliches Modell, o. J., Fotografien im Passepartout, 21,5 × 7,9 cm, Archiv der Berliner Gesellschaft für Anthropologie, Ethnologie und Urgeschichte (BGAEU), FS 1557–1559.

Kanon der Antike orientierte und ihre Körperbilder – entgegen aller Fachkenntnisse und Erfahrungen Fritschs – als realistisch bezeichnete.[22] Einen empirischen Realismus, wie er Fritsch und seinen Mitstreitern vorschwebte, konnte allein das fotografische Medium garantieren, dem die Aufgabe zukam, reale und ideale Körper gewissermaßen zu überblenden.

Es nimmt nicht Wunder, dass von Gloedens Fotografien auch von Kunstakademien angekauft wurden, wo sie als Vorlagen für Aktstudien dienten. In der akademischen Künstlerausbildung wurden seine Bilder noch als letzter Nachhall auf die Kunsttheorie Johann Winckelmanns rezipiert, der hundert Jahre zuvor die androgyne Apollon-Figur als Inbegriff männlicher Schönheit gepriesen hatte.[23] Die homoerotischen Konnotationen der Bilder wurden zumindest im späten 19. Jahrhundert noch von einem anatomischen Interesse – entweder künstlerischer oder wissenschaftlicher Ausrichtung – überlagert. Dabei war der Akzeptanz und Popularität der Bilder zuträglich, dass von Gloeden ausschließlich in Großformat arbeitete, die Negative auf getöntem Albuminpapier vervielfältigte und die kunstfotografische Unschärfe, mit der zeitgenössisch die Fotografie als künstlerische Technik nobilitiert werden sollte, genauso ablehnte, wie es auch die Photographische Vereinigung tat, da die Aufmerksamkeit dem realistisch-abbildenden Potenzial der Fotografie galt.[24] Künstlerisches sollte sich in der Fotografie durch skulpturale Inszenierung, nicht aber durch vage, impressionistische Oberfläche äußern. Die Präzision, die den Körperdarstellungen von Gloedens gerade wegen deren detailreichen Großformaten eigen waren, ließ sich sowohl in einen wissenschaftlichen Realismus als auch in einen akademischen Historismus einpassen, der eine Verlebendigung der Antike anstrebte, was auch von Gloedens Anliegen entsprach: „Mein Bestreben ist, möglichst künstlerische Aufnahmen herzustellen, ohne die der Photographie gesteckten Grenzen zu weit zu überschreiten, doch war es oft nicht leicht, den Arbeitern und den aus dem Volk herausgegriffenen Typen das Verständnis für meine Absichten beizubringen und sie zu bewegen, den Ausdruck anzunehmen, der meine Absicht möglichst verwirklichen sollte."[25] Der Widerspruch einer Quasi-Natürlichkeit der Pose wird nicht aufgelöst.

In heutigen Begriffen könnte man, was von Gloeden unternahm, ein Reenactment nennen. Die Idee einer Wiederaufführung der Antike sicherte die Seriosität seines Unternehmens, zugleich wurde die Gültigkeit der antiken Figurenwelt fortgeschrieben – eine Figurenwelt, deren Normativität von einer künstlerischen Moderne zunehmend in Abrede gestellt wurde. Aber jede Wiederaufführung des Mythos' bringt notwendig dessen Verschiebung mit sich. Wiederholungen verändern die Szenen, die sie zur Aufführung bringen, weshalb Reenactments unweigerlich die Gegenwart zu Tage befördern, in der sie stattfinden, kaum aber die Vergangenheit, die sie wiederbeleben wollen. Die Insignien der Antike auf den Bildern von Gloedens – Tuniken, Säulen, Faltenwürfe, griechische Vasen und Figurinen – entstammen unverkennbar der Zeit um 1900. Die verschachtelte, ja melancholische Zeitlichkeit dieser Bilder, die gerade weil sie sich zeitgenössisch auf Vergangenheit beziehen, eine vergangene Gegenwart aufscheinen lassen, wird durch die fotografische Medialität unterstrichen, wenn nicht sogar hervorgerufen. Denn die Detailgenauigkeit der Fotografien unterhöhlt das idealisierende Projekt: Unseren heutigen Blicken zeigen sich in erster Linie dürftig bekleidete Männer, wie sie in gleißender Sonne versuchen, mit ein paar Utensilien ausgestattet und in dörflicher Umgebung eine Antike-Re-Inszenierung aufzuführen. Der intendierte Illusionismus bricht sich am Medium der Fotografie: Sizilianische Jugendliche um die Jahrhundertwende sehen nicht aus wie nach Idealmaßen gefertigte antike Gips- oder Marmorfiguren. Sie weichen eklatant von diesen Vorbildern ab, haben dreckige Füße und Schambehaarung. Dieses Missverhältnis kann an einem Rückenakt deutlich gemacht werden, der dem Kontext der Kunstausbildung entstammt (Abb. 5): Der Kopf des Modells ist im Profil zu sehen und die Hände liegen, um Schultern und Rücken besser zu sehen zu geben, auf einer Stoffbahn auf. Das schräg einfallende Tageslicht modelliert die Körperform und die Materialität des Stoffes, der leichte Falten wirft. Auf dem Rücken des Modells verläuft eine Narbe und die Form der Hände entspricht kaum dem Kanon. Der Blumenvorhang verschwimmt nicht im Hintergrund eines imaginären Arkadiens, vielmehr ist jeder einzelne Faden der Stickerei so sichtbar wie die Fingernägel des Modells. Roland Barthes hat angesichts der Arbeiten von Gloedens von einem „Karneval der Widersprüche" geschrieben, der sich durch das Medium Fotografie noch steigere.[26] Denn die Fotografie, gerade in von Gloedens präziser und zugleich altmeisterlicher Verwendung, spielte das gänzlich unkünstlerische, nämlich registrierende, wissenschaftliche Potenzial der Fotografie in den Vordergrund – und das ist genau, was die Mediziner der BGAEU in ihr sahen.

> „Der Körper ist einfach da; in ihm verschmelzen Nacktheit und Wahrheit, Erscheinung und Wesen: Die Fotografien des Barons gehören zum unerbittlichen Genre. Die sublime Unschärfe der Legende [gemeint ist: des Mythos', K. P.] tritt hier in Kollision [...] mit dem Realismus der Fotografie; denn was ist ein derartig konzipiertes Foto anderes als ein Bild, auf dem man alles sieht, eine Sammlung von Einzelheiten ohne Hierarchie [...]?"[27]

Indem sie ohne jede Unschärfe auskommen, welche das Abgebildete im Vagen und Allgemeinen hätte halten können, arbeiten diese Fotografien die Oberfläche der Körper geradezu haptisch heraus. Sie bringen eine immense Detailfülle hervor, die uns immer auf die realen, individuellen Körper und die Dingwelt des 19. Jahrhunderts verweist. „Die Fotos des Barons", so Barthes, „sind zugleich sublim und anatomisch."[28]

Folgt man Barthes' Beschreibung, so lässt sich sagen, dass der medizinische und anthropologische Diskurs um die Jahrhundertwende, in dem die Bilder von Gloedens auftauchten, vor allem das Anatomische dieser Fotografien aufgriff, mehr noch, auch das Sublime an ihnen als Faktizität zu lesen gewillt war. Selbstverständlich kann eine Wiederbelebung nie gelingen; was mit den Bildern und ihrer Rezeption implizit verhandelt wird, ist ein komplexes Verhältnis von Natur und Kultur. An das fotografische Bild wird die Erwartung gerichtet, die Natürlichkeit einer ästhetischen Kultur aufzuzeigen, man könnte auch sagen, die Natur der Kultur am empirischen Körper zu beweisen. Aber das geht schief: Ein Foto zeigt immer mehr und anderes als das Gemeinte.

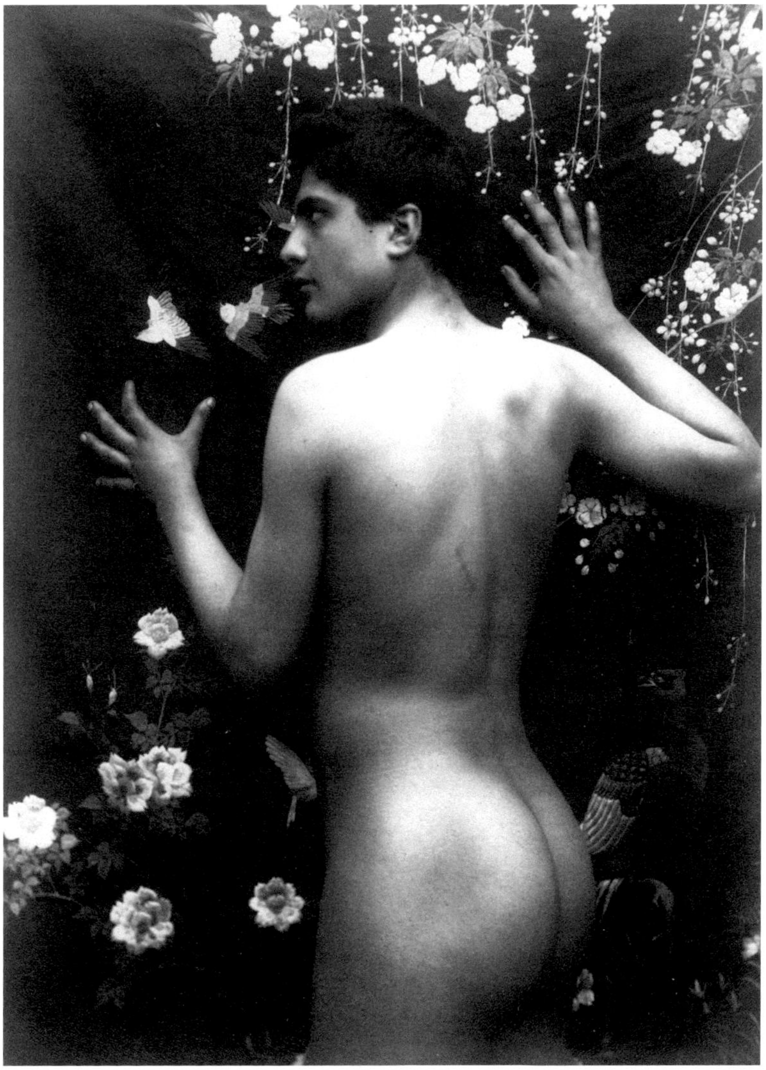

— 5: Anonym (Wilhelm von Gloeden), o. T., o. J., Bibliothek der Hochschule für Grafik und Buchkunst, Leipzig.

ZWISCHENSTUFEN – FOTOGRAFIE UND SEXUALWISSENSCHAFT

Im selben Zeitraum, genauer 1904, taucht eine Fotografie, die der aus dem Konvolut der Kunsthochschule sehr ähnlich ist, in einem anderen, medizinischen Publikationszusammenhang auf, im *Jahrbuch für sexuelle Zwischenstufen*: Sie zeigt offenbar dieselbe Person vor dem mit Blumen- und Vogelmotiven reich bestickten Stoffhintergrund (Abb. 6). Die Sitzhaltung des Modells ist leicht schräg zur Kamera ausgerichtet, der Aufnahmeabstand gering, sodass Hüfte und Oberschenkel prominent

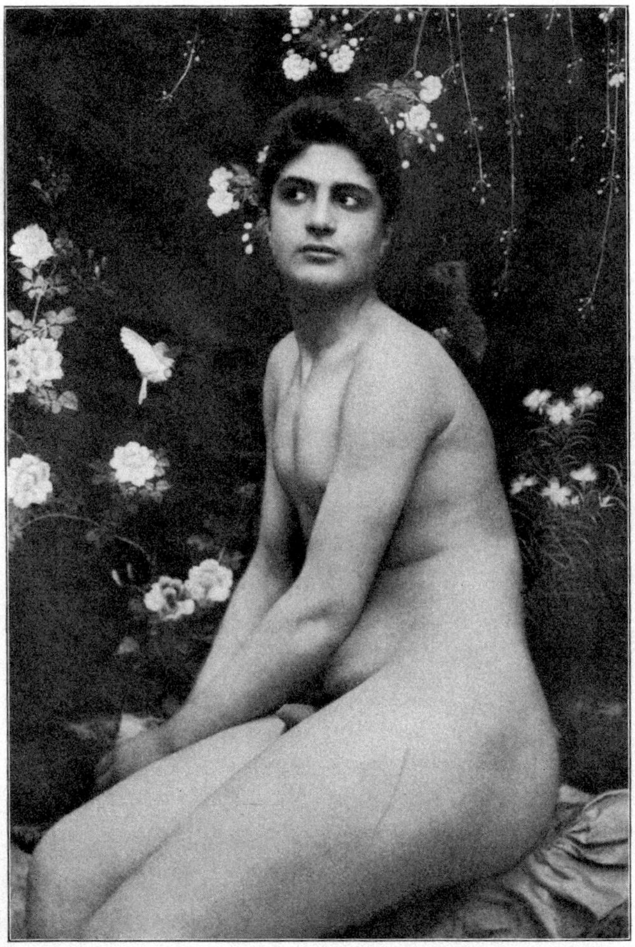

6: Anonym (Wilhelm von Gloeden), o. T., um 1900, aus: Jahrbuch für sexuelle Zwischenstufen 6 (Leipzig: Spohr, 1904), Fototafel o. S.

im Bild zur Geltung kommen. Der Oberkörper kippt etwas nach hinten und ist teilweise von den Armen verdeckt.

Diese Fotografie ist als Bildtafel dem Artikel des Arztes Lucien Sophie Albert Marie von Roemer – die Vornamen sind sexualpolitisches Programm – über „die Darstellung eines Schemas der Geschlechtsdifferenzierungen" vorangestellt und zwar (ohne Angabe ihrer Herkunft) als Illustration für die vom Verfasser eigens entwickelte Kategorie der „Deuteromorphie", mit der ein Körper bezeichnet wird, „dessen Geschlechtsdrüsen den einen Typus, dessen übrige Körperteile aber in Majorität oder ganz den anderen Typus haben".[29] Wir befinden uns nun im sexualwissenschaftlichen Diskursraum, der ebenfalls ein medizinischer ist und auf die

Evidenz der Fotografie setzt, aber sie in ganz anderer Weise liest und argumentativ einsetzt – weniger ästhetisch restaurativ als sexualpolitisch. In seiner Abhandlung *Geschlechtsübergänge* fügt Magnus Hirschfeld Fotografien von Wilhelm von Gloeden, u. a. das eben erwähnte Bild, als Teil einer Bildtafel ein, die die von ihm neu aufgebrachte Bezeichnung „Gynosphysie (Männer mit weiblichem Becken)" belegen soll (Abb. 7).[30] Die Diagnosen unterscheiden sich kaum, dennoch werden die Anomalien „wie Insekten aufgereiht und auf seltsame Namen getauft".[31]

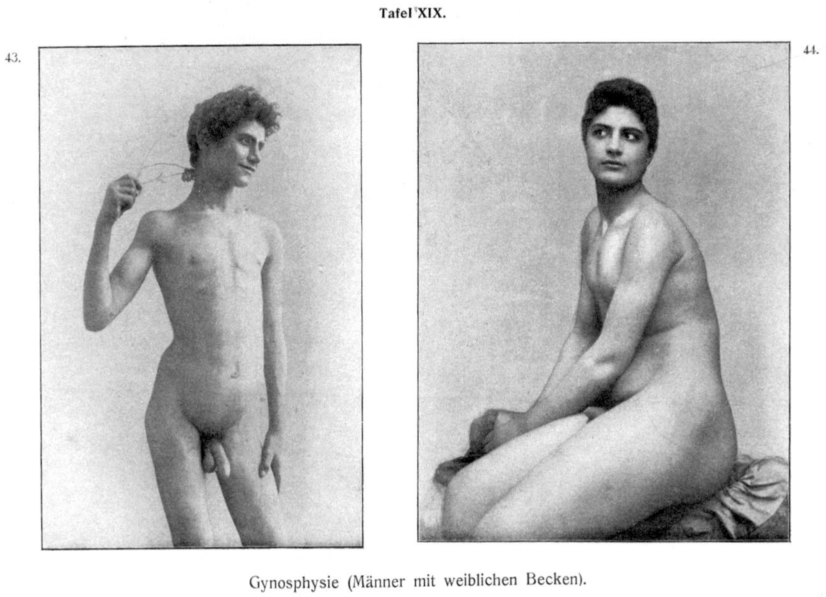

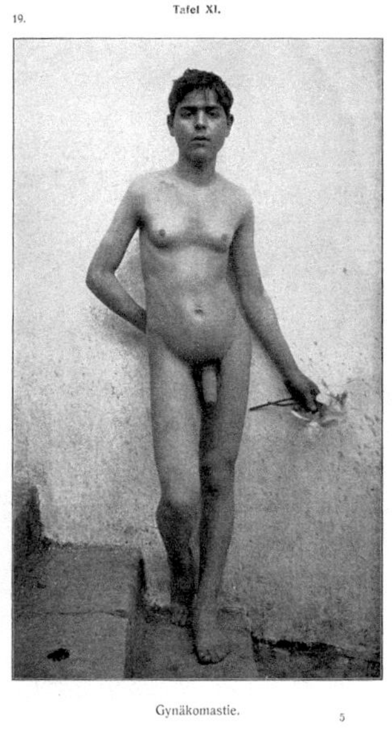

___ 7: Anonym (Wilhelm von Gloeden), Gynosphysie (Männer mit weiblichem Becken), aus: Magnus Hirschfeld, Geschlechtsübergänge (Leipzig: Verlag der Monatszeitschrift für Harnkrankheiten, 1905), Tafel 19. ___ 8: Anonym (Wilhelm von Gloeden), Gynäkomastie, aus: Magnus Hirschfeld, Geschlechtsübergänge (Leipzig: Verlag der Monatszeitschrift für Harnkrankheiten, 1905), Tafel 11.

In Hirschfelds Publikation hat das Bild eine Bearbeitung erfahren: Die Figur ist nun freigestellt, das florale Motiv im Hintergrund getilgt. An der femininen Konnotation der Bildinszenierung hatte die Stoffbahn zwar keinen unerheblichen Anteil, aber Hirschfeld hält sich an den bloßen Köper, entfernt die Dekoration und verleiht der Fotografie dadurch einen eher wissenschaftlichen Stil. Was *queer* war, wird zum Indiz. Diese und eine weitere Aufnahme, die eine stehende, ebenfalls freigestellte männliche Figur zeigt (Abb. 8), seien, so Hirschfeld, Beispiele für die „Umkehrung der männlichen und weiblichen Relationen". Hirschfeld bezieht sich auf anatomische Messdaten: Bei den Abgebildeten sei die „Beckenlinie" nicht bloß gleich lang wie die „Schulterlinie", wie es bei der Kategorie der „Mannweiber" der Fall sei, sondern sogar länger. Aus den Bildern lässt sich ein solches Proportionsverhältnis allerdings höchstens assoziativ erschließen. Zur Vermessung sind die Fotografien völlig ungeeignet. Aber hier geht es um den Beleg sexueller Zwischenstufen am Modell: „Man beachte", schreibt Hirschfeld weiter, „auch den weiblichen Ausdruck in Gesicht und Haltung".[32] Der Geschlechtskunde um 1900 galten Posen und Mimiken als Ausweis einer psychischen Geschlechtlichkeit – Personen ohne entsprechende Disposition können, wie Hirschfeld meint, gegengeschlechtliche Körperhaltungen und Gesichtsausdrücke gar nicht glaubhaft einnehmen. Von heute aus gesehen muss es verwundern, wie von Roemer und Hirschfeld fotografische Aufnahmen selbst dann, wenn augenfällig ist, wie sehr inszenatorische und apparative Eigenheiten das Bild bestimmen, für ein Substitut des Abgebildeten halten. Aber genau darin liegt der Einsatz fotografischer Bilder hier begründet: Ihr Evidenzcharakter wird derart hoch veranschlagt, dass alles, was sich auf der Fotografie zeigt, selbst Apparateeffekte, wie perspektivische Verzeichnungen es sind, als Natur des Abgebildeten gedeutet wird.

Geschlechtsübergänge ist weniger eine wissenschaftliche Abhandlung im engeren Sinne. Vielmehr hat man es mit so etwas wie einem Fotobuch zu tun, das mit einem kommentierenden Text versehen ist. Man könnte auch umgekehrt sagen: Es handelt sich um einen programmatischen Text, der von zahlreichen Bildern untermauert wird. Aber wie man es auch nimmt, das Interessante an *Geschlechtsübergänge* ist, dass es als ein Gefüge aus Text und – zumeist fotografischen – Bildern konzipiert ist. Und dass erst dieses Gefüge die Theorie der sexuellen Zwischenstufen, die Hirschfeld hiermit vorlegte, artikulieren konnte.

Hirschfeld war ein wichtiger Akteur im Geschlechterdiskurs des frühen 20. Jahrhunderts. Die Bezeichnungen „drittes Geschlecht" und „sexuelle Zwischenstufen", die er prägte, umfassen diverse als deviant erachtete sexuelle Praktiken und geschlechtliche Körper, vor allem die Homosexualität, für deren Depathologisierung er sich in seiner sexualreformerischen Praxis unermüdlich einsetzte. Die Sexualwissenschaft hat sich als medizinische Disziplin erst im 19. Jahrhundert formiert und war von Beginn an auf mediale Verfahren der Körpererkundung und -vermessung angewiesen, ohne die kein empirisches Wissen zu erlangen war – so prekär und instabil dieses Wissen auch gewesen ist. *Geschlechtsübergänge* verwendet 83 Abbildungen, die Hirschfeld zu einer dreißig Bildtafeln umfassenden Bildstrecke akkumuliert hat. Diese Bildstrecke führt sehr verschiedene Einzelbilder zusammen: fotografisch dokumentierte Gewebeschnitte und Präparate, Genitalaufnahmen, Porträts, Aktfotografien verschiedenster Provenienz, Atelieraufnahmen in Kostüm, Cartes de visite aus dem Schaustellergewerbe, ethnografische Ganzkörperaufnahmen und travestische Selbstinszenierungen. Ästhetische, wissenschaftliche und auch populäre Bilder sind hier in Gebrauch; alle drei sonst säuberlich voneinander geschiedenen Bereiche überlappen sich kommentar- und scheinbar problemlos. Zwar ließ Hirschfeld sporadisch Aufnahmen eigener Patienten und Patientinnen herstellen, aber hauptsächlich sammelte er zahllose Bilder und setzte sie erneut in Umlauf.[33] Ein Großteil der schon 1905 verwendeten Bilder ist nicht nur in die bekannte, 1919 im Berliner Institut für Sexualwissenschaft fest installierte Zwischenstufenwand eingegangen, sondern auch in Publikationen anderer Mediziner, nämlich bereits 1908 in die Sammelkasuistik *Hermaphroditismus beim Menschen* des Gynäkologen Franz von Neugebauer. Fallstudien von Neugebauers waren zuvor im *Jahrbuch für sexuelle Zwischenstufen*, das Hirschfeld seit 1899 herausgab, erstveröffentlicht worden.[34]

Hirschfelds Umgang mit Fotografie ist durchaus außergewöhnlich, weil er kaum eigene Konvolute herstellte, sondern ein heterogenes Archiv zusammenstellte. In diesem Mangel an eigener Autorschaft mag der Grund dafür liegen, dass Hirschfeld in keiner – auch keiner themenorientierten – Fotogeschichte auftaucht. Aber für die Rekonstruktion eines visuellen Archivs ist gerade dieses Bild-Recycling von großem Interesse, da es über Lektüren und Relektüren, Umdeutungen und Bedeutungsverfestigungen, Aufschluss geben kann.

Um welches Wissen also geht es hier? Hermaphroditismus, in heutigen Begriffen: Intersexualität, war seit der zweiten Hälfte des 19. Jahrhunderts ein heißes Forschungsfeld. Hoffte man doch, ausgehend von der Untersuchung geschlechtlich uneindeutiger Körper, d. h. von der Erforschung der Abweichungen her, Aussagen über das Wesen der Geschlechterdifferenz ganz allgemein treffen zu können: darüber was normalerweise Geschlecht sei, wie es aussehe und wo am Körper es sich zeige. Hermaphroditismus war daher auch für Hirschfelds bekannte Zwischenstufentheorie ein maßgeblicher Ausgangspunkt: Denn gemäß Hirschfeld erlaubte die Existenz hermaphroditischer Personen den Schluss, dass Mischungen zwischen Männlichkeit und Weiblichkeit auch auf der Ebene der sekundären Geschlechtsmerkmale (in Gestalt von Androgynen oder so genannten Mannweibern beispielsweise) und auf der der „geistigen Eigenschaften" bzw. des „Triebes" bestünden.[35] Homosexualität – Hirschfeld verwendet diesen Begriff, der erst Ende des 19. Jahrhunderts auftaucht – sei sozusagen eine angeborene Triebmischung. Die 30 Bildtafeln in *Geschlechtsübergänge* präsentieren eine weit aufgefächerte Systematik von Körpern bis hin zu Bildern von Paaren, bei denen für Hirschfeld kein Zweifel besteht, dass sich deren Homosexualität in Habitus und Gestik ablesen ließe. „Sind die Schritte klein, langsam, trippelnd, tänzelnd, schlürfend oder fest, gross, schnell, gravitätisch [...]", fragt er in seinem Fragebogen von 1899. Und weiter: „Wie ist der Gesichtstypus? lehnt [*sic*] er sich mehr an das andere Geschlecht an?"[36] Hirschfelds Gebrauch von Fotografien zielt darauf ab, Geschlecht – gleichgültig, ob anatomische oder psychische Merkmale – als etwas Stoffliches im Körper zu verankern, als sichtbare Materialität hervorzubringen, um – das ist die sexualpolitische Fluchtlinie – die Entartungstheorie zu entkräften.

Hirschfelds Lektüre von Fotografien blieb indes nicht unwidersprochen. In einer Rezension von *Geschlechtsübergänge* in der *Monatszeitschrift für Harnkrankheiten* von 1907 äußerte sich ein gewisser Urologe namens Albrecht von Notthafft äußerst skeptisch über Hirschfelds Bildrhetorik. Zu einer anderen Tafel, die Durchschnittstypen des „Männlichen“, „Mannweiblichen“ und „Weiblichen“ bebildert (Abb. 9), merkte er spöttisch an: „neben den Athleten gestellt, der eben kein ‚Durchschnittstypus‘ ist, macht sich ein Körper, den man viel eher einen ‚Durchschnittstypus‘ bezeichnen könnte, natürlich hübsch zwitterhaft“.[37] Für Hirschfeld ist die Transparenz der einzelnen Dokumente indes unhintergehbar. Auch andere Betrachter müssten daher, wenn sie nur wollten, doch sehen, was Hirschfeld selbst so unmittelbar als Gewissheit gleichsam aus dem Abgebildeten anspringt: „Ich glaube nun zwar, daß Menschen [...] auch durch Anschauen ihre Anschauungen nicht ändern, denke aber, daß es doch vorurteilslose Menschen genug gibt, die sehend einsehen, daß es sich hier nicht um Aufstellung von Theorien, sondern lediglich um die Hervorhebung nicht hinreichend beachteter Naturerscheinungen handelt.“[38]

Aber es ist eine Krux mit dem Sehen. Man kann „Naturerscheinungen“ nicht einfach hervorheben: Jede Hervorhebung basiert auf medialen Verfahren, die ihre Eigenheiten und Darstellungsmodi in das, was sie zeigen, immer auch eintragen. Was zu sehen ist, muss sich zudem erst in einem Kollektiv durchsetzen, es steht gerade nicht unmittelbar vor Augen.[39] Letztlich entspringt die Evidenz, die das

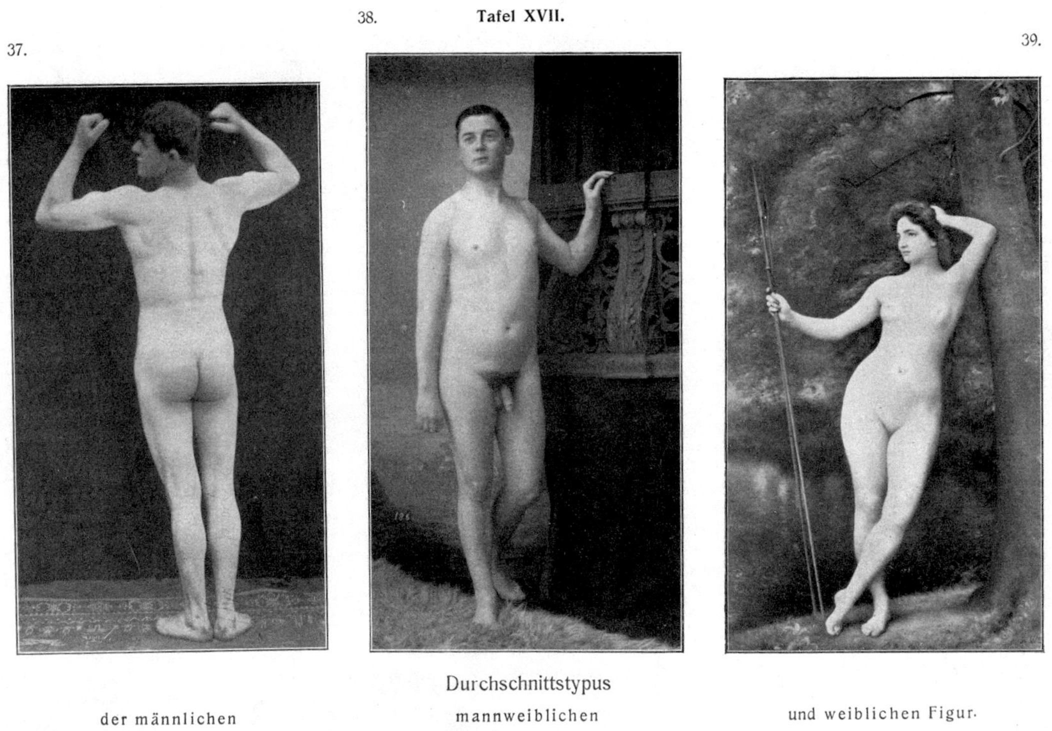

9: Durchschnittsypus der männlichen, mannweiblichen und weiblichen Figur, um 1900, aus: Magnus Hirschfeld, Geschlechtsübergänge (Leipzig: Verlag der Monatszeitschrift für Harnkrankheiten, 1905), Tafel 17.

Abgebildete in Hirschfelds Augen hat, seinem eigenen Klassifikationssystem, das sich an den Bildern plausibilisiert, wie umgekehrt die Bilder die Theorie plausibilisieren.

Anders als Fritsch, Neuhauss und deren Kollegen *sieht* Hirschfeld das spezifische Begehren in den Bildern, es wird für ihn intelligibel, wofür die Dinge, die Dekoration, das Antiken-Archiv aus den Bildern entfernt werden muss. Während sich für die Anthropologen die Bilder aufgrund ihrer Antike- und Orientalismusanleihen als eine künstlerische Ethnografie darstellte, die die gesamte *queerness* in der Schwebe lässt, hebt Hirschfeld auf die Natur des Körpers ab und macht die diffusen Zeichen des anderen Begehrens in der Morphologie dingfest. Es mag geschlechterpolitisch paradox anmuten, wenn gerade die Konservativen eine ästhetische Nonchalance im Umgang mit von Gloedens Bildern an den Tag legen, wohingegen im sexualreformerischen Diskurs eine visuelle Evidenzrhetorik vorherrscht. Aber das ist nur scheinbar paradox, denn jedes Sichtbarwerden, jedes Sichtbarsein als anders oder Anderer hat sowohl emanzipative als auch normalisierende Effekte.[40]

Von Gloedens Bildwelt des Unbestimmten musste in den 1910er Jahren zunehmend den trainierten, ja gestählten Körpern der Nacktkulturbewegung weichen, die ihre Kulturkritik ebenfalls mit Aktfotografien flankierten.[41] Zwischen deren überdeutlich männlich oder weiblich, durchwegs asexuell inszenierten Körperbildern, fand die von Gloeden'sche Bildwelt, die immer stärker mit homosexuellem Begehren assoziiert wurde, wenig Platz. Allerdings ist dieses Kurzschließen der Fotografien mit schwuler Erotik als Effekt einer Rezeption zu verstehen, die von der (sexual-)wissenschaftlichen Verwendung der Fotografien von Gloedens vorangetrieben wurde. Um 1900 war dieser Konnex noch nicht offensichtlich; es bedurfte erst der Konstruktion eines Bildes schwuler Männlichkeit, um eine Assoziation zu vereindeutigen.

Die Adaptabilität von von Gloedens Fotografien für den wissenschaftlichen Diskurs liegt sicher in deren Changieren zwischen der Darbietung anatomischer Details und einer künstlerischen Überhöhung, zwischen Faktizität und Imagination begründet. Denn Inszenatorisches, Faktisches und Technisches spielen in medialen Bildern immer zusammen; sie sind gleichermaßen Aufzeichnungen wie Produkte ästhetischer und technischer Arrangements. Was daher schließlich aus einer bild- und medientheoretischen Perspektive wichtig ist, ist die Bedeutung des fotografischen Mediums: Denn die Fotografien produzieren Verkörperungen, sie stellen qua ihrer Zirkulation Wahrnehmungen erst auf geschlechtsspezifische Merkmale ein. Die Faktizität des Abgebildeten wurde mit dem fotografischem Medium nicht bloß dokumentiert, sondern erst herauspräpariert – mittels Isolierung und Freistellung von Mimik und Gestik beispielsweise, deren Phasen ansonsten im Fluss der Bewegungen untergehen. Die Bilder sind, wie wir gesehen haben, maßgeblich an einer Sichtbarmachung und damit kollektiven, visuellen Erkennbarkeit von *le sexe* beteiligt. Gerade in dem Hin und Her zwischen künstlerischen, wissenschaftlichen und populären Diskursen ist ein mediales Bildrepertoire entstanden, das sich auf Natur beruft. Es geht dabei nicht so sehr darum, die Evidenzkonstruktion der Bilder zu entlarven – dass dies möglich und immer wichtig ist, ist wiederum evident – und in der Kritik an falschen Fakten womöglich noch auf Faktizitäten zu beharren. Aufschlussreicher ist es nachzuvollziehen, wie Sichtbarkeit überhaupt erst entsteht und wie die Sichtbarkeit von Geschlechtlichkeit historisch an den fotografischen Apparat geknüpft war. Denn „[s]owenig die Aussagen ablösbar sind von ihren Ordnungen, so wenig sind die Sichtbarkeiten von ihren Maschinen ablösbar. Nicht daß jede Maschine von optischem Charakter wäre; aber es handelt sich um eine Zusammenstellung von Organen und Funktionen, die etwas sehen läßt, die ans Licht bringt, zur Evidenz [...]".[42]

Der Umstand, dass die Aufnahmen unseren Blick erst allmählich ein- und festgestellt haben – man könnte auch sagen, dass sie performativ und eben micht konstativ sind –, das ist der blinde Fleck dieser medialen Wissensanordnung. Versuchen wir also, die Zonen des Unbestimmten und die blinden Flecke sichtbar zu halten.

ANMERKUNGEN

1 Jason Goldman zeichnet deren Rezeptionsgeschichte seit den 1960er Jahren nach und weist auf die „fantasy of earliness" hin, Jason Goldman, „‚The Golden Age of Gay Porn'. Nostalgia and Photography of Wilhelm von Gloeden", in *GLQ: A Journal of Lesbian and Gay Studies* 12, Nr. 2 (2006), 237–258: 254.

2 Pars pro toto: Abigail Solomon-Godeau, „Reconsidering Erotic Photography: Notes for a Project of Historical Salvage", in *Photography at the Dock. Essays on Photographic History, Institutions, and Practices* (Minneapolis: Univ. of Minnesota Press, 1991); Linda Williams, *Hard Core. Macht, Lust und die Traditionen des pornographischen Films*, übersetzt von Beate Thill (Basel; Frankfurt a. M.: Stroemfeld, 1995).

3 Eine Ausnahme aus feministischer Perspektive: Lynda Nead, *The Female Nude. Art, Obscenity and Sexuality* (London: Routledge, 1992).

4 Michel Foucault, *Sexualität und Wahrheit 1: Der Wille zum Wissen*, übersetzt von Ulrich Raulff und Walter Seitter (Frankfurt a. M.: Suhrkamp, 1980), 21.

5 Der folgende Text basiert auf Passagen aus Kathrin Peters, *Rätselbilder des Geschlechts* (Zürich; Berlin: diaphanes, 2010), besonders Kap. 5.

6 Der tatsächliche Umfang seines Archivs muss wegen dessen Zerstörung 1933 durch die italienische Polizei unbekannt bleiben. Vgl. Ulrich Pohlmann, *Wilhelm von Gloeden – Sehnsucht nach Arkadien* (Berlin: Nishen, 1987), 156.

7 Siehe zur Veröffentlichung in *The Studio* von 1893 und dem begleitenden Essay: Stefano Evangelista, „Aesthetic Encounters: the Erotic Visions of John Addington Symonds and Wilhelm Von [*sic*] Gloeden", in Luias Calè und Patrizia Di Bello (Hg.), *Illustrations, Optics and Objects in Nineteenth Century Literary and Visual Cultures* (London; New York: Palgrave Macmillan, 2010), 87–104.

8 Goldman nennt Namen aus von Gloedens Gästebuch: „various Rothschilds, Morgans, Vanderbilts, as well as celebrities and European heads of state", Goldman „‚The Golden Age'" (siehe Anm. 1), 241.

9 Vgl. Sitzungsprotokoll der Freien photographischen Vereinigung vom 18.08.1898, in *Photographische Rundschau* 12, „Vereinsnachrichten", (1898), 5.

10 Sitzungsprotokoll der Freien Photographischen Vereinigung vom 16.06.1899, in *Photographische Rundschau* 13, „Vereinsnachrichten" (1899), 104.

11 Zu Gustav Fritsch aus wissenschaftshistorischer Perspektive Michael Hagner, „Mikro-Anthropologie und Fotografie. Gustav Fritschs Haarspaltereien und die Klassifizierung von Rassen", in Peter Geimer (Hg.), *Ordnungen der Sichtbarkeit* (Frankfurt a. M.: Suhrkamp, 2002); id., „Das Fritsch-Projekt. Anthropologische Fotografie und kulturelles Gedächtnis", in *Fotogeschichte* 29, Nr. 112 (2009), 47–54.

12 Vgl. Franz Goerke, *Denkschrift anlässlich des zwanzigjährigen Bestehens der Freien Photographischen Vereinigung zu Berlin* (Halle: Knapp, 1910), 23–34. Die Projektionsabende der Photographischen Vereinigung fanden im Völkerkundemuseum Berlin statt.

13 1914 waren 103 Fotografien von Gloedens im Bestand, insgesamt umfasste die Sammlung 1914 knapp 18.000 Bilder. Sitzungsprotokoll BGAEU vom 19.10.1914, in *Zeitschrift für Ethnologie* 46 (1914), 906.

14 Vgl. Richard Neuhauss, *Lehrbuch der Mikrophotographie* (Braunschweig: Bruhn, 1890); id.: *Deutsch-Neu-Guinea*, 3 Bde. (Berlin: Reimer, 1911). Neuhauss war Herausgeber der *Photographischen Rundschau* bis 1904 und übernahm im Anschluss die Fotosammlung der BGAEU von Max Bartels.

15 Gustav Fritsch, *Die Eingeborenen Süd-Afrikas: ethnographisch und anatomisch beschrieben* (Breslau: Hirt, 1872); id., „Praktische Gesichtspunkte für die Verwendung zweier dem Reisenden wichtigen technischen Hülfsmittel: Das Mikroskop und der photographische Apparat", in Georg von Neumayer (Hg.), *Anleitung zu wissenschaftlichen Beobachtungen auf Reisen* (Berlin: Oppenheim, 1875), 591–625; id., *Ägyptische Volkstypen der Jetzt-Zeit: nach anthropologischen Grundsätzen aufgenommene Aktstudien* (Wiesbaden: Kreidel, 1904).

16 Z. B. in die Arbeiten Carl Heinz Stratz', vgl. Carl Heinz Stratz, *Die Frauenkleidung und ihre natürliche Entwicklung*, 4. Aufl. (Stuttgart: Enke, 1920).

17 Richard Neuhauss, „Die Neuordnung der Photographiesammlung der Berliner Anthropologischen Gesellschaft", in *Zeitschrift für Ethnologie* 40, Nr. 1 (1908), 95–100: 100.

18 Vgl. Pohlmann, *Wilhelm von Gloeden* (siehe Anm. 6), 32, 62.

19 Nadia Niethammer, „Italien – Morphologie eines Mythos", in Thomas Theye (Hg.), *Der geraubte Schatten. Die Photographie als ethnographisches Dokument*, Ausstellungskatalog, Münchner Stadtmuseum (München; Luzern: Bucher, 1989),191.

20 Ibid.

21 Roland Barthes, „Wilhelm von Gloeden", in id., *Der entgegenkommende und der stumpfe Sinn*, übersetzt von Dieter Hornig (Frankfurt a. M.: Suhrkamp, 1990), 205.

22 Fritsch stößt sich besonders an Max Klinger, Franz von Stuck u. a., vgl. Gustav Fritsch, „Beiträge zur Kenntnis unserer Körperform (ausserordentliche Sitzung vom 13.1.1894)", in *Verhandlungen der BGAEU*, redigiert von Rudolf Virchow (1894), 23–31. Siehe hierzu Kathrin Peters, „Für Ärzte und Künstler. Anatomisches Bilderwissen um 1900", in Klaus Krüger, Leena Crasemann und Matthias Weiß (Hg.), *Um/Ordnungen. Fotografische Menschenbilder zwischen Konstruktion und Destruktion* (München: Fink, 2010), 47–60.

23 Johann Joachim Winckelmann, *Anmerkungen über die Geschichte der Kunst des Alterthums* (Mainz: von Zabern, 2008 [1767]).

24 „Der Vorsitzende spricht Herrn W. von Gloeden den Dank der Vereinigung für seine interessanten und sehr beifällig aufgenommenen Vorlagen aus und gibt der Genugthuung Ausdruck, dass sich auch ohne Gummidruck künstlerische Effekte in der Photographie erzielen lassen." Gummidruck ist hier das Synonym für Kunstfotografie. Sitzungsprotokoll der Freien Photographischen Vereinigung vom 21.10.1898, *Photographische Rundschau* (siehe Anm. 10), 3.

25 Ibid. Die Frage nach Abhängigkeits- und Bezahlverhältnissen muss spätestens hier gestellt werden.

26 Barthes, „Wilhelm von Gloeden" (siehe Anm. 21), 204

27 Ibid., 205.

28 Ibid.

29 L. S. A. M. von Roemer, „Vorläufige Mitteilungen über die Darstellung eines Schemas der Geschlechtsdifferenzierungen", in *Jahrbuch für sexuelle Zwischenstufen* 6 (1904), 327–356.
30 Magnus Hirschfeld, *Geschlechtsübergänge. Mischungen männlicher und weiblicher Geschlechtscharaktere (Sexuelle Zwischenstufen)* (Leipzig: Verlag der Monatsschrift für Harnkrankheiten, 1905), o. S. 1913 erschien eine zweite Auflage bei Max Spohr, Leipzig. Alle folgenden Zitate Hirschfelds sind aus der Ausgabe von 1930.
31 Foucault, *Der Wille zum Wissen* (siehe Anm. 4), 59.
32 Hirschfeld, *Geschlechtsübergänge* (siehe Anm. 30), o. S.
33 Das Buch beruht auf einem Lichtbildvortrag, den Hirschfeld 1904 auf der 76. Naturforschersammlung in Breslau gehalten hatte und der ohne Abbildungen erstmals veröffentlicht wurde als „Übergänge zwischen dem männlichen und weiblichen Geschlecht", in *Monatsschrift für Harnkrankheiten und sexuelle Hygiene* 1, Nr. 11 (1904), 461–467.
34 Franz Ludwig von Neugebauer, *Hermaphroditismus beim Menschen* (Leipzig: Klinkhardt, 1908).
35 Hirschfeld, *Geschlechtsübergänge* (siehe Anm. 30), o. S.
36 Magnus Hirschfeld, „Die objektive Diagnose der Homosexualität", in *Jahrbuch für sexuelle Zwischenstufen* 1 (1899), 29–30.
37 Albr[echt] von Notthafft, „(1.) Magnus Hirschfeld: Geschlechtsübergänge, Mischung männlicher und weiblicher Geschlechtscharaktere (Rezension)", in *Monatsschrift für Harnkrankheiten* 4 (1907), 482–489.
38 Hirschfeld, *Geschlechtsübergänge* (siehe Anm. 30), 5.
39 Vgl. Ludwik Fleck, „Schauen, sehen, wissen", in id., *Erfahrung und Tatsache. Gesammelte Aufsätze* (Frankfurt a. M.: Suhrkamp, 1983 [1947]), 147–174.
40 Vgl. Judith Butler, „Gender-Regulierungen", in id., *Die Macht der Geschlechternormen und die Grenzen des Menschlichen*, übersetzt von Karin Wördermann und Martin Stempfhuber (Frankfurt a. M.: Suhrkamp, 2009), 71–96.
41 Siehe zur Nacktkulturbewegung mit der These, diese habe einer Normalisierung von Körperlichkeit zugearbeitet: Maren Möhring, *Marmorleiber. Körperbildung in der deutschen Nacktkultur (1890–1930)* (Köln; Weimar; Wien: Böhlau, 2004).
42 Gilles Deleuze, *Foucault*, übersetzt von Hermann Kocyba (Frankfurt a. M.: Suhrkamp, 1987), 83.

BILDNACHWEISE

1–4: Archiv der Berliner Gesellschaft für Anthropologie, Ethnologie und Urgeschichte (BGAEU).
5: Bibliothek der Hochschule für Grafik und Buchkunst, Leipzig.
6 aus: *Jahrbuch für sexuelle Zwischenstufen* 6 (Leipzig: Spohr, 1904), Fototafel o. S.
7–9 aus: Magnus Hirschfeld, *Geschlechtsübergänge* (Leipzig: Verlag der Monatszeitschrift für Harnkrankheiten, 1905).

RE-LEKTÜREN UND DISKURSIVIERUNGEN

ELIZABETH EDWARDS

DER GESCHICHTE INS ANTLITZ BLICKEN: FOTOGRAFIE UND DIE HERAUSFORDERUNG DER PRÄSENZ

> Die Technik der Fotografie gehört zur Physiognomie historischen Denkens [...] es gibt kein Denken der Geschichte, das nicht auch eines der Fotografie wäre.[1]

Eduardo Cadavas Anmerkungen zu Walter Benjamins Doppelinteresse an der Philosophie der Geschichte und der Fotografie bilden einen guten Ausgangspunkt für das, was ich in diesem Artikel vorhabe.[2] Ich werde mich hier erst mit der historiografischen Störung beschäftigen, die Fotografien aufgrund der von Cadava beschriebenen Verknüpfung bewirken, bevor ich anhand der genauen Lektüre eines einzigen Fotos der Frage nachgehe, inwiefern fotografisches Denken – in diesem Fall – auch das Bild vom kolonialen Moment stört.

Ziel dieses Unterfangens ist es, einige epistemologische und historiografische Fragen über Fotografien aufzuwerfen, die an die Grundannahmen und den Apparat der Geschichtswissenschaft selbst rühren. Dabei werde ich auch versuchen, einige der Probleme herauszuarbeiten, mit denen wir als Historiker und Historikerinnen zu tun haben, wenn wir der Vergangenheit aus der Nähe begegnen, ihr – vermittels einer Fotografie – buchstäblich ins Antlitz blicken. Es könnte nämlich durchaus sein, dass diese Angst vor der Fotografie auf ein tief am Grund der historischen Praxis selbst sitzendes Unbehagen verweist.

Fotografien als historische Quellen haben etwas seltsam Fremdes. Sie sind vielleicht so etwas wie das Andere der Geschichtswissenschaft. Als solche unterliegen sie den vertrauten kulturellen Mechanismen des *othering*, des Andersmachens: Typisierung, Fetischisierung, Normalisierung und Pathologisierung. Beim Versuch, damit zurechtzukommen, haben Historiker häufig bei der Fotografie selbst und bei der Fototheorie Rat für ihre Erklärungen gesucht. Das kann im Grunde durchaus nützlich sein, und tatsächlich hat die Fototheorie auch Einiges zu bieten, wenn es um die Ausformulierung bestimmter Fragen oder die Entwicklung kritischer Positionen zur Fotografie und zu Fotografien geht. Doch beim Umgang mit Fotografien als historischen Quellen bringt sie uns nur bedingt weiter. Das liegt meines Erachtens daran, dass die Probleme, denen sich Historiker gegenübersehen, wenn sie mit Fotografien arbeiten, sich nicht in der Medienspezifik erschöpfen, sondern im Verhältnis zwischen Medienspezifik und dem Geschichtsapparat selbst gründen. Ich erachte es daher als notwendig, das Wirken von Fotografien an der Schnittstelle zwischen Fotografie und den historiografischen und philosophischen Kategorien zu durchdenken, die sich um eine bestimmte Vorstellung von Vergangenheit, ihrer Quellen und ihrer Artikulation scharen. Wie kann die Geschichtswissenschaft mit der Janusköpfigkeit der Historie und dem Angst einflößenden Realitätseffekt der Fotografie umgehen, die an dieser Schnittstelle mit dem Anderen der Geschichte zutage treten? Vielleicht benötigen wir dazu so etwas wie eine fotografische Hermeneutik, analog zu Don Ihdes „materieller Hermeneutik", eine, in der sich die Dinge – oder in diesem Fall Fotografien – historisch zeigen können.[3]

Fotografien eignet – natürlich – jenes Ranke'sche Sich-in-die-Vergangenheit-Versetzen, um zu erzählen, „wie es eigentlich gewesen".[4] Sie verfügen über einen Nähe-Effekt – das Dort-damals/Jetzt-hier –, den Anschein eines unmittelbaren Vergangenheitserlebens, nicht bloß dessen flüchtiges Aufblitzen hinter einem Textdokument. Darin besteht ihre historische Verführungskraft. Zwar ist, von Jean Baudrillard bis John Tagg, mit erheblichem kritisch-theoretischen Aufwand gezeigt worden, warum diese Art von Unmittelbarkeit nicht sein kann oder darf, doch das verführerische Versprechen selbst bleibt bestehen. Welche Art Geschichte, welche Art Fotografie kann uns Zugang zu dieser Physiognomie der Vergangenheit verschaffen? Um der Verführung zu widerstehen und ihr geordneter zu begegnen – und darauf läuft mein Vorhaben im Wesentlichen hinaus –, ist es notwendig, näher zu untersuchen, auf welche Weise die Fotografie die grundlegenden Verknüpfungen historischer Beziehungen und die historische Praxis insgesamt – ihre Vorstellungen von Ereignis, Geschehen und Begebenheit, von Kontext, Narrativ und zeitlicher Distanz, von Verräumlichung der Zeit und Fragmentierung, vor allem aber ihren Begriff der „Präsenz" – stört und wie das Denken mittels Fotografien „die gewohnten Methoden der Disziplin erweitern" kann.[5]

Eine solche Vorgangsweise führt uns vielleicht direkter an das historische Potenzial von Fotografien heran. Sie entledigt sich nicht fotografischer Kategorien wie Index, Ikon, Spur oder Repräsentation, sondern kompliziert sie in dem Versuch, dem methodologischen Problem zu entgehen, auf dem wahrscheinlich das ganze Unbehagen der Geschichtswissenschaft im Umgang mit Fotografien beruht, nämlich dass sie zu roh, zu intuitiv sind. Fotografien wird – wie Georges Didi-Huberman im Zusammenhang mit Holocaustfotografien bemerkt hat – zugleich zu viel und zu wenig zugetraut. Entweder man verlangt die ganze Wahrheit von ihnen, und wird enttäuscht, weil die Bilder chaotisch, ungenau, der Aufgabe nicht gewachsen sind, oder man verlangt zu wenig von ihnen, „indem man sie von vornherein der Sphäre des *Simulacrums* zurechnet".[6] Das Endergebnis ist in beiden Fällen das gleiche, eine mangelnde Aufmerksamkeit gegenüber Fotos, weil sie irgendwie als unzureichend für das Betreiben von Geschichte empfunden werden.

Meine These besagt im Wesentlichen, dass Erfahrung und damit auch Präsenz für die Funktion von Fotografien als historische Quellen eine zentrale Rolle spielt, und dass sich das auch mit den Grundzielen der historischen Praxis trifft, insofern in Fotos vergangene Erfahrungen eingeschrieben sind und aufgespürt werden können. Ich werde darauf in meiner Fallstudie zurückkommen; an dieser Stelle möge der Hinweis genügen, dass ein wesentlicher Aspekt davon im ontologischen Ausruf der Fotografie „Das ist gewesen!" besteht. Davon ausgehend kann man mit Ulrich Baer argumentieren, dass eine Fotografie eine von jemandem durchlebte Erfahrung darstellt, so banal sie auch gewesen sein mag.[7] Denn Geschichte ist vor allem ein realistischer Diskurs. Sie strebt eine Darstellung der Vergangenheit an, die „einen gewissen Begriff von der Beschaffenheit vergangener Realität" vermittelt.[8] Zugleich aber und trotz dieses Strebens nach Realismus sind „historisches Wissen und historische Erfahrung insofern [auch] ‚impressionistisch' als ihr natürlicher Lebensraum an der *Oberfläche* der Dinge liegt, [...] und *nicht* da, wo sie sich voneinander abwenden und in ihren eigenen unergründlichen Tiefen vor uns verstecken."[9] Wenn also historische Dokumente als Beleg dafür dienen, wie die Vergangenheit gewesen sein könnte, so erlauben uns Fotos vielleicht, uns tiefer und auf neue Weise in die Vergangenheit zu versetzen, weil sie den Anschein erwecken, mehr historische Erfahrung zu transportieren als andere historische Quellen.[10]

Die diesen Prozessen zugrundeliegenden Allgemeinbegriffe der Historiografie und des historischen Apparats – Zeit, Distanz, Handlungsmacht, Ereignis, Fragment, Kontext, Stimme und Präsenz – sind im Lauf der Jahre einer eingehenden Kritik unterzogen worden: von der *Annales*-Schule über den Konstruktivismus bis zum Postmodernismus, Postfundamentalismus usw. Was ich im Folgenden vorlege, ist also im Wesentlichen ein kursorischer Überblick über ein riesiges, wucherndes und komplexes Feld, wobei es mir einfach darum geht, einzelne Aspekte dieser Kritik im Zusammenhang mit Fotografien zu erörtern, weil die genannten historiografischen Allgemeinbegriffe noch immer unsere Zugangsweisen zur Vergangenheit prägen und auch Fotografien nicht davon ausgenommen sind. Sie alle haben mit dem zentralen methodologischen und historiografischen Rätsel zu tun, welches das Andere der Geschichte aufwirft, nämlich der Frage, „wie sich die verstreuten, fragmentarischen, zufälligen Einzelheiten des täglichen Lebens mit Bedeutung füllen lassen, ohne die Einzelheiten selbst aus den Augen zu verlieren, ohne die konkreten Besonderheiten auf dem Altar der Abstraktion zu opfern."[11]

Was das Ereignis und seine zeitlichen Ausprägungen betrifft, so ändern Fotografien den Rhythmus der Vergangenheit; sie destabilisieren die herkömmliche Auffassung des historisch Bedeutsamen. Wenn, wie Reinhart Koselleck behauptet hat, ein Ereignis, eine zu einer bestimmten Zeit und an einem bestimmten Ort stattfindende besondere Begebenheit, sich von der Unendlichkeit des Geschehens abhebt, dann stellen Fotografien diese Unendlichkeit still und vollziehen damit den Schnitt, durch den das Ereignis entsteht.[12] Georg Simmel hat zwar von einer „Schwelle der Zerkleinerung" gesprochen, unterhalb derer sich das Ereignis auflöst.[13] Das Foto jedoch stellt diese Schwelle infrage, weil es die atomare Struktur der Erfahrung und des Geschehens eindeutig festhält. Es gestaltet einen Augenblick, der als Ereignis sonst „keinerlei physische oder anderweitige Eigenschaften [besitzt]: ein Null- oder Nicht-Ereignis".[14]

Die Fotografie ist Teil eines Übersetzungsprozesses von einem Nicht-Ereignis in ein Ereignis, ja man könnte sogar sagen, sie hebt diese Unterscheidung auf oder verwischt sie zumindest. So banal und belanglos ein Motiv auch sein mag, das Foto rahmt es, erhöht es, hebt es heraus, führt es vor und verleiht so dem flüchtigen Augenblick Stabilität, identifiziert ihn als „Minimaleinheit [...] in historischen Diskursen".[15] Mit seiner unhierarchischen Einschreibung der Spur in die Bildebene gibt es dem flüchtigen Augenblick das Aussehen eines Ereignisses oder einer Begebenheit. Nach dieser Definition werden alle Fotografien zu Ereignissen im historiografischen Sinn, weil sie der Erfahrung im Hagel des historischen Gerümpels, der auf das Gebiet unserer Gegenwarts-Vergangenheitsbeziehungen niedergeht, den Anschein von Vollständigkeit und Kohärenz verleihen. Es ist sicherlich kein Zufall, dass die mit der *Annales*-Schule einsetzende massive Vervielfältigung historischer Studiengebiete dem fotografischen Zeitalter entsprang, das Zeit, Raum, Erfahrung und Gedächtnis neu fasste und dazu beitrug, „unser Augenmerk von Strukturen, Prozessen und Synthesen auf das Erleben gewöhnlicher Menschen in vergangenen Zeiten zu verschieben."[16] In ihrer Unmittelbarkeit und zufälligen Inklusivität lieferte die Fotografie nicht nur genaue Einzelheiten, sondern auch affektive und ideologische Nähe.[17]

Der fragmentarische Charakter von Fotografien und ihre Schaffung von Mikro-Ereignissen ist die große Herausforderung für die Geschichtswissenschaft. Selbst wenn man mit Serien und Gruppen von Fotografien arbeitet, ist es schwierig, die Einheiten und Fragmente vergangener Erfahrungen zu einem größeren Bild zu synthetisieren. Die Lösung ist dann meist ein noch stärkerer, im Vergleich zu anderen Quellen vielleicht sogar übermäßiger Rückgriff auf einen der erwähnten Allgemeinbegriffe, nämlich den Kontext. Eines der größten Probleme bei der Arbeit mit Fotografien – und ein Punkt, auf den ich noch zurückkommen werde – ist wohl die Unklarheit darüber, welche Art von Geschichte vermittels der fotografischen Einschreibung dargeboten wird: darum die Überbetonung des Kontextes.

Nun ist aber Kontext nichts natürlich Gegebenes, sondern ein Akt der Interpretation oder Rahmung, mit dem eine Begebenheit eingeordnet und mit Sinn oder Kohärenz ausgestattet wird.[18] So dürften z. B. die Probleme mit dem ideologischen Sog, dem Fotografien ausgesetzt sind, auf den Gegensatz zwischen Mikro- und Makro-Analyse oder, wie es Christopher Pinney mit Roland Barthes ausdrückt, zwischen Körper und Korpus zurückgehen: das gespannte Verhältnis zwischen Mikro-Ereignis und Makrobedeutung, der im Bild dargestellten Singularität und der Allgemeinheit von Geschichte und Lebenswelt.[19] Wie Frank Ankersmit festgestellt hat, kann „die Schwerkraft des Kontexts [...] dem Motiv oder Dargestellten allen Inhalt absaugen, und zwar so sehr, dass die Sache selbst nur noch wenig zu sagen hat, sie aller anderen möglichen Aussagen beraubt wird."[20] Und das heißt auch, dass wir „das Bild in eine bestimmte Form historischen Verstehens einfügen",[21] wie Ulrich Baer argumentiert, es dazu benutzen, etwas bereits aus anderen Quellen Bekanntes zu belegen oder zu veranschaulichen, statt eine Geschichte zuzulassen, die von den im Bild selbst vorhandenen Spuren ausgeht.

Wenn wir Bilder einfach damit erklären, dass wir sie mit einem Kontext umgeben und ideologisch determinieren, so laufen wir Gefahr zu übersehen, was sie uns als historische Quellen mitzuteilen haben. Natürlich können Fotografien ideologisch, kontextstiftend usw. sein, aber es steckt mehr in ihnen und sie lassen sich nicht darauf reduzieren. Gleichzeitig ist zu beachten, dass nicht alle Fotos über dasselbe historische Potenzial verfügen, weil sie sich in ihrem politischen und sozialen Gewicht unterscheiden. Es gilt also, Fotografien als Quellen flexibler zu behandeln, ihre historiografische Energie zu berücksichtigen. Sie sind nicht einfach wahr oder unwahr, sondern Träger eines „Datengeflechts" – Knotenpunkte historischer Erfahrung, in denen sich Zeit, Ort, Ideologie, Erleben, Erwartungen und Zwecke in unterschiedlichen und wechselnden Verhältnissen überlagern.[22]

Das Überzeugendste ist aber vielleicht die zeitliche Dynamik der Fotografie. Zeit ist die grundlegende historische Erfahrung, welche Fotografien vermitteln. Diese zeitliche Prägung ist gut dokumentiert und theoretisch beschrieben und verwischt die Vorstellung einer Distanz oder Trennung von der Vergangenheit, da das Gewesene darin als gegenwärtig erscheint.[23] Herkömmlicherweise wurden Fotos als erstarrte Momente begriffen, wie das Klischee lautet, als aus dem Zeitfluss geschnittene Fragmente, zufällige Abschnitte einer imaginären fortlaufenden Schleife. Die Vorstellung vom geschlossenen, für sich stehenden Fragment hat auch zur Betonung der semiotischen und repräsentationalen Aspekte des Bildes sowie seines Affekts geführt. Laut Jan Baetens muss die Reflexion über die Fotografie aber über die Singularität der Zeit hinausgehen. Das Bild biete genügend Raum für „neue Deutungen von Zeitaspekten" und sei „niemals nur ein Zeitausschnitt".[24] Wenn das Nachdenken über Fotografien und deren Verhältnis zur Vergangenheit erweitert werden und zugleich offen bleiben soll für die Arten von Vergangenheit, auf die man mit ihnen vielleicht stößt, dann bedarf es – so Baer – einer zeitlichen Neukonzeption. „Erst wenn wir die Vorstellung von Geschichte und Zeit als etwas von Natur aus Fließendem und Aufeinanderfolgendem aufgeben, werden wir begreifen, was wir [...] in Fotografien sehen oder übersehen."[25] Es geht mit anderen Worten um die Frage, auf welche Weise Konzepte von Zeit und Geschichte und deren Überschneidung mit der Ontologie des Fotos zum Verständnis oder Miss- bzw. Unverständnis von Fotografien beitragen.

Die historische Distanz von Fotografien ist eine „konzeptuelle Distanz, die durch ihre Verringerung und Erweiterung unsere Auffassung dessen, was Geschichte repräsentiert, grundlegend verändern kann."[26] Zeitliche Distanz war immer schon eine Voraussetzung für jegliche historiografisch-historische Tätigkeit. Durch Fotografien wird diese jedoch in einem Ausmaß zum Verschwinden gebracht, dass es – wie Mark Phillips deutlich gemacht hat – mitunter schwierig ist, zwischen der Idee der historischen Distanz und jener, die durch die Geschichte selbst gesetzt wird, zu unterscheiden. Aber gerade weil sie die analytischen Kategorien verschwimmen lassen, vermögen Fotografien andererseits Brücken zwischen diesen zu schlagen. Sie sind sowohl mit einem Distanz- als auch einem Nähe-Effekt ausgestattet, gehören unwiderruflich in jeder Hinsicht der Vergangenheit an, erwecken aber zugleich den Eindruck von Unmittelbarkeit. Benjamin nennt dies „Aura“ – „[e]in sonderbares Gespinst von sowohl Raum und Zeit: einmalige Erscheinung einer Ferne, so nah sie sein mag“.[28] Als solche modifizieren und rekonstruieren Fotografien die Zeitlichkeit historischer Darstellungen und wirken sich dabei auf jedes Element der historischen Auseinandersetzung aus: sie bieten ein „ganzes Kontinuum, von größter Nähe bis unbeteiligter Distanz“.[29]

Manifest werden diese Vorstellungen von Ferne und Nähe, Raum und Zeit in der Idee der Präsenz, die in den Zwischenzonen von Historiografie, Philosophie und Fotografie zunehmend ins Zentrum der Diskussion gerückt ist. Was die Vorherrschaft der zeitlichen Distanz, der Lücke zwischen Vergangenheit und Gegenwart, Faktum und Narrativ, bei Fotografien mildert, ist die räumliche Unmittelbarkeit, mit der das Zeitliche in ihnen verwoben ist. Ist Präsenz durch Gleichzeitigkeit gekennzeichnet, so kommt bei Fotografien eine räumliche Dimension hinzu: „[J]e mehr man den Raum betont, desto stärker macht sich die Zeit mit aller Kraft geltend – und umgekehrt.“[30]

Die von Fotografien reklamierte Präsenz, ihre Individualisierung der Vergangenheit, ist historiografisch gesehen mit Fragen der Handlungsmacht und des Affekts verbunden. Wichtig für meine Argumentation ist Ankersmits Feststellung, dass dies einer Verschiebung von der dekonstruktivistischen Zentrifugalbewegung der Bedeutung hin zur zeitgenössischen Begeisterung für die Erfahrung mit ihrer zentripetalen Intensität entspräche.[31] Zu dieser Individualisierung der Vergangenheit tragen Fotografien wesentlich bei. Ja, sie sind so sehr in das historische Bewusstsein eingedrungen, dass sie gesichthaft werden, wie das Sylvia Benso in einem anderen Zusammenhang genannt hat, dass sie, selbst wenn sie mit dem Gesichtslosen und Unerkennbaren konfrontiert sind, über die Ehrfurcht gebietende Macht des Antlitzes verfügen, des Antlitzes der Geschichte.[32]

Die Idee der Präsenz ist im Fotografiediskurs nichts Neues. Präsenz ist ein integraler Bestandteil der Repräsentation – der Idee, etwas durch die Spur des Abbilds, ein Substitut des Abwesenden, wieder zu vergegenwärtigen. Der vollkommenste Ausdruck dieser Position ist Roland Barthes’ berühmte Betrachtung über das Foto seiner Mutter als Kind im Wintergarten; sie bringt uns der Art von Präsenz, die mir hier vorschwebt, ein Stück näher. Das von Barthes beschriebene Foto versetzt ihm einen Stich, verletzt ihn durch die Intensität, mit der es die Mutter vergegenwärtigt. Er beschreibt das Unvermögen anderer Fotografien, ihn zu berühren, als einen Mangel an Präsenz: „Ich erkannte sie immer nur in Bruchstücken wieder, das heißt ihr Wesen entging mir und folglich entging sie mir ganz“, wohingegen das Foto aus dem Wintergarten auf utopische Weise „die unmögliche Wissenschaft vom einzigartigen Wesen“ verwirklicht.[33]

Man kann das auch mit Eelco Runias Versuch in Verbindung bringen, die Verschiebungen des historiografischen Begehrens von der Bedeutung zur Erfahrung nachzuzeichnen. Trotz des Strebens nach Bedeutung und nach einem Verständnis der Mechanik der Bedeutung (im Fall von Fotografien vielleicht mittels von der Sprache abgeleiteter semiotischer Modelle), wird ihm zufolge eigentlich etwas ganz anderes begehrt, und zwar heftig. Und dieses andere ist die „Präsenz". In Runias Worten: „Präsenz heißt, mit den Menschen, Dingen, Ereignissen und Gefühlen, die einen zur Person gemacht haben, die man ist, entweder direkt oder metaphorisch verbunden zu sein." Es ist der „Wunsch, an der furchterregenden Realität von Menschen, Dingen, Ereignissen und Gefühlen teilzuhaben, gepaart mit dem abgründigen Drang, einen Vorgeschmack davon zu bekommen, wie furchtbar schnell furchterregend reale Menschen, Dinge, Ereignisse und Gefühle zu existieren aufhören können".[34] Fotografien, so möchte ich sagen, stehen im Zentrum dieser abgründigen historischen Spannung zwischen Präsenz und Nicht-Präsenz.

AM STRAND VON MALEKULA

Vor dem Hintergrund dieser Überlegungen möchte ich mich nun meiner Fallstudie zuwenden. Die Fotografie, um die es geht, ist eine von zweien, die mir die von ihnen erwartete Auskunft vorenthielten und damit mein Interesse an der oben skizzierten historischen Problemlage weckten. Sie störten die glatte Oberfläche der historischen Erzählung und die Einheit dessen, was wir zu wissen glauben. Ich nenne meinen Ansatz „kritische Forensik". Das hat einen gewissen Anklang an Mieke Bals *close reading* des Objekts und Carlo Ginzburgs berühmten Morelli-Aufsatz über Indizien und Spuren, in dem er auf die analytische Bedeutung des scheinbar belanglosen winzigen Details hinweist, das sowohl die Makro-Ebene mitprägt als auch individuelle Erfahrung mit einschreibt.[35] Eine kritische Forensik umfasst das Lesen der Spur, der Oberfläche des Bildes als Spur bis in die kleinste Einzelheit, allerdings so, dass es sich mit den von mir skizzierten Problemen der Historiografie überschneidet. Das heißt nicht, in einen unproblematischen Positivismus zu verfallen (dessen Morelli beschuldigt wurde), sondern sich des zufälligen Überschusses anzunehmen, den alle Fotografien aufweisen, um Platz für die von Baetens geforderten neuen Deutungen zu schaffen.[36] Es ist ein – vielleicht mit der Archäologie vergleichbares – Verfahren, das Oberflächen aufbricht und detailgenaue Lektüren vornimmt, indem es Bruchstücke zusammenfügt und Indizien sammelt, die zeigen, wie Präsenz, Zeit und Ereignis möglicherweise erlebt wurden und von Historikern verstanden werden könnten.

Ich verwende Baers Ausführungen zur fotografischen Zeit und Präsenz und Runias Überlegungen zu letzterer als Ausgangspunkt, um das Konzept einer Inschrift des Moments zu erarbeiten, die nicht bloß Ereignis, Begebenheit oder abgebildete Szene ist, sondern „eine von jemandem durchlebte Erfahrung":[37] ein Bild, das sowohl von der Präsenz des Augenblicks als auch von der Präsenz der Erfahrung durchdrungen ist. Statt die Welt vereinfachend zu fragmentieren, d. h. in die erwähnten erstarrten Momente aufzusplittern, ermöglicht dieses Verfahren, „jedes Bild als eine mögliche Enthüllung der Welt – des Schauplatzes menschlicher Erfahrungen – zu sehen", eine, die sich vom Bild selbst wellenförmig ausbreitet.[38] Ich möchte das ausdrücklich betonen: vom Bild selbst, weil eben das meinen Zugang zu dieser Fotografie beschreibt.

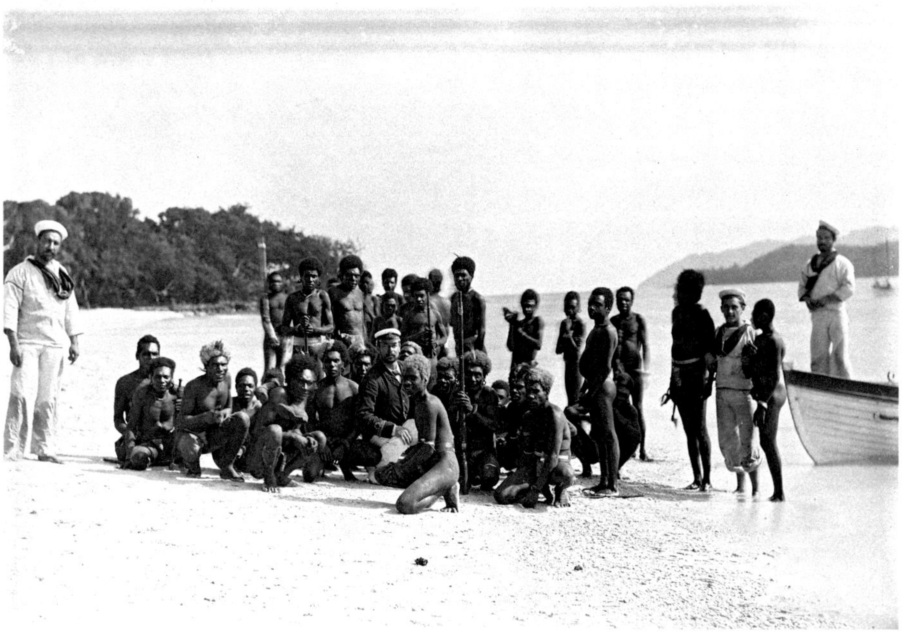

1*

Diese Fotografie wurde (Abb. 1) irgendwann im Jahr 1884 auf Malekula, einer Insel der Neuen Hebriden (heute Vanuatu), aufgenommen. Das Landungsboot eines Schiffs der British Royal Navy, der HMS Miranda, wird auf den Strand gezogen, aber nicht ganz aus dem Wasser – vielleicht um schnell wieder wegzukommen, denn wir befinden uns in unruhigen Zeiten. Das Foto zeigt eine sorgsam in Szene gesetzte interkulturelle Begegnung, deren wahrnehmbare Realität über das gesamte Bild verteilt ist. Aufgenommen wurde es von Captain W. A. C. Acland während eines sogenannten *Island Run* im Westpazifik, zu dem die HMS Miranda von Sydney aus aufbrach.[39] Es handelt sich um ein Amateurfoto, insofern es von Acland aus eigenem Interesse und nicht etwa aufgrund einer berufsbedingten Agenda aufgenommen wurde. Dennoch entstand es im professionellen Raum der kolonialen

Begegnung, da die Royal Navy in den Gewässern des Westpazifik kreuzte, um missbräuchliches *blackbirding*, den ausbeuterischen Handel mit gedungenen Arbeitern, zu unterbinden, diverse Kolonialaktivitäten zu unterstützen und die Pax Britannica in der Region aufrechtzuerhalten.

Eine derartige Begegnung war ein alltägliches Ereignis. Die Logbücher des Schiffes vermerken lediglich, dass die Boote häufig – so wie hier – an Land geschickt wurden.[40] Einen eigenen Eintrag gab es nur, wenn die Einheimischen an Bord des Schiffes kamen oder wenn etwas eklatant schief ging. Im letzteren Fall wurde aus diesen sonst alltäglichen Begegnungen bezeichnenderweise ein „Zwischenfall", wie es in der Sprache der Royal Navy hieß, was zugleich auf die Sichtbarkeitskriterien für derartige Ereignisse hinweist. Diese offiziellen Sichtbarkeitskriterien erfüllte die vorliegende Begegnung am Strand nicht. Es ist ein Nicht-Ereignis, das allein im Augenblick der Aufnahme existiert und erst durch den Akt des Fotografierens seine projizierte künftige Bedeutung erhält.

Auf den ersten Blick ist es ein klassisches Bild aus der Kolonialzeit von einer interkulturellen Begegnung mit asymmetrischen Machtverhältnissen. Aber ist das wirklich alles, was es darüber zu sagen gibt? Worin könnte sein Kontext bestehen und für wen ist es? Es wirft eine Vielzahl von Fragen auf: nicht nur über das Narrativ – was geht hier vor sich? –, sondern auch über den performativen Charakter von Fotografien, über Zeit und Raum, Blick und Handlungsmacht, Fakten und Vorstellungen, und nicht zuletzt über Wesen und Dichte historischer Einschreibung und das Foto als Performanz von Geschichte: als der hervorgehobene Moment der zum Ereignis werdenden Begebenheit. Auch wenn das Foto zum geläufigen Narrativ der Kolonialaktivität im Pazifik gehört, so ist es doch durchdrungen von einer auf Vielfalt und Differenz beruhenden „ungleichzeitigen" und „inhomogenen Zeit".[41] Für die Analyse ist dies besonders relevant, weil beide Parteien des Geschehens, die Männer der Royal Navy und die in das Bild eingeschriebenen Malekulaner, die Begegnung nicht nur unterschiedlich wahrnehmen, sondern auch auf verschiedene Zeit- und Raumbegriffe beziehen.

Die erwähnten Fragen wurzeln, wie gesagt, in der zeitlichen und räumlichen Vielschichtigkeit des Fotos, und das zieht wiederum die entscheidende Frage nach sich, um wessen Raum und Zeit es sich dabei handelt. Nach klassischer Lesart ist es die Kolonialzeit, aber das Foto stellt nachweislich eine „verdichtete Performanz" dar, deren Dichte es resistent gegen die Einverleibung in ein einziges historisches Narrativ macht.[42] Seine Dichte ist nämlich zugleich vielschichtig, es ist ein Objekt „vernetzter Hybridität", bestehend aus Menschen, Dingen, Techniken, kolonialen und lokalen Praktiken,[43] dem Bild selbst, dem Wesen und dem Akt der Fotografie sowie den Verhältnissen, denen das alles entsprungen ist. Diese Fragen zwingen uns, wie Baer sagt, „die Lebenswelt – Zeit und Geschichte – buchstäblich vom Stand*punkt*" der Personen im Bild aus zu denken. Wie markieren konkrete Individuen die Spur mit ihrer Präsenz?[44] Was sind die „Spuren, Symptome und Indizien", durch die sich die Präsenz zeigt?[45]

Eingeschrieben ist dieser Fotografie zunächst einmal – natürlich – der Strand. Er ist ein metaphorischer Raum und ein Begegnungsraum im Pazifik. Die Dinge verwandeln sich, wenn sie Strände überqueren, egal in welche Richtung.[46] Der Strand ist also ein hochevokativer Raum. Er hat für alle Parteien seine eigene Präsenz (Abb. 2a). Und wie die Menge der Fußabdrücke am Rand des Wassers zeigt, war auf ihm auch vor diesem fotografischen Moment allerhand los. Bei den Fußabdrücken handelt es sich um Spuren in der Spur, Indizes innerhalb des fotografischen Index. Im Zentrum der Gruppe befindet sich ein Lieutenant der Royal Navy. Es herrscht große körperliche Nähe, was durch die Anordnung der Körper im fotografischen Raum noch verstärkt wird. Ein älterer Mann trägt ein Paar Schuhe um den Hals – sind es die Schuhe des Fotografen, als Gunstbeweis oder Geste der Reziprozität, von Älterem zu Älterem? (Abb. 2b) Zwei weitere britische Seeleute rahmen das Bild am linken und rechten Rand; ein dritter, rechts im Wasser stehend, ergreift die Arme der neben ihm stehenden Melanesier, vielleicht um sie für die Kamera stillzustellen (Abb. 2c).

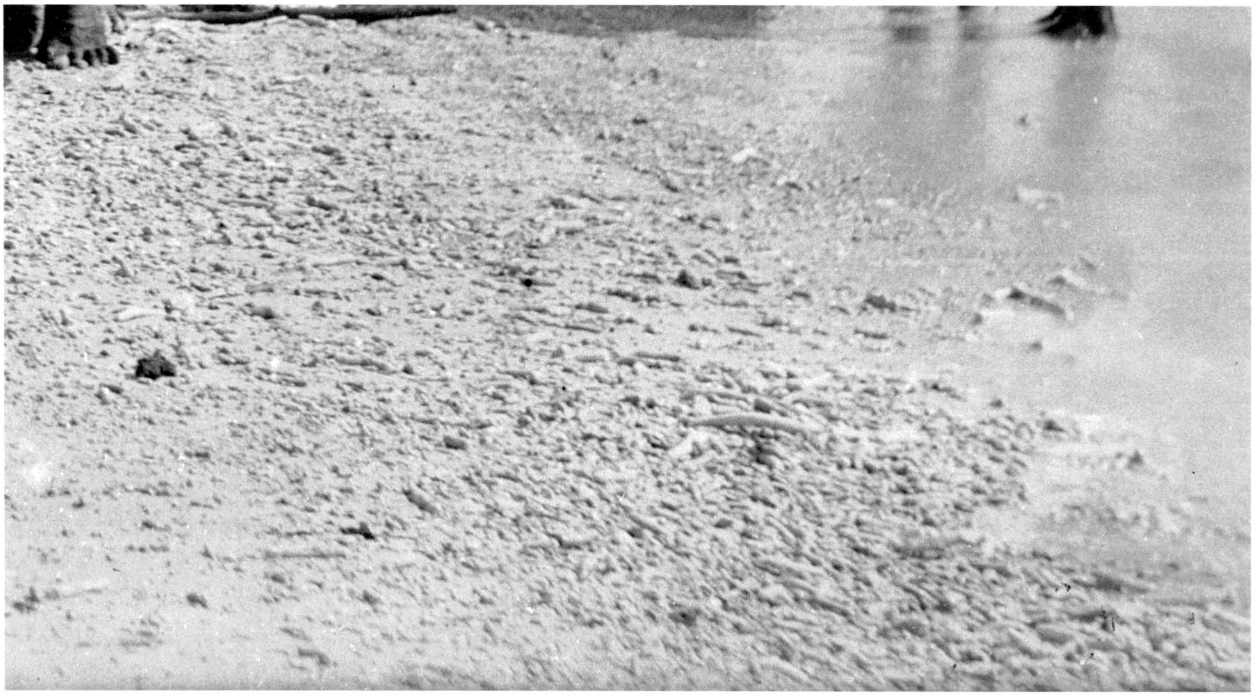

2a

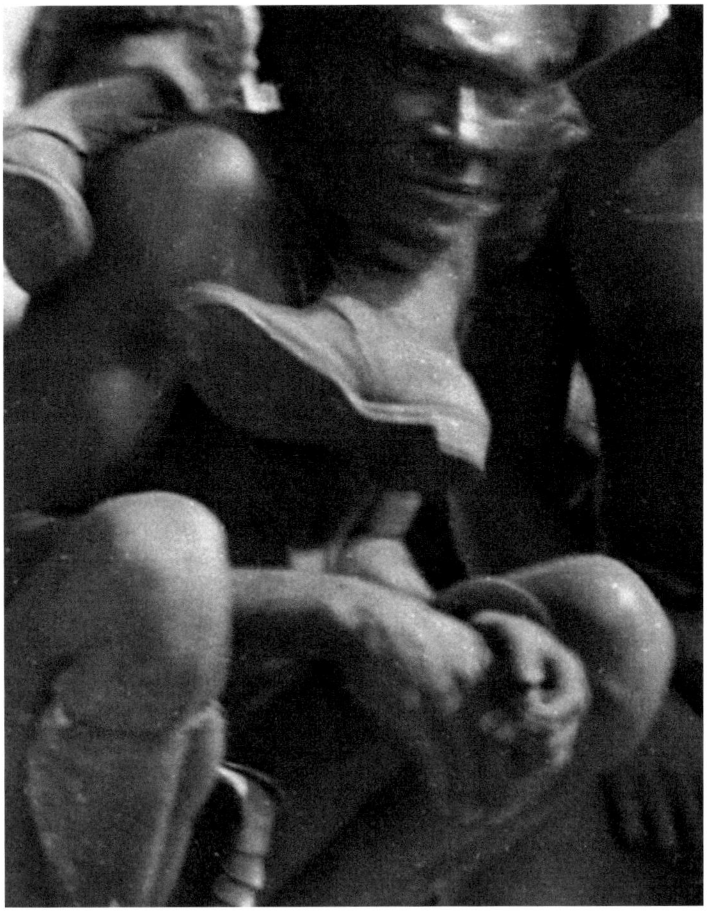

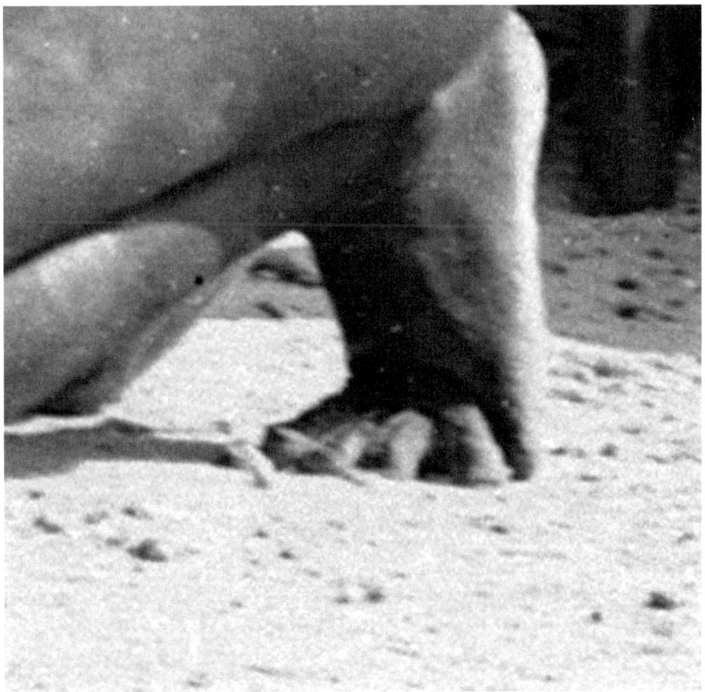

___ 2b, ___ 2d

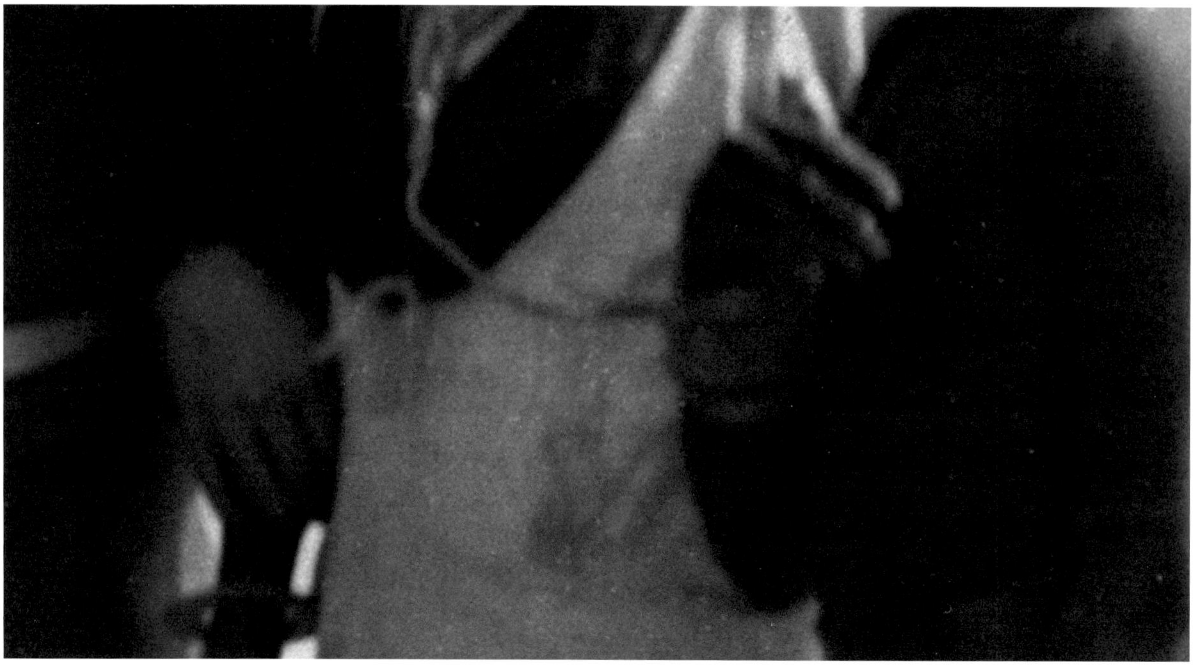

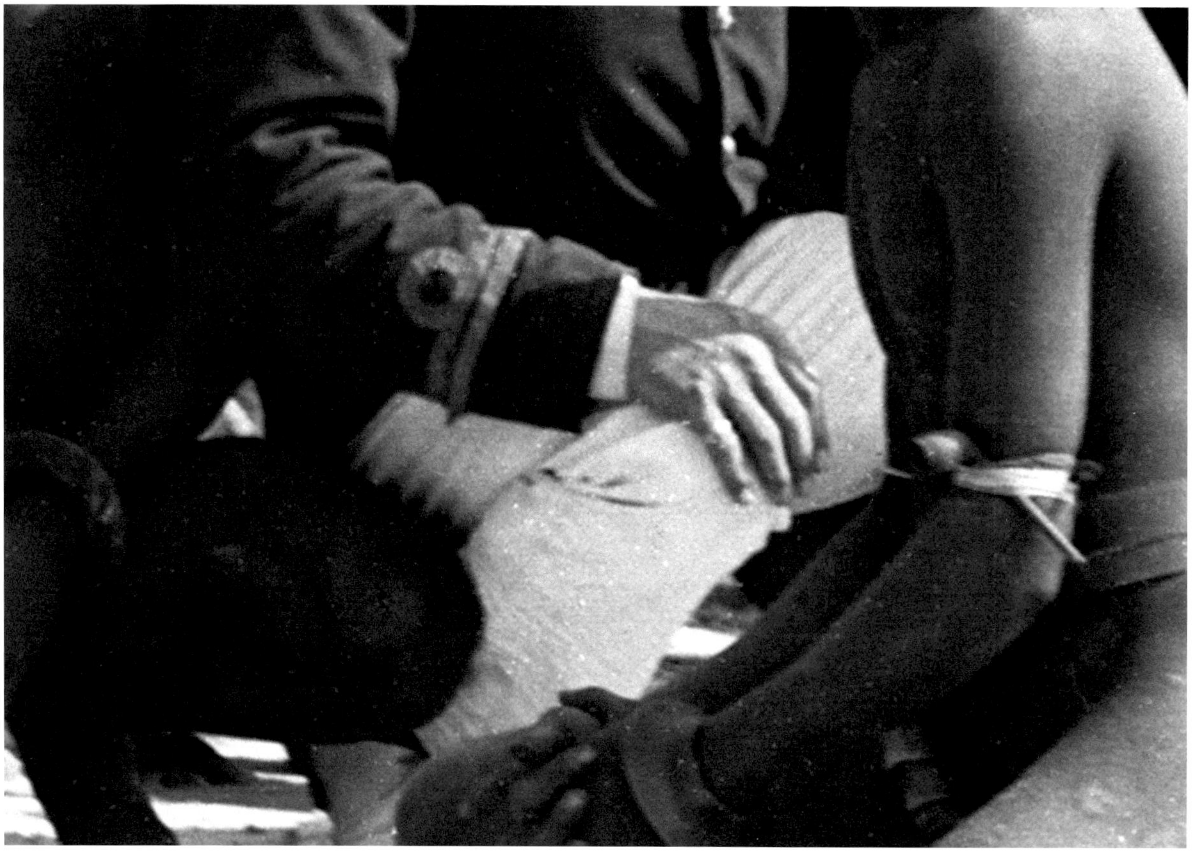

___ 2c, ___ 2f

Dieses Foto ist vor allem ein Träger von Erfahrungsspuren – was es bedeutete, diesen Moment zu durchleben. Es handelt von der körperlichen Erfahrung der Begegnung, von Füßen auf heißem Sand (Abb. 2d), dem Klang der sanft an den Strand plätschernden Wellen – es ist ein ruhiger Tag –, vom Duft warmer Haut, dem Gewicht und vielleicht auch Geruch der Schuhe, die der ältere Mann um den Hals trägt (Abb. 2b). Die Seeleute sind vom Boot zum Strand gewatet, ihre Hosen bis zu den Knien nass – ein weiterer Erfahrungsindex (Abb. 2e). Dazu kommt die Haptik von Haut und Körpern, wenn der Matrose die Arme seiner Nebenleute umfasst – mit der einen Hand locker, mit der anderen fester, vielleicht sogar schmerzhaft fest – und die Gliedmaßen sich berühren (Abb. 2c). Vermutlich stank es auch bei der Hitze und Luftfeuchtigkeit. Der Lieutenant trägt seine Uniformjacke mit den Streifen am Arm, eine Kleidung, die Stellung und Ansehen verrät (Abb. 2f), sicherlich eine bewusste Entscheidung und wahrscheinlich auch einer Vorschrift der Royal Navy zum Tragen der Rangabzeichen entsprechend, denn Ränge waren etwas, das in den stark hierarchischen, durch äußere Kennzeichen differenzierten Männergesellschaften Melanesiens verstanden wurde.

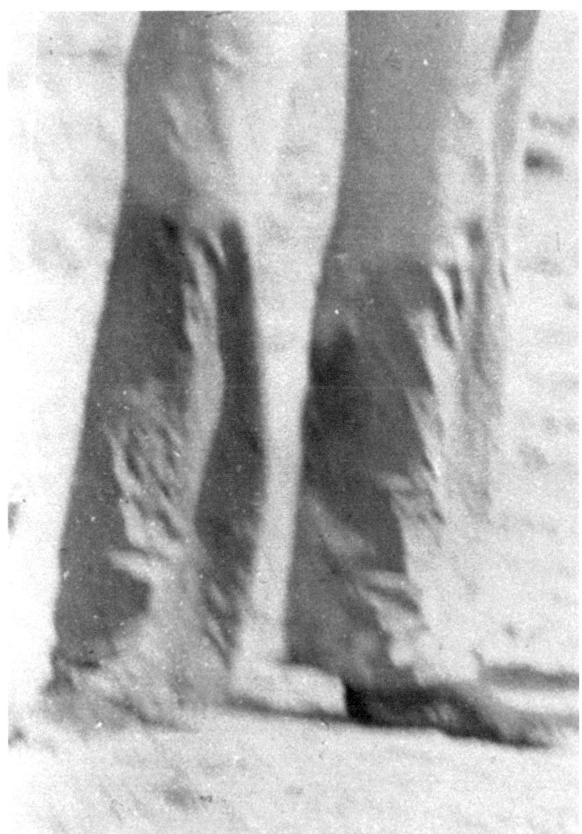

2e

Insbesondere aber könnte das Foto als eines angesehen werden, das geradezu durchtränkt ist von der Präsenz der Malekulaner. Diese zeigt sich am Überschuss an Spuren, einer Art historiografischem Optisch-Unbewussten,[47] das die Tiefenschichten von Fotografien bildet. Diesen historiografischen Überschuss hat Runia – treffend für unseren Kontext – mit dem nautischen Begriff des „blinden Passagiers“ beschrieben, etwas, das „auf der Zeitebene abwesend oder unabsichtlich anwesend“ ist.[48] Ihn zu erfassen und verständlich zu machen, ist in vieler Hinsicht das, was Historiker zu leisten haben, wenn sie der Vergangenheit ins Angesicht blicken. Es ist gesagt worden, dass sich die übermäßige Detailspeicherung von Fotografien schwer in das Verstehen der Vergangenheit integrieren lasse.[49] Ich würde das Gegenteil behaupten: Eine kritische Forensik ermöglicht uns, in diesem Foto „kontingente und [für den kolonialen Blick, E. E.] unerhebliche Details“[50] auszumachen, die Bruchstellen erzeugen, durch die wir über die besonderen Belange des kolonialen Blicks hinaussehen und das Foto für andere Historien mit anderen Konzeptionen von Zeit, Kontext und Erfahrung öffnen können. Ein solcher Ansatz erschüttert die leichte Identifikation des Betrachters mit dem kolonialen Blick und seinem technischen Apparat, weil er auf einer anderen aktiven Präsenz beharrt. Er zeigt den Augenblick nicht als ein von einer einzigen Perspektive dominiertes visuelles Feld, sondern als „zerfallene Einheit“.[51] Fotografien performieren diese unbeachteten Momente der Begegnung, sie stellen die Singularität des Individuellen wieder her, die Momente und kleinen Tätigkeiten, von denen Erfolg und Misserfolg der Begegnung abhängen – etwas, das ebenfalls in den oben erörterten Kategorien von Körper und Korpus, Mikro-Ereignis und Makrobedeutung verstanden werden kann.

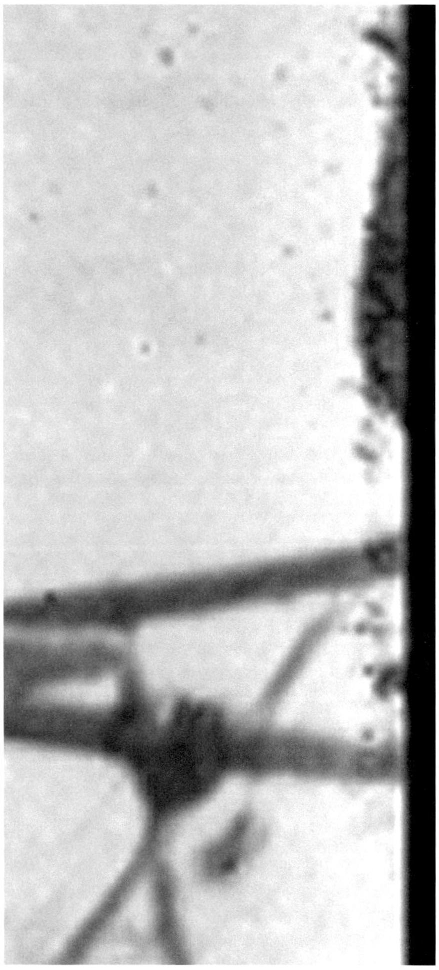

3

Das Foto enthält auch einen eigenen Hinweis auf seinen größeren Zusammenhang. Deutlich wird das in einem kurz zuvor oder danach aufgenommenen Gegenstück (Abb. 3). Dort verweist ein Stück Arm, das am Rand des Negativs ins Bild geraten ist, auf den Akt des Fotografierens. Es treibt das Narrativ über den Bildrand hinaus hin auf einen größeren Inhalt, eine größere Erfahrung.[52] Das Stück Arm zeigt plötzlich an, was sich jenseits des Fotografen auf dem Strand befindet. Dadurch, dass dieses winzige Zeichen am Rand der Fotoemulsion über das Bild hinaus auf den Fotografen und weitere in den Raum des Fotos eingeschriebene Melanesier verweist, wird „‚[d]as Reale‘ […] akzentuiert und gewissermaßen ‚einberufen‘“.[53] Es weist damit auf die Durchlässigkeit und Instabilität der Grenzen des fotografischen Bildes im Erleben des Augenblicks und auf die Vorläufigkeit des Fotos als kohärente Aussage. Es ist das, was Benjamin das „winzige Fünkchen Zufall" nannte: „die unscheinbare Stelle [...], in welcher im Sosein jener längst vergangenen Minute das Künftige noch heut und so beredt nistet, daß wir, rückblickend, es entdecken können."[54] Es sind diese unscheinbaren Stellen des Zufalls, in denen sich die Präsenz verorten lässt: in den im Bild verdichteten Beziehungsnetzwerken, Erfahrungen und Weltbildern. Anders als es wahrscheinlich in der imperialistischen Weltsicht der Royal Navy aussah, nehmen die Malekulaner den Strand, auf dem sie vor der Kamera stehen, als ihren Strand wahr, konstituiert durch ein malekulanisches Weltbild, das Raum, Strand, Bäume, Kanus und Sein miteinander verbindet, auch wenn er von den Spuren der Begegnung geprägt ist. Es ist jener „bewohnte Raum", der Paul Ricœur zufolge untrennbar mit gewissen Zeitformen verbunden ist.[55]

Was in dem Foto präsent, was ihm eingeschrieben ist, ist das eigene soziale Dasein der Malekulaner, ihre eigene Wahrnehmung der Ereignisse und der eigenen Gegenwart, ihr eigenes Verständnis vom Raum des Strandes.[56] In den melanesischen Gesellschaften herrscht etwa, wie bei vielen anderen Inselvölkern, nicht die gleiche Dichotomie von Land und Meer wie im Westen; sie sehen nicht Inseln in einem Meer, sondern ein Meer von Inseln eines miteinander verbundenen Raums. Wenn dieses soziale Dasein den Fotografien eingeschrieben ist, so klingt darin auch die von jemandem durchlebte Erfahrung nach, wenn man ihr den analytischen Raum dafür gibt. Gewiss ist es ein Schauplatz kolonialer Aktivitäten. Aber warum nehmen wir automatisch an, dass es auch ein kolonialer Strand ist? Vielleicht sehen die Dinge ein wenig anders aus, wenn man anerkennt, dass das Foto seine eigenen vorgängigen Kontexte, die der Präsenz und der Erfahrung enthält, und nicht die, die ihnen von außen als Kontext auferlegt werden. Nach Koselleck hat „jeder Mensch und jede menschliche Gemeinschaft [...] einen Erfahrungsraum, aus dem heraus gehandelt wird, in dem Vergangenes präsent ist oder erinnert werden kann, ebenso spezifische Erwartungshorizonte, auf die bezogen gehandelt wird."[57] Während die Malekulaner in Aclands Kamera blickten, verkörperten sie also ihren eigenen Bedeutungsraum – die Form der lokalen Kultur und des lokalen Erlebens.

Man könnte einwenden, meine kritische Forensik greife lediglich die von Barthes konstatierten „bestechenden Qualitäten" des zufälligen Details wieder auf.[58] Ebenso könnte die beschriebene Poetik des Details ein wenig an Barthes' indexikalische Romantik erinnern, derzufolge die Fotografie „wörtlich verstanden eine Emanation des Referenten [ist]. Von einem realen Objekt, das einmal da war, sind Strahlen ausgegangen, die mich erreichen, der ich hier bin."[59] Allerdings würde ich sagen, dass der Begriff der Präsenz im Foto einen kohärenten Raum für die Möglichkeit anderer kultureller Erfahrungsnarrative eröffnet, andere – horizontale – Lesarten ermöglicht und nicht bloß die vertikalen Stiche des *punctum*. Im Gegensatz zum *punctum* besitzen nämlich die Spuren, die eine „kritische Forensik" ausmachen, eine Existenz außerhalb der Lektüre eines bestimmten Betrachters: in der systematischen Freilegung von Einzelheiten und vielleicht auch der Art und Weise, wie z. B. die Malekulaner diese Begegnung auf ihrem Strand im Jahr 1884 erlebten.

Dabei handelt es sich natürlich eher um eine historiografische Möglichkeit als einen harten historischen Beweis. Zwar ist Ginzburg zufolge alle Historie „indirekt, durch Indizien vermittelt, konjektural",[60] doch wird man in dieses Spekulative und Konjekturale nur allzu leicht hineingezogen und schwebt dann gefährlich zwischen Verstehen und Missverstehen. Ich begreife diese Untersuchung eigentlich als ein Experiment. Denn nach Gayatri Chakravorty Spivaks berühmter Einsicht gibt es keine einfache Möglichkeit, Subjektivitäten wiederzubeleben und sie sprechen zu hören, jedenfalls keine, die nicht die Vorlieben der westlichen akademischen Welt reproduzierte.[61] Auch möchte man genauso wenig in einen essentialistischen Indigenismus zurückfallen wie in den nüchternen kolonialen Blick. Mit der Öffnung eines Raums für andere Deutungen, der Aktivierung und Neuausrichtung der Grundsätze und des Apparats historischer Forschung durch die kulturellen Muster der Insulaner, widersetzt sich ein solcher Ansatz analytischen Praktiken, die den kolonialen Körper weniger sichtbar machen. Er destabilisiert die Prozesse, mit denen die koloniale Besitzergreifung operiert.

Insofern ist das eine Position, die den kolonialen Blick und die vermeintliche Kontrolle des Fotografen aufbricht. Sie öffnet Fotografien auf die Zukunft hin, und zwar aus dem Bild heraus, in dem sich Handlungsinstanzen und Geschichten kreuzen oder, wie es Koselleck nennt, „verschiedene Erfahrungsräume überlappen [...] und verschiedene Zukunftsperspektiven überschneiden".[62] Das trifft sich wiederum mit Baers Plädoyer dafür, sie dem deterministischen Zugriff der Geschichte als Zeitstrom zu entreißen. Anstelle dessen tritt die „Erkenntnis, dass die Gegenwart [und Präsenz] die Saat vielfältiger und sich gegenseitig ausschließender möglicher Zukünfte in sich birgt" – dass die Szenen an diesem Strand Erfahrungen sind, die „jemand durchlebt hat". Eben darauf will Baer hinaus, wenn er sagt, dass die Betonung von Studium (Inhalt, Oberfläche des Bildes) und Kontext (Vorwissen) bei der Bildinterpretation die Zuschreibung von Sinn jenseits der eigentlichen Bildgrenzen, den beunruhigenden Affekt des Fotos eliminiert hat.[63] Gleichzeitig aber ist das hier beschriebene Foto durchaus beunruhigend, weil es, selbst mit den Narrativen, mit denen ich es umrankt habe, die Möglichkeit eines in Fotografien sedimentierten Nichtwissens in den Raum stellt: oder zumindest nicht eines Wissens, wie es sich Historiker üblicherweise von ihren Quellen, insbesondere Fotografien, erwarten.

Was stattdessen offeriert wird, ist vielleicht ein tieferes Verständnis der historischen Kraft von Fotografien und der von ihnen beherrschten Erzählungen. Hier mündet meine Beschreibung in allgemeinere Fragestellungen, denn sie betrifft auch die Art und Weise, wie Historiker Geschichten erzählen, wie sie die Conditio humana intellektuell erklären. Im Bild werden nämlich nicht nur Zeit und Raum, sondern auch Erfahrungen verdichtet, was sich in der Anerkennung von Präsenz ausdrückt. Und das obwohl, wie Baer ebenfalls feststellt, die Möglichkeit besteht, dass sich der mechanisch aufgezeichnete Augenblick nicht unbedingt auch im Bewusstsein des oder der Fotografierten niedergeschlagen hat – was wieder eine Art historiografische Version von Benjamins Optisch-Unbewusstem, dem „winzigen Fünkchen Zufall" ist.[64]

Vollzogen wird das nicht nur durch die Spur selbst, sondern durch eine Art Erhöhung: ein Geschichtstheater oder eine Geschichtsperformance, Verkörperung und materielle Anerkennung – eben das „Verbundensein", von dem Runia spricht. Das lässt sich mit der im Foto ausgetragenen Präsenz verknüpfen. In einer gewissen Übereinstimmung mit Baers Erfahrungsbegriff und sogar mit Ankersmits „sublimer historischer Erfahrung" verbindet es sich mit dem phänomenologischen, sensorischen und emotionalen Potenzial von Fotografien als historischer Form. Insofern durch Fotografien Fakten vermittelt werden, ermöglicht diese Verknüpfung nicht nur eine „schärfere Wahrnehmung der Vergangenheit",[65] sondern Fotografien decken, wie erwähnt, zugleich ein Kontinuum ab – Ferne der kolonialen Einschreibung und Nähe der Vergangenheit, Einfühlung und subjektiven Teilhabe –, wobei sie eben deshalb „fesseln, weil sie offen, unabgeschlossen bleiben."[66]

Meine bei weitem nicht erschöpfende exemplarische Betrachtung des Fotos von der Begegnung in Malekula zeigt die Möglichkeiten und das Potenzial einer intensiven Befragung von Details, der Lektüre des Bildes in Hinblick auf Präsenz und Erfahrung, aber auch auf Zeit, Raum und Begebenheit sowie auf deren Verbindung mit den gängigen Begriffen des historischen Apparats. Voraussetzung dafür ist das Interesse an dem, was uns aus dem Bild entgegentritt, und nicht lediglich an dem, was an es herangetragen wird.[67]

Das hat erhebliche Folgen für den Kontextbegriff und die Art, wie wir ihn zur Erklärung von Fotografien benutzen. Allzu oft „ziehen wir das Visuelle als Beleg für etwas heran, das wir in Wahrheit anderswo entdeckt haben."[68] Wie ich ausgeführt habe, können wir an kontextuellen Lektüren arbeiten, die vom Bild selbst ihren Ausgang nehmen, die nicht von Intention, Invention und semiotischer Energie abhängig, gleichwohl aber in der Referentialität des Fotos verankert sind. Auch dabei wird immer noch ein Kontext konstruiert, aber es ist einer, der als individuelle Spur von Erfahrung und Präsenz aus dem Bild selbst hervorgeht und dennoch – um noch einmal auf Pinney zurückzugreifen – Körper und Korpus verbindet.

Bei solchen Analysen ist allerdings auch Vorsicht geboten, insbesondere in Gebieten wie denen, auf die ich mich beziehe. Beim Versuch, mittels Analyse und Interpretation das Potenzial von Fotografien anzuzapfen, läuft man leicht Gefahr, Schlussfolgerungen mit Erfahrung zu verwechseln.[69] In meinem Fallbeispiel bleiben die asymmetrischen Machtverhältnisse bestehen. Gewisse enthusiastische Hypothesen zur indigenen Handlungsmacht in Geschichte und Anthropologie neigen dazu, diese wichtige Erfahrungsgrundlage zu übersehen, die asymmetrischen Verhältnisse, auf denen die Begegnung beruhte, auszuklammern. Immerhin stammt mein Beispielfoto vom Mannschaftsmitglied eines britischen Kanonenboots, mit allen Implikationen. Ich behaupte aber, dass das Foto genauso zu einem Raum gehört, der außerhalb der reinen Kolonialherrschaft liegt. Dort verknüpft es die Melanesier auf dem Bild mit anderen Identitäten – Clanältestem, Fischer und Navigator, ehrgeizigem jungen Mann auf dem Weg durch die Hierarchien des lokalen Statussystems – und sieht in ihnen nicht bloß Kolonisierte.

All das ist den umkämpften Konzepten Raum, Ort, Augenblick, Ereignis und Präsenz in den Fotos eingeschrieben. Durch die Erweiterung unserer Auffassung von Index oder Spur – der Grundlage für das Verständnis von Fotografien als Geschichte – lassen wir Fotografien Raum zum Atmen. Diese sind nicht nur Repräsentation, mit dem ganzen Ballast, den dieser Begriff mit sich führt. Zwar sind sie das natürlich auch; will man aber den größeren historischen Raum erschließen, der durch das Dagewesen-Sein und die Erfahrung eines Individuums konstituiert wird, ist es notwendig, auch die vielen Fünkchen Zufall in einem Foto aufzuspüren.

ABSCHLIESSENDE BEMERKUNGEN

Ich habe hier versucht, historiografisch zu durchdenken, was es bedeutet, der Geschichte durch die Spur der Fotografie buchstäblich ins Antlitz zu blicken, und mich zugleich bemüht, Fotografien deutlicher in Beziehung zum wissenschaftlichen Apparat bzw. den Allgemeinbegriffen der Geschichte zu stellen. Trotz des ständigen Outputs von Geschichtsphilosophie und Geschichtstheorie und der Diskursmaschine der Fototheorie bleiben Fotografien seltsamerweise Teil des nichtdiskursiven Hintergrunds der historischen Analyse. Koppelt man sie mit dem Prozess der Geschichte führt dies – so meine ich – zu einer Neubewertung ihrer Leistung und ihres Potenzials als historische Quellen.

Ankersmit hat vielleicht etwas überspitzt, aber dennoch als nützliches Korrektiv dieser Position festgestellt: „[D]er Lingualismus der Sprachphilosophie, der Hermeneutik, des Dekonstruktivismus [...] der Semiotik und so weiter behindert mittlerweile nützliche und fruchtbare Erkenntnisse eher, als sie zu fördern. Die Mantras dieser Disziplinen sind so erdrückend geworden [...], [dass, E. E.] der *Präsenz*-Begriff uns behilflich sein könnte, in eine neue Phase theoretischer Reflexion einzutreten [...] und eine Reihe vollkommen neuer und faszinierender Fragen zu stellen."[70] Dadurch könnte, so Ankersmit weiter, die Bindung an einige der (foto-)theoretischen Modelle gelockert werden, an die wir uns bisher gehalten haben. Zugleich ließe sich die kulturelle und narrative Bedeutung von Fotografien durch das Überdenken der kritischen Konzepte und des Apparats der Geschichtswissenschaft erweitern.

Ich habe daher einige Möglichkeiten unterbreitet, wie wir unseren Bezug zu Fotografien als historische Quellen und eigenständige historische Akte ausgestalten könnten. Durch diese Prozesse könnte die Fotografie als das Andere der Geschichte ins Zentrum der Analyse rücken – einerseits als ein Prisma, um die Art unserer Beziehung zur Vergangenheit zu ergründen, andererseits aber auch als

Teil der Physiognomie der Geschichte selbst. Denn die Fotografie ist eine unbemerkte Triebkraft für die Verschiebung des theoretischen Interesses von Narrations- und Repräsentationspraktiken hin zu Erfahrungs- und Gedächtnisfragen. Sie kann eine wichtige Rolle in analytischen Versuchen spielen, die Kategorie der Erfahrung als historische Modalität wiederzubeleben. Allerdings wird sie – trotz ihrer stillen Macht über das Nebensächliche, die Empfindungen und Empfindlichkeiten prägt – selten so gesehen und noch seltener so angewandt.

Die Fotografie ist wie die Geschichte eine „Zitationsstrukur",[71] die mit ihrer Durchlässigkeit und entgegen allem Anschein immer auf etwas Jenseitiges, etwas vielleicht begrenzt Erkennbares verweist. Fotografien dringen in fast jeden Winkel der historischen Tätigkeit ein. Was geschieht also, wenn sich Historiker der Herausforderung stellen, der Geschichte ins Antlitz zu blicken, aber Fotografien nicht als das Andere der Geschichte behandeln? Was geschieht, wenn die Fotografie in den Mittelpunkt der Methode und des analytischen Arsenals rückt? Was geschieht, wenn Fotografien produktiv mit anderen Datenarten verknüpft werden? Welche interpretativen Möglichkeiten gibt es, „ihren Gehalt" – um es mit Walter Benjamins wunderbarem Übersetzungsgleichnis auszudrücken – wie mit einem „Königsmantel in weiten Falten" zu umhüllen?[72]

Bei der schwierigen Aufgabe, vor die einen das Foto als Mittler der Vergangenheit stellt, ist man auf jenen „Kampf mit dem Dokument" (Marc Bloch) zurückgeworfen, den jedes historische Unterfangen aufnehmen muss.[73] Nur geht es dabei nicht allein um das Ausgraben von Beweisen. Historiker werden Fotografien als Quellen erst dann richtig begreifen können, wenn sie sie in ihre gesamte Vorstellung davon integrieren, was es heißt, Geschichte zu betreiben, und damit anerkennen, dass die Geschichte selbst – unbemerkt – von der Fotografie durchdrungen, dass die Fotografie geradezu die Physiognomie der Geschichte ist.

Aus dem Englischen übersetzt von Wilfried Prantner

ANMERKUNGEN

* Anm. d. Hg.: Die Autorin verzichtet auf Bildlegenden, da sie ihren ganzen Aufsatz als einen Kommentar zu dem Foto versteht, das Gegenstand des vorliegenden Aufsatzes ist.

1 Eduardo Cadava, *Words of Light. Theses on the Photography of History* (Princeton, NJ: Princeton University Press, 1997), xviii.

2 Dieser Artikel beruht auf Vorträgen, die ich im Januar 2012 an der Universität zu Köln und im Juni 2013 als Keynote Address an der University of Nottingham gehalten habe. Ich danke Herta Wolf, Maiken Umbach, Liz Harvey und meinen Zuhörern und Zuhörerinnen bei diesen Anlässen sowie besonders auch Liz Hallam für ihre Anregungen und Kommentare. Gleichwohl handelt es sich hier nach wie vor um ein unabgeschlossenes Projekt.

3 Don Idhe, *Expanding Hermeneutics: Visualism in Science* (Evanston, IL: Northwestern University Press, 1999).

4 Vgl. Siegfried Kracauer, *Geschichte – Vor den letzten Dingen*, übersetzt von Karsten Witte (Frankfurt a. M.: Suhrkamp, 1971), 55, 209 [Anm. d. Hg.: Hier wird Rankes histori(ografi)sches Verlangen, „zu

zeigen ‚wie es eigentlich gewesen'", diskutiert].

5 Ludmilla Jordanova, „What's in a Name? Historians and Theory", in *English Historical Review* 126, Nr. 523 (2011), 1468.

6 Georges Didi-Huberman, *Bilder trotz allem*, übersetzt von Peter Geimer (München: Fink, 2007), 57.

7 Ulrich Baer, *Spectral Evidence: The Photography of Trauma* (Cambridge, MA: The MIT Press, 2002), 8.

8 Ewa Domanska, „Frank Ankersmit: From Narrative to Experience", in *Rethinking History* 13, Nr. 2 (2009), 179.

9 Frank Ankersmit, *Sublime Historical Experience* (Stanford, CA: Stanford University Press, 2005), 112.

10 Eine Ausnahme ist natürlich der Film – das lange Zitat –, mit dem die Fotografie gleichwohl einige Merkmale gemein hat, insbesondere den temporalen Aufbau, die Repräsentation und die Unmittelbarkeit.

11 Alan Trachtenberg, *Reading American Photographs: Images as History from Mathew Brady to Walker Evans* (New York: Hall and Wang, 1989), xiv.

12 Reinhart Koselleck, *Vergangene Zukunft: Zur Semantik geschichtlicher Zeiten* (Frankfurt a. M.: Suhrkamp, 1989), 144–145.

13 Georg Simmel, *Das Problem der historischen Zeit*, Philosophische Vorträge der Kantgesellschaft 12 (Berlin: Reuther & Reichard, 1916), 29, zit. nach: Koselleck, *Vergangene Zukunft* (siehe Anm. 12), 145.

14 Raymond D. Fogelson, „The Ethnohistory of Events and Non-Events", in *Ethnohistory* 36, Nr. 2 (1989), 134. Für eine andere, während der Drucklegung dieses Essays erschienene Lesart des Verhältnisses von Fotografie und Ereignis, vgl. Martin Jay, „Photography and Event", in Olga Shevchenko (Hg.), *Double Exposure: Memory and Photography* (Brunswick, NJ: Transactions Press, 2014), 91–111.

15 Ibid.

16 Domanska, „Frank Ankersmit" (siehe Anm. 8), 181. Das steigende Interesse an Fotografien um die Mitte und dem Ende des 20. Jahrhunderts beschreibt Raphael Samuel, *Theatres of Memory* (London: Verso, 1994), 315–333.

17 Mark Phillips, „Distance and Historical Representation", in *History Workshop Journal* 57 (2004), 128.

18 Mieke Bal, *Travelling Concepts in the Humanities: A Rough Guide* (Toronto: University of Toronto Press, 2002), 133–138.

19 Christopher Pinney, „Sich von seiner besten Seite zeigen", in *Where Three Dreams Cross: 150 Years of Photography from India, Pakistan and Bangladesh / 150 Jahre Fotografie aus Indien Pakistan und Bangladesh*, Ausstellungskatalog, Whitechapel Art Gallery London; Fotomuseum Winterthur (Göttingen: Steidl, 2010), 294–295.

20 Ankersmit, *Sublime Historical Experience* (siehe Anm. 9), 279.

21 Baer, *Spectral Evidence* (siehe Anm. 7), 3.

22 Christopher Pinney, *The Coming of Photography in India* (London: British Library, 2008), 8–9.

23 Vornehmlich in Roland Barthes, *Die helle Kammer*, übersetzt von Dietrich Leube (Frankfurt a. M.: Suhrkamp, 1985), und zwar für eine ganze Reihe fotografischer Formen. Vgl. auch Jan Baetens, Alexander Streitberger und Hilde van Gelder (Hg.), *Time and Photography* (Leuven: Leuven University Press, 2010).

24 Jan Baetens, Alexander Streitberger und Hilde van Gelder, „Introduction", in id. (Hg.), *Time and Photography* (siehe Anm. 23), viii.

25 Baer, *Spectral Evidence* (siehe Anm. 7), 1.

26 Phillips, „Distance and Historical Representation" (siehe Anm. 17), 124.

27 Ibid., 125.

28 Walter Benjamin, „Kleine Geschichte der Photographie", in id., *Gesammelte Schriften*, Bd. II.1, (Frankfurt a. M.: Suhrkamp, 1991), 378.

29 Phillips, „Distance and Historical Representation" (siehe Anm. 17), 126.

30 Baetens et al. (Hg.), *Time and Photography* (siehe Anm. 23), vii.

31 Ankersmit, *Sublime Historical Experience* (siehe Anm. 9), 1.

32 Silvia Benso, *The Face of Things: A Different Side of Ethics* (Albany, NY: State University of New York Press, 2000).

33 Barthes, *Die helle Kammer* (siehe Anm. 23), 75–76, 81.

34 Eelco Runia, „Presence", in *History and Theory* 45, Nr. 1 (February 2006), 1–29: 5.

35 Bal, *Travelling Concepts in the Humanities*, (siehe Anm. 18), 10; Carlo Ginzburg, „Spurensicherung. Der Jäger entziffert die Fährte, Sherlock Holmes nimmt die Lupe, Freud liest Morelli – die Wissenschaft auf der Suche nach sich selbst", in id., *Spurensicherung. Die Wissenschaft auf der Suche nach sich selbst*, übersetzt von Gisela Bonz und Karl F. Hauber (Berlin: Wagenbach, 2011 [1979]), 10, 16–17. Ginzburg verknüpft Morellis Methode mit der Fotografie (über das anthropometrische System Bertillons) und mit der Psychoanalyse. Siehe seinen Rückblick im vorliegenden Band.

36 Baetens et al. (Hg.), *Time and Photography* (siehe Anm. 23), viii.

37 Baer, *Spectral Evidence* (siehe Anm. 7), 8.

38 Ibid., 5.

39 Für eine detaillierte Darstellung Aclands und seiner Fotografie im Pazifik, vgl. Elizabeth Edwards, *Raw Histories: Photographs, Anthropology, and Museum* (Oxford: Berg, 2001), 107–129 und id., „Negotiating Spaces: Some Photographic Incidents in the Western Pacific 1883–84", in Joan M. Schwartz und James R. Ryan (Hg.), *Picturing Place: Photography and the Construction of Imaginative Geographies* (London: I. B. Tauris, 2003), 261–79. Zur Geschichte des Konvoluts vgl. Elisabeth Edwards, „Visualität und Geschichte: Eine Betrachtung zweier Samoa-Fotografien von William Acland, Kapitän der Royal Navy", in Jutta Beate Engelhard und Peter Mesenhöller (Hg.), *Bilder aus dem Paradies. Koloniale Fotografie aus Samoa 1875–1925*, Ausstellungskatalog, Rautenstrauch-Joest-Museum für Völkerkunde, Köln (Marburg: Jonas Verlag, 1995), 111–119.

40 The National Archives, *Admiralty Papers*, ADM.53/14620.

41 Christopher Pinney, „Things Happen: Or From Which Moment Does That Object Come", in Daniel Miller (Hg.), *Materiality* (Durham, NC: Duke University Press, 2005), 208.

42 Ibid., 266.

43 Baetens et al. (Hg.), *Time and Photography* (siehe Anm. 23), viii.

44 Baer, *Spectral Evidence* (siehe Anm. 7), 1. [Hervorhebung im Original]

45 Ginzburg, „Spurensicherung" (siehe Anm. 35), 21.

46 Greg Dening, *Islands and Beaches: Discourses on a Silent Lan: Marquesas, 1774–1880* (Honolulu, HI: University of Hawaii Press, 1980).

47 Vgl. Walter Benjamin, „Das Kunstwerk im Zeitalter seiner technischen Reproduzierbarkeit" in id., *Gesammelte Werke*, Bd. I,2 (Frankfurt a. M.: Suhrkamp, 1991), 500.

48 Runia, „Presence", (siehe Anm. 34), 1.

49 Baer, *Spectral Evidence* (siehe Anm. 7), 80.

50 Ibid., 139.

51 Siegfried Kracauer, „Die Photographie", in id., *Das Ornament der Masse* (Frankfurt a. M.: Suhrkamp, 1977), 32.

52 Vgl. Siegfried Kracauer, „Fotografie" in id., *Theorie des Films. Die Errettung der äußeren Wirklichkeit* (Frankfurt a. M.: Suhrkamp, 1985), 46.

53 Walter Benjamin, paraphrasiert in Ankersmit, *Sublime Historical Experience* (siehe Anm. 9), 181.

54 Benjamin, „Kleine Geschichte der Photographie" (siehe Anm. 28), 371.

55 Paul Ricœur, *Gedächtnis, Geschichte, Vergessen*, übersetzt von Hans-Dieter Gondek et al. (München: Fink, 2004), 225–234.

56 Vgl. Margaret Rodman, „Empowering Place: Multilocality and Multivocality", in *American Anthropology* 94 (1992), 642–644.

57 Reinhart Koselleck, „Zeit und Geschichte", in Thomas Weck (Hg.), *Klett-Cotta: Das erste Jahrzehnt 1977–1987. Ein Almanach* (Stuttgart: Klett-Cotta, 1987), 211.

58 Barthes, *Die helle Kammer* (siehe Anm. 23), 52–55.

59 Ibid., 90–91.

60 Ginzburg, „Spurensicherung" (siehe Anm. 35), 24.

61 Gayatri Chakravorty Spivak, *Can the Subaltern Speak? Postkolonialität und subalterne Artikulation*, übersetzt von Alexander Joskowicz und Stefan Nowotny (Wien; Berlin: Turia + Kant, 2008).

62 Koselleck, „Zeit und Geschichte“ (siehe Anm. 57), 198.
63 Michael André Bernstein, *Foregone Conclusions: Against Apocalyptic History* (Berkley, CA: University of California Press, 1994), 32, zit. nach: Baer, *Spectral Evidence* (siehe Anm. 7), 7.
64 Benjamin, „Kleine Geschichte der Photographie“ (siehe Anm. 28), 371.
65 Mary Warner Marien, *Photography and its Critics* (Cambridge: Cambridge University Press, 1997), 137.
66 Baer, *Spectral Evidence* (siehe Anm. 7), 24.
67 Keith Moxey, „Visual Studies and the Iconic Turn“, in *Journal of Visual Culture* 7, Nr. 2 (2008), 133.
68 Christopher Pinney, *Photos of the Gods* (London: Reaktion Books, 2004), 8.
69 Ankersmit, *Sublime Historical Experience* (siehe Anm. 9), 115.
70 Frank Ankersmit, „Presence and Myth“, in *History and Theory* 45, Nr. 3 (Oktober 2006), 328–336: 336.
71 Cavada, *Words of Light* (siehe Anm. 1), xvii.
72 Walter Benjamin, „Die Aufgabe des Übersetzers“ in id., *Gesammelte Schriften*, Bd. IV.1 (Frankfurt a. M.: Suhrkamp, 1991), 15.
73 Ricœur, *Gedächtnis, Geschichte, Vergessen* (siehe Anm. 55), 265.

BILDNACHWEISE 1–5: Pitt Rivers Museum, Oxford.

HEIKE BEHREND

RAHMUNGEN UND ENTZUG DES GESICHTS: ZUR GESCHICHTE DER ID-FOTOGRAFIE AN DER OSTAFRIKANISCHEN KÜSTE KENIAS

Verschiedene Bildtheorien haben Bilder in ihrer Gegenständlichkeit auf einen spezifisch gestischen Akt des Zeigens zurückgeführt, der überall im Alltag verbreitet ist. Im Bild erfährt er seine schärfste Ausprägung, weil hier das flüchtige Zeigen dinglich festgehalten ist.[1] Doch je nach Medium, Genre und historischem und kulturellem Umfeld erfährt das Zeigen durch ein Bild unterschiedliche Regulierungen, Rahmungen und institutionelle Einbindungen, die seinen Status, seine Macht und Wahrheit bestimmen.

Jedes Bild gibt etwas zu sehen; doch gleichzeitig entzieht jedes Bild auch etwas der Sichtbarkeit. Wie Peter Geimer feststellt, bewirkt das Bild eine Aufdeckung, aber auch eine Verhüllung. Es gibt nie vollständig zu sehen, sondern verweist immer auf das, was entzogen ist.[2] Diese beiden entgegengesetzten, im Bild enthaltenen Strebungen haben an der muslimischen ostafrikanischen Küste zur Herausbildung einer spezifischen lokalen „Ästhetik des Entzugs“[3] geführt, die das zu Zeigende vorsätzlich als Verhüllung ins Bild setzt und damit zeigt, was nicht gezeigt werden soll.

Das Medium der Fotografie – um das es im Folgenden gehen soll – war bereits in der zweiten Hälfte des 19. Jahrhunderts in zahlreichen Regionen der Welt in eine Vielzahl von Diskursen und Praktiken eingebunden, die verschiedenen Bereichen der Wissenschaft und populären Kultur angehörten. Während die neue Technik einerseits eine Allianz mit Staat und Wissenschaft zur Produktion von Dokumenten und Beweismitteln einging, also Zwecken der Identifizierung, Objektivierung und der Wahrheitsfindung diente, wurde sie andererseits, auf Jahrmärkten und in Fotostudios zur Erzeugung von Illusionen und Wundern eingesetzt. Die Fotografie trug also wesentlich zur Entstehung einer modernen, positivistischen Kultur des Realismus bei, während sie gleichzeitig auch deren andere Seite, Magie und Fantastik, stärkte.

Wie Valentin Groebner für die Geschichte des Ausweises gezeigt hat, waren (und sind bis heute) die Techniken der Vervielfältigung, Identifizierung und Authentifizierung eng miteinander verbunden. Die Geschichte des Identifizierens kann von einer Geschichte der technischen Reproduktionsmittel nicht getrennt werden.

Alle offiziellen Bescheinigungen mussten (und müssen) die Richtigkeit von Abbild und/oder Personenbeschreibung mit Stempeln und Siegeln als verdoppelte Körperpräsenzen garantieren und versuchen, die Kluft zwischen Person und Papier und zwischen Erscheinung und Bezeichnung möglichst zu schließen.[4]

Ich möchte im Folgenden am Beispiel der Geschichte der kolonialen ID-Fotografie an der ostafrikanischen Küste Kenias ein fotografisches Dispositiv des Zeigens, des Entzugs und der Wahrheit vorstellen, das einerseits in Opposition zu einem anderen fotografischen Genre, der Studiofotografie, steht, andererseits aber auch zahlreiche Gemeinsamkeiten mit ihm aufweist. Wie Liam Buckley gezeigt hat, lässt sich das Verhältnis von kolonialer administrativer Fotografie und Studiofotografie nicht in einem einfachen Gegensatz fassen.[5] Denn oft genug arbeiteten dieselben Fotografen sowohl für ein Studio als auch für den Staat, und bürokratische Verfahrensweisen, wie das Stempeln von Fotos, lassen sich auch in Fotostudios finden. Die Studiofotografie in Afrika kann auch nicht als eine Form der *vernacular photography* bestimmt werden, denn sie existiert nicht außerhalb des kolonialen Staates und seiner hegemonialen Macht. Trotz dieser Gemeinsamkeiten lassen sich jedoch auch bewusste Momente der Opposition zur ID-Fotografie in den Konventionen der Studiofotografie aufzeigen. So hat zum Beispiel der südafrikanische Fotograf Santu Mofokeng die lokalen Praktiken der Fotostudios als eine (praktische) Kritik an der kolonialen Fotografie gedeutet, die nicht nur die erzwungenen ID-Fotos des Staates, sondern auch die sogenannte dokumentarische Fotografie mit einschließt.[6]

Während sich der koloniale Staat die Porträtfotografie zu Nutze machte, um in ID-Fotos seine Untertanen effektiver zu identifizieren, zu überwachen und zu kontrollieren und eine Praxis der Identifizierung von fotografischem Porträt und Subjekt ‚im Wahren' schuf, wurde die populäre Studiofotografie zu einer Art Wunschmaschine, die die dargestellten Personen zu erhöhen und zu idealisieren suchte. Gegen die realistische, auf Erkennung und eindeutige Identifizierung ausgerichtete fotografische Praxis des Staates schloss die populäre Studiofotografie eher an vorgängige Praktiken der Verwandlung an – wie zum Beispiel Rituale der Geistbesessenheit – die einer fixierten Identität zu entkommen suchten. Gleichzeitig profitierte aber auch die Studiofotografie von der dem fotografischen Medium zugesprochenen Wahrheit.

Außerdem wurden sowohl die populäre Studiofotografie als auch die koloniale ID-Fotografie an der ostafrikanischen Küste mit einer lokalen „Ästhetik des Entzugs"[7] konfrontiert, über die ich seit den 1990er Jahren ethnografisch gearbeitet habe. Diese Ästhetik des Entzugs wirkt der Transparenz des fotografischen Mediums entgegen, indem sie das zu Zeigende verhüllt, dem Blick entzieht und als Hülle, Schleier oder Abschirmung vorsätzlich ins Bild setzt. Sie zeigt, dass etwas nicht gezeigt werden sollte.

KLEINER EXKURS ZU TEXTILIEN UND EINER „ÄSTHETIK DES ENTZUGS" AN DER OSTAFRIKANISCHEN KÜSTE

Seit Jahrhunderten ist die ostafrikanische Küste in ein kosmopolitisches Netz von Handelsbeziehungen eingebunden, das den Indischen Ozean umfasst und Arabien, Persien sowie Indien miteinschließt. Gleichzeitig bildete die Küste auch den Umschlagplatz für den Handel mit dem afrikanischen Hinterland.[8] Sie war Teil eines Weltsystems, einer Welt des globalen Handels und der Koexistenz von Afrikanern, Arabern, Indern, Persern und Chinesen. Diese globale Ökonomie, die um 600 nach unserer Zeitrechnung entstand, war eine Schöpfung des Ostens.[9]

Innerhalb dieser globalen Ökonomie fanden vor allem Textilien, Seide aus China und Baumwollstoff aus Indien den Weg an die ostafrikanische Küste, die seit dem 8. Jahrhundert islamisiert worden war. Hier wurden (und werden) sie in lokale Praktiken eingebunden, transformiert und in Bedeutungszusammenhänge gestellt, die den reinen Kleidungsaspekt weit übersteigen. So dienten Textilien als allgemeines Äquivalent, als Geld; sie wurden als eine wesentliche Form des Reichtums getauscht und akkumuliert und als Gaben und Statussymbol zur Schau gestellt. Sie dienten nicht nur dem Schutz des Körpers vor Kälte, Regen oder Sonne, sondern konnten in Ritualen auch Handlungsmacht erlangen und wirksam werden. In die Kleidung eingenähte Amulette oder die Beschriftung des Stoffes mit Texten aus dem Koran schützten und bewahrten den Träger vor dem ‚bösen Blick'. Mit Mustern, Bildern oder Texten bedruckte Stoffe markierten die Zeit und erinnerten an bedeutsame Ereignisse. Und sie dienten vor allem Frauen als ein subtiles Kommunikationsmittel, denn Muster und Beschriftung der Textilien bildeten Codes für vieldeutige Botschaften, die erlaubten, etwas indirekt (und stumm) zu sagen, was eigentlich nicht gesagt werden durfte.[10]

Im frühen 19. Jahrhundert – noch vor der Einführung der Fotografie – wurden Herkunft, Abstammung, Klassenzugehörigkeit, Prestige und Status durch die Qualität und Quantität von Textilien zum Ausdruck gebracht, mit denen eine Person ihren Körper bedeckte. Das Äußere machte und bestimmte die Person. Während Sklaven nackt, ohne Kopfbedeckung nur mit den billigsten Textilien ihre Scham verhüllten, zeigten Omani-Aristokraten ihren Rang in der Fülle kostbarer Stoffe, die mit Gold und Silber durchwirkt oder bestickt, auf kunstvolle Weise Körper und Kopf bedeckten. Ihre Frauen verhüllten auch das Gesicht, wenn sie sich außerhalb des Hauses befanden. Aristokratische Frauen brauchten nicht zu arbeiten; sie lebten in Seklusion und folgten spezifisch muslimischen Reinheitsgeboten, *purdah* genannt. Dazu gehörte auch ihre ‚Unsichtbarkeit' im öffentlichen Raum; wenn eine hochgestellte Frau das Haus verließ, trugen Sklaven eine Art Zelt aus Tüchern, *shiraa* genannt, das die Frau völlig der Sichtbarkeit entzog (Abb. 1). Der Schleier, *shiraa*, oder die Gesichtsmaske (Abb. 2) waren Zeichen von Respektabilität und Rang. Sie waren Teil einer komplexen Technologie von Zeigen und gleichzeitiger Verhüllung des Gezeigten. Dabei stellten Textilien in verschiedenen Formen, Größen und Materialitäten bewegliche Schleier, Hüllen, Schirme und Wände bereit, die den Frauen die Freiheit gaben, zu sehen, aber nicht gesehen und erkannt – d. h. ‚identifiziert' – zu werden. Wenn sie allerdings einer noch höher gestellten Autorität begegneten, enthüllten sie ihm gegenüber ihr Gesicht, so dass er sie – wie sonst nur der Ehemann und nahe Verwandte – erkennen konnte. Die Gesten des Verhüllens und des Enthüllens waren also eingebunden in eine hierarchische Ordnung, in der Geschlecht und Rang je nach dem Gegenüber mit dem Privileg zu sehen und/oder sich der Sichtbarkeit entziehen zu dürfen, markiert wurden.[11]

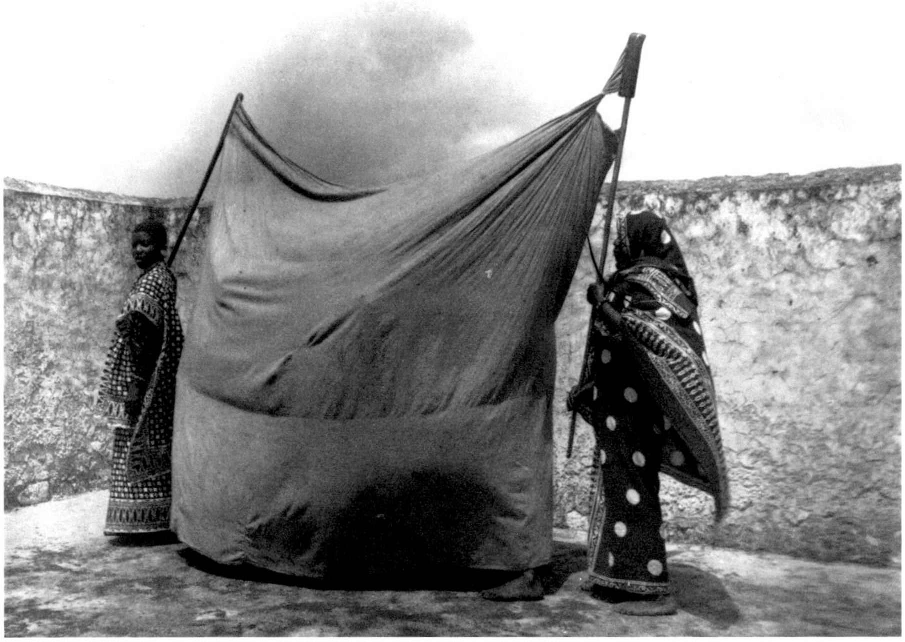

— 1: Anonym, Frauen, die shiraa tragen, um 1900, Fotografie, National Archive of Kenya, Nairobi.

Tatsächlich sind die Praktiken des Verhüllens und Verschleierns (in Kiswahili *sitiri* oder *setiri*), wie Paola Ivanov bemerkt hat, von grundlegender Bedeutung für das Leben der Menschen an der ostafrikanischen Küste, denn nicht nur das Bedecken des Körpers, sondern auch eine ausgeprägte Selbstkontrolle und Zurückhaltung – auch in der Sprache – wird sowohl von Frauen als auch von Männern erwartet. Zur Sozialisierung beider Geschlechter gehört die Kontrolle über den körperlichen, affektiven, und sprachlichen Ausdruck, inklusive der Mimik, Gestik und überhaupt der Bewegung und Haltung des Körpers. Das Verhüllen beschränkt sich also nicht nur auf das Verhüllen des Körpers und des weiblichen Gesichts, sondern beinhaltet auch das Sich-Bedecken *(jisitiri)* der Persönlichkeit oder Seele *(nafsi)*. Je höher der Status, desto mehr achten Männer und Frauen auf ein würdiges Benehmen in der Öffentlichkeit, das ihre innerste Persönlichkeit, ihr Herz, in Sprache und Ausdruck bedeckt hält.[12] Das Persönlichste wird durch Abschirmung bewahrt.[13]

Ich möchte betonen, dass auch eine verschleierte Frau etwas zu sehen gibt, indem sie ein sekundäres Bild ihrer Verhüllung zeigt und dadurch die einfache Opposition von Enthüllung und Verhüllung kompliziert. Tatsächlich macht der

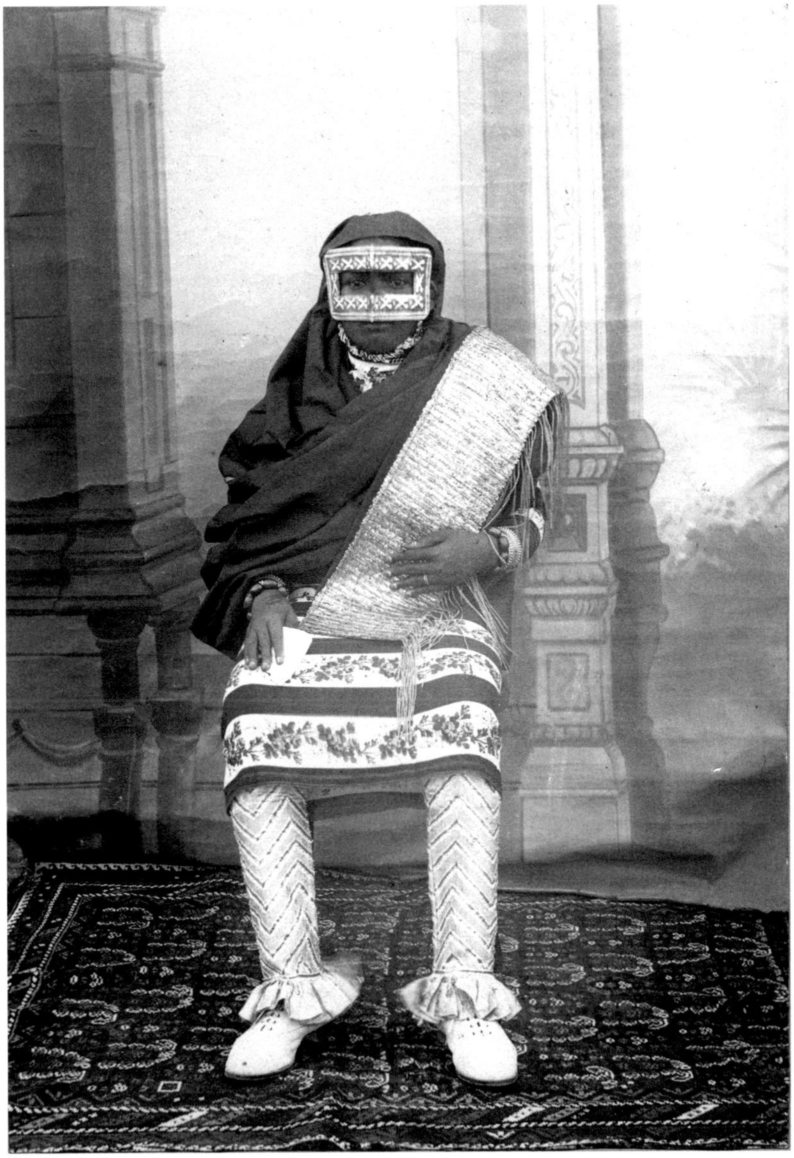

___ 2: Anonym, Frau mit Gesichtsmaske, Sansibar 1905, Fotografie, Evanston (Illinois), Winterton Collection.

Schleier den Entzug von Sichtbarkeit sehr sichtbar. Die visuelle Macht des Schleiers scheint gerade in der Spannung von Sichtbarkeit und ihrem sichtbaren Entzug sowie in ihrem intimen Bezug zum weiblichen Körper zu liegen. Der sichtbare Schleier, der ein unsichtbares Innen erschafft und beschützt, produziert durch diese Geste ein sonderbares Surplus an Begehren und Energie und steht im Zentrum von vielfältigen Techniken der Macht und des Wissens.[14]

Nach der Abschaffung der Sklaverei war es vor allem die Bekleidung des Kopfes und des ganzen Körpers, wodurch ehemalige Sklavinnen ihren neuen – freien – Status bekundeten. Mit der Übernahme des Schleiers und Formen der Seklusion versuchten sie, sozial aufzusteigen und Macht zu gewinnen. Dabei griffen sie auf die bereits erwähnte Ästhetik des Entzugs zurück, die Status und sexuelle Differenz in einem visuellen Feld manifestiert, das den Körper der Frauen und ihr Gesicht der direkten Sichtbarkeit im öffentlichen Raum zu entziehen sucht. Respektable Weiblichkeit verlangte den Schleier im öffentlichen Bereich, um Frauen vor den Blicken fremder Männer zu schützen.

Textilien – und nicht die Malerei wie im Westen – haben als vorgängiges Medium die Mediengeschichte der Fotografie in Afrika wesentlich geprägt. Textilien haben als Technologie und als Medium, das soziale Bedeutungen kodiert, speichert und verarbeitet, viele der Regeln für die fotografische Darstellung der Person, die Verknüpfung von Figur und Hintergrund sowie für die Transformation von Gewebe in einen sozialen Text bereitgestellt. Umgekehrt hat aber auch die Fotografie auf die Produktion von Textilien zurückgewirkt, nicht zuletzt dadurch, dass Fotos nun auf Textilien gedruckt auf dem Körper getragen und auf Straßen und Festen bewegt und getanzt werden können.[15]

Wie ich im Folgenden zeigen möchte, hat jedoch an der ostafrikanischen Küste die Beziehung zwischen Fotografie und Textilien, insbesondere unter frommen (reformierten) Muslimen, eine eher negative Konnotation erlangt. Muslimische Frauen und Männer assoziierten insbesondere die ID-Fotografie mit Entschleierung, mit einer Verletzung der durch den Schleier garantierten Trennung von Außen und Innen, männlich und weiblich sowie öffentlich und privat.

ZUR EINFÜHRUNG DER ID-FOTOGRAFIE

Während in vorkolonialer Zeit die Identität einer Person vor allem in Kleidung, Namen und ihrer Position in einer Genealogie bestimmt wurde, führte der Kolonialstaat in Kenia um 1920 eine neue Praktik zur Bestimmung und Fixierung von Identität ein: ein Registrationssystem, das auf einem Zertifikat aus Papier, *kipande* genannt, basierte.[16] Es diente vor allem der Kontrolle von Arbeitskräften, zur Überwachung ihrer Mobilität und ihres Zugangs zu Reservaten und Städten. Das Zertifikat beinhaltete Namen und Herkunft des Trägers, Registrierungsnummer und vor allem auch den Namen des Arbeitsgebers, die Art und Dauer des Arbeitsverhältnisses, die Unterschrift des Arbeitsgebers und den Daumenabdruck des Trägers. Es bestand aus einer Anzahl von Informationen über den Träger und über den Arbeitgeber und war durch speziell gezeichnetes Papier, Stempel etc. vom Staat beglaubigt. Als Dokument verdoppelte es Träger und Arbeitgeber, d. h. das Arbeitsverhältnis als Machtverhältnis.[17]

Jeder afrikanische Mann musste das Zertifikat in einem kleinen, mit einer Nummer versehenen Metallkästchen um den Hals tragen. Das Zertifikat war also fest an den Körper dessen, der sich ausweisen musste, gebunden. Körperlicher Beweis und Schriftbeweis fielen hier zusammen und bestätigten einander wechselseitig. Wie Groebner feststellte, ist die Zuschreibung von Identität kein neutraler Vorgang, sondern Teil einer Auseinandersetzung um Repräsentation; sie fixiert weniger die Identität, die eine Person hat, als vielmehr ein Kampffeld. Identität war Fremdzuschreibung und der Versuch, die Definitionen des (fremden) kolonialen Staates, wer man sei, durchzusetzen und zu kontrollieren. Während das Zertifikat einerseits bestimmte Kennzeichen festschrieb, bescheinigte es andererseits aber auch die Verwandlung einer Person in eine andere.[18] Die Geschichte des Identifizierens einer Person mit Hilfe von Dokumenten lässt sich eben auch, so Groebner, als Verwandlungsgeschichte beschreiben: das Dokument verwandelte denjenigen, der den Ausweis seiner Person vorzeigen konnte, in das, was in dem Dokument bescheinigt wurde.[19]

Wie viele Afrikaner kritisch bemerkten, musste *kipande* wie die Marke an einem Hundehalsband getragen werden. Der Verlust wurde streng mit mindestens drei Monaten Gefängnis bestraft. Tatsächlich verhinderte das *kipande*-System (weitgehend) die Desertation und machte Arbeitsmigranten so lange zu Gefangenen, wie der Arbeitsvertrag andauerte und sie entlassen wurden.

Die Abschaffung des *kipande*-Systems war denn auch eines der Hauptziele des anti-kolonialen Kampfes. Doch erst nach dem Zweiten Weltkrieg wurde die Registrierung von Identität von der Registrierung des Arbeitsverhältnisses getrennt. Erst in den späten 1940er Jahren begann der koloniale Staat zum Zweck der Identifizierung seiner Untertanen fotografische Porträts zu verlangen, die auf das frontal fotografierte Gesicht der Person reduziert waren. Oft war die Herstellung eines ID-Fotos für Afrikaner, insbesondere in den ländlichen Gebieten, die erste Begegnung mit der Kamera.

Im Westen hatte sich über viele Jahrhunderte im Zusammenhang mit der Erfindung visueller Medien ein Diskurs herausgebildet, der die Geste der Sichtbarmachung mit dem „Willen zum Wissen"[20] verknüpfte. Besonders im 19. Jahrhundert wurde im wissenschaftlichen Milieu die Fotografie mit einem optischen Optimismus aufgeladen, der das Medium nicht nur für ein Instrument nahm, das die sichtbare Welt wahrhaft dokumentieren, sondern auch neue Felder der Sichtbarkeit eröffnen konnte.

Während an der ostafrikanischen Küste lokale Konzepte von Wahrheit dem Sichtbaren eher misstrauten und deshalb zumeist auf sozialem Konsensus beruhten, eröffnete die koloniale Fotografie des Staates einen visuellen Raum, der eine substantielle Identifizierung von Foto und abgebildeter Person herstellte und das Gezeigte als wahr markierte.

Diese Identifizierung von Foto und abgebildeter Person im Wahren wurde langfristig auch in populäre Praktiken übertragen. Waren Personen in den Fotos zuerst für den Staat erkennbar und identifizierbar, wurden sie es mit der Zeit auch für sich selbst. So dienten fotografische Porträts manchmal der rituellen Manipulation zum Beispiel im Rahmen von Liebeszauber. Wurden vorher Haar, Körperflüssigkeiten oder auch ein Fußabdruck benutzt, um eine Person zu repräsentieren und magisch zu „behandeln", so nutzten Heiler (und Zauberer) ab den 1950er Jahren in Kenia auch fotografische Porträts in lokalen Praktiken des Heilens und Schadens.[21] Wie bereits Walter Benjamin bemerkte, kann die exakteste Technik ihren Hervorbringungen einen magischen Wert geben und eine neue Verbindung von Medialität und Magie erschaffen.[22]

Die Institutionalisierung eines „Regimes der Wahrheit"[23] führte auch dazu, dass in fotografischen Porträts neue Potenziale von Evidenz entdeckt wurden. Fotografische Porträts zeigten nicht nur die dargestellten Personen als abwesend Anwesende (die Person ist einmal dagewesen),[24] sondern beglaubigten vor allem auch die Existenz sozialer Beziehungen. Während meiner verschiedenen Feldforschungen in Kenia wurde ich immer wieder aufgefordert, mich mit Freunden und Gesprächspartnern zusammen fotografieren zu lassen. Es war, als ob dadurch eine Art sozialer Vertrag abgeschlossen und besiegelt würde. Meine Zustimmung zu einer Fotografie war auch eine Zustimmung zur Sichtbarmachung einer sozialen Beziehung. Eine Ablehnung dagegen hätte zu einer signifikanten Störung und vielleicht auch dem Abbruch der Beziehung geführt. Fotografien wurden hier nicht nur in ihrer Eigenschaft als ästhetische Objekte geschätzt, sondern vor allem als politisches und soziales Instrument, das soziale Beziehungen sichtbar machte und ihnen dadurch eine Art Vertragscharakter gab.

Tatsächlich eröffnete der koloniale Staat durch die Etablierung der Fotografie innerhalb eines ‚Regimes der Wahrheit' einen höchst konfliktreichen und umkämpften Raum. Denn der Zwang des kolonialen Staates zu fotografischer Sichtbarkeit verstärkte die Herausbildung einer Gegenbewegung unter den Kolonialisierten, die versuchten, sich der Sichtbarkeit zu entziehen und Räume des Geheimnisses zu schaffen, die ihnen eine partielle Autonomie ermöglichten.

Und wie in Europa, als Alphonse Bertillon einräumen musste, dass die Ähnlichkeit der fotografischen Porträts im administrativen Gebrauch oft keinen Rückschluss auf die Identität der Personen erlaubte, so führte auch an der ostafrikanischen Küste die ID-Fotografie zu Zweifeln, erheblichem Widerstand und zu diversen ‚Wahrheitsspielen', die einerseits an der Wahrheit festhielten, sie aber andererseits auch in Frage stellten und zum Beispiel in Collage-Techniken unterliefen.

PROZESSE DER VERGESICHTUNG

Nach Gilles Deleuze und Félix Guattari wird das Gesicht produziert, wenn der Kopf aufhört, Teil des Körpers zu sein, wenn es aufhört, vom Körper her kodiert zu werden; dann, so die Autoren, wird das Gesicht überkodiert.[25] In der Geschichte des Gesichts im Westen, die untrennbar mit der Geschichte des Christentums verbunden ist, steht nicht nur der Körper von Christus als Bild aller Bilder im Zentrum, sondern vor allem auch sein Gesicht. In dieser Geschichte, so Hans Belting, lässt sich ein zunehmender Prozess der Vergesichtung festmachen, in dem sich das Gesicht zunehmend vom Rest des Körpers löst und den Körper ersetzt.[26]

Im 19. Jahrhundert, in Zusammenhang mit dem Erstarken der heute als pseudowissenschaftlich angesehenen Traditionen der Physiognomik und Phrenologie, war es wieder der Kopf, der Schädel und insbesondere das Gesicht, das ins Zentrum wissenschaftlichen Interesses rückte: das Gesicht als Spiegel der Seele, der Emotionen und des Charakters. Eine populäre Psychologie bildete sich heraus, die die außerordentliche Beweglichkeit und Ausdrucksfähigkeit des Gesichts zum Spiegel der Seele erklärte.[27]

Mit der Einführung der Fotografie in die frühe Anthropologie, Kriminologie und ID-Fotografie wurden die Gesichter von Afrikanern wie die von Verbrechern zu Flächen erklärt, die Einsicht in ihre mehr oder weniger abweichenden Charaktere und inneren Qualitäten geben sollten. Diese Fotografien füllten die Archive in den westlichen Metropolen und ihren Kolonien und waren Teil eines Wissens, dessen expliziter Zweck daran bestand, Afrikaner nicht nur wahrheitsgetreu abzubilden, sondern ihre Gesichter und Körper auch zu entziffern. Wie der afrikanische Philosoph Valentin Mudimbe bemerkte, verbreitet das koloniale Archiv in seiner Tiefe und in seiner Ambition vor allem die Idee von Afrika als Abweichung, Abweichung von der Norm, die demnach durch den männlichen Europäer der Mittelklasse verkörpert wurde.[28]

In Kenia wurde das Gesichts- und Brustbild als ID-Foto im Kontext kolonialer Gewalt und Kontrolle eingeführt. Es war der koloniale Staat, der an die Praktiken des fotografischen Terrors, den bereits westliche Forscher, Anthropologen, Reisende und Missionare ausgeübt hatten, anschloss. Die koloniale Fotografie ethnischer oder rassischer Typen sowie Fahndungsfotos und Fotos von Kriminellen folgten alle dem gleichen Schema: der Reduktion auf das Gesicht. Sie zwangen das Gesicht in ein einziges Format und machten es dadurch vergleichbar. Oft unter Androhung von Gewalt wurden die fotografierten Personen aus dem Alltagsleben herausgerissen, isoliert und dem Auge der Kamera ausgesetzt. Vor einem neutralen Hintergrund ohne Dekoration oder Schmuck wurden sie in disziplinierenden Posen wie Verbrecher fotografiert, *en face* und *en profil*,[29] manchmal vor einem Raster mit Maßband, um anthropometrische Daten zu erzeugen. Die Fotografien erschufen so Einheitsmasken mit messbarer Variationsbreite. Die Vergesichtung wurde zum Modell der kolonialen Vereinnahmung, Gewalt und Neutralisierung des Kolonisierten.[30]

Während im Westen Institutionen – wie Kirche und Staat – die Produktion eines Gesichts erforderlich machten, haben die meisten Kulturen in Afrika in Skulpturen und Bildern das Gesicht nicht vom Rest des Körpers getrennt. In vielen Teilen Afrikas wurde eine Form der Vergesichtung praktiziert, die das Gesicht nicht abtrennte, sondern es weiterhin als Teil des Körpers definierte.[31] So gibt es in vielen afrikanischen Sprachen Worte für Kopf, Stirn, Augen und Mund, aber nicht für die Entität, die Europäer Gesicht nennen.[32] Auch die Existenz von Gesichtsmasken sichert eher die Zusammengehörigkeit von Kopf und Körper und dient nicht der Herstellung eines abgetrennten Gesichts. Denn zu Masken gehören Kostüme, die den ganzen Körper verhüllen. Die Trennung der Maske vom Rest des Körpers in westlichen Museen und Galerien, wie überhaupt die Priorität, die die Gesichtsmaske im Westen gewinnen konnte, muss also vor dem Hintergrund der Vergesichtungsprozesse im Westen interpretiert werden. Auf dem globalen Kunstmarkt erlangten afrikanische Masken den Status und Wert, der Gesichtern in der westlichen Kunstgeschichte zugesprochen wurde, während das dazugehörige Kostüm als Teil der Maske mehr oder weniger negiert wurde. Die Existenz von afrikanischen Gesichtsmasken kann also nicht als Argument für eine Trennung des Gesichts vom Rest des Körpers akzeptiert werden.

Aufgrund von kolonialem Zwang und Gewalt, die auch in der Reduktion auf das fremde Gesichtsformat ihren Ausdruck fand, lehnten nicht nur Muslime, sondern auch Christen die ID-Fotos als „schlechte Fotos" ab.[33] Studiofotografen sowie Kunden brachten ihre Kritik an den schlechten ID-Fotos zum Ausdruck, indem sie die Integrität des ganzen Körpers der dargestellten Person im Bild bewahrten. Gegen die Reduktion auf ein Gesicht bestanden sie auf der Darstellung des ganzen Körpers, einer Konvention, die sich auch in der populären Malerei und Skulptur findet. Wenn Teile des Körpers angeschnitten waren oder ganz fehlten, wenn der Fotograf „had killed the image", waren Kunden, wie mir verschiedene Fotografen erzählten, berechtigt, das Bild zurückzugeben.

Gegen die Versuche des kolonialen Staates, staatstragende Subjekte zu produzieren und das fotografierte Gesicht als *pars pro toto* zur Kontrolle, Regulierung, Überwachung und Identifizierung einzusetzen, lassen sich die Mehrzahl populärer Fotografien als Versuch lesen, „dem Gesicht zu entkommen".[34] Es ist, als ob die Gewalt und Normierung, die mit der kolonialen Fotografie einhergeht, im eher experimentellen und innovativen Spiel der populären Fotografie ihr Gegenstück gefunden hätte. Gegen die staatliche Identitätsfotografie stellte die Studiofotografie Individuen in all ihrer Verwandelbarkeit als soziale Personen dar, die mit den Zeichen und Emblemen von Status, Prestige und der Partizipation an einer (globalen) Moderne versehen waren. Gegen das Gesicht als Strategie der Macht und seiner Fixierung ‚im Wahren', eröffneten Fotostudios Spielräume der Verwandlung, die den ganzen Körper ins Zentrum stellten und so eher eine Vielheit als eine Einheit der fotografierten Person ins Spiel brachten. Die populäre Fotografie fungierte als Modell einer Gegenmacht zum Panoptismus und seinen Technologien von Herrschaft und Macht, da sie eher als Wunschmaschine fungierte, die das ins Bild setzte, was begehrt und erträumt wurde, aber außerhalb des Studios den Kunden nicht eigentlich zur Verfügung stand.

FOTOGRAFIE ALS ENTSCHLEIERUNG

An der ostafrikanischen Küste, die, wie bereits erwähnt, seit dem 8. Jahrhundert von Muslimen bewohnt wird, verstellte der Schleier muslimischer Frauen der kolonialen Kamera den kontrollierenden Blick. Weil für Europäer und Christen das Gesicht die Identität einer Person zum Ausdruck brachte, galt der Schleier als potenziell subversiver Versuch, die eigene Identität zu verbergen. Also musste der Schleier fallen, um den Fotografen, die für den kolonialen Staat arbeiteten, das dahinter verborgene Gesicht zu enthüllen.

Wie mir zahlreiche muslimische Frauen erzählten, erfuhren sie den fotografischen Akt zur Herstellung eines ID-Fotos als Gewalt und Erniedrigung, wenn sie ein Passbild für eine Pilgerreise nach Mekka benötigten. Da während der Kolonialzeit wie auch später in postkolonialer Zeit die politische Macht in den Händen von Christen lag, wurde die Entschleierung für die ID-Fotografie auch von muslimischen Männern als ein willkürlicher Akt interpretiert, der explizit das ‚islamische Bilderverbot' zu verletzen suchte.[35] Besonders muslimische Frauen assoziierten ID-Fotografie mit Fremdheit, Christentum und Kolonialisierung und nahmen die dafür notwendige Entschleierung des Gesichts für eine Verletzung der eigenen Normen, Werte und Konvention der Frömmigkeit, (weiblicher) Reinheit und des Anstands. Die ID-Fotografie erlangte eine negative Konnotation, weil sie die Grenzen, die der Schleier zwischen Innen und Außen, privat und öffentlich, weiblich und männlich, Exklusion und Inklusion gezogen hatte, zerstörte. Sie geriet in Konflikt mit den lokal existierenden Grenzziehungen zwischen dem, was zu sehen gegeben und dem, was der Sichtbarkeit entzogen werden musste. Nach der Rückkehr aus Mekka zerstörten denn auch einige muslimische Männer und Frauen das Passbild.

Tatsächlich nahmen viele fromme Muslime Fotografien für das Gegenteil des Schleiers, da die Kamera in Räume eindrang, die als privat und weiblich definiert und deshalb vor der Öffentlichkeit verborgen bleiben sollten und weil die Kamera inklusiv ist und immer einen Exzess an visuellen Details und Oberflächen aufnimmt, die nicht kontrolliert werden können. Während der Schleier das Gesicht einer Frau verhüllte und vor den Blicken fremder Männer schützte, enthüllte und entbarg die Fotografie, was Fremden nicht gezeigt werden sollte. Und da der Fotografie die massenhafte Reproduktion inhärent ist, konnten die erzwungenen Porträts auch noch global verteilt, zirkuliert und dadurch überhaupt nicht mehr kontrolliert werden.

Doch mit der Erlangung der Unabhängigkeit veränderte sich die negative Einstellung, vor allem unter Christen, und fotografische Porträts wurden nun in einen

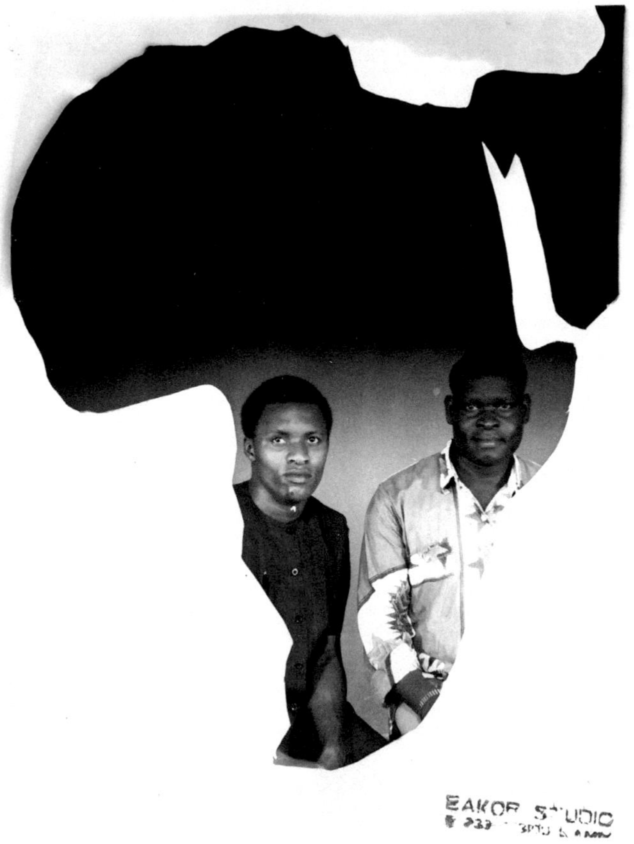

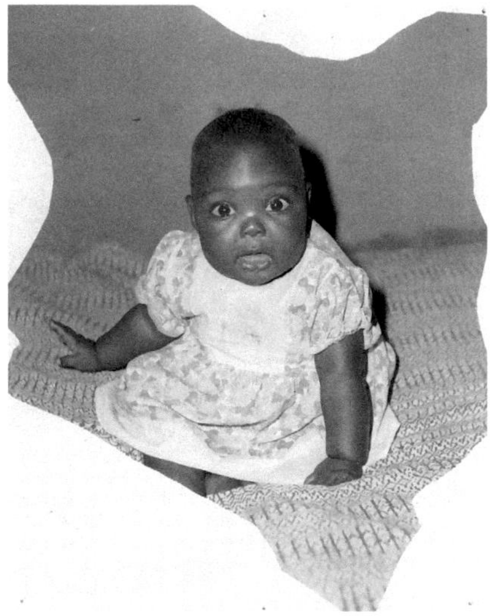

___ 3: Portrait zweier Männer auf der Karte Afrikas, Fotocollage, Bakor Studio, Lamu, Kenia, Sammlung Behrend. ___ 4: Baby auf der Karte Kenias, um 1970, Fotocollage, Berlin-Studio, Sammlung Behrend.

eher positiv konnotierten nationalistischen Diskurs integriert und als Repräsentationen freier Bürger gefeiert (Abb. 3 und 4).

Und auch unter Muslimen konnten die negativen Konnotationen der ID-Fotografien in neuen Rahmungen verschwinden. Obwohl, wie oben erwähnt, einige muslimische Frauen und Männer nach der Reise nach Mekka das Passfoto zerstörten, fanden ihre Kinder und Enkel nach deren Tod das Negativ und brachten es zum Fotografen, um einen oder mehrere Abzüge herzustellen und in den Fotos die Eltern oder Großeltern erinnern zu können. In neuer Rahmung erhielt das Foto nun als Darstellung eines Ahnen einen völlig anderen Status und neue, positive Bedeutungen. Manchmal wurde das Passbild auch noch zusätzlich bearbeitet, zum Beispiel koloriert oder der abgetrennte Kopf bzw. das Gesicht mit einem Körper versehen und in neue Kontexte eines auf Fotos basierenden Ahnenkultes eingeführt.[36]

DIE RÜCKKEHR DER TOTEN IM ID-FORMAT

Wie verschiedene Fotografie-Theoretiker festgestellt haben, gibt es eine besondere Verbindung zwischen Fotografie und Tod. Im Gegensatz zu anderen Medien wie Film und Video ist die Fotografie – als Akt oder Performanz und als Objekt – dadurch gekennzeichnet, dass sie Bewegung – Zeichen von Leben und Lebendigkeit – still stellt. Wie der Tod lässt die Fotografie die aufgenommene Person erstarren und schweigen. Wie der Tod produziert die Fotografie eine radikale Diskontinuität, einen Schnitt in Raum und Zeit.[37] Und wie das Beil der Guillotine, so zerschneidet auch der Verschluss der Kamera zeitliche Dauer und friert ein Hier und Jetzt ein.[38] Vor diesem Hintergrund haben Siegfried Kracauer, Roland Barthes und Geoffrey Batchen Fotografien als einen unwiederbringlichen Verlust, einen Bruch, interpretiert, die wie der Tod etwas endgültig als der Vergangenheit angehörig vom Leben abtrennen.

Weil eine tote und eine fotografierte Person Bewegungslosigkeit und Schweigen teilen, scheinen die Toten in der Fotografie ein adäquates, wenn auch unheimliches Medium gefunden zu haben, das sie nicht nur erinnern, sondern auch wiederauferstehen lässt.[39] Fotografien halten die Toten nicht nur am Leben, sondern sie erlauben auch neue Kommunikations- und Kontaktformen zwischen Toten und Lebenden. Sie verhindern das *fading away*, das Verblassen und Vergessen der Toten, und haben nicht nur im Westen, sondern auch in Afrika das Medium für neue Formen eines modernen Ahnenkultes mobilisiert.

Obwohl, wie bereits erwähnt, in der populären Fotografie in Kenia die Reduktion auf das Gesicht eher vermieden wurde, entwickelte sich ein lokales fotografisches Genre heraus, das das Gesichtsformat der ID-Fotografie gezielt einsetzte. In Todesanzeigen und zur jährlichen Erinnerung an den Todestag veröffentlichen die Lebenden – in diesem Fall vor allem Christen – in Zeitungen die Fotos ihrer toten Verwandten im Passfotoformat (Abb. 5, 6, 7). Um die Nachricht vom Tod einer Person bekannt zu geben, lassen die Angehörigen in Zeitungen ID-Fotos mit Namen und Geburts- bzw. Todesdatum der Verstorbenen abdrucken. Die Fotos von Lebenden verwandeln sich in dieser neuen Rahmung in Bilder von Toten. In Fotos, die sie als Lebende zeigen, werden Tote abgebildet und erinnert, ohne dass der Tod im Bild anwesend wäre. Der Tod ist abwesend, aber in der spezifischen Medialität wie auch im besonderen Format der Fotos erhält er paradoxerweise Präsenz. Fotos in Todesanzeigen zeigen ein erstarrtes Gesicht wie das Gesicht eines Toten. Todesanzeigen greifen somit auf ein fremdes, früher abgelehntes Format zurück, das die Dargestellten nicht mit ganzem Körper und als soziale Person zeigt, sondern stattdessen – wie Feinde und Kriminelle – ‚geköpft', zerstückelt und auf das Gesicht reduziert, sie damit als die (eigenen) Anderen markierend. Vielleicht erzeugt die Übernahme des Passfotoformats für die Toten eine Grenze, die die Lebenden ziehen, um den Toten ihren Platz als Andere zuzuweisen. Das ID-Foto, obwohl in den lokalen Totenkult integriert, bliebe somit ein Bild der Anderen als Tote.

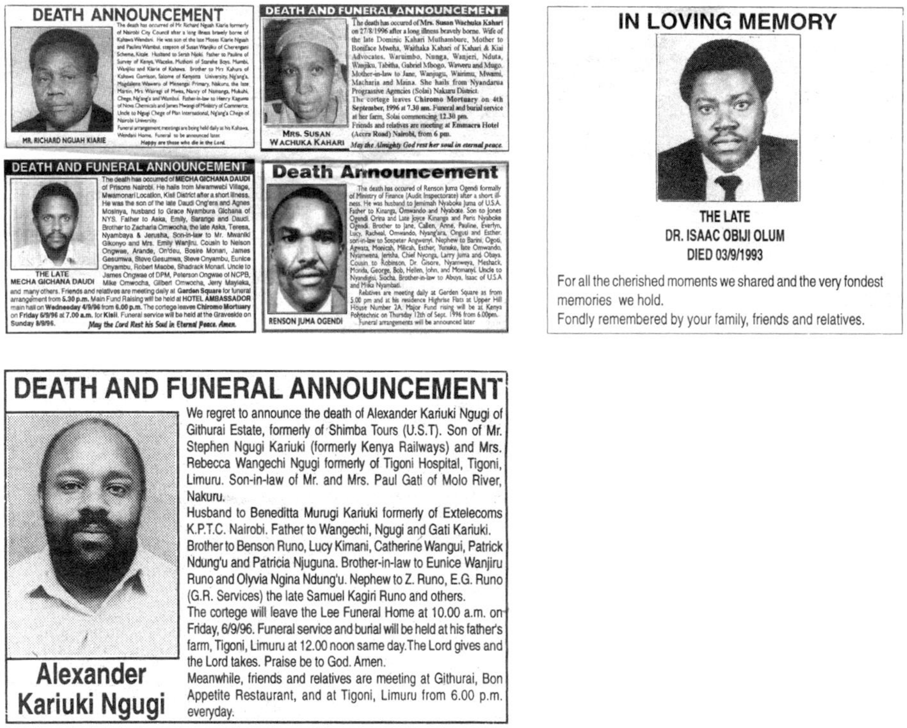

DEATH ANNOUNCEMENT

MR. RICHARD NGUAH KIARIE

DEATH AND FUNERAL ANNOUNCEMENT

MRS. SUSAN WACHUKA KAHARI

May the Almighty God rest her soul in eternal peace.

DEATH AND FUNERAL ANNOUNCEMENT

THE LATE MECHA GICHANA DAUDI

May the Lord Rest his Soul in Eternal Peace. Amen.

Death Announcement

RENSON JUMA OGENDI

IN LOVING MEMORY

THE LATE
DR. ISAAC OBIJI OLUM
DIED 03/9/1993

For all the cherished moments we shared and the very fondest memories we hold.
Fondly remembered by your family, friends and relatives.

DEATH AND FUNERAL ANNOUNCEMENT

We regret to announce the death of Alexander Kariuki Ngugi of Githurai Estate, formerly of Shimba Tours (U.S.T). Son of Mr. Stephen Ngugi Kariuki (formerly Kenya Railways) and Mrs. Rebecca Wangechi Ngugi formerly of Tigoni Hospital, Tigoni, Limuru. Son-in-law of Mr. and Mrs. Paul Gati of Molo River, Nakuru.
Husband to Beneditta Murugi Kariuki formerly of Extelecoms K.P.T.C. Nairobi. Father to Wangechi, Ngugi and Gati Kariuki. Brother to Benson Runo, Lucy Kimani, Catherine Wangui, Patrick Ndung'u and Patricia Njuguna. Brother-in-law to Eunice Wanjiru Runo and Olyvia Ngina Ndung'u. Nephew to Z. Runo, E.G. Runo (G.R. Services) the late Samuel Kagiri Runo and others.
The cortege will leave the Lee Funeral Home at 10.00 a.m. on Friday, 6/9/96. Funeral service and burial will be held at his father's farm, Tigoni, Limuru at 12.00 noon same day. The Lord gives and the Lord takes. Praise be to God. Amen.
Meanwhile, friends and relatives are meeting at Githurai, Bon Appetite Restaurant, and at Tigoni, Limuru from 6.00 p.m. everyday.

Alexander Kariuki Ngugi

5–7: Todesanzeigen, Daily Nation, Kenia.

Diese Form der ‚Veranderung' entspricht, kreuzt und mischt sich mit den Formen der ‚Veranderung', die Europäer im Zuge der Kolonialisierung für Afrikaner als Kolonialisierte, ‚Primitive' und ‚Wilde' und zu Hause für Verbrecher und Wahnsinnige schufen. Vielleicht also birgt das Kopfbild sowohl in Afrika als auch im Westen ein mehr oder weniger (un)bewusstes aggressives Potenzial und eine besondere Nähe zum Tod, die es hier wie dort als Format zur Darstellung von (eigenen und fremden) Anderen besonders geeignet erscheinen lässt.

ANMERKUNGEN

1 Walter Seitter, *Physik der Medien* (Weimar: VDG Verlag, 2002), 260.

2 Peter Geimer, Bilder aus Versehen (Hamburg: Philo Verlag, 2010), 274–275.

3 Zur Ästhetik des Entzugs siehe Heike Behrend, *Contesting Visibility. Photographic Practices on the East African Coast* (Bielefeld: Transcript, 2013).

4 Valentin Groebner, *Der Schein der Person. Steckbrief, Ausweis und Kontrolle im Mittelalter* (München: C.H. Beck, 2004), 137.

5 Liam Buckley, „Studio Photography and the Aesthetics of Citizenship in The Gambia", in Elizabeth Edwards, Chris Gosdenu und Ruth B. Philipps (Hg.), *Sensible Objects. Colonialism, Museums and Material Culture* (Oxford; New York: Berg Publishers, 2006).

6 Tamar Garb (Hg), *Figures and Fictions. Contemporary South African Photography* (Göttingen: Steidl, 2011).

7 Vgl. Behrend, *Contesting Visibility* (siehe Anm. 3).

8 John Middleton, *The World of the Swahili* (New Haven: Yale University Press, 1992).

9 John Hobson, *The Eastern Origins of Western Civilization* (Cambridge: Cambridge University Press, 2004).

10 Rosemarie Beck, *Texte auf Textilien in Ostafrika* (Köln: Rüdiger Köppe Verlag, 2001).

11 Jonathan Glassman, *Feasts and Riots. Rivalry Rebellion and Popular Consciousness on the Swahili Coast 1856–1888*, (London: Heinemann und James Currey, 1995).

12 Paola Ivanov, *Translokalität, Konsum und Ästhetik im islamischen Sansibar* (unv. Habilitationsschrift: Universität Bayreuth, 2013), 86.

13 Middleton, *The World of the Swahili* (siehe Anm. 8)

14 Michael Taussig, *Defacement. Public Secrecy and the Labor of the Negative* (Stanford: Stanford University Press, 1999), 1.

15 Heike Behrend, „Der Stoff des Sozialen. Textilien und Fotografie in Afrika", in Gabriele Holthuis (Hg.), *Gewebte Identitäten*, Ausstellungskatalog, Ulmer Museum (Ulm: Ulmer Museum, 2013), 60.

16 Vgl. Tabitha Kanogo, *Squatters and the Roots of Mau Mau* (London: Currey, 1987).

17 David Anderson, „Master and Servant in Colonial Kenya", in *Journal of African History* 41, Nr. 3 (2000), 459–458.

18 Groebner, *Der Schein der Person* (siehe Anm. 4), 182.

19 Ibid. 123.

20 Vgl. Michel Foucault, *Der Wille zum Wissen. Sexualität und Wahrheit*, Bd. 1, übersetzt von Ulrich Raulff und Walter Seitter (Frankfurt a. M.: Suhrkamp, 1983).

21 Heike Behrend, „Photo Magic. Photographies in Practices of Healing and Harming", in *Journal of Religion in Africa* 33, Nr. 2 (2003), 129–145.

22 Walter Benjamin, „Kleine Geschichte der Photographie", in id., *Gesammelte Schriften*, Bd. II.1, hg. von Rolf Tiedemann und Hermann Schweppenhäuser (Frankfurt a. M.: Suhrkamp, 1977), 371.

23 Michel Foucault, *Überwachen und Strafen. Die Geburt des Gefängnisses*, übersetzt von Walter Seitter (Frankfurt a. M.: Suhrkamp, 1976), 33.

24 Roland Barthes, *Die helle Kammer*, übersetzt von Dietrich Leube (Frankfurt a. M.: Suhrkamp, 1985), 87.

25 Gilles Deleuze und Félix Guattari, *Tausend Plateaus*, übersetzt von Gabriele Ricke und Ronald Vouillé (Berlin: Merve, 1992), 233.

26 Hans Belting, *Das echte Bild. Bildfragen als Glaubensfragen* (München: C. H. Beck, 2005), 45; siehe auch Hans Belting, *Faces. Eine Geschichte des Gesichts* (München: C. H. Beck, 2013).

27 Die besondere Bedeutung des Gesichts im Westen wird auch in ikonoklastischen Gesten deutlich, die auf Bildern vor allem das Gesicht einer Person zerstören, es zum Beispiel zerkratzen oder übermalen.

28 Vgl. Valentin Mudimbe, *The Idea of Africa* (Bloomington: Indiana University Press, 1994).

29 Für Alphonse Bertillon stellte das Porträt im Profil ein Gegenmittel zu den notorischen Versuchen von Kriminellen dar, ihre Gesichter so zu verziehen, dass man sie nicht wiedererkennen konnte, vgl. Richard T. Gray, *About Face. German Physiognomic Thought from Lavater to Ausschwitz* (Detroit: Wayne State University Press, 2004), 352.

30 Deleuze und Guattari, *Tausend Plateaus* (siehe Anm. 25).

31 Taussig, *Defacement* (siehe Anm. 14), 256.

32 Persönliche Mitteilung von Gerrit Dimmendaal, Institut für Afrikanistik der Universität zu Köln.

33 Isolde Brielmaier, *Picture Taking and the Production of Urban Identities on the Kenyan Coast* (unv. Dissertation: Columbia Universität New York, 2003), 171.

34 Deleuze und Guattari, *Tausend Plateaus* (siehe Anm. 25), 235.

35 Zum islamischen Bilderverbot und seiner Interpretation und Geschichte siehe Heike Behrend, „Populäre Fotografie, Ästhetisierung und das ‚Islamische Bil-

derverbot' an der ostafrikanischen Küste", in Ilka Brombach, Dirk Setton und Cornelia Temesvari (Hg), *Ästhetisierung. Der Streit um das Ästhetische in Politik, Religion und Erkenntnis* (Zürich: Diaphanes, 2010) 166–168.

36 Vgl. Heike Behrend, Contesting Visibility (Bielefeld: Transcript, 2013), 199–218.

37 Philippe Dubois, *Der fotografische Akt. Versuch über ein theoretisches Dispositiv*, hg. von Herta Wolf, übersetzt von Dieter Hornig (Amsterdam; Dresden: Philo Fine Arts, 1998), 157–159.

38 Ibid.

39 Barthes, *Die helle Kammer* (siehe Anm. 24), 9.

BILDNACHWEISE

1: National Archive of Kenya, Nairobi.
2: Winterton Collection, Evanston (Illinois).
3–7: Sammlung Behrend.

SUSANNE HOLSCHBACH

BILDFORENSIK ALS KÜNSTLERISCHES VERFAHREN: RABIH MROUÉS LEKTÜRE VON AUFZEICHNUNGEN AUS DEM SYRISCHEN BÜRGERKRIEG

Mit der Verbreitung mobiler Medien, das heißt dem Verbund von Handykameras und Internet, ist eine neue Form des Nachrichtenbildes entstanden, das die Debatte um die Repräsentationsfähigkeit und Beweiskraft fotografischer und filmischer Aufzeichnungen erneut entfacht hat. Besondere Bedeutung hat diese Debatte im Zusammenhang mit den Demokratiebewegungen und Aufständen im arabischen Raum erlangt, wo die Aufzeichnungen von Bürgerjournalist_innen eine zentrale politische Funktion übernommen haben. In diesem Kontext situiert sich die Arbeit *The Fall of a Hair* des libanesischen Künstlers Rabih Mroué,[1] die 2012 auf der dOCUMENTA (13) zu sehen war. Mroués im Kasseler Kulturbahnhof präsentierte Installation erlangte wegen ihres Aktualitätsbezugs und der spektakulären Thematik große mediale Aufmerksamkeit: In kaum einem Bericht über das Ausstellungsevent fehlte ein Hinweis auf die künstlerische Untersuchung der Aufzeichnungen syrischer Regimegegner, die vermeintlich ihre eigenen Todesschützen gefilmt hatten.[2] Für die Präsentation im Ausstellungsraum zerlegte Mroué die von ihm aus dem Internet heruntergeladenen Filme in einzelne Bestandteile, indem er die Tonspur vom Bild trennte, die einzelnen Frames der Filme ausdruckte und Ausschnitte vergrößerte. So hingen in einem abgedunkelten Raum eine Reihe plakatgroßer, verpixelter Screenshots an der Wand, auf denen schemenhaft die Scharfschützen zu erkennen waren (Part 3: *Blow up*, Abb. 1); auf einem langen Tisch lagen die zu Daumenkinos zusammengehefteten Einzelbilder der Videos, eingelegt in Holzkästchen mit einem Stempelkissen (Part 2: *Thicker than Water*); eines der Videos konnte auf Knopfdruck in Form eines 8-mm-Films angesehen werden (Part 4: *„Eye“ vs „Eye“*). Ergänzt wurde diese Aufbereitung des Materials durch ein inszeniertes Video, das der Plakatreihe gegenüber projiziert wurde (Abb. 2). Es zeigte die Silhouette eines Mannes, der den Schützen ein Handy entgegenhält und nach dem Ertönen von Schüssen zu Boden sinkt – eine geloopte Szene, dramatisch zugespitzt durch die Rotfärbung des hell erleuchteten Bühnenraums der Figur (Part 5: *Image till Victory*). Die Dramaturgie dieser Installation zielte unverkennbar auf eine Involvierung der Betrachter, die Mroué in unterschiedlichen Rollen inszenierte: Das eine Mal positionierte er sie auf der Seite des Opfers, das andere Mal auf der der Täter; er ließ sie von der Seite der Filmenden auf die der Gefilmten wechseln und machte ihren Akt des Betrachtens zu einem taktilen Akt, der Spuren an den Händen hinterließ und dabei sowohl das erkennungsdienstliche Verfahren des Fingerabdrucks als auch den metaphorischen Konnex zwischen Beschmutzung und Schuld aufrief. Anders als bei Schockfotos resultierte das Unbehagen in der Zuschauerposition nicht aus dem Betrachten des Leidens anderer, sondern aus dem (externen) Wissen über das Zustandekommen der Bilder. Nicht das, was auf ihnen zu sehen war, sondern die Art der Aufzeichnung – die schlechte Auflösung der Bilder, das hektische Hin- und Herschwenken der Kamera, der plötzliche Abbruch des Films – verlieh den Bildern die Aura der Authentizität, das Gefühl der Echtheit.

„Je näher wir der Realität zu kommen scheinen, desto unschärfer und verwackelter wird sie",[3] konstatiert die Filmemacherin und Autorin Hito Steyerl in ihren Reflektionen zum gegenwärtigen Verständnis des Dokumentarischen angesichts der neue Generation von Nachrichtenbildern, die zwar suggerieren, mitten aus einem Geschehen zu kommen, aber kaum etwas zu zeigen vermögen. Diese evozierten, so Steyerl, „eine Situation der permanenten Ausnahme und einer dauerhaften Krise, einen Zustand erhöhter Wachsamkeit" und symbolisierten zugleich

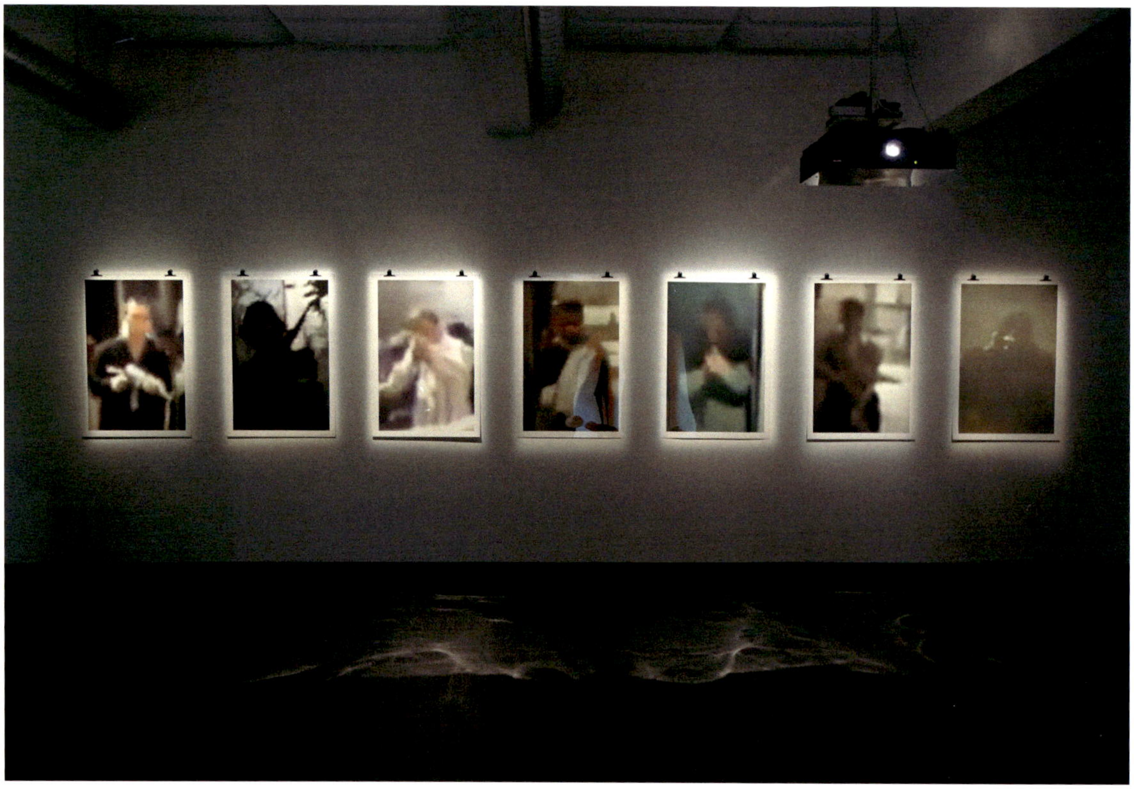

1: Rabih Mroué, The Fall of a Hair, Part 3: Blow up, 2012. Serie von 7 Fotos, ungerahmte Hochglanz-Inkjetprints, 130 × 90 cm, Olaf Pascheit, Installationsansicht dOCUMENTA (13), Kassel 2012.

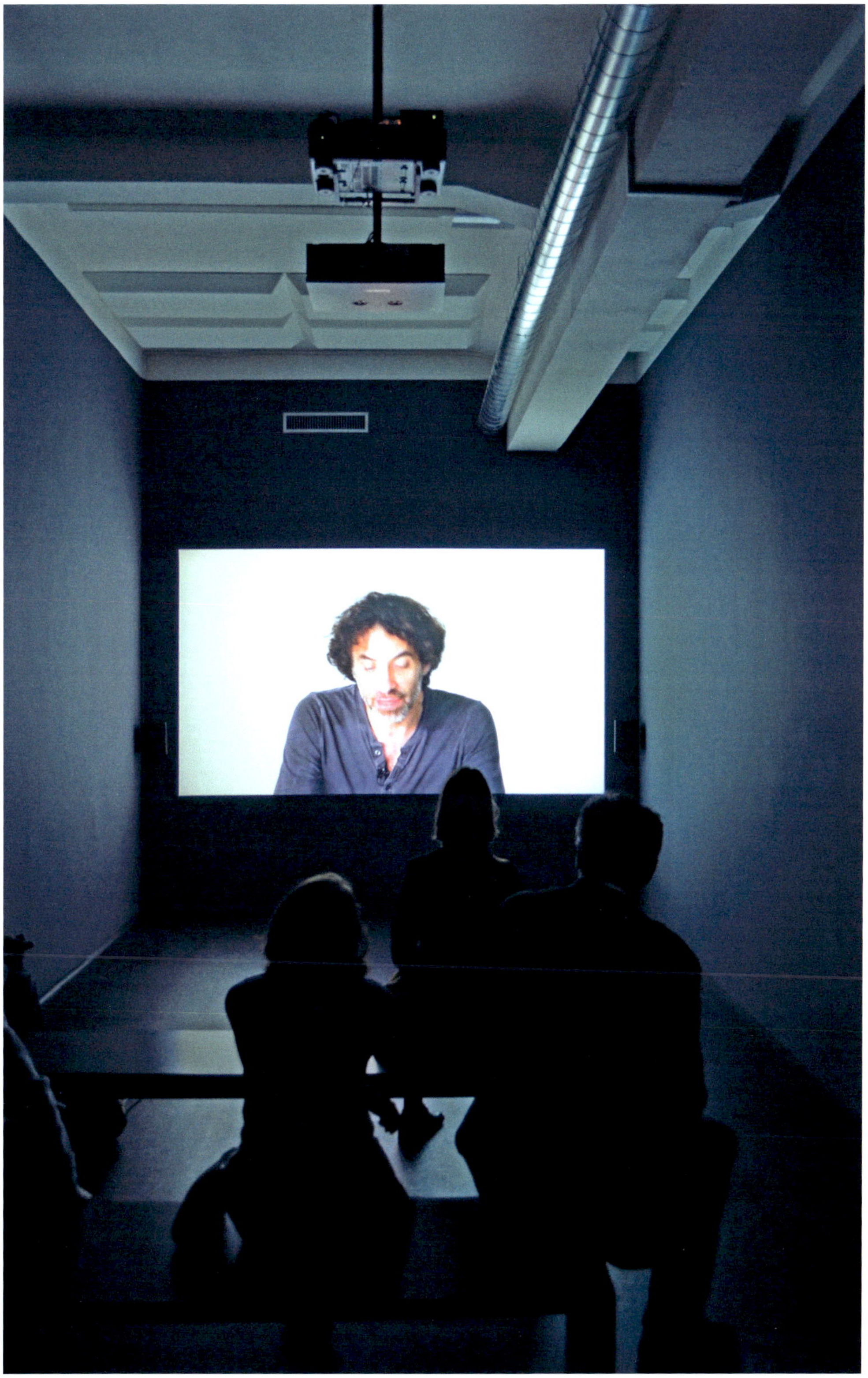

___ 2: Rabih Mroué, The Fall of a Hair. Part 1: The Pixelated Revolution, 2012, Videoprojektion, Countdown, Installationsansicht dOCUMENTA (13), Kassel 2012, Fotografie von Olaf Pascheit.

den „dauerhaften Zweifel, die nagende Unsicherheit darüber, ob das, was wir sehen, wahr, realitätsgetreu oder faktisch ist [...].“[4] Auch die Wirkung von Mroués installativer Inszenierung der Aufnahmen syrischer Regimegegner lässt sich in dem von Steyerl beschriebenen Phänomen einer „*Unschärferelation des modernen Dokumentarismus*“[5] verorten. Gegenüber der Präsentation, die vor allem die Affekte der Betrachter adressierte und ein Gefühl der Unsicherheit über das Gesehene hinterließ, eröffnete das in einem abgetrennten Raum gezeigte Video *The Pixelated Revolution* (Part 1) einen analytischen Zugang zu dem verwendeten Footage. In Form eines Vortrags unterzog Mroué hier sein Material einem Close Reading, das dieses in Bezug auf das, was es uns zeigt, auf den Prüfstand stellte. Im Nachzeichnen dieser Lektüre soll im Folgenden die Frage nach dem epistemologischen Status der im Internet zirkulierenden Aufzeichnungen von Bürgerjournalist_innen genauer beleuchtet werden.

„THE SYRIAN PROTESTERS ARE RECORDING THEIR OWN DEATH“

Bei dem Video *The Pixelated Revolution* handelt es sich um eine Studioversion der gleichnamigen Lecture-Performance, die Mroué mehrfach in Kassel (und zuvor bereits an anderen Orten) aufgeführt hat.[6] Die Lecture-Performance stellt eine bevorzugte mediale Form Mroués dar, über die er seine unterschiedlichen Tätigkeitsfelder – die des Theaterregisseurs, Schauspielers und Autors – zusammenführen kann. Die Ästhetik seiner Aufführung bezieht ihre spezifische Wirkung aus dem Kontrast zwischen der Nüchternheit eines akademischen Vortrags und des durch die Dunkelheit des Raums und die überdimensionale Videoprojektion theatralisierten Settings, das den vor einem einfachen Tisch sitzenden und vom Laptop ablesenden Künstler winzig erscheinen lässt (Abb. 3). In der Studioversion wechseln sich Vortragender und Bildprojektion ab. Mroué sitzt vor einem neutralen Hintergrund frontal zur Kamera, sein Blick ist zumeist auf die Kamera gerichtet, nur ab und an schaut er auf sein Manuskript, das einige Male mit ins Bild kommt. Die Inszenierung erinnert an das Format der *Talking Heads* einer Nachrichtensendung, das jedoch bereits durch die betont legere Kleidung Mroués, ein graues, aufgeknöpftes T-Shirt, unterlaufen wird, die ihn als Privatperson markiert. Auch die immer wieder zum Einsatz kommende gestische Unterstreichung des Gesagten trägt zum Duktus der persönlichen Ansprache bei. Diese Ansicht wird durch eine Projektionsebene unterbrochen, die in Teilen eine wenig elaborierte PowerPoint-Präsentation evoziert – Schlüsselsätze, Begriffe, Überschriften oder Zitate sind zu lesen, Internetseiten und Grafiken in rein illustrativer Funktion gezeigt; in der Hauptsache dient sie jedoch der Vorführung des Gegenstands seiner Untersuchung, der Internetvideos. Deren Präsentation gestaltet Mroué durch Wiederholung, Verlangsamung, Beschleunigung und Fragmentierung zu einer visuellen Argumentation, die vom didaktischen ins ästhetische Register wechselt.

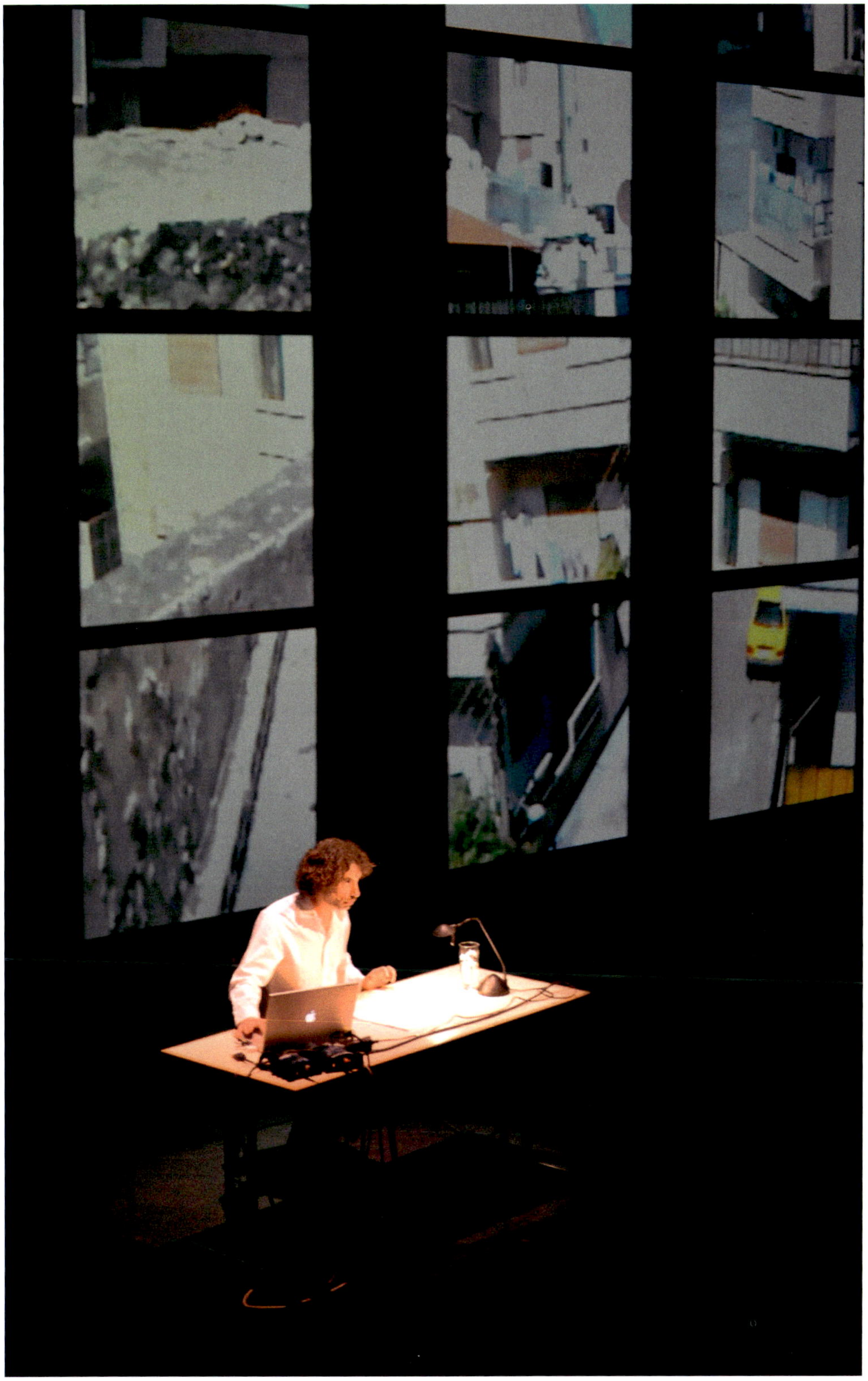

___ 3: Rabih Mroué, The Pixelated Revolution, 2012, Lecture-Performance, dOCUMENTA (13), Kassel 2012, Fotografie von Olaf Pascheit.

Mroué beginnt seinen Vortrag mit dem Zitat eines zufällig gehörten Satzes, dessen paradoxe Botschaft er zum Ausgangspunkt seiner Auseinandersetzung erklärt: „*The Syrian Protesters are recording their own death*" (25). Paradox erscheint ihm diese nicht nur auf der Handlungsebene, sondern auch auf der Ebene der Intention: Wie können diejenigen, so fragt Mroué, die für eine bessere Zukunft kämpfen, die sich gegen den physischen wie moralischen Tod auflehnen, also für das Leben selbst demonstrieren, ihren Tod dokumentieren? Da das syrische Regime jegliche unabhängige Berichterstattung, sei es durch in- oder ausländische Medien, unterbindet, führt die Suche nach „facts and evidence that could tell me more about the death in Syria today" (25) zu den unsicheren Quellen des Internets, genauer: zur Video-Plattform YouTube, wo er verschiedene Filmfragmente findet, die zeigen, wie eine Person ihre Waffe auf den Filmenden richtet, abdrückt, das Bild daraufhin verschwimmt, bevor der Film ganz abbricht.

EXKURS: BÜRGERJOURNALISMUS UND DIE MIGRATION VON BILDERN

Das Motiv der Beispiele, die Mroué für seine Analyse herausgreift, veranschaulicht in besonders zugespitzter Weise die spezifische Position des sogenannten Bürgerjournalisten, bei der die Teilnahme an einem Ereignis mit dessen Beobachtung zusammenfällt. Der Begriff des *Citizen Journalist* kommt mit der Möglichkeit auf, als Privatperson ohne die Zugangskanäle und Kontrollen der offiziellen Medien eigene Texte und Bilder über Blogs oder Plattformen der sozialen Medien verbreiten zu können. Seine Definition wird oft sehr weit gefasst: Sie reicht von Personen, die Bilder von einem Ereignis aufnehmen, in das sie zufällig involviert wurden – beispielhaft dafür stehen die Tsunamis an den Küsten Thailands und Indonesiens im Dezember 2004 und der Terroranschlag auf die Londoner U-Bahn im Juli 2005, wo die mediale Berichterstattung erstmals in größerem Umfang auf solches Amateurmaterial rekurrierte –, bis zu den Aktivist_innen von Protestbewegungen, die mit ihrer Berichterstattung eine eigene Agenda im Sinne einer Gegenöffentlichkeit verfolgen bzw. wie im Fall des Arabischen Frühlings eine Öffentlichkeit im demokratischen Verständnis überhaupt erst herzustellen versuchen. Die Autorität der Internetuploads von Bürgerjournalist_innen gründet auf dem Diskurs der Augenzeugenschaft, der unmittelbaren Teilhabe an einem Ereignis; die Einschätzung ihrer Authentizität und damit ihrer Beweiskraft ist jedoch ambivalent. Einerseits gelten beispielsweise Handyfotografien von *Citizen Journalists* weitgehend als unmanipuliert,[7] während man professionellen journalistischen Fotos in ihrem Bestreben nach technischer und ästhetischer Qualität, ihrem Abzielen auf eine bestimmte Bildwirkung in der Wahl des Motivs und des Ausschnitts, dem Hinarbeiten auf einen bestimmten Publikationskontext oft eine verfälschende Inszenierung oder gar Manipulation unterstellt.[8] Andererseits werden digitale Aufzeichnungen als grundsätzlich zweifelhaft wahrgenommen[9] und das Internet als ungeregelter Raum, in dem es keine verbindlichen Standards zur Überprüfung von Fakten, keine Verifizierung von Quellen, keine ethischen Leitlinien gibt, wie sie sich journalistische Verbände und institutionelle Medien auferlegt haben.[10]

Im Verlauf der arabischen Protestbewegungen sind auf Plattformen wie Flickr und YouTube eine Vielzahl von Bildformen in Erscheinung getreten – private Erinnerungsfotos von Demonstrationsteilnehmer_innen; Videos, die das brutale Vorgehen von Sicherheitskräften und gegnerischen Gruppierungen festhalten; Dokumentationen von Plakaten, Bannern, Graffiti und Wandmalereien der Aufständischen; Märtyrerporträts, die durch die Straßen getragen werden; Video-*Testimonies* mit mündlichen Zeugenberichten von Aktivist_innen und Opfern militärischer Gewalt.[11] Dabei lässt sich eine Arbeitsteilung zwischen fotografischer und filmischer Aufzeichnung erkennen, die auch auf andere Kontexte übertragbar ist. Die Funktion des Ereignisbildes, das heißt der aktuellen Berichterstattung, übernehmen weitgehend filmische Aufzeichnungen; Fotografien erhalten dagegen eine archivalische Funktion oder werden zu Symbolbildern, deren ursprüngliche Referenz sich im Zuge ihrer Migration innerhalb und außerhalb des Webs über „Verschaltungen und Kontamination"[12] in kürzester Zeit verlieren kann. Während filmische Aufzeichnungen als Quellen fungieren und oftmals von den Uploadern oder Usern über ausführliche Kommentare kontextualisiert werden, durchlaufen Screenshots aus einigen dieser Videos innerhalb weniger Tage oder Wochen einen Prozess der Ikonisierung, der bei journalistischen Momentaufnahmen vergangener Zeit oft Jahrzehnte in Anspruch genommen hat.[13] Ein bekanntes Beispiel aus dem Kontext der ägyptischen Revolution ist die als „Woman in the Blue Bra" bekannt gewordene Momentaufnahme einer am Boden liegenden Demonstrantin, die von

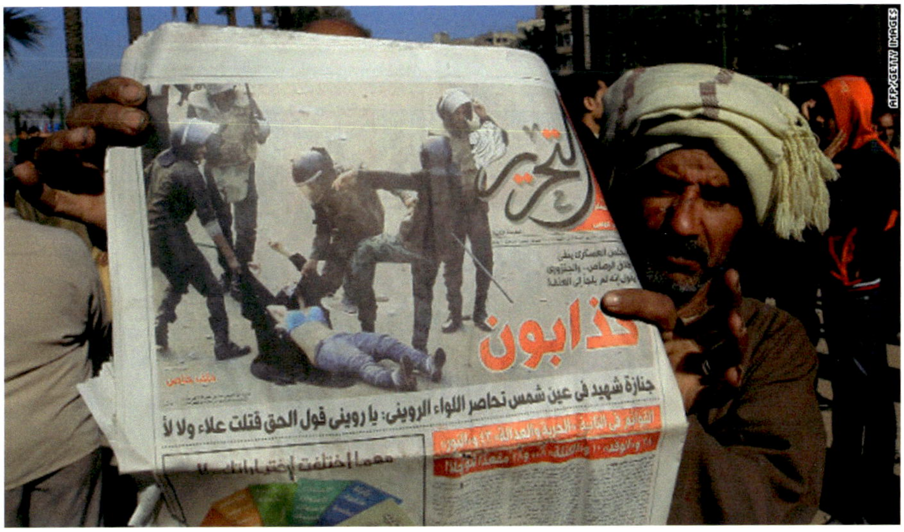

4: Zeitungstitel mit der „Frau im blauen BH", Screenshot aus dem Online-Beitrag von Isabel Coleman, „‚Blu-bra girl' rallies Egypt's women vs. oppression", CNN Opinion, 22.12.2011.

Angehörigen des Militärs brutal geschlagen und entblößt worden war. Abgedruckt auf der Titelseite einer arabischen Zeitung (und wenig später auch in der internationalen Presse) löste das Bild (Abb. 4), das als Plakat wieder in den Raum der Straße getragen wurde,[14] unter anderem den bis dahin größten Protestmarsch von Frauen im arabischen Raum aus. „Die von der Kamera festgehaltene Szene größter Demütigung und Gewalt findet sich als ausgedruckter Screenshot oder Zeitungsausschnitt in den Händen unzähliger demonstrierender Männer und Frauen wieder, auf den Bannern von Solidaritätsumzügen, als Motiv von Straßenmalereien, als Supergirl-Motiv der Pop-Graffiti-Kultur an den Mauern der Städte. Die Szene der entblößten Frau im blauen BH, umgeben von Soldaten, erfährt somit die vielfältigsten Metamorphosen, sie entwickelt eine eigene ikonische Existenz, eine sofort identifizierbare bildliche Gestalt, aber auch eine abstrakte, zeichenhafte Qualität [...]" – so fassen Florian Ebner und Constanze Wicke die Migration und Transformation des Bildes in ihrem Katalogbeitrag zur Ausstellung *Cairo. Offene Stadt* zusammen.[15]

„IS HE DEAD? WE DON'T KNOW"

Die Videos, die Mroué analysiert, gehören eindeutig der Kategorie der Momentaufnahmen eines Ereignisses an. Mroué kennzeichnet sie als spontane Aufzeichnungen ohne (offiziellen) Auftrag, ohne jegliche Bearbeitung oder Hinzufügung: „These images do not hide any ideological discourse or subliminal messages [...]. Their only concern is to record the event, as it is experienced in real time, in order to report to the world what they [the protesters, S.H.] are going through over ‚there'." (31). Als erstes Beispiel wählt Mroué ein Video aus, das in besonders prägnanter Weise die Situation des *double shooting* – der Konfrontation von Kamera und Waffe – visualisiert. In einem zu Beginn des Videos gesprochenen Kommentar gibt der Kameramann eine situative, räumliche und zeitliche Kontexualisierung, die man als Manifestation des Anliegens ansehen kann, ein später auch für andere verwendbares Zeugnis herzustellen.[16] Mroué zeigt zunächst ohne jeglichen Kommentar den letzten Teil des Videos, auf dem zu sehen ist, wie ein hinter einer Häuserwand hervorkommender Heckenschütze den Filmenden entdeckt, die Waffe auf diesen richtet und schießt. Die Kamera hat noch ihren eigenen Fall, das Geräusch des Aufprallens, die Wendung zur Decke und die Stimme des getroffenen Kameramanns – „ich bin verwundet, ich bin verwundet" – aufgezeichnet, bevor der Film abbricht. Der Frage, wie wir dieses Video lesen können, folgt eine Lektüreanleitung: Während die 1:24 Minuten lange Aufzeichnung diesmal von Beginn an läuft, beschreibt Mroué aus dem Off, was wir sehen und was wir aus dem, was wir sehen, über den Standort des Kameramanns schließen können (dieser steht vermutlich auf einem Balkon oder am Fenster eines der oberen Stockwerke eines Gebäudes in einem Wohnviertel). Dem Geräusch eines Schusses folgt eine Serie von Bildern von Dächern, Balkonen, Wänden und Fenstern der umliegenden Gebäude, die mit hektischer Bewegung der Kamera abgesucht werden. In dem Moment, wo der Scharf-

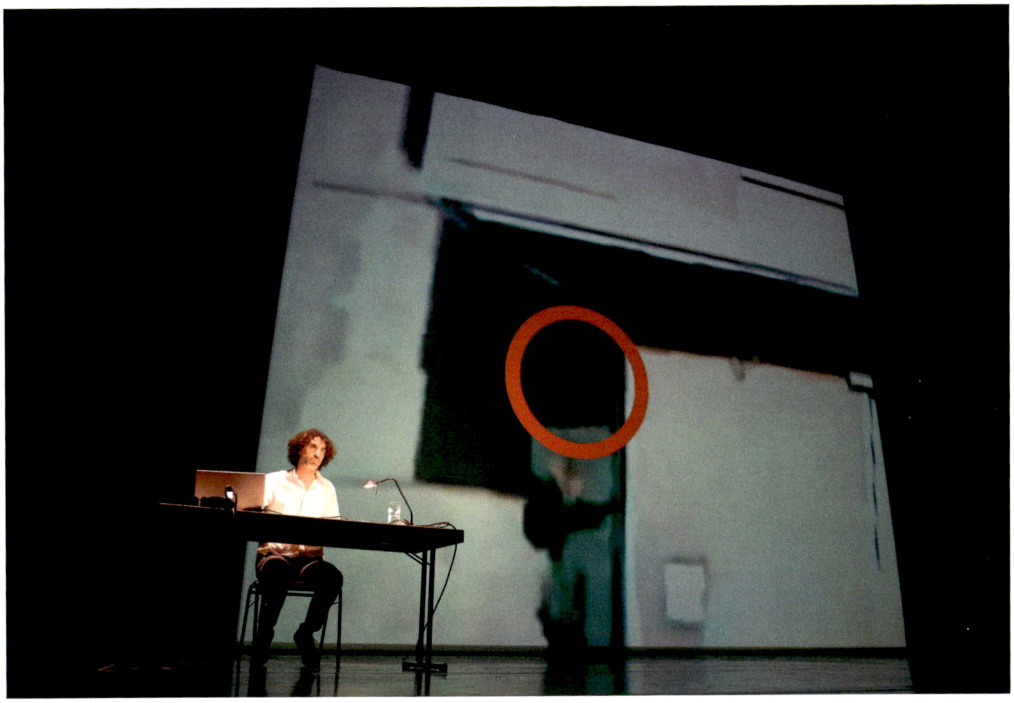

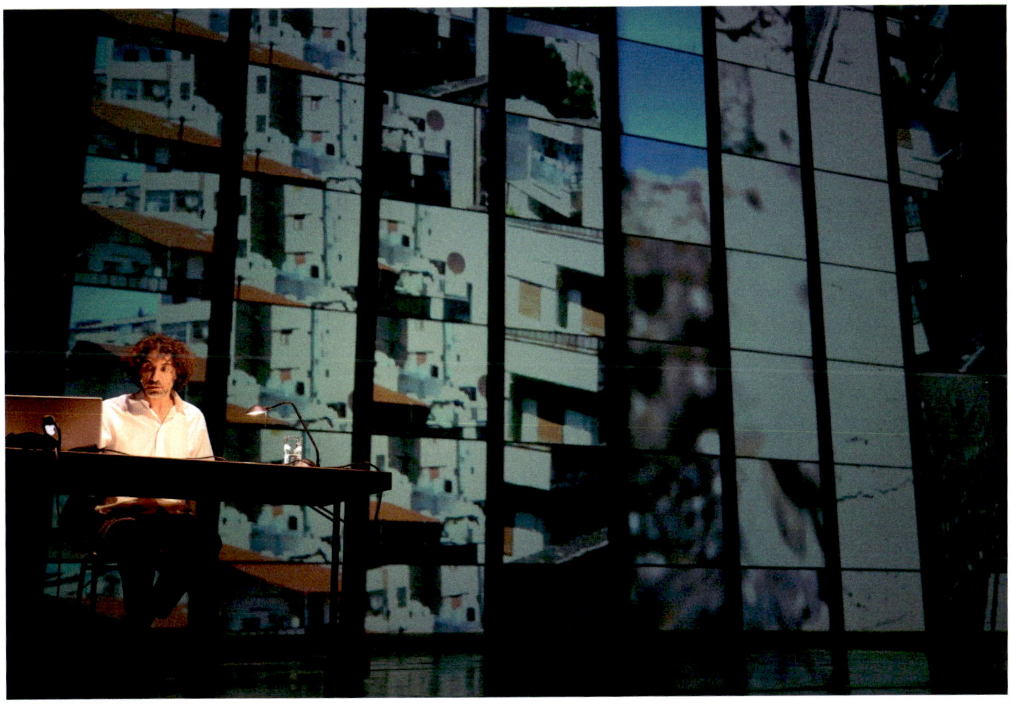

___ 5: Rabih Mroué, The Pixelated Revolution, 2012, Lecture Performance, dOCUMENTA (13), Kassel 2012, Fotografie von Olaf Pascheit. ___ 6: Rabih Mroué, The Pixelated Revolution, 2012, Lecture Performance, dOCUMENTA (13), Kassel 2012, Fotografie von Olaf Pascheit.

schütze im Bild auftaucht, hält Mroué den Film kurz an (Abb. 5). Die Beschreibung wird zu einer Narration mit einem Spannungsbogen, der sowohl auf der Sprach- wie auf der Bildebene aufgebaut wird: Nachdem der Scharfschütze wieder aus dem Blickfeld der Kamera verschwunden ist, kommentiert Mroué die vergebliche Suchbewegung der Kamera, bricht dann den Film ab und unterlegt das emphatisch gesprochene „Nothing. Nothing, Nothing" mit einer Folge von drei Tableaus aus einzelnen Filmframes, deren Anzahl sich schrittweise vervielfacht (Abb. 6). Der Film setzt mit dem erneuten Auftauchen des Scharfschützen wieder ein und wird bis zu dem Moment des Augenkontakts in Form von Standbildern präsentiert. Mit

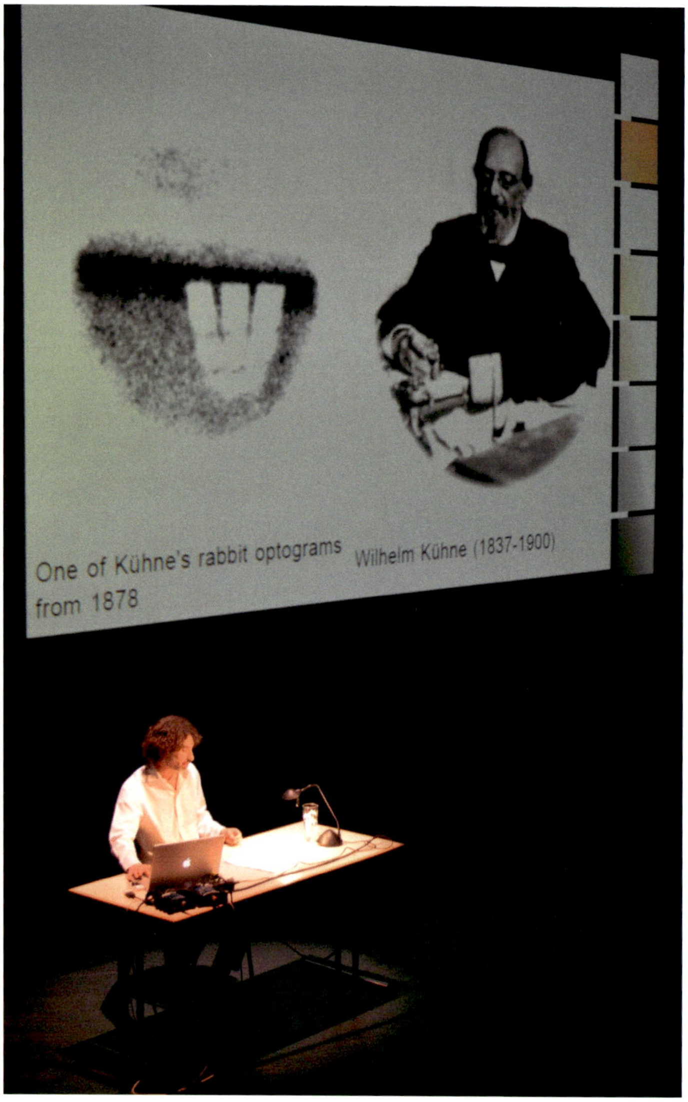

7: Rabih Mroué, The Pixelated Revolution, 2012, Lecture-Performance, dOCUMENTA (13), Kassel 2012, Fotografie von Olaf Pascheit.

dem Auslösen des Schusses wird das Video wieder in seiner normalen Geschwindigkeit gezeigt. Die letzte Einstellung des Films, das monochrome Bild, das Mroué als Ansicht einer Zimmerdecke interpretiert, lässt die entscheidende Frage offen: „Ist er tot? Wir wissen es nicht." (29).

„[...] THE EYE SEES MORE THAN IT CAN READ, ANALYSE, UNDERSTAND, AND INTERPRET."

Bereits in der Beschreibung des Videos setzt Mroué Kamera und Auge in eins. In einem an den ersten Durchgang seiner Analyse – die Phase der Materialsichtung – anschließenden Exkurs erläutert er diese Gleichsetzung mit einem Rekurs auf die medientheoretische Prämisse der Kamera als einer „optischen Prothese", die er auf die Spezifik der Handyfotografie abbildet: Die filmenden Demonstranten, so Mroué, zeichneten nicht auf, was sie sehen, sondern sie sehen, was sie aufzeichnen, und zwar auf dem Display ihrer Mobiltelefone. Die Linse und der Speicher des Kamerahandys sind zum integralen Bestandteil des Körpers geworden, sie haben Retina und Gehirn ersetzt: „In other words, their cameras are not cameras, but eyes implanted in their hands – an optical prosthesis." (30). Die Auge-Kamera-Analogie weiterverfolgend ruft Mroué eine apokryphe Episode aus der Wissenschaftsgeschichte des 19. Jahrhunderts auf, die sogenannten Optographie: eine auf der Untersuchung fotochemischer Prozesse in der Netzhaut basierende Theorie und experimentelle Erforschung der letzten Bilder, die ein Lebewesen vor seinem Tod sah (Abb. 7). In der sich ebenfalls im 19. Jahrhundert konstituierenden forensischen Medizin kam die Idee auf, Optogramme, das heißt extrahierte und fixierte bzw. fotografisch festgehaltene Netzhautbilder von Mordopfern als Beweismittel in Gerichtsprozessen zu verwenden, um mit ihrer Hilfe die Täter zu identifizieren.[17] Vor dem Hintergrund dieser Vorstellung einer posthumen Zeugenaussage, eines Testaments der finalen Wahrnehmung, reflektiert Mroué erneut den epistemologischen Status der Videos, diesmal im Register des juridischen Diskurses: Erhält die Lebensgefahr, unter der die Aufnahmen entstanden sind, dadurch eine Rechtfertigung, dass sie dazu dienen könnten, die Mörder vor einem Gericht zur Verantwortung zu ziehen? Es handelt sich um eine rhetorische Frage: So wie sich der kriminalistische Einsatz von Optogrammen letztlich als undurchführbar erwies, ist auch der Wunsch, die Täter durch die filmischen Aufzeichnungen der Opfer ihrer Tat beim Namen nennen zu können, zum Scheitern verurteilt – ihre Gesichter lösen sich mit zunehmender Vergrößerung in abstrakte Farbflächen auf, die geringe Tiefenschärfe des verwackelten Handyfilms gibt ihre Identität nicht preis.[18]

Die Filmfragmente geben weder eine genaue, das heißt informative Beschreibung einer Örtlichkeit, eines Geschehens oder einer Person. Was sie zum Ausdruck bringen, sind vielmehr die Umstände ihrer Entstehung und die Situation der physischen Bedrohung, in der sich der Filmende befunden hat, das heißt die Kamera wird zum Seismografen seiner psychischen und körperlichen Verfassung: „His video becomes a spool of images that provide insight into his psychological state on the one hand, and the movement and rhythm of his body on the other. He feels nervousness, stress, anxiety, fear and excitement. His body trembles and shakes; it is at once unstable and aware. His rhythm is fast-paced and irregular." (30). Die Form des Videos verweist also auf die Bedingungen seiner Herstellung: Allein darin erweist sich seine Wahrheit, so könnte man es im Anschluss an Hito Steyerl formulieren.[19]

BILDER TROTZ ALLEM

Die Entstehungsbedingungen der Aufzeichnungen der syrischen Regimegegner lassen an ein historisches Beispiel denken: die vier Fotografien, die Insassen des Konzentrationslager Auschwitz aufgenommen und aus dem Lager geschmuggelt haben, um einen visuellen Beweis für die Massenvernichtung zu erbringen.[20] Wie Georges Didi-Huberman in seinem Text *Bilder trotz allem*[21] eindrücklich darlegt, liegt die Bedeutung dieser Fotografien nicht auf der Ebene des Wissens: Die Aufnahmen, auf denen zu sehen ist, wie Leichen in die Verbrennungsgräben geschaufelt und eine Gruppe nackter Frauen zu den Gaskammern getrieben wird, zeigen nichts, was nicht aus anderen Quellen bekannt wäre (und schon zur Zeit ihrer Entstehung durch mündliche Berichte bereits gewusst werden konnte); vielmehr lassen sie sich erst aus der Kenntnis zusätzlicher Quellen überhaupt entschlüsseln. Für Didi-Huberman sind jedoch gerade diejenigen Elemente, die in Publikationen der Fotografien oft eliminiert wurden, um sie in Hinblick auf ihre Abbildlichkeit lesbarer, informativer zu gestalten – die schwarze Rahmung, die gekippte Perspektive, der Blick nach oben auf Äste und Himmel – von entscheidender Bedeutung für den Zeugnischarakter der Bilder: So markiert die schwarze Masse, die die beiden Fotografien der Verbrennungsgräben umgibt, den Standort des Fotografen, das Innere der Gaskammer des Krematoriums, in dessen Schutz dieser seine Bilder aufnehmen konnte; der verrutschte Bildausschnitt verweist auf die Eile, in der er ungeschützt im Freien ohne Blick durch den Sucher der Kamera die anderen beiden Aufnahmen auslöste. „Übertragen auf die mündliche Rede eines Zeugen entspricht es [das Fundament der Bilder, S. H.] der besonderen Art und Weise der Artikulation: seinem Zögern, seinen Pausen, der Schwerfälligkeit des Tonfalls."[22] Dem Mangel an Informationen auf der Ebene der Abbildung – die Fotografien können keine wirkliche Vorstellung des Ausmaßes der Vernichtung vermitteln – steht die Bedeutung des fotografischen Akts als solchem entgegen, der uns mit dem Subjekt der Aufnahme konfrontiert: „Wir sehen das tragisches *Selbstbildnis* des Sonderkommandos."[23] Für Didi-Huberman liegt der Wert der vier Fotografien in dem politischen Akt des Widerstands, den allein schon ihre Existenz bezeugt, das heißt in der Auflehnung gegen die vollständige Auslöschung, die sich auch auf jegliche Form von Spuren der Vernichtung erstrecken sollte.[24] Im Unterschied jedoch zu den schriftlichen Berichten, die KZ-Insassen als Botschaften an die Nachlebenden im Boden des Lagers vergraben haben, zielten die Fotografien auf eine Wirksamkeit in der Gegenwart: Mit ihnen war die Hoffnung verbunden, dass sie als visuelle Beweise der Vorgänge in Auschwitz den Ausschlag für einen Angriff der Alliierten auf das Vernichtungslager geben würden.[25]

„WHY WOULD THEY DIE FOR A FEW MORE IMAGES"?

Der Fotograf der vier Aufnahmen sah als Arbeiter des Sonderkommandos seinem sicheren Tod entgegen – er konnte keinerlei Hoffnung hegen, dass er das Lager überleben würde. Sein Handeln war auf das Überleben im Moment ausgerichtet, d. h. darauf, die Aufnahmen herzustellen und weiterzugeben, ohne von den Aufsehern entdeckt zu werden. Abgesehen von der grundsätzlichen historischen Unvergleichbarkeit liegt darin eine wesentliche Differenz zu den syrischen Aufständischen, die ihre Angreifer filmen. Auch ihre Intention ist es, Beweismittel gegen das bekämpfte Regime herzustellen und an die Unterstützung möglicher Verbündeter zu appellieren. Mroué aber lässt die Frage nicht los, warum sie ihr Leben – und damit auch die Vernichtung des Films – für ein paar weitere Bilder aufs Spiel setzen. Denn die Aufzeichnungen liefern ihm nicht zuletzt auch Belege dafür, dass es für den Filmenden möglich gewesen wäre, sich in Sicherheit zu bringen: „Isn't it better to run away from the sight of those killers before they kill them? Why do they keep on filming even though they watch with their eyes how the guns are lifted towards their lenses in order to shoot them?" (30). Mroué findet die Erklärung nicht in einer ethischen Haltung, sondern in einer Täuschung der Wahrnehmung, die von der Funktionsweise des Kamerahandys als optischer Prothese hervorgerufen werde: Der Blick ins Display isoliere den Kameramann von der Realität und suggeriere ihm, Betrachter eines Films zu sein – „the eye sees the event [...] as it belongs to the realm of fiction" (31), d. h. er realisiert die Gefahr nicht, der er sich aussetzt. Die andere Seite erkenne dagegen sehr wohl in der Kamera eine Waffe, die gegen sie gerichtet ist: Das Regime fürchte die Bilder in so großem Maße, dass jedes Kamerahandy zu einem Angriffsziel seiner Scharfschützen werde. Aus dem Kampf mit ungleichen Waffen – zwischen den alten der militärischen Gewalt und Repression auf der einen und moderner Technologie wie mobilen Medien und Internet auf der anderen Seite,[26] hat das beschriebene Filmfragment wie viele andere den Weg an die Öffentlichkeit gefunden. Dass das attackierte Handy nicht zerstört wurde und das, was es aufgezeichnet hat, ins Internet hochgeladen werden konnte, ist für Mroué ein Indiz dafür, dass auch der Kameramann möglicherweise überlebt hat; zugleich steht es metaphorisch aber auch für die vielen anderen Kameras, deren Aufnahmen verloren gegangen sind, oder deren Besitzer gar getötet wurden.

„WE SEE ONLY WHAT COMES BEFORE AND AFTER DEATH"

Mit einem lehrbuchhaften Vergleich zwischen einem weiteren Internetvideo und einem Ausschnitt aus einem Film des palästinensischen Filmemachers Elia Suleiman (*The Time That Remains* von 2009)[27] führt Mroué seine Auseinandersetzung mit den Mechanismen der Fiktionalisierung fort, indem er nun unsere Perspektive als Betrachter analysiert. Beide Filmausschnitte zeigen einen Panzer mitten auf einer Straße, dessen Kanonenrohr in Richtung der Betrachter zielt. Während der fiktionale Film durch einen Gegenschuss der Kamera (aus der Perspektive der Straße bzw. des Panzers) einen innerdiegetischen Zeugen sichtbar werden lässt, der – versteckt hinter einer Mauer – die sich vor ihm auf der Straße abspielende Szene auf der Straße beobachtet und dadurch unsere Zuschauerposition als einen dritten Standpunkt außerhalb des Films markiert, bleibt die Perspektive des Zeugen im Fall des Handyfilms im Off – im *hors-champ*. Wir sehen nur, was der Filmende sieht, die Mündung der Panzerkanone richtet sich auf uns, wir werden zu den Augen des Kameramanns, des Auges, das das Bild seines Mörders aufzeichnet. Das Fehlen eines dritten Standpunkts führt auf Seiten der Betrachter zu dem Realitätseffekt, der den Aufzeichnungen die Wirkung eines Schockbildes verleiht, obwohl auf der Ebene der Darstellung die Folgen von Gewalt nicht sichtbar werden. Denn paradoxerweise, so Mroué, können wir den Moment des Todes selbst nicht erfassen: Auch wenn wir die Szene wiederholt in Zeitlupe, Einzelbild für Einzelbild, oder ausgedruckt auf Papier betrachten. Dass sich der getroffene Kameramann außerhalb unseres Sichtfeldes befindet, ist dabei nur vordergründig ursächlich für die Unsichtbarkeit des Todes: Mroué argumentiert wie auch Didi-Huberman („Tatsächlich ist es unmöglich, das *Innerste* des Todes zu bezeugen [...]"[28]) auf ontologischer Ebene mit der absoluten Grenzziehung zwischen Leben und Tod, die keine Aufzeichnungstechnologie durchdringen könne: „It is as if the moment of transition from life to death cannot be recorded with cameras, even if we are using highly developed equipment and sophisticated lenses." (33).

MONTAGE UND EINBILDUNGSKRAFT

Didi-Huberman bezeichnet die Auschwitz-Fotografien als „Fetzen", die der Welt des Lagers entrissen wurden, als „winzige Details einer komplexen Realität".[29] Damit verortet er sich in einer Auffassung der Fotografie, die deren Zeugnisfunktion in dem indexikalischen Bezug zu ihren Referenten begründet sieht. Der radikale Skeptizismus der Postmoderne gegenüber dem fotografischen Bild verliere, so Didi-Huberman, gerade diese „genuine Kapazität der Fotografie und den – selbstverständlich problematischen – Punkt, *an dem das Bild an das Reale rührt*, aus den Augen [...]".[30] Gleichwohl steht für Didi-Huberman außer Frage, dass die visuellen Spuren der Geschichte erst über die Anstrengung einer Lektüre einen Erkenntniswert erhalten, denn das Archivbild selbst sei „nichts als ein Objekt, eine unentzifferbare und bedeutungslose Fotografie, solange man keine spekulative Verbindung imaginiert, die das, was man dort sieht, mit dem, was man aus anderer Quelle weiß, verbindet."[31] Diese Entzifferung beschreibt Didi-Huberman als ein Verfahren der Montage, die einer kombinatorischen Arbeit der Einbildungskraft bedarf, um verschiedene Elemente des Wissens – im Fall der Auschwitz-Fotografen rekurriert er vor allem auf Biografien, Zeugenberichte, topografische Analysen und andere schriftliche sowie bildliche Quellen[32] – mit dem, was auf den Bilder tatsächlich zu sehen ist, zu einem Vorstellungsbild des Geschehens zusammenzufügen.

In seiner Verwendung der Begriffe Montage und Einbildungskraft bezieht sich Didi-Huberman auf Walter Benjamin, dessen berühmtes Diktum von der Notwendigkeit einer Beschriftung, ohne die jede Konstruktion der Fotografie im Ungefähren stecken bleibe,[33] sich im Zusammenhang der Uploads von Bürgerjournalist_innen einmal mehr aufdrängt. Denn Benjamins Forderung ergibt sich aus seiner Einschätzung der technischen Entwicklung der Kameras, die immer kleiner würden, „immer mehr bereit, flüchtige und geheime Bilder festzuhalten, deren Chock im Betrachter den Assoziationsmechanismus zum Stehen bringt."[34] Diese Entwicklung hat sich – erweitert um die Möglichkeit filmischer Aufzeichnung – bis hin zur Implementierung von Kameras in Mobiltelefonen fortgesetzt, wodurch das Fotografieren und Filmen vollends zu einer Alltagsgeste geworden ist. Die ägyptisch-libanesische Künstlerin Lara Baladi beschreibt in ihrem Beitrag zum Katalog der Ausstellung *Cairo. Offene Stadt*, wie diese Alltagsgeste während der ersten Phase der Demonstrationen auf dem Tahrir-Platz zu einer politischen Handlung wurde: „Die Kamera wurde eine friedliche, direkt auf die Stadt gerichtete, den Staat denunzierende Waffe. Das Fotografieren, eine regimekritische Haltung, wurde in der Konsequenz zu einer Möglichkeit, zuerst Territorium und schließlich das Land zurückzuerobern. Zu fotografieren hieß dazuzugehören."[35] Die auf Flickr geposteten Fotografien junger Demonstrant_innen wurden im Westen bereitwillig aufgenommen, da sie die Vorstellung vom Arabischen Frühling als einer „Facebook-Revolution" stützten, einer Einlösung nicht zuletzt des Demokratieversprechens digitaler Medien: Sie sind lesbar, weil wir uns mit ihnen (den Bildern und Protagonist_innen gleichermaßen) identifizieren können.[36] Dagegen gehören die Aufzeichnungen aus dem Bürgerkrieg in Syrien eindeutig der Kategorie an, die unseren „Assoziationsmechanismus zum Stehen bringen". Auch Baladi konstatiert, dass ein großer Teil der während der Aufstände jeden Tag hochgeladenen, verwackelten und unscharfen Mobiltelefonvideos, aufgenommen in Syrien, Libyen und Bahrain, nicht „entzifferbar" waren: „Viele Kampfszenen, stark pixelig und grafisch, ähnelten einander und doch war auf ihnen nichts erkennbar – bestenfalls verwirrend und oft gradewegs in die Irre führend. Ihr Titel war das einzige, was ihnen Inhalt gab."[37] Anstatt Informationen zu liefern und zu einer Auseinandersetzung mit den Geschehnissen zu führen, hätten die Uploads das Gegenteil bewirkt: „Die Betrachter entbanden sich mühelos vom Versuch zu folgen oder zu verstehen, wie diese Aufstände sich entwickelten."[38]

Die Debatte um die Manipulierbarkeit digitaler Fotografien und die generelle Fragwürdigkeit von Internetquellen hat die grundsätzlichere Frage nach der Lesbarkeit technischer Aufzeichnungen überdeckt. Eine Authentifizierung digitaler Bilder ist inzwischen auch auf technischem Weg möglich: So widmet sich eine eigene Disziplin, die digitale Bildforensik, der Entwicklung von Verfahren, mit denen Bildbearbeitungen kenntlich gemacht und der Originalzustand einer Bilddatei ermittelt werden kann.

Rabih Mroué stellt die Authentizität der von ihm untersuchten Uploads nicht in Frage. Er betrachtet sie, wie Didi-Huberman die vier Auschwitz-Fotografien, als der Realität entrissene Fetzen, als Fragmente einer komplexen Wirklichkeit. In der Art und Weise, wie er diese Fragmente behandelt – sie unter die Lupe nimmt, sie noch weiter zerlegt, sie vergleicht – kann man eine Form von Bildforensik erkennen; eine Bildforensik, die nicht auf die technische Struktur, sondern direkt auf das referenzielle Potenzial des Materials zielt: Was gibt es uns zu sehen und was für Schlüsse können wir daraus ziehen? Der analytische, forschende Gestus seines Verfahrens schafft die Voraussetzung dafür, dass wir die Aufzeichnungen in ihrem Anspruch als Dokumente überhaupt zur Kenntnis nehmen und sie weder auf ein Beispiel globaler Bilderzirkulation noch auf ihre vermeintliche Botschaft – *„The Syrian Protesters are recording their own death"* – reduzieren. Bei der Entzifferung der Dokumente folgen wir Mroués Einbildungskraft, die aus einem verwackelten Videoschnipsel einen Film über einen syrischen Kameramann montiert und so aus einem potenziellen Beweisstück eine Erzählung konstruiert – die Erzählung eines Kameramanns, der die Wirklichkeit für einen Film hält und daher den Angriff auf sein Leben nicht realisiert.

DIE POSITION DES VERMITTLERS

Der Transfers des Dokuments in eine Narration führt bei der Betrachterin dennoch nicht zu dem Schluss, dass es Mroué einmal mehr um die Dekonstruktion der Grenzziehung zwischen Dokumentarischem und Fiktionalem geht: Sein Anliegen ist es vielmehr, über die Adressierung der Einbildungskraft der Rezipienten Empathie für die Regimegegner herzustellen. In seiner Deutung von deren Aufzeichnungen als Akt eines zivilen Widerstands bezieht Mroué explizit Position:

> „I believe that, through their insistence on recording and documenting their revolution on mobile phones, we witness the beginning of the transformation of Syrian cities, from countryside to modern cities. Cities that are designed for free citizens, with civil rights guaranteed by civil law, governmental institutions with democratically elected representatives, and freedom of speech." (35).

Die Rhetorik des persönlichen Bekenntnisses – ich glaube/ich bin davon überzeugt – ist Bestandteil von Mroués (Selbst-)Inszenierung als authentische Person, die während der gesamten Performance auch durch den Sprachduktus der Ernsthaftigkeit, die emphatische Gestik, den eindringlichen Blick in die Kamera bzw. ins Publikum aufrechterhalten wird und die Rolle des Künstlers als dozierenden Bildwissenschaftler überlagert. Es ist diese Aufführung von Authentizität, die erst die Authentizität des analysierten Materials verbürgt und es als ein Zeugnis autorisiert. Mroués Autorität als Vermittler zwischen den Akteuren des Arabischen Frühlings und den westlichen Beobachtern gründet sich nicht zuletzt auf seine Herkunft und den Erfahrungshintergrund des libanesischen Bürgerkriegs, den er in einem kurzen Epilog ins Spiel bringt.[39] Woher, so habe er sich damals gefragt, nehmen wir die Sicherheit, dass wir den Krieg und seine Gräuel überleben, dass die Katastrophe immer nur die anderen trifft? Seine Antwort, dass man Furcht erst verspüre, wenn man bereits vom Krieg gezeichnet, vom Tod heimgesucht wird, gemahnt an die Kluft zwischen der Position der Beteiligten und der des Zuschauers, die Mroué mit dem Vertrauen stiftenden didaktischen Setting einer erklärenden Bildanalyse zuvor vermeintlich überbrückt hat.

In seinem „Offenen Brief an einen Zuschauer“[40] kritisiert der ägyptische Journalist und Filmemacher Philip Rizk die positive Resonanz, die die Bilder von friedlich demonstrierenden Ägypter_innen einer *internet savvy generation* in den westlichen Medien erfahren haben, als Projektion eines westlichen Vorstellungbildes auf die ägyptische Revolution: „Das Internet half, den Ereignissen den Anschein des Vertrauten zu verleihen. Indem der Zorn der Straße durch ein Dir bekanntes Medium übertragen wurde, verwässerten die von den Nachrichtensendern ausgestrahlten Erzählungen das Undurchschaubare und Fremde der Ereignisse und ketteten Deine Vorstellungskraft an das was Dir vertraut war.“[41] Mroué hat sich einer Seite der Revolution zugewandt, die sich unserer Vorstellungskraft entzieht und die sich im Realitätseffekt unmittelbarer Aufzeichnungen nicht vermittelt. Als künstlerisches Verfahren kann seine Bildforensik kein abschließendes Ergebnis aufweisen: Sie führt nicht zur Beruhigung im Wissen, sondern zur Erkenntnis unseres Nichtwissens.

ANMERKUNGEN

1 Der Theaterregisseur, Drehbuchautor, Schauspieler, Musiker und Künstler Rabih Mroué wurde 1967 in Beirut geboren und ist Mitbegründer des Beirut Art Center, einem seit 2009 bestehenden Ausstellungsort für zeitgenössische Kunst. Seit 1990 führt Mroué eigene Theaterstücke und Performances auf und produziert Videos und Installationen für Ausstellungen. Wie sein Künstlerkollege Walid Raad sammelt er seit vielen Jahren Dokumente zur libanesischen Zeitgeschichte (Zeitungsausschnitte, Fotografien, Filme, persönliche Hinterlassenschaften), die er in seinen Installationen und Lecture-Performances verarbeitet bzw. zum Ausgangspunkt von künstlerischen Arbeiten nimmt. Siehe Maria Hlavajova und Jill Winder (Hg.), *Rabih Mroué: A BAK Critical Reader in Artist's Practice* (Rotterdam: post editions, 2012).

2 Die von Mroué verwendeten Videos von syrischen Regimegegnern wurden in einem Zeitraum zwischen Mai und Oktober 2011 auf die Plattform YouTube

hochgeladen. Im Zuge des Arabischen Frühlings formierte sich im März 2011 auch eine Protestbewegung gegen den syrischen Machthaber Baschar el-Assad. Den zunächst friedlichen Demonstrationen in verschiedenen syrischen Städten wurde mit militärischer Gewalt begegnet, die Aufstände weiteten sich aus und der Konflikt eskalierte schließlich zu einem blutigen Bürgerkrieg, der bis heute andauert.

3 Hito Steyerl, „Die dokumentarische Unschärferelation. Was ist Dokumentarismus", in id., *Die Farbe der Wahrheit. Dokumentarismen im Kunstfeld* (Wien: Turia und Kant, 2010), 7–8.

4 Ibid., 7, 9.

5 Ibid., 8 [Hervorhebung im Original, S. H.].

6 Unter anderem wurde *The Pixelated Revolution* aufgeführt in Berlin im Haus der Kulturen der Welt im Rahmen des *Berlin Documentary Forum 2* (31.05–03.06.2012) und am Baryshnikov Arts Center in New York im Rahmen des *P.S. 122 COIL* Festivals im Januar 2012. Das Manuskript der Aufführung in New York wurde zusammen mit einer Einführung von Carol Martin in der Zeitschrift *Drama Review* veröffentlicht, Rabih Mroué, „The Pixelated Revolution", übersetzt von Ziad Nawfal, in *Drama Review* 56, Nr. 3 (Herbst 2012), 19–35. Der Text des Aufführungsskripts ist weitgehend identisch mit dem gesprochenen Text der Videoaufzeichnung. Nicht enthalten in der Videoaufzeichnung sind eine von Mroué in Anlehnung an das *Dogma 95*-Manifest formulierte (fiktive) Anleitung für die syrischen Amateurfilmer und eine Reflexion zum *Tripod* in seiner doppelten Funktion als Stütze von Waffen und Kamerastativ zur Herstellung offizieller Bilder. Zitate aus der Videoaufzeichnung werden nach dieser Manuskriptvorlage mit Seitenzahlen in Klammern direkt nach dem Zitat ausgewiesen.

7 Eine Einschätzung, die man angesichts der technischen Entwicklung von Smartphones, das heißt der Implementierung von immer mehr Bildbearbeitungsoptionen und der selbstverständlichen Nutzung von Filtern wie bei Instagram relativieren muss.

8 Der Vorwurf der verfälschenden Inszenierung oder digitalen Bildbearbeitung zur Erzielung eines ästhetisch wirksamen Bildes wird beispielsweise anlässlich der Vergabe des *World Press Photo Awards* regelmäßig erhoben, zuletzt gegenüber Paul Hansen, dem Preisträger der Kategorie *Spot News* im Jahr 2013, siehe Olivier Laurent, „World Press Photo controversy: Objectivity, manipulation and the search for truth", in *British Journal of Photography*, 22.05.2013, http://www.bjp-online.com/2013/05/world-press-photo-controversy-objectivity-manipulation-and-the-search-for-truth/ (Abruf 14.01.2014).

9 Siehe Peter Lunenfeld, „Digitale Fotografie. Das dubitative Bild", in Herta Wolf (Hg.), *Paradigma Fotografie. Fotokritik am Ende des fotografischen Zeitalters* (Frankfurt a. M.: Suhrkamp Verlag, 2002), 158–172. Für Lunenfeld lässt die „immanente Veränderbarkeit des digitalen Bildes" die Fotografie im Wesen dubitativ werden, *„dem* Zweifel *anheimgefallen"*, ibid., 165, 167 [Hervorhebung im Original, S. H.].

10 Diesem Umstand begegnen Medienamateure mit der Entwicklung eigener Standards. Ein Beispiel aus dem Kontext der ägyptischen Protestbewegung ist das Kairoer Videokollektiv Mosireen, dessen Gründer Leitlinien für die Aufnahme von Ereignissen und *Testimonies* sowie deren Archivierung aufgestellt haben und Bürgerjournalist_innen in Workshops ausbilden. Siehe Chalaine Chang, „Mosireen – das Auge der ägyptischen Revolution", Cultural Innovators Network, Goethe Institut, http://www.goethe.de/ins/eg/prj/cin/mov/mos/deindex.htm (Abruf 14.01.2014).

11 Einen Einblick in die Ikonografie des Arabischen Frühlings am Beispiel von Kairo gibt der Ausstellungskatalog von Florian Ebner und Constanze Wicke (Hg.), *Kairo. Offene Stadt. Bilder einer andauernden Revolution* (Leipzig: Spector Books, 2013). Die von Ebner und Wicke zusammen mit ägyptischen Künstler_

innen, Kurator_innen und Aktivist_innen entwickelte Ausstellung zeigte Fotografien von Blogger_innen und Filme von Videokollektiven wie Mosireen zusammen mit Agenturbildern ausländischer Fotojournalist_innen sowie künstlerischen Arbeiten (Museum für Photographie Braunschweig/267 Quartiere für zeitgenössische Kunst und Fotografie, 28.09.2012–23.12.2012; Museum Folkwang, 02.03.2013–05.05.2013; Museum für Kunst und Gewerbe Hamburg, 16.08.2013–17.11.2014; 5. Europäischer Monat der Fotografie Berlin, 19.10.2012–25.11.2012).

12 Siehe Louise Merzeau: „Die digitale Fotografie erschüttert die Wahrheitsregime nicht, weil sie jede Referenz von der Realität trennt, sondern weil sie diese Referenz in ein Spiel der Verschaltungen und Kontaminationen überführt. Wenn jede Fotografie aufgrund ihrer technischen Verfasstheit zweifelhaft ist, so liegt das Unwiderlegbare nicht in diesem oder jenem Abdruck, sondern im Widerhall des Gedächtnisses durch den jedes Bild Spur eines anderen Bildes wird", Louise Merzeau, „Digitale Fotografien: Für einen öffentlichen Gedächtnisraum", in *Zeitschrift für Medien- und Kulturforschung*, Nr. 1 (2010), 63–75, 70.

13 Zur Ikonisierung von journalistischen Aufnahmen zu historischen Schlüsselbildern vgl. beispielsweise Gerhard Paul, „Das Jahrhundert der Bilder. Die visuelle Geschichte und der Bilderkanon des kulturellen Gedächtnisses", in id. (Hg.), *Das Jahrhundert der Bilder 1949 bis heute* (Göttingen: Vandenhoeck & Ruprecht, 2008), 14–39.

14 Zu dieser Form des Demonstrierens mit Fotografien siehe Tom Holert, „Getragene Bilder", in id., *Regieren im Bildraum* (Berlin: b_books, 2008), 59–76.

15 Florian Ebner und Constanze Wicke, „Intervenierende Bilder: Für eine Kartografie der Aufnahmen einer Revolution" in id. (Hg.), *Kairo. Offene Stadt* (siehe Anm. 11), 46–52, 50. Der blaue BH verwandelte sich sogar in ein Logo und wurde zum Accessoire viraler Selbstinszenierungen auf YouTube.

16 Mroué blendet den Kommentar in englischer Übersetzung ein: „The security forces are shooting at our fellow citizens on Sham street, in the neighborhood of Karam al Shami on 1. July 2011, for no apparent reason. There is no demonstration or anything like that."

17 Erste Erwähnung findet diese Idee bereits 1857, wenig später wurde dazu auch experimentell geforscht. Im Jahre 1867 beauftragte die Französische Gesellschaft für forensische Medizin im Zusammenhang mit einem Mordprozess eines ihrer Mitglieder, den Mediziner Maxime Vernois, mit einer wissenschaftlichen Studie, diese Möglichkeit zu prüfen. Vernois' Tierversuche kamen zu einem negativen Ergebnis. Der deutsche Professor Wilhelm Friedrich Kühne führte dagegen ein von ihm so benanntes Optogramm eines Kaninchens als Beleg für die Theorie an. Die Idee wurde bis weit ins 20. Jahrhundert weiterverfolgt, ohne dass ihr tatsächlicher Nutzen nachgewiesen werden konnte. Vgl. z. B. Philippe Dubois, „Le corps et ses fantômes", in *La recherche photographique* 1, Nr. 1 (1986), 46–47.

18 Es ist aber durchaus denkbar, dass weitere technische Entwicklungen eine Identifizierung möglich machen könnten.

19 Steyerl, „Die dokumentarische Unschärferelation" (siehe Anm. 3), 15.

20 Die einzigen erhaltenen Fotografien aus der Perspektive der Häftlinge entstanden im Sommer 1944 mit Hilfe einer über den polnischen Widerstand eingeschleusten Kamera.

21 Georges Didi-Huberman, *Bilder trotz allem*, übersetzt von Peter Geimer (München: Fink, 2007).

22 Ibid., 62.

23 Ibid., 73 [Hervorhebung im Original, S. H.].

24 So war das unautorisierte Fotografieren in den Konzentrationslagern strengstens untersagt.

25 Die Fotografien wurde erst nach der Befreiung bekannt. Vom August 1944 an wurden zwar die Fabrikanlagen von Auschwitz von amerikanischen Bomber-

piloten unter Beschuss genommen, nicht aber die Krematorien, siehe Didi-Huberman, *Bilder trotz allem* (siehe Anm. 21), 75–76.

26 Das oben erwähnte Videokollektiv Moisireen verwendet eine solche Gegenüberstellung (die Silhouette eines Menschen mit Fotohandy und die Silhouette eines Menschen mit Waffe) als Logo, vgl. Chang, *Mosireen* (siehe Anm. 10).

27 *The Time that Remains* ist ein semi-biografischer Film über die Entwicklung in Israel seit 1948.

28 Didi-Huberman, *Bilder trotz allem* (siehe Anm. 21), 155 [Hervorhebung im Original, S. H.].

29 Ibid., 15, 63.

30 Ibid., 108 [Hervorhebung im Original, S. H.].

31 Ibid., 163.

32 Ibid., 133.

33 Siehe Walter Benjamin, „Kleine Geschichte der Photographie", in id., *Gesammelte Schriften II.1.*, hg. von Rolf Tiedemann und Hermann Schweppenhäuser (Frankfurt a. M.: Suhrkamp, 1977), 385.

34 Ibid.

35 Laura Baladi, „Wenn sehen heißt dazuzugehören: Die Bilder vom Tahir-Platz", in id. (Hg.), *Kairo. Offene Stadt* (siehe Anm. 11), 74–80, 77.

36 Siehe Ebner und Wicke, „Intervenierende Bilder" (siehe Anm. 15), 47.

37 Baladi, *Die Bilder vom Tahrir*-Platz, in Ebner und Wicke (Hg.), *Kairo. Offene Stadt* (siehe Anm. 15), 78–79.

38 Ibid., 79.

39 Der Epilog beendet die Videoaufzeichnung, ist aber im Script der Lecture-Performance nicht vorhanden.

40 Philip Rizk, „2011 ist nicht 1968: Offener Brief an einen Zuschauer", in Ebner und Wicke (Hg.), *Kairo. Offene Stadt* (siehe Anm. 11), 60–67.

41 Ibid., 62–63.

BILDNACHWEISE

1–3: © Rabih Mroué und Sfeir-Semler Galerie, Beirut / Hamburg, Courtesy of Rabih Mroué und Sfeir-Semler Galerie, Beirut/ Hamburg.

4: Screenshot aus dem Online-Beitrag von Isabel Coleman, „'Blu-bra girl' rallies Egypt's women vs. opression", CNN Opinion, 22.12.2011, http://www.cnn.com/2011/12/22/opinion/coleman-women-egypt-protest. Abruf 14.01.2014). Courtesy of Rabih Mroué und Sfeir-Semler Galerie, Beirut/Hamburg.

5–7: © Rabih Mroué und Sfeir-Semler Galerie, Beirut / Hamburg, Courtesy of Rabih Mroué und Sfeir-Semler Galerie Beirut/Hamburg.

DIE AUTOREN

Carlo Ginzburg
ist emeritierter Professor an der University of California (UCLA) und der Scuola Normale Superiore in Pisa. Er hat an der Universität Bologna, der University of California und der Scuola Normale Superiore in Pisa gelehrt. Er hat den Aby-Warburg-Preis, den Humboldt-Forschungspreis und den Balzan-Preis erhalten. Interessensschwerpunkte: Geschichte, Kunstgeschichte, Literaturkritik, Philosophie und Anthropologie. Von seinen vielen Büchern, die in mehr als zwanzig Sprachen übersetzt wurden, seien genannt: *Der Käse und die Würmer*, übersetzt von Karl F. Hauber (Frankfurt a. M.: Syndikat, 1979); *Spurensicherung. Die Wissenschaft auf der Suche nach sich selbst* (Berlin: Wagenbach, 1995); *Faden und Fährten. Wahr falsch fiktiv* (Berlin: Wagenbach, 2013).

Dorothea Peters
ist freiberufliche Kunst- und Fotohistorikerin und lebt in Berlin. Studium der Psychologie, Philosophie und Anthropologie in Göttingen, Kiel und Berlin (Diplom-Psychologin, FU Berlin), der Kunstpädagogik und Soziologie an der HdK (Staatsexamen) und der Kunstgeschichte. 2005 Promotion in Kunstgeschichte an der Kunsthochschule Kassel mit einer Dissertation zur fotografischen Kunstreproduktion im 19. Jahrhundert. Sechs Jahre Wissenschaftliche Mitarbeiterin an der HdK. Forschungsstipendien: 2006 Deutsches Museum in München; 2009 und 2010/2011 KHI in Florenz; 2013 Lichtenberg-Kolleg der Universität Göttingen. Werkverträge: 2009/2010 Humboldt-Universität Berlin; 2009/2010 Bildarchiv Foto Marburg. Seit Mai 2012 stellvertretende Vorsitzende der Sektion „Geschichte und Archive" der DPGh. Arbeitsschwerpunkte: Fotogeschichte, Druckgeschichte, Publikations- und Verlagsgeschichte, kunsthistoriografische Themen (Bildmedien), fotohistorische Sichtung (wissenschaftlicher) fotografischer Sammlungen. Publikationen: „‚... die sorgsame Schärfung der Sinne'. Kunsthistorisches Publizieren von Kugler bis Pinder", in Horst Bredekamp und Adam S. Labuda (Hg.), *In der Mitte Berlins. 200 Jahre Kunstgeschichte an der Humboldt-Universität* (Berlin: Mann, 2010), 229–255; „Graue Bilder, bunte Mappen. Die Geburt der ‚Kunst für Alle' aus der Erfindung der Autotypie", in Iris

Lauterbach (Hg.), *Die Kunst für Alle (1885–1944). Zur Kunstpublizistik vom Kaiserreich bis zum Nationalsozialismus* (München: Zentralinstitut für Kunstgeschichte, 2010), 7–35.

Elizabeth Edwards
ist visuelle und historische Anthropologin und Forschungsprofessorin für Photographic History sowie Direktorin des Photographic History Research Centre der De Montfort University in Leicester. Zuvor bekleidete sie akademische und kuratorische Stellungen in Oxford und London und hatte ein Fellowship am Institute of Advanced Study der Universität Durham. Spezialisiert auf die sozialen und materiellen Praktiken der Fotografie, hat sie umfangreich zu den Beziehungen zwischen Fotografie, Anthropologie und Geschichte gearbeitet. Ihre Monografien und Herausgeberschaften umfassen: *Raw Histories. Photographs, Anthropology and Museums* (Oxford; New York: Berg, 2001); zusammen mit Janice Hart (Hg.), *Photographs Objects Histories: On the Materiality of Images* (London: Routledge, 2004); *The Camera as Historian: Amateur Photographers and Historical Imagination 1885–1912* (Durham, NC: Duke University Press, 2012). Über die Jahre erschienen außerdem mehr als 80 Beiträge in Sammelbänden, Zeitschriften und Ausstellungskatalogen zu so verschiedenen Themen wie Fotografie und Evolutionstheorie oder Fotografie und Sound. Momentan arbeitet sie zu weiteren Aspekten des Verhältnisses zwischen Fotografie und Geschichte sowie zu der Geschichte von fotografischen Sammlungen.

Jan von Brevern
Dr. phil., ist Wissenschaftlicher Mitarbeiter am Kunsthistorischen Institut der FU Berlin. Er studierte Kunstgeschichte, Philosophie und Romanistik an der Universität Hamburg und der Humboldt-Universität zu Berlin. Promotion 2010 an der ETH Zürich mit einer Arbeit zu Bildern in der Geologie des 19. Jahrhunderts. Seitdem forscht er u. a. zur Rolle von Erwartungen in der Geschichte der Fotografie sowie zum Konzept der *Natürlichkeit* im 18. Jahrhundert. Einige Publikationen zur Fotografiegeschichte: „The Eternal Child: On Expectations in the History of Photography", in *Getty Research Journal*, Nr. 7 (2015), 67–80 (Special Edited Section „Photography's Past Futures", hg. von Jan von Brevern und Vanessa Schwartz); „Resemblance After Photography", in *Representations*, Nr. 123 (2013), 1–22; „Die Wissenschaft vom Verzicht. Farbenlehren der Schwarz-Weiß-Fotografie im 19. Jahrhundert", in *Bildwelten des Wissens*, Bd. 8,2 (2011), 54–64.

Omar Nasim
ist Technik- und Wissenschaftshistoriker an der School of History der Universität Kent. Er ist Autor zahlreicher Beiträge und zweier Monografien: *Observing by Hand: Sketching the Nebula in the Nineteenth Century* (Chicago: University of Chicago Press, 2013) und dem preisgekrönten *Bertrand Russell and the Edwardian Philosophers: Constructing the World* (Basingstroke: Palgrave MacMillan, 2008). Derzeit arbeitet Nasim an einem Buch zur Geschichte der Fotografie, in welchem er die Verflechtungen

fotografischer Praktiken in den astronomischen Wissenschaften erkunden möchte. Neben anderem konzentrieren sich seine Forschungen auf die Geschichte der beobachtenden Wissenschaften, deren Praktiken und wie sie mit Theorien von Wahrnehmung und Auffassung in Verbindung stehen. Seine Arbeiten überspannen die Felder von Philosophie, Kunstgeschichte, Visual Studies und Medienwissenschaft. Nasim erlangte einen PhD in Philosophie an der Universität Toronto, auf den einige Jahre später die Habilitation in Wissenschaftsgeschichte an der ETH Zürich folgte. Er hat in Berlin, Florenz, Basel, Zürich und Oxford gearbeitet, an wissenschaftsgeschichtlichen, geisteswissenschaftlichen und bildwissenschaftlichen Instituten.

Michael Kempf
ist Wissenschaftlicher Mitarbeiter am Schwerpunkt „Geschichte und Theorie der Fotografie" des Kunsthistorischen Instituts der Universität zu Köln. Er studierte Kulturwissenschaft, Neuere deutsche Literatur und Neuere und Neueste Geschichte an der Humboldt-Universität zu Berlin sowie der Sorbonne Nouvelle in Paris. Nach seinem Studium war er freier Mitarbeiter der Projektgruppe Neugestaltung des Militärhistorischen Museums Dresden, 2016 außerdem Scholar in Residence am Deutschen Museum in München. Er arbeitet momentan an einer Dissertation zur frühen Luftbildkartographie.

Stefanie Klamm
Dr. phil., Co-Kuratorin der Ausstellung „Fotografie im Ersten Weltkrieg" der Sammlung Fotografie der Kunstbibliothek, Staatliche Museen zu Berlin. Dissertation zur Geschichte archäologischer Visualisierung („Bilder des Vergangenen. Strategien archäologischer Visualisierung im 19. Jahrhundert") am Institut für Kunst- und Bildgeschichte der Humboldt-Universität zu Berlin und am Max-Planck-Institut für Wissenschaftsgeschichte Berlin. Studium der Geschichte, Kulturwissenschaft, Klassischen Archäologie und Philosophie in Berlin und Amsterdam. Verschiedene Fellowships und Stipendien, u. a. am Internationalen Kolleg für Kulturtechnikforschung und Medienphilosophie Weimar, am Excellence Cluster „Topoi" an der Humboldt-Universität zu Berlin, der Gerda-Henkel-Stiftung, des Getty Grant Program, Los Angeles. Forschungsschwerpunkte: Geschichte visueller Medien (Fotografie, Zeichnung); visuelle Praktiken in den Wissenschaften; materielle Kulturen der Natur- und Geisteswissenschaften; Museums- und Sammlungsgeschichte; Geschichte archäologischer Praktiken. Jüngste Publikationen: Zusammen mit Ludger Derenthal (Hg.), *Fotografie im Ersten Weltkrieg*, Ausstellungskatalog, Museum für Fotografie - Staatliche Museen zu Berlin (Leipzig: Seemann, 2014); „Reverse – Cardboard – Print: the Materiality of the Photographic Archive and its Function", in Gregg Mitman und Kelley Wilder (Hg.), *Documenting the World* (Chicago: Chicago University Press, im Erscheinen); „Ausstellen des Abwesenden: Modelle und Rekonstruktionen in der Archäologie", in Ernst Seidl, Thomas Beck und Frank Duerr (Hg.), *Wie Schönes Wissen schafft* (Tübingen: Museum der Universität Tübingen, 2013), 214–219.

Charlotte Trümpler
Dr. phil., Klassische Archäologin, Leiterin der Jubiläumsausstellung „Ich sehe wunderbare Dinge – 100 Jahre Sammlungen der Goethe-Universität" in Frankfurt am Main. Nach dem Studium der Klassischen Archäologie, Ur- und Frühgeschichte und Alten Geschichte in Bern und München wissenschaftliche Assistentin an der Ludwig-Maximilians-Universität München und Mitarbeiterin an der Glyptothek in München. Von 1991 bis 2010 Leiterin der Archäologischen Sammlung des Museum Folkwang und Ruhrlandmuseums/Ruhr Museum in Essen. Konzeption von zahlreichen nationalen und internationalen Ausstellungen. Seit 2010 Lehrbeauftragte an der Goethe-Universität Frankfurt am Main und an der Universität Zürich. Von 2010 bis 2012 Erarbeitung der von der Deutschen Forschungsgemeinschaft finanzierten Ausstellung „Von Bräuten, Muscheln, Geld und Kupfer" mit Doktoranden des Graduiertenkollegs „Wert und Äquivalent" der Goethe-Universität. Spezialgebiete sind Ausstellungswesen, Ausstellungsfilme, Geschichte der Fotografie. Veröffentlichungen: *Agatha Christie und der Orient. Archäologie und Kriminalistik* (Bern: Scherz Verlag, 1999); *Flug in die Vergangenheit. Archäologische Stätten in Flugbildern von Georg Gerster* (München: Schirmer Verlag, 2003); *Das Große Spiel. Archäologie und Politik zur Zeit der Kolonialismus* (Köln: Dumont Verlag, 2010); *Ich sehe wunderbare Dinge. 100 Jahre Sammlungen der Goethe-Universität*, Ausstellungskatalog, Goethe-Universität Frankfurt, Museum Giersch (Ostfildern: Hatje Cantz Verlag, 2014).

Christian Joschke
Dr. phil., ist Maître de conférences an der Université Paris Ouest Nanterre La Défense und Lehrbeauftragter an der Universität Genf. Er hat Kunstgeschichte und Germanistik studiert; seine Dissertation *Die Augen der Nation. Amateur-Photographie und Gesellschaft zur Zeit des Wilhelm II.* wurde 2005 an der École des hautes études en sciences sociales (EHESS) in Paris vorgelegt und Anfang 2013 bei Les Presses du réel (Dijon) veröffentlicht. Er war Assistent am Collège de France (Professur Hans Belting) und an der Universität Straßburg, dann Post-Doktorand am Centre Marc Bloch in Berlin. 2007 wurde er als Maître de conférences an die Universität Lyon 2 berufen und war für das Jahr 2010/2011 Vertretungsprofessor für Geschichte der Fotografie an der Universität Lausanne. Publikationen: *La guerre 14–18*, Photopoche (Arles: Actes Sud, 2014); *Les yeux de la nation. Photographie amateur et société dans l'Allemagne de Guillaume II. 1888–1914* (Dijon: Les Presses du réel, 2013); zusammen mit Didier Debaise et al. (Hg.), *Faire art comme on fait société. Les nouveaux commanditaires* (Dijon: Les Presses du réel, 2013).

Jens Jäger
ist Apl. Professor an der Universität zu Köln. Nach einem Studium der Geschichte, Literaturwissenschaft und Volkswirtschaft hat er 1995 an der Universität Hamburg zur Geschichte der Fotografie in Deutschland und England promoviert. Die Habilitation im Fach Neuere Geschichte zur Entstehung von Interpol erfolgte 2006.

Seit 2005 arbeitet er am Historischen Institut der Universität zu Köln, seit 2009 als Heisenberg-Stipendiat. Ab 2010 hat er verschiedene Vertretungsprofessuren an den Universitäten Köln, Heidelberg und Saarbrücken wahrgenommen. Seine Spezialgebiete umfassen die Geschichte der Fotografie und von Bildmedien allgemein, Kriminalitäts- und Polizeigeschichte sowie deutsche und europäische Geschichte des 19. und 20. Jahrhunderts einschließlich der Kolonialgeschichte. Jüngste Publikationen: „Eyewitnesses? The Visual Depiction of Events around 1900", in Clemens Zimmermann und Martin Schreiber (Hg.), *Journalism and Technological Change. Historical Perspectives, Contemporary Trends* (Frankfurt a. M.; Chicago: Campus, 2014); „Ikonische Überzeugungsarbeit: Die Deutsche Kolonialgesellschaft als ‚Bildagentur'", in Amelie Ramsbrock, Anette Vowinckel und Malte Zierenberg (Hg.), *Fotografien im 20. Jahrhundert* (Göttingen: Wallstein 2013), 21–43; „Fotografie als historisches Dokument", in *Fotogeschichte* 32, Nr. 124 (2012), 13–18; *Fotografie und Geschichte* (Frankfurt a. M.: Campus, 2009).

Bernd Stiegler
studierte Literaturwissenschaft und Philosophie und war von 1999 bis 2007 Programmleiter Wissenschaft im Suhrkamp Verlag. Seit 2007 ist er Professor für Neuere deutsche Literatur mit Schwerpunkt 20. Jahrhundert im medialen Kontext an der Universität Konstanz. Arbeitsschwerpunkte sind die Geschichte und Theorie der Photographie sowie die deutsche und französische Literatur des 19. und 20. Jahrhunderts. Zuletzt u. a. erschienen: *Belichtete Augen. Optogramme oder das Versprechen der Retina* (Frankfurt a. M.: Fischer, 2011); *Randgänge der Photographie* (Paderborn: Fink, 2012); *Spuren, Elfen und andere Erscheinungen. Conan Doyle und die Photographie* (Frankfurt a. M.: Fischer, 2014).

Kathrin Peters
ist Professorin für Geschichte und Theorie visueller Kultur an der Universität der Künste Berlin. Zunächst Studium Kommunikationsdesign an der Universität Essen, dann Kulturwissenschaft an der Humboldt-Universität zu Berlin, dort 2007 Promotion; Wissenschaftliche Mitarbeiterin an verschiedenen Universitäten und Kunsthochschulen, 2011 bis 2014 Professorin für Theorie und Geschichte gegenwärtiger Medien an der Universität Oldenburg. Arbeitsschwerpunkte: Fotografiegeschichte und -theorie, digitale Bildkulturen, Gender und Medien, Medienkultur der Architektur. Redaktionsleitung der *Zeitschrift für Medienwissenschaft*. Publikationen: *Rätselbilder des Geschlechts. Medialität und Körperwissen um 1900* (Zürich; Berlin: diaphanes, 2010); „Stumme Details. Zu Deliverance (USA 1919)", in Ulrike Bergermann (Hg.), *Touch in Pictures. Bilder von Helen Keller* (Berlin: b_books, 2013), 231–244; „Filmgestaltung 1962. Die BRD erfinden", in Ursula Frohne, Lilian Haberer und Annette Urban (Hg.), *Display | Dispositiv. Ästhetische Ordnungen* (München: Fink, 2015).

Heike Behrend
ist Ethnologin. Sie lehrte bis zu ihrer Pensionierung im Jahr 2012 als Professorin für Ethnologie am Institut für Afrikanistik der Universität zu Köln. Studium der Ethnologie, Soziologie und Religionswissenschaften in München, Wien und Berlin. Habilitation 1993 mit der Arbeit *Alice und die Geister. Krieg im Norden Ugandas.* Sie forscht zu Themen wie Religion, Gewalt und Gender und untersucht im Rahmen einer Medienanthropologie vor allem fotografische Praktiken in Afrika. Sie hatte Gastprofessuren und Fellowships in Paris an der École des hautes études en sciences sociales (EHESS), an der Northwestern University, der University of Florida, in Wien, Tokio und an der University of Western Cape in Südafrika. Kuratorin der Ausstellungen „Snap me one! – Studiofotografen in Afrika", 1998 im Münchner Stadtmuseum, 1999 im Tropenmuseum Amsterdam, 2000 im Haus der Kulturen der Welt Berlin (zusammen mit Tobias Wendl, Kerstin Pinther und Henrike Grohs); „Studio Photography as a Dream Machine", 2010 in der Tokyo University of Foreign Studies (unter der Mitwirkung von Hiroki Ishikawa, Shino Wakana und Masanori Oda).

Sarah Kember
ist Schriftstellerin und Wissenschaftlerin sowie Professorin für neue Kommunikationstechnologien am Goldsmiths College der Universität London. Zu ihren neueren Veröffentlichungen zählen der Roman *The Optical Effects of Lightning* (Newcastle: Wild Wolf Publishing, 2011) und die Monografie *Life after New Media: Mediation as a Vital Process* (Cambridge, MA: MIT Press, 2012). Sie ist Mitherausgeberin der Zeitschriften *photographies* und *Feminist Theory.* Derzeit arbeitet sie an einer feministischen Kritik der sogenannten smarten Medien – *iMedia: The Gendering of Objects, Environments and Smart Materials* (Basingstoke: Palgrave, 2015) – und einem damit verbundenen Roman mit dem Arbeitstitel *A Day in the Life of Janet Smart.* Sarah Kember ist auch Projektleiterin eines von den Research Councils UK (RCUK) finanzierten Projekts zu digitalem Publizieren sowie Mitglied des Centre for Creativity, Regulation, Enterprise and Technology (CREATe).

Susanne Holschbach
Dr. phil, Kunst- und Medienwissenschaftlerin, zurzeit Gastprofessorin für Fotografie- und Filmtheorie/Gender an der Universität der Künste Berlin. Nach dem Studium der Literatur- und Kunstwissenschaft an der Universität-Gesamthochschule Essen Tätigkeit als Wissenschaftliche Mitarbeiterin am DFG-Forschungsprojekt *Theorie und Geschichte der Medien* (1995–1997), Wissenschaftliche Assistentin an der Hochschule für Grafik und Buchkunst Leipzig (1998–2003), Vertretungs- bzw. Gastprofessuren an der Fachhochschule Potsdam (2011), der Universität Wien (2010/11), der Kunsthochschule für Medien in Köln (2007) und an der Kunsthochschule Berlin-Weißensee (2006/07). Arbeitsschwerpunkte: Mediengeschichte und -theorie der Fotografie, zeitgenössische Kunst und Medialität, Gender und visuelle Kultur, Bilderordnungen im Web 2.0. Veröffentlichungen: *Vom Ausdruck zur Pose. Theatralität*

und Weiblichkeit in der Fotografie des 19. Jahrhunderts (Berlin: Reimer Verlag, 2006); zusammen mit Antje Krause-Wahl und Katharina Ahr (Hg.), *Erblätterte Identitäten: Kunst - Mode - Zeitschrift* (Marburg: Jonas Verlag, 2006); „Ordnungen des Fotoblog. Kanalisierungsweisen (in) einer undisziplinierten Bildersammlung", in Thomas Abel und Martin Roman Deppner (Hg.), *Undisziplinierte Bilder. Fotografie als dialogische Struktur* (Bielefeld: transcript, 2013), 221–234.

Herta Wolf
ist Professorin für Geschichte und Theorie der Fotografie. Von 1994 bis 2010 lehrte sie an der Universität Duisburg-Essen, seit 2010 am Kunsthistorischen Institut der Universität zu Köln. Vom Oktober 2010 bis März 2011 war sie Gastwissenschaftlerin am IKKM in Weimar; vom April bis Juni 2010 Gastwissenschaftlerin am Max Planck Institut für Wissenschaftsgeschichte in Berlin; 2000/2001 war sie als Distinguished Scholar am Getty Research Institute in Los Angeles; 1998/1999 Gastwissenschaftlerin am Kulturwissenschaftlichen Institut des Landes NRW in Essen. Sie ist im Editorial Board der Zeitschriften Études photographiques, Paris, und von Photography and Culture, Oxford. Ihre Arbeitsschwerpunkte liegen in den Bereichen der Frühgeschichte der Fotografie und der Fotogeschichte im Kontext der Wissenschaftsgeschichte. Insbesondere setzte sie sich mit wissenschaftlichen Darstellungs- und Aufzeichnungsverfahren auseinander. Zu ihren Arbeitsfeldern gehören ferner Aspekte des Fotografischen in der Kunst seit 1960, Methoden der Fotogeschichtsschreibung und die Theorien der Fotografie. Seit 2012 leitet sie das „DFG-Projektes „Fotografie als angewandte Wissenschaft: Über die epistemische Rolle von fotografischen Handbüchern (1839–1883)" (WO1768/1-1).